やさしい高校数学

(数学Ⅱ・B) 改訂版

きさらぎ ひろし 著

はじめに

それなりに長く生きてくると，成功するためには，４つの要素が必要だということに気がつきます。「才能」，「運」，「努力」，そして，「出会い」です。

才能は生まれつきですし，運は神様が決めることなので，これらは仕方がない。努力するのがイヤという人は，この本を読んでいないでしょう。

そして，出会いです。たった１つの出会いで，人生が素晴らしいものに大きく変わることもありますし，その正反対もあります。それまで芽の出なかったアスリートが，１人のコーチとの出会いを機に花開くというのもよくある話ですし，普通の大人の人だって，なぜそういう道を歩んだのか？　を振り返ってみると，きっかけは１つの出会いだったりもします。

この本との出会いをきっかけに，「数学がわかるようになって，ちょっと好きな教科になった」なんていう人がいてくれると，うれしいです。数学を好きになって，勉強が楽しくなったことをきっかけに，「あんなレベルだった自分がこの世界に進めたのが不思議議…。」と，飛躍的に成長を遂げることができた人を，今までに多く輩出できました。みなさんにも未来への視野が大きく広がっていく瞬間を実感して欲しいです。

「数学がわかりやすくて，最も効率よく勉強できるものは何か？」を長年追求し続けた結果，このシリーズの執筆にたどり着きました。

高校生の頃の私は，説明を聞き続けても何もわからないくせに，「難しい問題をやっていると安心する」という，つまらない気休めのために，ただノートに写すという「作業」を続けていました。これではダメだと，うすうす気づいている反面，それを認めたくないという安っぽい意地で失敗し，挫折も味わいました。そんな過去の反省もこの本の執筆のもとになっています。

最後に，編集・販売に携わってくださった学研のみなさま，アポロ企画のみなさま，イラストを担当してくださったあきばさやかさま，そして何より，数II・B編出版の後押しになった，発売希望のメールをくださった多くの読者の方に，心より感謝します。

きさらぎ　ひろし

本書の使いかた

本書は，高校数学（数学Ⅱ・B）をやさしく，しっかり理解できるように編集された参考書です。また，定期試験や共通テストでよく出題される問題を収録しているので，良質な試験対策問題集としてもお使いいただけます。以下の例から，ご自身に合う使いかたを選んで学習してください。

1 最初から通して全部読む

オーソドックスで，いちばん数学の力をつけられる使いかたです。特に，「数学Ⅱ・Bを初めて学ぶ方」や「数学に苦手意識のある方」には，この使いかたをお勧めします。キャラクターの掛け合いを見ながら読み進め，例題にあたったら，まずチャレンジしてみましょう。その後，本文の解説を読み進めると，つまずくところがわかり理解が深まります。

2 自信のない単元を読む

数学Ⅱ・Bを多少勉強し，苦手な単元がはっきりしている人は，そこを重点的に読んで鍛えるのもよいでしょう。Pointやコツをおさえ，例題をこなして，苦手なところを克服しましょう。

3 別冊の問題集でつまずいたところを本冊で確認する

ひと通り数学Ⅱ・Bを学んだことがあり，実戦力を養いたい人は，別冊の問題集を中心に学んでもよいかもしれません。解けなかったところ，間違えたところは，本冊の解説を読んで理解してください。ご自身の弱点を知ることもできます。

登場キャラクター紹介

ハルト

ミサキの双子の兄。スポーツが好きな高校２年生。数学が苦手でなんとかしたいと思っている。数学Ⅰ・Aの内容を少し忘れている。

ミサキ

ハルトの双子の妹。しっかり者で明るい女の子。中学までは数学が得意だったが，高校に入ってからちょっと数学がわからなくなってきた。

先生（きさらぎひろし）

数学が苦手な生徒を長年指導している数学界の救世主。ハルトとミサキの家庭教師として，奮闘。

もくじ

数学Ⅱ

2章 複素数と方程式 …… 81

3章 図形と方程式 …… 147

数学B

※解説中にある『数学Ⅰ・A編』というのは，2022年３月に発刊された『やさしい高校数学（数学Ⅰ・A）改訂版』のことを指しています。

1章

式と証明

「いよいよ数学Ⅱ・Bか。さらに難しくなるんだろうな……。」

「数学Ⅰ・Aで忘れているところがありそうだし，不安です。」

数学Ⅱ・Bでは，数学Ⅰ・Aで習ったことがたくさん出てくる。わからなくなったときのために，『数学Ⅰ・A編』を手の届くところに置いておこう。じゃあ，話を始めるよ。

3乗の展開，因数分解の公式

学校によっては，この公式を数学Ⅰで習ったという人もいると思うけど，ここであらためて扱っておくよ。

例題 1-1　定期テスト 出題度 !!!　共通テスト 出題度 !!!

次の式を展開せよ。

(1)　$(4x-y)^3$

(2)　$(2x+5)(4x^2-10x+25)$

「あれっ？　前に習ったような気がするぞ？」

おぉ，覚えていたかな！　『数学Ⅰ・A編』の 1-4 でも登場したよ。以下の公式を使えばよかったね。

Point 1　3次式の展開公式

❶　$(a+b)^3=a^3+3a^2b+3ab^2+b^3$

❷　$(a-b)^3=a^3-3a^2b+3ab^2-b^3$

❸　$(a+b)(a^2-ab+b^2)=a^3+b^3$

❹　$(a-b)(a^2+ab+b^2)=a^3-b^3$

❺　$(a+b+c)(a^2+b^2+c^2-ab-bc-ca)$
$=a^3+b^3+c^3-3abc$

展開だから，左辺の形を右辺の形に直せばいいわけだ。それではミサキさん，(1)を解いてみて。

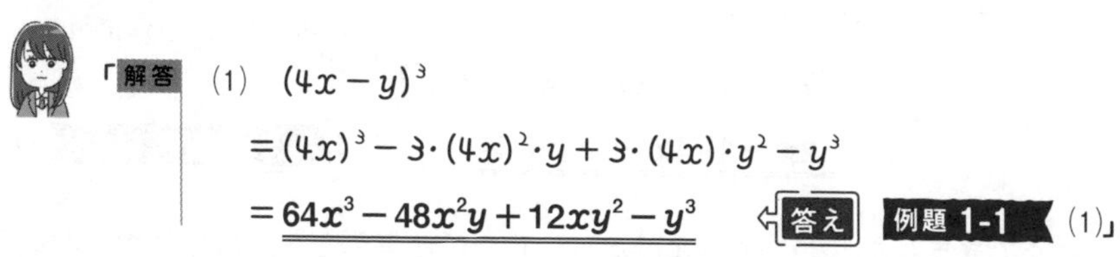

「**解答**　(1)　$(4x-y)^3$

$=(4x)^3-3\cdot(4x)^2\cdot y+3\cdot(4x)\cdot y^2-y^3$

$=\underline{\underline{64x^3-48x^2y+12xy^2-y^3}}$　⇦**答え**　**例題 1-1** (1)」

その通り。(1)は a を $4x$，b を y とみなせば，❷の公式が使えるね。次の(2)は，式が❸の公式の左辺と同じ形になっていそうだよね。a を $2x$，b を5とみなせば，それっぽい。実際に $4x^2$ は $(2x)^2$ だし，$10x$ は $2x\times5$ のことだし，25は 5^2 だから，左辺の形にピッタリ当てはまっているよ。

解答　(2)　$(2x+5)(4x^2-10x+25)$

$=(2x+5)\{(2x)^2-2x\cdot5+5^2\}$　←a を $2x$，b を5とみなせば $(a+b)(a^2-ab+b^2)=a^3+b^3$ の左辺と同じ形

$=(2x)^3+5^3$

$=\underline{\underline{8x^3+125}}$　⇦**答え**　**例題 1-1** (2)

例題 1-2

定期テスト 出題度 ❗❗❗　共通テスト 出題度 ❗❗❗

次の式を因数分解せよ。

(1)　$8x^3-1$

(2)　$27p^3+54p^2+36p+8$

今度は因数分解だから，Point①の展開公式を使って，右辺の形を左辺の形に直せばいい。まずミサキさん，(1)はどうなる？

「解答 (1) $8x^3-1$

$=(2x)^3-1^3$

$=(2x-1)\{(2x)^2+2x\cdot 1+1^2\}$ ← $(a-b)(a^2+ab+b^2)=a^3-b^3$ を使う

$=\underline{\underline{(2x-1)(4x^2+2x+1)}}$ 答え 例題 1-2 (1)」

よくできました。$8x^3$ は $(2x)^3$ だし，1 は 1^3 と考えたら，❹の公式の右辺と同じ形になっているね。

「まあ，以前に一度やっていますから。」

それは頼もしいね！　じゃあ，(2)の $27p^3+54p^2+36p+8$ をハルトくん，解いてみよう。

「形から見て❶の公式の右辺の形っぽいな。$27p^3$ は $(3p)^3$ だし，8 は 2^3 だから，a を $3p$，b を 2 とみなせばよさそうだな……。」

そうだね。**まずは右辺の両端(a^3 や b^3 のところ)を考えてから，次に内側($3a^2b$ や $3ab^2$ のところ)もその形になっているか調べればよかったね。**

「$54p^2$ は 3 と $(3p)^2$ と 2 を掛けたものだし，
$36p$ は 3 と $3p$ と 2^2 を掛けたものだ！　ピッタリ当てはまってる！

解答 (2) $27p^3+54p^2+36p+8$

$=(3p)^3+3\cdot(3p)^2\cdot 2+3\cdot 3p\cdot 2^2+2^3$

$=\underline{\underline{(3p+2)^3}}$ 答え 例題 1-2 (2)」

そう。正解！

$(a+b)^n$ を展開する

“展開” ってわかっているようで，あまり深く考えたことがないと思う。そのしくみにまつわる話だ。

例題 1-3 定期テスト 出題度 !!! 共通テスト 出題度 !!

次の問いに答えよ。

(1) $(a+b)^7$ を展開したときの a^3b^4 の係数を求めよ。

(2) $(3a-b)^5$ を展開したときの a^2b^3 の係数を求めよ。

(3) $(x+2)^8$ を展開したときの x^2 の係数を求めよ。

「まさか，1つずつ展開しないですよね？」

うん，しない。面倒だからね(笑)。これは**二項定理**という方法でラクに展開できるんだけど，その前に，展開についてあらためて説明しておこう。

例えば $(a+b)^2$，つまり $(a+b)(a+b)$ を展開するということは，1つ目の（ ）のa，bのどちらか一方と，2つ目の（ ）のa，bのどちらか一方を掛けて項をつくり，そのすべての組合せを足すということだ。わかるかな？

$$(a+b)^2=(a+b)(a+b)$$

（1つ目の $(a+b)$：aかbのどちらか　2つ目の $(a+b)$：aかbのどちらか）

$$=aa+ab+ba+bb$$ ←すべての組合せを足す

$$=a^2+2ab+b^2$$

「はい，わかります。」

$(a+b)^7$でも同じだ。1つ目の（　）のa，bのどちらかと，2つ目の（　）のa，bのどちらかと，3つ目の（　）の……，7つ目の（　）のa，bのどちらかを掛けて項をつくり，そのすべての組合せを足すということだ。

$$(a+b)^7=(a+b)(a+b)\cdots\cdots\cdots(a+b)$$

aかbのどちらか　aかbのどちらか　aかbのどちらか

その結果，**a^3b^4になったということは，7回掛けるうちの3回はaを掛けて，4回はbを掛けたということ**なんだよね。そのパターンを考えてみると

a　b　b　a　b　a　b　とか

b　a　b　b　b　a　a　とか

b　b　a　b　a　b　a　とか

⋮

a^3b^4となる組合せはいっぱいある。“この組合せがいくつあるか？”を考えればいいんだ。もちろん，まともに数えるなんてとてもじゃないがたいへんだ。だから**全7回のうち，何回目と何回目と何回目にaを掛けるのかを選ぶと考えればよいんだ。**

1，4，6回目にaを掛けたら，a　b　b　a　b　a　b

2，6，7回目にaを掛けたら，b　a　b　b　b　a　a

3，5，7回目にaを掛けたら，b　b　a　b　a　b　a

という具合にね。7回のうちaを掛ける3回を選ぶから，組合せは${}_7\mathrm{C}_3$通りだ。これを使って係数を考えて，${}_7\mathrm{C}_3a^3b^4$として計算すればいいわけだ。

「7回のうちbを掛ける4回を選び，${}_7\mathrm{C}_4$通りとしてもいいんですか？」

もちろんいいよ。『数学Ⅰ・A編』の6-17で習ったね。${}_n\mathrm{C}_r=\dfrac{n!}{r!(n-r)!}$で計算できた。

解答　(1)　${}_7\mathrm{C}_3a^3b^4=\dfrac{7!}{3!4!}a^3b^4=\dfrac{7\cdot6\cdot5}{3\cdot2\cdot1}a^3b^4=35a^3b^4$

よって　係数は**35**　⇐答え　例題 1-3 (1)

また，3つのaと4つのbを並べると考えると，「3つのaと4つのbで7文字の文字列を作る」なんていうのと同じだね。

「あっ，“同じものを含む順列”でいいんですね！」

その通り。『数学Ⅰ・A編』の 6-14 で勉強したね。n個並べたとき，そのうちp個が同じなら $\dfrac{n!}{p!}$ 通りだった。

「今回は7個並べるけど，3個が同じものと4個が同じものがあるから，$\dfrac{7!}{3!4!}$ 通りということか。」

そういうこと。では，(2)にいこう。$(3a-b)^5$は$\{3a+(-b)\}^5$と考えればいい。$3a$か$-b$のどちらか一方を掛けるという作業を5回行う。その結果a^2b^3が出てきたということは，$3a$と$-b$をそれぞれ何回ずつ掛けたことになる？

「aが2乗，bが3乗になっているので，$3a$が2回，$-b$が3回です。」

正解。5回掛けるうちの2回は$3a$，3回は$-b$を掛けたということだ。そして，何回目と何回目に$3a$を掛けるかの選びかたは，${}_5C_2$通りある。

解答 (2) $${}_5C_2(3a)^2(-b)^3=\frac{5!}{2!3!}(3a)^2(-b)^3$$
$$=-\frac{5\cdot4}{2\cdot1}\cdot9a^2\cdot b^3=-90a^2b^3$$

よって　係数は **-90** 答え **例題 1-3** (2)

じゃあミサキさん，(3)の $(x+2)^8$ を展開したときのx^2の係数は？

「xか2のどちらかを，合わせて8回掛けるんですよね。xは2乗になっているから2回だし，2は……？」

6回だよ。

「えっ？　どうして，6回とわかるんですか？」

だって，x か2のどちらかを合計で8回掛けるんだよね。x を2回掛けるなら，残り6回はすべて2のほうを掛けるってわかるよね。

「あっ，そうか……。ということは

解答　(3)　${}_8C_2x^2\cdot 2^6=\dfrac{8\cdot 7}{2\cdot 1}x^2\cdot 64=1792x^2$

よって　係数は**1792**　答え　例題 1-3 (3)」

よくできました。では，もう1問練習してみよう。

例題 1-4

定期テスト 出題度 !!!　共通テスト 出題度 !!

$\left(2x^2-\dfrac{1}{x}\right)^6$ を展開したときの定数項を求めよ。

「今度は，$2x^2$ か $-\dfrac{1}{x}$ のいずれかを掛けるということを6回行ったということですよね。定数項になるということは，x が消えるということだから……あれっ？」

まず，$2x^2$ と $-\dfrac{1}{x}$ を何回ずつ掛けたかを考えなければならないよね。調べていこう。

① $2x^2$ だけ6回掛けたら？

x^{12} が現れるはずだよね。

② $2x^2$ が5回，$-\dfrac{1}{x}$ が1回なら？

$2x^2$ を5回掛けたら x^{10} が出るし，$-\dfrac{1}{x}$ を1回掛けたら分母に x が出る。約分すれば x^9 が現れるはずだ。

③　$2x^2$が4回，$-\frac{1}{x}$が2回なら？

$2x^2$を4回ならx^8が出るし，$-\frac{1}{x}$を2回なら分母にx^2が出る。つまり，x^6が現れる。

④　$2x^2$が3回，$-\frac{1}{x}$が3回なら？

$2x^2$を3回ならx^6が出るし，$-\frac{1}{x}$を3回なら分母にx^3が出る。つまり，x^3が現れる。

⑤　$2x^2$が2回，$-\frac{1}{x}$が4回なら？

$2x^2$を2回ならx^4が出るし，$-\frac{1}{x}$を4回なら分母にx^4が出る。つまり，**xは消える。定数項だ。**

「$2x^2$を2回，$-\frac{1}{x}$を4回掛けるということですね。」

そうだね。もし上のように考えるのが面倒であれば，$2x^2$をk回，$-\frac{1}{x}$を$(6-k)$回として考えるといいよ。

$2x^2$がk回ならx^{2k}が出るし，$-\frac{1}{x}$が$(6-k)$回なら分母にx^{6-k}が出る。xが消えるということは$2k=6-k$だから，$k=2$とわかる。ではハルトくん，例題 1-4 を解いてみて。

「解答　${}_6C_2(2x^2)^2\cdot\left(-\frac{1}{x}\right)^4=\frac{6\cdot5}{2\cdot1}\cdot4x^4\cdot\frac{1}{x^4}=60$

よって　定数項は60　答え　例題 1-4」

よくできました。

二項定理を使って展開する

2乗や3乗の展開は公式があるけれど，4乗のときはどうするの？　5乗は？　n乗は？　知りたい人はここを読もう。

例題 1-5　定期テスト 出題度 !!!　共通テスト 出題度 !

次の問いに答えよ。

(1)　$(a+b)^5$を展開せよ。

(2)　$(2x-1)^4$を展開せよ。

(1)の $(a+b)^5$ を展開すると

❶　a^5，a^4b，a^3b^2，a^2b^3，ab^4，b^5の項が出てくるはずなので，まず，少し間隔を空けながらそれを書いておこう。

$$\_\,a^5+\_\,a^4b+\_\,a^3b^2+\_\,a^2b^3+\_\,ab^4+\_\,b^5$$

空けておく

a^5から始まって，aが1つずつ減りながらbが1つずつ増えていき，最後はb^5で終わるんだ。次にそれぞれの係数を考えるよ。

❷　(　)^{5}の展開であれば，${}_5C_0$から始めて右下の数字を1つずつ増やしていき，最後に${}_5C_5$で終わるようにする。

$${}_5C_0a^5+{}_5C_1a^4b+{}_5C_2a^3b^2+{}_5C_3a^2b^3+{}_5C_4ab^4+{}_5C_5b^5$$

1-2 でやったことと同じだ。例えば，a^3b^2は5回のうちbを掛ける2回を選ぶので${}_5C_2$，a^5はa^5b^0とみなせて，5回のうちbを掛ける0回を選ぶので${}_5C_0$というふうになる。

「あっ，だからCの右下の数字はbの指数と同じになっているのか。」

そういうことだ。計算するとこうなるよ。

解答　(1)　$(a+b)^5$

$$=\underline{\underline{a^5+5a^4b+10a^3b^2+10a^2b^3+5ab^4+b^5}}$$

答え　**例題 1-5**　(1)

次に(2)だが，$(2x-1)^4$は$\{2x+(-1)\}^4$とみなせばいいね。ミサキさん，やってみて。

「まず少し間隔を空けながら書いて

$$\underline{\quad}(2x)^4+\underline{\quad}(2x)^3(-1)+\underline{\quad}(2x)^2(-1)^2$$
$$+\underline{\quad}(2x)(-1)^3+\underline{\quad}(-1)^4$$

そして，${}_4C_0$から書いて

$${}_4C_0(2x)^4+{}_4C_1(2x)^3(-1)+{}_4C_2(2x)^2(-1)^2$$
$$+{}_4C_3(2x)(-1)^3+{}_4C_4(-1)^4$$

$$=1\times16x^4-4\times8x^3+6\times4x^2-4\times2x+1$$

解答　(2)　$(2x-1)^4$

$$=\underline{\underline{16x^4-32x^3+24x^2-8x+1}}$$

答え　**例題 1-5**　(2)」

この考えかたを整理したのが**二項定理**だよ。

二項定理

$$(a+b)^n={}_nC_0a^n+{}_nC_1a^{n-1}b+{}_nC_2a^{n-2}b^2+\cdots\cdots$$
$$\cdots\cdots+{}_nC_ra^{n-r}b^r+\cdots\cdots+{}_nC_{n-1}ab^{n-1}+{}_nC_nb^n$$

$(a+b+c)^n$ の展開

これは二項定理とほとんど変わらない。項が2つから3つになっただけ。同じ理屈だ。

例題 1-6 定期テスト 出題度 !! 共通テスト 出題度 !!

次の問いに答えよ。

(1) $(a+2b-c)^9$ を展開したときの $a^4b^2c^3$ の係数を求めよ。

(2) $(-2a+b+4c)^7$ を展開したときの a^2b^5 の係数を求めよ。

1-2 では，$(\underline{\underline{a}}+\underline{\underline{b}})^n$ という項が2つのものの展開を扱ったけど，ここでは $(\underline{\underline{a}}+\underline{\underline{b}}+\underline{\underline{c}})^n$ などの項が3つのものの展開を考えるよ。(1)は a か $2b$ か $-c$ のどれか1つだけを掛けるということを9回行う。その結果，$a^4b^2c^3$ になったということは，何回ずつ掛けたことになる？

「a を4回，$2b$ を2回，$-c$ を3回です。」

そうだね。

$a \quad -c \quad 2b \quad a \quad a \quad -c \quad a \quad 2b \quad -c$ とか

$2b \quad a \quad -c \quad -c \quad 2b \quad a \quad a \quad -c \quad a$ とか

$-c \quad 2b \quad a \quad 2b \quad a \quad a \quad -c \quad a \quad -c$ とか

⋮

などと，たくさんあるね。もちろん，数えるのはたいへんだ。4つの a と，2つの $2b$ と，3つの $-c$ を並べるのだから，「同じものを含む順列」を使うと $\dfrac{9!}{4!2!3!}$ 通りあるとわかる。

「組合せのCを使っちゃダメなんですか？」

そうだね，9回のうちからbを掛ける2回を選び，残った7回の中から$-c$を掛ける3回を選ぶということで，${}_9C_2 \cdot {}_7C_3$としてもいいけど，Cが2つになって面倒だよね。だから，「同じものを含む順列」を使うほうがいいかな。じゃあ，計算してみようか。

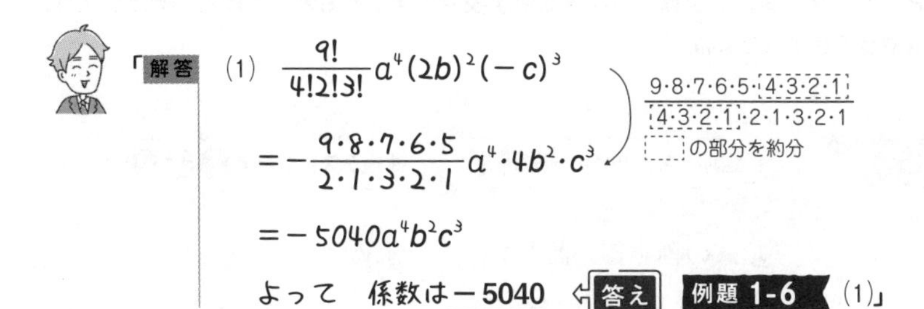

「**解答**　(1)　$\dfrac{9!}{4!2!3!}a^4(2b)^2(-c)^3$

$= -\dfrac{9 \cdot 8 \cdot 7 \cdot 6 \cdot 5}{2 \cdot 1 \cdot 3 \cdot 2 \cdot 1}a^4 \cdot 4b^2 \cdot c^3$

$\dfrac{9 \cdot 8 \cdot 7 \cdot 6 \cdot 5 \cdot 4 \cdot 3 \cdot 2 \cdot 1}{4 \cdot 3 \cdot 2 \cdot 1 \cdot 2 \cdot 1 \cdot 3 \cdot 2 \cdot 1}$　□の部分を約分

$= -5040a^4b^2c^3$

よって　係数は-5040　⇦答え　例題 1-6　(1)」

正解！　ではミサキさん，(2)は？

「a^2b^5になったということは……$-2a$を2回，bが5回で……。」

4cは？

「掛けなかった？」

その通りだ。じゃあ，解けるかな。

「**解答**　(2)　$\dfrac{7!}{2!5!}(-2a)^2b^5$

$\dfrac{7!}{5!} = \dfrac{7 \cdot 6 \cdot 5 \cdot 4 \cdot 3 \cdot 2 \cdot 1}{5 \cdot 4 \cdot 3 \cdot 2 \cdot 1} = 7 \cdot 6$

$= \dfrac{7 \cdot 6}{2 \cdot 1} \cdot 4a^2b^5$

$= 84a^2b^5$

よって　係数は84　⇦答え　例題 1-6　(2)」

よろしい。大丈夫そうだね。

多項式の割り算　～筆算～

多項式どうしの足し算，引き算，掛け算は中学校や数学Ⅰでも習ったけど，そういえば，割り算はやってなかったよね。

例題 1-7　定期テスト 出題度 ❗❗❗　共通テスト 出題度 ❗❗❗

次の x の多項式の割り算の商とあまりを求めよ。

(1)　$(2x^3-7x^2-5x+1)\div(x-4)$

(2)　$(9x^4-6x^3+13x+7)\div(3x+1)$

(3)　$(-3x^4+x^3+12x^2+7x-4)\div(2x^2-5)$

小学校のときに数の割り算があったよね。592を16で割るときは筆算を使って $16\overline{)592}$ と書いて計算したよね。多項式の割り算もこれと同じだよ。

「(1)の $(2x^3-7x^2-5x+1)\div(x-4)$ はどう書くんですか？」

下のように書けばいいんだよ。

$$x-4\,\overline{)\,2x^3-7x^2-5x+1}$$

割る式　　割られる式

まず，❶ **式の先頭の項どうしを割り，その商を割られる式の上に書こう。** $2x^3$ を x で割ると商が $2x^2$ だから $2x^2$ と書くんだね。

$$\begin{array}{r} 2x^2 \\ x-4\,\overline{)\,2x^3-7x^2-5x+1} \end{array}$$

そして，❷　**その商を“割る式”全体に掛けたものを下に書いて引くんだ。**$2x^2$を$x-4$に掛けると$2x^3-8x^2$だから，これを下に書いて上から下を引くと，x^2-5x+1となる。

$$
\begin{array}{r}
2x^2 \\
x-4 \overline{\smash{)}\,2x^3-7x^2\ \boxed{-5x+1}} \\
(x-4)\times 2x^2 \rightarrow \underline{2x^3-8x^2 } \\
x^2\ \boxed{-5x+1}
\end{array}
$$

おろす

$$
\begin{array}{r}
-7x^2 \\
-)\ \underline{-8x^2}
\end{array}
\Rightarrow
\begin{array}{r}
-7x^2 \\
+)\ \underline{+8x^2} \\
x^2
\end{array}
$$

あとはこの❶，❷**の作業をくり返すだけだよ。**x^2をxで割ると商がxで，これを$x-4$に掛けるとx^2-4xだから，これを下に書いて引くと，$-x+1$となる。

$$
\begin{array}{r}
2x^2+x \\
x-4 \overline{\smash{)}\,2x^3-7x^2-5x+1} \\
\underline{2x^3-8x^2 } \\
x^2-5x\ \boxed{+1} \\
\underline{x^2-4x } \\
-x\ \boxed{+1}
\end{array}
$$

$$
\begin{array}{r}
-5x \\
-)\ \underline{-4x}
\end{array}
\Rightarrow
\begin{array}{r}
-5x \\
+)\ \underline{+4x} \\
-x
\end{array}
$$

「やった，これで終わりだ。」

いや，まだ終わりじゃないよ。さらに，$-x$をxで割ると商が-1で，これを$x-4$に掛けると$-x+4$だから，これを下に書いて引くと，-3になる。これで終わりだ。

(1)の計算をまとめると，次のようになるよ。

解答 (1)

$$
\begin{array}{r}
2x^2+x-1\\
x-4\,\overline{)\,2x^3-7x^2-5x+1}\\
\underline{2x^3-8x^2}\\
x^2-5x+1\\
\underline{x^2-4x}\\
-x+1\\
\underline{-x+4}\\
-3
\end{array}
$$

←割る式$x-4$と同じ1次式だからまだ割れる

←割る式$x-4$より次数が小さくなったから終わり

商は$2x^2+x-1$　あまりは-3　答え　例題 1-7 (1)

あまりは割る式の次数より小さくなっていないといけない。 あまりは-3，割る式は$x-4$だからOKだね。

「(2)もこのやりかたで解けばいいんですか？」

うん。でも，1つ注意することがある。ふつう，x^4，x^3の次にはx^2があるはずだよね。でも，$9x^4-6x^3+13x+7$はx^2の項がないんだ。まあ，$0x^2$と考えてもいいかな。だから，下のように **x^2の項の分のスペースを空けて書いておく** 必要があるんだ。

$$3x+1\,\overline{)\,9x^4-6x^3\;\boxed{}\;+13x+7}$$

あとは，(1)と同じようにすればいいよ。

解答　(2)

$$
\begin{array}{r}
3x^3-3x^2+x+4 \\
3x+1\overline{)\,9x^4-6x^3+13x+7} \\
\underline{9x^4+3x^3} \\
-9x^3+13x+7 \\
\underline{-9x^3-3x^2} \\
3x^2+13x+7 \\
\underline{3x^2+x} \\
12x+7 \\
\underline{12x+4} \\
3
\end{array}
$$

$$
\begin{array}{r}
-6x^3 \\
\underline{-)\ +3x^3} \\
\Downarrow \\
-6x^3 \\
\underline{+)\ -3x^3} \\
-9x^3
\end{array}
$$

商は$3x^3-3x^2+x+4$　あまりは3　答え　例題 1-7 (2)

何もないということは0だよね。0から$-3x^2$を引くということだから……。

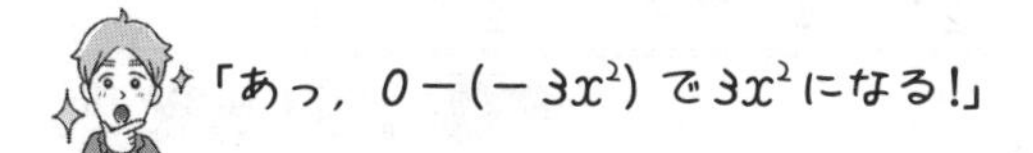

わかった？　じゃあ，ミサキさん。(3)を解いてみよう。

「(3)　$2x^2 \boxed{} -5\overline{)\,-3x^4+x^3+12x^2+7x-4}$

あれっ？　$-3x^4$は$2x^2$で割れないんですけど……。」

割れるよ。$-3x^4\div 2x^2=-3x^4\times\dfrac{1}{2x^2}=-\dfrac{3}{2}x^2$になるよ。

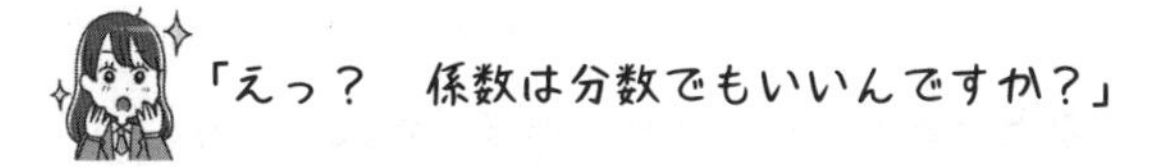

うん。数の割り算の筆算のときは商やあまりが分数になることはないよね。でも，**多項式の割り算の筆算では商やあまりが分数になることもあるん**だ。続きを解いてごらん。

「**解答**　(3)

$$
\begin{array}{r}
-\frac{3}{2}x^2+\frac{1}{2}x+\frac{9}{4} \\
2x^2\qquad -5\,\big)\,\overline{-3x^4+x^3+12x^2+7x-4} \\
-3x^4\qquad +\frac{15}{2}x^2\qquad\qquad \\
\hline
x^3+\frac{9}{2}x^2+7x-4 \\
x^3\qquad\quad -\frac{5}{2}x\qquad \\
\hline
\frac{9}{2}x^2+\frac{19}{2}x-4 \\
\frac{9}{2}x^2\qquad\quad -\frac{45}{4} \\
\hline
\frac{19}{2}x+\frac{29}{4}
\end{array}
$$

商は$-\frac{3}{2}x^2+\frac{1}{2}x+\frac{9}{4}$　あまりは$\frac{19}{2}x+\frac{29}{4}$

答え　例題 1-7　(3)」

そうだね。よくできました。

「えっ，あまりが式になっている。まだ計算できるんじゃないの？」

そうかな？　じゃあ，割る式とあまりの式の次数をよく見てごらん。

「あ……。割る式は2次式で，あまりの式は1次式だ。割る式より次数が小さい。」

うん。ということは，これ以上計算できないから，あまりが式になっていてもいいんだね。

1-6 多項式の割り算 〜xを省略した筆算〜

正確に計算することを覚えたら，次は，少しでも速く解ける技を身につけたいよね。多項式の割り算のテクニックを紹介しよう。

例題 1-7 をもっと簡単な方法で解いてみよう。もう一度，問題を出しておくよ。

例題 1-7

定期テスト 出題度 ❗❗❗　共通テスト 出題度 ❗❗❗

次の x の多項式の割り算の商とあまりを求めよ。

(1)　$(2x^3-7x^2-5x+1)\div(x-4)$

(2)　$(9x^4-6x^3+13x+7)\div(3x+1)$

(3)　$(-3x^4+x^3+12x^2+7x-4)\div(2x^2-5)$

まず，今までの筆算をみると，(1)なら，

	x^3	x^2	x	定数
商	$2x^2$	$+x$	-1	
$x-4$)	$2x^3$	$-7x^2$	$-5x$	$+1$
	$2x^3$	$-8x^2$		
		x^2	$-5x$	$+1$
		x^2	$-4x$	
			$-x$	$+1$
			$-x$	$+4$
				-3

ここで，**上の筆算で赤く囲んだところに注目してほしい。x^3，x^2，x，定数が，それぞれ同じ縦の列に並んでいる**よね。だから，ちゃんと並んでさえいれば，いちいち x^3 とか x^2 とかつけなくてもいちばん左の縦の列は x^3，次の縦の列は x^2，……というふうにわかるんだ。

だから，以下のようにすればいい。

多項式の割り算～xを省略した筆算～

xを省略して，割られる式や割る式の係数だけをxの次数の順に並べて書く。

(1)なら，割られる式は$2x^3-7x^2-5x+1$だから，**係数の2，−7，−5，1だけを書き並べる。** 割る式の$x-4$も，**係数の1，−4だけを書き並べる。** このようにね。

$$1 \quad -4 \,\overline{)\, 2 \quad -7 \quad -5 \quad 1}$$

あとは同じだ。まず，❶ **式の先頭の項どうしを割り，その商を上に書く。** ここでは2を1で割ると商が2だから2と書く。

そして，❷ **その商を割る式全体に掛けたものを下に書いて引く**。つまり，2を『1　−4』に掛けると『2　−8』になるよね。それを下に書いて上から下を引けばいい。

$$\begin{array}{r|rrrr} & 2 & & & \\ \hline 1 \quad -4 & 2 & -7 & -5 & 1 \\ & 2 & -8 & & \\ \hline & & 1 & -5 & 1 \end{array}$$

これを続けていけばいいよ。さらに式の先頭の項どうしを割る。1を1で割ると1だから，1と書いてそれを『1　−4』に掛けると『1　−4』になる。この調子で続けていくといい。

```
            2    1   -1
1   -4 ) 2   -7   -5    1
         2   -8
        ------------------
              1   -5    1
              1   -4
             -------------
                  -1    1
                  -1    4
                 ---------
                       -3
```


いちばん上の『2　1　−1』が商の係数だ。**この割り算は3次式を1次式で割ったのだから，商は2次式になる**はずだよね。2次式で係数が順に『2　1　−1』だから……。

「あっ！　じゃあ，商は$2x^2+x-1$ですか？」

そういうことになるね。また，あまりはいちばん下に書いてあるよ。

解答　(1)

```
              2     1    -1
1   -4 ) |  2  | -7  | -5  |  1  |
         |  2  | -8  |     |     |
         ------------------------
         |     |  1  | -5  |  1  |
         |     |  1  | -4  |     |
               ------------------
         |     |     | -1  |  1  |
         |     |     | -1  |  4  |
                     ------------
         |     |     |     | -3  |
         | x^3 | x^2 |  x  | 定数 |
```

<u>商は$2x^2+x-1$　あまりは-3</u>　⇐ **答え**　**例題 1-7**　(1)

「あっ，この方法，ラクでいいな！」

ラク？　じゃあ，次の(2)をやってみて。

「あっ，いわなきゃよかった。」

まず，割られるほうの係数を書くけど，$9x^4-6x^3+13x+7$だからといって左から順に

9　−6　13　7

と書いてはいけないよ。

「えっ？　どうしてですか??」

式をよく見てごらん。$9x^4-6x^3+13x+7$は，x^2の項がないよね。つまり，x^2の**係数は0**だ。以下，xの係数は13，定数項は7。だから，順に

9　−6　0　13　7

になるね。じゃあ，解いてみよう。

「**解答**　(2)

$$
\begin{array}{rr|rrrrr}
 & & 3 & -3 & 1 & 4 & \\
\hline
3 & 1 & 9 & -6 & 0 & 13 & 7 \\
 & & 9 & 3 & & & \\
\hline
 & & & -9 & 0 & 13 & 7 \\
 & & & -9 & -3 & & \\
\hline
 & & & & 3 & 13 & 7 \\
 & & & & 3 & 1 & \\
\hline
 & & & & & 12 & 7 \\
 & & & & & 12 & 4 \\
\hline
 & & & & & & 3
\end{array}
$$

商は$3x^3-3x^2+x+4$　あまりは3

例題 1-7 (2)」

4次式を1次式で割ったから，商は3次式だ。3次式で係数が順に『3　−3　1　4』だから，$3x^3-3x^2+x+4$だね。これで，どんな問題も大丈夫なんじゃないかな。じゃあ，もっと練習。ハルトくん，(3)を解いてごらん。

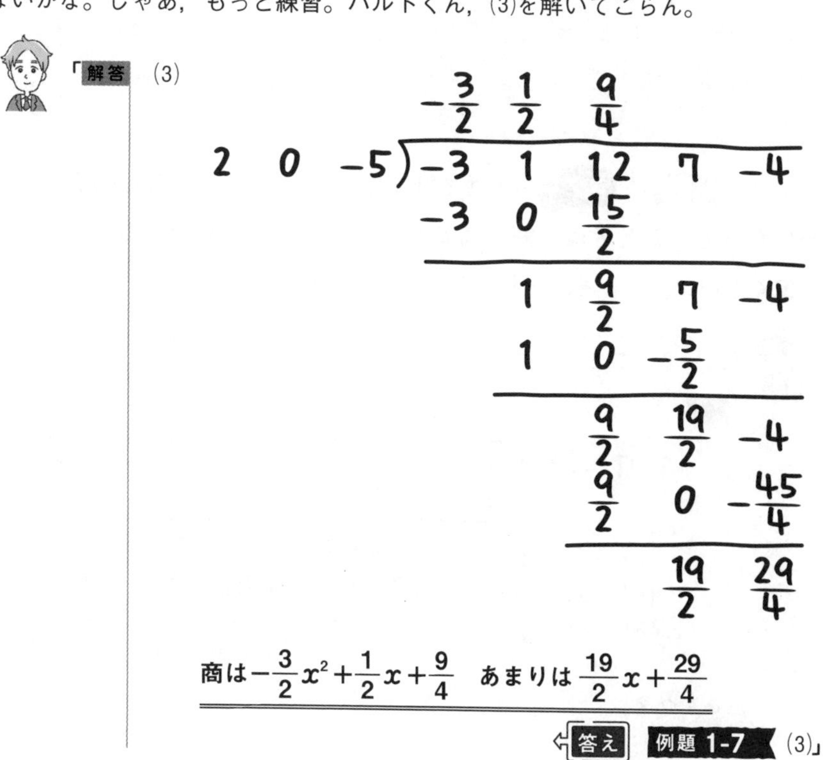

正解。割る式は$2x^2-5$だからxの1次のところを0にしたんだね。よくできました。では，もう1問やってみよう。

例題 1-8

定期テスト 出題度 !!!　共通テスト 出題度 !!!

ax^3+3x^2+bx+8 が x^2+7x-2 で割り切れるとき，定数 a，b の値を求めよ。

まず，1-6 の コツ1 の方法で計算してみよう。**a や b などの文字が係数になっているときは，割られる式の係数（a，3，b，8）の間隔を空けて書くといい。**じゃあ，ミサキさん，割ってみて。

「えっ？　できるかな……。

解答

	a	$-7a+3$		
1　7　−2)	a	3	b	8
	a	$7a$	$-2a$	
		$-7a+3$	$2a+b$	8
$1\times(-7a+3)$ $7\times(-7a+3)$ $-2\times(-7a+3)$ →		$-7a+3$	$-49a+21$	$14a-6$
			$51a+b-21$	$-14a+14$

ですか？」

それでいいよ。あまりは $(51a+b-21)x+(-14a+14)$ になっているね。『割り切れる』ということは，あまりは0になるから，$51a+b-21$ も $-14a+14$ も0ということになるね。

$51a+b-21=0$　……①

$-14a+14=0$　……②

②より，$a=1$

これを①に代入して，$b=-30$

よって，$a=1$，$b=-30$ ← 答え 例題 1-8

1-7 多項式の割り算 ～組立除法～

組立除法は，やりかたを覚えてしまえば筆算よりもずっとラクだし，速く解ける。絶対にマスターしておきたい方法だ。

1次式で割るときは，**組立除法**というやりかたを使えばさらにラクに解けるよ。また，例題 1-7 をやってみよう。今回は(1)と(2)だけだよ。

例題 1-7 定期テスト 出題度 !!! 共通テスト 出題度 !!!

次の x の多項式の割り算の商とあまりを求めよ。

(1) $(2x^3-7x^2-5x+1)\div(x-4)$

(2) $(9x^4-6x^3+13x+7)\div(3x+1)$

2次式や3次式で割りたいときは，組立除法は使えないんだ。

「(3)は $2x^2-5$ で割る問題だからなくなっているのか。」

うん，そういうこと。じゃあ，さっそく説明しよう。

❶ 割られる式の係数を横に並べて書く。

2	−7	−5	1
$2x^3$	$-7x^2$	$-5x$	$+1$

❷ その右横に └ の仕切りを作り，割る式 $x-4$ が0となるような x の値を仕切りの中に記入する。

2　−7　−5　1　|4 ← 割る式 $x-4=0$ の解

並べた数字の下に，少し間を空けて線を引く

❸　いちばん左の数をそのまま下におろす。

2	−7	−5	1	4
↓ 2をそのままおろす				
2				

❹　ラインの下の数と└の中の数を掛け，右上に書き，上下を足す。

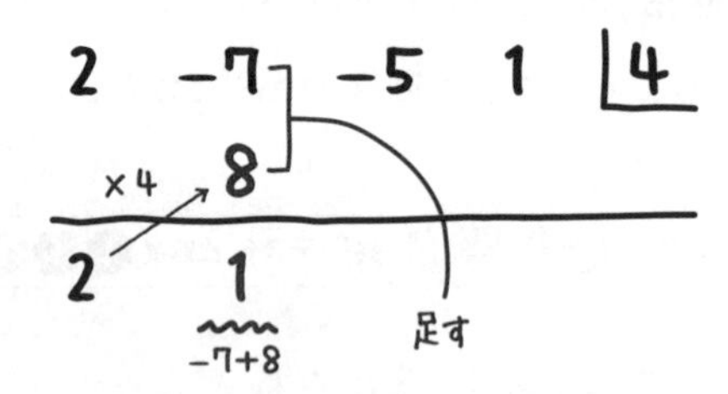

ここでは，−7から8を引いてはダメだよ。足すんだ。筆算と混同しないようにね。

❺　❹の作業をくり返す。

2	−7	−5	1	4
	8	4 (1×4)	−4 (−1×4)	
2	1	−1 (−5+4)	−3 (1+(−4))	

❻　線の下のいちばん右の数だけ仕切り線で区切る。 すると，**左にある3つの数が商の係数になり，右の数があまりになるんだ。**

2	−7	−5	1	4
	8	4	−4	
2	1	−1	−3	
商の係数になる			あまり	

「商の係数が2，1，−1ということは……。」

今回は3次式を1次式で割ったのだから，商は2次式になるはずだよね。

「あっ，ということは

解答　**商は$2x^2+x-1$　あまりは-3**　答え　例題 1-7 (1)」

そう，正解。じゃあ，(2)もやってみようか。$3x+1$のままでは組立除法を使って割ることができないね。**まず，割る式をxの係数の3で割って，$x+\frac{1}{3}$に変形してから割る。そして，求めた商を3で割ればいいよ。** $x+\frac{1}{3}$で割るということは└の中に何を書けばいい？

「$-\frac{1}{3}$です。」

そうだね。じゃあ，実際に組立除法を使って割ってみよう。まず，割られる式の係数を横に並べて書くんだけど，1-6 でもそうだったように，x^2がないということは，**x^2の係数は0**だから，

$$9 \quad -6 \quad 0 \quad 13 \quad 7$$

と書かなければならないよ。じゃあ，ハルトくん，やってみて。

「
9	−6	0	13	7	└ $-\frac{1}{3}$
	−3	3	−1	−4	
9	−9	3	12	3	

4次式を1次式で割ると商は3次式なので……。

商は$9x^3-9x^2+3x+12$で，あまりは3ですね。」

うん，ここまではOKだ。この商をさらに3で割ればいい。だから，商は$3x^3-3x^2+x+4$だ。

「あまりは1になるんですね。」

いや，あまりは3のままだよ。

「えっ？　あまりは$\frac{1}{3}$倍にならないんですか？」

ならないよ。数の割り算では

　　割られる数＝割る数×商＋あまり

というのが成り立ったよね。同様に，多項式では

　　割られる式＝割る式×商＋あまり

というのが成り立つんだ。ハルトくんがやってくれた割り算を，この形にすると

$$\text{与式}=\underbrace{\left(x+\frac{1}{3}\right)}_{\text{割る式}}\underbrace{(9x^3-9x^2+3x+12)}_{\text{商}}+\underbrace{3}_{\text{あまり}}$$

となるよね。$x+\frac{1}{3}$を3倍して，$9x^3-9x^2+3x+12$のほうを$\frac{1}{3}$倍してみようか。すると，1倍したことになるから，変化なしだね。

$$\text{与式}=(3x+1)(3x^3-3x^2+x+4)+3$$

が成り立つ。これは，割られる式＝割る式×商＋あまりの形になっているよね。

「あっ，そうか。割る式は$3x+1$で，商は$3x^3-3x^2+x+4$で，あまりは3のままだから

解答　**商は$3x^3-3x^2+x+4$　あまりは3**

答え　例題 1-7 (2)」

わかったかな？　よし，次に進もう。

1-8 割られる式＝割る式×商＋あまり

1-7 でも紹介した，「割られる式＝割る式×商＋あまり」の関係を使った計算もあるよ。

例題 1-9 定期テスト 出題度 !!! 共通テスト 出題度 !!

次の条件を満たす x の多項式 P を求めよ。

(1) P を x^2-8x+2 で割ると，商が $3x+1$ で，あまりが $-7x+5$ になる。

(2) $-2x^4+x^3+43x^2+32x-27$ を P で割ると，商が $-x^2+4x+6$ で，あまりが $2x-9$ になる。

割られる式＝割る式×商＋あまりの式にあてはめればいいだけだ。ミサキさん，解いてみよう。

「**解答** (1) P が割られる式で，x^2-8x+2 が割る式，商が $3x+1$ あまりが $-7x+5$ だから

$P=(x^2-8x+2)(3x+1)-7x+5$

$=3x^3+x^2-24x^2-8x+6x+2-7x+5$

$=\underline{\underline{3x^3-23x^2-9x+7}}$ ← **答え** 例題 1-9 (1)

あっ，簡単。じゃあ，(2)も同じですか？」

そうだね。これもあてはめてみると

$$-2x^4+x^3+43x^2+32x-27=P\cdot(-x^2+4x+6)+2x-9$$

さらに，$P=$〜にしよう。

まず，最後の$2x-9$を左辺に移項すると

$$-2x^4+x^3+43x^2+32x-27-2x+9=P\cdot(-x^2+4x+6)$$
$$-2x^4+x^3+43x^2+30x-18=P\cdot(-x^2+4x+6)$$

そして，両辺を$-x^2+4x+6$で割ればいいね。

$$P=\frac{-2x^4+x^3+43x^2+30x-18}{-x^2+4x+6}$$

あとは，筆算を使って$-2x^4+x^3+43x^2+30x-18$を$-x^2+4x+6$で割ればいいよ。ピッタリ割り切れるはずだ。ハルトくん，計算してみよう。

「解答　(2)　$-2x^4+x^3+43x^2+32x-27$

$$=P\cdot(-x^2+4x+6)+2x-9$$

$$-2x^4+x^3+43x^2+30x-18=P\cdot(-x^2+4x+6)$$

```
                 2   7  -3
-1   4   6 ) -2   1  43   30  -18
             -2   8  12
             ---------------------
                 -7  31   30  -18
                 -7  28   42
                 -----------------
                      3  -12  -18
                      3  -12  -18
                      -------------
                                0
```

$P=\underline{\underline{2x^2+7x-3}}$　答え　例題 1-9 (2)」

そう，正解。自力で解けるように，もう一度復習しておいてね。

多項式の最大公約数，最小公倍数

多項式にも「最大公約数，最小公倍数」が存在する。最大公約式とか，最小公倍式とかいったりはしないからね。

例題 1-10　定期テスト 出題度 !!!　共通テスト 出題度 !

次の式の最大公約数，最小公倍数を求めよ。

(1)　x^2-4x-5，x^2+x-30

(2)　$8x^2+60x+28$，$6x+30$

「式の最大公約数，最小公倍数ってどうやって見つけるの？難しそう……。」

整数の最大公約数，最小公倍数に関しては『数学Ⅰ・A編』の **8-4** でやったよね。それと同じように考えればいいんだよ。

「そうなんですね。少しホッとしました。」

じゃあ，次のようにまとめておくよ。

最大公約数，最小公倍数

$A=ga$，$B=gb$（a，bは互いに素）であるとき，

A，Bの**最大公約数はg**

　　　最小公倍数はgab

では，(1)を解いてみよう。

「まず，因数分解するんですよね。」

そう。まず，それぞれの式を因数分解してみて。それぞれの因数を整数と考えれば多項式の最大公約数，最小公倍数の求めかたも整数と同じだよ。

「**解答**　(1)　$x^2-4x-5=(x+1)(x-5)$

$x^2+x-30=(x-5)(x+6)$

最大公約数　$\underline{\underline{x-5}}$

最小公倍数　$\underline{\underline{(x+1)(x-5)(x+6)}}$

答え　例題 1-10 (1)

だから……。」

あっ，ストップ！　展開しなくていいよ。因数分解した式がいちばんスッキリした答えかただからね。

続いて(2)だが，まず因数分解すると

$$8x^2+60x+28=4(2x^2+15x+7)$$
$$=4(2x+1)(x+7)$$
$$6x+30=6(x+5)$$

になる。実は，**多項式の最大公約数，最小公倍数のときは定数倍を考えない**ことになっているんだ。だから，$(2x+1)(x+7)$ と $(x+5)$ の最大公約数，最小公倍数を求めればよい。

「共通な式がないということは……，

解答　最大公約数は $\underline{\underline{1}}$ で，

最小公倍数は $\underline{\underline{(2x+1)(x+7)(x+5)}}$

答え　例題 1-10 (2)」

その通り。よく理解できているね。

1-10 3つの多項式の最大公約数，最小公倍数

1-9 と同様に，整数のほうがわかっていたら，余裕かな？

例題 1-11　定期テスト 出題度 ❗❗　共通テスト 出題度 ❗

次の3つの式の最大公約数，最小公倍数を求めよ。

a^2-b^2，a^3-b^3，a^4-b^4

これも，整数でのやりかたは，『数学Ⅰ・A編』の 8-4 で紹介している。多項式でもやりかたは変わらないよ。それぞれの式を因数分解する。

$$a^2-b^2=(a+b)\boldsymbol{(a-b)}$$

$$a^3-b^3=\boldsymbol{(a-b)}(a^2+ab+b^2)$$

$$a^4-b^4=(a^2+b^2)(a^2-b^2)$$

$$=(a^2+b^2)(a+b)\boldsymbol{(a-b)}$$

「共通に含まれる式は $a-b$ だから，

解答　最大公約数は $a-b$ ⇐答え　例題 1-11」

「2つに入っている式は

a^2-b^2 と a^4-b^4 に入っている $(a+b)$，

1つだけに入っている式は

a^3-b^3 に入っている (a^2+ab+b^2) と，

a^4-b^4 に入っている (a^2+b^2) だから，

解答　最小公倍数は

$(a-b)(a+b)(a^2+ab+b^2)(a^2+b^2)$

」

分数式

もうこれ以上約分できない形にしてみよう。これを「既約分数式」というよ。

例題 1-12　定期テスト 出題度 ❗❗❗　共通テスト 出題度 ❗❗

次の分数式を約分して簡単にせよ。

(1) $\dfrac{4a^6b}{10a^2b^4}$　　(2) $\dfrac{2x^2-18}{x^3+27}$

分子や分母が文字を含む式になっている分数を**分数式**という。数の割り算と同じように，共通の因数で割ることによって**約分ができる**んだ。

(1)は，まず4と10が約分できる。そして，分子はaが6個だし，分母はaが2個だから，2個ずつ消えるよ。

「あっ，そうか。分子にaが4個残るんだ。じゃあ，bは1個ずつ消えるわけだから

解答　(1)　$\dfrac{\overset{2a^4}{\cancel{4}\cancel{a^6}\cancel{b}}}{\underset{5\quad b^3}{\cancel{10}\cancel{a^2}\cancel{b^4}}}=\dfrac{2a^4}{5b^3}$　←**答え**　**例題 1-12** (1)」

正解。じゃあ，(2)をやってみるよ。まず，約分できるように分子，分母をそれぞれ因数分解するんだ。

「x^2で約分すればいいんじゃないんですか？　$2x^2$とx^3はどちらもx^2で約分できますよね……。」

できないんだよ。約分するには共通の因数で割らないといけない。つまり，

$\dfrac{2\cancel{x^2}-18}{\underset{x}{\cancel{x^3}}+27}$ や $\dfrac{2x^2-\overset{2}{\cancel{18}}}{x^3+\underset{3}{\cancel{27}}}$ とはできない。よく間違えるから注意しよう。

では，分子，分母をそれぞれ因数分解して解いていくよ。

解答 (2) $\dfrac{2x^2-18}{x^3+27}=\dfrac{2(x^2-9)}{(x+3)(x^2-3x+9)}$

$=\dfrac{2\cancel{(x+3)}(x-3)}{\cancel{(x+3)}(x^2-3x+9)}$

$=\dfrac{\mathbf{2(x-3)}}{\mathbf{x^2-3x+9}}$ ⇦答え 例題 1-12 (2)

「最後の，$2(x-3)$ は，展開しないんですか？」

例題 1-10 (1)でも出てきたが，因数分解されているものが一番美しい形なんだ。分数の場合は分子，分母ともに因数分解した形で答えるのがいいよ。分母の x^2-3x+9 も因数分解したいところだけど……。

「できないなら仕方ないのか。」

分数式の掛け算，割り算

数の分数を習ったとき，掛け算は分子どうし，分母どうしを掛けるとか，割り算は逆数を掛けるとか，いろいろな計算を勉強したよね。分数式の場合も同じだよ。

例題 1-13　定期テスト 出題度 ❗❗❗　共通テスト 出題度 ❗❗

$\dfrac{a+5b}{a^2-4ab+3b^2} \div \dfrac{a^2-ab-30b^2}{3a^2-8ab-3b^2}$ を計算せよ。

「うわー。難しそうな計算だ……。」

分数式の割り算は，“逆数を掛ける”とすればいいんだよ。

「じゃあ，数の割り算と一緒ですね！　逆数にして，分子どうし，分母どうしをそれぞれ掛ければいいんですね。」

うん。でも，そのまま掛けるのではなく，まずは因数分解しよう。約分できれば，答えは思いのほか簡単になるよ。

解答

$$\frac{a+5b}{a^2-4ab+3b^2} \div \frac{a^2-ab-30b^2}{3a^2-8ab-3b^2}$$

$$=\frac{a+5b}{a^2-4ab+3b^2} \times \frac{3a^2-8ab-3b^2}{a^2-ab-30b^2}$$

$$=\frac{\cancel{a+5b}}{(a-b)\cancel{(a-3b)}} \times \frac{\cancel{(a-3b)}(3a+b)}{(a-6b)\cancel{(a+5b)}}$$

$$=\underline{\underline{\frac{3a+b}{(a-b)(a-6b)}}}$$

例題 1-13

分数式の足し算，引き算

「分数の足し算，引き算は，分母を通分して，最小公倍数にそろえる」というのを小学校で習ったよね。分数式のときもその原則は変わらないよ。

例題 1-14　定期テスト 出題度 ❗❗❗　共通テスト 出題度 ❗❗

$\dfrac{7}{2x^2-x-1}+\dfrac{x-5}{x^2+2x-3}$ を計算せよ。

分母は文字を含んだ式になっているね。ということは，1-9 でやった内容を思い出して，最小公倍数を見つけるよ。

❶　まず，分母を因数分解する。

$$\frac{7}{2x^2-x-1}+\frac{x-5}{x^2+2x-3}$$
$$=\frac{7}{(2x+1)(x-1)}+\frac{x-5}{(x+3)(x-1)}$$

例えば，$\dfrac{1}{2}+\dfrac{1}{3}$ を計算するときは，分母を2と3の最小公倍数の“6”にそろえるよね。文字式のときも同じだよ。

❷　分母は $(2x+1)(x-1)$ と $(x+3)(x-1)$ なんだから，その最小公倍数にそろえればいい。最小公倍数は？

「$(2x+1)(x+3)(x-1)$ です。」

そうだね。$\dfrac{7}{(2x+1)(x-1)}$ には，分子，分母に $(x+3)$ を掛ければいいし，

$\dfrac{x-5}{(x+3)(x-1)}$ には, 分子, 分母に $(2x+1)$ を掛ければいい。分母がそろえば，

あとは分子の足し算をしよう。

$$=\frac{7\boldsymbol{(x+3)}}{(2x+1)\boldsymbol{(x+3)}(x-1)}+\frac{(x-5)\boldsymbol{(2x+1)}}{\boldsymbol{(2x+1)}(x+3)(x-1)}$$

$$=\frac{7(x+3)+(x-5)(2x+1)}{(2x+1)(x+3)(x-1)}$$

分子の $7(x+3)+(x-5)(2x+1)$ は因数分解しているわけでもなく，展開しているわけでもない中途半端な状態だからね。分子は展開して整理し，できるようなら**因数分解しよう**。

解答

$$\frac{7}{2x^2-x-1}+\frac{x-5}{x^2+2x-3}$$

$$=\frac{7}{(2x+1)(x-1)}+\frac{x-5}{(x+3)(x-1)}$$

$$=\frac{7(x+3)}{(2x+1)(x+3)(x-1)}+\frac{(x-5)(2x+1)}{(2x+1)(x+3)(x-1)}$$

$$=\frac{7(x+3)+(x-5)(2x+1)}{(2x+1)(x+3)(x-1)}$$

分子は中途半端なので展開をする

$$=\frac{7x+21+2x^2-9x-5}{(2x+1)(x+3)(x-1)}$$

$$=\frac{2x^2-2x+16}{(2x+1)(x+3)(x-1)}$$

分子は2でくくる

$$=\boldsymbol{\frac{2(x^2-x+8)}{(2x+1)(x+3)(x-1)}}$$

答え　例題 1-14

最後に，もし約分できるときは約分しよう。今回はできないから，このままでいいよ。

1-14 分子や分母が分数になっているもの

分数の中に分数があるなんて，木が生い茂っているみたいに複雑だ。昔の人はこれを“繁(はん)”分数式と名付けたんだ。納得だね。

数II 1章

例題 1-15

定期テスト 出題度 ❗❗❗　共通テスト 出題度 ❗❗❗

次の式を簡単にしたとき，□にあてはまる0から9までの数字を答えよ。

(1) $$\frac{\frac{z}{5}-1}{\frac{x}{3}+\frac{y}{2}}=\frac{\boxed{\text{ア}}(z-\boxed{\text{イ}})}{\boxed{\text{ウ}}(\boxed{\text{エ}}x+\boxed{\text{オ}}y)}$$

(2) $$\frac{\frac{1}{x+4}+\frac{1}{x-4}}{\frac{1}{x-4}-\frac{1}{x+4}}=\frac{x}{\boxed{\text{カ}}}$$

分子や分母が“分数”になっている分数式を**繁(はん)分数式**というよ。このようなときは，**“小さい分数の分母”の最小公倍数を分子，分母に掛ければいいよ。**

例えば(1)の $\frac{\frac{z}{5}-1}{\frac{x}{3}+\frac{y}{2}}$ なら，“小さい分数の分母”は，5，3，2だね。

「5と3と2の最小公倍数の30を分子，分母に掛けるんですか？」

そうだよ。じゃあ，やってみるね。

解答

(1) $$\frac{\frac{z}{5}-1}{\frac{x}{3}+\frac{y}{2}}=\frac{\left(\frac{z}{5}-1\right)\times 30}{\left(\frac{x}{3}+\frac{y}{2}\right)\times 30}=\frac{6z-30}{10x+15y}=\frac{6(z-5)}{5(2x+3y)}$$

ア …6,　イ …5,　ウ …5,　エ …2,　オ …3

答え　例題 1-15 (1)

じゃあ，ミサキさん，(2)はどう考える？

「$\dfrac{\dfrac{1}{x+4}+\dfrac{1}{x-4}}{\dfrac{1}{x-4}-\dfrac{1}{x+4}}$ の，“小さい分数の分母”は，$x+4$ と $x-4$ の2つですね。ということは，これも最小公倍数の $(x+4)(x-4)$ を分子，分母に掛ければいいんですね。……えっ？　答えがわからない……。」

イッキに計算するのは大変だから，1つずつ考えてみようか。$\dfrac{1}{x+4}$ のほうだけど，まず，$x+4$ を掛けると1になるよね。それにさらに $x-4$ を掛けるわけだから……？

「$x-4$ ですね。」

うん。そうだね。じゃあ，$\dfrac{1}{x-4}$ のほうは？

「まず，$x-4$ を掛けると1で，さらに $x+4$ を掛けるから，$x+4$ になります！

解答 (2) $\dfrac{\dfrac{1}{x+4}+\dfrac{1}{x-4}}{\dfrac{1}{x-4}-\dfrac{1}{x+4}}$ ←$(x+4)(x-4)$ を分母・分子に掛ける

$=\dfrac{(x-4)+(x+4)}{(x+4)-(x-4)}=\dfrac{2x}{8}=\dfrac{x}{4}$

カ …4　答え　例題 1-15 (2)」

恒等式（常に成り立つ等式）

「恒等式」なんて，名前は立派だけど，実態はとても単純なものなんだ。ちょっと，拍子抜けしちゃうかもしれないね。

ふつう，方程式はxがある数のときしか成り立たないよね。例えば

$$6x-1=2x+7$$

という方程式を解くと$x=2$となり，最初の$6x-1=2x+7$の式は，$x=2$のときにのみ成り立つということだ。$x=-1$とか$x=5$とか別の数を入れても左辺と右辺はイコールにならないはずだ。

それに対してxの**恒等式**というのは，xにどんな数を入れても成り立つんだ。例えば

$$4x+3=4x+3$$

なら，xにどんな値を入れても成り立つよね。

「……えっ？　当たり前じゃないですか。」

そうだよね。**多項式がどんなxでも成り立つということは，両辺がまったく同じ形をしているということだ。** 係数を比較したら同じになるね。

恒等式

すべてのxに対して

$$ax+b=cx+d \iff a=c \text{　かつ　} b=d$$

$$ax+b=0 \iff a=0 \text{　かつ　} b=0$$

「$ax+b=0$なら，$a=0$かつ$b=0$になるのはどうしてですか？」

$ax+b=0$の右辺の0は$0x+0$とみなせばいいよ。

「あっ，そう考えるんですね。わかりました。」

例題 1-16　定期テスト 出題度 ❗❗❗　共通テスト 出題度 ❗❗

任意のxについて，次の式が成り立つとき，a，b，c，dの値を求めよ。

$$a(x-2)^3+b(x-2)^2+c(x-2)+d=-3x^3+19x^2-33x+10$$

まず，両辺とも●x^3＋●x^2＋●x＋●の形にして，係数を比較すればいい。

「右辺は，もうその形になっていますね。」

そうだね。左辺だけ変えればいい。やってごらん。

「**解答**　左辺$=a(x-2)^3+b(x-2)^2+c(x-2)+d$

$=a(x^3-6x^2+12x-8)+b(x^2-4x+4)$
$\quad+c(x-2)+d$

$=ax^3-6ax^2+12ax-8a+bx^2-4bx+4b$
$\quad+cx-2c+d$

$=\underline{a}x^3+\underline{(-6a+b)}x^2+\underline{(12a-4b+c)}x$
$\quad\underline{-8a+4b-2c+d}$

これを右辺の係数と比較して

$a=-3$　……①

$-6a+b=19$　……②

$12a-4b+c=-33$　……③

$-8a+4b-2c+d=10$　……④

①を②に代入すると

$18+b=19 \qquad b=1 \quad \cdots\cdots⑤$

①，⑤を③に代入して

$-36-4+c=-33 \qquad c=7 \quad \cdots\cdots⑥$

①，⑤，⑥を④に代入して

$24+4-14+d=10 \qquad d=-4$

よって，

$a=-3,\ b=1,\ c=7,\ d=-4$

答え　例題 1-16」

そうだね。じゃあ，もう1問。

例題 1-17　定期テスト 出題度 ❗❗❗　共通テスト 出題度 ❗❗

任意の x について，次の式が成り立つとき，a，b の値を求めよ。

$$\frac{9x-1}{x^2-3x-4}=\frac{a}{x+1}+\frac{b}{x-4}$$

ハルトくん，解ける？

「右辺を左辺と同じ形にして，見比べればいいんですよね。

解答

$$左辺=\frac{9x-1}{(x+1)(x-4)}$$

$$右辺=\frac{a(x-4)}{(x+1)(x-4)}+\frac{b(x+1)}{(x+1)(x-4)}$$

$$=\frac{a(x-4)+b(x+1)}{(x+1)(x-4)}$$

$$=\frac{ax-4a+bx+b}{(x+1)(x-4)}$$

$$=\frac{(a+b)x-4a+b}{(x+1)(x-4)}$$

よって

$a+b=9$　……①

$-4a+b=-1$　……②

①－②より

$5a=10$

$a=2$

これを①に代入すると，$b=7$

$\underline{\underline{a=2,\ b=7}}$ ⇦ 答え 例題 1-17 」

うん。それでいいね。最初に分母を払ってしまってもいいよ。

$$\frac{9x-1}{x^2-3x-4}=\frac{a}{x+1}+\frac{b}{x-4}$$

両辺に $(x+1)(x-4)$ を掛けると

$$9x-1=a(x-4)+b(x+1)$$

$$9x-1=ax-4a+bx+b$$

$$9x-1=(a+b)x-4a+b$$

$a+b=9$　……①

$-4a+b=-1$　……②

あとは同じだね。

1-16 恒等式 ～数値を代入して解く～

数学は要領のよさが大切だよ。その代表的な1つがこれ。

例題 1-16　定期テスト 出題度 !!!　共通テスト 出題度 !!

任意の x について，次の式が成り立つとき，a，b，c，d の値を求めよ。

$$a(x-2)^3+b(x-2)^2+c(x-2)+d=-3x^3+19x^2-33x+10$$

これはp.54で解いた **例題 1-16** なんだけど，実は他にも解きかたがあるんだ。x の恒等式ということは，**どんな x の値を代入しても成り立つということだ。** お言葉に甘えて（笑），いろいろな数を入れてみればいい。

例えば $x=2$ を代入すると，$d=-4$　……①と，ラクに求められるよね。

「"$x=2$"というのはどこから出てきたのですか？」

どんな x を代入してもいいけど，せっかくだからラクに計算したいよね。この式を見てごらん。**$(x-2)$ がいくつもあるよね。** ということは $x=2$ を代入すれば0になるわけだから計算がラクにすむね。

「あっ，そうか。でもそれだけなら他の a，b，c が求められないんじゃないの……？」

うん。そこで，他にも数を入れていこう。**求めたい文字の個数だけ数を代入するんだ。** 今回は，a，b，c，d の4つの文字を求めたいから，あと3つ代入しなければならないね。じゃあ，2に近い1，3，0を代入しよう。

$x=1$なら　$-a+b-c+d=-7$　……②

$x=3$なら　$a+b+c+d=1$　……③

$x=0$なら　$-8a+4b-2c+d=10$　……④

になる。これを連立して解けば，$a=-3$，$b=1$，$c=7$，$d=-4$となる。でもこれで終わりじゃないんだ。

「えっ？」

とりあえず，$x=0$，1，2，3を代入して成り立つのは，$a=-3$，$b=1$，$c=7$，$d=-4$のときだとわかった。いいかたを変えれば，**『$a=-3$，$b=1$，$c=7$，$d=-4$ならば$x=0$，1，2，3のときは成り立つ』**とわかった。でも，**他のxで成り立つかはわからないよね**。例えば$x=4$を代入したら成り立たないかもしれない。

「……はい。」

だから，$x=0$，1，2，3以外のxでも成り立つことを調べないといけない。$a=-3$，$b=1$，$c=7$，$d=-4$を代入して**両辺が同じ形になっていること**を確認するんだ。左辺に$a=-3$，$b=1$，$c=7$，$d=-4$を代入すると

$$
\begin{aligned}
\text{左辺}&=-3(x-2)^3+(x-2)^2+7(x-2)-4\\
&=-3(x^3-6x^2+12x-8)+(x^2-4x+4)+7(x-2)-4\\
&=-3x^3+18x^2-36x+24+x^2-4x+4+7x-14-4\\
&=-3x^3+19x^2-33x+10
\end{aligned}
$$

となって両辺が同じ式とわかり，**すべてのxで成り立つ**とわかる。

「はい。たしかに。でもなんか，かえって面倒くさいな……。最初はラクな方法だと思ったけど……。」

そうだね。でも実際は必ず成り立つので，わざわざ代入して確認しなくてもいいよ。

実際に代入している人はほとんどいないしね（笑）。最後に，**『逆に，$a=-3$，$b=1$，$c=7$，$d=-4$ なら与式は常に成り立つ』と言葉だけ書いておけばいい。** 確認していないのにやったふりをすればいい。わざとらしくね（笑）。

「確認していないのに？　なんかズルい……。」

数学ではズルをすることも時には大切なんだ。まあ，ちゃんと確認する余裕があればしたほうがいいけどね。

解答 $a(x-2)^3+b(x-2)^2+c(x-2)+d=-3x^3+19x^2-33x+10$

$x=2$ なら　$d=-4$　……①

$x=1$ なら　$-a+b-c+d=-7$　……②

$x=3$ なら　$a+b+c+d=1$　……③

$x=0$ なら　$-8a+4b-2c+d=10$　……④

②＋③より　$2b+2d=-6$

$b+d=-3$　……⑤

⑤に①を代入すると　$b=1$　……⑥

②に①と⑥を代入すると　$a+c=4$　……⑦

④に①と⑥を代入すると　$4a+c=-5$　……⑧

⑧－⑦より　$3a=-9$，$a=-3$　……⑨

⑦に⑨を代入すると　$c=7$

逆に，$a=-3$，$b=1$，$c=7$，$d=-4$ なら，与式は常に成り立つ。

よって　$\boldsymbol{a=-3,\ b=1,\ c=7,\ d=-4}$　⇐ 答え　例題 1-16

1-17 条件付きの恒等式

『数学Ⅰ・A編』の 3-20 ， 3-21 で最大，最小を求めるために文字を減らすというのがあったね。恒等式でもその方法をよく使うよ。

例題 1-18　定期テスト 出題度 !!　共通テスト 出題度 !

任意の実数 x, y, z が，$2x-y+3z=5$，$4x+y-z=9$ を満たすとき，$ax+by+z=-25$ が常に成り立つような定数 a，b の値を求めよ。

「文字が x, y, z の3つあるのに，連立方程式は，$2x-y+3z=5$ と $4x+y-z=9$ の2つしかないですね。」

うん。そうだね。こういう場合は，1つの文字で他の文字をすべて表そう。$2x-y+3z=5$, $4x+y-z=9$ の式から **y も z もすべて x で表すことができるので，これを $ax+by+z=-25$ に代入すればいい**。x のみの式になって，恒等式で解けるよ。

解答

$2x-y+3z=5$ ……①

$4x+y-z=9$ ……②

①＋②より

$6x+2z=14$

$3x+z=7$

$z=-3x+7$ ……③

これを①に代入すると

$2x-y+3(-3x+7)=5$

$2x-y-9x+21=5$

$y=-7x+16$ ……④

③，④を$ax+by+z=-25$に代入すると

$ax+b(-7x+16)+(-3x+7)=-25$

$ax-7bx+16b-3x+7=-25$

$(a-7b-3)x+(16b+7)=-25$

「これで，左辺の$ax+by+z$からyとzが消えましたけど，このあとはどうするんですか？」

$ax+by+z=-25$が常に成り立つということは，

$(a-7b-3)x+(16b+7)=-25$が常に成り立つ，つまり恒等式なんだ。

「$(a-7b-3)x+(16b+7)=0\cdot x+(-25)$ということですね。」

そういうこと。では，解答を続けるよ。

xは任意より（xの恒等式より）

$a-7b-3=0$ ……⑤

$16b+7=-25$より　$16b=-32$

$b=-2$ ……⑥

⑥を⑤に代入すると　$a+14-3=0$

$a=-11$

$a=-11$，$b=-2$ ⇦答え 例題 1-18

「まずは，yとzをxで表して$ax+by+z=-25$に代入する。次に，代入した式を恒等式として左辺と右辺を見比べるのか。」

1-18 等式の証明

“証明”というとプレッシャーがかかるけど，やりかたを覚えれば簡単だよ。でも，誤った書きかたをして，不正解になる人がとても多いんだ。

例題 1-19　定期テスト 出題度 !!!　共通テスト 出題度 !

$(a-2b)^2+(2a-b)^2=5(a-b)^2+2ab$ が成り立つことを証明せよ。

「証明問題って苦手なんだよなぁ……。」

やりかたはいたって単純なんだ。**左辺と右辺を別々に計算してみればいい**。等しくなることがすぐにわかるよ。

「えーっ。ほんとかなぁ。」

とにかくやってみるね。

解答　左辺 $=(a-2b)^2+(2a-b)^2$

$=a^2-4ab+4b^2+4a^2-4ab+b^2$

$=5a^2-8ab+5b^2$

右辺 $=5(a-b)^2+2ab$

$=5(a^2-2ab+b^2)+2ab$

$=5a^2-8ab+5b^2$

よって，題意を満たす。　**例題 1-19**

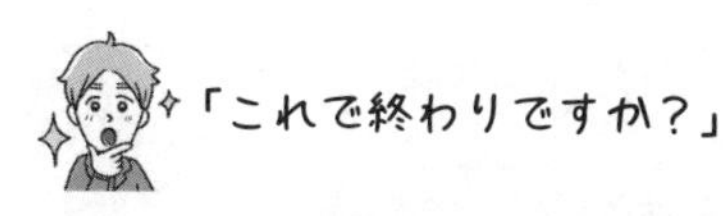

ラクでしょ。計算だけで証明できることもあるんだよ。

この場合，左辺−右辺を計算して0になることをいってもいいよ。

解答 左辺−右辺$=(a-2b)^2+(2a-b)^2-5(a-b)^2-2ab$

$$=a^2-4ab+4b^2+4a^2-4ab+b^2-5(a^2-2ab+b^2)-2ab$$

$$=a^2-4ab+4b^2+4a^2-4ab+b^2-5a^2+10ab-5b^2-2ab$$

$$=0$$

よって，題意を満たす。 **例題 1-19**

『数学Ⅰ・A編』の **2-7** でもいったけど，最後に証明が終わったことがわかるように，**『題意を満たす』とか『成り立つ』とかを書く**んだったね。

「あっ，そうだった。思い出しました！　最後に，**証明した式を書いてもいいんですよね。**

よって　$(a-2b)^2+(2a-b)^2=5(a-b)^2+2ab$

というふうに。」

その通りだよ。では，次の問題にいこう。

例題 1-20　定期テスト 出題度 ❗❗　共通テスト 出題度 ❗

変数 x, y が $x-3y=2$ を満たすとき，

$$9xy^2=(x-2)^3+18y^2$$

が成り立つことを証明せよ。

「……あっ，**1-17** で出てきた問題と似てる！　$x-3y=2$ を使って文字を減らせばいいんだ。」

そうだね。やってみて。

「**解答**　$x-3y=2$ より，$x=3y+2$　……①

①を代入すると

$$\text{左辺}=9(3y+2)y^2$$
$$=27y^3+18y^2$$
$$\text{右辺}=(3y)^3+18y^2$$
$$=27y^3+18y^2$$

よって，題意を満たす。**例題 1-20**」

正解。もちろん，左辺−右辺を計算して0になることを示してもいいよ。

お役立ち話 1

証明問題の解答の書きかたに気をつけよう

さて，1-18 でひとつ，注意しなければならないことがあるから，例題 1-19 を使って話しておこう。以下のように証明する人がとても多いんだ。

$(a-2b)^2+(2a-b)^2=5(a-b)^2+2ab$

$a^2-4ab+4b^2+4a^2-4ab+b^2=5(a^2-2ab+b^2)+2ab$

$5a^2-8ab+5b^2=5a^2-8ab+5b^2$

よって，題意を満たす。

こういう解答をしたらバツになるよ。

「えっ？　ダメ？　何でですか？」

この問題は，$(a-2b)^2+(2a-b)^2=5(a-b)^2+2ab$ が成り立つことを証明するのだから，この式そのものは使えないよ。

左辺と右辺を別々に計算したり，左辺－右辺を計算して0になったりして，初めて『左辺と右辺は同じ』とわかるんだ。これはみんなよく間違えるから注意しよう。

1-19 「左辺−右辺」を使った不等式の証明

中学校で習った数学の中で，$\sqrt{\quad}$ の大小を比較するのに形をそろえるというのがあった。多項式の場合は，一方から他方を引くのが一般的だよ。

例題 1-21 定期テスト 出題度 !!! 共通テスト 出題度 !

次の不等式を証明せよ。また，等号の成り立つ条件を求めよ。ただし，a，b は実数とする。

$a \geqq b$ ならば，$\dfrac{3a-5b}{2} \geqq \dfrac{a-4b}{3}$

『左辺≧右辺』を証明するには，**“左辺−右辺≧0”になることを示せばいいんだよ。**

解答 左辺−右辺 $=\dfrac{3a-5b}{2}-\dfrac{a-4b}{3}$

$=\dfrac{9a-15b}{6}-\dfrac{2a-8b}{6}$

$=\dfrac{7a-7b}{6}$

$=\dfrac{7(a-b)}{6}$ ←$a \geqq b$ だから $a-b \geqq 0$

$\geqq 0$

よって，題意を満たす。

等号成立は，$a-b=0$

つまり，$a=b$ のときである。 例題 1-21

$a \geqq b$ だから，**$a-b \geqq 0$ になる**のはわかるよね。

「はい。ということは，$\dfrac{7(a-b)}{6} \geqq 0$ですね。」

そうだね。これで証明ができたね。さて，この問題は，“≧0”となっているけど，「等号が成り立つとき」，つまり，「$\dfrac{3a-5b}{2}=\dfrac{a-4b}{3}$」になるのはどんなときか？　を聞いているね。

「左辺−右辺＝0になるときだから，$\dfrac{7(a-b)}{6}=0$で，$a-b=0$

つまり，$a=b$のときということか。なるほど……。」

あっ，念のためいっておくけど，これも**お役立ち話 1**で説明した通り，証明する式を使ってはいけないよ。

$$\frac{3a-5b}{2} \geqq \frac{a-4b}{3}$$

両辺に6を掛けて，

$$3(3a-5b) \geqq 2(a-4b)$$

$$9a-15b \geqq 2a-8b$$

$$7a-7b \geqq 0$$

$$7(a-b) \geqq 0$$

よって，題意を満たす。

あくまで，左辺−右辺を計算しなければならない。また，

$$\text{左辺}-\text{右辺}=\frac{3a-5b}{2}-\frac{a-4b}{3} \geqq 0$$

$$=\frac{9a-15b}{6}-\frac{2a-8b}{6} \geqq 0$$

$$=\frac{7a-7b}{6} \geqq 0$$

$$=\frac{7(a-b)}{6} \geqq 0$$

よって，題意を満たす。

というふうに**途中で『≧0』をつける人もいるけどこれもダメだ。**

$\frac{7(a-b)}{6}$ まで計算して初めて≧0とわかるんだからね。途中でつけたくてもガマンしてつけないことだ。

例題 1-22　定期テスト 出題度 ❗❗❗　共通テスト 出題度 ❗

$x^2+4y^2 \geqq 4xy$ を証明せよ。また，等号の成り立つ条件を求めよ。ただし，x，y は実数とする。

さて，これも“左辺－右辺”を計算していこう。

解答　左辺－右辺$=x^2-4xy+4y^2$

$=(x-2y)^2$

$\geqq 0$

よって，題意を満たす。

等号成立は，$x-2y=0$

つまり，$x=2y$のときである。　**例題 1-22**

「$(x-2y)^2$はどうして0以上とわかるんですか？」

『数学Ⅰ・A編』の **例題 2-6** (3)で登場したよ。

$x-2y$が正なら，$(x-2y)^2$は正だし，

$x-2y$が0なら，$(x-2y)^2$は0だし，

$x-2y$が負なら，$(x-2y)^2$は正になる。

つまり，$(x-2y)^2$は絶対に0以上になるんだ。**“実数の2乗は0以上”と覚えておこうね。**

例題 1-23　定期テスト 出題度 ❗❗❗　共通テスト 出題度 ❗

次の不等式を証明せよ。また，等号の成り立つ条件を求めよ。
ただし，x，y は実数とする。

(1)　$x^2+3y^2 \geqq 2xy$

(2)　$x^2+6xy+9 \geqq -11y^2+2x-2y$

これもやはり“左辺−右辺”を計算していこう。

「(1)は左辺−右辺$=x^2-2xy+3y^2$ですね。このあとはどうすれば？」

これは『数学Ⅰ・A編』の **1-2** でやったよ。**文字がいくつもあるときは，1つだけを文字だと考えるんだった。**今回は x，y の2つあるが，x だけを文字と考えて，y は数字と考えよう。まず，x の降べきの順に並べて……。

「降べきの順ってなんでしたっけ？」

●x^2＋●x＋●のように，次数の高い順に書くことだよ。

「あ……。思い出しました。」

左辺−右辺$=x^2-2yx+3y^2$　というようになる。

「これを因数分解すればいいんですね。あれっ？　できない……。」

うん。**因数分解できないときは，平方完成をしよう。** 平方完成は『数学Ⅰ・A編』の **3-5** で学んだね。

解答　(1)　左辺−右辺$=x^2-2yx+3y^2$

$$=(x-y)^2-y^2+3y^2$$

$$=(x-y)^2+2y^2$$

$$\geqq 0$$

よって，題意を満たす。

等号成立は，$(x-y)^2=0$　かつ　$2y^2=0$

つまり，$x=y=0$のときである。 例題 1-23 (1)

「どうして $(x-y)^2+2y^2\geqq 0$ なんですか？」

実数の2乗は0以上だからね。$(x-y)^2$は0以上で，$2y^2$も0以上だから，足せば絶対に0以上になるね。

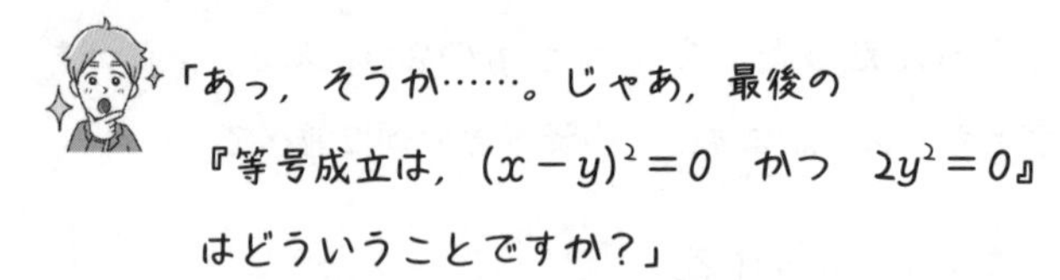

これは『数学Ⅰ・A編』の 例題 2-6 (3)でやったよ。

(0以上の数)＋(0以上の数)＝0になったということは，0+0の組合せしかないよね。

「……あっ，そうか！」

いい？　次の(2)も解いてみよう。まず，

左辺−右辺$=x^2+11y^2+6xy-2x+2y+9$

これも『数学Ⅰ・A編』の 3-22 で習ったね。まずはxだけを文字と考えて(yは数字と考えて)，xで整理する。

$$=x^2+(6y-2)x+11y^2+2y+9$$

この式を因数分解できるか考えてみると，……できないね。だからxで平方完成だ。

$$=\{x+(3y-1)\}^2-(3y-1)^2+11y^2+2y+9$$
$$=\{x+(3y-1)\}^2-9y^2+6y-1+11y^2+2y+9$$
$$=(x+3y-1)^2+2y^2+8y+8$$

残った$2y^2+8y+8$の部分がさらに因数分解できるね。

解答 (2) 左辺－右辺$=x^2+11y^2+6xy-2x+2y+9$

$$=x^2+(6xy-2x)+11y^2+2y+9$$
$$=x^2+(6y-2)x+11y^2+2y+9$$
$$=\{x+(3y-1)\}^2-(3y-1)^2+11y^2+2y+9$$
$$=\{x+(3y-1)\}^2-9y^2+6y-1+11y^2+2y+9$$
$$=(x+3y-1)^2+2y^2+8y+8$$
$$=(x+3y-1)^2+2(y+2)^2$$
$$\geqq 0$$

よって，題意を満たす。

等号成立は，$(x+3y-1)^2=0$ かつ $2(y+2)^2=0$

つまり，$x=7$，$y=-2$のときである。 例題 1-23 (2)

1-20 「(左辺)^2－(右辺)^2」を使った不等式の証明

$\sqrt{}$ や絶対値といった，1-19 のやりかたで証明できない厄介な不等式を証明する裏ワザもあるんだ。

例題 1-24　定期テスト 出題度 !!!　共通テスト 出題度 !

次の不等式を証明せよ。また，等号の成り立つ条件を求めよ。
ただし，a，b は実数とする。

(1)　$a \geqq 0$，$b \geqq 0$ ならば，$5\sqrt{a}+3\sqrt{b} \geqq \sqrt{25a+9b}$

(2)　$|a|+|b| \geqq |a+b|$

「(1)は　左辺－右辺$=5\sqrt{a}+3\sqrt{b}-\sqrt{25a+9b}$
あれっ？　変形できない……。」

そう。無理なんだ。左辺－右辺で式変形ができないときは，別の方法で行こう。**左辺も右辺も0以上のときは，“(左辺)^2－(右辺)$^2 \geqq 0$”になること**と，示してもいいんだ。それで解いてみて。

「解答　(1)　左辺$\geqq 0$，右辺$\geqq 0$より

$(左辺)^2-(右辺)^2$

$=(5\sqrt{a}+3\sqrt{b})^2-(\sqrt{25a+9b})^2$

$=(25a+30\sqrt{ab}+9b)-(25a+9b)$

$=30\sqrt{ab}$

$\geqq 0$

よって，題意を満たす。

等号成立は $\sqrt{ab}=0$

つまり，$ab=0$ のときである。　例題 1-24 (1)」

そうだね。最後は『$a=0$または$b=0$のとき』でもいいね。

「これって，"両辺とも0以上"でないと使えないのはなんでですか？」

『数学Ⅰ・A編』の 3-29 でも登場したんだけど，**『$a>b$』ならば『$a^2>b^2$』というのは，必ず成り立つわけじゃない。**$a=4$，$b=-7$とすると，$4>-7$だけど両辺を2乗したら$16<49$となってしまうからね。

「あっ，ホントだ！」

ただし，**a，bともに0以上のときは同じ意味になる。**だから，左辺も右辺も0以上なら，『左辺≧右辺』を証明する代わりに『(左辺)^2≧(右辺)^2』を証明してもいいわけなんだ。

「つまり，(左辺)^2－(右辺)^2≧0になることをいえばいいんですね。」

その通り。じゃあ次の(2)だが，これも左辺－右辺で計算しても$|a|+|b|-|a+b|$になるだけで，これ以上変形できないよね。

「ということは，(左辺)^2－(右辺)^{2}を計算する……？」

そう！　絶対値は2乗したら絶対値記号が消えるよ。絶対値だからといって，場合分けは必要ないんだ。次のようにして解けるよ。

解答　(2)　左辺≧0, 右辺≧0より

$$
\begin{aligned}
(\text{左辺})^2-(\text{右辺})^2 &= (|a|+|b|)^2-|a+b|^2 \\
&= |a|^2+2|a||b|+|b|^2-|a+b|^2 \\
&= a^2+2|a||b|+b^2-(a+b)^2 \\
&= a^2+2|a||b|+b^2-(a^2+2ab+b^2) \\
&= a^2+2|a||b|+b^2-a^2-2ab-b^2 \\
&= 2(|a||b|-ab) \\
&= 2(|ab|-ab) \\
&\geqq 0
\end{aligned}
$$

よって，題意を満たす。

等号成立は $|ab|=ab$

つまり，$ab \geqq 0$ のときである。 **例題 1-24** (2)

「最後，どうして $2(|ab|-ab)$ が 0 以上とわかるんですか？」

絶対値をつければ，つける前より同じになるか大きくなるかのどちらかなんだ。もし，**ab が0以上なら $|ab|$ と ab は同じだし，ab が負なら $|ab|$ は正の数になる** からね。

「そうか。だから，必ず $|ab| \geqq ab$ になるんだ。」

「等号成立の条件で，『$|ab|=ab$。つまり，$ab \geqq 0$ のときである。』といっているのもそういうことなんですね。」

1-21 相加平均と相乗平均の（大小）関係

正の数であれば，この関係はいくつの平均で考えても成り立つよ。例えば3つでやると，a，b，cすべて正なら，$a+b+c \geqq 3\sqrt[3]{abc}$ がいえる。あっ，$\sqrt[3]{\ }$ の意味は 5-1 を参考にしてね。

相加平均というのは，みんなのよく知っている平均だ。aとbの相加平均ならa，bを足して2で割ればいい。$\dfrac{a+b}{2}$ になるね。

それに対して**相乗平均**というのは，掛けて$\sqrt{\ }$ をつけたものだ。つまり，aとbの相乗平均は$\sqrt{ab}$ になる。

「えっ？　これも平均なんですか？　聞いたことないです！」

「日常では使わないですよね……。」

いや，そんなことないよ。例えば，ある会社が1年で業績が2倍になり，次の1年でさらにその8倍になったとする。

「すごい会社だな。景気いいですね。」

平均すると，1年あたり何倍になったか？　この場合，$\dfrac{2+8}{2}=5$（倍）とはしないんだ。2倍になり，さらに8倍になったということは2年間で16倍になったということだ。ということは，1年につき平均で$\sqrt{16}$ 倍，つまり4倍だから，2年連続して4倍になったのと同じになるよ。

「2と8を掛けて$\sqrt{\ }$ をつけるということですね。」

そうだね。『何倍か？』の平均を出すのは相乗平均を使うんだ。

そして，**2つの正の数どうしのときは，相加平均は相乗平均以上になるんだ**。ちなみに同じ数どうしのときは，相加平均も相乗平均も同じになる。

「$\frac{a+b}{2} \geqq \sqrt{ab}$ ということか。」

分数でないほうが使いやすいので，**$a+b \geqq 2\sqrt{ab}$ で覚えておこう**。

「ほんとだ。このほうが覚えやすい。」

相加平均と相乗平均の(大小)関係

$a>0$，$b>0$ のとき

$$\frac{a+b}{2} \geqq \sqrt{ab} \quad \text{つまり} \quad a+b \geqq 2\sqrt{ab}$$

等号成立は $a=b$ のとき

「ところで，これはどうして成り立つのですか？」

1-20 で習ったやりかたで証明すればいいよ。$a>0$，$b>0$ で，左辺も右辺も0以上だから，$(\text{左辺})^2-(\text{右辺})^2$ を計算しよう。

$(a+b)^2-(2\sqrt{ab})^2$

$=a^2+2ab+b^2-4ab$

$=a^2-2ab+b^2$

$=(a-b)^2 \geqq 0$

よって，$a+b \geqq 2\sqrt{ab}$ で，等号は $a=b$ のときに成立するね。

例題 1-25　定期テスト 出題度 !!!　共通テスト 出題度 !!!

次の□にあてはまる0から9までの数字を答えよ。ただし，a，b，t はすべて正の数とする。

(1)　$t+\dfrac{1}{t}$ は $t=$ ア のとき最小値 イ になる。

(2)　$(3a+4b)\left(\dfrac{1}{a}+\dfrac{3}{b}\right)$ は ウ $a=$ エ b のとき最小値 オカ になる。ただし，ウ，エ は最も簡単な整数比で答えよ。

数Ⅱ 1章

さて，相加平均と相乗平均の関係はいつ使うか？　ということがとても大切なんだ。**2つの正の数があり，掛けると定数になるような和の組合せに使う**と覚えておこう。

例えば，(1)の $t+\dfrac{1}{t}$ なんかそうだ。$t>0$ ということは，t，$\dfrac{1}{t}$ はともに正の数だし，t と $\dfrac{1}{t}$ を掛けると1という定数になるよね。よって，相加平均と相乗平均の関係を使えばいい。

「実際はどうやって計算するのですか？」

a と b なら，$a+b \geqq 2\sqrt{ab}$ になるんだよね。同じだよ。**a を t，b を $\dfrac{1}{t}$ と考えればいい。**

解答　(1)　$t>0$, $\frac{1}{t}>0$ であるから，相加平均と相乗平均の関係より

$$t+\frac{1}{t} \geqq 2\sqrt{t\cdot\frac{1}{t}}=2$$

等号成立は，$t=\frac{1}{t}$

つまり，$t^2=1$ のときである。

$t>0$ より，$t=1$ のとき最小値をとる。

よって，**$t=1$ のとき最小値2**

ア …**1**，イ …**2**　答え　例題 1-25 (1)

相加平均と相乗平均の関係を使ったときは，等号がいつ成り立つかも求めなければならないよ。 忘れないように。

「今回は a にあたるのが t で，b にあたるのが $\frac{1}{t}$ だから，

“$a=b$ のとき”ということは，“$t=\frac{1}{t}$ のとき”なんですね。」

うん。$t+\frac{1}{t}$ が常に2以上とわかったし，しかも “2” になるのは $t=1$ のときだとわかった。つまり，$t=1$ のとき最小値2ということなんだ。

さて，次の(2)だが，この形のままならどんな公式を使えばいいのかさっぱりわからないね。まず，展開してみよう。展開すると

$$(3a+4b)\left(\frac{1}{a}+\frac{3}{b}\right)=3+\frac{9a}{b}+\frac{4b}{a}+12$$

$$=\frac{9a}{b}+\frac{4b}{a}+15$$

となるね。ここで，$\frac{9a}{b}+\frac{4b}{a}$ の部分に注目してみよう。a も b も正だから，$\frac{9a}{b}$ と $\frac{4b}{a}$ はともに正だし，掛けると a も b も消えて36になるよね。ということは？

「相加平均と相乗平均の関係だ！」

そうだね。では，(2)を解いていくよ。

解答　(2)　$(3a+4b)\left(\frac{1}{a}+\frac{3}{b}\right)=3+\frac{9a}{b}+\frac{4b}{a}+12$

$$=\frac{9a}{b}+\frac{4b}{a}+15$$

$\frac{9a}{b}>0$，$\frac{4b}{a}>0$ であるから，相加平均と相乗平均の関係より

$$\geqq 2\sqrt{\frac{9a}{b}\cdot\frac{4b}{a}}+15$$

$$=2\sqrt{36}+15 \quad \leftarrow\sqrt{36}=6$$

$$=12+15$$

$$=27$$

等号成立は，$\frac{9a}{b}=\frac{4b}{a}$

つまり，$9a^2=4b^2$，$3a=2b$ のとき最小値をとる。

よって，**$3a=2b$ のとき最小値27**

［ウ］…**3**，［エ］…**2**，［オカ］…**27**　⇦**答え**　**例題 1-25** (2)

「$9a^2=4b^2$ は，どうして $3a=2b$ になるのですか？」

$9a^2=4b^2$ なら $(3a)^2=(2b)^2$ だよね。しかも，$3a$，$2b$ はともに正だから，2乗どうしが等しいならば，1乗どうしも等しくなるんだよ。

「あっ，そうか。わかりました。」

等号，不等号の意味

「さっきの 例題 1-25 (1)の解答では

『$t+\frac{1}{t} \geqq 2\sqrt{t \cdot \frac{1}{t}}=2$』となってましたけど，これって

$t+\frac{1}{t}=2$ということですか？」

えっ？　違うよ。どうして？

「だって，$t+\frac{1}{t} \geqq 2\sqrt{t \cdot \frac{1}{t}}=2$ってことは，$t+\frac{1}{t}=2$じゃないかと思ったんですが……。」

あっ，そうか。なるほど。そう思ったのか。等号や不等号は『**直前のものと比べてどうなのか？**』ということを表しているんだ。

つまり

$A \geqq B=C$

という表示は『$A \geqq B$かつ$B=C$』つまり，$A \geqq C$という意味になるんだよ。$A=C$ではないんだ。

「あっ，そうなんですね。」

2章

複素数と方程式

これまで，$x^2+1=0$には解がないと習ってきたよね。でも，2乗すると−1になる数を考えると，解があることになるんだ。

「2乗して負になる数なんてあるの？　意味がわからない……。」

「なんで2乗して負になる数を考える必要があるんだろう？」

この単元のポイントはiだ。iを使うと，ふつうなら大変な計算がラクになるなど，いろいろと便利なことがあるんだ。

複素数の計算

虚数って最初はとまどうけど，基本計算は意外と簡単なんだ。しっかり覚えよう。

これまで学んだ数は実数までだったね。実数は2乗すると必ず0以上になる。だけど，2乗して負になる数を考えた人がいたんだ。そして，2乗して−1になる数をiと表すことにしたんだよ。つまり

$$i^2=-1$$

このiが**虚数単位**で，iを使って表す数を**虚数**というよ。

「虚数？　名前からすると“ウソの数”ってことですよね。」

うーん。数学では虚数がないと説明できない，いろいろなことがある。だから，“ウソの数”ってわけではないんだ。

$1+7i$のように，$a+bi$（a，bは実数）で表される数を**複素数**といい，aを**実部**，bを**虚部**というよ。$b=0$なら，iが消えて実数になる。

「$b\neq0$なら，iが残るから虚数になりますね。」

その通り。さらに$a=0$であれば実数部分がない虚数になり，このようなものを**純虚数**というんだ。図で表すとこうなるよ。

複素数 $a+bi$（a，bは実数）

- **実数（$b=0$）**
  - 有理数（$\dfrac{整数}{整数}$の形に直せるもの）　-8，$\dfrac{9}{5}$など
  - 無理数（$\dfrac{整数}{整数}$の形に直せないもの）　π，$\dfrac{7}{2}-\sqrt{3}$など
- **虚数（$b\neq0$）**
  - 純虚数（$a=0$，$b\neq0$）　$4i$，$-\dfrac{\sqrt{5}}{6}i$など
  - その他の複素数（$a\neq0$，$b\neq0$）　$1+2i$，$-\sqrt{7}+\dfrac{1}{3}i$など

例題 2-1

定期テスト 出題度 ❗❗❗ 共通テスト 出題度 ❗❗❗

次の式を計算せよ。

(1) $(8-3i)-(5+i)$ (2) $(-1+6i)(4-3i)$ (3) $(1+4i)^2$

(4) $(-3i)^4$ (5) $(2-i)^3$ (6) i^7

iはふつうの文字の式の場合と同じように計算していいよ。(1)なら下のようになる。

解答 (1) $(8-3i)-(5+i)$

$=8-3i-5-i$

$=\underline{\underline{3-4i}}$ ⇦ 答え 例題 2-1 (1)

「あっ，簡単。実数の部分は実数の部分，iの部分はiの部分で計算するのね。」

「$-4i+3$でもいいんですか？」

あっ，それはよくない。**複素数はふつう$a+bi$の形で書くんだ。**

では，(2)もふつうの文字の式のように展開して計算してみて。

「$(-1+6i)(4-3i)=-4+3i+24i-18i^2$ですか？」

うん。いいね。ここでも大切なことがある。最後の答えで**虚数を表すときは，iの累乗は使わないんだ。i^2は-1に直すんだよ。**

解答 (2) $(-1+6i)(4-3i)$

$=-4+3i+24i-18i^2$

$=-4+27i+18$

$=\underline{\underline{14+27i}}$ ⇦答え 例題 2-1 (2)

になる。じゃあハルトくん，(3)をやってみて。

「2乗の展開の公式を使っていいんですか？」

うん。それでいいよ。

「解答 (3) $(1+4i)^2$

$=1+8i+16i^2$

$=1+8i-16$

$=\underline{\underline{-15+8i}}$ ⇦答え 例題 2-1 (3)」

「あのう，さっきから気になっていたんですけど，もし，i^3やi^4が登場したらどうやって直すのですか？」

いいタイミングで質問してくれたね。それが，次の(4)だ。まず，iをそのまま計算すると $(-3i)^4=81i^4$になる。そして，**iの偶数乗はi^2のナントカ乗と変えればいいんだ**。i^4は $(i^2)^2$と直せるよ。

解答 (4) $(-3i)^4=81i^4=81(i^2)^2=81(-1)^2$

$=\underline{\underline{81}}$ ⇦答え 例題 2-1 (4)

「そっか，……。でも，奇数乗のときは？」

それが(5)だ。(5)はまずふつうに展開すると

$$(2-i)^3=8-12i+6i^2-i^3$$

になる。そして，**iの奇数乗は，まず偶数乗×1乗にするんだ。**i^3なら$i^2 \cdot i$にできるね。次のように計算するよ。

解答 (5) $(2-i)^3$

$=8-12i+6i^2-i^3$

$=8-12i+6\underset{-1}{\underline{\underline{i^2}}}-\underset{-1}{\underline{\underline{i^2}}}\cdot i$

$=8-12i-6+i$

$=\underline{\underline{\mathbf{2-11}\boldsymbol{i}}}$ ⇐答え 例題 2-1 (5)

じゃあ，ミサキさん，(6)は？

「iの奇数乗だから，まず，$i^7=i^6 \cdot i$とできますよね。」

さらに，i^6は偶数乗だから……。

「あっ，$(i^2)^3$になります。」

そうだね。じゃあ，解いてみて。

「**解答** (6) $i^7=i^6 \cdot i=(i^2)^3 \cdot i=(-1)^3 \cdot i$

$=\underline{\underline{-i}}$ ⇐答え 例題 2-1 (6)」

正解。では次にいこう。

例題 2-2　定期テスト 出題度 ❗❗❗　共通テスト 出題度 ❗❗❗

次の式を計算せよ。

(1) $\dfrac{5-6i}{4i}$　　(2) $\dfrac{7-i}{2+5i}$

複素数の割り算では，分母にiを含まないように変形する。そのやりかたを覚えておこう。

コツ2　分母からiをなくす

分母がbi（bは実数）のときは，
　　分子，分母にiを掛ける。
分母が$a+bi$（a，bは実数）のときは，
　　分子，分母に$a-bi$を掛ける。

コツ2 のルールで式変形をすればいいよ。じゃあ，ミサキさん，(1)を解いてみよう。

「解答　(1)
$$\frac{5-6i}{4i}=\frac{5i-6i^2}{4i^2}=\frac{5i+6}{-4}$$
$$=\frac{-5i-6}{4}=\frac{-6-5i}{4}$$
$$=\underline{\underline{-\frac{3}{2}-\frac{5}{4}i}}$$
答え　例題 2-2 (1)」

よくできました。さっきも出てきたけど，複素数は$a+bi$の順に書くこと。また，今回は実部と虚部を分けて実部は約分したけど，$\dfrac{-6-5i}{4}$と通分したままの答えでもいいよ。

じゃあ次の(2)だが，分母が$2+5i$なので，$2-5i$を分子と分母に掛ければいいんだけど，どうしてだかわかる？

「わかります！　iを消すためですよね。$\dfrac{1}{2+\sqrt{3}}$のような無理数の分母を有理化したのに似てますね。」

その通り。『数学Ⅰ・A編』の 1-12 で出てきたね。あっ，ちなみに$a-bi$を『$a+bi$の**共役**（きょうやく）**な複素数**』という。$2-5i$は$2+5i$の共役な複素数といえるし，逆に$2+5i$は$2-5i$の共役な複素数といえる。じゃあ，ハルトくん，(2)を計算してみよう。

「**解答**　(2)　$\dfrac{7-i}{2+5i}=\dfrac{(7-i)(2-5i)}{(2+5i)(2-5i)}$

$=\dfrac{14-35i-2i+5i^2}{4-25i^2}$

$=\dfrac{14-37i-5}{4+25}$

$=\dfrac{9}{29}-\dfrac{37}{29}i$　← **答え**　**例題 2-2** (2)」

正解！　よくできました。

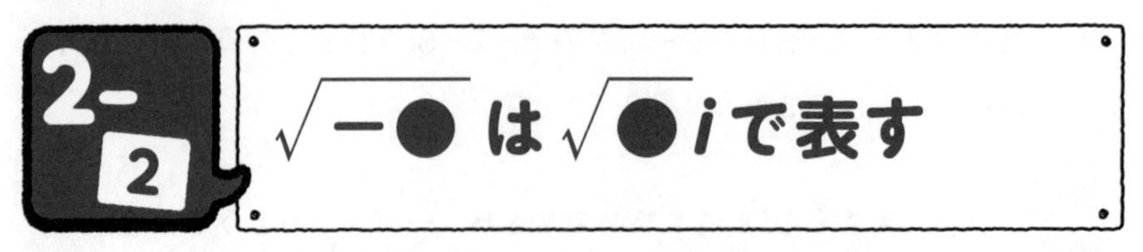

虚数は今までの常識が通用しなくなるところがある。代表的なものを紹介しよう。

例題 2-3　定期テスト 出題度 !!!　共通テスト 出題度 !!

次の式を計算せよ。

(1) $\sqrt{-3}\cdot\sqrt{-5}$　(2) $\dfrac{\sqrt{6}}{\sqrt{-2}}$　(3) $\sqrt{-12}-\sqrt{-75}+\sqrt{-27}$

$\sqrt{\quad}$ どうしを掛けるというのは中学校のころからやっていたよね。$\sqrt{a}\cdot\sqrt{b}=\sqrt{ab}$ とか，$\dfrac{\sqrt{a}}{\sqrt{b}}=\sqrt{\dfrac{a}{b}}$ の公式をよく使ったと思う。でも，これらの公式には「$a>0$, $b>0$ のとき」という条件があったんだ。**a や b が負のとき，この公式は使えないよ。** 例えば(1)は $\sqrt{-3}\cdot\sqrt{-5}=\sqrt{15}$ とはならないし，(2)も $\dfrac{\sqrt{6}}{\sqrt{-2}}=\sqrt{-3}$ ではない。

「えっ？　ホントですか？」

うん。ボクは嘘はいわない（笑）。$\sqrt{\quad}$ **の中が負のときはまず真っ先にマイナスをなくすんだ。** $\sqrt{-3}$ は $\sqrt{3}$ と $\sqrt{-1}$ を掛けたものと考えればいい。$\sqrt{-1}=i$ とできる。$\sqrt{-3}=\sqrt{3}i$ になるね。

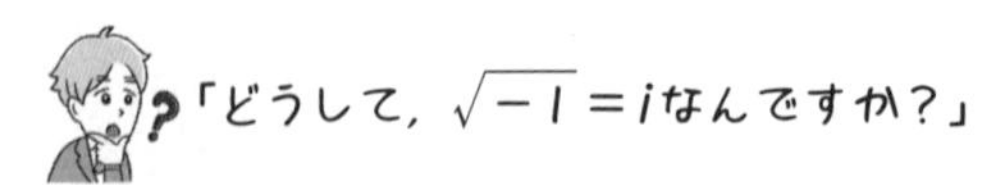

えっと，$i^2=-1$ ってのは覚えているかな。これより，$i=\sqrt{-1}$ だね。

「そう考えると，わかった！」

じゃあ，(1)を計算するね。

解答　(1)　$\sqrt{-3}\cdot\sqrt{-5}=\sqrt{3}i\cdot\sqrt{5}i=\sqrt{15}i^2$

$=\underline{\underline{-\sqrt{15}}}$　答え　例題 2-3 (1)

「あっ，ホントだ。$\sqrt{15}$ じゃない。」

ハルトくん，(2)も同じやりかたで解いてみて。

「**解答**　(2)　$\dfrac{\sqrt{6}}{\sqrt{-2}}=\dfrac{\sqrt{6}}{\sqrt{2}i}=\dfrac{\sqrt{3}}{i}$

$=\dfrac{\sqrt{3}i}{i^2}$

$=\underline{\underline{-\sqrt{3}i}}$　答え　例題 2-3 (2)」

$i^2=-1$ を使って分母に i を含まないようにするため，分子・分母に i を掛けた

そうだね。(3)も同じだ。$\sqrt{}$ の中が負なので，まず i を外に出すことが大事だ。そうすると求められると思う。じゃあ，ミサキさん，解いてみて。

「**解答**　(3)　$\sqrt{-12}-\sqrt{-75}+\sqrt{-27}$

$=\sqrt{12}i-\sqrt{75}i+\sqrt{27}i$

$=2\sqrt{3}i-5\sqrt{3}i+3\sqrt{3}i$

$=\underline{\underline{0}}$　答え　例題 2-3 (3)」

よくできました。

数II 2章

2次方程式の解と判別式

複素数の世界で考えると，実は解けない2次方程式はないんだよ。

例題 2-4　定期テスト 出題度 ❗❗❗　共通テスト 出題度 ❗❗❗

次の2次方程式を解け。

(1) $x^2+3x+5=0$　　(2) $2x^2-4x+7=0$

『数学Ⅰ・A編』の 3-12 でやった2次方程式の判別式と解の関係は覚えているかな？

> **$ax^2+bx+c=0$ ($a \neq 0$) は判別式 $D=b^2-4ac$ とすると**
>
> **$D>0$ なら，異なる2つの実数解をもつ**
>
> **$D=0$ なら，重解をもつ**
>
> **$D<0$ なら，実数解なし**
>
> (b が偶数なら，$\frac{b}{2}=b'$ として，$\frac{D}{4}=b'^2-ac$ でも判別できる。)

つまり，$D<0$ のときは解がないんだったよね。

$ax^2+bx+c=0$ ($a \neq 0$, a, b, c は実数) の解は

$$x=\frac{-b \pm \sqrt{b^2-4ac}}{2a}$$

だけど，数学Ⅰ・Aでは，『$\sqrt{}$ **の中が負になることはない**』として，$\sqrt{}$ **の中の b^2-4ac が負なら“解なし”とみなしてきた**ね。

「でも，今は $\sqrt{}$ の中が負でも i を使えば解が出せますよね。」

そうなんだ！　虚数を習ったからね。これからは，こう考えよう。

6 2次方程式の判別式

2次方程式 $ax^2+bx+c=0$ $(a \neq 0)$ は

判別式 $D=b^2-4ac$ が

$D>0$ なら，異なる2つの実数解をもつ

$D=0$ なら，重解をもつ

$D<0$ なら，異なる2つの虚数解をもつ

ハルトくん，わかったかな？

「どんな2次方程式にも解があるってことですよね。」

そうなんだ。じゃあ，(1)を解いてみて。

「**解答**　(1)　$x^2+3x+5=0$

$$x=\frac{-3\pm\sqrt{3^2-4\times1\times5}}{2}$$

$$x=\frac{-3\pm\sqrt{-11}}{2}$$ 」

おいおい，$\sqrt{\quad}$ の中が負のままじゃ，ダメだよ。

「忘れてた。じゃあ……。

$$x=\frac{-3\pm\sqrt{11}i}{2}$$ ← 答え　例題 2-4 (1)」

よくできました。(2)の問題は『数学Ⅰ・A編』の 3-1 でやった，xの係数bが偶数のときの解の公式を使ってみようか。

ミサキさん，覚えているかな？

「覚えてます。$\dfrac{b}{2}=b'$ としたら，

$$x=\frac{-b'\pm\sqrt{b'^2-ac}}{a}$$

でしたよね。」

じゃあ，ミサキさん，解いてみよう。

「解答　(2)　$2x^2-4x+7=0$

$$x=\frac{2\pm\sqrt{(-2)^2-2\times7}}{2}$$

$-4=b$ なので $-2=b'$ として $x=\dfrac{-b'\pm\sqrt{b'^2-ac}}{a}$

$$x=\frac{2\pm\sqrt{-10}}{2}$$

$$x=\frac{2\pm\sqrt{10}i}{2}$$

答え　例題 2-4 (2)」

複素数の範囲で因数分解

何気なく『因数分解』っていっているけど，どこまでやるのかわかっている？

例題 2-5　定期テスト 出題度 !!　共通テスト 出題度 !

x^4-2x^2-3 を次の範囲で因数分解せよ。

(1)　有理数の範囲　(2)　実数の範囲　(3)　複素数の範囲

まず，ハルトくん。(1)を今まで習った通りに因数分解してみて。

「**解答**　(1)　x^4-2x^2-3

$=(x^2)^2-2x^2-3$

ここで，$x^2=X$ とおくと

$=X^2-2X-3$

$=(X-3)(X+1)$

$=\underline{\underline{(x^2-3)(x^2+1)}}$　← 答え　例題 2-5 (1)」

（X を x^2 に戻した）

そうだね。x^4 は $(x^2)^2$ のことと思って，x^2 をひとかたまりと考えればよかった。『数学Ⅰ・A編』の 1-9 で登場したね。これが，(1)の答えだよ。

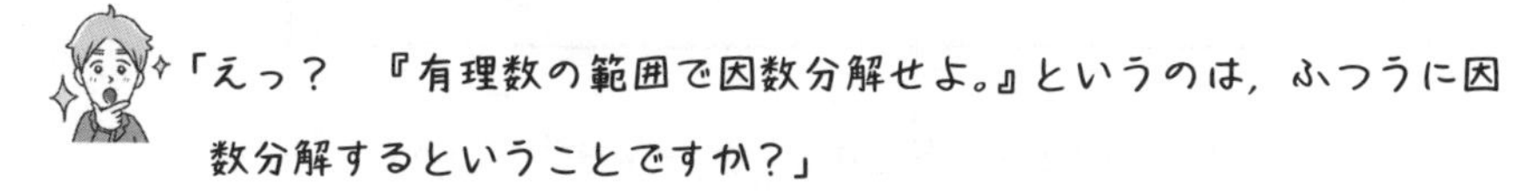

そういうことなんだ。**通常，因数分解というのは有理数のみを使ってやるんだ。**$\sqrt{\quad}$ などは使わない。2-1 の図でいうと以下の部分になる。

複素数 $a+bi$（a，b は実数）

- 実数（$b=0$）
  - 有理数（$\frac{整数}{整数}$ の形に直せるもの）　―この範囲で因数分解
  - 無理数（$\frac{整数}{整数}$ の形に直せないもの）
- 虚数（$b \neq 0$）
  - 純虚数（$a=0$，$b \neq 0$）
  - その他の複素数（$a \neq 0$，$b \neq 0$）

しかし，(2)のように **『実数の範囲で因数分解せよ。』と指示があったら，『$\sqrt{\ \ }$ を使ってもいいから，因数分解して。』という意味だ** と解釈してほしい。『数学Ⅰ・A編』の **3-16** で登場したけど，**不等式を解くときにする因数分解はこれなんだよ。**

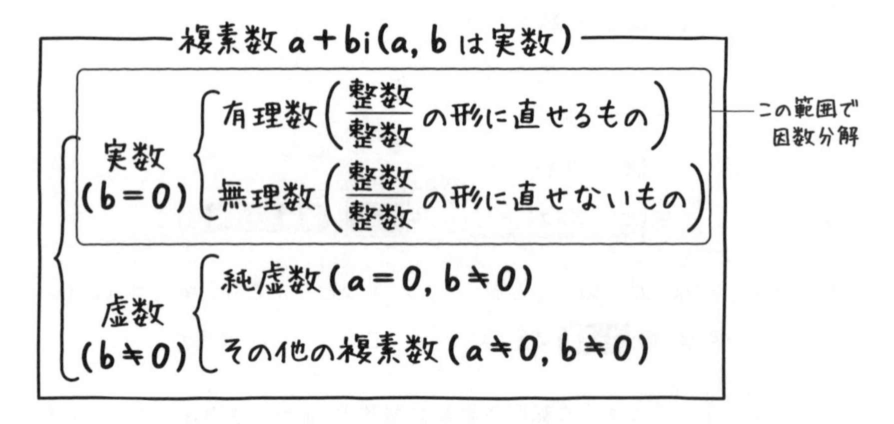

x^2-3 は，3を $\sqrt{3}$ の2乗と考えれば，$x^2-(\sqrt{3})^2$ ということだから……。

「あっ，$a^2-b^2=(a+b)(a-b)$ の公式が使えますね。

解答　(2)　$(x+\sqrt{3})(x-\sqrt{3})(x^2+1)$　⇐ 答え　**例題 2-5** (2)」

さて，さらに，(3)のように **『複素数の範囲で因数分解せよ。』なら，『$\sqrt{\ \ }$ はもちろん，i も使っていいから，因数分解して。』という意味なんだ。**

複素数 $a+bi$（a, b は実数）

- 実数（$b=0$）
  - 有理数（$\frac{整数}{整数}$ の形に直せるもの）　―この範囲で因数分解
  - 無理数（$\frac{整数}{整数}$ の形に直せないもの）
- 虚数（$b \neq 0$）
  - 純虚数（$a=0$, $b \neq 0$）
  - その他の複素数（$a \neq 0$, $b \neq 0$）

x^2+1 は $x^2-(-1)$ と考えることができる。-1 は i^2 のことだったね。つまり，x^2-i^2 と考えて $a^2-b^2=(a+b)(a-b)$ の公式が使えるんだ。

解答 (3) $(x+\sqrt{3})(x-\sqrt{3})(x+i)(x-i)$ ← 答え 例題 2-5 (3)

「こんなところまで因数分解できるのか。複素数ってすごいな。」

例題 2-6

定期テスト 出題度 !! 共通テスト 出題度 !

$2x^2-3x+6$ を複素数の範囲で因数分解せよ。

因数分解の公式で因数分解できないものは，『解の公式』を使うんだ。

$ax^2+bx+c=0$ $(a \neq 0)$ の解を『解の公式』で求めて，その解が α，β なら，$a(x-\alpha)(x-\beta)$ と因数分解できる。例題 2-6 で『解の公式』を使えば，

$x=\dfrac{3 \pm \sqrt{(-3)^2-4 \times 2 \times 6}}{2 \times 2}=\dfrac{3 \pm \sqrt{39}i}{4}$ だから，

解答 $2\left(x-\dfrac{3+\sqrt{39}i}{4}\right)\left(x-\dfrac{3-\sqrt{39}i}{4}\right)$ ← 答え 例題 2-6

2-5 虚数には大小がない！

虚数に関して，勘違いしている人は多いんだ。ここはとても大切な話だよ。

例題 2-7 定期テスト 出題度 ❗❗❗ 共通テスト 出題度 ❗❗❗

次の不等式を解け。

(1) $x^2+4>0$ (2) $x^2-2x+6<0$

 でも登場したけど，**“実数の2乗は0以上”** だったから，x^2 は0以上だよね。ということは，(1)の x^2+4 は0以上の数に $+4$ としたもので，常に正なんだ。$x^2+4>0$ は常に成り立つ。つまり

解答 **x はすべての実数** ◁答え 例題 2-7 (1)

「でも，複素数の範囲で因数分解して

解答 (1)

$$x^2+4>0$$
$$x^2-(-4)>0$$
$$x^2-4i^2>0$$
$$(x+2i)(x-2i)>0$$
$$x<-2i,\ 2i<x$$

としちゃいけないんですか。」

いや，ダメなんだ。**虚数には大小がないんだよ。**

「えっ？ そうなんですか？」

うん。だから，**不等式に虚数を使うことはないんだ。** 不等式って値が大きいか小さいかの話だからね。

「じゃあ，(2)では $x^2-2x+6=0$ の解が，$x=1\pm\sqrt{5}i$ だから

$$1-\sqrt{5}i<x<1+\sqrt{5}i$$

としては，いけないということですね。」

そう，ダメだね。不等式に虚数は使えないからね。これは，『数学Ⅰ・A編』の **例題 3-27** でやったはずだ。平方完成して求めるんだ。

解答 (2)

$$x^2-2x+6<0$$

$$(x^2-2x+1)+5<0$$

$$(x-1)^2+5<0$$

$(x-1)^2\geqq0$ だから，x は**解なし**　⇦ 答え　**例題 2-7** (2)

わかった？　他にも，**グラフが登場する問題でも虚数は登場しないよ。** グラフって増えるとか減るとかの話をしているわけだよね。虚数自体に大小がないのだから，増えるのか減るのかがわからないんだ。

2-6 実部どうし，虚部どうし比較できる

英語で，実数はreal number，虚数はimaginary number。虚数のiはこの頭文字からきているよ。

例題 2-8　定期テスト 出題度 !!!　共通テスト 出題度 !!

次の等式が成り立つときの実数a，bの値を求めよ。

(1)　$a-6i+3=2i+bi-8$

(2)　$(a+4i)(-1+2i)=-5i+9+bi$

複素数では，実部どうし，虚部どうしを比較できるんだ。 次のことが成り立つよ。

複素数の相等

p，q，r，sが実数のとき

$$p+qi=r+si \iff p=r,\ q=s$$

$$p+qi=0 \iff p=0,\ q=0$$

「えっ？　2つ目の『$p+qi=0 \iff p=0,\ q=0$』はどうしていえるのですか？」

0は$0+0i$とみなして両辺を比較すればいいよ。

「……あっ，そうか……。」

わかった？ じゃあ，問題を解こう。まず，(1)だが，このままだと比較できないよね。**まず，両辺とも$p+qi$の形にしよう。iのついていないもの，iのついているものを，それぞれのグループに分けて，虚数のほうはiでくくればいい。**

$$a-6i+3=2i+bi-8$$

$$(a+3)-6i=-8+(2i+bi)$$

$$(a+3)-6i=-8+(2+b)i$$

あとは，両辺を比較すればいい。$a+3=-8$で，$-6=2+b$になるね。

数II 2章

解答 (1) $a-6i+3=2i+bi-8$

$(a+3)-6i=-8+(2+b)i$

$a+3=-8$より，$a=-11$

$-6=2+b$より，$b=-8$

よって，$\underline{\underline{a=-11,\ b=-8}}$ 答え 例題 2-8 (1)

じゃあ，ハルトくん，(2)を解いてみて。

「**解答** (2) $(a+4i)(-1+2i)=-5i+9+bi$

$-a+2ai-4i+8\underset{-1}{\underline{\underline{i^2}}}=-5i+9+bi$

$-a+2ai-4i-8=-5i+9+bi$

$(-a-8)+(2a-4)i=9+(b-5)i$

$-a-8=9$より，$a=-17$ ……①

$2a-4=b-5$より，$b=2a+1$ ……②

①を②に代入して，$b=-33$

よって，$\underline{\underline{a=-17,\ b=-33}}$ 答え 例題 2-8 (2)」

いいね。よくできました。

2-7 2次方程式の解と係数の関係

「α（アルファ）」は日常でも使ったりする。プラスαとか，脳波のα波とかね。「β（ベータ）」はビデオデッキの種類で……あっ，これがわかる人は結構いい年齢かも。

例題 2-9　定期テスト 出題度 !!!　共通テスト 出題度 !!

2次方程式$3x^2-x+5=0$の解をα，βとするとき，$(\alpha-\beta)^2$の値を求めよ。

ギリシャ文字のα，βは2次方程式の2つの解を一般的に表すときに使う文字だよ。

「解の公式で解を求めると$x=\dfrac{1\pm\sqrt{59}i}{6}$だから，$\alpha$，$\beta$の一方が$\dfrac{1+\sqrt{59}i}{6}$，他方が$\dfrac{1-\sqrt{59}i}{6}$ということか。」

「これをそのまま代入して$(\alpha-\beta)^2$を求めるのはたいへんですね。」

そうだね。そこで，次のような便利な公式があるんだ。

Point 8　2次方程式の解と係数の関係

$ax^2+bx+c=0$ $(a\neq0)$ の解をα，βとすると，

$$\alpha+\beta=-\frac{b}{a},\quad \alpha\beta=\frac{c}{a}$$

「えっ，どうしてそうなるんですか？」

解の公式の２つの解α，βを使って$\alpha+\beta$，$\alpha\beta$を計算すると次のようになるからなんだ。

$$\alpha+\beta=\frac{-b+\sqrt{b^2-4ac}}{2a}+\frac{-b-\sqrt{b^2-4ac}}{2a}$$
$$=\frac{-b+\sqrt{b^2-4ac}-b-\sqrt{b^2-4ac}}{2a}$$
$$=\frac{-2b}{2a}=-\frac{b}{a}$$
$$\alpha\beta=\frac{-b+\sqrt{b^2-4ac}}{2a}\cdot\frac{-b-\sqrt{b^2-4ac}}{2a}$$
$$=\frac{(-b)^2-(b^2-4ac)}{4a^2}=\frac{4ac}{4a^2}=\frac{c}{a}$$

「ほんとだ！」

または 例題 2-6 でも出てきたけど，$ax^2+bx+c=0$の解を$x=\alpha$，βとすると$ax^2+bx+c=a(x-\alpha)(x-\beta)$と因数分解できる。

$$a(x-\alpha)(x-\beta)=a\{x^2-(\alpha+\beta)x+\alpha\beta\}$$
$$=ax^2-a(\alpha+\beta)x+a\alpha\beta$$

だからax^2+bx+cと係数を比較して$\alpha+\beta=-\frac{b}{a}$，$\alpha\beta=\frac{c}{a}$としてもいいよ。

では，例題 2-9 を解いていこう。解をα，βとすると，解と係数の関係より，

$\alpha+\beta=-\frac{-1}{3}=\frac{1}{3}$，$\alpha\beta=\frac{5}{3}$になるね。そして，『数学Ⅰ・A編』の

例題 1-23 (3)でも登場したけど

$$(\alpha-\beta)^2=(\alpha+\beta)^2-4\alpha\beta$$

という式変形のやりかたがあったよね。これを使って解くと，次のようになる。

解答 解と係数の関係より

$$\alpha+\beta=\frac{1}{3} \quad \cdots\cdots①$$

$$\alpha\beta=\frac{5}{3} \quad \cdots\cdots②$$

$(\alpha-\beta)^2=(\alpha+\beta)^2-4\alpha\beta$ に①，②を代入すると

$$(\alpha-\beta)^2=\left(\frac{1}{3}\right)^2-4\cdot\frac{5}{3}=\underline{\underline{-\frac{59}{9}}}$$ ⇦答え 例題 2-9

「あっ，いちいち解を求めなくていいんですね……。」

和 $\alpha+\beta$ と積 $\alpha\beta$ がわかっていたら，その他に

$$\alpha^2+\beta^2=(\alpha+\beta)^2-2\alpha\beta$$

$$\alpha^3+\beta^3=(\alpha+\beta)^3-3\alpha\beta(\alpha+\beta)$$

などとして求めることもできるよ。くわしくは『数学Ⅰ・A編』の 1-16 を見てね。

「はい。“解と係数の関係”って，いつでも使うのですか？」

いつでもではなくて，もちろん，解が２と－４とか簡単に求められる値なら，そのままその値を代入したほうが速い。

コツ3 ２次方程式の解が難しいとき

２次方程式の解が難しいときは，解を α，β として「解と係数の関係」を使う。
さらに，実数解のときは「判別式」を使う。

3-24 でも登場するから覚えておこうね。

2-8 解から元の2次方程式を求める

今度は，逆に，解から元の方程式を求めてみよう。

例題 2-10　定期テスト 出題度 !!!　共通テスト 出題度 !!

次の2つの数を解とする2次方程式を1つ作れ。

(1)　$2+\sqrt{7}$，$2-\sqrt{7}$

(2)　$\dfrac{1+\sqrt{5}i}{4}$，$\dfrac{1-\sqrt{5}i}{4}$

2数α，βを解とするxの2次方程式（の1つ）は

$(x-\alpha)(x-\beta)=0$より

$$x^2-(\alpha+\beta)x+\alpha\beta=0$$

これにあてはめて考えてみよう。

「(1)なら

$$x^2-\{(2+\sqrt{7})+(2-\sqrt{7})\}x+(2+\sqrt{7})(2-\sqrt{7})=0$$

ということか。」

うん。でも，これだと計算がややこしそうなので，**前もって2つの解の和と積を求めておけばいい。**

和は，$(2+\sqrt{7})+(2-\sqrt{7})=4$

積は，$(2+\sqrt{7})(2-\sqrt{7})=4-7=-3$　　だね。

そして，x^2- 和 $x+$ 積 $=0$ にあてはめるといいね。

解答 (1) 和 $(2+\sqrt{7})+(2-\sqrt{7})=4$

積 $(2+\sqrt{7})(2-\sqrt{7})=-3$ より

$\underline{\underline{x^2-4x-3=0}}$ ⇦答え 例題 2-10 (1)

じゃあ，ミサキさん，(2)を解いてみて。

「**解答** (2) 和 $\dfrac{1+\sqrt{5}i}{4}+\dfrac{1-\sqrt{5}i}{4}=\dfrac{1}{2}$

積 $\dfrac{1+\sqrt{5}i}{4}\cdot\dfrac{1-\sqrt{5}i}{4}=\dfrac{3}{8}$

よって，$x^2-\dfrac{1}{2}x+\dfrac{3}{8}=0$」

うん。それも答えではあるんだけど，答えはなるべく小さい整数の係数にして書くのがいいので，両辺に8を掛けて，分数をなくすといいよ。

$\underline{\underline{8x^2-4x+3=0}}$ ⇦答え 例題 2-10 (2)

2-9 3次方程式の解と係数の関係

3次方程式の3つの解を表す文字としては，「α」「β」と「γ（ガンマ）」がある。放射線のγ線とか聞いたことがあるかな？

例題 2-11　定期テスト 出題度 ❗❗　共通テスト 出題度 ❗

3次方程式 $x^3-9x^2-2x-4=0$ の解をα，β，γとするとき，次の値を求めよ。

(1)　$\alpha^2+\beta^2+\gamma^2$　　(2)　$\alpha^3+\beta^3+\gamma^3$

(3)　$(\alpha+\beta)(\beta+\gamma)(\gamma+\alpha)$

3次方程式では，次のような解と係数の関係があるんだ。

Point 9 3次方程式の解と係数の関係

$ax^3+bx^2+cx+d=0$ $(a \neq 0)$ の解をα，β，γとすると

$$\alpha+\beta+\gamma=-\frac{b}{a}$$

$$\alpha\beta+\beta\gamma+\gamma\alpha=\frac{c}{a}$$

$$\alpha\beta\gamma=-\frac{d}{a}$$

「どうしてこうなるんですか？」

2-7 で$ax^2+bx+c=0$の解がα，βなら$ax^2+bx+c=a(x-\alpha)(x-\beta)$になると話したよね。3次方程式も同じだよ。3次方程式
$ax^3+bx^2+cx+d=0$の解がα，β，γのとき

$$ax^3+bx^2+cx+d=a(x-\alpha)(x-\beta)(x-\gamma)$$

と表せるんだ。右辺を展開して整理すると

$$a\{x^3-(\alpha+\beta+\gamma)x^2+(\alpha\beta+\beta\gamma+\gamma\alpha)x-\alpha\beta\gamma\}$$
$$=ax^3\underbrace{-a(\alpha+\beta+\gamma)}_{+b}x^2\underbrace{+a(\alpha\beta+\beta\gamma+\gamma\alpha)}_{+c}x\underbrace{-a\alpha\beta\gamma}_{+d}$$

これより，Point 9の関係があることがわかるね。実際にあてはめてみると

$$\alpha+\beta+\gamma=9$$
$$\alpha\beta+\beta\gamma+\gamma\alpha=-2$$
$$\alpha\beta\gamma=4$$　　　　になる。

「これを使って，**2-7** と同じように計算すればいいんだ！」

そうだね。じゃあ，ミサキさん，(1)の$\alpha^2+\beta^2+\gamma^2$のように2乗+2乗+2乗が登場する公式といえば？

「えっ？　何でしたっけ……？」

『数学Ⅰ・A編』の **1-4** で，

$$(a+b+c)^2=a^2+b^2+c^2+2ab+2bc+2ca$$

という公式があったね。いつものように，“(求めたいもの)＝”にして，解と係数の関係から求めた値を代入すればいい。答えはどうなる？

「解答　(1)　3次方程式の解と係数の関係より

$\alpha+\beta+\gamma=9$　……①

$\alpha\beta+\beta\gamma+\gamma\alpha=-2$　……②

$\alpha\beta\gamma=4$　……③

$(\alpha+\beta+\gamma)^2=\alpha^2+\beta^2+\gamma^2+2\alpha\beta+2\beta\gamma+2\gamma\alpha$

$\alpha^2+\beta^2+\gamma^2=(\alpha+\beta+\gamma)^2-2\alpha\beta-2\beta\gamma-2\gamma\alpha$

$=(\alpha+\beta+\gamma)^2-2(\alpha\beta+\beta\gamma+\gamma\alpha)$

①，②を代入すると

$=9^2-2\cdot(-2)$

$=\underline{\underline{85}}$　答え　例題 2-11 (1)」

そうだね。また，3乗＋3乗＋3乗が登場する公式もあったね。

$$(a+b+c)(a^2+b^2+c^2-ab-bc-ca)=a^3+b^3+c^3-3abc$$

というやつだ。これを使って，ハルトくん，(2)の$\alpha^3+\beta^3+\gamma^3$を求めてみて。

「解答　(2)　$(\alpha+\beta+\gamma)(\alpha^2+\beta^2+\gamma^2-\alpha\beta-\beta\gamma-\gamma\alpha)$

$=\alpha^3+\beta^3+\gamma^3-3\alpha\beta\gamma$

$\alpha^3+\beta^3+\gamma^3$

$=(\alpha+\beta+\gamma)(\alpha^2+\beta^2+\gamma^2-\alpha\beta-\beta\gamma-\gamma\alpha)+3\alpha\beta\gamma$

$=(\alpha+\beta+\gamma)\{(\alpha^2+\beta^2+\gamma^2)-(\alpha\beta+\beta\gamma+\gamma\alpha)\}+3\alpha\beta\gamma$

①，②，③と(1)の結果を代入すると，

$=9(85+2)+3\cdot4$

$=\underline{\underline{795}}$　答え　例題 2-11 (2)

やった。できた。」

いいね。じゃあ，最後は(3)の $(\alpha+\beta)(\beta+\gamma)(\gamma+\alpha)$ だが……。

「展開ですか？」

いや，これは展開するとスゴイ式になってしまう。**“(3つの文字の和)=”の値がわかっていたら，1つの文字を右辺に逃がして“(2つの文字の和)=”という形にする**ことがよくあるんだ。今回は，$\alpha+\beta+\gamma=9$で，3つの文字の和がわかっているね。次のように変形して代入しよう。

$$\alpha+\beta=-\gamma+9$$
$$\beta+\gamma=-\alpha+9$$
$$\alpha+\gamma=-\beta+9$$

解答　(3)　①より

$\alpha+\beta=-\gamma+9$，$\beta+\gamma=-\alpha+9$，$\alpha+\gamma=-\beta+9$

なので，これらを代入すると

$$(\alpha+\beta)(\beta+\gamma)(\gamma+\alpha)$$
$$=(-\gamma+9)(-\alpha+9)(-\beta+9)$$
$$=-\alpha\beta\gamma+9\alpha\gamma+9\beta\gamma-81\gamma+9\alpha\beta-81\alpha-81\beta+729$$
$$=-\underline{\alpha\beta\gamma}+9\underline{(\alpha\beta+\beta\gamma+\gamma\alpha)}-81\underline{\underline{(\alpha+\beta+\gamma)}}+729$$

①，②，③を代入すると

$$=-\underline{4}+9\cdot\underline{(-2)}-81\cdot\underline{\underline{9}}+729$$
$$=\underline{\underline{\mathbf{-22}}}$$

例題 2-11 (3)

「知らないとできないですね。覚えておかないと！」

2-10 剰余の定理

難しく見える問題が，驚くほど簡単になる定理。こんなのばかりなら，数学はラクでいいんだけどね。

例題 2-12　定期テスト 出題度 ❗❗❗　共通テスト 出題度 ❗❗❗

次の割り算のあまりを求めよ。

(1)　$(x^4-3x^3-8x^2+4x+5)\div(x-2)$

(2)　$(2x^3+x^2+7x-9)\div(x+6)$

(3)　$(-4x^3-6x^2+5x-1)\div(2x-3)$

これは実際に割っても解けるけど，もっとはるかにラクな解きかたがある。それは**剰余の定理**と呼ばれるものだ。

剰余の定理

多項式を$x-\alpha$で割ったときのあまりは，

$x=\alpha$を代入したときの式の値。

多項式を$ax+b$で割ったときのあまりは，

$x=-\dfrac{b}{a}$を代入したときの式の値。

「つまり，“割る式が0になるx”を代入するってことですか？」

うん，そういうことだね。(1)は$x-2$で割ったときのあまりを求めたいので，$x=2$を代入すればいい。

解答　(1)　$x^4-3x^3-8x^2+4x+5$ に $x=2$ を代入して

$$2^4-3\cdot2^3-8\cdot2^2+4\cdot2+5=16-24-32+8+5$$

$$=\underline{\underline{-27}}$$

答え　例題 2-12 (1)

あまりは－27とわかったね。

「えっ？　これだけ？　めちゃめちゃラクですね。」

(2)も同様だ。$x+6$ で割るということは，$x-(-6)$ で割ると考えればいい。つまり $x=-6$ を代入しよう。ミサキさん，(2)を解いてみて。

「解答　(2)　$2x^3+x^2+7x-9$ に $x=-6$ を代入して

$$2(-6)^3+(-6)^2+7(-6)-9$$

$$=-432+36-42-9$$

$$=\underline{\underline{-447}}$$

答え　例題 2-12 (2)」

そうだね。じゃあ，ハルトくん，(3)は？

「$2x-3$ で割るということは，$2x-3=0$ になる場合を考えて……

$x=\frac{3}{2}$ を代入すればいいのか。

解答　(3)　$-4x^3-6x^2+5x-1$ に $x=\frac{3}{2}$ を代入して

$$-4\left(\frac{3}{2}\right)^3-6\left(\frac{3}{2}\right)^2+5\cdot\frac{3}{2}-1$$

$$=-\frac{27}{2}-\frac{27}{2}+\frac{15}{2}-1$$

$$=\underline{\underline{-\frac{41}{2}}}$$

答え　例題 2-12 (3)」

うん，正解だ。剰余の定理って，とても便利だよね。でも，残念ながら1次式で割ったときのあまりしか求められない。また，商を求めたいなら，実際に割り算をするしかないよ。

お役立ち話 3

剰余の定理が成り立つワケ

$P(x)$ を $x-\alpha$ で割ったときの商を $Q_1(x)$，あまりを r_1 として，

　　割られる式＝割る式×商＋あまり

にあてはめると

$$P(x)=(x-\alpha)Q_1(x)+r_1$$

という関係が成り立つ。そして，$x=\alpha$ を代入すると，

$P(\alpha)=r_1$ になるね。$P(\alpha)$ って $P(x)$ に $x=\alpha$ を代入したものだよね。

「本当だ！　あまりと同じになりますね。」

「$P(x)$ を $ax+b$ で割ったときのあまりが $P\left(-\frac{b}{a}\right)$ になるのも同じ理由ですか？」

うん，$P(x)$ を $ax+b$ で割ったときの商を $Q_2(x)$，あまりを r_2 とすると

$$P(x)=(ax+b)Q_2(x)+r_2$$

なので $P\left(-\frac{b}{a}\right)=r_2$ となるでしょ。

「商やあまりの右下に小さい数字がかかれていますけど，これはどういう意味ですか？」

『数学Ⅰ・A編』の **例題 7-18** で円が2つ出てきたとき，C_1，C_2と表したよね。その考え方だよ。

今回，$P(x)$を$x-\alpha$，$ax+b$で割ったけど商は違うはずだ。もしどちらも$Q(x)$としたら，同じ商ということになってしまう。そこで『商その1』『商その2』という意味で右下に小さく“通し番号”を打っておくんだ。

2-11 「1次式で割ったあまりが……」のとき

剰余の定理がわかっていたら，ここも超カンタンだよ。

定期テスト 出題度 !!!　共通テスト 出題度 !!

$P(x)=3x^3+ax^2-5x-a+4$を$x+2$で割ったときのあまりが8になるとき，定数aの値を求めよ。

数II 2章

$x+2$で割るということは，1次式で割るということだね。

コツ4 多項式の割り算のあまりの問題①

『$P(x)$を1次式で割ったときのあまりが……』のときは
→剰余の定理を使って解く。

じゃあ，剰余の定理で問題を解いてみよう。$x+2$で割ったときのあまりは？

「$P(x)$に$x=-2$を代入すればいいんですよね。それが8になるということか。

解答

$P(-2)=-24+4a+10-a+4$

$=3a-10$

$3a-10=8$より，

$3a=18$

$a=\underline{\underline{6}}$ ⇦ 答え 例題 2-13」

正解。さぁ，次に進もう。

2-12 「異なる1次式の積で割ったあまりが……」のとき

2次式で割るときは剰余の定理は使えないよ。

例題 2-14　定期テスト 出題度 !!!　共通テスト 出題度 !!

x^7 を x^2-x-2 で割ったときのあまりを求めよ。

x^2-x-2 で割るということは，$(x+1)(x-2)$ で割るということだよね。

コツ5 多項式の割り算のあまりの問題②

『$P(x)$ を異なる1次式の積で割ったときのあまりが……』のときは

→割られる式＝割る式×商＋あまり　の形にする。

→割る式×商の部分が消えるような x の値を代入する。

まず，『割られる式＝割る式×商＋あまり』の形にしよう。$P(x)$ を $(x+1)(x-2)$ で割った商はわからないので，$Q(x)$ とおこうか。そして，あまりだが，**今回は2次式で割ったあまりなので $ax+b$ の形におこう。**

つまり，今回の問題では

$$x^7=\underbrace{(x+1)(x-2)Q(x)}_{\text{割る式×商}}+\underbrace{ax+b}_{\text{あまり}}$$

とするんだ。

「どうしてあまりを $ax+b$ とおくんですか？」

数の割り算のときは，あまりは割る数より小さくなったよね。**多項式の割り算のときは，あまりは割る式より次数が小さくなるんだ。** 1-5 でやった筆算を思い出してほしい。2次式で割ったときは，あまりが1次式になったら割り算が終わりだったよね。

```
                ………………………
x²−x−2 ) ………………………
                ………………………
                ―――――――――――
                          5x+7
```

また，あまりが定数……つまり0次式になることもある。

```
                ………………………
x²−x−2 ) ………………………
                ………………………
                ―――――――――――
                              −3
```

『1次式または定数(0次式)』をまとめて“1次式以下”というんだ。**2次式で割ると，あまりは1次式以下になるわけだから，$ax+b$ (a，bは定数)とおくんだ。**

「えっ？　でも，あまりが定数になるかもしれないのに，$ax+b$とおいてもいいんですか？」

大丈夫だよ。もし，例えば，あまりが-3になっても，$0 \cdot x-3$とみなせば，$ax+b$という形で表せるからね。

「……あっ，そうか。」

さて，問題に戻ろう。x^7をx^2-x-2，つまり，$(x+1)(x-2)$で割るとき，商を$Q(x)$，あまりを$ax+b$とすると

$$x^7=\underset{\sim\sim\sim\sim\sim\sim\sim\sim\sim\sim\sim\sim}{(x+1)(x-2)Q(x)}+ax+b$$

次は，**右辺の〰〰〰の部分が消えるようなxの値を代入すればいい。** $x+1$があるから，$x=-1$を代入すると，$x+1$は0になるよね。0に何を掛けても0になるので，$(x+1)(x-2)Q(x)$ が0になって消えてしまう。あっ，-1はすべてのxに代入するんだよ。特に，最後の$ax+b$のxに-1を代入するのを忘れる人が多いから，気をつけよう。

$$(-1)^7=0+a\times(-1)+b$$
$$=-a+b$$
$$-1=-a+b \quad \cdots\cdots①$$

になる。さらに，$x-2$があるから$x=2$を代入しても $(x+1)(x-2)Q(x)$ が0になって消える。

$$2^7=0+a\times 2+b$$
$$=2a+b$$
$$128=2a+b \quad \cdots\cdots②$$

になる。①，②を連立させて解くとa，bの値を求めることができるよ。

答えをまとめると次のようになるよ。

解答 商を$Q(x)$とし，求めるあまりを$ax+b$（a，bは定数）とすると

$$x^7=(x+1)(x-2)Q(x)+ax+b$$

$x=-1$，$x=2$をそれぞれ代入すると

$$(-1)^7=-a+b$$
$$-1=-a+b \quad \cdots\cdots①$$
$$2^7=2a+b$$
$$128=2a+b \quad \cdots\cdots②$$

②−①より

$$129=3a$$
$$a=43$$

これを①に代入すると，$b=42$

よって，求めるあまりは，**$43x+42$** 

例題 2-14

2-13 わからない式の割り算のあまりを求める

式がわかっていないのにあまりを求めるという，ムチャに見える問題もあるよ。

例題 2-15　定期テスト 出題度 !!!　共通テスト 出題度 !

多項式$P(x)$を$x-4$で割ったときのあまりが7で，$x+1$で割ったときのあまりが-3であるとき，$P(x)$をx^2-3x-4で割ったときのあまりを求めよ。

数II 2章

「あれっ？　$P(x)$の式がわからない……。」

大丈夫。これも，さっきと同じように考えれば解けるよ。

まず，1つ目の『多項式$P(x)$を$x-4$で割ったときのあまりが7』を考えよう。2-11でも出てきたけど，1次式で割ったときのあまりの話だから，**剰余の定理**を使えばいいね。$x-4$で割ったときのあまりだから$x=4$を代入すると，あまりは$P(4)$になる。

「でも，$P(4)$の式はわからないんですよね。」

うん。だから，今回は$P(4)$のままでいい。

$P(4)=7$　……①　　となるね。

2つ目の割り算もそうだよ。

『多項式$P(x)$を$x+1$で割ったときのあまりが-3』だから

$P(-1)=-3$　……②　　になる。

そして，3つ目の割り算だが，x^2-3x-4で割るということは$(x-4)(x+1)$で割るということだよね。

「『割られる式＝割る式×商＋あまり』の形にして，右辺の〰〰の部分が消えるようなxの値を代入するんですよね。」

そうだね。これは，2-12 で登場したね。商を$Q(x)$，そして，今回も2次式で割ったので，あまりは$ax+b$（a，bは定数）としよう。

$P(x)=(x-4)(x+1)Q(x)+ax+b$

とおける。そして，次に右辺の〰〰の部分が消えるようなxの値を代入すればいいから，$x=4$と$x=-1$を代入すればいいね。

$P(4)=4a+b$　……③

$P(-1)=-a+b$　……④

以上で，①，②，③，④の4つの式になったね。

でも，**①と③はどちらも$P(4)$どうしで，同じものだから**

$4a+b=7$　……⑤

がいえるよね。同様に②と④も同じもので

$-a+b=-3$　……⑥

がいえる。⑤，⑥を連立させて解けばa，bの値が求まるんだ。

解答　$P(x)$を$x-4$で割ったときのあまりが7より

$P(4)=7$　……①

$P(x)$を$x+1$で割ったときのあまりが-3より

$P(-1)=-3$　……②

また，x^2-3x-4，すなわち，$(x-4)(x+1)$で割ったときの商を$Q(x)$，あまりを$ax+b$とすると

$P(x)=(x-4)(x+1)Q(x)+ax+b$

$x=4$，$x=-1$をそれぞれ代入すると

$P(4)=4a+b$　……③

$P(-1)=-a+b$　……④

①と③，②と④より

$4a+b=7$　……⑤

$-a+b=-3$　……⑥

⑤−⑥より

$5a=10$

$a=2$

これを⑥に代入すると

$b=-1$

よって，求めるあまりは，**$2x-1$** 答え 例題 2-15

「$P(x)$がわからなくても，あまりが求められた。」

例題 2-16

定期テスト 出題度 ❗❗❗　共通テスト 出題度 ❗

多項式 $P(x)$ を $(2x-1)(x+5)$ で割ったときのあまりが $-8x+9$ で，$(x+5)(x-3)$ で割ったときのあまりが$2x+59$であるとき，$P(x)$ を $(2x-1)(x+5)(x-3)$ で割ったときのあまりを求めよ。

じゃあ，ミサキさん，今度はどうやればいいと思う？

「1つ目の割り算は，

『多項式$P(x)$を $(2x-1)(x+5)$ で割ったあまりが，$-8x+9$』ということは，

『割られる式＝割る式×商＋あまり』の形にして，

右辺の〰〰の部分が消えるようなxの値を代入すればいいんですね。

商を$Q(x)$とすると……」

あっ，実はこの後，商がいくつも出てくるんだ。**お役立ち話 3** でいったように，商を$Q_1(x)$とおいて解いてみて。

「$P(x)=(2x-1)(x+5)Q_1(x)-8x+9$で，

$x=\frac{1}{2}$，$x=-5$をそれぞれ代入すると

$P\left(\frac{1}{2}\right)=-4+9=5$　……①

$P(-5)=40+9=49$　……②」

その通り。2つ目の $(x+5)(x-3)$ で割る割り算も，そのやりかたでできそうだね。ではハルトくん。商を $Q_2(x)$ としてやってみて。

「$P(x)=(x+5)(x-3)Q_2(x)+2x+59$で，$x=-5$，$x=3$をそれぞれ代入すると，$P(-5)=49$と$P(3)=65$で……，

あれっ，同じ式が出てきましたよ？」

そうだね。じゃあ，$P(3)=65$だけ，

$P(3)=65$　……③

とおけばいいね。そして，最後の式だが，1次式×1次式×1次式，つまり，3次式で割ったから，あまりは**“2次式以下”**だ。だから$\boldsymbol{ax^2+bx+c}$とおかなきゃいけない。じゃあ，最初から通して解いてみよう。

解答　$P(x)$ を $(2x-1)(x+5)$ で割ったときの商を$Q_1(x)$ とすると

$P(x)=(2x-1)(x+5)Q_1(x)-8x+9$

$P\left(\frac{1}{2}\right)=5$　……①

$P(-5)=49$　……②

$P(x)$ を $(x+5)(x-3)$ で割ったときの商を$Q_2(x)$ とすると

$P(x)=(x+5)(x-3)Q_2(x)+2x+59$

$P(3)=65$　……③

$P(x)$ を $(2x-1)(x+5)(x-3)$ で割ったときの商を$Q_3(x)$，あまりをax^2+bx+c (a，b，cは定数) とすると

$P(x)=(2x-1)(x+5)(x-3)Q_3(x)+ax^2+bx+c$

$P\left(\frac{1}{2}\right)=\frac{1}{4}a+\frac{1}{2}b+c$ ……④

$P(-5)=25a-5b+c$ ……⑤

$P(3)=9a+3b+c$ ……⑥

①と④より

$\frac{1}{4}a+\frac{1}{2}b+c=5$

分数をなくすため，両辺を４倍

$a+2b+4c=20$ ……⑦

②と⑤より

$25a-5b+c=49$ ……⑧

③と⑥より

$9a+3b+c=65$ ……⑨

⑧×4−⑦より

$99a-22b=176$

両辺を11で割る

$9a-2b=16$ ……⑩

⑧−⑨より

$16a-8b=-16$

両辺を８で割る

$2a-b=-2$ ……⑪

⑩−⑪×2より

$5a=20$

$a=4$

これを⑪に代入すると

$b=10$

$a=4$ と $b=10$ を⑦に代入すると

$c=-1$

よって，求めるあまりは，$\mathbf{4x^2+10x-1}$ 

例題 2-16

「因数分解できない2次式で割ったあまりが……」のとき

あまりを求める問題の，いちばんやっかいなのがこのパターンだ。

例題 2-17 定期テスト 出題度 !! 共通テスト 出題度 !

多項式 $P(x)$ を $x+2$ で割ったときのあまりが3で，x^2-3x-1 で割ったときのあまりが $x-4$ である。

$P(x)$ を $(x+2)(x^2-3x-1)$ で割ったときのあまりを求めよ。

「最初の，

『多項式 $P(x)$ を $x+2$ で割ったときのあまりが3』

は，今まで通りですね。

$P(-2)=3$ ……①」

「『$P(x)$ を x^2-3x-1 で割ったときのあまりが $x-4$』はどう使うんですか？ x^2-3x-1 は因数分解できないから，$P(x)$ の x に数を代入できませんよね？」

最終的には『$P(x)$ を $(x+2)(x^2-3x-1)$ で割ったときのあまり』を求めたいのだから

$$P(x)=(x+2)(x^2-3x-1)Q(x)+ax^2+bx+c \quad \cdots\cdots②$$

とおいてしまおう。 3次式で割ったら，あまりは2次式以下だから ax^2+bx+c としたんだよ。そして実際に x^2-3x-1 で割るんだ。

多項式の割り算のあまりの問題③

『$P(x)$を因数分解できない2次式で割ったあまりが…』のときは，最終文で，割られる式＝割る式×商＋あまりの形にして，実際に割る。

「えっ？　どういうふうに割るんですか？」

$P(x)$の式は前半が積の形で表されていて，後半が和の形で表されているという困った式だ(笑)。そこで，**前半と後半を別々に割って，そのあまりどうしを足せば全体のあまりが求められるよ。**

まず，前半の $(x+2)(x^2-3x-1)Q(x)$ はx^2-3x-1で割り切れるね。あまりは0だ。

「ということは，後半のax^2+bx+cのあまりだけ考えればいいのですね。」

じゃあ，ax^2+bx+cをx^2-3x-1で割ろう。これは，下のように筆算でやればいい。1-6 でやったね。

```
                 a
1 −3 −1 ) a     b      c
          a   −3a     −a
          ─────────────────
あまりの係数 → [b+3a] [c+a]
                 x     定数
```

あまりは $(b+3a)x+(c+a)$ だ。よって，$P(x)$全体をx^2-3x-1で割ったときのあまりは

$$(b+3a)x+(c+a)$$

とわかる。問題文には『$P(x)$をx^2-3x-1で割ったときのあまりは$x-4$』と

あるよね。

「あっ，そうか。照らし合わせればいいんだ。

$b+3a=1$　……③

$c+a=-4$　……④」

「これを連立させるということですか？　でも求める文字は a, b, c の3つありますよ。a, b, c でできた式は③，④の2つだけだから，解けないですよね……？」

いいところに気がついたね。①，②より次の式も得られるよ。

$P(-2)=4a-2b+c=3$　……⑤

つまり，解答は以下のようになる。

解答　$P(x)$ を $x+2$ で割ったときのあまりが3より

$P(-2)=3$　……①

$P(x)$ を $(x+2)(x^2-3x-1)$ で割ったときの商を $Q(x)$，あまりを ax^2+bx+c とおくと

$P(x)=(x+2)(x^2-3x-1)Q(x)+ax^2+bx+c$　……②

これを x^2-3x-1 で割っていく。（前半の $(x+2)(x^2-3x-1)Q(x)$ と後半の ax^2+bx+c を別々に x^2-3x-1 で割る）

$(x+2)(x^2-3x-1)Q(x)$ を x^2-3x-1 で割ると，

あまりは0

ax^2+bx+c を x^2-3x-1 で割ると，次の筆算より

		a		
1 −3 −1	)	a	b	c
		a	−3a	−a
あまりの係数 →			b+3a	c+a

あまりは $(b+3a)x+(c+a)$

よって，$P(x)$ を x^2-3x-1 で割ったときのあまりは

$(b+3a)x+(c+a)$ で，これが $x-4$ と等しいから

$b+3a=1$ ……③

$c+a=-4$ ……④

また，①，②より

$P(-2)=4a-2b+c=3$ ……⑤

③，④より

$b=-3a+1$ ……③′

$c=-a-4$ ……④′

③′，④′を⑤に代入すると

$4a-2(-3a+1)+(-a-4)=3$

$9a-6=3$

$9a=9$

$a=1$

これを，③′，④′に代入すると

$b=-2$，$c=-5$

よって，求めるあまりは，$\boldsymbol{x^2-2x-5}$  答え 例題 2-17

例題 2-17 をラクに解いてみよう

「例題 2-17 は，解きかたはわかりましたけど……計算が面倒で……。」

そうだね。実は工夫をすればもっとラクに解く方法もあるんだ。

まず，問題の最終文から

$$P(x)=(x+2)(x^2-3x-1)Q(x)+ax^2+bx+c$$

の式を作るのは，いいよね。

そして，問題では，この式を x^2-3x-1 で割ったあまりが $x-4$ になるといっているんだよね。

「そうですね。」

さっきのやりかたを思い出してほしい。$P(x)$ の前半部分と後半部分を，別々に x^2-3x-1 で割っていくよ。

前半の $(x+2)(x^2-3x-1)Q(x)$ を x^2-3x-1 で割ったあまりは0だ。ということは，後半の ax^2+bx+c を x^2-3x-1 で割ったあまりは $x-4$ とわかる。

さて，ax^2+bx+c を x^2-3x-1 で割ると商は a だ。そして，あまりは $x-4$ とわかっているから，ax^2+bx+c は，

$$\boldsymbol{a(x^2-3x-1)+x-4}$$

と表せるということだ。最初からこうおけば，計算がラクなんだ。解いてみるよ。

解答 $P(x)$ を $x+2$ で割ったときのあまりが3より

$P(-2)=3$ ……①

$P(x)$ を $(x+2)(x^2-3x-1)$ で割ったときの商を $Q(x)$ とおくと，$(x+2)(x^2-3x-1)Q(x)$ を x^2-3x-1 で割ったあまりが0より，求めるあまりは x^2-3x+1 で割ったあまりが $x-4$ になるような式より $a(x^2-3x-1)+x-4$ とおけるので

$P(x)=(x+2)(x^2-3x-1)Q(x)+\underline{a(x^2-3x-1)+x-4}$ ……②

①，②より

$P(-2)=9a-6=3$

$a=1$

よって，求めるあまりは

$(x^2-3x-1)+x-4$

$=\underline{\underline{\boldsymbol{x^2-2x-5}}}$ ⇦答え 例題 2-17

「あっ，さっきよりずっと速く求められますね！」

文字は a しかおいてないからね。この解きかたのしくみを覚えて，使えるようにしておくと，試験でも時間が短縮できていいよ。

2-15 高次方程式（3次方程式，4次方程式，……）の解法

実は，3次方程式にも解の公式があるらしい。でも，複雑な式なので，高校では習わないんだ。解を求めるときは，ここで紹介するやりかたを使おう。

例題 2-18　定期テスト 出題度 !!!　共通テスト 出題度 !!!

$x^3-3x^2-18x+40=0$ を解け。

剰余の定理は，『$x=\alpha$ を代入すれば $x-\alpha$ で割ったときのあまりが求められる』ということだったよね。ということは，$x=\alpha$ を代入して，もし0になれば $x-\alpha$ で割ったときのあまりが0……つまり $x-\alpha$ で“割り切れる”ということだ。$x-\alpha$ を“因数にもつ”といってもいいね。これを**因数定理**というよ。

因数定理

$x-\alpha$ が $P(x)$ の因数 $\Longleftrightarrow$ $P(\alpha)=0$

3次方程式，4次方程式，……などを解くときは，この因数定理を使うんだ。まず，**❶ x に何を代入すれば0になるかを探す。**

オシリにある **定数の40の約数のうち，小さいほうから，正負を含めて考えていこう。**

$x=1$ を代入すると，$1-3-18+40=20$ より0にならないからダメだ。

$x=-1$ を代入すると，$-1-3+18+40=54$ だからこれも失敗。

$x=2$ を代入すると，$8-12-36+40=0$ になるね。

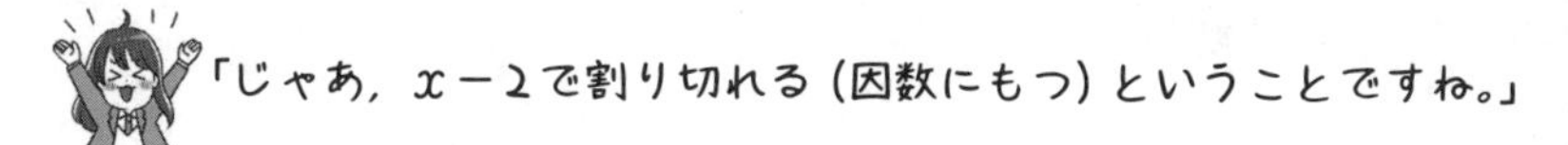

うん。じゃあ，割ってみよう。筆算でもいいけど，1次式で割るから組立除法にしようか。組立除法は 1-7 でやったよね。

1	−3	−18	40	2
	2	−2	−40	
商の係数→ 1	−1	−20	0 ←あまり	

次に，❷ **左辺は，『割られる式＝割る式×商＋あまり』の形にすればいい**。割る式は$x-2$，商はx^2-x-20，あまりは0より，与式は

$$(x-2)(x^2-x-20)=0$$

1次式×2次式になる。そして，x^2-x-20はさらに$(x+4)(x-5)$に因数分解できるね。

解答

$x^3-3x^2-18x+40=0$

$(x-2)(x^2-x-20)=0$　（$x=2$を代入すると成り立つから$x-2$を因数にもつ）

$(x-2)(x+4)(x-5)=0$

$x=2,\ -4,\ 5$ ⇦答え　例題 2-18

因数定理の使いかたはわかったかな？　ではもう1問やってみよう。

例題 2-19

定期テスト 出題度 ❗❗❗　共通テスト 出題度 ❗❗❗

次の方程式を解け。

(1)　$x^4-7x^3+15x^2-x-24=0$　　(2)　$x^4+2x^3-12x^2+14x-5=0$

数II 2章

ハルトくん，(1)を解いてみて。

「4次式も同じやりかたでいいんですか？」

うん。同じでいいよ。

「-24の約数だから，まず，$x=1$を代入すると……

$1-7+15-1-24=-16$でダメ……。

次は負の数で，$x=-1$を代入すると，$1+7+15+1-24=0$

あっ，うまくいった。じゃあ，$x+1$で割り切れる！

1	−7	15	−1	−24	−1
	−1	8	−23	24	
1	−8	23	−24	0	

$$x^4-7x^3+15x^2-x-24=0$$

$$(x+1)(x^3-8x^2+23x-24)=0$$

……。」

その3次式はさらに因数分解できるよ。

「じゃあ，もう一度やればいいんだ。

$x^3-8x^2+23x-24$に

$x=1$を代入すると，$1-8+23-24=-8$でダメか……。

$x=-1$を代入すると，$-1-8-23-24=-56$でダメだし，

$x=2$を代入すると，$8-32+46-24=-2$

$x=-2$を代入すると，$-8-32-46-24=-110$

$x=3$を代入すると，$27-72+69-24=0$

あっ，うまくいった。$x-3$で割り切れるので

$$
\begin{array}{rrrr|l}
1 & -8 & 23 & -24 & \underline{\lfloor 3} \\
 & 3 & -15 & 24 & \\
\hline
1 & -5 & 8 & 0 &
\end{array}
$$

$(x+1)(x-3)(x^2-5x+8)=0$ で……？」

x^2-5x+8は，もうこれ以上は因数分解できないから，それでいいよ。$x^2-5x+8=0$になるときのxは解の公式で求めよう。

ただ，文句をつけるわけではないけど，ちょっと細かいこといっていい？

「えっ？　何ですか？」

1回目に，$x^4-7x^3+15x^2-x-24$に$x=1$を代入して0にならなかったんだよね。じゃあ，2回目の$x^3-8x^2+23x-24$に$x=1$を代入してみるのは意味がない。絶対0にならないからね。

「えっ？　どうしてですか？」

だって，$x^4-7x^3+15x^2-x-24$と（$(x+1)(x^3-8x^2+23x-24)$）は同じものなんだよね。$x^4-7x^3+15x^2-x-24$に$x=1$を代入して0にならないなら，（$(x+1)(x^3-8x^2+23x-24)$）も0にならないんだ。

「あっ，そうか……。」

4次式では，何を代入すれば0になるかの作業を2回行うけど，1回目で失敗した数は2回目のときは考えなくていいよ。

あとは解を求めればいい。では，解答をまとめてみよう。

「**解答**　(1)　$x^4-7x^3+15x^2-x-24=0$

$$(x+1)(x^3-8x^2+23x-24)=0$$

$$(x+1)(x-3)(x^2-5x+8)=0$$

よって，$x=-1,\ 3,\ \dfrac{5\pm\sqrt{7}i}{2}$

答え　例題 2-19 (1)」

よくできました。では，(2)の $x^4+2x^3-12x^2+14x-5=0$ をミサキさん，解いてみよう。

「-5 の約数だから，まず，$x=1$ を代入すると……

$1+2-12+14-5=0$　やった！ いきなりうまくいった。ということは $x-1$ で割り切れるのね。

1	2	−12	14	−5	1
	1	3	−9	5	
1	3	−9	5	0	

$$x^4+2x^3-12x^2+14x-5=0$$

$$(x-1)(x^3+3x^2-9x+5)=0$$

x^3+3x^2-9x+5 も因数定理で考えるのよね……。

あれっ，これも $x=1$ を代入すると 0 になる！」

いいんだよ。同じ式で割り切れることもあるからね。

「そうなんですね。

x^3+3x^2-9x+5 に $x=1$ を代入すると

$1+3-9+5=0$ よって $x-1$ で割り切れるので

1	3	−9	5	1
	1	4	−5	
1	4	−5	0	

$(x-1)(x-1)(x^2+4x-5)=0$

$(x-1)^2(x-1)(x+5)=0$ 因数分解

$(x-1)^3(x+5)=0$

すごい。$x-1$ が3個もあるんですね。」

じゃあ，簡単に解答をまとめておくよ。

解答 (2) $x^4+2x^3-12x^2+14x-5=0$

$(x-1)(x^3+3x^2-9x+5)=0$

$(x-1)^2(x^2+4x-5)=0$

$(x-1)^3(x+5)=0$

よって $x=1,\ -5$ ⇐答え **例題 2-19** (2)

さて，この方程式 $(x-1)^3(x+5)=0$ の解 $x=1$ を**3重解**というよ。3乗になっているから3重解だ。また，例えば $(x-5)^2(x+2)=0$ の解 $x=5$ は2乗だから**2重解**だ。用語を覚えておいてね。では，次の例題にいこう。

例題 2-20 定期テスト 出題度 !! 共通テスト 出題度 !

$5x^3+37x^2+9x-2=0$ を解け。

まず，定数項-2の約数を考えてxに代入してみようか。

$x=1$を代入すると，$5+37+9-2=49$

$x=-1$を代入すると，$-5+37-9-2=21$

$x=2$を代入すると，$40+148+18-2=204$

$x=-2$を代入すると，$-40+148-18-2=88$

という感じでなかなかうまくいかない。実は，今回は整数ではなく分数なんだ。

「えっ？　分数になることもあるのですか？」

うん。あるよ。でも，実際にそれを見つけるのはたいへんだ。整数でも面倒なのに，分数となると……。

「いくつでもありますからねぇ……。」

代入して0になる数の探しかた

① まず，±定数項の約数で探す。

② ①で見つからないときは

$\pm\dfrac{\text{定数項の約数}}{\text{最高次の係数の約数}}$で探す。

まず，定数項は-2で，その約数は1，2，-1，-2だ。でも，式の前にすでに±がついているから，②の分数の分子は1か2と考えていい。

一方，最高次x^3の係数は5なので，約数は1，5，-1，-5だが，これも±があるから，分母は1か5だ。

よって，代入して0になるのは，$\pm\dfrac{1}{1}$，$\pm\dfrac{2}{1}$，$\pm\dfrac{1}{5}$，$\pm\dfrac{2}{5}$の中のどれかということになるんだ。つまり，±1，±2，$\pm\dfrac{1}{5}$，$\pm\dfrac{2}{5}$のどれかだ。

「± 1，± 2は失敗したから，$\pm\frac{1}{5}$，$\pm\frac{2}{5}$で探せばいいのか。」

結果を先にいうと，今回は$-\frac{2}{5}$で0になるんだ。$\left(\text{みんなは自力で}\pm\frac{1}{5}\text{，}\right.$
$\left.\pm\frac{2}{5}\text{を代入して調べてね。}\right)$

「じゃあ，$x+\frac{2}{5}$で割り切れる（因数にもつ）ということですね。」

そういうことなんだ。$x+\frac{2}{5}$で割ってもいいし，さらに，**多項式の割り算では，ある式で割り切れれば（因数にもてば），その式の定数倍でも割り切れる（因数にもつ）**というのがあるんだ。今回は$x+\frac{2}{5}$で割り切れるので，5倍した$5x+2$でも割り切れるといえる。

数の割り算ではそんなことはいえないよね。例えば3で割り切れても15で割り切れるとは限らない。でも，多項式ではいえるんだ。

$x+\frac{2}{5}$で割り切れるため，$5x+2$でも割り切れる。筆算で計算すると

$$
\begin{array}{rr|rrrr}
 & & 1 & 7 & -1 & \\
\hline
5 & 2 & 5 & 37 & 9 & -2 \\
 & & 5 & 2 & & \\
\hline
 & & & 35 & 9 & -2 \\
 & & & 35 & 14 & \\
\hline
 & & & & -5 & -2 \\
 & & & & -5 & -2 \\
\hline
 & & & & & 0
\end{array}
$$

になるね。

解答　$5x^3+37x^2+9x-2=0$

$(5x+2)(x^2+7x-1)=0$

よって，$\boldsymbol{x=-\frac{2}{5},\ \frac{-7\pm\sqrt{53}}{2}}$　答え　例題 2-20

「$x+\frac{2}{5}$ で割り切れると，$5x+2$ でも割り切れるのは，どういう理由ですか？」

説明しておくよ。$x+\frac{2}{5}$ で割ると，商が $5x^2+35x-5$，あまりは0で

$$\left(x+\frac{2}{5}\right)(5x^2+35x-5)=0$$

と因数分解される。でも，$x+\frac{2}{5}$ を5倍して，$5x^2+35x-5$ を5で割れば

$$(5x+2)(x^2+7x-1)=0$$

となり，結局は同じ式になるんだよ。

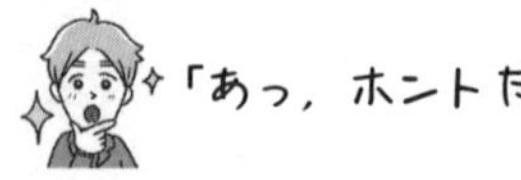

「あっ，ホントだ。$5x+2$ を因数にもっている！」

ややこしい1つの値の代入

『数学Ⅰ・A編』の 1-16 で"ややこしい2つの値の代入"というのがあったが，今回のようにややこしい1つの値を代入するときもやりかたがあるよ。

例題 2-21 定期テスト 出題度 !! 共通テスト 出題度 !!

$x=\dfrac{3-\sqrt{7}i}{2}$ のとき，$-8x^4+29x^3-46x^2+15x+13$ の値を求めよ。

もちろん，$x=\dfrac{3-\sqrt{7}i}{2}$ をそのまま代入しても求められるが，たいへんな計算になるよね。次のようにすればいいんだ。

❶ まず，$\sqrt{\ }$ や i を消去する。$\sqrt{\ }$ や i のないものを左辺に，あるものを右辺に移項して両辺を2乗する。

$$x=\frac{3-\sqrt{7}i}{2}$$

$$2x=3-\sqrt{7}i$$

$$2x-3=-\sqrt{7}i$$

（左辺に3を移項し，$-\sqrt{7}i$ を右辺に残す）

$$(2x-3)^2=(-\sqrt{7}i)^2$$

（2乗して i を消す）

$$4x^2-12x+9=-7$$

$$4x^2-12x+16=0$$

$$x^2-3x+4=0$$

（両辺を4で割る）

次は，**❷ 与えられた式を❶でできた2次式で割る。**2次式だから筆算を使おう。商は $-8x^2+5x+1$，あまりは $-2x+9$ になる。そして，

『割られる式＝割る式×商＋あまり』の形にする。

$$\underset{-8x^4+29x^3-46x^2+15x+13}{\underline{\underline{(与式)}}}=(x^2-3x+4)(-8x^2+5x+1)-2x+9$$

最後に，❸ **すべてのxのところに$x=\dfrac{3-\sqrt{7}i}{2}$を代入するんだけど，**

❶で$x=\dfrac{3-\sqrt{7}i}{2}$のときは，$x^2-3x+4=0$とわかっているよね。

「0に何を掛けても0になるから，与式の ～～～ の部分がごっそり消えるということか！　なるほど……。」

解答

$x=\dfrac{3-\sqrt{7}i}{2}$ より

$2x=3-\sqrt{7}i$

$2x-3=-\sqrt{7}i$

$(2x-3)^2=(-\sqrt{7}i)^2$

$4x^2-12x+9=-7$

$4x^2-12x+16=0$

$x^2-3x+4=0$

$$
\begin{array}{rrr|rrrrrl}
 & & & -8 & 5 & 1 & & & \leftarrow \text{商の係数} \\
\hline
1 & -3 & 4 & -8 & 29 & -46 & 15 & 13 & \\
 & & & -8 & 24 & -32 & & & \\
\hline
 & & & & 5 & -14 & 15 & 13 & \\
 & & & & 5 & -15 & 20 & & \\
\hline
 & & & & & 1 & -5 & 13 & \\
 & & & & & 1 & -3 & 4 & \\
\hline
 & & & & \text{あまりの係数} \rightarrow & & -2 & 9 &
\end{array}
$$

$\underline{\underline{(与式)}}=(x^2-3x+4)(-8x^2+5x+1)-2x+9$

$-8x^4+29x^3-46x^2+15x+13$

$x=\dfrac{3-\sqrt{7}i}{2}$のとき，$x^2-3x+4=0$なので，求める式の値は

$-2\cdot\dfrac{3-\sqrt{7}i}{2}+9$ ←$-2x+9$に$x=\dfrac{3-\sqrt{7}i}{2}$を代入

$=\underline{\underline{\mathbf{6+\sqrt{7}i}}}$ ⇦ 答え　例題 2-21

2-17 $a+bi$を解にもてば，$a-bi$も解にもつ

共役な複素数はコンビだ。一方だけ解にもつということはないよ。

例題 2-22　定期テスト 出題度 ❗❗❗　共通テスト 出題度 ❗

3次方程式 $x^3+Ax^2-15x+B=0$が$2-3i$を解にもつとき，実数A，Bの値と，他の解を求めよ。

数II 2章

係数がすべて実数であることを**実係数**といい，次のようなことが知られている。

共役な複素数の解

実係数（係数がすべて実数）の方程式が
$a+bi$（a，bは実数）を解にもてば，
$a-bi$も解にもつ。

この問題は，次の手順で解けばいい。

❶ **$2-3i$を解にもつということは，自動的に$2+3i$を解にもつということになる。**

❷ **まず，$2-3i$と$2+3i$を解にもつ2次方程式を作るんだ。**

「えっ？　何のためにですか？」

まあ，それはこのあと説明するよ。ミサキさん，ちょっと作ってみて。2-8を思い出しながらやってみよう。

「和が $(2-3i)+(2+3i)=4$

積が $(2-3i)(2+3i)=2^2-(3i)^2=4+9=13$ だから，

$x^2-4x+13=0$　　　です。」

そうだね。❸ **そして，問題の式は今求めた $x^2-4x+13$ で割り切れる。つまり因数にもつんだ。**

「どうしてですか？」

元の式 $x^3+Ax^2-15x+B=0$ を因数分解したときに

$$(x^2-4x+13)(\boxed{?})=0$$

となるから，$x^2-4x+13=0$ から $2-3i$ と $2+3i$ の解が出てくるんだよね。もし，因数分解したときに別の式になったら $2-3i$ や $2+3i$ といった解が出てこないことになるよね。

「……あっ，そうか。たしかにそうだ。」

$x^3+Ax^2-15x+B$ は $x^2-4x+13$ で割り切れる。つまり，あまりが0になるということだ。実際に割ってみればいい。

解答　与式は，$2-3i$ を解にもつので，$2+3i$ も解にもつ。

$2-3i$，$2+3i$ を解にもつ2次方程式は

和が $(2-3i)+(2+3i)=4$

積が $(2-3i)(2+3i)=13$ より

$x^2-4x+13=0$

与式の左辺は $x^2-4x+13$ を因数にもつので

		1	A+4		
1 −4 13)		1	A	−15	B
		1	−4	13	
			A+4	−28	B
			A+4	−4A−16	13A+52
		あまりの係数 →		4A−12	−13A+B−52
				x	定数

あまりは0だから

$$\begin{cases} 4A-12=0 & \cdots\cdots① \\ -13A+B-52=0 & \cdots\cdots② \end{cases}$$

①より$A=3$

$A=3$を②に代入すると，$B=91$

よって，$\underline{\underline{A=3,\ B=91}}$ ⇐答え　例題 2-22

与式は

$(x^2-4x+13)(x+7)=0$となるから

$x=2\pm3i,\ -7$

ゆえに，他の解は$\underline{\underline{2+3i,\ -7}}$ ⇐答え　例題 2-22

「最後の $(x^2-4x+13)(x+7)=0$はどうしてですか？」

2-15 でもそうだったけど，**多項式の割り算をしたら，ふつう，『割られる式＝割る式×商＋あまり』の形にするんだ。**

上の筆算のように，$x^3+Ax^2-15x+B$を，$x^2-4x+13$で割ると，商は$x+(A+4)$ だけど$A=3$だから，$x+7$になるね。あまりは0だ。

だから，左辺の$x^3+Ax^2-15x+B$は

$(x^2-4x+13)(x+7)$

になるということだ。

「最後の『他の解』というのは，問題に書いてある“$2-3i$”以外の解ということですね。」

うん，そうだよ。さて，もう1つ覚えておいてほしいのだけれど，最初に，

係数がすべて実数の方程式が $a+bi$（a，b は実数）を解にもてば，$a-bi$ も解にもつ。

というのが出てきたけど，次のこともいえるんだ。

共役な無理数の解

有理係数（係数がすべて有理数）の方程式が **$a+\sqrt{b}$**
（a は有理数，$\sqrt{b}$ は無理数）**を解にもてば，**
$a-\sqrt{b}$ も解にもつ。

じゃあ，ミサキさん，これを使って次の問題をやってみて。やりかたは 例題 2-22 と同じでいいよ。

例題 2-23

定期テスト 出題度 ❗❗❗　共通テスト 出題度 ❗

k，m を有理数とし，4次方程式 $x^4-7x^3+kx^2+3x+m=0$ が $1-\sqrt{2}$ を解にもつとき，定数 k，m の値と，他の解を求めよ。

「**解答** $1-\sqrt{2}$ を解にもつので，$1+\sqrt{2}$ も解にもつ。

まず，$1+\sqrt{2}$ と $1-\sqrt{2}$ を解にもつ2次方程式を求めると

和が $(1+\sqrt{2})+(1-\sqrt{2})=2$

積が $(1+\sqrt{2})(1-\sqrt{2})=-1$ より

$x^2-2x-1=0$

与式の左辺はx^2-2x-1を因数にもつので

	1	−5	k−9		
1　−2　−1)	1	−7	k	3	m
	1	−2	−1		
		−5	k+1	3	m
		−5	10	5	
			k−9	−2	m
			k−9	−2k+18	−k+9
				2k−20	k+m−9

あまりは0だから

$$\begin{cases} 2k-20=0 & \cdots\cdots① \\ k+m-9=0 & \cdots\cdots② \end{cases}$$

①より，$k=10$

$k=10$を②に代入すると，$m=-1$

よって，$k=10$，$m=-1$　答え　例題 2-23

与式は

$(x^2-2x-1)(x^2-5x+1)=0$となるから

$x=1\pm\sqrt{2}$，$\dfrac{5\pm\sqrt{21}}{2}$

ゆえに，他の解は$1+\sqrt{2}$，$\dfrac{5\pm\sqrt{21}}{2}$　答え　例題 2-23」

うん。それでいいね。

2-18 3乗して1になる虚数ω（オメガ）

3乗して1になる数は何？　と聞かれたら当然1と答えると思う。でも，実は1以外にもあるんだ。

3乗して1になる数を求めてみようか。これをxとすると

$$x^3=1$$

$$x^3-1=0$$

$$(x-1)(x^2+x+1)=0$$

$$x=1,\ \frac{-1\pm\sqrt{3}i}{2}$$

つまり，解は，1以外にも，2つの虚数があるんだ。そのうち，2つの虚数解のどちらでもいいのでω（オメガ）とおいてみる。すると，次の3つが成り立つんだ。特に，❶，❷は頻繁に出てくるよ。

Point 14 3乗して1になる虚数ω

❶ $\omega^3=1$

❷ $\omega^2+\omega+1=0$

❸ もう一方の虚数解はω^2になる

「3つの式は，なぜ，成り立つのかしら？」

「$\omega=\frac{-1+\sqrt{3}i}{2}$とか，$\omega=\frac{-1-\sqrt{3}i}{2}$とかして，代入してみたらわかるんじゃないの？」

うん。それでもいいんだが，❶，❷が成り立つ理由はもっと簡単だよ。まず，ωは$x^2+x+1=0$を解いたときの解だよね。解を元の式に代入すれば当然成り立つ。だから，$\omega^2+\omega+1=0$だ。また，元をさかのぼれば，ωは$x^3=1$の解でもあるから，$\omega^3=1$だね。

例題 2-24　定期テスト 出題度❗❗❗　共通テスト 出題度❗

1の3乗根のうち，虚数解の1つをωとおくとき，次の式を簡単にせよ。

(1)　$\omega^7+\omega^5+1$　　(2)　$\dfrac{\omega(\omega^2+1)}{-\omega-1}$

数Ⅱ 2章

「3乗根って……。」

あっ。まだ教えていなかったね。3乗してaになる数を，aの**3乗根**というんだよ。つまり，1の3乗根ということは，3乗して1になる数ってことだよ。

「なるほど。わかりました。」

じゃあ，問題を考えるよ。**ωが3乗以上のときは，まず，❶　$\omega^3=1$を使おう。ω^3が1になるということはω^6，ω^9，……なども1になるよ。**

「ω^3の累乗だからですか？」

そうだね。ω^6は$(\omega^3)^2$，ω^9は$(\omega^3)^3$と考えればいいからね。だから，ω^3，ω^6，……などをまず作ろう。$\omega^7=\omega^6\cdot\omega$，$\omega^5=\omega^3\cdot\omega^2$とすればいい。

解答 (1) $\omega^3=1$，$\omega^2+\omega+1=0$ だから

$$\begin{aligned}&\omega^7+\omega^5+1\\=&\omega^6\cdot\omega+\omega^3\cdot\omega^2+1 \quad \leftarrow \omega^6=1,\ \omega^3=1\\=&\omega+\omega^2+1\\=&\underline{\underline{0}}\end{aligned}$$

答え 例題 2-24 (1)

「あっ，最後は，❷ $\omega^2+\omega+1=0$ を使ったのですか？」

そうだよ。さて，次の(2)は， 例題 2-11 の(3)でも似たような話をしたよ。

❷ $\omega^2+\omega+1=0$ のような，“3つの和＝”の値がわかっていたら“2つの和＝”の形に変形して使うことが多いんだ。

$$\omega^2+\omega=-1,\ \omega^2+1=-\omega,\ \omega+1=-\omega^2$$

と変形して使う。

「分子は $\omega\underbrace{(\omega^2+1)}_{-\omega}=-\omega^2$ だ。分母の $-\omega-1$ は……？」

$\omega+1=-\omega^2$ ということは，$-\omega-1$ は ω^2 といえる。

「ということは，約分できちゃいますね。」

うん，そうだね。解答をまとめると次のようになるよ。

解答 (2) $\omega^3=1$，$\omega^2+\omega+1=0$ だから

$$\frac{\omega(\omega^2+1)}{-\omega-1}=\frac{-\omega^2}{\omega^2}=\underline{\underline{-1}}$$

（$\omega^2+1=-\omega$，$-\omega-1=\omega^2$）

答え 例題 2-24 (2)

分子を展開して

$$\frac{\omega(\omega^2+1)}{-\omega-1}=\frac{\omega^3+\omega}{-\omega-1}=\frac{1+\omega}{-\omega-1}=-1$$

としてもいいよ。

3章

図形と方程式

ここでは点や直線，円などについて学ぼう。直線や円の方程式を求めたり，座標平面上の図形を考えたりする問題が登場するよ。

「中学校の頃に，直線のグラフの方程式は教わったけど，円の方程式は教わらなかったな……。」

「覚えることも多そうですね。」

うん。軌跡や領域という新しい内容も入ってくるからね。でも，公式を知っていれば，実際に図をかかなくても解ける問題は多いんだ。1つひとつしっかり押さえていこう。

2点間の距離

実際に座標をとって三平方の定理を使ってもいいが，いちいち図をかくのは面倒だ。図をかかなくてもいいように，公式を暗記しておこう。

例題 3-1 定期テスト 出題度 ❗❗❗ 共通テスト 出題度 ❗❗❗

2点 A(7, 1)，B(9, −3) 間の距離を求めよ。

2点間の距離を求めるときは，次の公式を使うよ。

Point 15 2点間の距離

A(x_1, y_1)，B(x_2, y_2) なら

$$\mathrm{AB}=\sqrt{(x_2-x_1)^2+(y_2-y_1)^2}$$

「この公式ってどこから来たんですか。」

下の図を見ればわかるように，三平方の定理が使われている。またx_1やy_1は，**お役立ち話 3** で説明したことと同じように『x座標その1』『y座標その1』という意味でおいているよ。

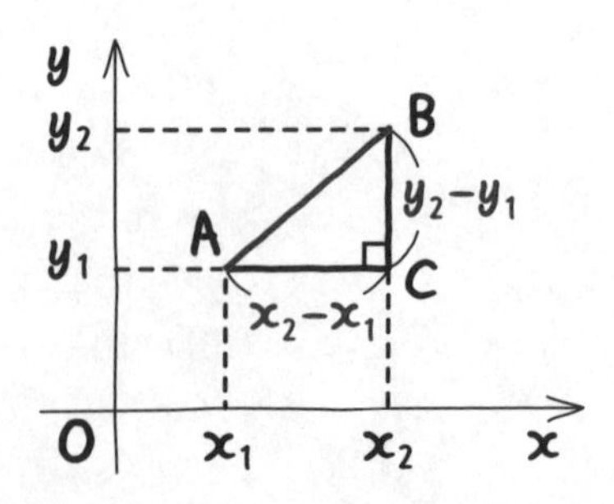

$AC=x_2-x_1$，$BC=y_2-y_1$だよね。$AB^2=AC^2+BC^2$だから，

$$\mathbf{AB=\sqrt{(x_2-x_1)^2+(y_2-y_1)^2}}$$

となる。ほら，公式の意味がわかったでしょ。

「なるほど，そうなんですね。」

ちなみに，A，Bの位置によって$AC=x_1-x_2$になったり$BC=y_1-y_2$になったりすることもあるけど，結局2乗するので，上と同じ式になるよ。じゃあ，ハルトくん，図はかかずに公式を使って解いてみて。

「解答　$AB=\sqrt{(9-7)^2+(-3-1)^2}$

$=\sqrt{2^2+(-4)^2}$

$=\sqrt{20}$

$=\underline{\underline{2\sqrt{5}}}$　⇦答え　例題 3-1」

よくできました。ちなみに，x座標どうし，y座標どうしを引くときに，どっちからどっちを引くかはあまり気にしなくていいんだよ。2乗されて結局プラスになるからね。だから，次のようにしても求められるよ。

解答　$AB=\sqrt{(7-9)^2+(\underbrace{1+3}_{1-(-3)})^2}$

$=\sqrt{(-2)^2+4^2}$

$=\sqrt{20}$

$=\underline{\underline{2\sqrt{5}}}$　⇦答え　例題 3-1

3-2 内分点，外分点

内分点，外分点に関しては，『数学Ⅰ・A編』の 7-1 で登場したね。ここでは，座標を求める公式を紹介するよ。

例題 3-2　定期テスト 出題度 !!!　共通テスト 出題度 !!!

3点 A(1, −6), B(4, 2), C(−5, 3) とするとき，次の点の座標を求めよ。

(1) 線分 AB を3：1の比に内分する点
(2) 線分 AB を2：3の比に外分する点
(3) 線分 AB の中点
(4) △ABC の重心

(1)を解くには，次の公式が必要なんだ。

内分点の公式

$A(x_1, y_1)$, $B(x_2, y_2)$ とすると，線分ABを $m:n$ の比に内分する点Pの座標は

$$P\left(\frac{nx_1+mx_2}{m+n}, \frac{ny_1+my_2}{m+n}\right)$$

「これは覚えてしまえばいいんですか。」

うん，覚えて使えればいい。でも，一応この公式が成立する理由も説明するね。

まず，数直線上の内分点を考える。

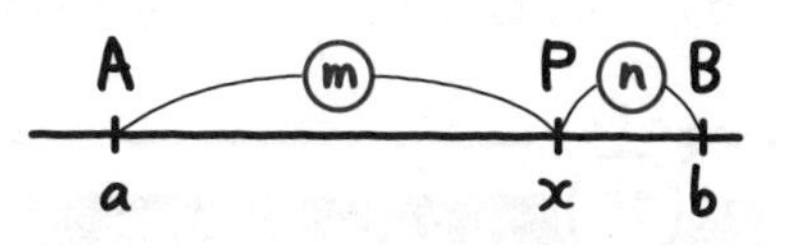

右図のような線分ABを$m:n$に内分する点Pの座標をxとすると$AP=x-a$, $PB=b-x$だよね。だから，比例式を使うと

$$\underbrace{x-a}_{AP}:\underbrace{b-x}_{PB}=m:n$$

A(a) B(b) m : n

$$n(x-a)=m(b-x)$$

これをxについて解くと

$$x=\frac{na+mb}{m+n}$$

になる。これもA, Bの位置によって$AP=a-x$になったり，$PB=x-b$になったりするが，結果は同じになるよ。

今度は，平面上の内分点を考えよう。2点$A(x_1,\ y_1)$，$B(x_2,\ y_2)$があり，線分ABを$m:n$に内分する点Pの座標$(x,\ y)$をx軸とy軸に分けて求めるよ。

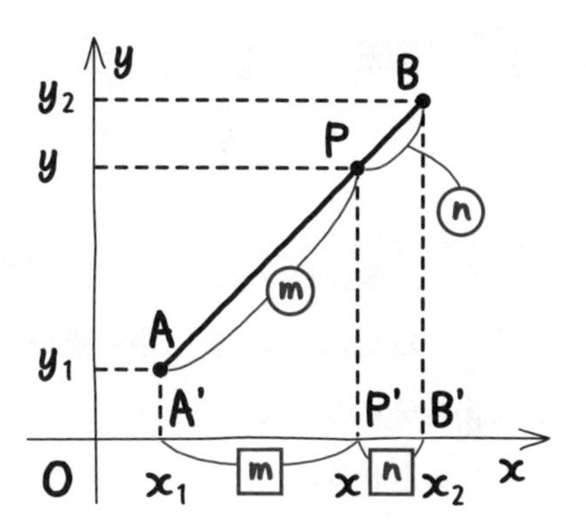

x軸で見ると$A'P':P'B'$も$m:n$になるから，数直線上の内分点と同様に

$$x=\frac{nx_1+mx_2}{m+n}\quad となる。$$

同じようにy軸で見て求めると，$y=\dfrac{ny_1+my_2}{m+n}$ だね。これで公式が成り立つことがわかったね。じゃあ，ハルトくん，(1)を解いてみて。

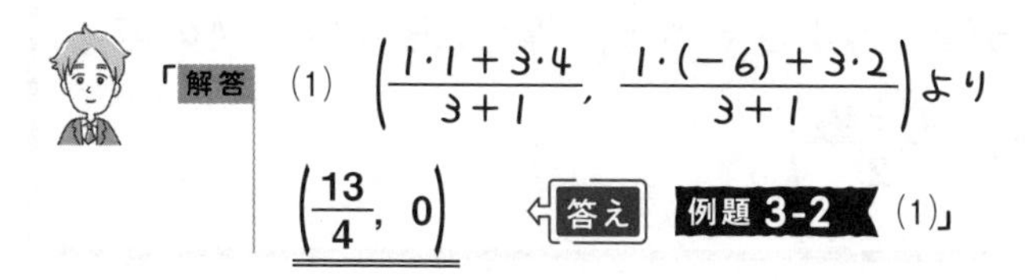

うん。正解だ。続いて，外分する点の公式を学んでいこう。

Point 17 外分点の公式

$A(x_1,\ y_1)$，$B(x_2,\ y_2)$ とすると，線分ABを $m:n$ の比に外分する点Qの座標は

$$Q\left(\frac{-nx_1+mx_2}{m-n},\ \frac{-ny_1+my_2}{m-n}\right)$$

外分点の公式は，内分点の公式の“*n*”のところが“−*n*”に変わっただけだ。ミサキさん，符号に気をつけて(2)を解いてみて。

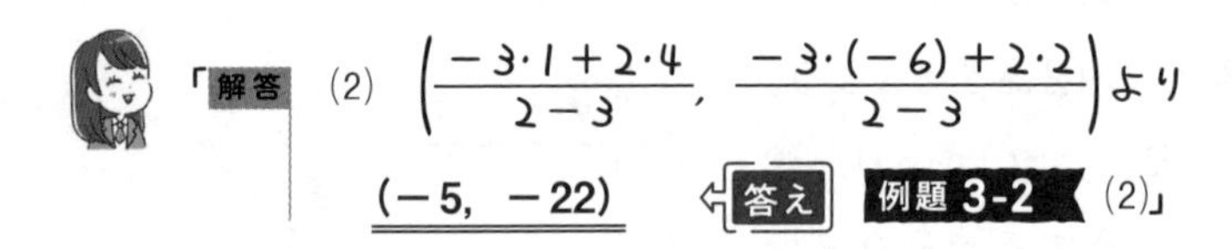

「解答　(2)　$\left(\frac{-3\cdot1+2\cdot4}{2-3},\ \frac{-3\cdot(-6)+2\cdot2}{2-3}\right)$ より

$(-5,\ -22)$　答え　例題 3-2 (2)」

そう。正解。じゃあ，ドンドンいこう。次は中点の公式だ。線分ABのド真ん中の点が，線分ABの**中点**だよ。内分点の公式で $m:n=1:1$ と考えて，次のように求められる。

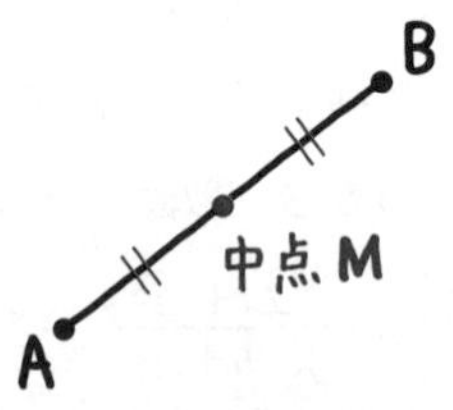

Point 18 中点の公式

$A(x_1,\ y_1)$，$B(x_2,\ y_2)$ とすると，線分ABの中点Mの座標は $\left(\frac{x_1+x_2}{2},\ \frac{y_1+y_2}{2}\right)$

三角形の重心も同じだ。3つの点のド真ん中なので，足して3で割ればいい。重心は次の公式を使うよ。

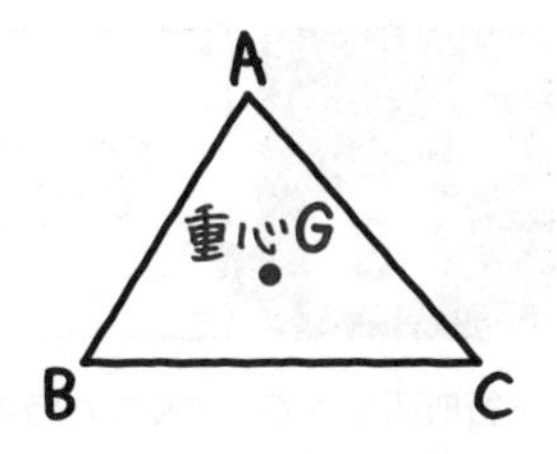

三角形の重心

$A(x_1,\ y_1)$，$B(x_2,\ y_2)$，$C(x_3,\ y_3)$とすると，

△ABCの重心Gの座標は

$$\left(\frac{x_1+x_2+x_3}{3},\ \frac{y_1+y_2+y_3}{3}\right)$$

「中点も重心も，平均って感じですね！」

そうだね。じゃあ，ミサキさん，(3)，(4)の両方を解いてみよう。

「**解答**

(3) $\left(\frac{1+4}{2},\ \frac{-6+2}{2}\right)$より

$\left(\frac{5}{2},\ -2\right)$ ⇦ 答え　例題 3-2 (3)

(4) $\left(\frac{1+4-5}{3},\ \frac{-6+2+3}{3}\right)$より

$\left(0,\ -\frac{1}{3}\right)$ ⇦ 答え　例題 3-2 (4)」

いいね。どちらも正解だよ。

平行四辺形の頂点の座標

平行四辺形って，いくつか特徴があったよね。その中の1つを使う話だよ。

例題 3-3　定期テスト 出題度 ❗❗❗　共通テスト 出題度 ❗❗

3点A$(-3,\ 7)$，B$(-2,\ -5)$，C$(9,\ 1)$とするとき，次の座標を求めよ。

(1)　四角形ABCDが平行四辺形になるときの点Dの座標

(2)　4点A，B，C，Dを頂点とする四角形が平行四辺形になるときの点Dの座標

ここでは，平行四辺形の性質『2本の対角線が交点で2等分される』ことを使うと考えやすいよ。

「対角線が交点で2等分される……？」

つまり対角線は中点で交わるということだ。この考えを使って求めていくよ。

解答　(1)　点Dの座標を$(x,\ y)$とおく。

線分ACの中点の座標は

$\left(\dfrac{-3+9}{2},\ \dfrac{7+1}{2}\right)$より

$(3,\ 4)$

線分BDの中点の座標は

$\left(\dfrac{x-2}{2},\ \dfrac{y-5}{2}\right)$

この2つは同じ点だから

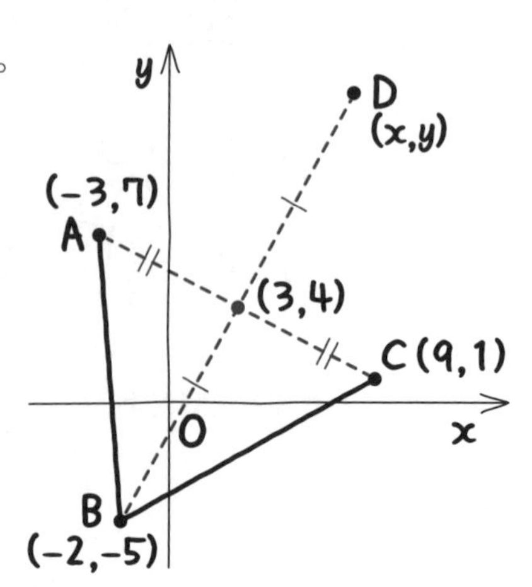

$\frac{x-2}{2}=3$より $x=8$

$\frac{y-5}{2}=4$より $y=13$

よって，**D(8, 13)** 答え 例題 3-3 (1)

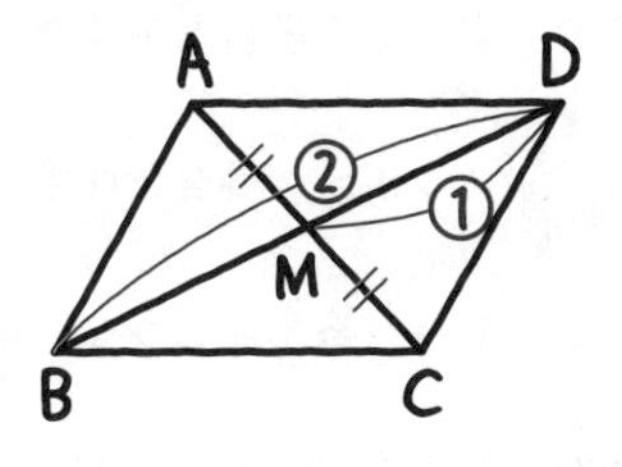

ほかにも求めかたがあるよ。まず，対角線の交点をMとしよう。Mは線分ACの中点なので，M(3, 4) だね。

そして，**Dは線分BMを2：1に外分する点とみなしてもいいんだ。**

だから，次のようにしても解けるよ。

解答 (1) 線分ACの中点Mは$\left(\frac{-3+9}{2}, \frac{7+1}{2}\right)$より，M (3, 4)

頂点Dは線分BMを2：1に外分する点だから，

$D\left(\frac{-1\cdot(-2)+2\cdot 3}{2-1}, \frac{-1\cdot(-5)+2\cdot 4}{2-1}\right)$

よって，**D(8, 13)** 答え 例題 3-3 (1)

「へぇ，そういう解きかたもあるんだ!」

さて，続いて(2)だ。ミサキさん，やってみよう。

「うーん……。(2)は(1)と，どこが違うのですか?」

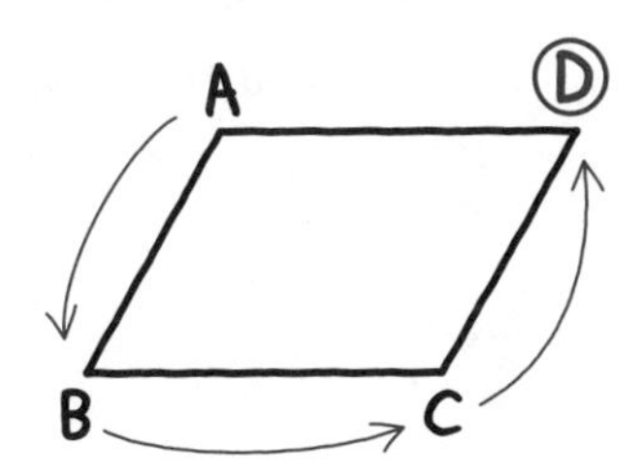

(1)は『四角形ABCD』だから，4つの頂点が右回りでも，左回りでもいいので，**A→B→C→Dの順に頂点が配置されている**という状態だ。つまり，頂点DがBの向かいにあるということだ。

それに対して，(2)は4点A，B，C，Dが頂点になっているというだけで，どういう順番に並んでいるかはわからない。つまり，肝心の頂点Dが，

(i)　**Aの向かいにある**かもしれない

(ii)　**Bの向かいにある**かもしれない

(iii)　**Cの向かいにある**かもしれない

ので，すべての場合を考えなければいけない。

「つまり，場合分けするんですね。」

そうだね。答えはこうなるよ。

解答　(2)　(i)　頂点Dが頂点Aの向かいにあるとき

線分BCの中点Lは，

$\left(\frac{-2+9}{2},\ \frac{-5+1}{2}\right)$ より，

$L\left(\frac{7}{2},\ -2\right)$

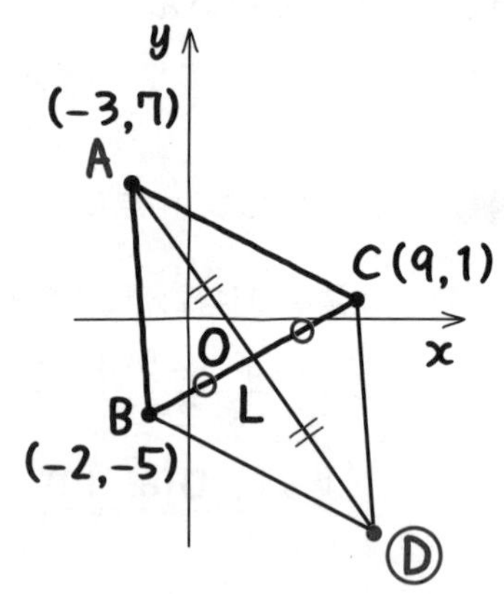

頂点Dは線分ALを2：1に外分する点だから

$$D\left(\frac{-1\cdot(-3)+2\cdot\frac{7}{2}}{2-1},\ \frac{-1\cdot7+2\cdot(-2)}{2-1}\right)$$

よって，D(10，−11)

(ii)　頂点Dが頂点Bの向かいにあるとき

(1)より，D(8，13)

(iii) 頂点Dが頂点Cの向かいにあるとき

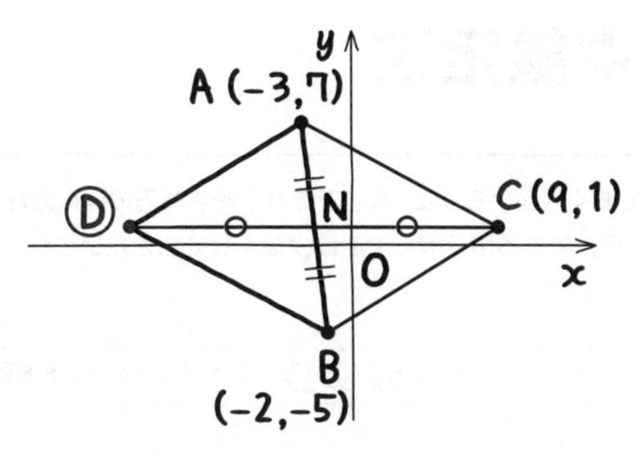

線分ABの中点Nは，$\left(\dfrac{-3-2}{2},\ \dfrac{7-5}{2}\right)$より，$\mathrm{N}\left(-\dfrac{5}{2},\ 1\right)$

頂点Dは線分CNを2：1に外分する点だから，

$$\mathrm{D}\left(\frac{-1\cdot 9+2\cdot\left(-\dfrac{5}{2}\right)}{2-1},\ \frac{-1\cdot 1+2\cdot 1}{2-1}\right)$$

よって，D(−14, 1)

(i), (ii), (iii)より，頂点Dの座標は

(10, −11), (8, 13), (−14, 1)

答え 例題 3-3 (2)

中線定理

むやみやたらと文字でおく人がいるけど，あとでそれらを求めるのは自分自身だってわかっているかな？　それなら，できる限り置く文字は少なくしておきたいよね。

例題 3-4　定期テスト 出題度 ❗❗❗　共通テスト 出題度 ❗

△ABC において，辺 BC の中点を M とするとき，

$$AB^2+AC^2=2(AM^2+BM^2)$$

が成り立つことを証明せよ。

「A(a, b)，B(c, d)，C(e, f) として……。」

「M は BC の中点だから，M$\left(\dfrac{c+e}{2},\ \dfrac{d+f}{2}\right)$ か。うーん……。」

いや。そうすると文字を6つも使うことになるし，分数になっていろいろ大変だ。三角形がどの場所にあろうが関係ないわけだから，わかりやすい座標に配置すればいいよ。

例えば『辺BCの中点がM』なわけだから，Mが原点にピッタリ重なるように x 軸上にとって

B($-c$, 0)，C(c, 0)，M(0, 0) のようにおけばいいんだ。

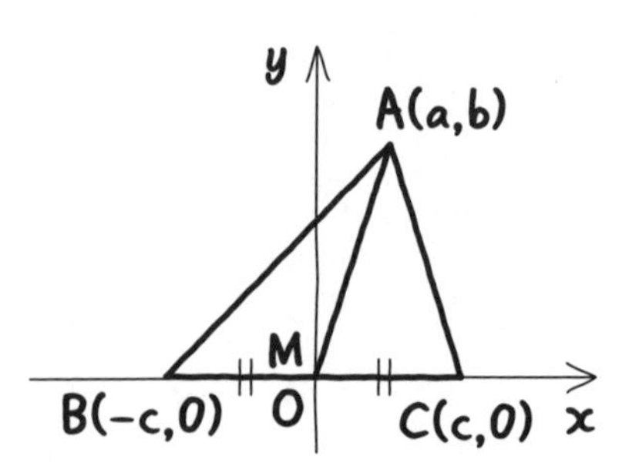

「等式の証明は，1-18 でやったようにすればいいんですね。」

解答 $\mathrm{A}(a,\ b)$，$\mathrm{B}(-c,\ 0)$，$\mathrm{C}(c,\ 0)$，$\mathrm{M}(0,\ 0)$ とおくと

$\mathrm{AB}^2=(a+c)^2+b^2$

$\quad=a^2+2ac+c^2+b^2$

$\mathrm{AC}^2=(a-c)^2+b^2$

$\quad=a^2-2ac+c^2+b^2$ より

$\mathrm{AB}^2+\mathrm{AC}^2=2a^2+2b^2+2c^2$ ……①

$\mathrm{AM}^2=a^2+b^2$

$\mathrm{BM}^2=c^2$ より

$\mathrm{AM}^2+\mathrm{BM}^2=a^2+b^2+c^2$ ……②

①，②より $\mathrm{AB}^2+\mathrm{AC}^2=2(\mathrm{AM}^2+\mathrm{BM}^2)$ が成り立つ。 **例題 3-4**

ここで証明したのは，実は有名な定理なんだ。右の図のように，△ABCの辺BCの中点をMとおくと

$$\mathbf{AB^2+AC^2=2(AM^2+BM^2)}$$

が成立する。これを**中線定理**というんだよ。

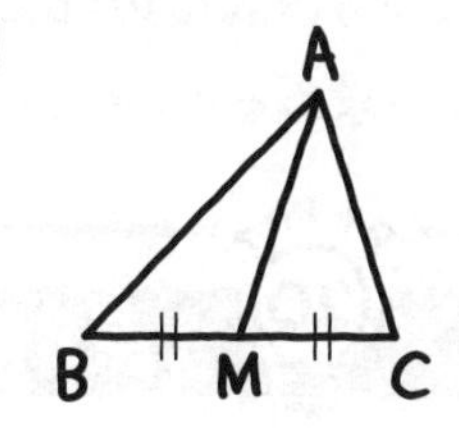

直線の式の求めかた

点の次は直線に関して学ぼう。まず，直線の方程式の求めかたから始めるよ。

例題 3-5　定期テスト 出題度 !!!　共通テスト 出題度 !!!

点(5, −1)を通り，傾き −2の直線の方程式を求めよ。

『数学Ⅰ・A編』の 0-9 でも扱ったけど，**傾き a，切片（y切片）bの直線の方程式は$y=ax+b$**と習ったよね。高校数学では，**"傾き"と"通る点"から求める**ことが多い。公式は次のようになるよ。

Point 20 1点と傾きの与えられた直線の方程式

点(x_1, y_1)を通り，傾きがmの直線の方程式は

$$y-y_1=m(x-x_1)$$

この公式は，傾きがmの直線の方程式$y=mx+b$　…①　から求められるよ。
点(x_1, y_1)を通るから，代入して，$y_1=mx_1+b$　…②

①−②より

$$y-y_1=m(x-x_1)$$

一応，成り立つ理由を説明したけど，使えればいいからね。では，例題 3-5 を解いてみるよ。

解答　点(5，－1)を通り，傾き－2の直線だから

$$y-(-1)=-2(x-5)$$

$$y+1=-2x+10$$

$$\underline{\underline{y=-2x+9}}$$ ← 答え　例題 3-5

「直線の方程式を$y=ax+b$とおいて，傾きと点の座標を代入してもいいんでしょ?」

もちろん(笑)。でも，この公式が使えたら直線の方程式がラクに求められるよ。だから覚えておいてね。

例題 3-6

定期テスト 出題度 !!!　共通テスト 出題度 !!!

次の直線の方程式を求めよ。

(1) 2点(－1，6)，(1，－8)を通る直線

(2) 2点(2，－3)，(2，9)を通る直線

傾きがわからなくても通る点の座標が2つわかっているときは，次の公式で直線の方程式を求められるよ。

Point 21　2点を通る直線の方程式

2点$(x_1,\ y_1)$，$(x_2,\ y_2)$を通る直線の方程式は

(i) $x_1 \neq x_2$のとき

$$y-y_1=\frac{y_2-y_1}{x_2-x_1}(x-x_1)$$

(ii) $x_1=x_2$のとき

$$x=x_1$$

傾きは中学校で勉強したね。まあ，そのときは方眼を使ったんじゃないかと思うけど……。例えば，xが3増える間にyが2増えるなら，傾きは$\frac{2}{3}$だね。つまり，

傾き＝$\frac{y\text{の増加分}}{x\text{の増加分}}$ということだ。

2点$(x_1,\ y_1)$，$(x_2,\ y_2)$を通る直線では，xがx_2-x_1増える間にyがy_2-y_1増えるから，傾きは$\frac{y_2-y_1}{x_2-x_1}$だよ。

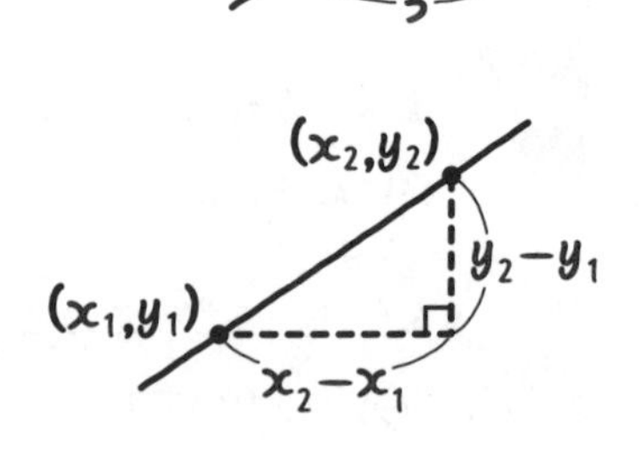

さらに，点$(x_1,\ y_1)$を通るから，Point 20の公式を使うと，直線の方程式は

$$y-y_1=\frac{y_2-y_1}{x_2-x_1}(x-x_1)$$

← これは，Point 21の(i)と同じ

になるんだ。じゃあ，ハルトくん，(1)をやってみて。

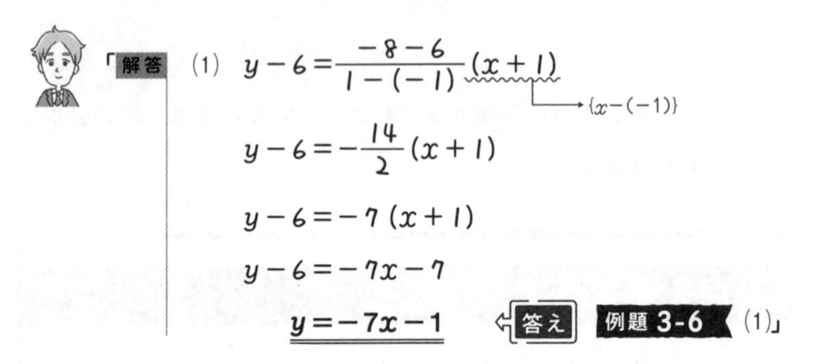

そうだね。合っているよ。座標を代入するときは符号を間違えやすいので，気をつけてね。

「Point 21(ii)で，$x_1=x_2$のときは，どうして$x=x_1$という式になるんですか?」

もし，2つの点のx座標が同じなら，2点が右のように縦並びになってしまうんだよね。

(x_2, y_2)

(x_1, y_1)

「直線がまっすぐ縦になってしまうのか。」

そうなんだ。ということで，傾きは“なし”になるんだ。

『数学I・A編』の 0-9 でも登場したよ。

“まっすぐ縦”つまり**『y軸に平行』なグラフの方程式は，$x=$(定数)の形をしている**んだったよね。

(2)では，2点のx座標が2で等しいよね。だから，$x=$(定数)の形で表せるよ。

解答 (2) 2点のx座標がともに2だから

$x=2$ ⇦答え 例題 3-6 (2)

数II 3章

3-6 2直線の平行，垂直

直線の平行や垂直は中学校でも出てきたからある程度なら大丈夫なんじゃないかな……。あれっ，やっぱり心配？

例題 3-7 定期テスト 出題度 ❗❗❗ 共通テスト 出題度 ❗❗

次の□に入る0から9までの数字を答えよ。ただし，(1)，(2)ともに□に入る整数は，最も簡単な比になるようにすること。

(1) 直線 ℓ：$4x+3y-1=0$ に平行で点 $(7,\ -2)$ を通る直線の方程式は，$\boxed{ア}x+\boxed{イ}y-\boxed{ウエ}=0$ である。

(2) 直線 ℓ：$4x+3y-1=0$ に垂直で点 $(7,\ -2)$ を通る直線の方程式は，$\boxed{オ}x-\boxed{カ}y-\boxed{キク}=0$ である。

Point 22 2直線の平行，垂直

2直線 $y=m_1x+n_1$，$y=m_2x+n_2$ について

2直線が平行 $\Longleftrightarrow$ $m_1=m_2$

2直線が垂直 $\Longleftrightarrow$ $m_1m_2=-1$

平行ならば同じ傾きになるよ。(1)は，直線 ℓ の傾きがわかれば求めたい直線の傾きもわかるよね。じゃあ，ミサキさん，解いてみて。

「解答 (1) 直線 ℓ の方程式は

$$4x+3y-1=0$$

$$3y=-4x+1$$

$$y=-\frac{4}{3}x+\frac{1}{3}$$

これに平行なので，求める直線の傾きは$-\frac{4}{3}$で，

点$(7,\ -2)$を通るから，方程式は

$$y+2=-\frac{4}{3}(x-7)$$

$$y+2=-\frac{4}{3}x+\frac{28}{3}$$

$$y=-\frac{4}{3}x+\frac{22}{3}$$

$$3y=-4x+22$$

$$\mathbf{4x+3y-22=0}$$

(7,−2)
直線l（傾き$-\frac{4}{3}$）
求める直線

ア…4　イ…3　ウエ…22

答え　例題 3-7 (1)」

その通り。じゃあ(2)だが，2直線が**垂直ならば傾きの積が−1**になるんだ。(2)を解いてみるよ。

解答　(2)　(1)より，直線lの傾きは$-\frac{4}{3}$だから，求める直線の傾きをmとすると，$-\frac{4}{3}m=-1$，$m=\frac{3}{4}$

傾きは$\frac{3}{4}$で，点$(7,\ -2)$を通るから

$$y+2=\frac{3}{4}(x-7)$$

$$y+2=\frac{3}{4}x-\frac{21}{4}$$

$$y=\frac{3}{4}x-\frac{29}{4}$$

$$4y=3x-29$$

$$\mathbf{3x-4y-29=0}$$

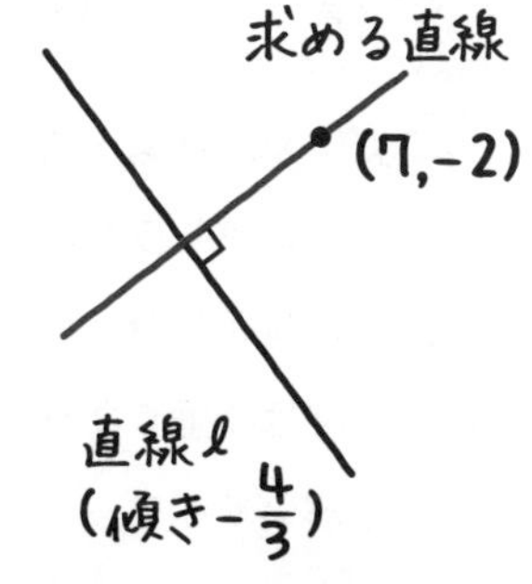

オ…3　カ…4　キク…29

さて，以上で求められたが，この手順で傾きを求めるのがわずらわしいなら次の公式を覚えておくといいよ。スピードが断然違うんだ。

直線に平行，垂直な直線の方程式

❶ 点 $(x_1,\ y_1)$ を通り，
直線 $ax+by+c=0$ に平行な直線の方程式は
$$a(x-x_1)+b(y-y_1)=0$$
❷ 点 $(x_1,\ y_1)$ を通り，
直線 $ax+by+c=0$ に垂直な直線の方程式は
$$b(x-x_1)-a(y-y_1)=0$$

(1)を，上の❶を使ってやってみるよ。

解答 (1) 直線 $4x+3y-1=0$ に平行で点 $(7,\ -2)$ を通る直線だから

$4(x-7)+3(y+2)=0$

$4x-28+3y+6=0$

$\mathbf{4x+3y-22=0}$

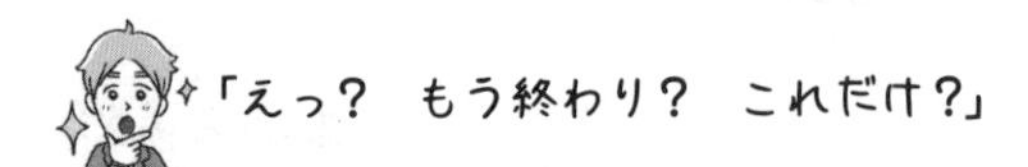

例題 3-7 (1)

「えっ？　もう終わり？　これだけ？」

ラクだよね。共通テストでも特に数学Ⅱ・Bは試験時間が短く感じられると思う。いかに速くラクに解くかが勝負の分かれ目になるんだ。だから，この方法は絶対に覚えておいたほうがいいよ。

続いて(2)は，垂直な直線の方程式を求めるから❷を使う。じゃあ，ミサキさん，(2)を解いてみて。

「解答 (2) 直線$4x+3y-1=0$に垂直で，点$(7,\ -2)$を通る直線だから

$3(x-7)-4(y+2)=0$

$3x-21-4y-8=0$

$\underline{\underline{3x-4y-29=0}}$

オ …3 カ …4 キク …29 ⇦答え 例題 3-7 (2)

あーっ!! ラクですね。」

例題 3-8

定期テスト 出題度 !!! 共通テスト 出題度 !!

2直線 $\ell_1：ax+3y+5a-1=0$

$\ell_2：x+(2a+1)y+4a=0$

が，次のような位置関係になるときのaの値を求めよ。

(1) 同じ直線になるとき

(2) 平行で異なる直線になるとき

(3) 垂直な直線になるとき

これも平行，垂直の問題だよ。“平行ならば傾きが等しく，垂直ならば傾きの積が-1”を使っても解けるけど……。正直，オススメしない。

「傾きを求めるのが面倒くさいからですか?」

まあ，それもあるし，それ以上に困ったこともある。例えば，

直線$\ell_2：x+(2a+1)y+4a=0$ は

$(2a+1)y=-x-4a$

と変形したあと，$y=\sim$の形にするために$2a+1$で割るが，$2a+1=0$のときは割ることができない。$2a+1$は0か0でないかわからないから，$2a+1$が0でないときと0のときに場合分けしないといけない。式が2つになってしまってとても面倒なんだ。だから，$y=\sim$の形にしないで次の公式を使うといいよ。

数Ⅱ 3章

2直線の平行条件と垂直条件

2直線 $\begin{cases} a_1x+b_1y+c_1=0 \\ a_2x+b_2y+c_2=0 \end{cases}$ が**平行**ならば

$$\boldsymbol{a_1 : a_2 = b_1 : b_2}$$

（$a_1 : a_2 = b_1 : b_2 = c_1 : c_2$ なら，2直線は同じ直線）

2直線 $\begin{cases} a_1x+b_1y+c_1=0 \\ a_2x+b_2y+c_2=0 \end{cases}$ が**垂直**ならば

$$\boldsymbol{a_1a_2 + b_1b_2 = 0}$$

「同じ直線になるときも“平行”というんだ……。知らなかった！」

「(1)は同じ直線になるときだから，公式を使うと

$$a : 1 = 3 : (2a+1) = (5a-1) : 4a \quad \cdots\cdots ①$$

がいえればいいということですね。」

そういうこと。まず，$a : 1 = 3 : (2a+1)$ が成り立つときの a の値を求め，その値を①に代入して，残りの式の“$=(5a-1) : 4a$”の部分の比も同じになっていればいいんだ。じゃあ，(1)，(2)を解くよ。

解答　(1)　2直線が同じ直線になるためには

$$a : 1 = 3 : (2a+1) = (5a-1) : 4a \quad \cdots\cdots ①$$

が成り立てばよい。

まず，$a : 1 = 3 : (2a+1)$ が成り立つときは

$a(2a+1)=3$

$2a^2+a-3=0$

$(a-1)(2a+3)=0$

$a=1,\ -\dfrac{3}{2}$

これを①に代入する。

$a=1$ のときは

$1:1=3:3=4:4$

となり，①が成り立つ。

$a=-\dfrac{3}{2}$ のときは

$-\dfrac{3}{2}:1=3:(-2)\neq\left(-\dfrac{17}{2}\right):(-6)$

となり，①が成り立たない。

よって，$\boldsymbol{a=1}$  例題 3-8 (1)

(2) (1)の結果より，$\boldsymbol{a=-\dfrac{3}{2}}$  例題 3-8 (2)

さて，(3)の垂直な直線になるときは，x の係数どうしを掛けたものと y の係数どうしを掛けたものの和が0になるということだよ。じゃあ，ハルトくん，(3)を解いてみて。

「解答 (3) $a\cdot1+3(2a+1)=0$

$7a+3=0$

$7a=-3$

$\boldsymbol{a=-\dfrac{3}{7}}$  例題 3-8 (3)」

そうだね。よくできました。

3-7 3直線で三角形ができないとき

図形問題ではクイズっぽいものが出ることが多く，その代表格ともいえるのがこの問題だ。解答を見る前に，自分で解きかたを考えてみよう。

例題 3-9　定期テスト 出題度 ❗❗　共通テスト 出題度 ❗

3直線　$2x-y+8=0$　……①

$3x+5y-1=0$　……②

$6x+ay+14=0$　……③

で囲まれた三角形ができないように，aの値を定めよ。

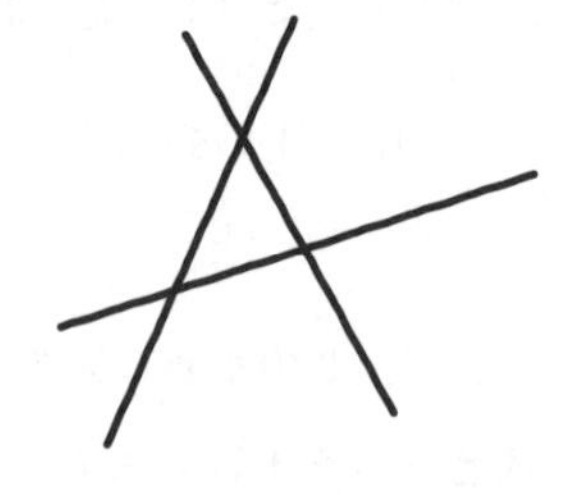

例えば，テキトーに3本の直線をかいてみると，ふつうは真ん中に三角形ができるよね。

じゃあ，三角形が**できない**ときってどういうとき？　ちょっと，かいてみて。

「えっ？　はい。じゃあ……。右の図のような感じですか？」

そうだね。2本の直線が平行になっていたら三角形ができないよね。もちろん，3本とも平行でもいいよ。つまり，

(i)　**3本の直線のうち，少なくとも2本が平行になるとき**なんだ。でも，他にも三角形ができないケースがあるんだ。どういうときかわかる？

(ii)　**3本の直線が1点で交わるとき**があるね。

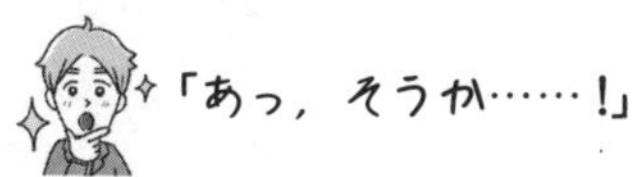

「3本の直線が1点で交わるって，どうやって求めるのですか?」

簡単だよ。まず，3本のうち2本の交点を求める。そして，残りの1本もその交点を通ると考えればいいんだ。じゃあ，解いてみるよ。

解答　まず，①，②より，$2:3 \neq (-1):5$ で，①と②は平行ではないから，3本とも平行になることはない。よって，三角形ができないのは

(i)　**3本の直線のうち，2本が平行になるとき**

①と③が平行になるのは

$$2:6=(-1):a$$ ← $a_1x+b_1y+c_1=0$，$a_2x+b_2y+c_2=0$ の2直線が平行なら　$a_1:a_2=b_1:b_2$

$$2a=-6$$

$$a=-3$$

②と③が平行になるのは

$$3:6=5:a$$ ← $a_1x+b_1y+c_1=0$，$a_2x+b_2y+c_2=0$ の2直線が平行なら　$a_1:a_2=b_1:b_2$

$$3a=30$$

$$a=10$$

(ii)　**3本の直線が1点で交わるとき**

まず，①と②の交点を求めると

①×5＋②より ←
$$\begin{array}{rl} 10x-5y+40=0 & \cdots\cdots①\times5 \\ +)\ \ 3x+5y-1\ \ =0 & \cdots\cdots② \\ \hline 13x\qquad\ +39=0 & \end{array}$$

$$13x+39=0$$

$$13x=-39$$

$$x=-3$$

$x=-3$ を①に代入すると

$2\cdot(-3)-y+8=0$

$y=2$

よって，交点の座標は，$(-3,\ 2)$

直線③がこの交点を通るから

$6\cdot(-3)+2a+14=0$

$2a-4=0$

$a=2$

よって，(i)，(ii)より　　$\underline{\underline{a=-3,\ 10,\ 2}}$  例題 3-9

直線が常に通る点

ここでは直線についての話を扱うけど，この解きかたは円のときも使っていいんだよ。

例題 3-10　定期テスト 出題度 ❗❗❗　共通テスト 出題度 ❗❗

直線 $kx+(2k-1)y-8k+5=0$ が，実数 k の値に関わらず通る定点を求めよ。

まず，問題の意味はわかるかな？ k がいろいろな値になるということは，そのたびにいろいろな直線になるってことだ。

例えば，$k=0$ なら，$-y+5=0$

$k=1$ なら，$x+y-3=0$

$k=-5$ なら，$-5x-11y+45=0$

⋮

「kは分数や$\sqrt{\quad}$になるときもあるから，もっと多いだろうな……。」

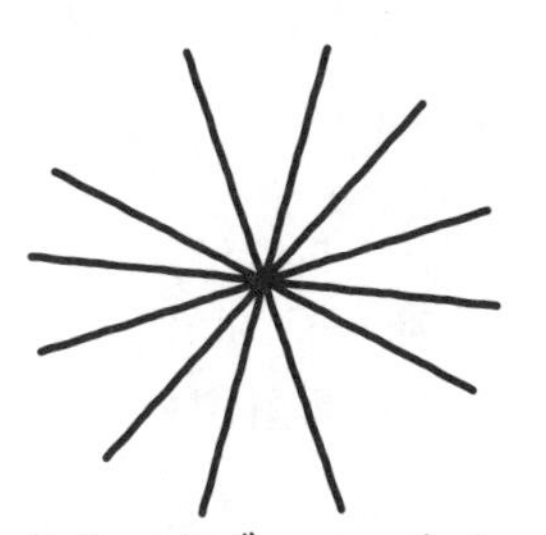

そうなんだ。いっぱい直線ができるから，**直線群**ということもある。でも，これらの直線は必ず決まった点を通るらしい。それを求める問題だよ。

「難しそう……。」

この問題には決まったやりかたがあるから覚えておこう。まず，いったん**展開してkについて整理する**。○k+●=0の形にするわけだ。そして，**この式がkについての恒等式になることを利用するよ。係数を比較すると**，○=0，●=0がいえるんだ。1-15 でやったね。

解答は，次のようになるよ。

解答　$kx+(2k-1)y-8k+5=0$ より

$kx+2ky-y-8k+5=0$

$(kx+2ky-8k)-y+5=0$

$(x+2y-8)k-y+5=0$

この式は，すべての実数 k で成り立つので（k の恒等式）より

$$\begin{cases} x+2y-8=0 & \cdots\cdots① \\ -y+5=0 & \cdots\cdots② \end{cases}$$

②より，$y=5$

$y=5$ を①に代入して解くと

$x=-2$

よって，定点 **(−2, 5)** を常に通る。　答え　例題 3-10

「どうして k の恒等式になるのですか？」

まず，“直線が点を通る”と“式が成り立つ”は意味が同じなのはわかるかな？

例えば，直線 $y=3x$ は点(2, 6)を通る。だから，x，y にそれぞれ2，6を代入すれば成り立つよね。もちろん，逆もいえるよ。

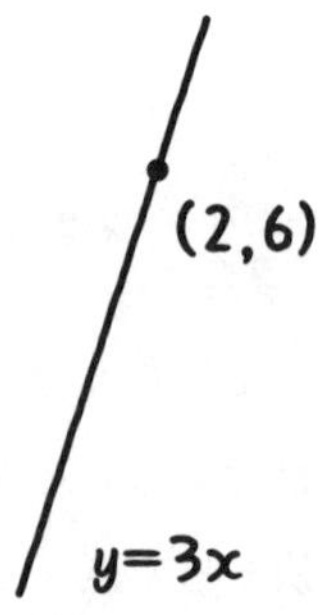

「はい。」

この問題は『k がどんな値でも，通る点 (x, y) を求めよ。』ということだよね。つまり，『k がどんな値でも，この“$kx+(2k-1)y-8k+5=0$”が成り立つような x，y を求めよ。』ということだよ。

「あっ，はい。そうですね！」

つまり，k の恒等式になっているということだ。

3-9 点と直線の距離

「3-6 の方法で垂直な直線を求め，2直線の交点を求めて，3-1 の公式で2点間の距離を求めて……」なんて，面倒なことをやらないでも点と直線の距離は求められるよ。

例題 3-11

定期テスト 出題度 !!!　共通テスト 出題度 !!!

点 A(−1, 6) と直線 $y=5x+2$ の距離を求めよ。

点と直線の距離を求める便利な公式があるよ。あっ，『**距離**』っていうのはもちろん最短距離のことだよ。例えば，点Aから直線 $y=5x+2$ に，垂直に落としたときにできる垂線の長さが点Aと直線の距離だ。

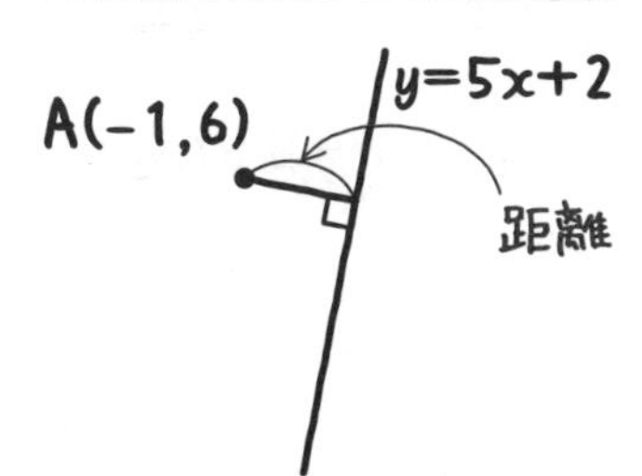

点と直線の距離

点 $(x_1,\ y_1)$ と直線 $ax+by+c=0$ の距離 d は

$$d=\frac{|ax_1+by_1+c|}{\sqrt{a^2+b^2}}$$

「上の問題は，直線の式が“$y=$～”の形をしていますね。」

そうなんだ。だから，公式を使うために，**$ax+by+c=0$の形に直して計算**しなければならないね。ミサキさん，やってみて。

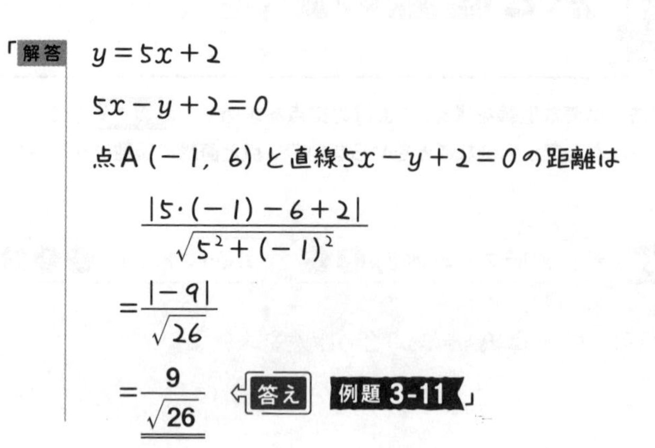

うん。よくできました。

3-10 対称な点

ビリヤードでは，球を台の縁(クッション)ではね返して他の球に当てるんだ。この問題の折れ線の長さの最小値の考えかたは，ビリヤードに使えるかもしれないよ。

例題 3-12 定期テスト 出題度 !!! 共通テスト 出題度 !!

A(5, −6)，B(8, 9)，直線 m：$y=2x-6$ とするとき，次の問いに答えよ。

(1) 点Aの直線 m に関して対称な点A′の座標を求めよ。

(2) 直線 m 上を点Pが動くとき，AP+PB の最小値，および，そのときの点Pの座標を求めよ。

「(1)の『点Aの直線 m に関して対称な点A′』を座標平面上で求めるときは，どうしたらいいんですか。」

下の図のように，AとA′を結んだ線分の垂直二等分線が，直線 m だ。それを使ってA′を求めるんだよ。最初に対称な点A′の座標を (X, Y) とおこう。

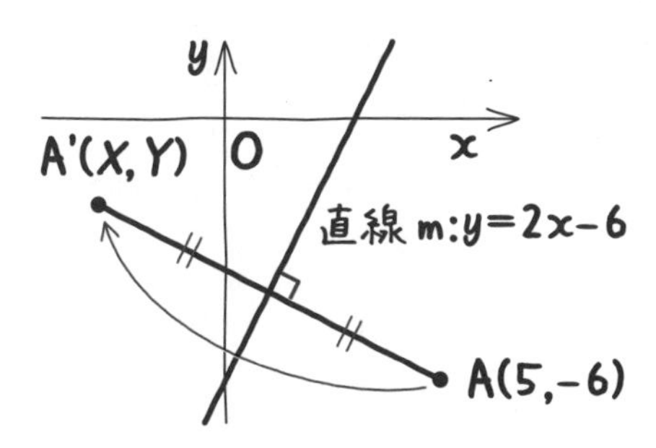

❶ **線分AA′の中点は，直線 m の上にある。**

❷ **直線AA′は，直線 m と垂直である。**

「ということは，中点の座標を直線mの式に代入すると成り立つということですね。」

「さらに，傾きの積が-1になることが使えるんだ!」

その通り。直線AA′の傾きは$\dfrac{y\text{の増加分}}{x\text{の増加分}}$で計算できる。最後に，❶，❷で作られる2つの式を連立させればいいね。

解答 (1) ❶ A′の座標を$(X,\ Y)$とおく。

線分AA′の中点$\left(\dfrac{X+5}{2},\ \dfrac{Y-6}{2}\right)$が直線$m$上にあるから，直線$m$の式に中点の座標を代入すると

$$\frac{Y-6}{2}=2\cdot\frac{X+5}{2}-6$$

両辺を2倍

$$Y-6=2(X+5)-12$$

$$Y-6=2X+10-12$$

$$2X-Y=-4 \quad \cdots\cdots①$$

❷ 線分AA′の傾きは$\dfrac{Y+6}{X-5}$で，これは直線mと垂直だから

$$\frac{Y+6}{X-5}\cdot 2=-1$$

←垂直に交わる2直線の傾きの積は-1

$$2(Y+6)=-(X-5)$$

$$2Y+12=-X+5$$

$$X+2Y=-7 \quad \cdots\cdots②$$

①×2+②より

$$5X=-15,\ X=-3$$

①に$X=-3$を代入すると

$$Y=-2$$

A′(−3, −2) ←答え 例題 3-12 (1)

(1)はとても有名な問題だから，やりかたを覚えておくといいよ。

続いて(2)だ。Aの地点から，直線m上の点Pで折れ曲がってBに行く道のりを考えるんだ。その道のりを最も短くしようと思えば，どこに点Pを取ればいいか？　ということだ。

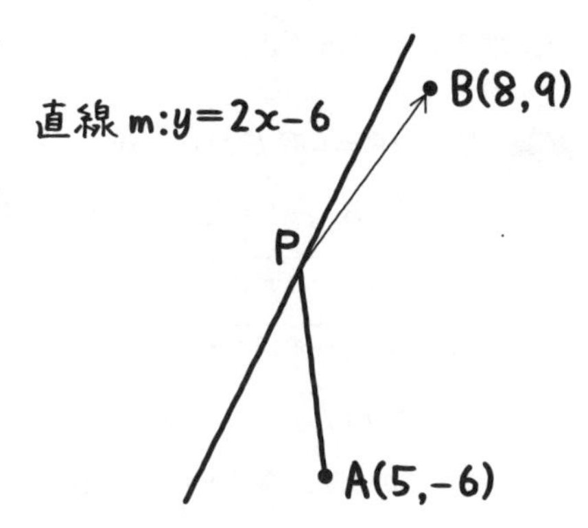

「難しそうですね……。」

まず，(1)でAを直線mでパタンと折り返した対称な点A′を求めたよね。ということは，**APとA′Pの長さが同じ**になるね。

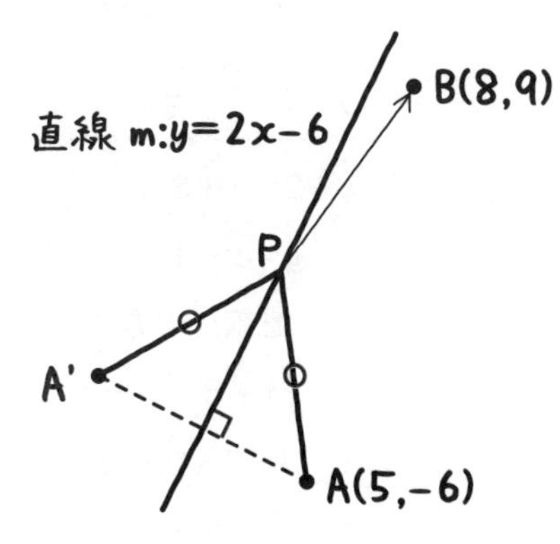

「そうですね。鏡に映したようになっていますもん。」

うん。よって，**AP＋PBの最小値を求めたいのなら，A′P＋PBの最小値を求めればいい**んだ。
A′からBに最短距離で行こうと思えば，A′からBにまっすぐ進み，その途中でたまたま直線と交わる点をPとすればいいということだ。

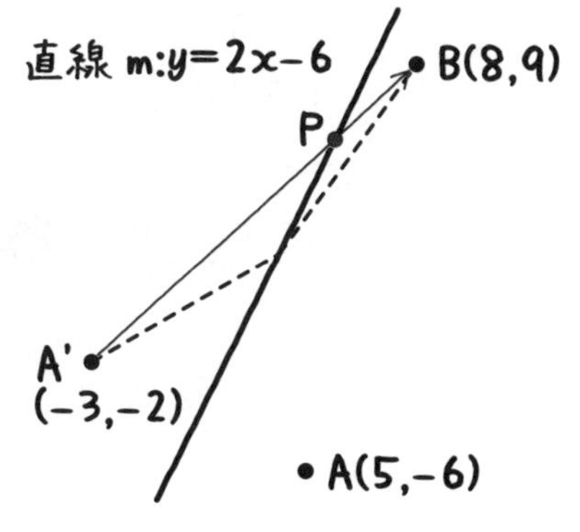

「あっ，なるほど……。じゃあ，A′P＋PBの最小値はA′とBの距離ということですか?」

そういうことになるね。**Pは直線mと直線A′Bの交点**と考えればいいので，次のように解くよ。

解答　(2)　AP＝A′Pだから，A′P＋PBの最小値を求めればよく，これは A′(−3, −2) とB(8, 9) の距離より

$\sqrt{(-3-8)^2+(-2-9)^2}$

$=\sqrt{(-11)^2+(-11)^2}$

$=11\sqrt{2}$

よって，**AP＋PBの最小値は，$11\sqrt{2}$**　答え　例題 3-12 (2)

また，直線A′Bの方程式は

$y+2=\frac{9+2}{8+3}(x+3)$　←2点(x_1, y_1)，(x_2, y_2)を通る直線の方程式は$y-y_1=\frac{y_2-y_1}{x_2-x_1}(x-x_1)$ $(x_1 \neq x_2)$

$y+2=x+3$

$y=x+1$　……③

また，直線mの方程式は

$y=2x-6$　……④

③を④に代入すると

$x+1=2x-6$

$x=7$

③に代入すると

$y=8$

よって，**P(7, 8)**　答え　例題 3-12 (2)

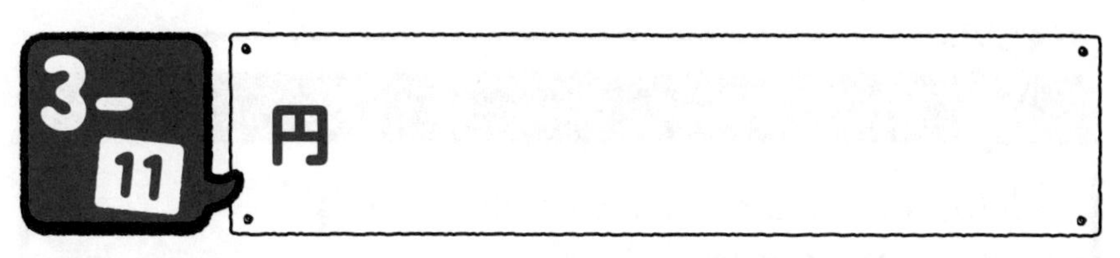

直線は英語で「line」だから“直線ℓ”などと名前をつけることが多い。円は「circle」だから“円C”とすることが多いよ。

例題 3-13 定期テスト 出題度 ❗❗❗ 共通テスト 出題度 ❗❗❗

次の方程式は，どのような図形を表すか。

(1) $x^2+y^2=9$

(2) $x^2+y^2+5x+4=0$

(3) $x^2+y^2-8x+2y-1=0$

中心がC $(a,\ b)$，半径がrの円について考えてみよう。
点P $(x,\ y)$ がこの円周上にあるとすると，CP$=r$だね。

「えっ，どうしてですか?」

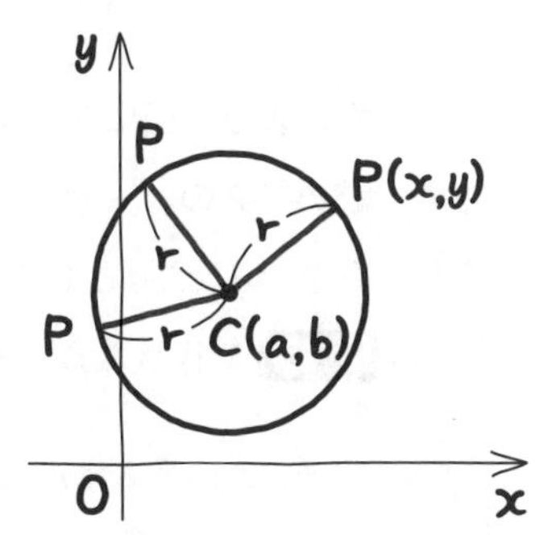

右の図を見るとわかりやすいよ。CPは円の半径，つまりrだよね。この円はC$(a,\ b)$ からrだけ離れた点の集まりとも考えられる。

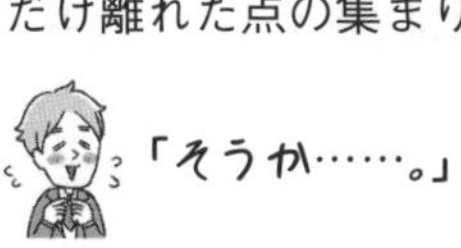

CPの長さを $(a,\ b)$，$(x,\ y)$ で表すと，3-1 で学習した2点間の距離の公式を使って

$$\sqrt{(x-a)^2+(y-b)^2}=r$$

つまり，$(x-a)^2+(y-b)^2=r^2$になるんだ。

円の方程式

点 $(a,\ b)$ を中心とする半径 r の円の方程式は

$$(x-a)^2+(y-b)^2=r^2$$

「(1)は円の方程式の形になっていませんね。」

いや，なっているよ。

$$(x-0)^2+(y-0)^2=3^2$$

と考えればいいんだ。

「あっ，そうか。わかりました。

解答　(1)　**中心 (0,　0)，半径3の円**

答え　例題 3-13 (1)

ですね。」

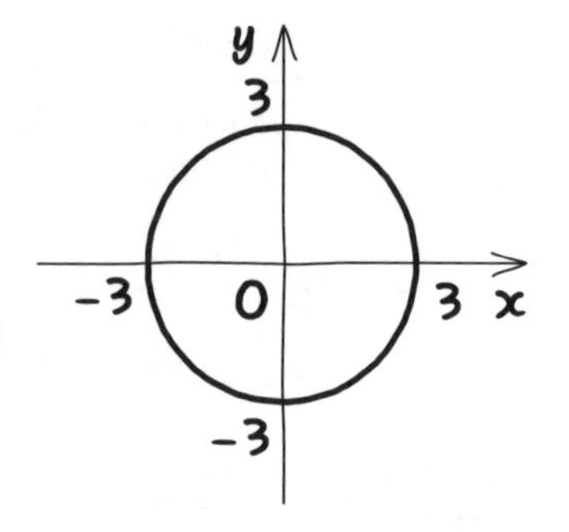

うん。右のような図になるよ。

さて，続いて(2)の $x^2+y^2+5x+4=0$ だが，この形のままなら円の中心も半径もわからない。x，y ともに**平方完成すればいい**よ。平方完成は『数学Ⅰ・A編』の 3-5 で扱ったね。あっ，そうだ。この本の 1-19 でもやったね。

「x^2+5x は平方完成できるけど，y^2 はどうするのですか？」

y^2 はそのままでいいよ。y の1次の項がないからこれで平方完成されてるんだ。解いてみるね。

解答　(2)　$x^2+y^2+5x+4=0$

$$\left(x+\frac{5}{2}\right)^2-\frac{25}{4}+y^2+4=0$$

$$\left(x+\frac{5}{2}\right)^2+y^2=\frac{9}{4}$$

$$\left(x+\frac{5}{2}\right)^2+y^2=\left(\frac{3}{2}\right)^2$$

よって，**中心$\left(-\frac{5}{2},\ 0\right)$，半径$\frac{3}{2}$の円**　答え　**例題 3-13** (2)

下のような図で表されるよ。

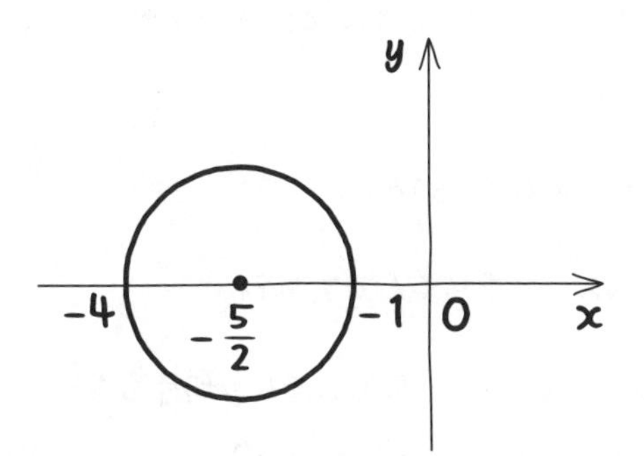

じゃあ，ハルトくん，(3)の$x^2+y^2-8x+2y-1=0$を解いてみて。

「x^2-8xは$(x-4)^2-16$にできるし，

y^2+2yは$(y+1)^2-1$とできるな。

(3)　$x^2+y^2-8x+2y-1=0$

$$(x-4)^2-16+(y+1)^2-1-1=0$$

$$(x-4)^2+(y+1)^2=18 \quad (3\sqrt{2})^2$$

よって，**中心$(4,\ -1)$，半径$3\sqrt{2}$の円**

例題 3-13 (3)」

数II 3章

うん，正解。下のような図になるね。

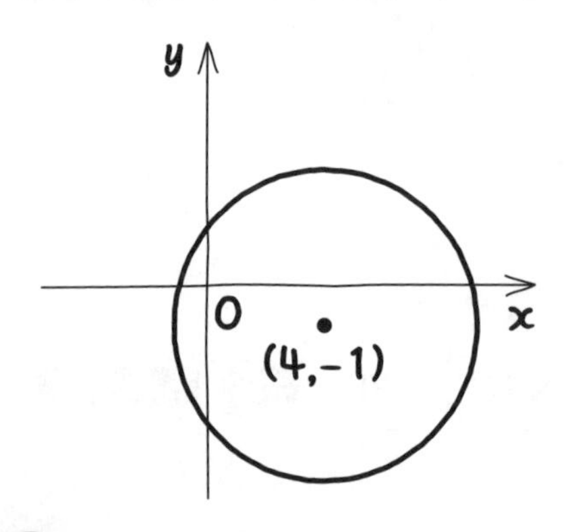

「でも，半径が$3\sqrt{2}$だと長さがわかりにくくて，円がx軸，y軸とどこで交わるかわからない！」

そんなときは，x切片，y切片を求めればいいんだ。

「x切片は，式に$y=0$を代入して求めるんですか？」

そうだよ。これを求めると，$x=4\pm\sqrt{17}$ だ。同じようにy切片も求めると，$y=-1\pm\sqrt{2}$ だ。$4+\sqrt{17}>0$，$4-\sqrt{17}<0$，$-1+\sqrt{2}>0$，$-1-\sqrt{2}<0$だから，x軸，y軸とも一方は正，もう一方は負のところで交わるんだ。

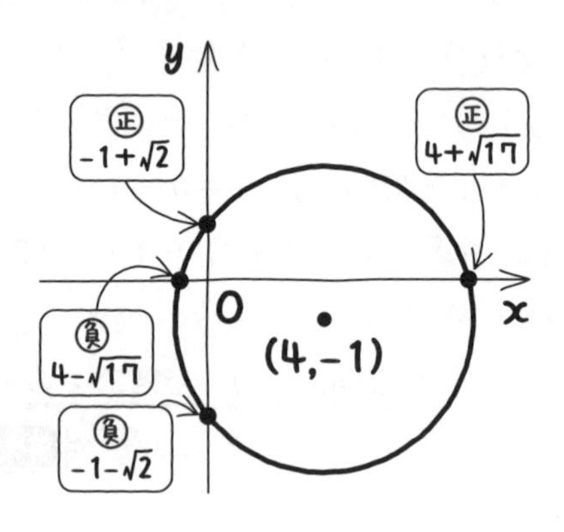

3-12 円になる条件

$ax^2+bx+c=0$でも，$a=0$なら2次方程式にならない。$a+bi$でも$b=0$なら虚数ではない。形だけで判断するのはキケンなんだ。

例題 3-14 定期テスト 出題度 ！！！ 共通テスト 出題度 ！！

方程式 $x^2+y^2+2ax-6y-3a+13=0$が円を表すときの定数aの範囲を求めよ。

「これって式の形からいって，いつでも円になるんじゃないですか?」

いや。必ずしもそうとは限らない。x，yともに平方完成して求めてみよう。

解答

$x^2+y^2+2ax-6y-3a+13=0$

$(x+a)^2-a^2+(y-3)^2-9-3a+13=0$

$(x+a)^2+(y-3)^2=\underline{a^2+3a-4}$

$a^2+3a-4>0$より

$(a+4)(a-1)>0$

$\underline{\underline{a<-4,\ 1<a}}$ ← 答え 例題 3-14

わかったかな？ 平方完成した式の**右辺は半径の2乗なので**，正の2乗……，つまり**正になる**はずだね。それで定数aの範囲は求められるよ。

ちなみに右辺が0になってしまうと，$(x+a)^2+(y-3)^2=0$だけど，例題 1-23 (1)でやったように（0以上）+（0以上）=0の形になる。$(x+a)^2$，$(y-3)^2$ともに0ということで点$(-a,\ 3)$を表すことになり，円ではない。だから "$a^2+3a-4\geqq 0$" ではなく，"$a^2+3a-4>0$" なんだ。

3-13 円の方程式を求める

2次関数を求めるとき，ヒントによって方程式のおきかたを変えたよね（『数学Ⅰ・A編』3-9）。円もヒントによっておきかたを変えるよ。

例題 3-15 定期テスト 出題度 !!! 共通テスト 出題度 !!

2点 A(−1，6)，B(7，10) を直径の両端とする円の方程式を求めよ。

「中心や半径がわかれば求められるけど，書いてないですね……。」

直径の両端A，Bはわかっているよね。円の**中心は線分ABの中点**だよ。中心をCとすると，半径は？

「えーっと，半径は……。あっ，2点A，C間の距離だ！」

そうだね。ハルトくん，解いてみて。

「**解答** 円の中心をCとすると，Cは，線分ABの中点だから，

$C\left(\frac{-1+7}{2},\ \frac{6+10}{2}\right)$ より，C(3，8)

半径はACの長さだから，

$AC=\sqrt{(-1-3)^2+(6-8)^2}$

$=\sqrt{(-4)^2+(-2)^2}=\sqrt{20}$

よって，求める円の方程式は，$(x-3)^2+(y-8)^2=20$

答え 例題 3-15」

OK！　正解だ。よくできました。

例題 3-16 定期テスト 出題度 ❗❗❗ 共通テスト 出題度 ❗❗

3点 $(-2,\ 8)$，$(-6,\ 6)$，$(2,\ 0)$ を通る円の方程式を求めよ。

下の コツ8 をみてごらん。円の方程式は，バラバラに展開された $x^2+y^2+kx+\ell y+m=0$ の**一般形**と，中心や半径がわかるように平方完成された $(x-a)^2+(y-b)^2=r^2$ の**標準形**の２通りあるよ。問題から何がわかっているかを判断して，どちらの形を使うか決めるんだ。

コツ8 円の方程式の表しかた

通る点だけがわかっているとき

一般形 $x^2+y^2+kx+\ell y+m=0$ を使う。

通る点以外のこともわかっているとき

標準形 $(x-a)^2+(y-b)^2=r^2$ を使う。

「この問題では，通る3点しかわかっていないので一般形を使うということか。通る点の座標を x，y に代入すれば，k と ℓ と m の連立方程式ができますね。」

解答 求める円の方程式を $x^2+y^2+kx+\ell y+m=0$ とおく。

この円は，3点 $(-2,\ 8)$，$(-6,\ 6)$，$(2,\ 0)$ を通るから

$4+64-2k+8\ell+m=0$ より

$-2k+8\ell+m=-68$ ……①

$36+36-6k+6\ell+m=0$ より

$-6k+6\ell+m=-72$ ……②

$4+2k+m=0$ より

$2k+m=-4$ ……③

①×3−②×4より

$$\begin{array}{r} -6k+24\ell+3m=-204 \\ -)\ -24k+24\ell+4m=-288 \\ \hline 18k \qquad\quad -m=\quad 84 \end{array}$$

$18k-m=84$ ……④

③+④より

$20k=80$

$k=4$

これを③に代入して解くと

$m=-12$

①より

$\ell=-6$

よって，求める円の方程式は

$\underline{\underline{\boldsymbol{x^2+y^2+4x-6y-12=0}}}$ ⇦答え 例題 3-16

「標準形の $(x-a)^2+(y-b)^2=r^2$ を使っちゃダメなんですか?」

それはあまりオススメできないな。もし，$(x-a)^2+(y-b)^2=r^2$ とすれば，3点の座標を代入すると

$(-2-a)^2+(8-b)^2=r^2$ ……①

$(-6-a)^2+(6-b)^2=r^2$ ……②

$(2-a)^2+b^2=r^2$ ……③

となって，とんでもなく面倒な連立方程式になってしまうんだ。

通る点しかわかっていないときは，たとえ問題文が『$(x-a)^2+(y-b)^2=r^2$ の形で表せ。』となっていても，無視して一般形の $x^2+y^2+kx+\ell y+m=0$ とおくことだ。答えは一般形で出てくるが，最後に平方完成すれば，$(x+2)^2+(y-3)^2=25$ と直せるからね。まったく問題ない。

「はい。わかりました。」

じゃあ，もう1つ教えておこう。この問題，実は『3点(−2, 8)，(−6, 6)，(2, 0) を頂点とする三角形の外接円を求めよ。』と出題されることもあるんだ。外接円は覚えているかな？

「えーっと……。」

三角形の外側に接する円のことだったね。『数学Ⅰ・A編』の 4-10，7-4 でやったよ。

「あっ，そうか！　じゃあ同じ問題になりますね。」

そういうことだ。ちなみに，この円の中心(−2, 3) は三角形の外接円の中心だから，何という呼び名だったかな？

「外心！」

うん。その通り。

3-14 x軸，y軸に接する円を求める

3-4 のときと同様に，おく文字を少なくできるように工夫しよう。

例題 3-17　定期テスト 出題度 !!!　共通テスト 出題度 !!

2点$(-9,\ 11)$，$(-2,\ 4)$を通り，y軸に接する円の方程式を求めよ。

3-13 で学習した通り，この問題では通る点以外にわかっていることがあるから，標準形でおけばいいね。**標準形を使うときに，“半径をr，中心を$(a,\ b)$”などと，3つも文字を使う必要はないんだ。** 2文字か1文字だけで表すことができるよ。

「この問題は，どのようにおけばいいのですか？」

ちょっと図をかいて説明するね。まず，半径は$r(>0)$としよう。そして，y軸に接するというのを図にすると，下のようになるよ。

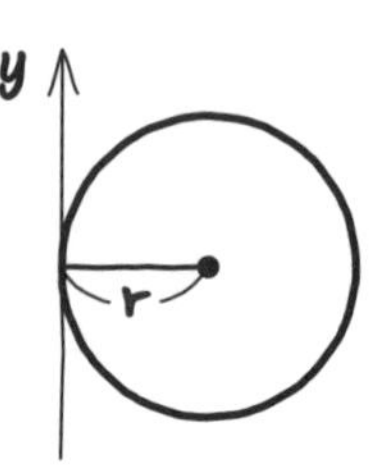

円がもしy軸の右側にあれば，半径rなので**中心のx座標はr**になるね。

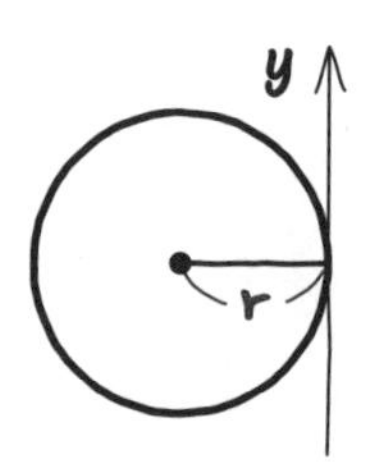

円がもしy軸の左側にあれば，半径rなので**中心のx座標は$-r$**になるね。

今回は（$\underline{\underline{-9}}$，11），（$\underline{\underline{-2}}$，4）という，$x$座標が負の2点を通るので右のようになると考えられるね。

中心を（a，b）ではなくて，

中心を（$-r$，b）とすればいい。

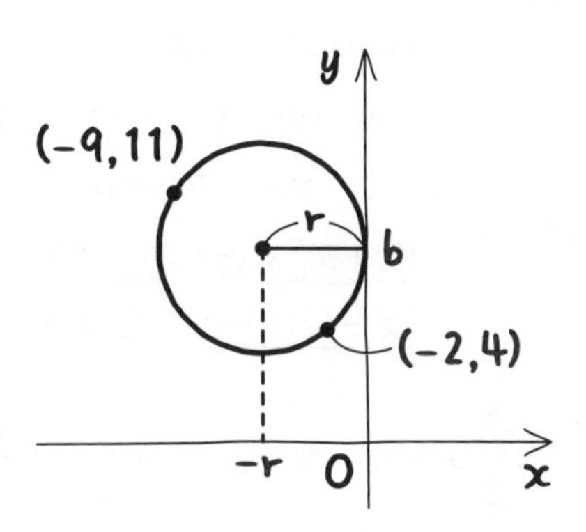

「あっ！　aの文字は使わなくてもいいんですね。」

そう。bとrの2文字だけで表せて，計算がラクになるよ。解いてみるね。

解答　y軸に接し，2点（-9，11），（-2，4）を通るので，

求める円の半径をr，中心を（$-r$，b）とする。円の方程式は

$(x+r)^2+(y-b)^2=r^2$

とおけ，さらに，2点（-9，11），（-2，4）を通るので，それぞれの座標を円の方程式に代入すると

$(-9+r)^2+(11-b)^2=r^2$ より

$81-18r+r^2+121-22b+b^2=r^2$

$-18r-22b+b^2=-202$　……①

$(-2+r)^2+(4-b)^2=r^2$ より

$4-4r+r^2+16-8b+b^2=r^2$

$-4r-8b+b^2=-20$　……②

①×2−②×9より ←

$$\begin{array}{r} -36r-44b+2b^2=-404 \\ -)\ -36r-72b+9b^2=-180 \\ \hline 28b-7b^2=-224 \end{array}$$

$28b-7b^2=-224$

$4b-b^2=-32$

$b^2-4b-32=0$

$(b-8)(b+4)=0$

$b=8$，-4

これを②に代入すると

$b=8$のとき，$r=5$

$b=-4$のとき，$r=17$

よって，求める円の方程式は

$(x+5)^2+(y-8)^2=25$,
$(x+17)^2+(y+4)^2=289$ ⇦ 答え　例題 3-17

「なぜ，答えが2つあるんですか？」

『2点(−9，11)，(−2，4) を通り，y軸に接する円』は，下のように小さい円と大きい円があるんだ。

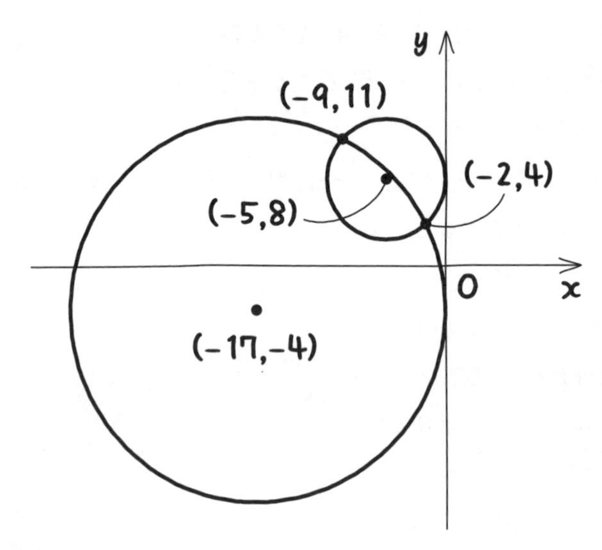

「あっ，なるほど！」

では，もう1問……の前に，『数学Ⅰ・A編』3-2で習ったことをおさらいしよう。右の図のように，座標平面のx軸，y軸で仕切られた4つの場所には右のような**第●象限**という名前があったね。

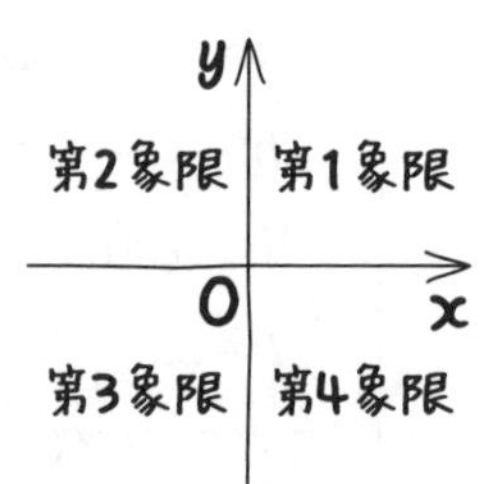

「4つに分けて名前がついてるんですよね。」

うん。では用語の復習はおしまいにして，問題を解いていこう。

例題 3-18 定期テスト 出題度 ❗❗❗ 共通テスト 出題度 ❗❗

点 $(2,\ -4)$ を通り，x 軸と y 軸の両方に接する円の方程式を求めよ。

これも，例題 3-17 と同じように解いていくよ。半径は $r(>0)$ としよう。今回は両軸に接するということなので，実際に図にして考えてみよう。

円がもし第1象限にあるなら，
中心の x 座標，y 座標はともに正だから，
中心 $(r,\ r)$，半径 r とおける。

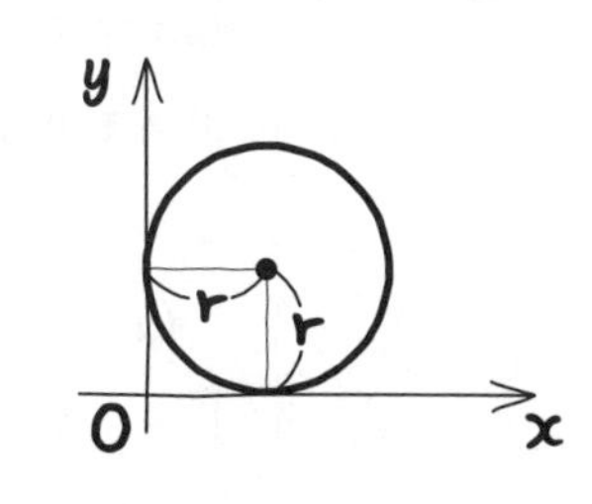

円がもし第2象限にあるなら，
中心の x 座標は負，y 座標は正だから，
中心 $(-r,\ r)$，半径 r とおける。

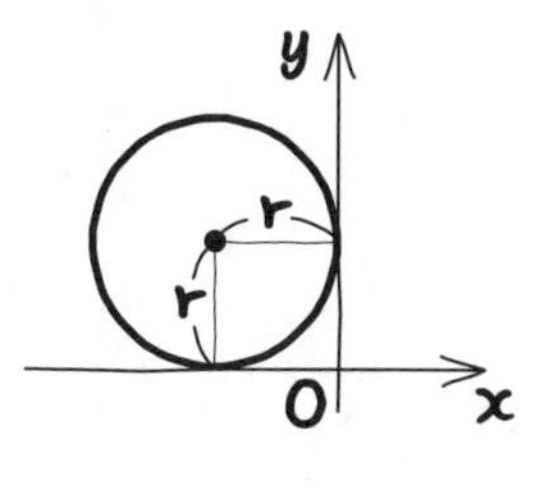

円がもし第3象限にあるなら，
中心の x 座標，y 座標はともに負だから，
中心 $(-r,\ -r)$，半径 r とおける。

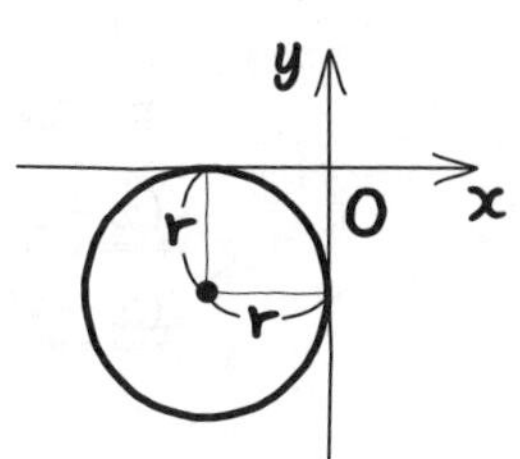

円がもし第4象限にあるなら，
中心の x 座標は正，y 座標は負だから，
中心 $(r,\ -r)$，半径 r とおける。

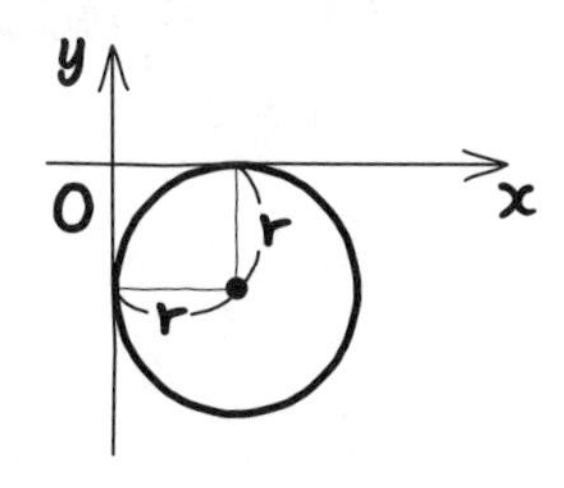

じゃあ，ミサキさん，今回の『点(2，－4)を通り，両座標軸に接する円』の図を，だいたいでいいからかいてみて。中心はどうおける？

「点(2，－4)だから右下にあるんですよね。じゃあ右の図のようになるので，中心$(r, -r)$です！」

よくできました。じゃあ計算してみて。

「**解答**　点(2，－4)を通り，両座標軸に接するので，

求める円の半径をr，中心を$(r, -r)$とすると，円の方程式は

$$(x-r)^2+(y+r)^2=r^2$$

とおける。

さらに，点(2，－4)を通るので，円の方程式に代入すると

$$(2-r)^2+(-4+r)^2=r^2$$

$$4-4r+r^2+16-8r+r^2=r^2$$

$$r^2-12r+20=0$$

$$(r-2)(r-10)=0$$

$$r=2,\ 10$$

よって，求める円の方程式は

$$(x-2)^2+(y+2)^2=4,$$

$$(x-10)^2+(y+10)^2=100$$

例題 3-18」

そうだね。これも 例題 3-17 と同様に2つの円がかけるから，2つの方程式が答えになっているんだよ。

3-15 ある図形上に中心がある円

『円の中心が直線〜上にあり…』といわれても，直線をかく必要はないよ。

例題 3-19　定期テスト 出題度!!　共通テスト 出題度!!

円の中心が直線 $y=2x+3$ 上にあり，x 軸に接し，点 $(5,\ 2)$ を通る円の方程式を求めよ。

『**ある図形上に中心がある円**』とわかっているときは，まず，**中心の座標を文字でおく**んだ。中心は直線 $y=2x+3$ 上にあるので，中心は $(a,\ 2a+3)$ とおける。文字 b を使わなくてすんだね。さらに，点 $(5,\ 2)$ を通り x 軸に接するので，図のようになるよ。

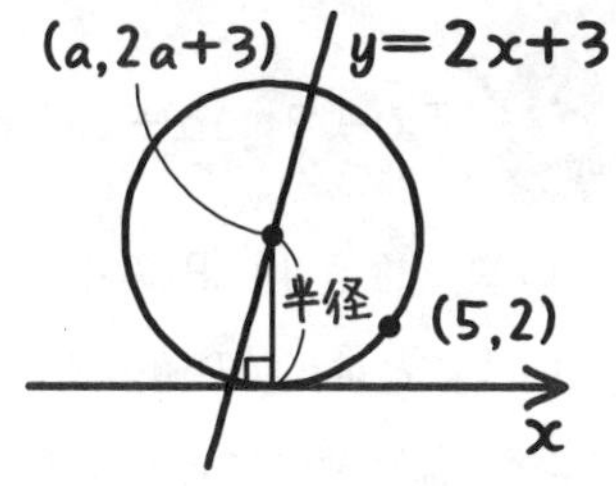

「円は x 軸に接するのか……。」

ということは，半径っていくつ？

「半径は中心の y 座標と等しいから……$2a+3$ ですね。」

そうだね。半径は，中心から x 軸までの距離だから，$2a+3$ だ。つまり，この円は，中心が $(a,\ 2a+3)$，半径が $2a+3$ の円というわけだ。

解答　中心は直線 $y=2x+3$ 上にあるので，中心は $(a,\ 2a+3)$ とおける。また，円は x 軸の上側で接するので，半径は $2a+3$ より，円の方程式は

$$(x-a)^2+\underbrace{(y-2a-3)^2}_{\{y-(2a+3)\}^2}=(2a+3)^2$$

となる。さらに，この円は，点(5, 2)を通るので

$$(5-a)^2+(-2a-1)^2=(2a+3)^2$$

$$25-10a+a^2+4a^2+4a+1=4a^2+12a+9$$

$$a^2-18a+17=0$$

$$(a-1)(a-17)=0$$

$$a=1,\ 17$$

よって，求める円の方程式は

$$\underline{\underline{(x-1)^2+(y-5)^2=25,}}$$

$$\underline{\underline{(x-17)^2+(y-37)^2=1369}}$$

ちなみに，図のように，円がx軸の下側にあったときは，円の半径は何と表せるかな？

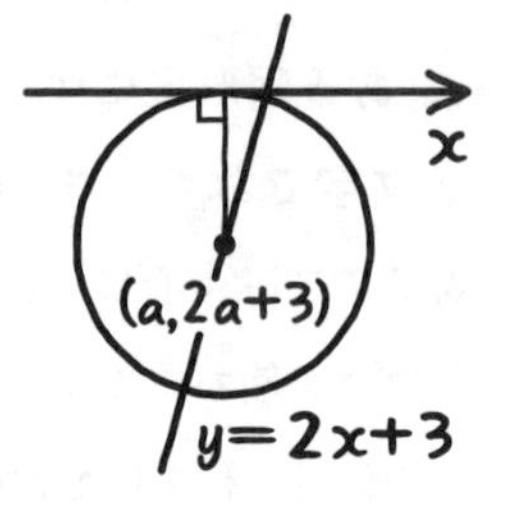

「えっ？ $2a+3$じゃないんですか？」

いや，違うよ。円の中心がx軸の下側にあるよね。ということは，yの値の$2a+3$は負の数ってことだ。
“半径”は距離のことだから，負になることはないよね。

「そっか。x軸は$y=0$だから，距離を出すには大きいほう（$y=0$）から小さいほう（$2a+3$）を引かないといけないんですね。

$$0-(2a+3)=-2a-3$$

これが半径ですね。なるほど……。」

半径を求める問題では，半径は正の数だから符号に注意してね。でも，円の方程式では半径を2乗するから，式は同じになっちゃうけどね（笑）。

3-16 円と直線の位置関係

グラフをかくのは面倒だし，かいても微妙でよくわかりにくいときも多い。そこで，ここでの話がとても大切になってくる。非常によく登場する話だから，裏ワザともいえないかな。

円と直線が，異なる2点で交わるのか，1点で接するのか，共有点なしなのかを調べたいとき，まずは**円の中心と直線の距離dを求めよう**。これは  でやった公式$d=\dfrac{|ax_1+by_1+c|}{\sqrt{a^2+b^2}}$で求められるね。その**距離$d$が，半径$r$よりも長いか短いかで，円と直線の位置関係が判断できる**よ。

Point 27 円と直線の位置関係

円の中心と直線の距離をd，円の半径をrとすると

$d<r$ $\Longleftrightarrow$ 異なる2点で交わる

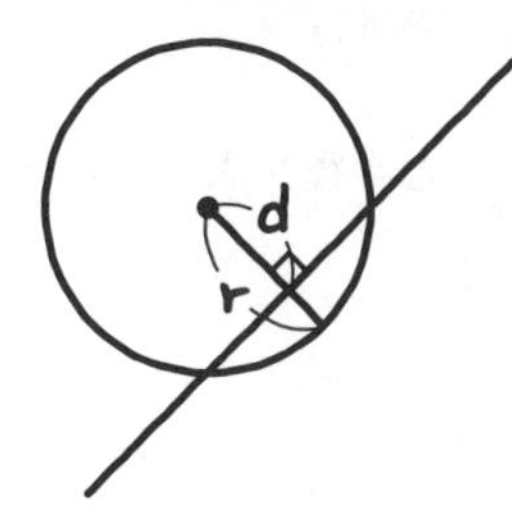

$d=r$ $\Longleftrightarrow$ 1点で接する

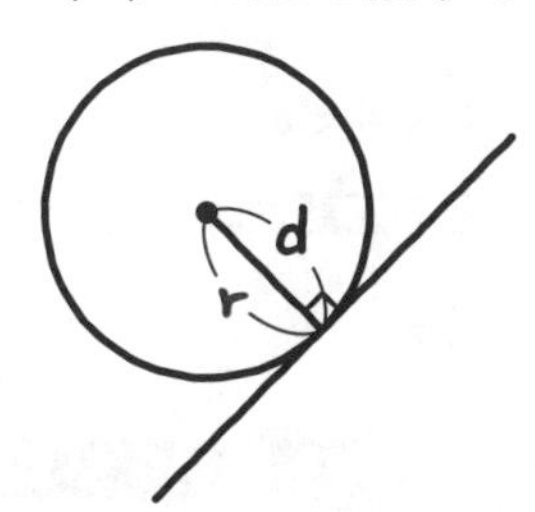

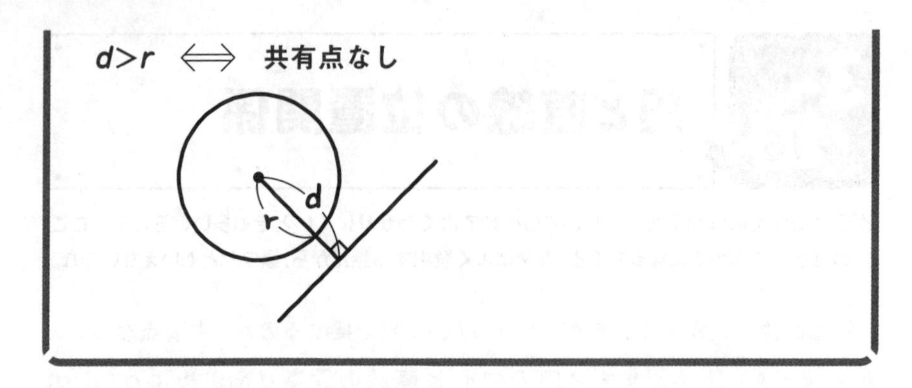

では，実際に問題を解いてみよう。解くときは，図をかく必要はないよ。

例題 3-20　定期テスト 出題度 !!!　共通テスト 出題度 !!

円：$x^2+y^2-10x-4y+13=0$と，直線：$4x-y-1=0$の位置関係（異なる2点で交わる。1点で接する。共有点なし。）を調べよ。

「円の中心と直線の距離dを求めるんですね。」

そう。円の方程式を平方完成して，円の中心と半径を求める。そのあと，円の中心と直線の距離を求めて，半径と比べよう。

解答　$x^2+y^2-10x-4y+13=0$より，

$(x-5)^2-25+(y-2)^2-4+13=0$

$(x-5)^2+(y-2)^2=16$

よって，円の中心は(5, 2)で，半径は$r=4$である。

円の中心(5, 2)と直線$4x-y-1=0$との距離dは

$$d=\frac{|4\cdot5+(-1)\cdot2-1|}{\sqrt{4^2+(-1)^2}}=\frac{17}{\sqrt{17}}=\sqrt{17}$$

半径$r=4$なので$d>r$より，**共有点なし**  例題 3-20

例題 3-21 定期テスト 出題度 ❗❗❗ 共通テスト 出題度 ❗❗

円：$x^2+y^2+4x-2y=0$と，直線：$y=x+k$の位置関係（異なる2点で交わる。1点で接する。共有点なし。）を調べよ。

まず，円の方程式を平方完成して，中心と半径を求めよう。

$x^2+y^2+4x-2y=0$より，

$$(x+2)^2-4+(y-1)^2-1=0$$

$$(x+2)^2+(y-1)^2=5$$

これより，円の中心は$(-2,\ 1)$，半径rは$\sqrt{5}$になるね。

円の中心$(-2,\ 1)$と直線$y=x+k$，つまり$x-y+k=0$との距離dを求めると

（変形して$ax+by+c=0$の形にする）

$$d=\frac{|(-2)-1+k|}{\sqrt{1^2+(-1)^2}}=\frac{|k-3|}{\sqrt{2}}$$

円の半径rは求まっているね。$r=\sqrt{5}$だ。さて，$d=\dfrac{|k-3|}{\sqrt{2}}$と$r=\sqrt{5}$のどちらが大きいかという話になるが……わからないよね。そもそもkがわからないからね。

「じゃあ，場合分けということですか?」

そうだね。(i)$d<r$のとき，(ii)$d=r$のとき，(iii)$d>r$のときに分けよう。

解答 $x^2+y^2+4x-2y=0$より，

$$(x+2)^2-4+(y-1)^2-1=0$$

$$(x+2)^2+(y-1)^2=5$$

よって，円の中心は$(-2,\ 1)$，半径は$r=\sqrt{5}$である。

円の中心$(-2,\ 1)$と直線$y=x+k$，つまり$x-y+k=0$との距離dは

$$d=\frac{|(-2)-1+k|}{\sqrt{1^2+(-1)^2}}=\frac{|k-3|}{\sqrt{2}}$$

(i)　$d<r$　つまり $\frac{|k-3|}{\sqrt{2}}<\sqrt{5}$ のとき

$|k-3|<\sqrt{10}$

$-\sqrt{10}<k-3<\sqrt{10}$

$3-\sqrt{10}<k<3+\sqrt{10}$ のとき，異なる2点で交わる

(ii)　$d=r$　つまり $\frac{|k-3|}{\sqrt{2}}=\sqrt{5}$　すなわち

$k=3\pm\sqrt{10}$ のとき，1点で接する

(iii)　$d>r$　つまり $\frac{|k-3|}{\sqrt{2}}>\sqrt{5}$　すなわち

$k<3-\sqrt{10}$，$3+\sqrt{10}<k$ のとき，共有点なし

答え　例題 3-21

「(i)で，どうして $-\sqrt{10}<k-3<\sqrt{10}$ になるんですか?」

『数学Ⅰ・A編』の 1-23 で登場したよ。

aを正の定数とするとき

$|f(x)|=a \iff f(x)=a,\ -a$

$|f(x)|<a \iff -a<f(x)<a$

$|f(x)|>a \iff f(x)<-a,\ f(x)>a$

で，(ii)以降の解法なんだけど，$d=r$を計算してもいいが，面倒だよね。(i)で$d<r$を計算したら，『$3-\sqrt{10}<k<3+\sqrt{10}$ のとき』になるとわかったので，(ii)や(iii)ではこれを使えばいいよ。(ii)は不等号を等号に変えればいいだけだ。$d=r$ になるのは，『$k=3\pm\sqrt{10}$ のとき』になるね。(iii)は(i)と不等号が逆になっただけだから，『$k<3-\sqrt{10}$，$3+\sqrt{10}<k$のとき』でいいよ。

「あっ，なるほど。同じ計算を2回しないということですね。」

3-17 接点がわかっているときの円の接線

公式さえ覚えれば，こんなにラクに解ける問題もあるんだ。

例題 3-22　定期テスト 出題度 !!!　共通テスト 出題度 !!

次の接線の方程式を求めよ。

(1)　円：$x^2+y^2=13$上の点 A(2, -3) における接線

(2)　円：$x^2+y^2-10x+4y-8=0$上の点 A(-1, -3) における接線

図形に接する直線のことを**接線**といい，そのとき接する点のことを**接点**というよ。円の接線の方程式は，接点がわかっているなら，以下の公式で求めることができる。

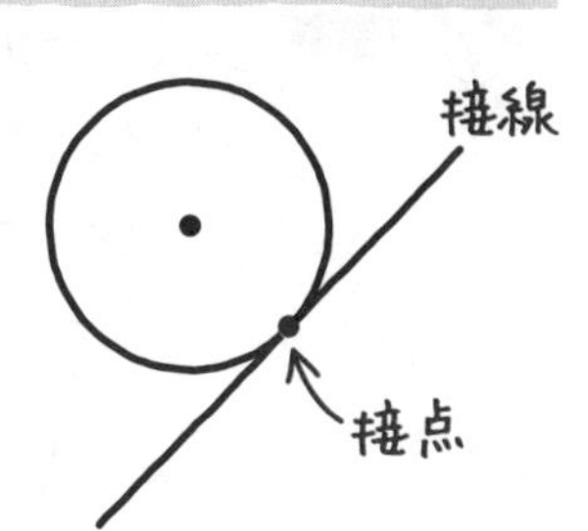

Point 28 円の接線の方程式

❶　円$x^2+y^2=r^2$上の
点A(x_1, y_1) における接線の方程式は
$$x_1x+y_1y=r^2$$

❷　円$(x-a)^2+(y-b)^2=r^2$上の
点A(x_1, y_1) における接線の方程式は
$$(x_1-a)(x-a)+(y_1-b)(y-b)=r^2$$

解答　(1)　求める接線の方程式は

$2x-3y=13$　答え　例題 3-22 (1)

「えっ？　これで終わりですか??」

そう。x^2は$x \cdot x$として一方のxにx座標を代入し，y^2は$y \cdot y$として一方のyにy座標を代入するだけだ。だから簡単なんだ（笑）。じゃあ，ハルトくん，(2)をやってみて。

「まず，$(x-a)^2+(y-b)^2=r^2$の形に直すんですか?」

そうだよ。その後，❷の公式を使うんだ。

「解答　(2)　$x^2+y^2-10x+4y-8=0$より

$(x-5)^2-25+(y+2)^2-4-8=0$

$(x-5)^2+(y+2)^2=37$より

点A$(-1,\ -3)$における接線の方程式は

$\underbrace{(-1-5)(x-5)}_{(x_1-5)(x-5)}+\underbrace{(-3+2)(y+2)}_{\{y_1-(-2)\}\{y-(-2)\}}=37$

$-6(x-5)-(y+2)=37$

$-6x+30-y-2=37$

$6x+y=-9$　答え　例題 3-22 (2)」

よくできました。$(x-5)^2$は$(x-5)(x-5)$として一方のxにx座標を代入し，$(y+2)^2$は$(y+2)(y+2)$として一方のyにy座標を代入すればいい。円の接線は，接点がわかっていれば，公式を使って簡単に求められるね。

お役立ち話 5

曲線上の点の表しかた

“$y=\sim$”の形で表される曲線上に点をとるときは，1文字で表すんだ。

例えば，放物線$y=-3x^2+7x+2$上に点をとるときは，点のx座標をaとするとy座標は$-3a^2+7a+2$になるね。

つまり，点$(a,\ -3a^2+7a+2)$となる。使った文字はaだけだよ。

「使う文字は決まっているのですか？」

決まってないよ。問題に使われていない文字なら何でもいいんだ。もし点のx座標をtとしたら，点$(t,\ -3t^2+7t+2)$と表してもいい。

一方，**“$y=\sim$”と表されない曲線上に点をとるときは，x座標とy座標を別々の2文字で表し，その点は曲線上にあるから，曲線の式に座標を代入して式を立てるんだ。**

例えば，円$x^2+y^2=3$上に点をとってみようか。

円$x^2+y^2=3$上の点を$(a,\ b)$とおくと，
点$(a,\ b)$は円$x^2+y^2=3$上にあるから

$$a^2+b^2=3$$

と式を立てるんだよ。

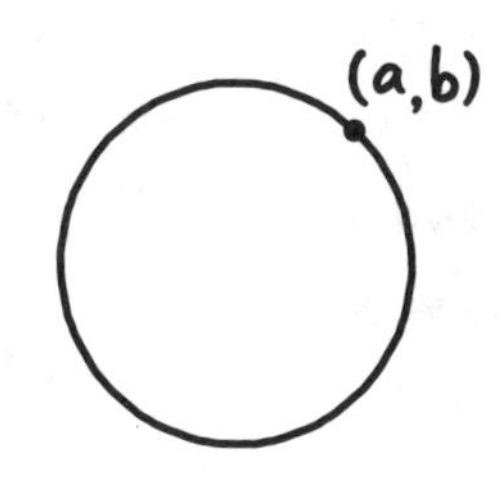

3-18 接点がわかっていないときの円の接線

円の接線を求めるとき，接点がわかっている，わかっていないで計算の面倒さが全然違うよ。

例題 3-23　定期テスト 出題度 ❗❗❗　共通テスト 出題度 ❗❗

円：$(x-7)^2+(y-6)^2=25$ の接線で，点 $(2,\ 16)$ を通る直線の方程式を求めよ。

「あっ，3-17 の Point 28 の公式で解けるんじゃないですか？」

いや。そうじゃないんだ。日本語の違いに気をつけてほしい。

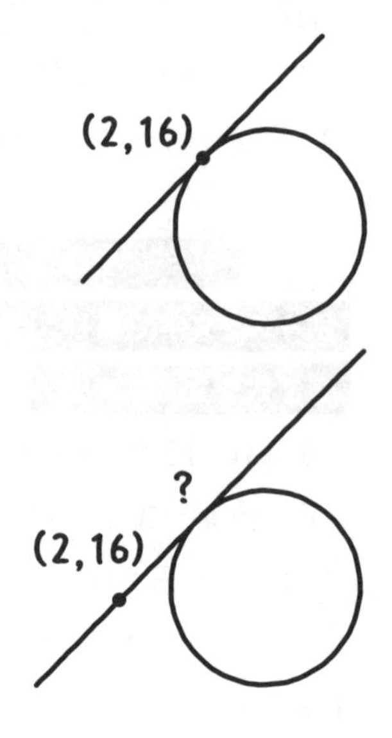

『点 (2, 16) における接線』というのは点 (2, 16) で接する接線ということだ。つまり，右の図のようになるから，この場合は Point 28 の公式が使える。

それに対して，**『点 (2, 16) を通る接線』**とか，**『点 (2, 16) から引いた接線』**というのは，どこかわからない点で接する接線がたまたま点 (2, 16) を通るということなんだ。

つまり，接点が不明だから，この問題では Point 28 の公式は使えない。

「えっ？ じゃあ，どうやって求めればいいんですか？」

接点を $\mathrm{P}(x_1,\ y_1)$ とおいて計算すればいいよ。

まず，Pは円$(x-7)^2+(y-6)^2=25$上にあるから代入して，

$$(x_1-7)^2+(y_1-6)^2=25 \quad \cdots\cdots①$$

になる。

「お役立ち話 5 で出てきましたね。」

その通り。そして，円の接線の式は，

$$(x_1-7)(x-7)+(y_1-6)(y-6)=25$$

で，これは点$(2,\ 16)$を通るということで代入できて，もう1つの式②ができる。それらを連立させればいいよ。

解答　接点を$P(x_1, y_1)$とおくと，Pは円$(x-7)^2+(y-6)^2=25$上にあるので，

$$(x_1-7)^2+(y_1-6)^2=25 \quad \cdots\cdots①$$

さらに，円の接線の式は，$(x_1-7)(x-7)+(y_1-6)(y-6)=25$で，これは点$(2,\ 16)$を通るので，

$$(x_1-7)(2-7)+(y_1-6)(16-6)=25$$

$$-5(x_1-7)+10(y_1-6)=25$$

$$(x_1-7)-2(y_1-6)=-5$$

$$x_1-7-2y_1+12=-5$$

$$x_1=2y_1-10 \quad \cdots\cdots②$$

②を①に代入すると，

$$(2y_1-17)^2+(y_1-6)^2=25$$

$$4y_1^2-68y_1+289+y_1^2-12y_1+36=25$$

$$5y_1^2-80y_1+300=0$$

$$y_1^2-16y_1+60=0$$

$$(y_1-6)(y_1-10)=0$$

$$y_1=6,\ 10$$

②に代入すると，

$y_1=6$のとき，$x_1=2$

$y_1=10$のとき，$x_1=10$

これより，接点(2, 6)，(10, 10)

接点(2, 6)のとき，接線の方程式は

$(2-7)(x-7)+(6-6)(y-6)=25$

$-5(x-7)=25$

$x-7=-5$

$x=2$

接点(10, 10)のとき，接線の方程式は

$(10-7)(x-7)+(10-6)(y-6)=25$

$3(x-7)+4(y-6)=25$

$3x-21+4y-24=25$

$3x+4y-70=0$

よって，求める接線の方程式は

$x=2,\ 3x+4y-70=0$ 

例題 3-23

「うわっ，面倒だな……。」

そうだよね。実は他にも求めかたがある。次の手順で求めてみよう。

❶ 図をかいて，y軸に平行な接線があるか調べてみよう。

円の中心は(7, 6)，半径は5だから，下のような図になる。

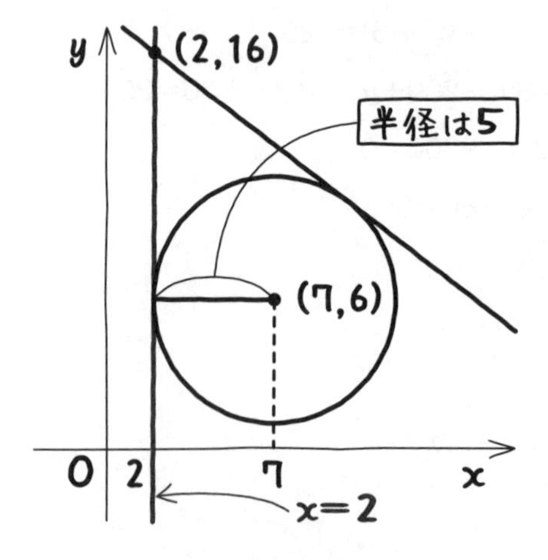

「あっ，2本の接線のうちの一方は，まっすぐ縦ですね。」

うん。数学っぽくいえば，y軸に平行ということだね。接線のうち1つは，$x=2$とわかる。あっ，もちろん，与えられる点によっては，2本ともy軸に平行でないときもあるからね。じゃあ，次に，

❷ y軸に平行でないほうの接線を求めよう。

傾きをmとすると，点(2，16)を通るので，接線の方程式は

$$y-16=m(x-2)$$
$$y-16=mx-2m$$
$$mx-y-2m+16=0$$

になるね。

「あとは，このmがいくつなのかがわかればいいのか。でも，どうすれば……？」

❸ 円と直線が接するので，3-16 で学習したように
(円の中心と直線との距離)d=(円の半径)r
を計算すればmの値は求まるよ。

解答 接線のうちの一方は右の図より，明らかに，$x=2$

もう一方の接線の傾きをmとすると，点(2，16)を通るので，接線の方程式は

$$y-16=m(x-2)$$
$$y-16=mx-2m$$
$$mx-y-2m+16=0 \quad \cdots\cdots①$$

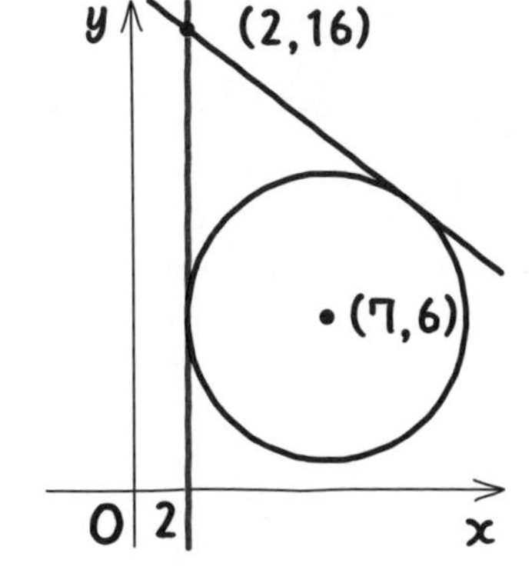

円の中心(7，6)と直線$mx-y-2m+16=0$との距離dは

$$d=\frac{|7m-6-2m+16|}{\sqrt{m^2+(-1)^2}}=\frac{|5m+10|}{\sqrt{m^2+1}}$$

半径$r=5$で，$d=r$より　$\dfrac{|5m+10|}{\sqrt{m^2+1}}=5$

$$|5m+10|=5\sqrt{m^2+1}$$

$$|m+2|=\sqrt{m^2+1}$$

両辺を2乗すると　$(m+2)^2=m^2+1$

$$m^2+4m+4=m^2+1$$

$$4m=-3$$

$$m=-\frac{3}{4}$$

これを①に代入して整理すると

$$-\frac{3}{4}x-y+\frac{35}{2}=0$$

$$3x+4y-70=0$$

よって，求める接線の方程式は

$\boldsymbol{x=2,\ 3x+4y-70=0}$　⇦答え　例題 3-23

「こっちのほうが，まだマシかな。」

でも，後半の方法では接点が求まらないんだ。接点も出す必要があるなら前半の方法がいいね。

3-19 弦の長さ

次は，弦の長さの求めかたを学習するよ。2つの交点の距離を知りたいから，交点を求めて……じゃないんだよね。数学の面白さを実感できるかも。

例題 3-24　定期テスト 出題度 !!!　共通テスト 出題度 !!

円：$x^2+y^2-2x+10y+9=0$ と，直線：$2x-3y-4=0$ の異なる2つの交点をA，Bとするとき，次の問いに答えよ。

(1) 弦ABの長さを求めよ。

(2) 円周上を点Pが動くとき，△ABPの面積の最大値を求めよ。

数II 3章

この問題も，円の中心と直線との距離 d と円の半径 r を求めるよ。

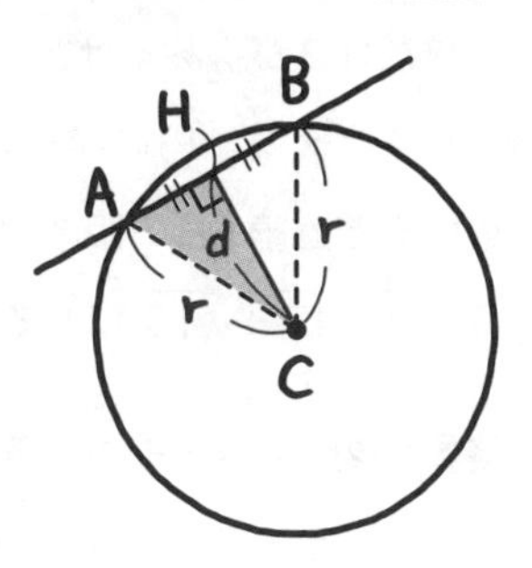

まず，図のように**円の中心Cから直線に垂線CHを下ろす**んだ。そして，中心Cと点A，Bを結ぶと二等辺三角形になるから，AH＝BHになるよね。だから，**△CAHで三平方の定理が使える**よ。

$AH=\sqrt{r^2-d^2}$ なので，$AB=2\sqrt{r^2-d^2}$ になるんだ。

解答 (1) $x^2+y^2-2x+10y+9=0$

$(x-1)^2-1+(y+5)^2-25+9=0$

$(x-1)^2+(y+5)^2=17$

中心 $(1,\ -5)$ と直線 $2x-3y-4=0$ の距離 d は

$$d=\frac{|2\cdot1+(-3)\cdot(-5)-4|}{\sqrt{2^2+(-3)^2}}=\frac{13}{\sqrt{13}}=\sqrt{13}$$

円の半径rは$\sqrt{17}$である。三平方の定理より

$$AB=2\sqrt{r^2-d^2}=2\sqrt{(\sqrt{17})^2-(\sqrt{13})^2}$$

$$=\underline{\underline{4}}$$ 答え　例題 3-24 (1)

ハルトくん，(2)の解きかたはわかるかな？

「えーっと，ABの長さが4とわかっているから，ABを底辺と考えて，高さが最大ならばいいんだ。」

そうだね。**点Pをできるだけ直線ABから離れた場所にとればいい。**直線ABを平行にスライドさせていって，円と接する場所を点Pにすればいいね。

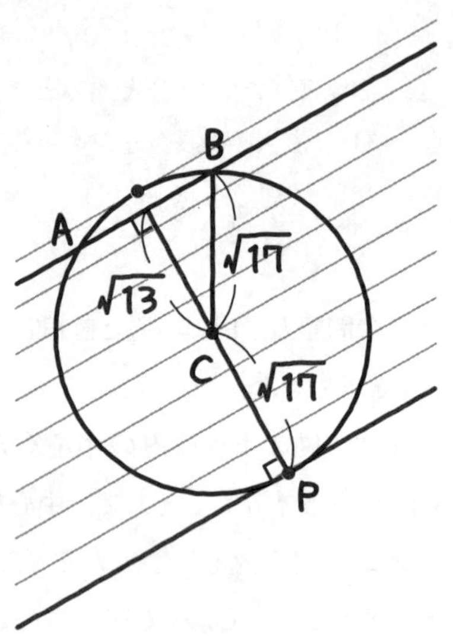

接点は2か所あるけど，もちろん遠いほうを考える。円の半径は$\sqrt{17}$で，円の中心と直線ABの距離は$\sqrt{13}$なので，高さは$\sqrt{17}+\sqrt{13}$になるね。

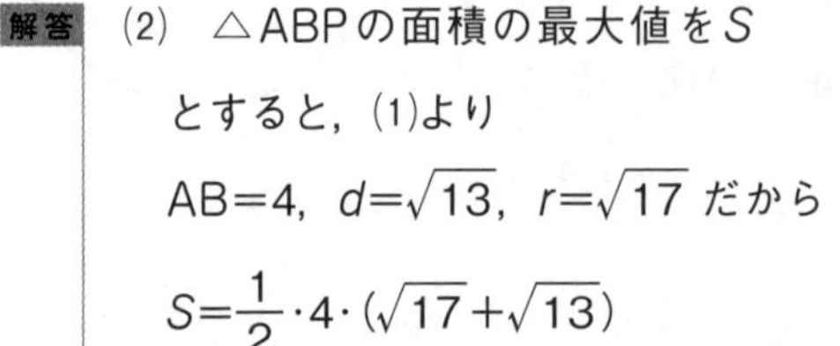

解答　(2)　△ABPの面積の最大値をSとすると，(1)より

$AB=4$，$d=\sqrt{13}$，$r=\sqrt{17}$だから

$$S=\frac{1}{2}\cdot4\cdot(\sqrt{17}+\sqrt{13})$$

$$=\underline{\underline{\mathbf{2(\sqrt{17}+\sqrt{13})}}}$$ 答え　例題 3-24 (2)

3-20 2つの円の位置関係

3-16 で学習した円と直線の位置関係では，“異なる2点で交わる”，“1点で接する”，“共有点なし”の3通りあったね。2つの円の場合は5通りあるよ。

『数学Ⅰ・A編』の 7-12 で勉強したけど，あらためて書いておくよ。

2つの円の位置関係

2つの円の中心間の距離を d，2つの円の半径をそれぞれ R，r（ただし，$R \neq r$）とすると

(i)　$R+r<d \iff$ 離れている

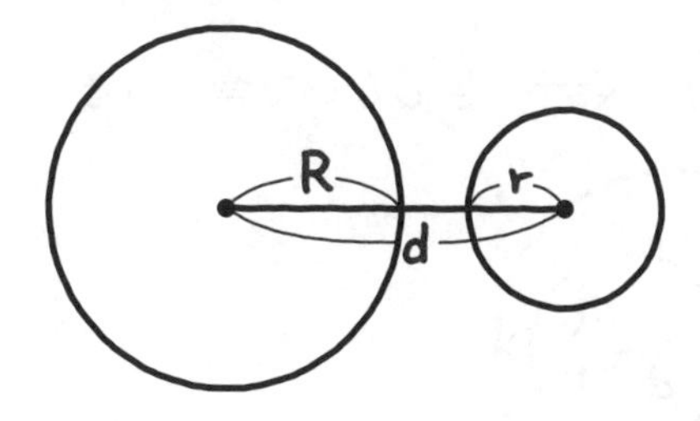

(ii)　$d=R+r \iff$ 外接する（1点を共有する）

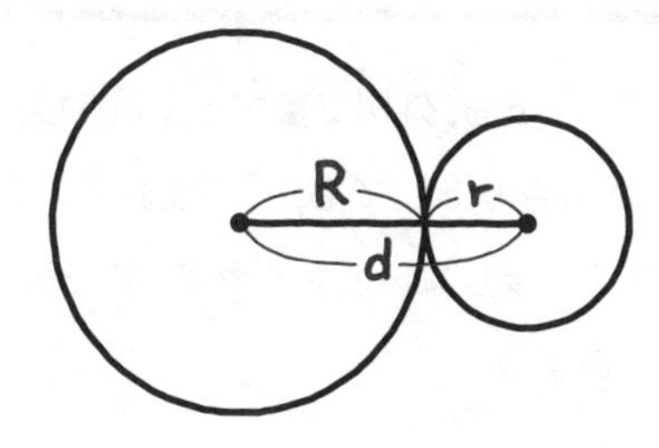

(iii) $|R-r|<d<R+r \iff$ 異なる2点で交わる

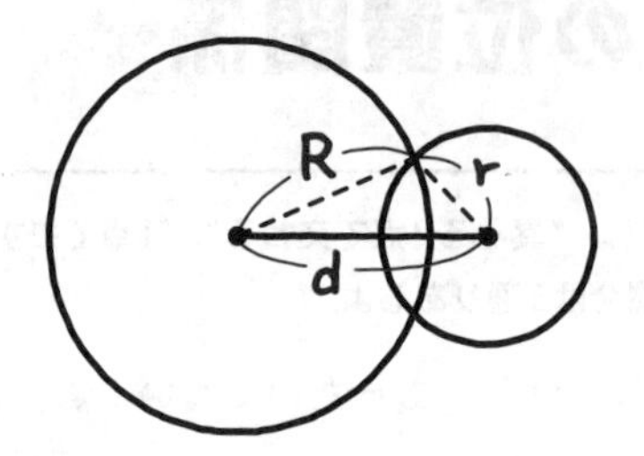

(iv) $d=|R-r| \iff$ 内接する（1点を共有する）

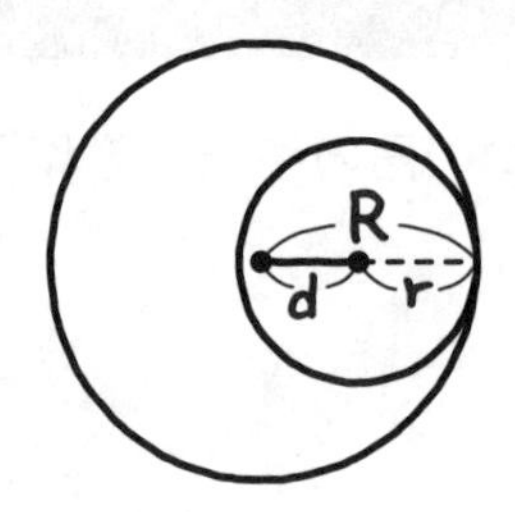

(v) $d<|R-r| \iff$ 接しないで含まれる

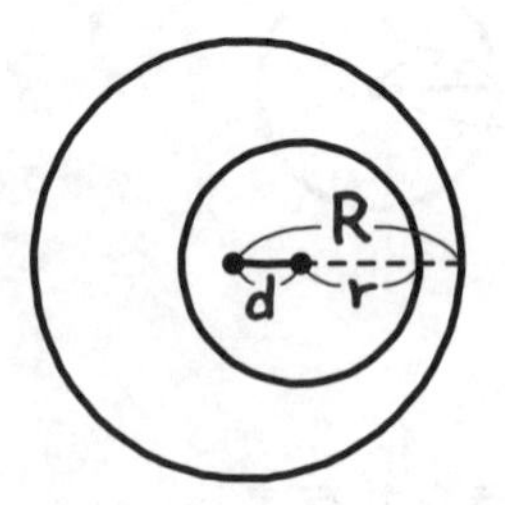

円どうしの場合, “接する” でも, 外側で接する『(ii)外接』と, 内側で接する『(iv)内接』の2通りある。“共有点なし” でも,『(i)離れている』と, 一方の円がもう一方の円より大きくて『(v)接しないで含まれる』の2通りあるんだね。

じゃあ, 問題を解いてみよう。

例題 3-25 定期テスト 出題度 !!! 共通テスト 出題度 !!

2つの円 $C_1：x^2+y^2=4$

$C_2：x^2+y^2+8x-6y+a+18=0$

が共有点をもたないときの定数 a の範囲を求めよ。

「まずは，どうすればいいんだ……？」

まず，円の“中心と半径”を求めなきゃいけないよ。そして，**“2つの円の中心間の距離 d”を求めよう。** 3-1 でやった2点間の距離を求める公式で求められるよね。ハルトくん，求めてみて。

「C_1 は，中心 $(0,\ 0)$，半径2

C_2 は，$x^2+y^2+8x-6y+a+18=0$

$(x+4)^2-16+(y-3)^2-9+a+18=0$

$(x+4)^2+(y-3)^2=7-a$

中心 $(-4,\ 3)$，半径 $\sqrt{7-a}$

2つの円の中心間の距離 d は

$d=\sqrt{(-4-0)^2+(3-0)^2}=5$」

あっ，ここで注意が必要だ。半径の $\sqrt{7-a}$ なんだけど，$\sqrt{\quad}$ の中は正だね。$7-a>0$ ということで，$a<7$ とわかるよね。

中心 $(-4,\ 3)$，半径 $\sqrt{7-a}$ （ただし，$a<7$）

としておこう。半径に文字 a を含むときは，a の範囲を考えるものだと覚えておくといいね。

「平方完成したときに右辺が $7-a$ になりましたよね。これは半径の2乗だから，正になるはずなので……と考えちゃダメですか？」

数Ⅱ 3章

もちろんそれでもいい。 3-12 で登場したよね。じゃあ，続きを考えよう。

「『共有点をもたない』ということは，
“離れている”と“接しないで含まれる”の両方ですよね？」

ちゃんと覚えているね。下の❶，❷の２つの場合に分けよう。

❶２つの円が離れている

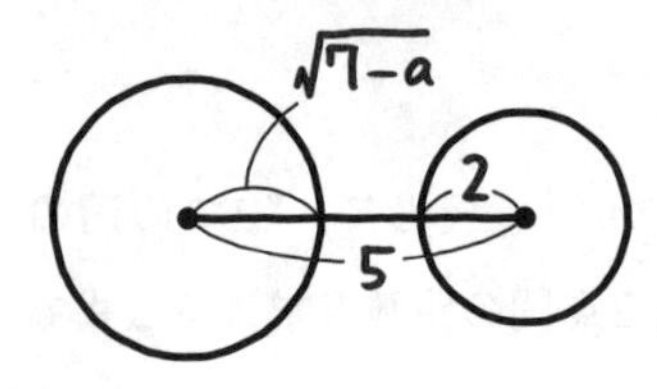

❷２つの円が接しないで含まれる

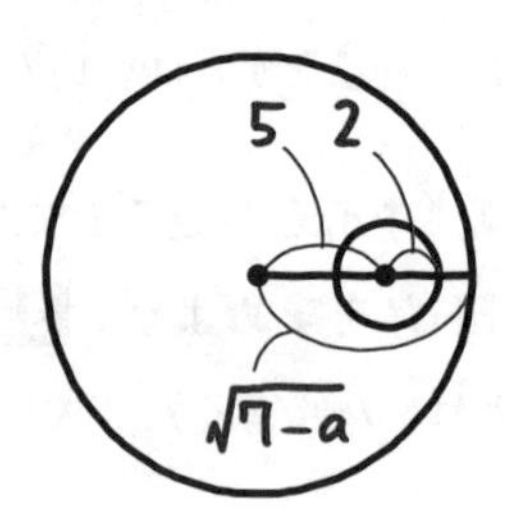

では解答をまとめておくよ。

解答 C_1は，中心$(0,\ 0)$，半径2

C_2は，$x^2+y^2+8x-6y+a+18=0$

$(x+4)^2-16+(y-3)^2-9+a+18=0$

$(x+4)^2+(y-3)^2=7-a$

中心$(-4,\ 3)$，半径$\sqrt{7-a}$（ただし，$a<7$）

２つの円の中心間の距離dは，$d=\sqrt{(-4-0)^2+(3-0)^2}=5$

❶ ２つの円が離れているとき

$5>2+\sqrt{7-a}$

$3>\sqrt{7-a}$

$9>7-a$ （両辺を2乗する）

$a>-2$

$a<7$より

$-2<a<7$

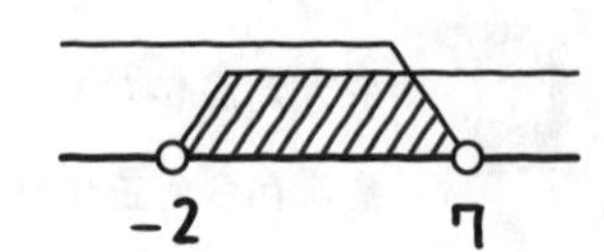

❷　2つの円が接しないで含まれるとき

$5<|\sqrt{7-a}-2|$

$\sqrt{7-a}-2<-5$，$5<\sqrt{7-a}-2$

$\sqrt{7-a}<-3$，$7<\sqrt{7-a}$

$\sqrt{7-a}<-3$は解なし

また，$7<\sqrt{7-a}$より

$49<7-a$

$a<-42$

$a<7$より

$a<-42$

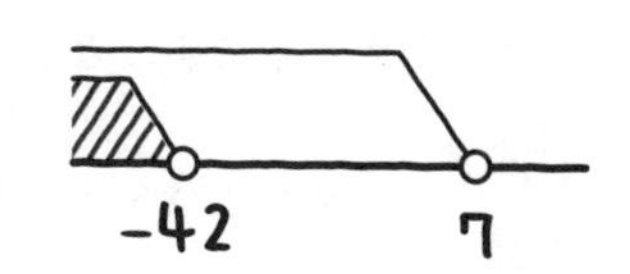

❶，❷より

<u>$a<-42$，$-2<a<7$</u>　答え　例題 3-25

「❷で，$5<|\sqrt{7-a}-2|$の後，どうして
$\sqrt{7-a}-2<-5$，$5<\sqrt{7-a}-2$になるんですか？」

例題 3-21 で登場したよ。

$|f(x)|>a \iff f(x)<-a$，$f(x)>a$

を使ったんだ。

「忘れていました……。」

「その次の"$\sqrt{7-a}<-3$は解なし"の意味がわかんないです。」

$\sqrt{7-a}$は正の数だよ。正の数が-3より小さいなんて変だろう。

「えっ？　あっ，そうか。」

3-21 2つの図形の2つの交点を通る図形

交点がわからなくても，交点にちなんだものが求められることがあるんだ。例題 3-24 と並んで有名な問題を扱うよ。

“2つの図形の2交点を通る図形” を求めたいときは，交点を求める必要はないよ。交点を求めようとすると，ややこしい計算になってしまうんだ。

「じゃあどうやって求めるの？」

実は，カンタンな方法があるんだ。例えば

円：$x^2+y^2-1=0$ ……①

円：$x^2+y^2+4x-4y+3=0$ ……②

は2点 $(-1,\ 0)$，$(0,\ 1)$ で交わるんだけど，その2点を通る直線や円は，右の図で赤く示したようになるよね。

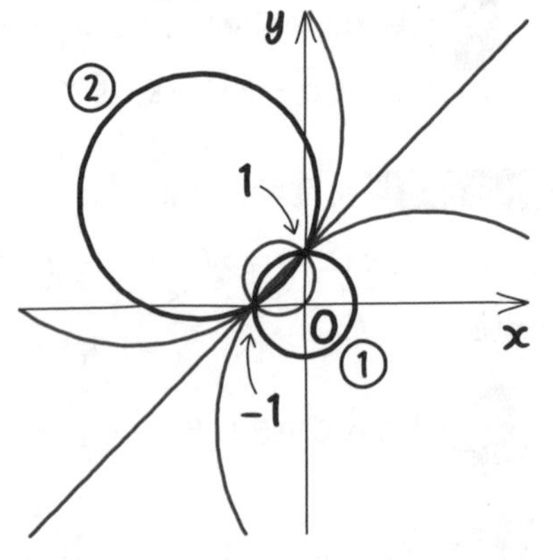

「直線は1つで，円は何個もありますね。」

これらの直線や円は，すべて1つの式で表せるんだ。

$$\underbrace{x^2+y^2-1}_{\text{円①の式}}+k(\underbrace{x^2+y^2+4x-4y+3}_{\text{円②の式}})=0 \quad \cdots\cdots (*)$$

kを変えると式も変わり，図形も変わるけど，すべて $(-1,\ 0)$，$(0,\ 1)$ を通るものになるよ。

「なんで，(∗) の式が (−1, 0), (0, 1) を通る図形を表すんですか？」

（−1，0），（0，1）は円①，②上の点だから，x，yに代入すると
$x^2+y^2-1=0$ も $x^2+y^2+4x-4y+3=0$ も成立するよね。ということは，（＊）に（−1，0），（0，1）を代入したらどうなる？

「あっ，kの値がいくつでも，“$0+k\cdot 0=0$”となって成り立ちますね！」

そうだね。（＊）の式は（−1，0），（0，1）を通る図形の式になっているってことだ。一般化すると，2つの図形の方程式が与えられたときに，その交点を通る図形の式は

(1つめの式)＋k(2つめの式)＝0
または
(2つめの式)＝0

となるよ。

「“または（2つめの式）＝0”ってどういうこと？」

さっきの例でいうと，円①と円②自身も2つの円の交点を通る図形なんだよ。$k=0$の場合（＊）の式が円①になるよね？　でも，円②は表せないよね。

「円②は分けて表さなきゃいけないってことか。」

そういうこと。では，問題を解いてみよう。

例題 3-26 定期テスト 出題度 ❗❗❗ 共通テスト 出題度 ❗❗

2つの円 $x^2+y^2-4x-8y+4=0$, $x^2+y^2-6y+5=0$について次の問いに答えよ。

(1) 2つの円の2つの交点を通る直線の方程式を求めよ。

(2) 2つの円の2つの交点および点(1, 2)を通る円の方程式を求めよ。

いま学んだ通り, 求める図形の方程式を

$(x^2+y^2-4x-8y+4)+k(x^2+y^2-6y+5)=0$

または

$x^2+y^2-6y+5=0$

とおこう。でも, $x^2+y^2-6y+5=0$は直線の式ではないから, (1)では無視するよ。最初の式のkにあてはまる値を求めればいいんだけど, **直線の場合は$k=-1$に決まっているんだ。**

「えっ? どうしてですか?」

直線の式は$ax+by+c=0$という形をしているよね。直線の式にはx^2の項やy^2の項はないんだ。だから,

$(x^2+y^2-4x-8y+4)+k(x^2+y^2-6y+5)=0$

で, x^2の項やy^2の項がなくなるためには$k=-1$でなきゃダメなんだ。

「そうか。kに-1以外の数を入れたら絶対x^2の項やy^2の項が残りますもんね。」

答えは次のようになるよ。

解答　(1)　$x^2+y^2-4x-8y+4=0$　……①

$x^2+y^2-6y+5=0$　……②　とすると，

求める図形の方程式は，

$(x^2+y^2-4x-8y+4)+k(x^2+y^2-6y+5)=0$

とおける。求める式は直線なので，$k=-1$ より

$(x^2+y^2-4x-8y+4)-(x^2+y^2-6y+5)=0$

$-4x-2y-1=0$

$\underline{\underline{4x+2y+1=0}}$　⇦答え　例題 3-26 (1)

じゃあ，(2)もやってみよう。求める円の方程式は，まず2つの円 $x^2+y^2-4x-8y+4=0$，$x^2+y^2-6y+5=0$ の交点を通るので，

$$\begin{cases}(x^2+y^2-4x-8y+4)+m(x^2+y^2-6y+5)=0 & \cdots\cdots③\\ \text{または，}x^2+y^2-6y+5=0 & \cdots\cdots②\end{cases}$$

と表せるね。今度は直線じゃないから，$m\neq-1$ だよね。m の値はいくつになるかだが，問題文には『点 (1，2) を通る。』という条件があるよね。

「あっ。③，②の式に点の座標を代入すればいいんですね。」

その通り。それで m が求められるから，③の式に代入すれば答えが求まるよ。

解答　(2)　求める円の方程式を

$(x^2+y^2-4x-8y+4)+m(x^2+y^2-6y+5)=0$　$(m\neq-1)$

……③

または，$x^2+y^2-6y+5=0$　……②

とおく。この円は，点 (1，2) を通るので，③に代入すると，

$(1+4-4-16+4)+m(1+4-12+5)=0$

$-11-2m=0$

$m=-\dfrac{11}{2}$

よって，

$(x^2+y^2-4x-8y+4)-\frac{11}{2}(x^2+y^2-6y+5)=0$

$2(x^2+y^2-4x-8y+4)-11(x^2+y^2-6y+5)=0$

$2x^2+2y^2-8x-16y+8-11x^2-11y^2+66y-55=0$

$-9x^2-9y^2-8x+50y-47=0$

両辺を(-9)で割る

$x^2+y^2+\frac{8}{9}x-\frac{50}{9}y+\frac{47}{9}=0$

$x^2+y^2-6y+5=0$ ……②は点$(1,\ 2)$を通らない。

よって，$\boldsymbol{x^2+y^2+\frac{8}{9}x-\frac{50}{9}y+\frac{47}{9}=0}$ 答え 例題 3-26 (2)

「『$x^2+y^2-6y+5=0$は点$(1,\ 2)$を通らない』というのはどうしてですか?」

$x=1$，$y=2$を$x^2+y^2-6y+5=0$に代入しても，成り立たないからだよ。このように，(2つめの式)$=0$が成り立たないことも書いておこう。

「今回は2つの円でしたけど，2つの直線や円と直線のときもこの公式って使えるんですか?」

そうだよ。図形を表す方程式なら，なんでも使えるんだ。例えば，
“円$x^2+y^2-9=0$と直線$x+2y-4=0$の2つの交点を通る図形” の式は，

$(x^2+y^2-9)+k(x+2y-4)=0$

または，$x+2y-4=0$

の形で表せるよ。

「“円の式が先で，直線の式があと” と決まっているのですか?」

いや，どちらでもいいよ。

3-22 軌跡

軌跡というのは，元は車の通った跡のこと。数学では，ある条件を満たすように点が動いたときの，その「点が通った跡」のことだ。

例題 3-27 定期テスト 出題度 !!! 共通テスト 出題度 !!!

2点 A(2, 0)，B(6, 0) とするとき，次の問いに答えよ。

(1) 2点 A，B から等距離にある点 P の軌跡を求めよ。

(2) 2点 A，B からの距離の比が3：1になる点 Q の軌跡を求めよ。

「キセキ？ これって何ですか？」

軌跡というのは，与えられた条件に合う点をすべて集めたときにできる図形のことだ。(1)を考えよう。

『2点A，Bから等距離にある点P』といえば，当然，線分ABの中点なんかはその1つだけど，右の図のように他にも無数にあるよね。そういう点をすべて集めるとどんな図形になるかを考えるんだ。

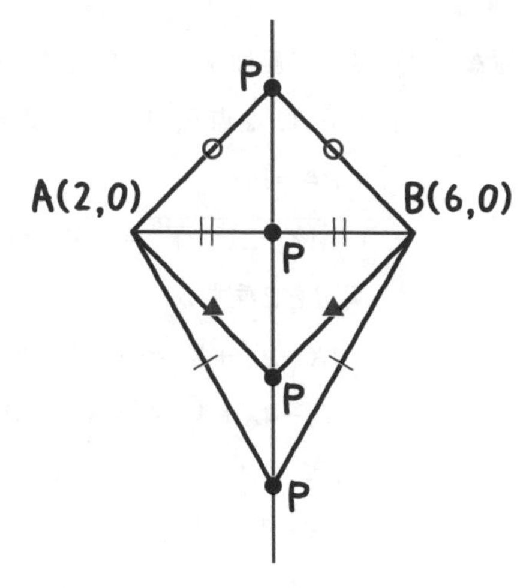

「この図から考えると，線分ABの垂直二等分線ということですか？」

あっ，何だ。先にいわれちゃった（笑）。そうだね。中学校のときに習った『線分ABの垂直二等分線上の点は2点A，Bから等しい距離にある。』を覚えていたら，答えが出るよね。直線$x=4$が正解だ。

「答え　$x=4$だけでいいんですか?」

いいけど，ふつうはこんなに簡単にはいかないね。次の コツ9『軌跡の基本の解きかた』を使わないと解けない場合が多いよ。

コツ9 軌跡の基本の解きかた

❶軌跡を求めたい点を$(X,\ Y)$とおく。

❷与えられた条件を満たす式を作り，それをX，Yを使った式にする。

❸計算し，どんな図形かわかるように変形する。

❹X，Yをx，yに直す。

じゃあ，これにしたがって，(1)を解こう。

解答 (1)　点Pの座標を$(X,\ Y)$とおくと　←❶求めたい点を$(X,\ Y)$とおく。

点Pは，2点A，Bから等距離にあるから，←❷与えられた条件

$$\mathrm{PA}=\mathrm{PB}$$

$$\sqrt{(X-2)^2+Y^2}=\sqrt{(X-6)^2+Y^2}$$

❷$\mathrm{PA}=\sqrt{(X-2)^2+Y^2}$
$\mathrm{PB}=\sqrt{(X-6)^2+Y^2}$

両辺を2乗すると

$$(X-2)^2+Y^2=(X-6)^2+Y^2$$

$$X^2-4X+4+Y^2=X^2-12X+36+Y^2$$

$$8X=32$$

$$X=4$$

❸変形する

よって，点Pは，直線$x=4$上にある。←❹Xをxに直す

（逆に，点Pがこの直線上にあれば条件を満たす。）

求める軌跡は，**直線 $x=4$** ⇦答え 例題 3-27 (1)

軌跡の問題では，方程式だけ答えても正解だけど，軌跡の形がわかるように，"直線 $x=4$" というふうにいつも **図形の名前を書く** ようにしよう。

「答えの直前の『逆に〜』はどういう意味ですか?」

点Pが直線 $x=4$ 上にあることはわかった。しかし，逆に，点Pが直線 $x=4$ 上のどの場所にあっても条件を満たす，つまり，PA=PBになっているの? ということなんだ。

「…なっています。当たり前ですよね?」

今回はそうだね。だから省略してもいい。しかし，x や y に範囲があって，図形の一部だけが答えという場合もあるんだ。例題 3-31 で登場するよ。

「(2)も同じ手順で解けばいいんですか?」

そうだね。やってみようか。まず，

❶ 今回はQの軌跡を求めたいので，
　$Q(X,\ Y)$ とおく。

❷ 与えられた条件を満たす式を作る。問題文から，
　QA：QB=3：1

X と Y を使って表すには，2点間の距離の公式を使えばいいよ。

❸ この式をどんな図形かわかるところまで変形すればいいんだ。

解答 (2) 点Qの座標を $(X,\ Y)$ とおくと，点Qは，2点A，Bからの距離の比が3：1になる点だから

QA：QB=3：1より，A(2, 0)，B(6, 0) だから

$$\sqrt{(X-2)^2+Y^2}:\sqrt{(X-6)^2+Y^2}=3:1$$

$$3\sqrt{(X-6)^2+Y^2}=\sqrt{(X-2)^2+Y^2}$$

$a:b=c:d \Leftrightarrow bc=ad$

両辺を2乗すると

$$9\{(X-6)^2+Y^2\}=(X-2)^2+Y^2$$

$$9(X^2-12X+36+Y^2)=X^2-4X+4+Y^2$$

$$9X^2-108X+324+9Y^2=X^2-4X+4+Y^2$$

$$8X^2-104X+320+8Y^2=0$$

$$X^2-13X+40+Y^2=0$$

$$\left(X-\frac{13}{2}\right)^2+Y^2=\frac{9}{4}$$

$X^2-13X=\left(X-\frac{13}{2}\right)^2-\frac{169}{4}$

よって，点Qは円$\left(x-\frac{13}{2}\right)^2+y^2=\frac{9}{4}$上にある。

（逆に，点Qがこの円上にあれば条件を満たす。）

求める軌跡は，円$\left(x-\frac{13}{2}\right)^2+y^2=\frac{9}{4}$

最後に，

❹　答えをx，yに直すのを忘れないでね。

さて，最後の答えだけど，方程式で答えてもいいが，円の場合は

中心$\left(\frac{13}{2},\ 0\right)$，半径$\frac{3}{2}$の円　答え　例題 3-27 (2)

というふうに言葉で答えるのが一般的だよ。

お役立ち話 6

アポロニウスの円

例題 3-27 (2)で求めた軌跡は，特別な名前で呼ばれているよ。

2点A，Bからの距離の比が$m:n$（ただし，$m \neq n$）になる点の軌跡は『**線分ABを$m:n$の比に内分する点と外分する点を直径の両端とする円**』になる。これは，**アポロニウスの円**と呼ばれているんだ。

A(2, 0)，B(6, 0) のとき，線分ABを3：1の比に内分する点をM，外分する点をNとすれば

点Mの座標は $\left(\frac{1\cdot2+3\cdot6}{3+1},\ \frac{1\cdot0+3\cdot0}{3+1}\right)$ より，M(5, 0)，

点Nの座標は $\left(\frac{-1\cdot2+3\cdot6}{3-1},\ \frac{-1\cdot0+3\cdot0}{3-1}\right)$ より，N(8, 0) になる。

MNの中点は $\left(\frac{5+8}{2},\ 0\right)$ より，$\left(\frac{13}{2},\ 0\right)$

MN＝8−5＝3，半径は $\frac{MN}{2}=\frac{3}{2}$

よって，MNを直径とする円の方程式は　$\left(x-\frac{13}{2}\right)^2+y^2=\frac{9}{4}$

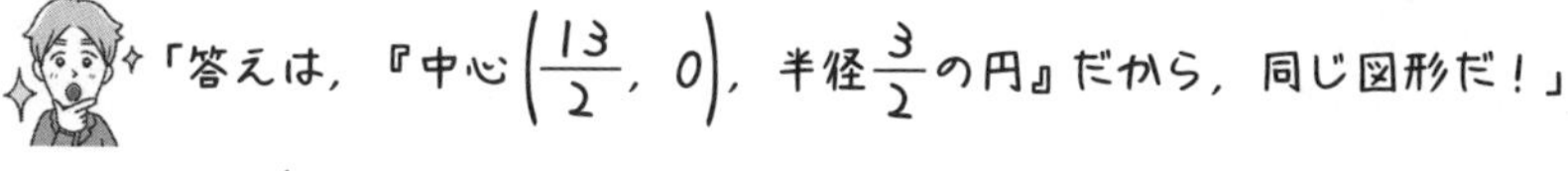

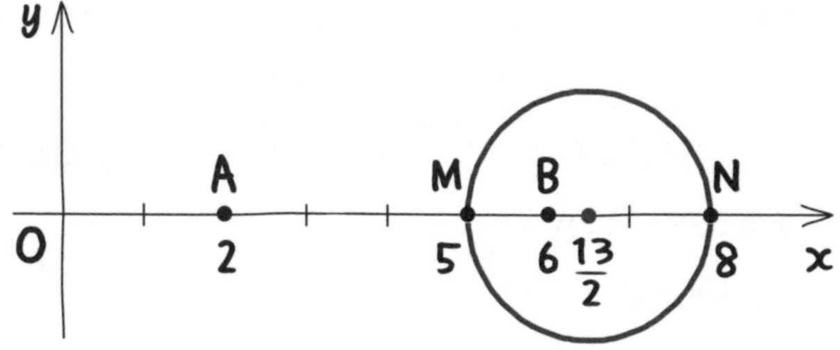

3-23 媒介変数を使った軌跡

「媒介」っていうのは，2者の間をとりもつことだ。媒介変数はxとyの間をとりもって，自分は消えてしまう。悲しい役割だね。

例題 3-28 定期テスト 出題度 ❗❗❗ 共通テスト 出題度 ❗❗❗

次の □ に入る0から9までの数字を答えよ。

aがすべての実数値をとって変化するとき，

放物線 $y=2x^2+12ax+27a^2-15a-7$の頂点は，

放物線 $y=x^2+$ ア $x-$ イ 上にある。

この問題では『軌跡』という言葉は使われていないけど，軌跡を求める問題だよ。『**えがく(動く)図形を求めよ。**』とか『**どんな図形上にあるか?**』という問いかけのときは，軌跡を求める問題なんだ。

「覚えておきます。」

じゃあ，軌跡を求める手順どおりにやろう。まず，頂点の軌跡を求めるのだから，

❶ 頂点を$P(X,\ Y)$とおく。

❷ 与えられた条件から，XとYの式を作る。まず，放物線の頂点Pを求めると，

$P(-3a,\ 9a^2-15a-7)$ ←$y=2x^2+12ax+27a^2-15a-7$
$=2(x+3a)^2+9a^2-15a-7$

になるんだけど，最初に$P(X,\ Y)$とおいたよね。点Pのx座標どうし，y座標どうしを見比べればいい。

$$X=-3a \quad \cdots\cdots ①$$

$$Y=9a^2-15a-7 \quad \cdots\cdots ②$$

このように，**同じ点を2通りに表して見比べることで式を作る**というのはよく使われる手法なんだ。そして，

❸　この式を計算する。

さっきまでの問題は式が1つで，ただ簡単にするだけだったけど，今回は式が2つもあるね。

「どうやって求めればいいんですか？　①はXとaの関係を表しているし，②はYとaの関係を表しているし……。」

そうだね。aを使ってX，Yの関係が間接的に表されているといえる。このaを**媒介変数**とかパラメータというよ。

さて，**X，Yの軌跡を求めるということはX，Yの直接の関係を求めるということ**なんだ。**2つの式を連立させて，aを消去すればいい**んだよ。つまり**“消したい文字＝～”の形に変形して代入**すればいい。

「この問題では，①を“a＝～”の形にして，②に代入するんですね。」

最後に，

❹　x，yに直すのを忘れないことだね。

解答　頂点をP(X，Y)とおく。

$$y=2x^2+12ax+27a^2-15a-7$$
$$=2(x^2+6ax)+27a^2-15a-7$$
$$=2\{(x+3a)^2-9a^2\}+27a^2-15a-7$$
$$=2(x+3a)^2-18a^2+27a^2-15a-7$$
$$=2(x+3a)^2+9a^2-15a-7$$

頂点Pの座標は$(-3a,\ 9a^2-15a-7)$なので

$$\begin{cases} X=-3a & \cdots\cdots① \\ Y=9a^2-15a-7 & \cdots\cdots② \end{cases}$$

①より，$a=-\frac{1}{3}X$　……①′

①′を②に代入すると

$$Y=9\cdot\left(-\frac{1}{3}X\right)^2-15\cdot\left(-\frac{1}{3}X\right)-7$$

$$Y=X^2+5X-7$$

よって，Pは放物線$y=x^2+5x-7$上にある。

（逆に，Pがこの放物線上にあれば条件を満たす。）

求める頂点の軌跡は，**放物線$y=x^2+5x-7$**

ア …5　イ …7 ⇦答え　例題 3-28

例題 3-29

定期テスト 出題度 !!!　共通テスト 出題度 !!

次の□に入る0から9までの数字を答えよ。

点A(5，3)がある。点Pが円$x^2+y^2=4$上を動くとき，線分PAを1：2に内分する点Q(x，y)は，点$\left(\frac{\boxed{ア}}{\boxed{イ}},\ \boxed{ウ}\right)$を中心とした半径$\frac{\boxed{エ}}{\boxed{オ}}$の円をえがく。

これも『えがく図形』となっているから，やはり軌跡だね。軌跡の問題は図がなくても解けるけど，図をかくとわかりやすいよ。

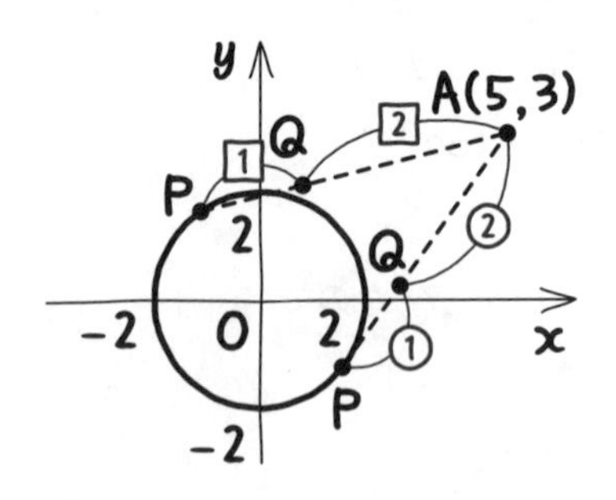

点Pが円上をグルグル回ると，当然，線分PAを1：2に内分する点Qも動く。

それがどんな軌跡になるか求めよということだ。

「なんか，円のようになりそうですね。」

「それは，そうでしょ。問題文に『円をえがく』と書いてあるもん。」

「あっ，ホントだ。気がつかなかった。」

問題文をよく読もうね（笑）。それじゃあ，解いてみよう。解きかたは，**例題 3-28** と同じ手順でいいよ。

❶　点Qの軌跡を求めるのだから，$Q(X,\ Y)$ としよう。

「えっ？　でも，問題文は $Q(x,\ y)$ になっていますよ。」

いや，いいんだ。たとえ問題文が，『$Q(x,\ y)$ とおけ。』となっていても，$Q(X,\ Y)$ とおいたほうが，間違いが少ないんだ。そして次に，点Pの座標はわからないので，$P(a,\ b)$ とおこう。

❷　問題文には2つの条件があるね。条件に合う式を作ろう。

点Pが円 $x^2+y^2=4$ 上を動くので

$$a^2+b^2=4 \quad \cdots\cdots①$$

がいえる。**お役立ち話 5** で学んだけど，これ，けっこう忘れるんだよね。

さらに，点Qは線分PAを1：2に内分する点で，$P(a,\ b)$，$A(5,\ 3)$ だから，

$$Q\left(\frac{2\cdot a+1\cdot 5}{1+2},\ \frac{2\cdot b+1\cdot 3}{1+2}\right) \text{より，} Q\left(\frac{2a+5}{3},\ \frac{2b+3}{3}\right)$$

これが $Q(X,\ Y)$ なわけだから，x 座標，y 座標をそれぞれ見比べると

$$X=\frac{2a+5}{3} \quad \cdots\cdots②$$

$$Y=\frac{2b+3}{3} \quad \cdots\cdots③$$

「あっ，さっき出てきた，“同じ点を2通りに表して見比べる”ですね。」

以上のように2つの条件を使うと，①，②，③の3つの式がでるね。あとは，

❸　この式を計算する。X，Y以外の変数はa，bだね。②，③から，“$a=$～”や“$b=$～”の形にして，①に代入すれば，a，bの文字を消去できる。

解答　点P$(a,\ b)$，Q$(X,\ Y)$とおくと，点Pは円$x^2+y^2=4$上にあるので

$a^2+b^2=4$　……①

さらに，点Qは線分PAを1：2に内分する点だから，

Q$\left(\dfrac{2a+5}{3},\ \dfrac{2b+3}{3}\right)$より

$$X=\frac{2a+5}{3}\quad\cdots\cdots②$$

$$Y=\frac{2b+3}{3}\quad\cdots\cdots③$$

②より

$$2a+5=3X$$
$$2a=3X-5$$
$$a=\frac{3X-5}{2}\quad\cdots\cdots②'$$

③より

$$2b+3=3Y$$
$$2b=3Y-3$$
$$b=\frac{3Y-3}{2}\quad\cdots\cdots③'$$

②′，③′を①に代入すると

$$\left(\frac{3X-5}{2}\right)^2+\left(\frac{3Y-3}{2}\right)^2=4$$

左辺は(　)^{2}の中を2倍しているので2^2つまり4を掛けたことになるから右辺にも4を掛ける

$$(3X-5)^2+(3Y-3)^2=16$$

左辺は(　)^{2}の中を3で割っているので3^2つまり9で割ったことになるから右辺も9で割る

$$\left(X-\frac{5}{3}\right)^2+(Y-1)^2=\frac{16}{9}$$

点Qは円$\left(x-\dfrac{5}{3}\right)^2+(y-1)^2=\dfrac{16}{9}$上にある。

(逆に，点Qがこの図形上にあれば条件を満たす。)

よって，点Qは**点$\left(\frac{5}{3},\ 1\right)$を中心とした半径$\frac{4}{3}$の円をえがく。**

ア…5　イ…3　ウ…1　エ…4　オ…3

答え　例題 3-29

例題 3-30

定期テスト 出題度 !!　共通テスト 出題度 !

点Pをx軸方向にa，y軸方向にb平行移動させた点をQとする(a，bは実数)。Pが円$x^2+y^2=r^2$ $(r>0)$上を動くとき，点Q$(x,\ y)$のえがく図形が円$(x-a)^2+(y-b)^2=r^2$になる理由をかけ。

数II 3章

解答　P$(p,\ q)$，Q$(X,\ Y)$とおくと，Pは円$x^2+y^2=r^2$上にあるので

$p^2+q^2=r^2$ ……①

また，点Pをx軸方向にa，y軸方向にb平行移動させた点がQより

$X=p+a$ ……②

$Y=q+b$ ……③

②，③より

$p=X-a$ ……②′

$q=Y-b$ ……③′

これらを①に代入すると

$(X-a)^2+(Y-b)^2=r^2$

よって，点Qは円$(x-a)^2+(y-b)^2=r^2$上にある。

(逆に，点Qがこの図形上にあれば条件を満たす。)

したがって，点Qは円$(x-a)^2+(y-b)^2=r^2$をえがく。　例題 3-30

『数学Ⅰ・A編』の **3-7** で出てきた『x軸方向にaだけ平行移動させると，式は$x \to x-a$に，y軸方向にbだけ平行移動させると，式は$y \to y-b$になる。』が成り立つのはこういう理由からだよ。

「今回は円だったけど，他の図形でも同じ結果になりますか?」

うん。なるよ。

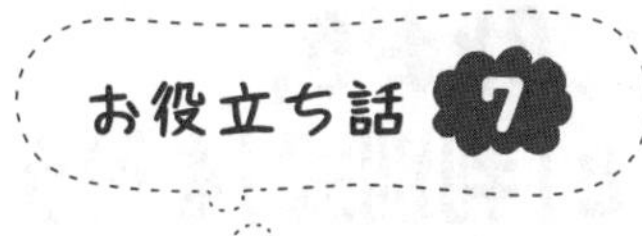

なぜX，Yとおくの？

「最初に軌跡を求める点の座標を(X, Y)として計算して，最後にx，yに直すのなら，初めから(x, y)とおけばいいんじゃないんですか？」

理屈でいえばそうだね。でも，問題文にx，yがすでに使われていたりすると，元々あったx，yと，自分でおいたx，yが，解いているうちにどっちがどっちかわからなくなってしまうことがあるんだ。

例えば，例題 3-29 の問題の場合，

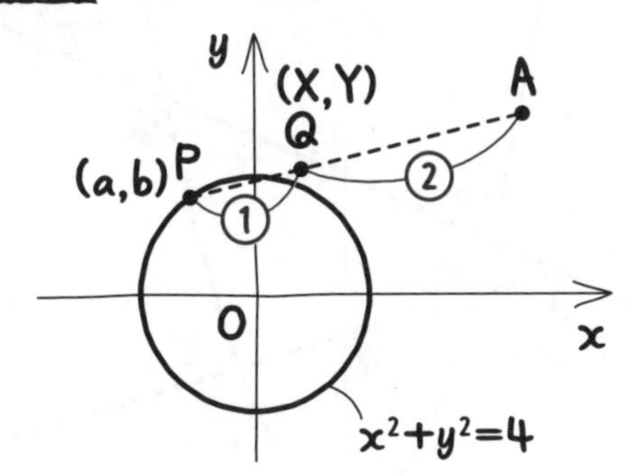

$Q(x, y)$とすると，Qは円$x^2+y^2=4$上にないわけだから，代入すると成り立たない。$x^2+y^2\neq4$なんだよね。

「えっ？　もうすでに混乱しちゃっている。」

「でも，どっちのxか間違えないように注意すれば，$Q(x, y)$のままやってもいいんですよね。」

うん。慣れている人はそうやって解くけど，マネしないほうがいいよ。

3-24 2次方程式の解をα, βとおき，「解と係数の関係」と「判別式」を使う

軌跡の応用問題のうち，代表的なものを解いてみよう。

例題 3-31　定期テスト 出題度 ❗❗　共通テスト 出題度 ❗❗

点A$(-2,\ 3)$を通る直線と，放物線C：$y=x^2$が異なる2点P，Qで交わるとする。

直線の傾きが変化するとき，線分PQの中点Rの動く図形の方程式を求めよ。

この問題も軌跡だね。図をかくと，わかりやすいよ。

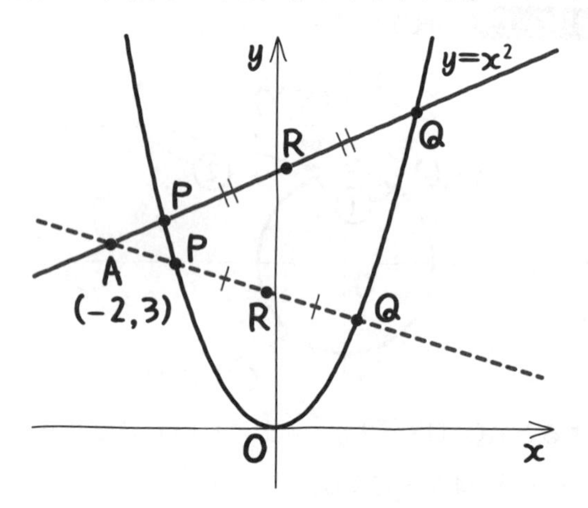

「傾きをいろいろ変えるとP，Qの場所も変わり，その中点のRも変わっていく。このRがどんな図形をえがくか？　ということですね。」

うん。解く手順を説明するよ。まず，

❶　R$(X,\ Y)$とおく。

❷ 点Aを通る直線の方程式を作り，放物線との交点P，Qの座標を求め，その中点Rの座標を求める。❶でR$(X,\ Y)$とおいたので，見比べるとX，Yの関係式ができるね。

❸ これを計算すればよい。

ところで，3-5 で学習したけど，“直線”って2通りあったよね。y軸に平行なときと，そうでないときだ。求める直線は，y軸に平行じゃない。

下の図を見ればわかるよ。

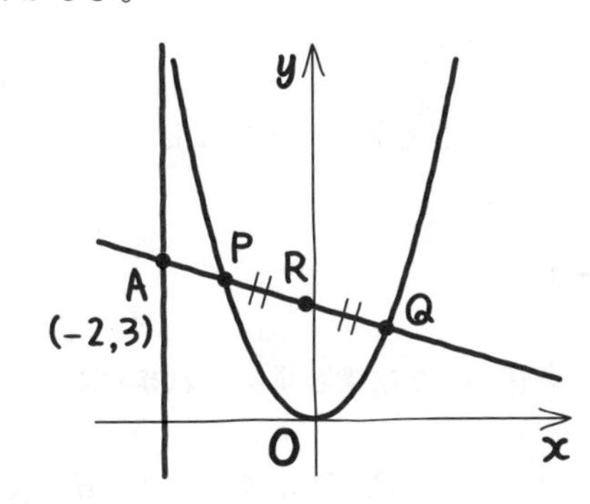

「そうか。もしy軸に平行なら，放物線と1回しか交わらないのか!」

その通り。さて，解いてみよう。まずR$(X,\ Y)$とおくよ。次は点Aを通る直線の方程式だ。y軸に平行でないから傾きをmとすると，直線の方程式は，A$(-2,\ 3)$を通るから

$y-3=m(x+2)$

$y-3=mx+2m$

$y=mx+2m+3$ ……①

になるね。一方，放物線の方程式はすでに書いてある。

$y=x^2$ ……②

「次は，この直線と放物線の交点P，Qを求めればいいんですね。

①と②を連立させると，

$mx+2m+3=x^2$

$$x^2-mx-2m-3=0 \quad \cdots\cdots③$$

$$x=\frac{m\pm\sqrt{m^2+8m+12}}{2}$$

えっ？　すごい値になっちゃった……。」

困ったね。こんなときは，2次方程式の解をα，βとして，“解と係数の関係”を使うんだ。2-7 の コツ3 で学習したよ。

「あっ，そうか。」

③の解をα，βとすると，解と係数の関係より

$$\alpha+\beta=m \quad \cdots\cdots④$$

$$\alpha\beta=-2m-3$$

「これじゃあ，点P，Qの座標を求められません。」

そうだね。ここは，いったん，P，Qの座標をα，βを使って表そう。

「α，βは，③の解だから……。あっ，点P，Qのx座標ですね。」

x座標がわかったので，①を使ってy座標もα，βを使って表せるよ。

$x=\alpha$のとき，$y=m\alpha+2m+3$

$x=\beta$のとき，$y=m\beta+2m+3$

「つまり，$\mathrm{P}(\alpha,\ m\alpha+2m+3)$，$\mathrm{Q}(\beta,\ m\beta+2m+3)$になる。ということか……。じゃあ，点Rも求められる!」

うん。線分PQの中点なので足して2で割ればいいだけだ。

$$\mathrm{R}\left(\frac{\alpha+\beta}{2},\ \frac{m(\alpha+\beta)+4m+6}{2}\right)$$

ここで，④の解と係数の関係を使えばいいよ。④を代入すると，

$\mathrm{R}\left(\dfrac{m}{2},\ \dfrac{m^2+4m+6}{2}\right)$になるね。

「mだけの式にするんですね！」

これがR$(X,\ Y)$と同じ点だから，x座標どうし，y座標どうしを見比べて

$$X=\frac{m}{2}\quad\cdots\cdots⑤$$

$$Y=\frac{m^2+4m+6}{2}\quad\cdots\cdots⑥$$

やっと式ができたね。あとは計算だ。今回の媒介変数はmだけだね。“$m=\sim$”の形に変形して代入すればmを消去できるね。

⑤より

$$m=2X\quad\cdots\cdots⑤'$$

⑤′を⑥に代入すると

$$Y=\frac{4X^2+8X+6}{2}$$
$$=2X^2+4X+3$$

ということで，点Rの軌跡は放物線になることがわかったけど，これだけじゃない。

「x，yに直すということですね。」

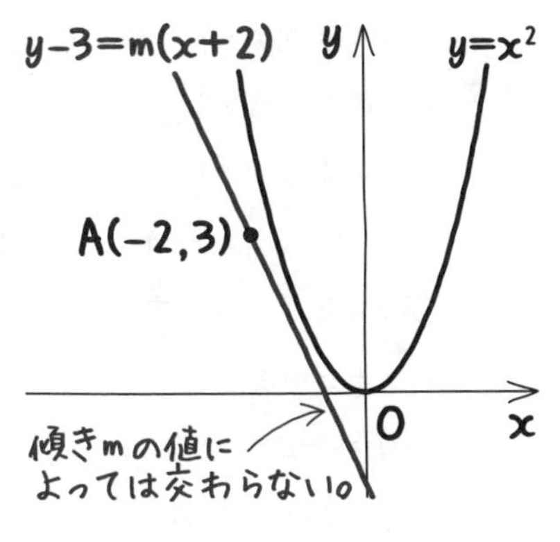

うん。もちろんそれもあるんだけど，その前にまだ計算があるよ。右の図を見てごらん。mの値によっては直線と放物線は交点をもたないよね。mは自分でおいた文字だから，交点をもつような範囲を調べないといけないんだ。「直線と放物線が交点をもつ」ということは……。

「あっ，連立させて判別式$D>0$ということか！」

うん，そうだ。直線と放物線を連立させた式は，すでにあるね。③の式の

$x^2-mx-2m-3=0$ だ。この式の判別式を D とすると

$$D=(-m)^2-4\cdot1\cdot(-2m-3)$$
$$=m^2+8m+12>0$$

よって，$(m+2)(m+6)>0$

$m<-6,\ -2<m$　……⑦

さて，m の範囲は $m<-6,\ -2<m$ とわかったけど，⑤′ より，$m=2X$ なんだよね。ということは，X にも範囲があるってことだ。⑤′ を⑦に代入すると，

$2X<-6,\ -2<2X$　より

$X<-3,\ -1<X$

になる。このように **X の変域（定義域），Y の変域（値域）に制限があるときがある。** 気をつけよう。

解答　点Rの座標を $(X,\ Y)$ とおく。

直線は明らかに y 軸に平行ではないから，傾きを m とすると，直線の方程式は，点 $A(-2,\ 3)$ を通るから

$y-3=m(x+2)$

$y-3=mx+2m$

$y=mx+2m+3$　……①

放物線の方程式は　$y=x^2$　……②

①，②より　$mx+2m+3=x^2$

$x^2-mx-2m-3=0$　……③

③の解を α，β とすると，解と係数の関係より

$\alpha+\beta=m$　……④

$\alpha\beta=-2m-3$

点P，Qの座標は，$P(\alpha,\ m\alpha+2m+3)$，$Q(\beta,\ m\beta+2m+3)$ より，

PQの中点Rの座標は，$R\left(\dfrac{\alpha+\beta}{2},\ \dfrac{m(\alpha+\beta)+4m+6}{2}\right)$ となる。

④を代入すると，$R\left(\dfrac{m}{2},\ \dfrac{m^2+4m+6}{2}\right)$

R$(X,\ Y)$ より

$$X=\frac{m}{2}\quad\cdots\cdots⑤$$

$$Y=\frac{m^2+4m+6}{2}\quad\cdots\cdots⑥$$

⑤より　$m=2X$　……⑤′

⑤′を⑥に代入すると

$$Y=\frac{4X^2+8X+6}{2}=2X^2+4X+3$$

また，③の判別式を D とすると

$$D=(-m)^2-4\cdot1\cdot(-2m-3)$$
$$=m^2+8m+12$$
$$=(m+2)(m+6)>0$$

ゆえに　$m<-6,\ -2<m$　……⑦

⑤′を⑦に代入すると

$2X<-6,\ -2<2X$　より

$X<-3,\ -1<X$

よって，求める軌跡は

放物線 $y=2x^2+4x+3$（ただし，$x<-3,\ -1<x$）

答え　例題 3-31

「すごい，もりだくさんな問題ですね……。自力では解けないかも。」

いきなり自力では解けないかもしれないけど，復習して理解すればできるようになるはずだ。最後の満たす x の範囲も忘れないようにね。

数II 3章

不等式の表す領域

式が成り立つところが，線ではなくエリアになることもあるよ。

例題 3-32　定期テスト 出題度 !!!　共通テスト 出題度 !!

次の不等式が表す領域を図示せよ。

(1)　$y>-3x+1$

(2)　$y\leqq-2x^2+4x+6$

(3)　$x^2+y^2-8x+4y+16<0$

例えば，$y<mx+n$ を満たす点 $(x,\ y)$ の集合は，下の図の斜線部分となる。このような集合を不等式の表す**領域**といい，$y=mx+n$ を**境界**というよ。

$y>mx+n$
⇨直線 $y=mx+n$ の上側
$y<mx+n$
⇨直線 $y=mx+n$ の下側

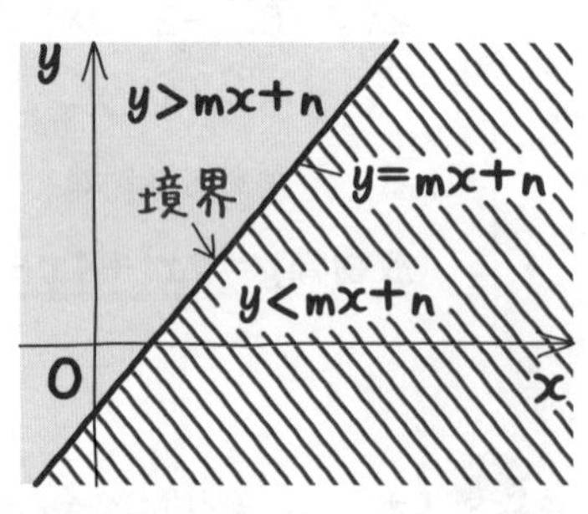

また，円の場合は例えば，
$(x-a)^2+(y-b)^2>r^2$ なら円の外側（右図の灰色）の部分で，
$(x-a)^2+(y-b)^2<r^2$ なら円の内側（右図の赤い斜線）の部分だ。

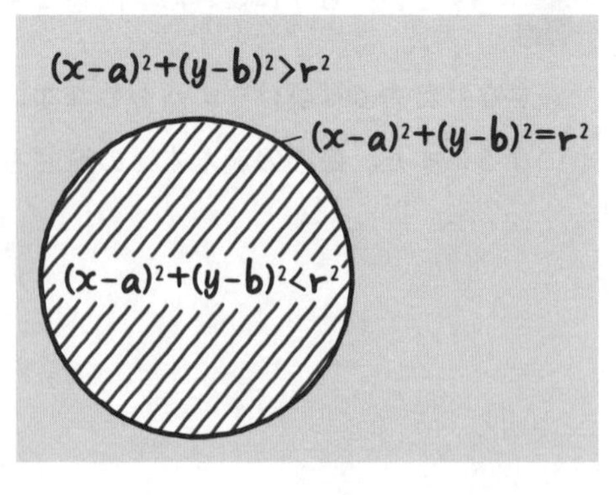

まず，(1)は$y=-3x+1$のグラフをかこう。

『数学Ⅰ・A編』の 3-2 で説明したね。x切片,y切片を求めるんだったね。

「$y=0$を直線の式に代入して，x切片は$x=\frac{1}{3}$，$x=0$を代入して，y切片は$y=1$だから，その2点をつなぐ直線をかけばいいのね。」

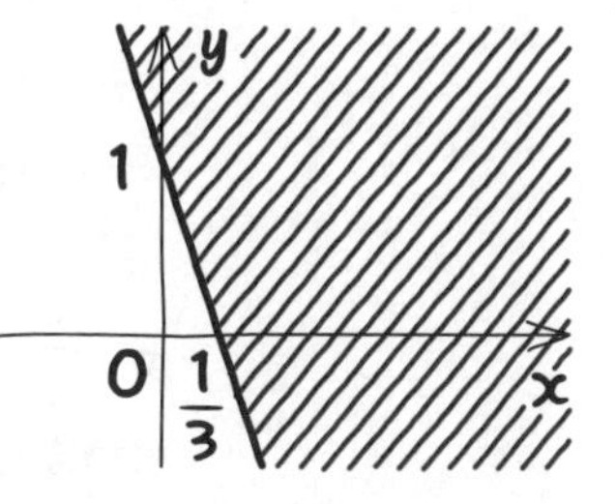

よくできました。そして，$y>-3x+1$だから，直線より上の部分に斜線を引くんだ。でも，これだけなら斜線を引いた部分が答えなのか，引いていない部分が答えなのかわからない。だから『**斜線部分**』と書き，境界の部分は含まないので，『**境界線は含まない**』とも書いておくこと。

解答 (1) $y>-3x+1$の表す領域は，下の図のようになる。

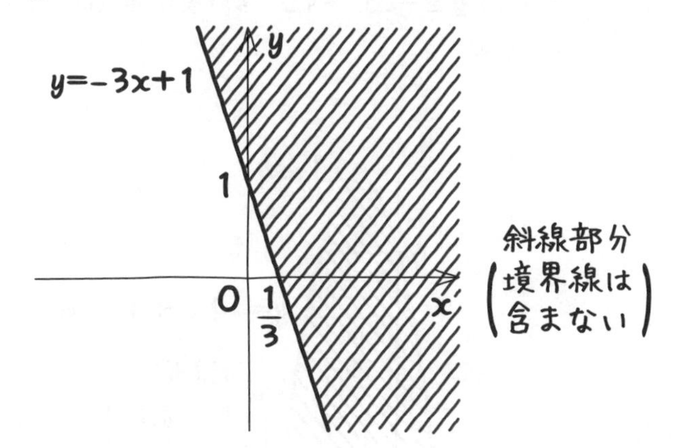

答え 例題 3-32 (1)

「イコールがついていないから，『境界線は含まない』ですか？」

そうだよ。直線$y=-3x+1$は直線そのもので，$y>-3x+1$はその直線より上の部分だからね。直線は含まない。

じゃあ，ハルトくん，(2)をやって。今度は，イコールがついているよ。

「解答　(2)　$y=-2x^2+4x+6$

$=-2(x^2-2x)+6$

$=-2\{(x-1)^2-1\}+6$

$=-2(x-1)^2+2+6$

$=-2(x-1)^2+8$

よって，放物線の頂点は $(1,\ 8)$

放物線と x 軸との交点の x 座標は

$0=-2x^2+4x+6$

$x^2-2x-3=0$

$(x+1)(x-3)=0$

$x=-1,\ 3$

また y 軸との交点の y 座標は，　$y=6$

よって，$y \leqq -2x^2+4x+6$ の表す領域は，下の図のようになる。

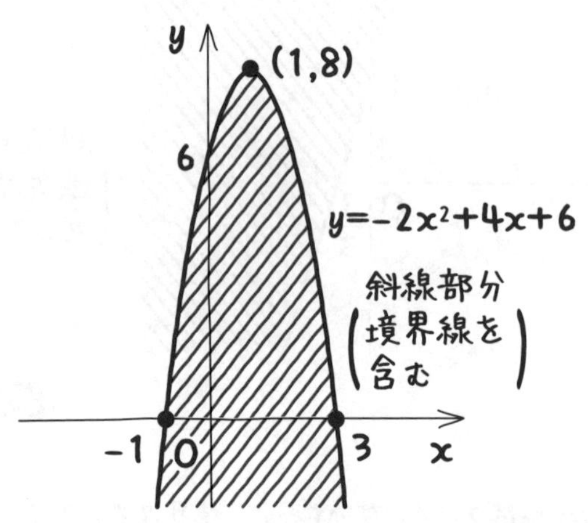

答え　例題 3-32 (2)

イコールがついているときは，『境界線を含む』でいいんですよね？」

それでいいよ。$y=-2x^2+4x+6$は放物線そのものだし，

$y<-2x^2+4x+6$はその下の部分になるね。今回は$y\leqq-2x^2+4x+6$だからその両方だからね。

じゃあ，ミサキさん，(3)を解いて。

「解答 (3) $x^2+y^2-8x+4y+16=0$

$(x-4)^2-16+(y+2)^2-4+16=0$

$(x-4)^2+(y+2)^2=4$

よって，$x^2+y^2-8x+4y+16<0$の表す領域は，下の図のようになる。

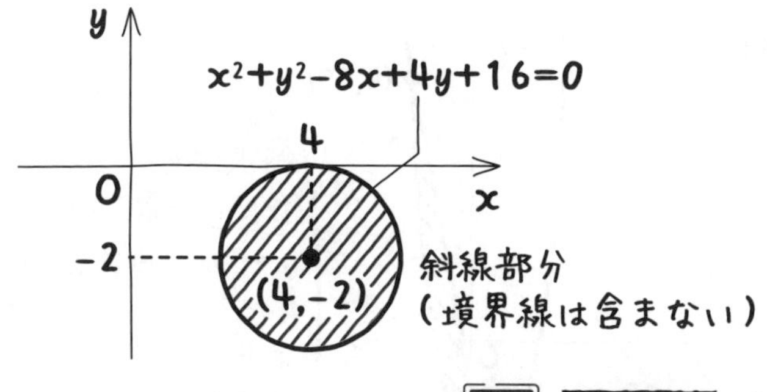

答え 例題 3-32 (3)」

よくできました。

例題 3-33 定期テスト 出題度 !!! 共通テスト 出題度 !!

次の不等式の表す領域を図示せよ。

(1) $y<5x-3$, $y\geqq x^2+2x-7$

(2) $4<x^2+y^2\leqq16$

「(1)は不等式が2つもありますよ。難しそう……。」

大丈夫だよ。2つの不等式の表す領域の共通部分になるんだ。直線や放物線をかいて，どこが求める領域かを考えればいいよ。

直線$y=5x-3$……①　のx切片は$\dfrac{3}{5}$，y切片は-3

放物線$y=x^2+2x-7$は，$y=(x+1)^2-8$……②　と変形できるから，頂点は$(-1,\ -8)$である。また①，②を連立させて交点を求めると，$(-1,\ -8)$，$(4,\ 17)$となる。

よって，$y<5x-3$，$y\geqq x^2+2x-7$の表す領域は，下の図のようになる。

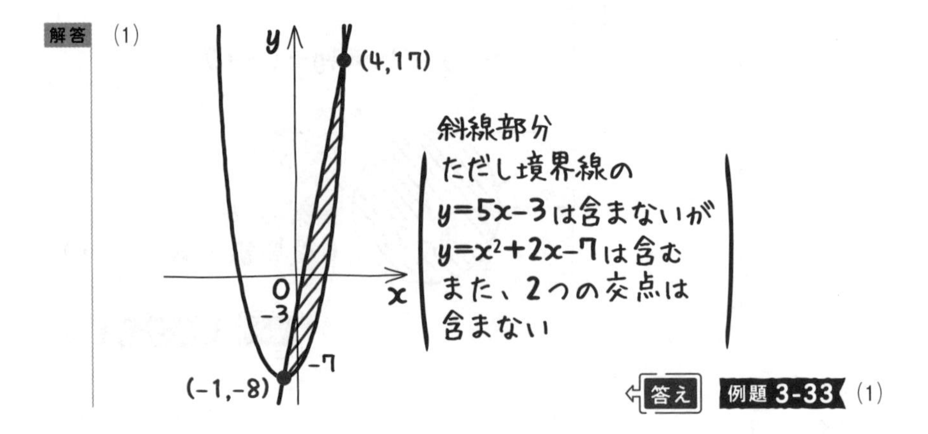

「グラフどうしの交点も求めるんですか?」

うん。交点を含むか含まないかも書いておこう。

「$y<5x-3$のほうには，イコールがついていないから，

直線$y=5x-3$のほうは境界を含まない。

$y\geqq x^2+2x-7$のほうには，イコールがついているから，

放物線$y=x^2+2x-7$のほうは含むんですね。

交点$(-1,\ -8)$，$(4,\ 17)$は含まないのはどうしてですか?」

例えば，『放物線A上には立ってもいいけど，直線B上には立たないようにしてください。』といわれたら，両方が交わる点には立っていいの？

「ダメです。」

そうだよね。それと同じだよ。

『放物線$y=x^2+2x-7$は含むが，直線$y=5x-3$は含まない』ということは，その交点$(-1,\ -8)$，$(4,\ 17)$は含まないね。

「あっ，そうか……なるほど。」

じゃあ，ハルトくん，(2)はどうなる？

「$4<x^2+y^2\leqq 16$ということは$4<x^2+y^2$かつ$x^2+y^2\leqq 16$と考えればいいの？」

そうだね。(2)のように3つ以上の式がつながっている等式や不等式は分けて計算すればよかったね。共通部分が答えだ。

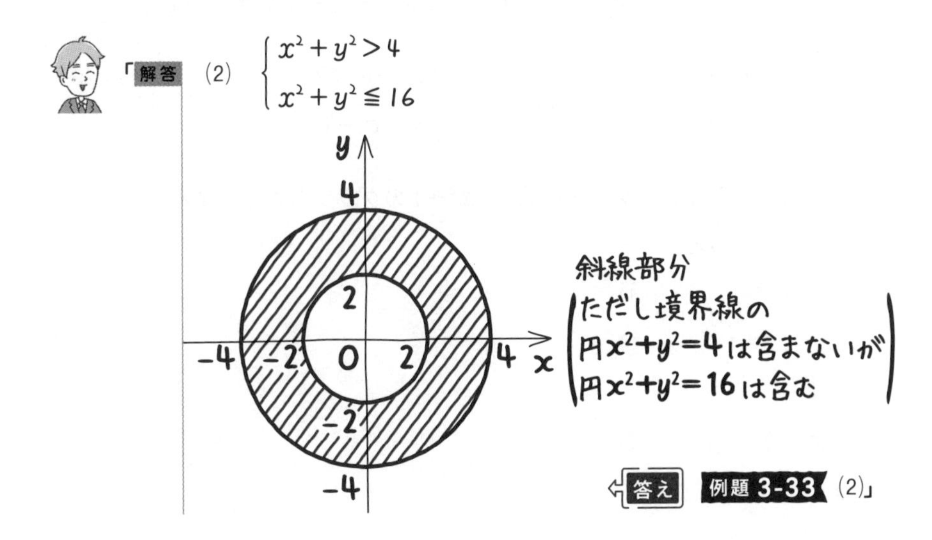

3-26 (多項式)(多項式)>0, (多項式)(多項式)<0の表す領域

『展開すればなんとかなるかも……』と考えたくなるけど，それでは失敗する問題だよ。

例題 3-34　定期テスト 出題度 ❗❗❗　共通テスト 出題度 ❗❗

$(x^2+y^2-7)(-x^2+y+1)<0$の表す領域を図示せよ。

「左辺を展開するんですか?」

いや，展開するとただややこしい式になるだけだ。**掛けて負になるということは一方が正で，他方が負**ということだから，

$$\begin{cases} x^2+y^2-7>0 \\ -x^2+y+1<0 \end{cases} \quad \text{または} \quad \begin{cases} x^2+y^2-7<0 \\ -x^2+y+1>0 \end{cases}$$

と考えるといい。グラフにかきやすいように，不等式を変形すると，

$$\begin{cases} x^2+y^2>7 \\ y<x^2-1 \end{cases} \quad \text{または} \quad \begin{cases} x^2+y^2<7 \\ y>x^2-1 \end{cases}$$

円$x^2+y^2=7$のグラフも放物線$y=x^2-1$のグラフもかけるよね。

交点を求めると

$x^2+y^2=7$　……①

$y=x^2-1$　……②

②より

$x^2=y+1$　……②′

②′を①に代入すると

$y+1+y^2=7$

$y^2+y-6=0$

$(y+3)(y-2)=0$

$y=-3,\ 2$

②′に代入すると

$y=-3$のとき　　xは解なし

$y=2$のとき　　$x=\pm\sqrt{3}$　　交点$(\pm\sqrt{3},\ 2)$になる。

あとは，求める領域がどこか調べるだけ。

“円の外側で，かつ，放物線の下の部分”と，

“円の内側で，かつ，放物線の上の部分”

に斜線を引けばいいね。

解答

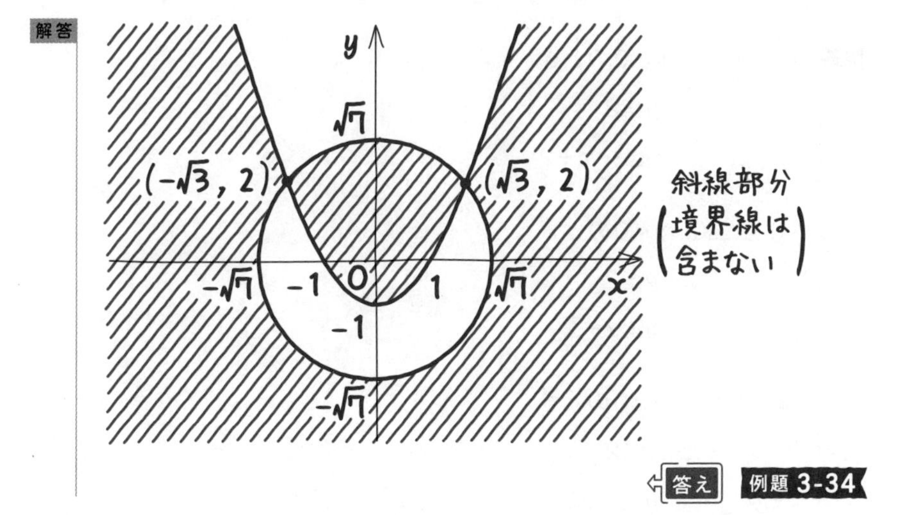

答え　例題 3-34

ちなみに，もし，$(x^2+y^2-7)(-x^2+y+1)>0$なら，ともに正か，ともに負ということになるよ。

3-27 $|x|+|y| \geqq k$, $|x|+|y| \leqq k$ の表す領域

一見するとマニアックな問題に見えるけど，実は とても定番の問題なんだ。

例題 3-35 定期テスト 出題度 !! 共通テスト 出題度 !!

$|x|+|y| \leqq 2$ の表す領域を図示せよ。

まず，絶対値を場合分けしてはずそう。絶対値が2つある場合のはずしかたは『数学Ⅰ・A編』の 1-24 で説明したね。

解答 (i) $x \geqq 0$, $y \geqq 0$ のとき

$$x+y \leqq 2$$
$$y \leqq -x+2$$

(ii) $x \geqq 0$, $y<0$ のとき

$$x-y \leqq 2$$
$$y \geqq x-2$$

(iii) $x<0$, $y \geqq 0$ のとき

$$-x+y \leqq 2$$
$$y \leqq x+2$$

(iv) $x<0$, $y<0$ のとき

$$-x-y \leqq 2$$
$$y \geqq -x-2$$

場合分けのときは条件もいえて，結果もいえなければならなかったよね。

(i)なら$x \geqq 0$, $y \geqq 0$でしかも$y \leqq -x+2$ということだから，右のような図形になる。

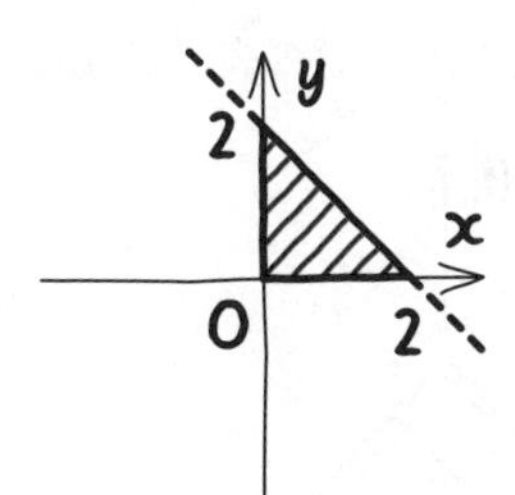

同様に，(ii)なら，右のような図形になり，

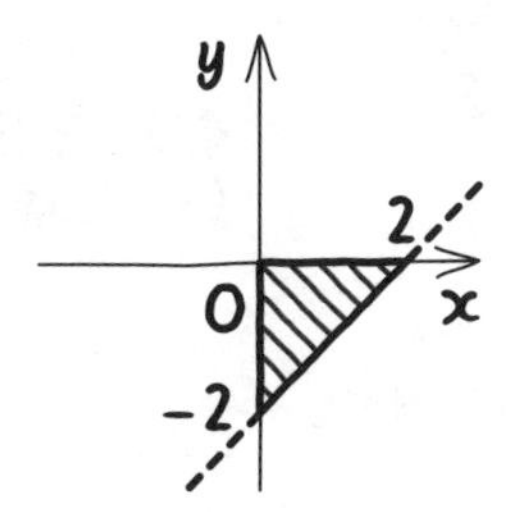

(iii)なら，右のような図形になり，

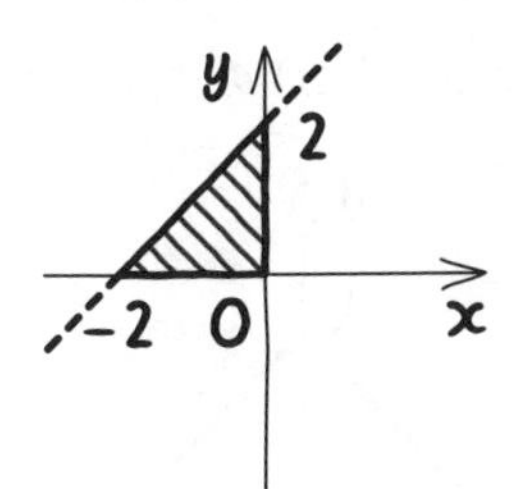

(iv)なら，右のような図形になる。

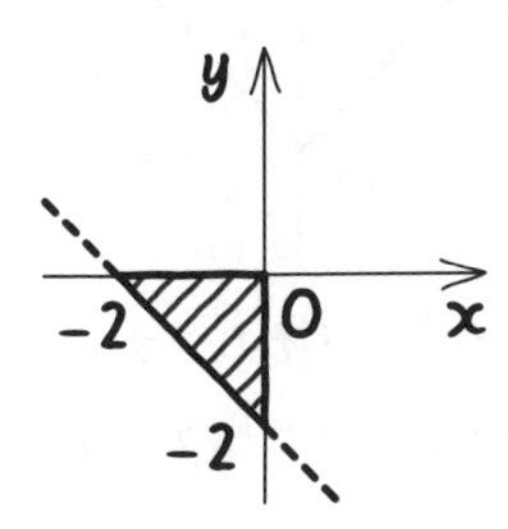

これらをすべて合わせると，次のような答えになるよ。

よって，$|x|+|y| \leqq 2$の表す領域は，下の図のようになる。

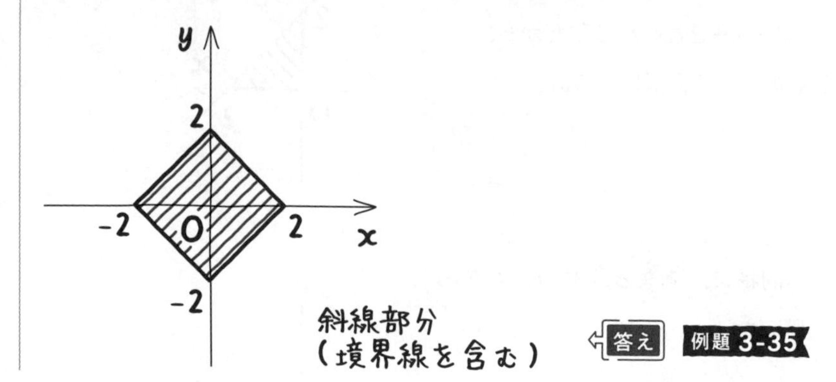

「解きかたが面倒だな……。」

じゃあ，以下のように覚えておくといいよ。

$|x|+|y|=k$ (kは正の定数) のグラフは以下のようになり

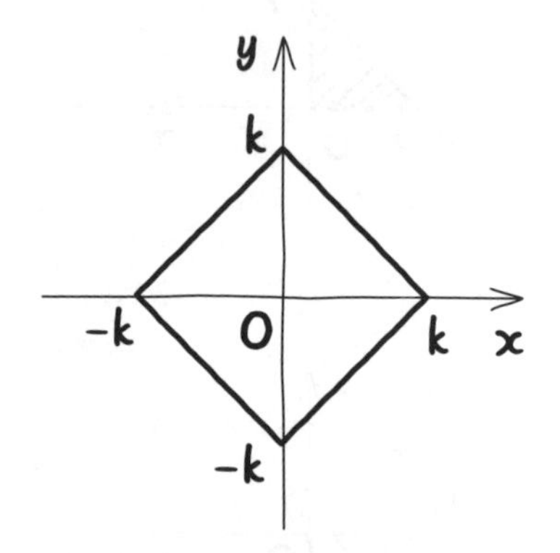

$|x|+|y| \leqq k$の表す領域はそのグラフの内側,

$|x|+|y| \geqq k$の表す領域はグラフの外側の部分になる。

3-28 領域における最大，最小 ～直線の場合～

領域があって最大，最小を求めるというのはとても有名な問題なんだ。中間，期末はもちろん，大学の入試でも出題されるよ。

例題 3-36　定期テスト 出題度 ❗❗❗　共通テスト 出題度 ❗❗

x，yが3つの不等式$2x-y \geqq 0$，$x-2y-9 \leqq 0$，$x+y-3 \leqq 0$の条件を満たすとき，次の式の最大値，最小値を求めよ。

(1)　$-2x+7y$　　　(2)　$x-y$

数II 3章

コツ10　領域における最大，最小

❶領域をかく。

❷最大，最小を求めたいものを何かの文字（kとか）でおく。

❸「kが変われば何が変わるか？」に注目し，領域と共有点をもつ範囲で変えてみる。

❹kが最大，最小になるのはどこを通るか，どこに接するかを考える。

❶　まず，$2x-y \geqq 0$，$x-2y-9 \leqq 0$，$x+y-3 \leqq 0$を満たす領域を，ミサキさん，図示してみて。

「はい。$2x-y \geqq 0$より，$y \leqq 2x$　……①

$x-2y-9 \leqq 0$より，$y \geqq \frac{1}{2}x-\frac{9}{2}$　……②

$x+y-3 \leqq 0$より，$y \leqq -x+3$　……③

と変形できるから，①，②，③の表す領域は，こんな感じですか？

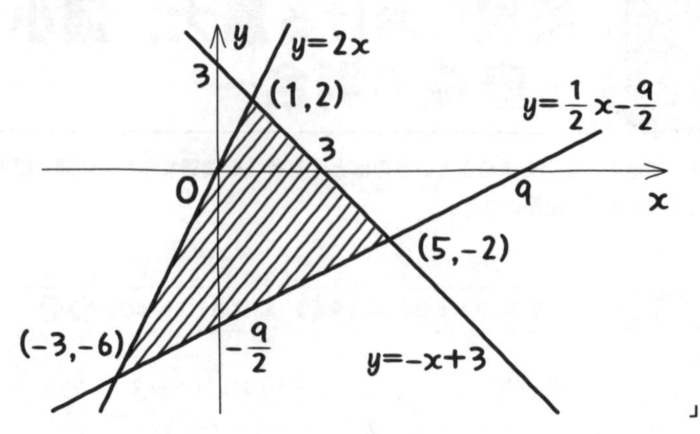

」

そうだね。$y=2x$，$y=\frac{1}{2}x-\frac{9}{2}$，$y=-x+3$の3つの直線の交点は，それぞれを連立して（1，2），（−3，−6），（5，−2）と求められたね。

さて，(1)だが，

❷　$-2x+7y$の最大，最小を求めたいなら，まず

$$-2x+7y=k$$

とおくんだ。そして$y=$〜の形に変形すると，

$$y=\frac{2}{7}x+\frac{1}{7}k \quad \cdots\cdots ④$$

❸　④は，傾き$\frac{2}{7}$，切片$\frac{1}{7}k$の直線を表すね。そして，kの値が変われば切片が変わるから，直線は平行に移動する。だから，傾きが$\frac{2}{7}$で領域と共有点をもつ直線は次のページの図のようにいくらでもかける。

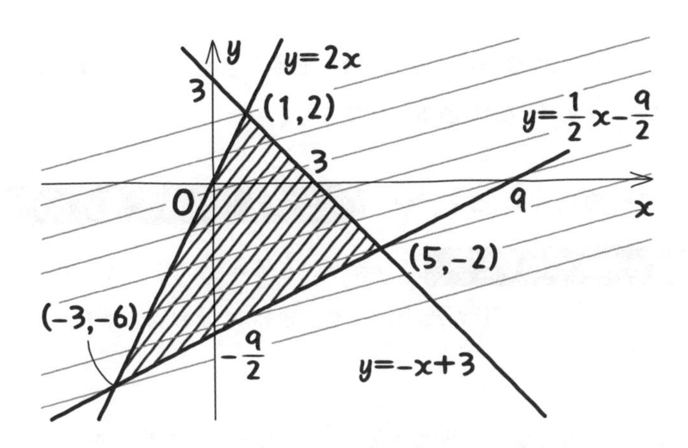

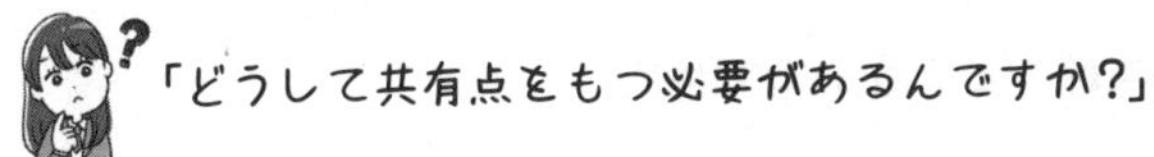

x，yは①，②，③の不等式を満たしている。つまり，点$(x,\ y)$は領域内にあるわけだ。また,④の等式も満たしているからこの直線上にもある。もし，領域と直線が離れていたら……。

「点$(x,\ y)$が存在しないということになりますね。なるほど。」

正確にかくことはない。『だいたいこのくらいかな？』で十分だ。でも，すでにかいた直線より傾きが大きいのか小さいのかを考えてかかなきゃいけないよ。**0に近づくほど傾きは緩やかだったよね**。傾きが$\frac{2}{7}$ということは，傾きが2の直線$y=2x$や，傾きが$\frac{1}{2}$の直線$y=\frac{1}{2}x-\frac{9}{2}$よりも，傾きを緩やかにかくんだ。

❹　じゃあ次は，直線と領域の共有点を調べよう。領域と共有点をもつ直線のうち，いちばん上，いちばん下になる直線は，領域のどの点を通るとき？

「いちばん上になるのは点 (1, 2) を通るときで，いちばん下になるのは点 (−3, −6) を通るときですね。」

そう。直線の切片は $\frac{1}{7}k$ だから **『kが最大になるとき』ということは，『切片が最大になるとき』**，つまりいちばん上になるときで，逆に，『kが最小になるとき』は『切片が最小になるとき』，つまりいちばん下になるんだよ。

「じゃあ，kの値は，直線が点 (1, 2) を通るとき最大で，点 (−3, −6) を通るとき最小ですか?」

その通り。これを初めの$-2x+7y=k$に代入すれば，kの最大値と最小値が求まるわけだ。

「最大値は，$x=1$，$y=2$を代入して，$-2\cdot1+7\cdot2=12$
最小値は，$-2\cdot(-3)+7\cdot(-6)=-36$ですね。」

解答 (1)

$$\begin{cases} 2x-y\geqq0 \text{ より，} y\leqq2x \\ x-2y-9\leqq0 \text{ より，} y\geqq\frac{1}{2}x-\frac{9}{2} \\ x+y-3\leqq0 \text{ より，} y\leqq-x+3 \end{cases}$$

これらの不等式が表す領域は図の斜線部分である。(境界線を含む。)

$-2x+7y=k$ とおくと，

$$y=\frac{2}{7}x+\frac{1}{7}k \quad \cdots\cdots④$$

この④の直線が図の領域と共有点をもち，kの値が最大となるのは，点 (1, 2) を通るときで，

最大値は，$-2\cdot1+7\cdot2=12$

kの値が最小となるのは，点 (−3, −6) を通るときで，

最小値は，$-2\cdot(-3)+7\cdot(-6)=-36$

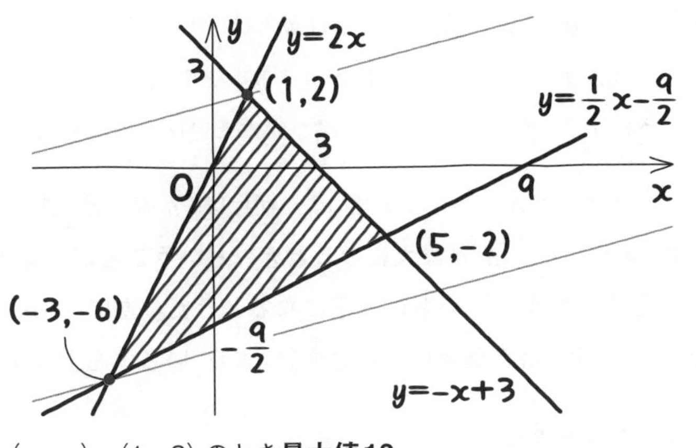

$(x,\ y)=(1,\ 2)$ のとき**最大値12**

$(x,\ y)=(-3,\ -6)$ のとき**最小値−36** ◁答え 例題 3-36 (1)

⑵も解いてみよう。kはさっき使っちゃったから，

$$x-y=m$$

とでもおこうか。式変形すると

$$y=x-m \quad \cdots\cdots ⑤$$

より，傾き1，切片$-m$の直線になる。じゃあ，図に重ねてみよう。でも，ここで間違えないでね。傾き1ということは，傾きが2の直線$y=2x$よりは緩やかだが，傾きが$\frac{1}{2}$の直線$y=\frac{1}{2}x-\frac{9}{2}$より急にかかなければならないよ。

「

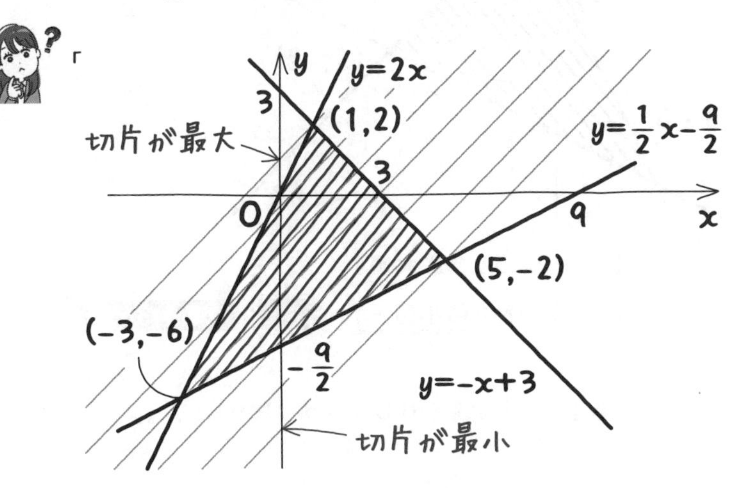

$(x,\ y)=(1,\ 2)$ のときmは最大値-1
$(x,\ y)=(5,\ -2)$ のときmは最小値7
あれっ？　最大より，最小のほうが大きいなんて……？」

待って！　ミサキさん，そうじゃないよ。切片は$-m$だけど，求めたいのはmの最大値・最小値だ。**『mが最大になるとき』ということは『切片$-m$が最小になるとき』つまり，いちばん下になるときだ。逆に，『mが最小になるとき』は『切片$-m$が最大になるとき』つまり，いちばん上になるときだ。**

解答　(2)　$x-y=m$とおくと，

$y=x-m$　……⑤

⑤の直線が図の領域と共有点をもち，mの値が最大となるのは，点$(5,\ -2)$を通るときで，

最大値は，$5-(-2)=7$

mの値が最小となるのは，点$(1,\ 2)$を通るときで，

最小値は，$1-2=-1$

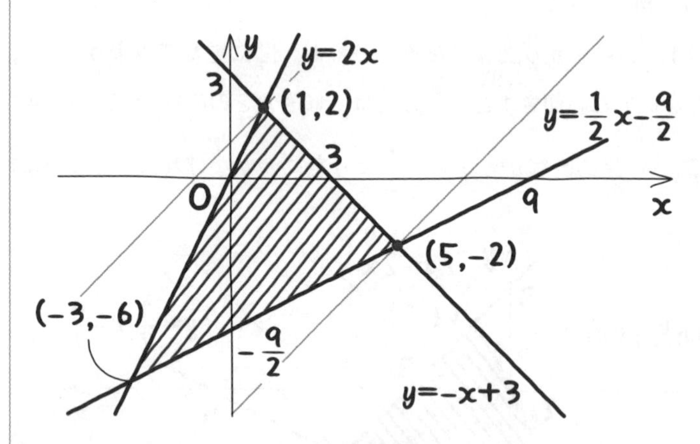

$(x,\ y)=(5,\ -2)$ のとき**最大値7**
$(x,\ y)=(1,\ 2)$ のとき**最小値-1**　

例題 3-36 (2)

「最大が上，最小が下というわけじゃなかったのね……。」

3-29 領域におけるx，yの式の最大，最小

領域の最大，最小の問題は落とし穴がたくさんある。うっかり間違えないようにしっかりおさえておこう。

例題 3-37 定期テスト 出題度 !! 共通テスト 出題度 !!

x，yが3つの不等式$x+3y \geqq 3$，$2x-3y \geqq -12$，$4x+3y \leqq 12$を満たすとき，次の式の最大値，最小値を求めよ。

(1) $\dfrac{y+2}{x+5}$ (2) x^2+y^2 (3) x^2+y

まず，3つの不等式が表す領域をかいてみると，下の図のようになる。

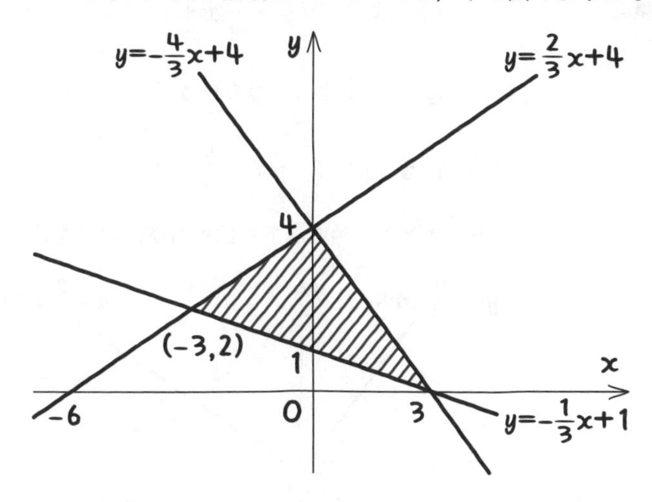

(1)について，$\dfrac{y+2}{x+5}=k$とおくと $y+2=k(x+5)$ ……①

①は『点$(-5, -2)$を通る傾きkの直線』を表しているね。kが変化すると傾きが変化するんだ。つまり，**kが最大になるのは，傾きが最大になるときだ。**

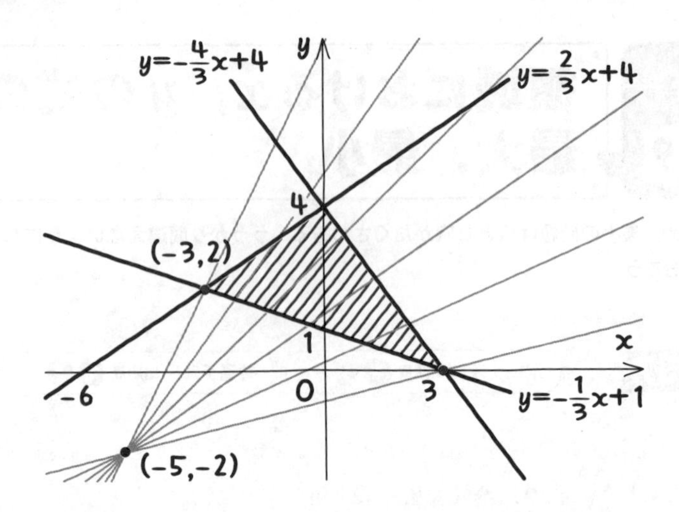

「kが最大になるのは，交点$(-3,\ 2)$を通るときですね。」

そうだね。最小も同じように考えればいい。解いてみて。

「**解答**　(1)

$$\begin{cases} x+3y \geqq 3 \text{より，} y \geqq -\frac{1}{3}x+1 \\ 2x-3y \geqq -12 \text{より，} y \leqq \frac{2}{3}x+4 \\ 4x+3y \leqq 12 \text{より，} y \leqq -\frac{4}{3}x+4 \end{cases}$$

これらの不等式が表す領域は下の図の斜線部分。(境界線を含む)

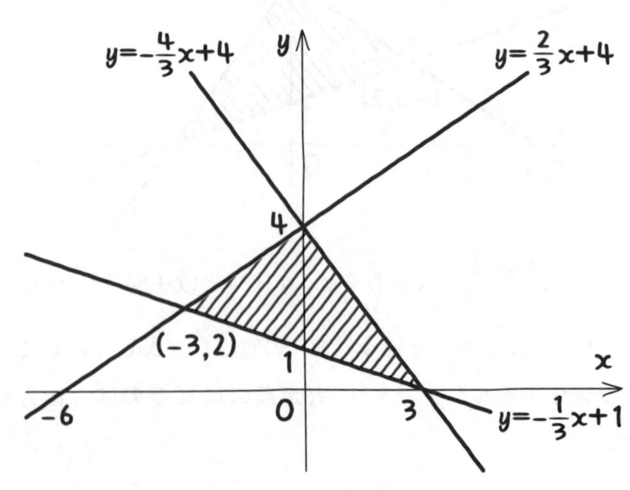

$\dfrac{y+2}{x+5}=k$とおくと，$y+2=k(x+5)$ ……①

①は点$(-5,\ -2)$を通る，傾きkの直線を表す。

①の直線と図の領域は共有点をもち，点$(-3,\ 2)$を通るとき傾きkは最大，点$(3,\ 0)$を通るとき傾きkは最小になるので

$(x,\ y)=(-3,\ 2)$のとき**最大値2** ← $\dfrac{2+2}{-3+5}=2$

$(x,\ y)=(3,\ 0)$のとき**最小値$\dfrac{1}{4}$** ← $\dfrac{0+2}{3+5}=\dfrac{1}{4}$

答え　例題 3-37 (1)」

うん，正解。次に(2)だが，$x^2+y^2=m$ ……②　とおくと，②は『原点が中心，半径が$\sqrt{m}$の円』を表す。

あっ，mはもちろん正だよ。← $m=0$なら点，$m>0$なら円，$m<0$なら表す図はない。

今回はmが変われば半径が変わる。つまり，円が大きくなったり小さくなったりするんだ。

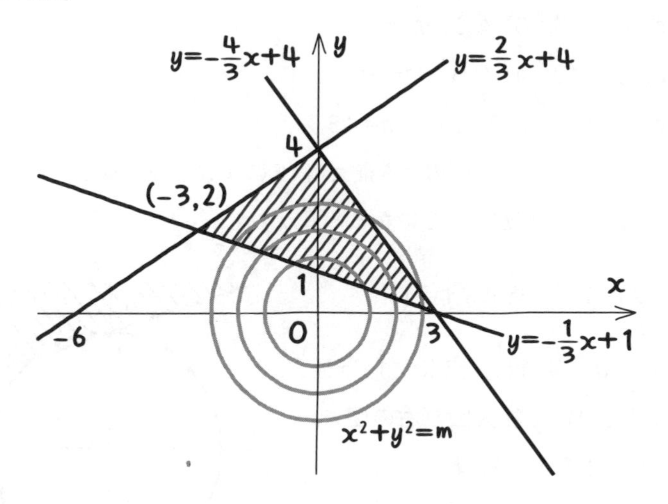

「mが大きくなるほど，半径が大きくなるから……。」

mが最大になるときを求めたいなら，半径が最大になるときを求めればいいわけだね。

じゃあ，半径が最大になるのは，円がどの点を通るときだろう？ どうやら，3つの交点(3，0)，(0，4)，(−3，2)のいずれかを通るときのようだね。

「あっ，それっぽい。」

円の中心から各交点までの距離を求めてみよう。中心は(0，0)だから，
点(3，0)は，中心との距離は3，
点(0，4)は，中心との距離は4，
点(−3，2)は，中心との距離は$\sqrt{(-3-0)^2+(2-0)^2}=\sqrt{13}$なので，
点(0，4)が中心から最も遠いね。

「点(0，4)を通るとき，半径が最大ですね。」

そう。このx，yの値を$x^2+y^2=m$の式に代入しても，

$(x,\ y)=(3,\ 0)$なら，$m=9$

$(x,\ y)=(0,\ 4)$なら，$m=16$

$(x,\ y)=(-3,\ 2)$なら，$m=13$

よって，$(x,\ y)=(0,\ 4)$のとき最大値16になるとわかるね。

じゃあ，次に最小だが，どこになると思う？

「(0，1)のときですか？」

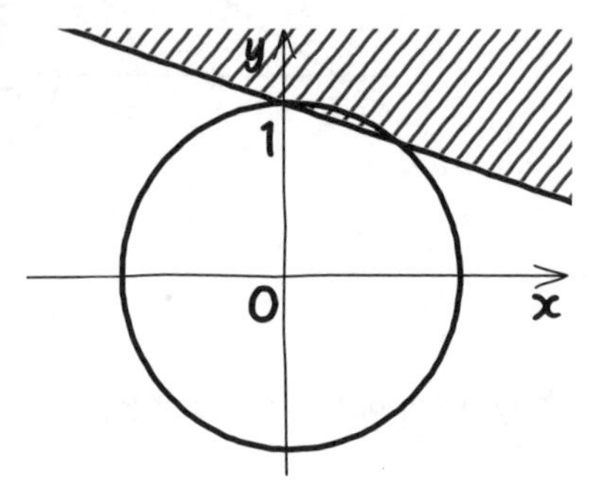

いや，違うよ。実際に，点(0，1)を通るように円をかいた拡大図が右の図だ。もっと小さい円がかけるよね。

円を直線$x+3y=3$に接するようにかいたときがいちばん小さい円になるんだ。

3-9 でやったけど，点と直線の距離を求める公式

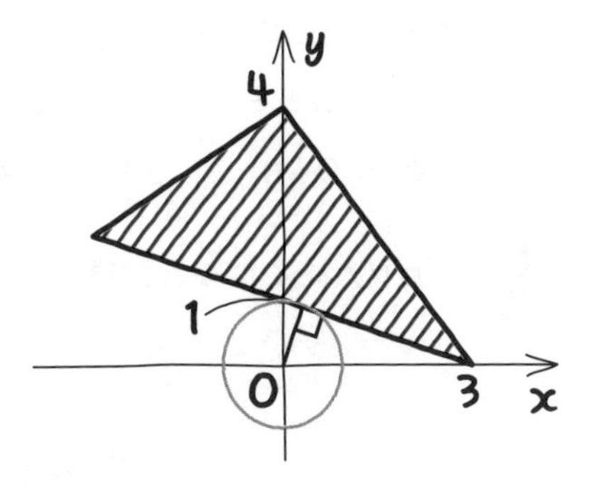

> 点(x_1, y_1)と直線
> $ax+by+c=0$の距離dは，
> $$d=\frac{|ax_1+by_1+c|}{\sqrt{a^2+b^2}}$$

を使って求めればいい。それが半径$\sqrt{m}$と一致するということだ。

解答 (2) $x^2+y^2=m$ ……②とおくと，

②は中心$(0, 0)$，半径$\sqrt{m}$の円を表す。

円②と図の領域は共有点をもち，

$(x, y)=(0, 4)$のとき**最大値16** ⇦答え 例題 3-37 (2)

また，円②と直線$x+3y=3$が接するときを求めると，

円の中心$(0, 0)$と直線$x+3y=3$つまり

$x+3y-3=0$の距離dは$\dfrac{|0+3\cdot0-3|}{\sqrt{1^2+3^2}}=\dfrac{3}{\sqrt{10}}$，

半径$r=\sqrt{m}$で，$d=r$より，

$$\sqrt{m}=\frac{3}{\sqrt{10}}$$

$$m=\frac{9}{10}$$

よって　**最小値$\frac{9}{10}$** ⇦答え 例題 3-37 (2)

「接点を求めなくても，mの値のほうが最初に出ちゃうんですね。」

「(x, y)が円と直線の接点のとき最小ということか。交点のときが，最大や最小になるわけじゃないんだな……。」

そうだね。気をつけよう。じゃあ，続いての(3)だが，

$x^2+y=n$ とおくと，$y=-x^2+n$ ……③

③は『頂点が $(0,\ n)$ で，上に凸の放物線』を表すね。

「nが大きくなると，頂点のx座標はそのままだけど，y座標が大きくなるということは……。あっ，上に平行に移動するんですね。」

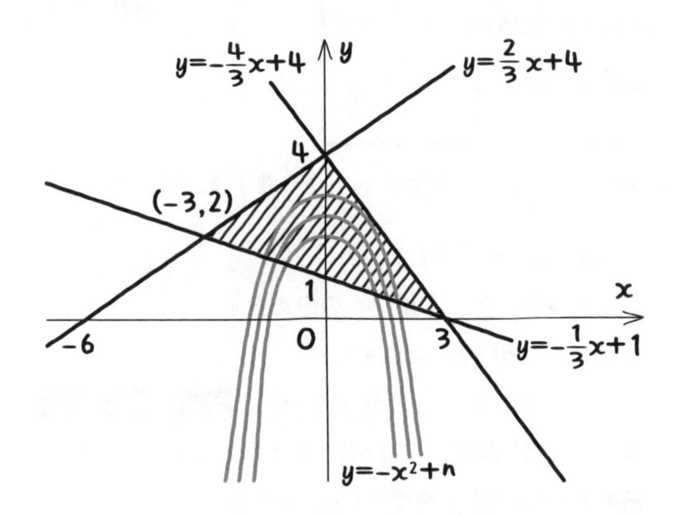

「nが最大になるときは，いちばん上になるときだから，点$(0,\ 4)$を通るときだ。」

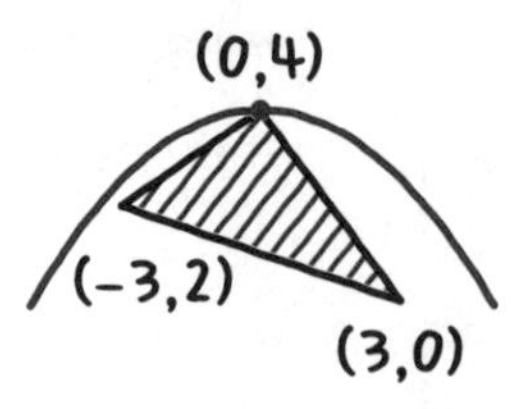

いや，そうとは限らないよ。

点$(-3,\ 2)$を通るときかもしれないし，

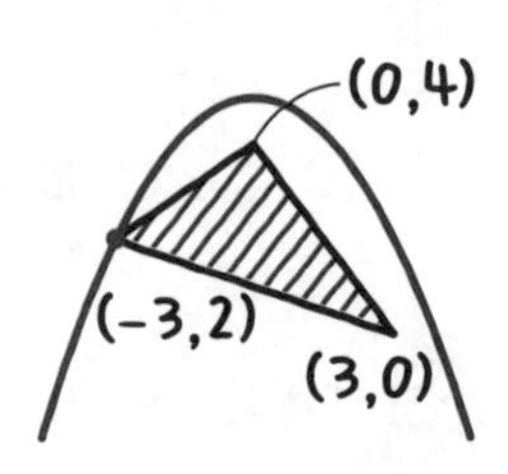

点(3，0)を通るときかもしれないよ。

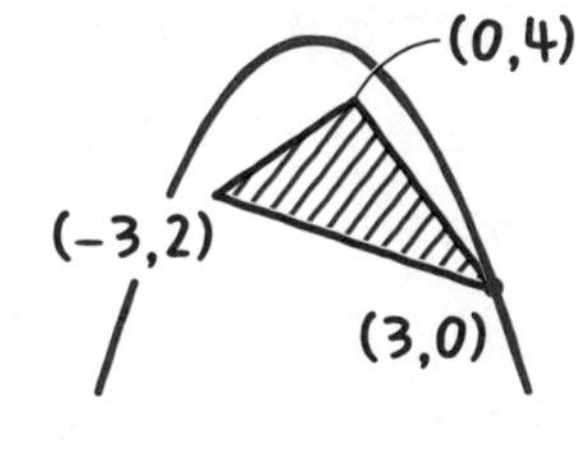

「そうか。カーブの曲がり具合がわからないもんな……。」

これも，x，yの値を$x^2+y=n$の式に代入しよう。

$(x,\ y)=(3,\ 0)$ なら，$n=9$

$(x,\ y)=(0,\ 4)$ なら，$n=4$

$(x,\ y)=(-3,\ 2)$ なら，$n=11$

「$(x,\ y)=(-3,\ 2)$ のとき最大だ!」

そうだね。一方，最小は？

「(0，1)のときだ!」

いや，それは違う。点(0，1)を通るように放物線をかいてみると，やはり中に食い込むようになるよね。

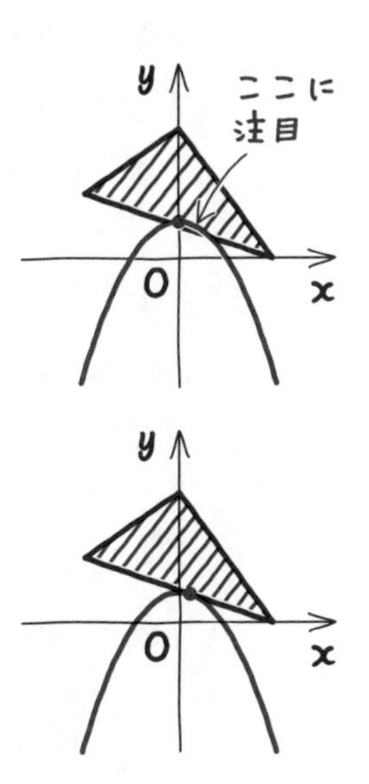

円の最小値のときと同じだよ。もっと下に放物線を下ろすことができる。

放物線を直線$x+3y=3$に接するようにかいたときがいちばん下だよね。

「あっ，そうか。あーっ，これは思いつかないよぉ!」

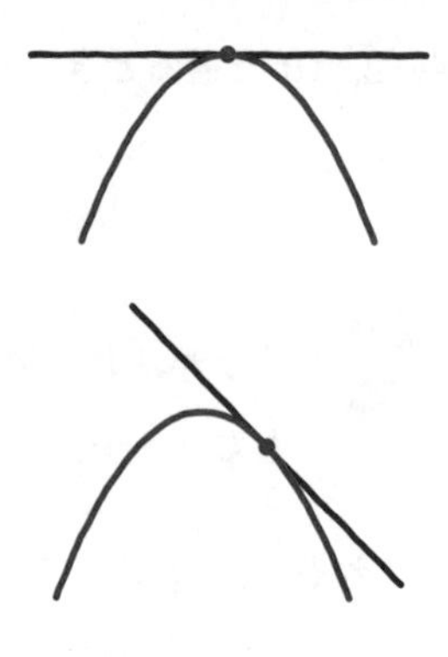

山の形の放物線がてっぺんで直線に接している状態を思い浮かべてごらん。直線は水平になると思うよ。

もし，直線を斜めにして山に押し当てたら，頂上でなく，少し斜め下のところで接するはずじゃない？

「たしかにそうですね。」

放物線の式と，直線の式から2次方程式を作って判別式$D=0$とすれば，接するときのnが求められるよ。

解答　(3)　$x^2+y=n$とおくと，$y=-x^2+n$　……③

③は頂点$(0,\ n)$で，上に凸の放物線を表す。

③の放物線と図の領域は共有点をもち，

$(x,\ y)=(-3,\ 2)$のとき**最大値11**　答え　例題 3-37 (3)

直線$x+3y=3$　……④とすると，

③，④より

$$x+3(-x^2+n)=3$$
$$x-3x^2+3n=3$$
$$3x^2-x-3n+3=0$$

$3x^2-x-3n+3=0$の判別式をDとすると，接するのは$D=0$のときだから

$$D=(-1)^2-4\cdot3\cdot(-3n+3)$$
$$=36n-35$$

$36n-35=0$より，

$$n=\frac{35}{36}$$

最小値$\dfrac{35}{36}$　答え　例題 3-37 (3)

3-30 文章問題を解いてみよう

領域における最大，最小の求めかたを使って，文章問題を解こう！

例題 3-38 定期テスト 出題度 ❗❗ 共通テスト 出題度 ❗

白のサプリメントは，1gあたり，Aの成分20mg，Bの成分40mgを含む。黄色のサプリメントは，1gあたり，Aの成分30mg，Bの成分10mgを含む。また，どちらのサプリメントも1gあたりの値段が5円であるとする。

1日にAの成分を1500mg以上，Bの成分を800mg以上摂取する必要があり，費用をできるだけ抑えるには，白，黄色のサプリメントをそれぞれ何gずつ飲むようにするとよいか。また，費用の最小値を求めよ。

じゃあ，白のサプリメントをx〔g〕，黄色のサプリメントをy〔g〕飲むことにしようか。このような問題は，**薬なら成分ごと（料理なら食材ごと）に式を立てよう。**

〈Aの成分の場合〉

まず，白のサプリメントは，1gあたり，Aの成分を20mg含むんだよね？ x〔g〕飲めば，Aの成分は何mg摂取できる？

「$20x$〔mg〕です。」

そうだね。次に，黄色のサプリメントだが，1gあたり，Aの成分を30mg含む。y〔g〕飲めば，Aの成分は何mg摂取できる？

「$30y$〔mg〕です。」

正解。合わせて（$20x+30y$）〔mg〕摂取できる。これが1500 mg以上になればいいわけだから，

$$20x+30y \geqq 1500$$

簡単にすると，

$$2x+3y \geqq 150$$ より，

$$y \geqq -\frac{2}{3}x+50$$

という式が成り立つ。

〈Bの成分の場合〉

同じやりかたで，式を作ってみて。

「白のサプリメントは，1gあたり，Bの成分を40 mg含んでいるから，x〔g〕飲めば，$40x$〔mg〕で，
黄色のサプリメントは，1gあたり，Bの成分を10 mg含んでいるから，y〔g〕飲めば，$10y$〔mg〕。
合わせて（$40x+10y$）〔mg〕ですね。」

「それが，800 mg以上だから，

$$40x+10y \geqq 800$$

$$4x+y \geqq 80$$

$$y \geqq -4x+80$$

ということか。」

そうだね。でも，他にもわかっていることがあるよ。飲むサプリメントの量は0 g以上だから，

$$x \geqq 0,\ y \geqq 0$$

が成り立つ。

「そうか。当たり前だ。」

じゃあ，次に，費用を考えてみよう。

白のサプリメントは，1gあたり5円で，x〔g〕飲むから，$5x$円。

黄色のサプリメントも，1gあたり5円で，y〔g〕飲むから，$5y$円。

合わせて$(5x+5y)$円になる。

$y \geqq -\frac{2}{3}x+50$，$y \geqq -4x+80$，$x \geqq 0$，$y \geqq 0$の領域を表す図はかけるよね。

その範囲で，$5x+5y$の最小値を求めればいいわけだ。

解答 白のサプリメントをx〔g〕，黄色のサプリメントをy〔g〕飲むとすると

$x \geqq 0$，$y \geqq 0$ ……①

Aの成分を考えると，

$20x+30y \geqq 1500$より

$$y \geqq -\frac{2}{3}x+50 \quad \cdots\cdots ②$$

Bの成分を考えると，

$40x+10y \geqq 800$より

$$y \geqq -4x+80 \quad \cdots\cdots ③$$

2直線$y=-\frac{2}{3}x+50$，$y=-4x+80$の交点の座標は

$$-\frac{2}{3}x+50=-4x+80$$

より $-2x+150=-12x+240$

$10x=90$，$x=9$

$y=-4\cdot 9+80=44$

よって $(9,\ 44)$

これらの不等式を表す領域は斜線部分（境界線も含む）である。

費用は，$5x+5y$で，

$5x+5y=k$ ……④ とおくと

$$y=-x+\frac{1}{5}k \quad \cdots\cdots ⑤$$

直線⑤は図の領域と共有点をもつので,

$x=9$, $y=44$のとき,④よりkの最小値は265 ←5·9+5·44=265

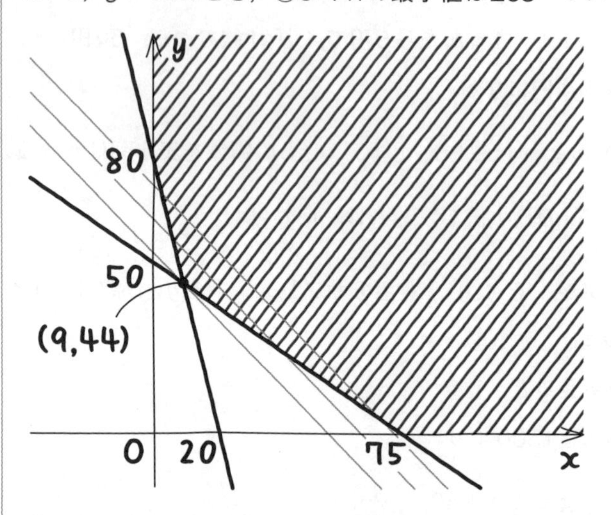

白のサプリメントを9g,黄色のサプリメントを44g飲むと費用は最小で,最小値は265円 ⇦答え　例題 3-38

三角関数

数学Ⅰの『三角比』では，0°から180°までしか登場しなかった。だけどこの章からは，180°を超える角度やマイナスの角度が登場するよ。他にも，今まで求められなかった角の三角比が求められたり，三角関数の最大・最小の計算ができたりするんだ。

「盛りだくさんですね。いろいろなことができそう。」

その代わりに，覚える公式も盛りだくさんだけどね。

「それは，あまり嬉しくないな……。」

弧度法

スノーボードの技の名前には，最後に「1440」や「1620」と付くものがあるけど，この数字は回転数を表しているんだ。慣れ親しんでいないと何回転かわかりにくいよね。

角の大きさを表すとき，●°で表す度数法のほかに**180°をπで表すという方法**があって，それを**弧度法**というんだ。単位は**ラジアン**なんだけど，省略することが多い。角の大きさに°がついてなかったら，それは弧度法で表されているってことだよ。

弧度法

180°＝πラジアン

$\left(よって 1° = \dfrac{1}{180}\pi ラジアン\right)$

「なぜ180°がπラジアンなんですか?」

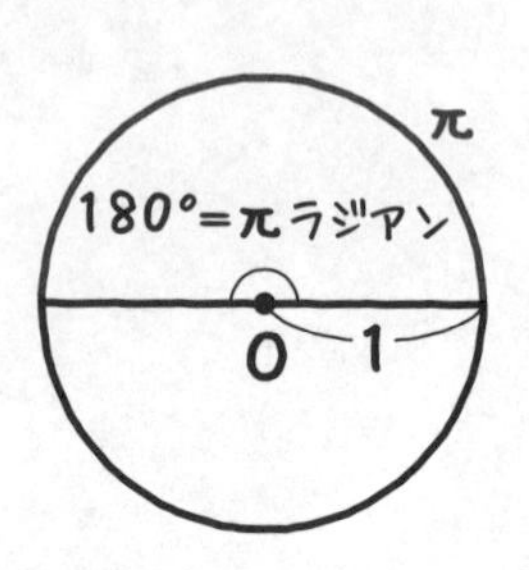

半径が1の円をかくと，円周の長さは？

「$2\pi r$だから半径rが1だと2πです。」

じゃあ半円の弧の長さは？

「あっ，πです！」

そうだね。それが弧度なんだ。**半径が1の円を考えたとき，中心角が180°の弧の長さがπだから，180°＝πラジアン**ってことなんだよ。

例題 4-1

定期テスト 出題度 ❗❗❗　共通テスト 出題度 ❗

次の角を，度数は弧度に，弧度は度数に直せ。

(1) $45°$　(2) $200°$　(3) $\frac{\pi}{6}$　(4) $\frac{13}{9}\pi$

じゃあ，ハルトくん，弧度に直す問題をやってみて。

「解答 (1) $45° = 45 \times \frac{1}{180}\pi = \underline{\underline{\frac{\pi}{4}}}$ 答え 例題 4-1 (1)

(2) $200° = 200 \times \frac{1}{180}\pi = \underline{\underline{\frac{10}{9}\pi}}$ 答え 例題 4-1 (2)」

そうだね。次は逆だ。ミサキさん，弧度を度数で表してみて。

「えーと，πラジアンが$180°$だから，

解答 (3) $\frac{\pi}{6} = \frac{1}{6} \times 180° = \underline{\underline{30°}}$ 答え 例題 4-1 (3)

(4) $\frac{13}{9}\pi = \frac{13}{9} \times 180° = \underline{\underline{260°}}$ 答え 例題 4-1 (4)」

よくできました。**$30° = \frac{1}{6}\pi$，$45° = \frac{1}{4}\pi$，$60° = \frac{1}{3}\pi$，$90° = \frac{1}{2}\pi$** は，よく使うから覚えておくといいよ。

「なぜ弧度を使うのですか？ 度数のままでもいいような気が……。」

この後学ぶ**三角関数では，大きい角度がよく出てくるから，弧度のほうが便利なんだ**。例えば，$2520°$とかいわれても何周分かすぐにわからないよね。でも，14πといわれたらすぐ7周とわかるよ。2πで1周だからね。

弧度法と扇形の弧の長さ，面積

半径r, 中心角θ（ラジアン）の扇形は, 弧の長さと面積が次のようになるよ。

弧の長さと面積（弧度法）

半径r，中心角θ（ラジアン）の扇形の

弧の長さ　$r\theta$

面積　$\dfrac{1}{2}r^2\theta$

「この公式って，どうして成り立つんですか?」

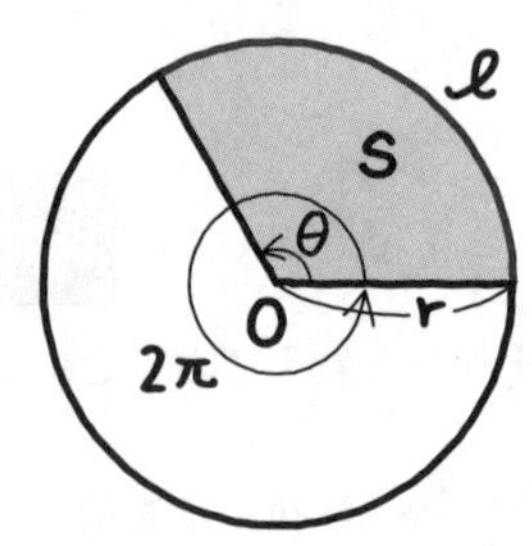

まず，弧の長さについて説明するよ。円がぐるっと1周すると長さは$2\pi r$で，中心角は360°，つまり2πだね。ということは扇形で中心角がθ（ラジアン）なら，弧の長さは

$$2\pi r\times\frac{\theta}{2\pi}=r\theta$$

になるよね。じゃあ，ミサキさん，面積は？

「円がぜんぶだとπr^2で，中心角は2πのうちのθだから

$$\pi r^2\times\frac{\theta}{2\pi}=\frac{1}{2}r^2\theta$$

ですね！」

単位円の使いかたは三角比と同じ

数学Ⅰで習った単位円が完全にわかっているという前提で話をするよ。わかっていない人は，このページを読む前に，数学Ⅰの教科書か『数学Ⅰ・A編』の 4-2 を読み直そう。

例えば，$\sin\frac{7}{6}\pi$ の値を求めてみよう。$\frac{7}{6}\pi$ は $\frac{7}{6}\times180°$ で210° だから，sin210° だね。右の図のように，**単位円で210° をとって，交点の y 座標を求めればいい。**

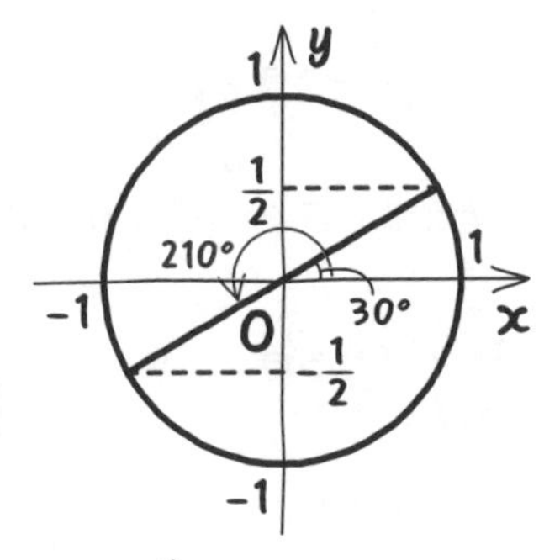

単位円上の210° の点は30° の点と原点に関して対称な位置にあるね。

30° の点の y 座標は $\frac{1}{2}$ だから，210° の点の y 座標は $-\frac{1}{2}$ になる。

$$\sin\frac{7}{6}\pi=-\frac{1}{2}$$

「なんだ！ 数学Ⅰでやったのと変わらないね。余裕，余裕。」

そうか。なら安心（笑）。さて，こういう具合にすべて“度”に直して解いても解けるのだが，角度が大きくなるとなかなか大変だ。そこで，**“度”に変えないで，π のままで角を見つけられるようにしよう。**

例題 4-2 定期テスト 出題度 !!! 共通テスト 出題度 !!!

次の値を求めよ。

(1) $\sin\frac{7}{6}\pi$ (2) $\cos\frac{7}{4}\pi$ (3) $\tan\left(-\frac{\pi}{3}\right)$

(1)は前のページでやった問題だ。

円を$\frac{1}{6}\pi$ずつ12個にカットしよう。

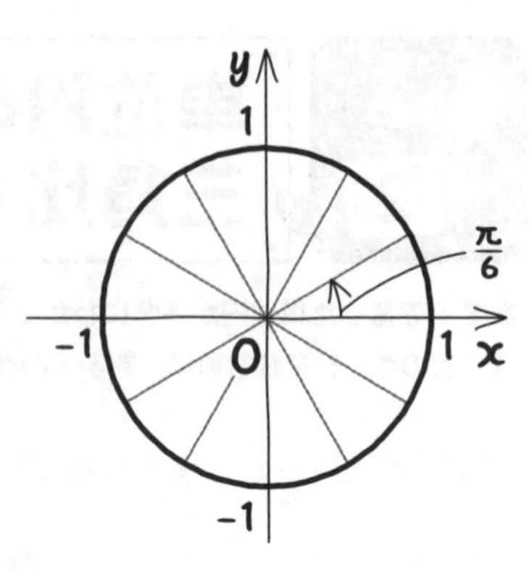

「なんかピザみたい。」

ホントだね(笑)。さて，$\frac{7}{6}\pi$ということは，$\frac{\pi}{6}$を7個分数えて進めればいい。図で考えるとラクに$\frac{7}{6}\pi$がどこか見つけられるね。

「なるほど。いい方法ですね！」

$\frac{7}{6}\pi$は210°，つまり，$\frac{\pi}{6}$と原点に関して対称な位置にあるよ。右の図の指のマークのところだ。

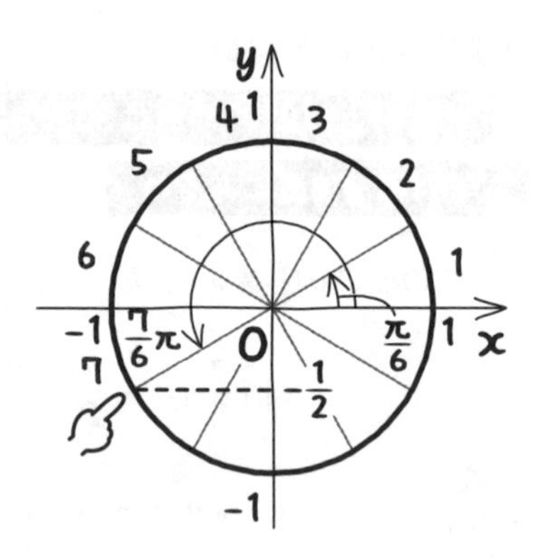

解答　(1)　$\sin\frac{7}{6}\pi=-\frac{1}{2}$　答え　例題 4-2 (1)

(2)も同じだ。$\frac{7}{4}\pi$を考えるよ。

まず，$\frac{\pi}{4}$は単位円ではどうなる？　ミサキさん，かいてみて。

「半周でπで，その$\frac{1}{4}$だから……
右のような感じですか？」

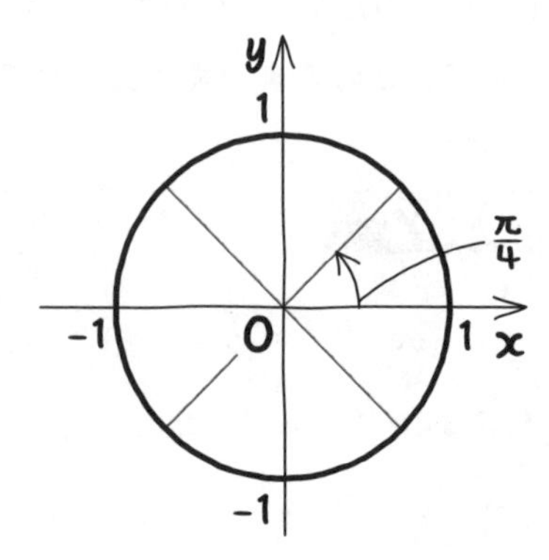

そうだね。そして，**$\frac{7}{4}\pi$ ということは，$\frac{\pi}{4}$ ずつ7個分進んだところ**ということになる。ハルトくん，どこになるかな？

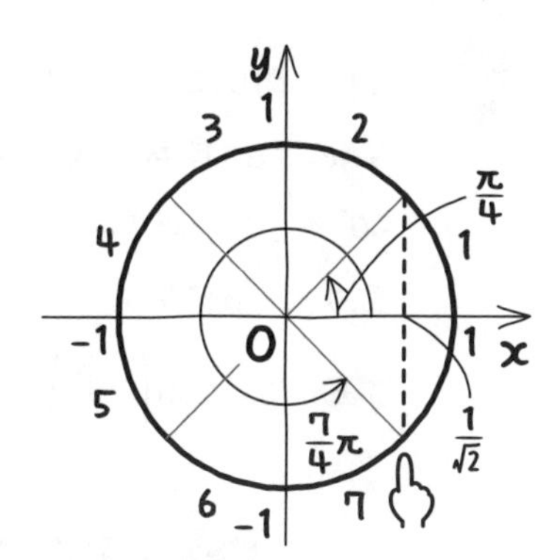

「1，2，……，6，7だから，右の図の指のところです。」

「cosということは，x 座標を見ればいいんですね。」

そう。**x 座標は45°のときと同じだから，$\frac{1}{\sqrt{2}}$** だ。

解答 (2)　$\cos\frac{7}{4}\pi=\frac{1}{\sqrt{2}}$　 例題 4-2 (2)

(3)は $\tan\left(-\frac{\pi}{3}\right)$ だ。$-\frac{\pi}{3}$ は $-\frac{1}{3}\pi$ ということだよ。$\frac{1}{3}\pi$ ずつ切ると右の図のようになる。ただし，$-\frac{\pi}{3}$ だから $-60°$ と同じだね。時計回りに $\frac{\pi}{3}$ の1個分進んだところということだから，右の図の指のところだね。じゃあ，ミサキさん，$\tan\left(-\frac{\pi}{3}\right)$ を答えて。

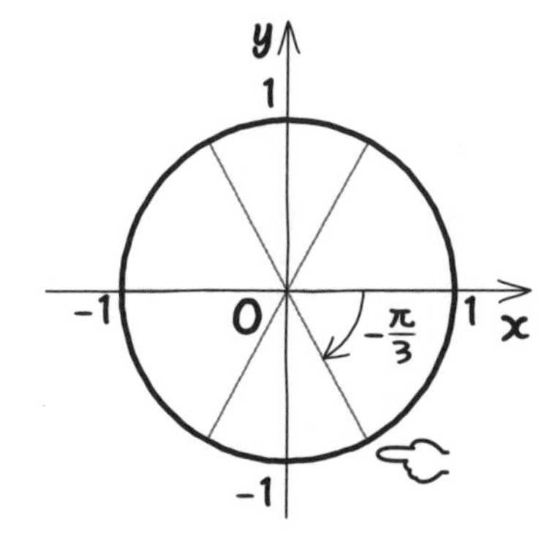

「x軸に関して60°と対称ですね。tanだから傾きか。60°のときの傾きは$\sqrt{3}$で，その－１倍だから

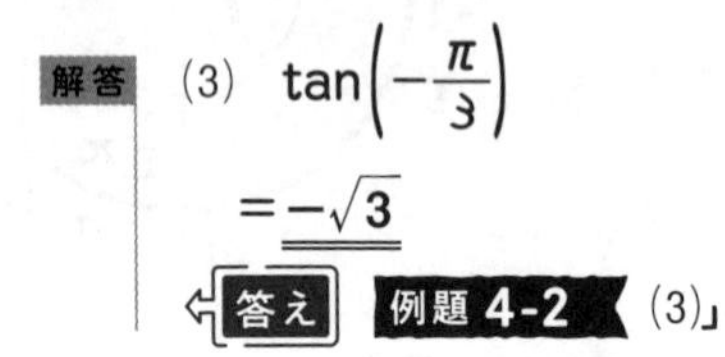

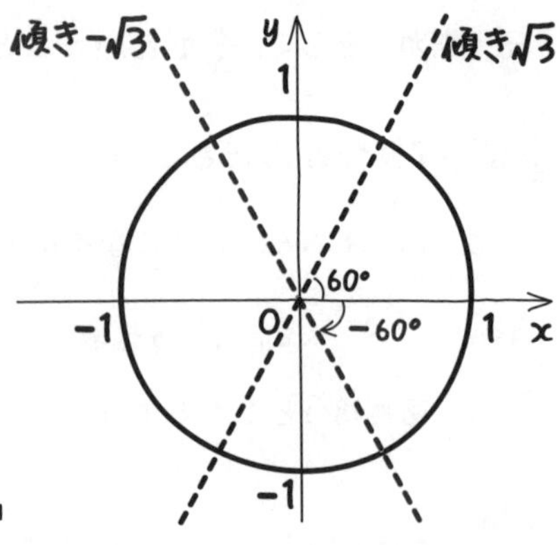

うん，正解。sin，cos，tanの考えかたをしっかり確認しておこう。

4-3 三角方程式，三角不等式を解く

ここも，数学Ⅰの三角比がわかっている人にはかなり余裕の内容だ。わかっていない人は，『数学Ⅰ・A編』の 4-3 ，4-4 をやってから，このページに取りかかろう。

例題 4-3　定期テスト 出題度 !!!　共通テスト 出題度 !!!

次の方程式，不等式を解け。ただし，$0 \leqq \theta < 2\pi$ とする。

(1)　$\cos\theta = \dfrac{\sqrt{3}}{2}$　　(2)　$\sin\theta \geqq \dfrac{1}{2}$　　(3)　$\tan\theta \leqq \dfrac{1}{\sqrt{3}}$

$\sin\theta$ や $\cos\theta$，$\tan\theta$ は θ の関数だ。これを**三角関数**というよ。(1)は三角関数を使った方程式を解く問題だ。**三角関数を使った方程式を三角方程式**といったりするよ。では，方程式を満たす θ の値を考えよう。手順は

❶　**式にある角の値の範囲を求める。**　今回は $0 \leqq \theta < 2\pi$ だね。

❷　**単位円で❶の範囲をなぞる。**　反時計回りに１周だね。

❸　**その範囲内で $\cos\theta$ が $\dfrac{\sqrt{3}}{2}$ になる角の値を見つける。**

単位円上では，cosは x，sinは y，tanは傾きだったね。『数学Ⅰ・A編』の 4-2 でやったよ。

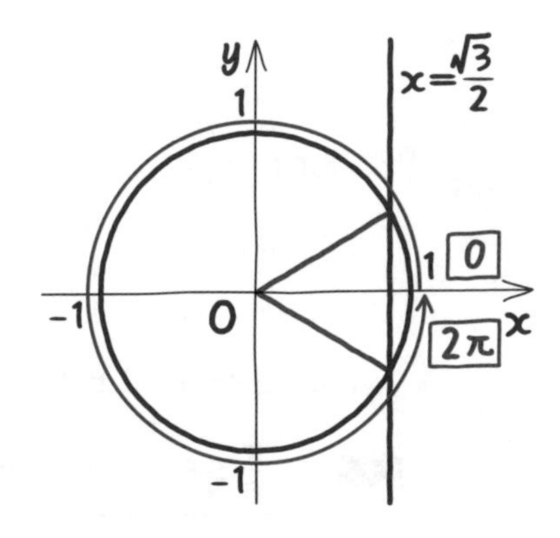

(1)では，$\cos\theta = \dfrac{\sqrt{3}}{2}$ だから，右の図のように $x = \dfrac{\sqrt{3}}{2}$ の直線を引くんだ。単位円との交点は2か所ある。交点と原点Oを結んだ直線と，x 軸がなす角が求める角 θ だ。

数Ⅱ 4章

図の第1象限の角は30°，弧度法でいえば $\frac{\pi}{6}$ だ。第4象限の角は，第1象限の角と x 軸に関して対称だから330°，つまり $\frac{11}{6}\pi$ だね。

解答 (1) $\theta=\frac{\pi}{6}, \frac{11}{6}\pi$ ⇐答え 例題 4-3 (1)

「答えはπでいうのですか?」

うん。基本的に，角の値の範囲が "度" で示されていたら "度" で答え，今回のように π で示されていたら π で答えるようにしよう。

じゃあ(2)にいこう。次は不等式を解くよ。**三角不等式というのは三角関数を使った不等式だ**。解きかたを考えよう。

❶，❷は(1)と同じで，

❸ その範囲内で $\sin\theta$ が $\frac{1}{2}$ 以上，つまり，y の値が $\frac{1}{2}$ 以上になる角の値の範囲を求める。

右の図のように，$y=\frac{1}{2}$ の直線を引き，y が $\frac{1}{2}$ 以上になる θ の範囲を求めればいいんだ。

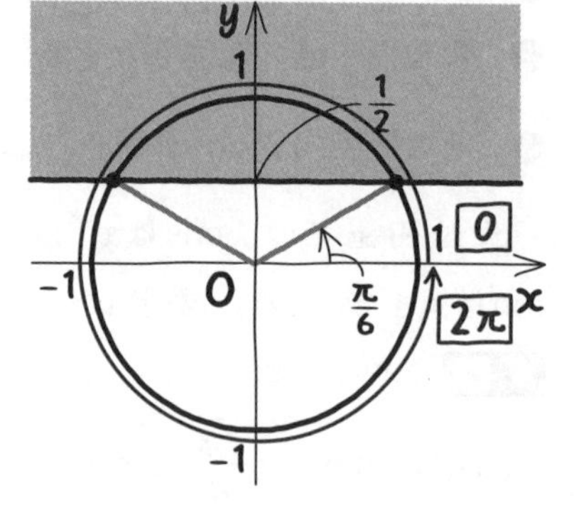

「(2) $\sin\theta=\frac{1}{2}$ になるのは

$\theta=30°, 150°$

のときだから，

$30°\leqq\theta\leqq150°$ より

解答 $\frac{\pi}{6}\leqq\theta\leqq\frac{5}{6}\pi$ ⇐答え 例題 4-3 (2)」

うん。正解！ (3)も不等式だね。(2)でやったように，❶，❷は(1)と同じだから，

❸を考えて解いてみよう。

❸ その範囲内で $\tan\theta$ が $\dfrac{1}{\sqrt{3}}$ 以下。つまり，傾きが $\dfrac{1}{\sqrt{3}}$ 以下になる角の値の範囲を求める。

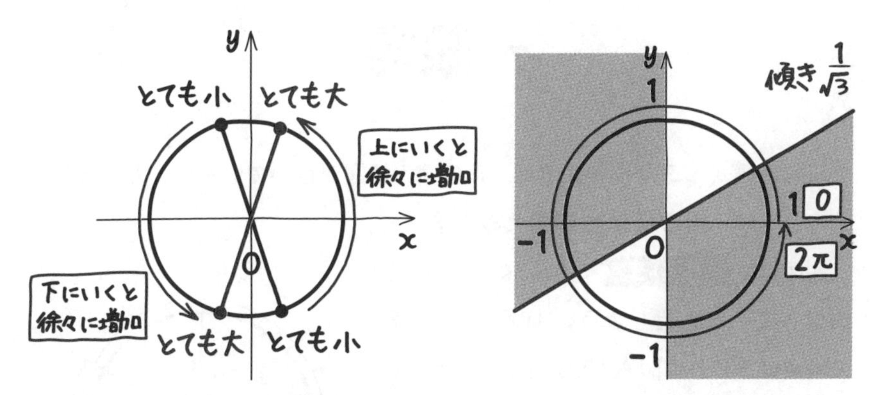

『数学Ⅰ・A編』の 4-4 で説明したけど，傾きは90°より少し右のところや270°より少し左のところでとても大きく，90°より少し左のところや270°より少し右のところでとても小さいんだったね。上の左の図のような感じだよ。

「あっ，そうか……。じゃあ，傾きが $\dfrac{1}{\sqrt{3}}$ 以下なのは右の図の赤いところだ。90°や270°のとき tan は存在しないから

$0^\circ \leqq \theta \leqq 30^\circ$，$90^\circ < \theta \leqq 210^\circ$，$270^\circ < \theta < 360^\circ$

というふうに3つになるんですね。」

そういうことだ。π で答えると？

「解答 (3) $0 \leqq \theta \leqq \dfrac{\pi}{6}$，$\dfrac{\pi}{2} < \theta \leqq \dfrac{7}{6}\pi$，$\dfrac{3}{2}\pi < \theta < 2\pi$

答え 例題 4-3 (3)」

そう。正解だよ。

一般角

三角方程式・三角不等式では，角の値の範囲が書いていないこともある。そのときは，**角の値は全範囲とみなす**んだ。

例えば，例題 4-3 で $0 \leqq \theta < 2\pi$ と範囲が決まっていないとしよう。(1)なら，第1象限の地点は30°とは限らない。30°からさらに1周回った，30°+360°=390°とみなしてもいいよね。

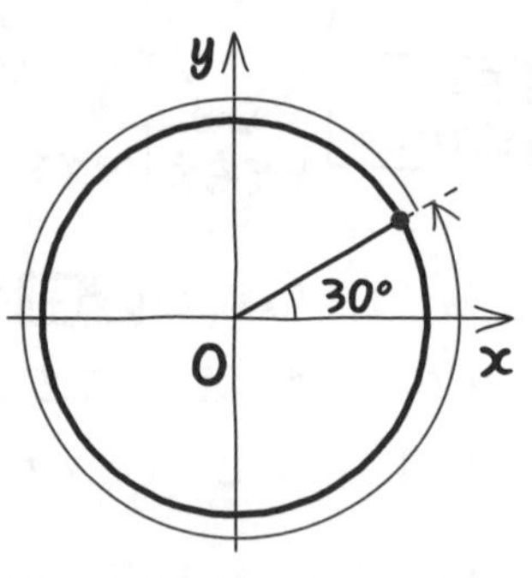

「えっ？ じゃあ，2周回った，
30°+360°×2=750°とみなしてもいいですよね。」

そうだね。逆回りに1周回ったと考えたら，30°+360°×(−1)でもいい。360°(2π)ごとに答えは無数にあるね。だから，30°+360°×n（nは整数）とか，$\frac{\pi}{6}+2n\pi$（nは整数）というふうに，**オシリに“+360°×n（nは整数）”や，“+2$n\pi$（nは整数）”をつけて表す**んだ。これを**一般角**というよ。

「じゃあ(1)なら，$\theta=\frac{\pi}{6}+2n\pi$，$\frac{11}{6}\pi+2n\pi$（$n$は整数）が正解ですか？」

そうだね。$\theta=\frac{\pi}{6}+2n\pi$，$-\frac{\pi}{6}+2n\pi$（$n$は整数）でもいいよ。

ここで問題。$\tan\theta=1$ を満たす θ はどう答えればいい？

「$\theta=\frac{\pi}{4}+2n\pi$, $\frac{5}{4}\pi+2n\pi$ （n は整数）ですか？」

いや，その2か所はまとめられるよ。**合わせると180°(π)ごとに答えがあるね。** だから，

$$\frac{\pi}{4}+n\pi \quad (n\text{は整数})$$

と答えればいいんだ。

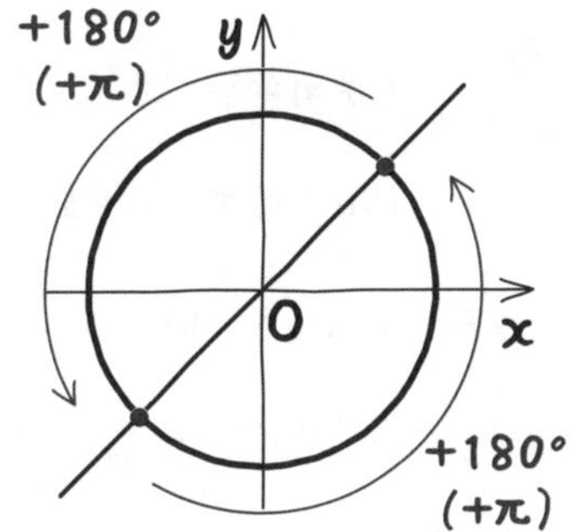

「さっきの 例題 4-3 の(1)の答えは1つにまとめられないのですか？」

それはできない。同じ間隔で答えが出てこないからね。

次に不等式も考えてみようか。例題 4-3 (2)，(3)はどうなる？

「(2)　$\frac{\pi}{6}+2n\pi \leqq \theta \leqq \frac{5}{6}\pi+2n\pi$ （n は整数）です。」

「(3)も，全部に $2n\pi$ を足して……。」

あっ，ちょっと待って！ (2)は正しいけど，(3)はそうじゃないんだ。

$0\leqq\theta<2\pi$ のように1周限定なら，$\theta=0$ の地点で切れて，答えは3つの部分になるよね。でも，**何周してもいいなら $\theta=0$ の地点で切れていないよね。**

しかも，p.279の右の図をよく見てごらん。左上の赤い部分が $\frac{\pi}{2}<\theta\leqq\frac{7}{6}\pi$ なら，180°(π)増やすと，右下の赤い部分は $\frac{3}{2}\pi<\theta\leqq\frac{13}{6}\pi$ になる。さらに180°(π)ずつ増やすと，左上は $\frac{5}{2}\pi<\theta\leqq\frac{19}{6}\pi$，右下は $\frac{7}{2}\pi<\theta\leqq\frac{25}{6}\pi$，……となっていく。つまり，180°(π)ごとに答えになる

数II 4章

よね。だから，

$$\frac{\pi}{2}+n\pi<\theta\leqq\frac{7}{6}\pi+n\pi \quad (n\text{は整数})$$

と表せるよ。

「右下の部分って，$-\frac{\pi}{2}<\theta\leqq\frac{\pi}{6}$ ともいえますよね？　これに180°（π）足したり引いたりと考えてもいいのですか？」

うん。それでもいい。

$$-\frac{\pi}{2}+n\pi<\theta\leqq\frac{\pi}{6}+n\pi \quad (n\text{は整数})$$

でも正解だよ。

角が θ の式で表されているとき

数学Ⅰの三角比では，角を表すのはいつも x や θ だったけど，数学Ⅱの三角関数では式の形で表されているものもあるよ。

例題 4-4　定期テスト 出題度 ❗❗❗　共通テスト 出題度 ❗❗❗

次の方程式，不等式を解け。ただし，$0 \leqq \theta < 2\pi$ とする。

(1)　$\sin\left(\theta+\dfrac{\pi}{2}\right)=\dfrac{1}{\sqrt{2}}$　　(2)　$\cos\left(\theta-\dfrac{\pi}{6}\right)>\dfrac{1}{2}$

(3)　$\tan 2\theta=1$

では，(1)から解いていこう。手順は **例題 4-3** と同じだよ。

❶　式にある角の値の範囲を求める。

今回は $\theta+\dfrac{\pi}{2}$ となっているけど，$\theta+\dfrac{\pi}{2}$ の範囲は与えられていないから求めないといけない。

$$0 \leqq \theta < 2\pi$$

なので，すべての辺に $\dfrac{\pi}{2}$ を足して

$$\frac{\pi}{2} \leqq \theta+\frac{\pi}{2} < \frac{5}{2}\pi$$

になるね。

$\theta+\frac{\pi}{2}$ は90°($\frac{\pi}{2}$)から450°($\frac{5}{2}\pi$)まで

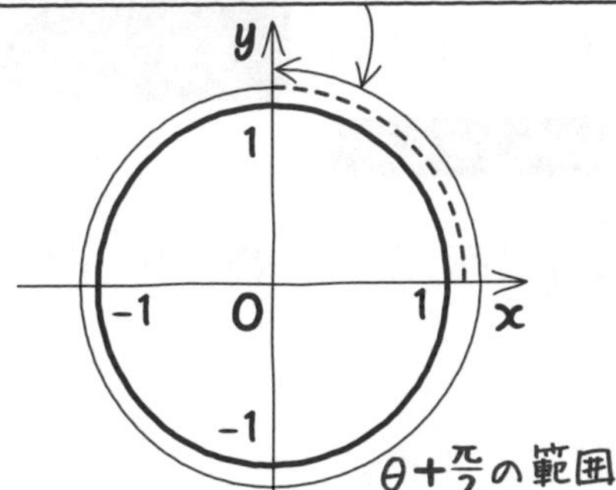

❷　単位円で❶の範囲をなぞる。

「90° から始まって1周して450° までってことか。」

❸　その範囲内でsinが $\frac{1}{\sqrt{2}}$ になる角の値を見つける。

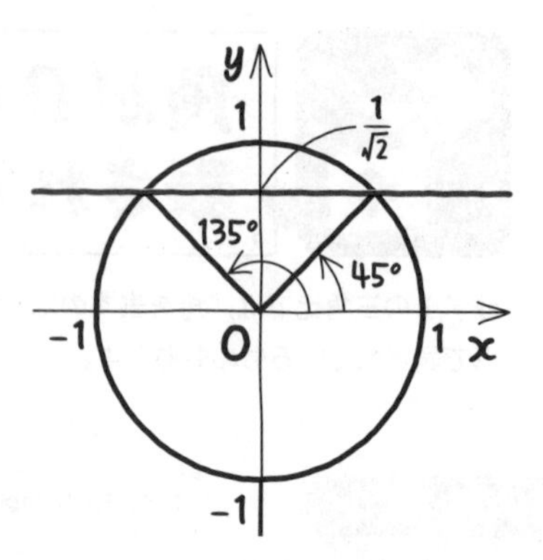

「sinが $\frac{1}{\sqrt{2}}$ ということはy座標が $\frac{1}{\sqrt{2}}$ で，45°と135°だから，$\frac{\pi}{4}$と$\frac{3}{4}\pi$ですね。」

違う，違う。さっき求めた範囲には，45°は含まれてないよ。90° $\left(\frac{\pi}{2}\right)$ から450° $\left(\frac{5}{2}\pi\right)$ までだったよね。

「えっ？　じゃあ45°はどうするんですか？」

360°からさらに45°進んだところだから405°と考えればいいんだ。

「なるほど。135°のほうはそのままでいいんですか？」

うん，90°から450°の範囲内だからね。

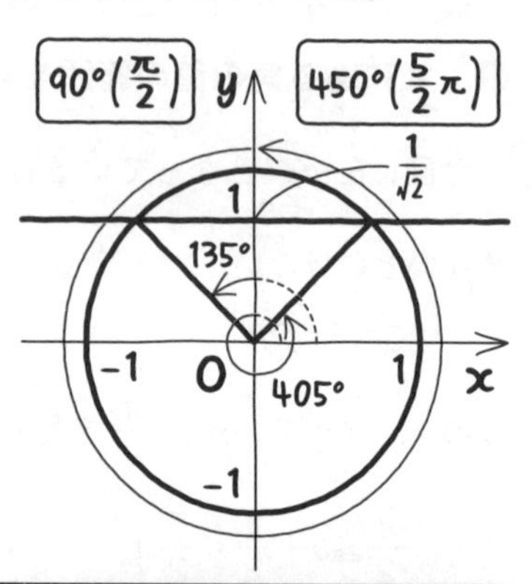

「135°と405°，つまり$\frac{3}{4}\pi$と$\frac{9}{4}\pi$ですね。

$\theta=\frac{3}{4}\pi$，$\frac{9}{4}\pi$が正解ですか？」

ちょっと待って！　**いま求めているのは $\theta+\frac{\pi}{2}$ だから，いきなり“$\theta=$”にしちゃダメだよ。**

「あ，そうか。

解答　(1)　$0 \leqq \theta < 2\pi$なので

$\frac{\pi}{2} \leqq \theta+\frac{\pi}{2} < \frac{5}{2}\pi$　より

$\theta+\frac{\pi}{2}=\frac{3}{4}\pi$, $\frac{9}{4}\pi$だから

$\theta=\frac{\pi}{4}$, $\frac{7}{4}\pi$ ⇦答え 例題 4-4 (1)」

正解。ではハルトくん，(2)をやってみて。

「$\cos\left(\theta-\frac{\pi}{6}\right)>\frac{1}{2}$ だから，

❶ まず$\theta-\frac{\pi}{6}$の範囲を考えるんですね。

$0\leqq\theta<2\pi$ だから

$-\frac{\pi}{6}\leqq\theta-\frac{\pi}{6}<\frac{11}{6}\pi$

ですね。」

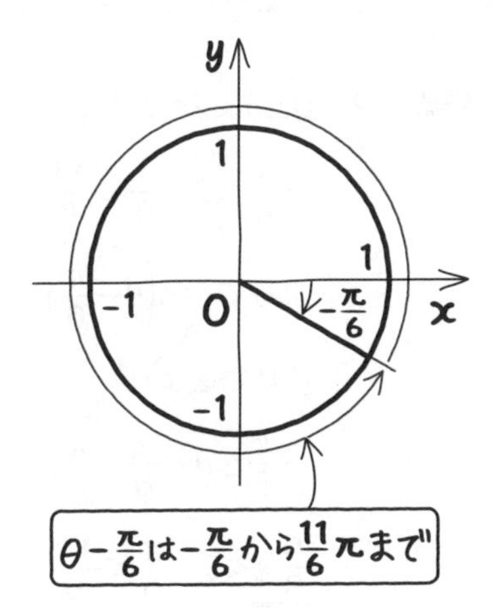

いいね。つまり−30° から 330° だ。

❷ 単位円で❶の範囲をなぞると，右上の図の赤い部分になるね。そして

❸ cos が $\frac{1}{2}$ より大きい範囲を求める。

不等式の前に cos が $\frac{1}{2}$ になる角を考えよう。

「cos を考えるから x 座標が $\frac{1}{2}$ になるところですね。60° か 300° だから，$\frac{\pi}{3}$ か $\frac{5}{3}\pi$ だ。」

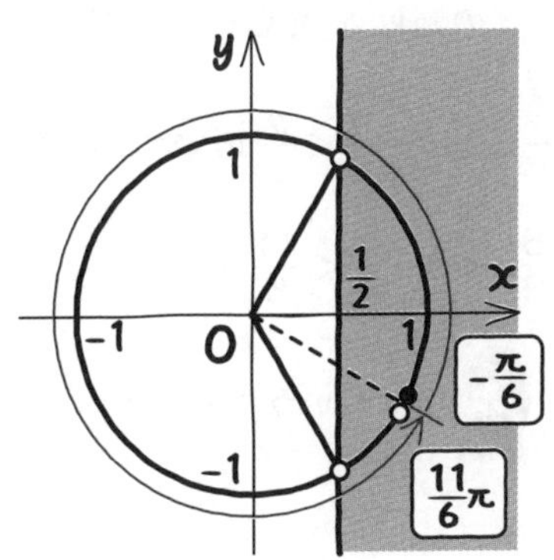

そうだね。両方とも $-\frac{\pi}{6}$ から $\frac{11}{6}\pi$ の間におさまっているね。

　そして求めるのはcosが$\frac{1}{2}$より大きくなる範囲だ。でも，$-\frac{\pi}{6}$のところで切れているから，分けて答えなきゃいけないよ。

「ということは，$-\frac{\pi}{6}$から$\frac{\pi}{3}$までと，$\frac{5}{3}\pi$から$\frac{11}{6}\pi$まで？」

　その通り。解答は次のようになるよ。

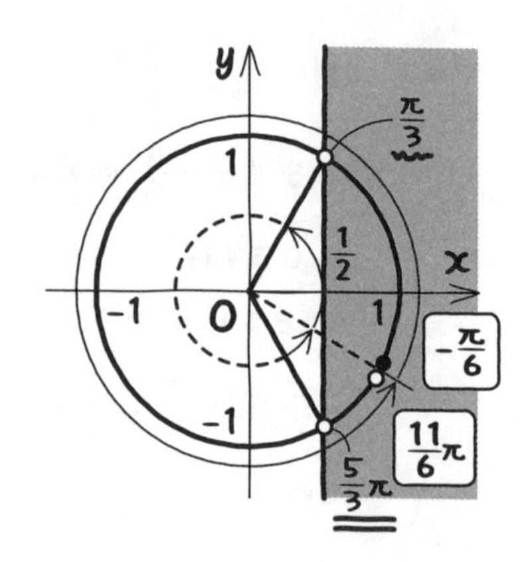

解答　(2)　$0 \leqq \theta < 2\pi$ なので

$-\frac{\pi}{6} \leqq \theta - \frac{\pi}{6} < \frac{11}{6}\pi$

よって$\cos\left(\theta - \frac{\pi}{6}\right) > \frac{1}{2}$となるのは右図より

$-\frac{\pi}{6} \leqq \theta - \frac{\pi}{6} < \frac{\pi}{3}$,

$\frac{5}{3}\pi < \theta - \frac{\pi}{6} < \frac{11}{6}\pi$

$\boldsymbol{0 \leqq \theta < \frac{\pi}{2},\ \frac{11}{6}\pi < \theta < 2\pi}$

「最後の答えのところは，どうやって計算したんですか？」

　θの範囲を求めたいんだから，中央の$\theta - \frac{\pi}{6}$がθになるようにしたい。
$-\frac{\pi}{6} \leqq \theta - \frac{\pi}{6} < \frac{\pi}{3}$のすべての辺に$\frac{\pi}{6}$を足すと$0 \leqq \theta < \frac{\pi}{2}$になり，
$\frac{5}{3}\pi < \theta - \frac{\pi}{6} < \frac{11}{6}\pi$のすべての辺に$\frac{\pi}{6}$を足すと$\frac{11}{6}\pi < \theta < 2\pi$となるね。

「そういうことですか。わかりました。」

続いて(3)の $\tan 2\theta=1$ だ。同様に解いていくよ。

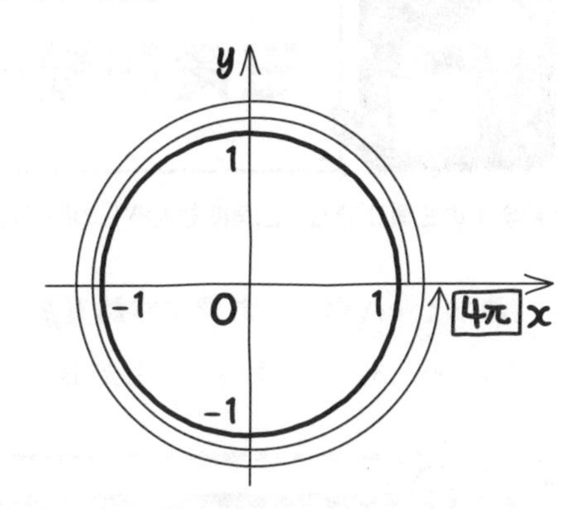

❶　**2θ の範囲を求めると，**

$0 \leqq \theta < 2\pi$ より，

$0 \leqq 2\theta < 4\pi$　になるね。

つまり，0° から 720° までだ。

❷　**単位円で❶の範囲をなぞる**と，右のようになるね。

「2周するんですね。」

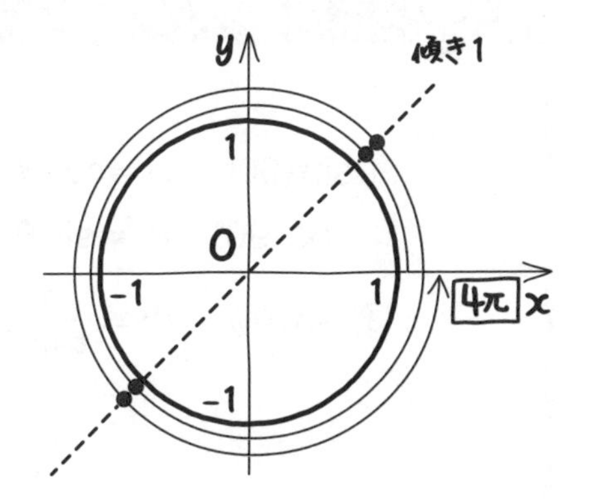

❸　**tanが1。つまり，傾きが1になる**のは，右の図のように単位円上では第１象限と第３象限の２か所だよ。

第１象限では，１周目は45°，2周目は360°＋45°＝405°になるよ。

「じゃあ第３象限では１周目は225°で２周目は225°＋360°＝585°ですか?」

そうだね。順に45°，225°，405°，585°だ。じゃあ，π に直そう。ミサキさん，やってみて。

「**解答**　(3)　$0 \leqq \theta < 2\pi$ なので，$0 \leqq 2\theta < 4\pi$ より

$$2\theta=\frac{\pi}{4},\ \frac{5}{4}\pi,\ \frac{9}{4}\pi,\ \frac{13}{4}\pi$$

$$\theta=\frac{\pi}{8},\ \frac{5}{8}\pi,\ \frac{9}{8}\pi,\ \frac{13}{8}\pi$$

例題 4-4 (3)」

その通り！

4-5 三角関数の性質

数学Ⅰの三角比でも，三角関数どうしの関係は登場したけど，新たに使う公式も増えるよ。

『数学Ⅰ・A編』の **お役立ち話 7** では，$180°-\theta$，$90°-\theta$，$90°+\theta$ の公式なんかがあった。おさらいしておこう。

Point 32 三角関数の性質1

① $\sin(90°-\theta)=\cos\theta$

② $\cos(90°-\theta)=\sin\theta$

③ $\tan(90°-\theta)=\dfrac{1}{\tan\theta}$

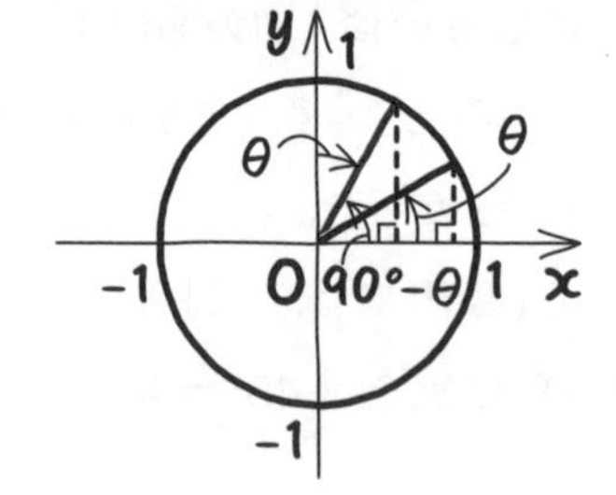

④ $\sin(90°+\theta)=\cos\theta$

⑤ $\cos(90°+\theta)=-\sin\theta$

⑥ $\tan(90°+\theta)=-\dfrac{1}{\tan\theta}$

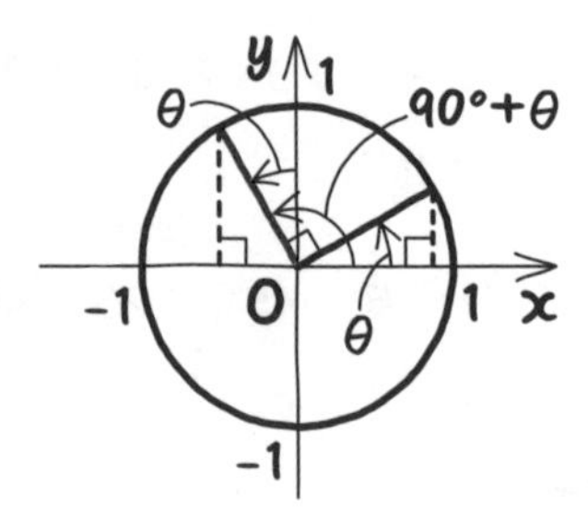

三角関数の性質2

⑦ $\sin(180^\circ-\theta)=\sin\theta$

⑧ $\cos(180^\circ-\theta)=-\cos\theta$

⑨ $\tan(180^\circ-\theta)=-\tan\theta$

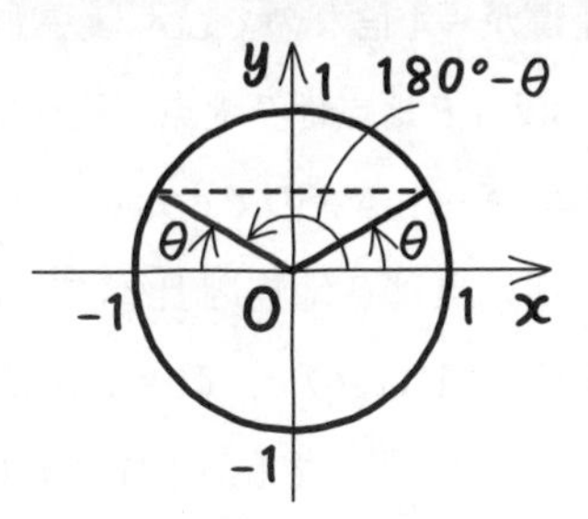

⑩ $\sin(180^\circ+\theta)=-\sin\theta$

⑪ $\cos(180^\circ+\theta)=-\cos\theta$

⑫ $\tan(180^\circ+\theta)=\tan\theta$

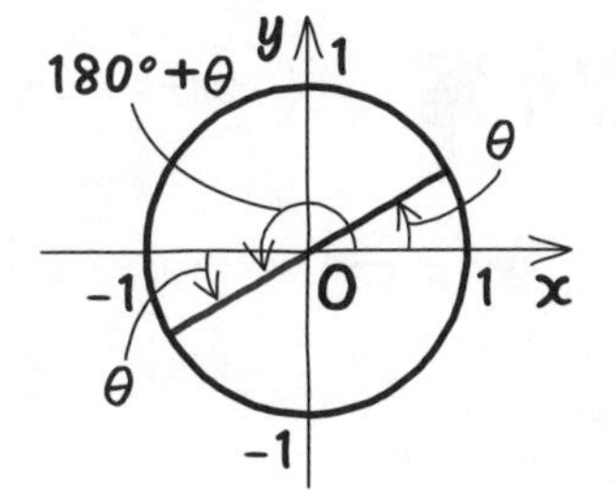

⑬ $\sin(-\theta)=-\sin\theta$

⑭ $\cos(-\theta)=\cos\theta$

⑮ $\tan(-\theta)=-\tan\theta$

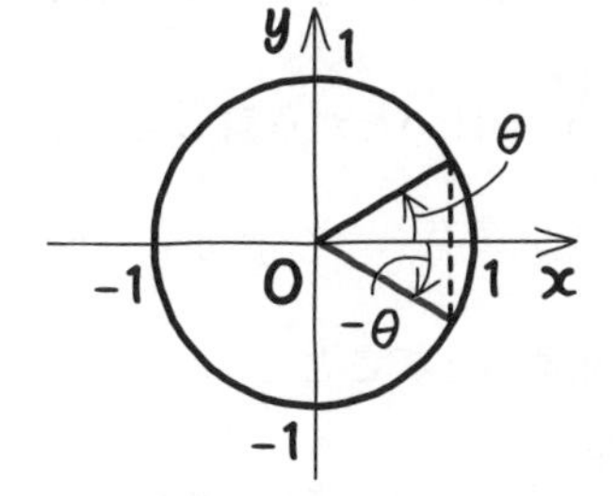

Point 33 の式が成り立つ理由も，単位円をかいて考えればわかるよね。

$180°-\theta$ 地点は θ 地点と比べて，y 座標が同じなので sin は同じになり，x 座標が -1 倍なので cos は -1 倍になる。

$180°+\theta$ 地点は θ 地点と比べて，y 座標が -1 倍なので sin は -1 倍になり，x 座標が -1 倍なので cos は -1 倍になる。

$-\theta$ 地点は θ 地点と比べて，y 座標が -1 倍なので，sin は -1 倍になり，x 座標は同じなので，cos は同じになる。

そして，$\dfrac{\sin}{\cos}$ で tan を求めればいいよ。

例題 4-5　定期テスト 出題度 !!　共通テスト 出題度 !

$\cos\left(-\dfrac{\pi}{12}\right)\sin\dfrac{19}{12}\pi+\sin\dfrac{11}{12}\pi\sin\dfrac{13}{12}\pi$ の値を求めよ。

「長い式ですね。見た目だけでもウンザリする問題だ。」

π がいっぱいだから難しく感じるのかもしれないね。まずは「度」に直してみようか。$\dfrac{\pi}{12}=15°$ だから “$\cos(-15°)\sin 285°+\sin 165°\sin 195°$” の値を求めるってことだ。

「たしかに『度』のほうがいいかも。どうやって解くのかはわからないけど……。」

角が **θが0°，90°，180°のいずれに近いのかに注目** するんだ。

90°に近く，90°より大きいときは，$90°+\theta$

90°より小さいときは，$90°-\theta$

180°に近く，180°より大きいときは，$180°+\theta$

180°より小さいときは，$180°-\theta$

で表してから，0°より大きく90°より小さい角の三角関数に変換するよ。

では，「度」に直した“$\cos(-15^\circ)\sin 285^\circ + \sin 165^\circ \sin 195^\circ$”を見てごらん。165°や195°は180°に近いよね。

$\sin 165^\circ = \sin(180^\circ - 15^\circ) = \mathbf{\sin 15^\circ}$

$\sin 195^\circ = \sin(180^\circ + 15^\circ) = \mathbf{-\sin 15^\circ}$

と変換できるね。

「$\cos(-15^\circ)$は$\cos(-\theta)=\cos\theta$の公式を使って
$\cos(-15^\circ)=\mathbf{\cos 15^\circ}$ということですね。」

そうそう。じゃあ285°は？

「285°は180°にも90°にも近くない……。」

1回で解決しようとすれば無理だけど，

$$\sin 285^\circ = \sin(180^\circ + 105^\circ) \overset{1段階}{=} -\sin 105^\circ$$
$$= -\sin(90^\circ + 15^\circ) \overset{2段階}{=} \mathbf{-\cos 15^\circ}$$

と，2段階でできそうだよ。

「あ，そうやって2回変換するのか！」

また，**360°を足したり引いたりしても単位円の同じ場所になるから，sin，cos，tanの値は変わらないので**

$$\sin 285^\circ = \sin(285^\circ - 360^\circ) = \sin(-75^\circ) = -\sin 75^\circ$$
$$= -\sin(90^\circ - 15^\circ)$$
$$= \mathbf{-\cos 15^\circ}$$

としてもいいよ。では，解答をまとめていくよ。

解答

$$\cos\left(-\frac{\pi}{12}\right)=\cos(-15^\circ)=\cos 15^\circ$$

$$\sin\frac{19}{12}\pi=\sin 285^\circ=\sin(180^\circ+105^\circ)=-\sin 105^\circ$$

$$=-\sin(90^\circ+15^\circ)$$

$$=-\cos 15^\circ$$

$$\sin\frac{11}{12}\pi=\sin 165^\circ=\sin(180^\circ-15^\circ)=\sin 15^\circ$$

$$\sin\frac{13}{12}\pi=\sin 195^\circ=\sin(180^\circ+15^\circ)=-\sin 15^\circ$$

よって

$$\cos\left(-\frac{\pi}{12}\right)\sin\frac{19}{12}\pi+\sin\frac{11}{12}\pi\sin\frac{13}{12}\pi$$

$$=\cos 15^\circ\cdot(-\cos 15^\circ)+\sin 15^\circ\cdot(-\sin 15^\circ)$$

$$=-\cos^2 15^\circ-\sin^2 15^\circ$$

$$=-(\cos^2 15^\circ+\sin^2 15^\circ)$$

$$=\underline{\underline{-1}}$$ ⇐答え　例題 4-5

「すごい！　最終的に簡単な値になりましたね。」

うん。こういう問題は最終的にキレイな値になることが多いよ。角の変換のしかたを復習して，自力で解けるようにしよう。

4-6 三角関数のグラフ

sinやcosのグラフは波の形をしているよ。tanのグラフはもっと変わった形をしているんだ。

ここでは縦軸をy，横軸をθとして，$y=\sin\theta$，$y=\cos\theta$，$y=\tan\theta$のグラフがどんな形になるかを説明していくよ。

じゃあ，$y=\sin\theta$ のグラフからやってみよう。$y=\sin\theta$ のグラフをかくには，まず**$y=1$と$y=-1$の線を破線でかいておく**。

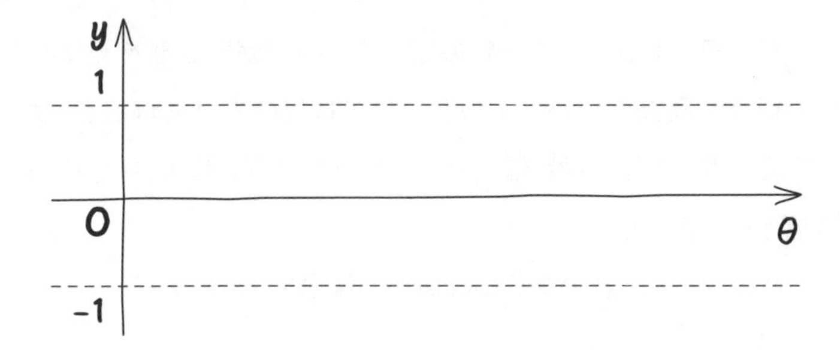

そしてπごとに山，谷，山，谷，……，とかいていくんだ。山のてっぺんは0とπの真ん中の$\frac{\pi}{2}$，谷の底はπと2πの真ん中で$\frac{3}{2}\pi$となるよ。2πまでかいてみると，下のようになるよ。

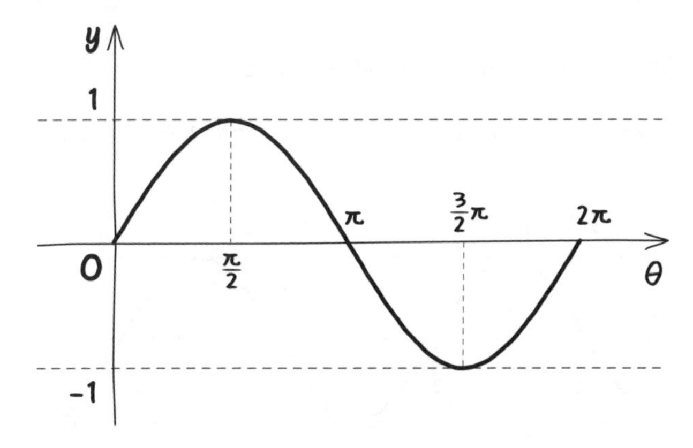

この山と谷の形を2πごとにくり返すから，$y=\sin\theta$のグラフは次のようになる。この曲線を**正弦曲線**というんだ。

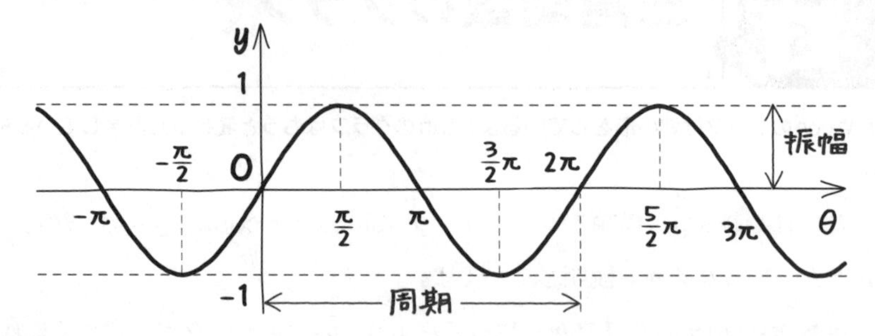

「へえ。きれいな形ですね。波の形を何度もくり返してます。」

そうなんだ。図にあるように一定の期間でグラフが同じ形をくり返すとき，その最短の期間を**周期**といい，上のグラフでは横の赤い矢印で示したところだ。そして波の中心と端の振れ幅，上のグラフでいうと縦の赤い矢印で示した距離を**振幅**というんだ。

じゃあ，ハルトくん，上のグラフの周期と振幅をいってみて。

「周期は2π。振幅は1ですね。」

そうだね。-2πでも4πでも同じ状態に戻るけど，正の値で最短の期間が周期だからね。今回はたまたま0から考えたけど，例えば$\frac{\pi}{2}$から考えてもいい。同じ状態になるのは$\frac{5}{2}\pi$だから周期は2πだね。

じゃあ，$y=\cos\theta$のグラフにいってみよう。次のようになるよ。

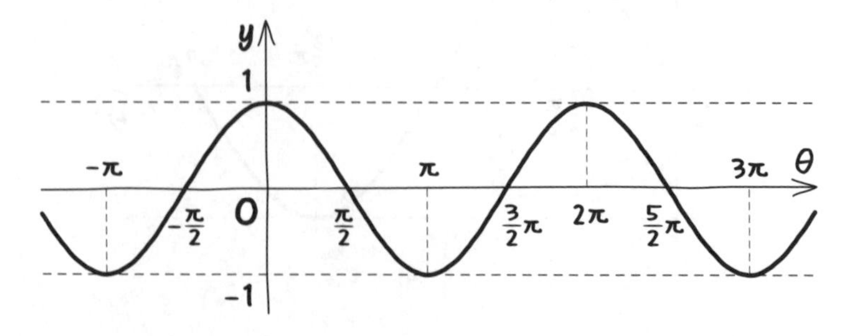

$y=\cos\theta$ のグラフは点$(0,\ 1)$，つまり山の頂上から始まっているけど，形は$y=\sin\theta$ のときと同じ正弦曲線をちょっと θ 軸方向に平行移動しているだけなんだ。

「ええ!?　そうなんですか?」

うん，そうだよ。どれだけ平行移動してるかわかるかな？

「山の頂上は$y=\cos\theta$ のグラフでは $\theta=0$ のときで，$y=\sin\theta$ のほうは $\theta=\dfrac{\pi}{2}$ のときだから……。」

「わかった！ **$y=\cos\theta$ のグラフは$y=\sin\theta$ のグラフを θ 軸方向に$-\dfrac{\pi}{2}$だけ平行移動してるんだ！**」

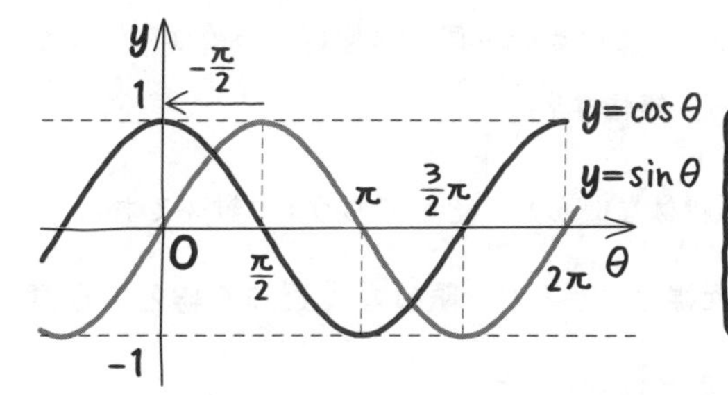

その通り。じゃあ，最後に$y=\tan\theta$ のグラフを考えよう。次のようになるよ。

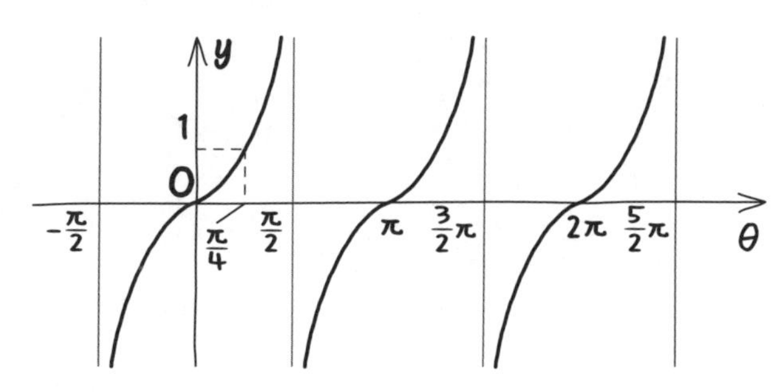

「変わった形をしたグラフですね。」

$\theta=-\frac{\pi}{2}$，$\theta=\frac{\pi}{2}$，$\theta=\frac{3}{2}\pi$，$\theta=\frac{5}{2}\pi$，……，のときにはtanの値はないよね。

だから仕切り線を入れてある。そして，その間に の形のグラフをかいていくんだけど，カーブの具合がわからないので，$\theta=\frac{\pi}{6}$ のとき$y=\frac{1}{\sqrt{3}}$とか，$\theta=\frac{\pi}{4}$ のとき$y=1$とかを補助線で入れておくといいよ。

グラフは直線$\theta=\frac{\pi}{2}$に左から近づくとyの値は限りなく大きくなっているし，直線$\theta=-\frac{\pi}{2}$に右から近づくとyの値は限りなく小さくなっているのがわかるね。じゃあ，ハルトくん，このグラフの周期は？

「仕切り線の間は同じ形をしているから同じ状態に戻るのは……そうか，周期はπだ。あれっ，振幅は？」

波の形をしていないから，振幅はないんだ。そしてもう1つ覚えておこう。$\theta=\frac{\pi}{2}$や$\theta=-\frac{\pi}{2}$の直線を**漸近線**というんだ。**限りなく近づく線という意味だけど，接したり，交わることはない**んだ。

グラフの拡大，縮小

例えば「放物線$y=x^2$をy軸方向にb倍」なら，$y=bx^2$になる。例題 3-30 と同じように計算すれば成り立つ理由がわかるよ。

例題 4-6　定期テスト 出題度 ❗❗❗　共通テスト 出題度 ❗

次のグラフをかき，その周期を求めよ。

(1)　$y=2\sin\theta$　　(2)　$y=\sin 2\theta$

(1)，(2)のグラフはどちらも$y=\sin\theta$ を利用してかくことができるよ。

グラフの拡大，縮小

関数$y=f(\theta)$ において

❶　$y\to by$　$\Longleftrightarrow$　**グラフをy軸方向に$\dfrac{1}{b}$倍**

$\left(y\to\dfrac{1}{b}y\right.$　$\Longleftrightarrow$　グラフをy軸方向にb倍$\left.\right)$

❷　$\theta\to a\theta$　$\Longleftrightarrow$　**グラフをθ軸方向に$\dfrac{1}{a}$倍**

$\left(\theta\to\dfrac{1}{a}\theta\right.$　$\Longleftrightarrow$　グラフをθ軸方向にa倍$\left.\right)$

さて，(1)は$y=2\sin\theta$ だね。**右辺の係数をなくすようにすればいいよ。**

両辺を2で割ると$\dfrac{1}{2}y=\sin\theta$ だから，y軸方向に2倍するということだ。つまり Point 34 の❶だ。

解答 (1)

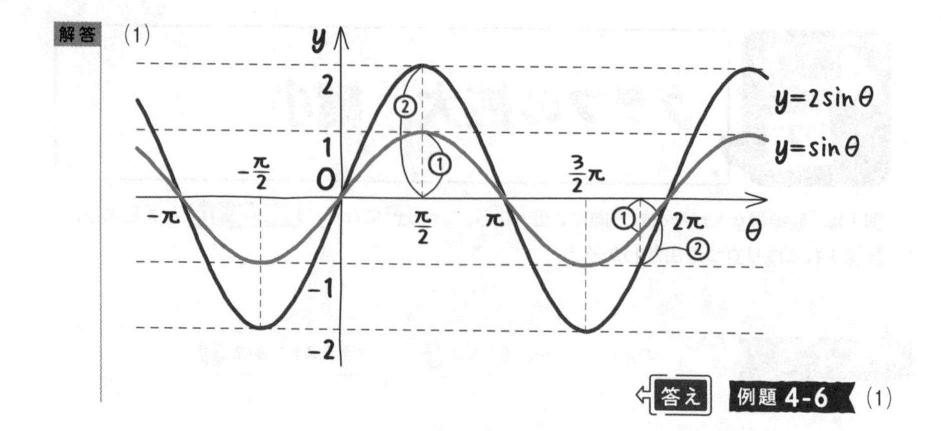

答え 例題 4-6 (1)

周期はいくつ?

「$y=\sin\theta$ と同じで,

解答 (1) **周期は2π** 答え 例題 4-6 (1)」

正解! 次に,(2)は$y=\sin 2\theta$ だね。$y=\sin\theta$ とどこが違うかに注目しよう。

θ のところが2θ に変わっているよね。θ 軸方向に(y 軸を中心に)$\frac{1}{2}$ 倍するということだ。 Point 34の❷だね。

解答 (2)

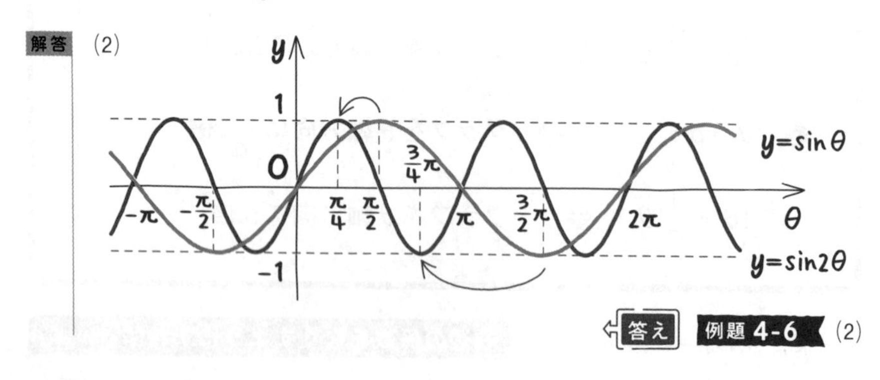

答え 例題 4-6 (2)

「左右が縮むんですね。」

今まで山１つでπだったのが$\dfrac{\pi}{2}$になるわけだ。じゃあ，周期はいくつ？

「解答　(2)　**周期はπ**　⇦答え　例題 4-6　(2)」

よくできました。ここは，次のように覚えておくといいよ。

コツ 11　$y=A\sin B\theta$のグラフ

$y=A\sin B\theta$のグラフは$y=\sin\theta$のグラフと比べて，

y軸方向にA倍，θ軸方向に$\dfrac{1}{B}$倍　$\left(周期は\dfrac{1}{B}倍\right)$

これは$y=A\cos B\theta$，$y=A\tan B\theta$でも使える。

これを覚えておけば，グラフにかかなくても周期が求められるので便利だよ。

数Ⅱ 4章

平行移動，対称移動

平行移動，対称移動は三角関数に限らず，すべてのグラフで登場するよ。成り立つ理由は例題 3-30 を見よう。

例題 4-7　定期テスト 出題度 ❗❗❗　共通テスト 出題度 ❗

$y=\cos\left(\theta+\dfrac{\pi}{4}\right)$のグラフをかき，その周期を求めよ。

平行移動は『数学Ⅰ・A編』の 3-7 で扱ったよ。

> 平行移動（ずらす）
>
> θ 軸方向に a だけ平行移動 $\iff$ $\boldsymbol{\theta\to\theta-a}$
>
> y 軸方向に b だけ平行移動 $\iff$ $\boldsymbol{y\to y-b}$

今回かくグラフは，$y=\cos\theta$ のグラフと比べてどうかな？

「θ のところが $\theta+\dfrac{\pi}{4}$ になっているということは，θ 軸方向へ $-\dfrac{\pi}{4}$ だけ平行移動したものですね。」

そうだね。さて，グラフをずらしてかくというのは，結構，難しいんだよね。だから，いくつかの目印になる点を前もってずらしておこう。

点 $(0,\ 1)$ は点 $\left(-\dfrac{\pi}{4},\ 1\right)$ になるし，点 $\left(\dfrac{\pi}{2},\ 0\right)$ は点 $\left(\dfrac{\pi}{4},\ 0\right)$ になるし，………というふうにね。

そして，それらの点をつなぐようにすればいいよ。次のようになるね。

解答

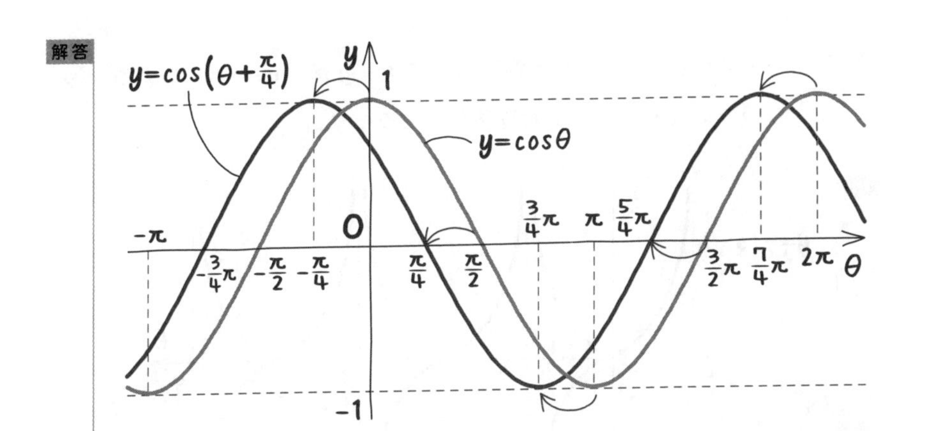

答え 例題 4-7

そして，**平行移動（ずらす）だけなので周期は変わらない**んだ。

解答 **周期は2π** 答え 例題 4-7

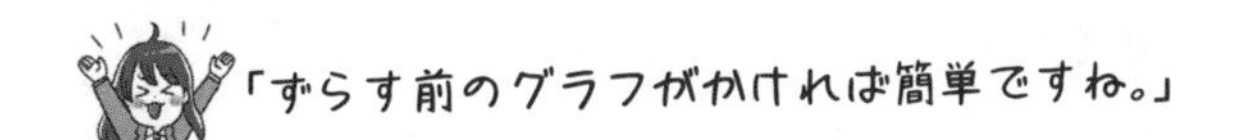

例題 4-8

定期テスト 出題度 !!! 共通テスト 出題度 !

$y=-\tan\theta$のグラフをかき，その周期を求めよ。

対称移動も『数学Ⅰ・A編』の 3-7 で登場したよ。

直線に関する対称移動（折り返し）

y軸（$\theta=0$）に関して対称移動 $\Longleftrightarrow$ $\boldsymbol{\theta \to -\theta}$

θ軸（$y=0$）に関して対称移動 $\Longleftrightarrow$ $\boldsymbol{y \to -y}$

例題 4-6 (1)のように，右辺の係数をなくすようにすればわかる。

「$-y=\tan\theta$ は $y=\tan\theta$ と比べると，y が $-y$ になっているから，グラフは θ 軸に関して対称移動させるのか。」

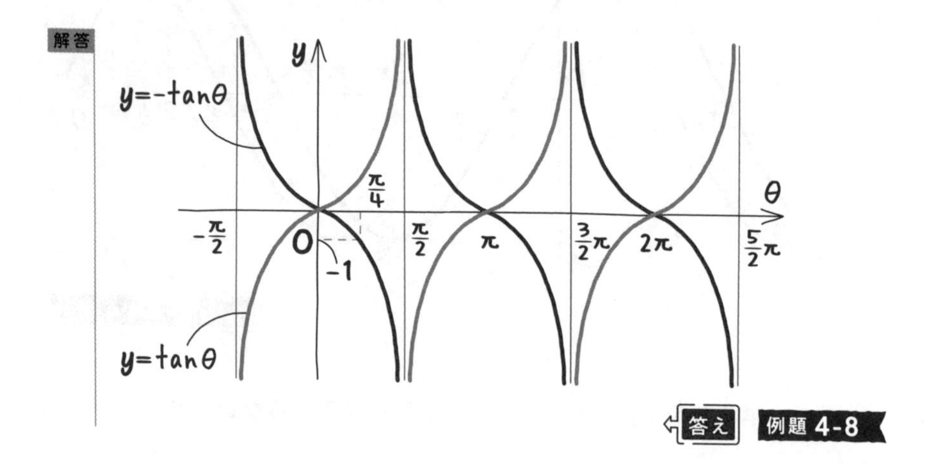

そうだね。対称移動（折り返し）しても形が変わるわけではないので，**周期は変わらない**よ。じゃあ，周期は？

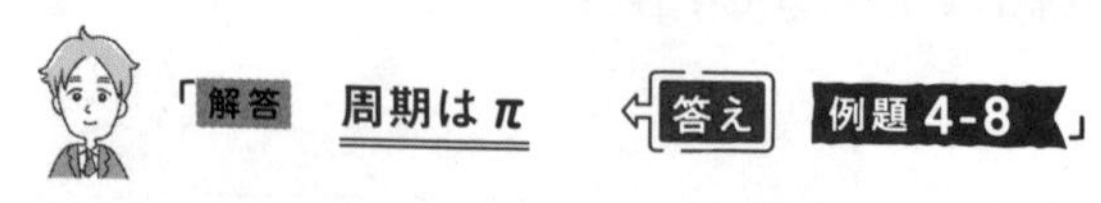

正解！　よくできました。

もっと複雑な三角関数のグラフ

与えられた三角関数の式が複雑なときに，グラフの位置や周期を求める方法を考えよう。

例題 4-9 定期テスト 出題度 ❗❗❗ 共通テスト 出題度 ❗

次の□にあてはまる符号，文字，または0から9までの数字を答えよ。

$y=4\cos(3\theta-\pi)-1$ のグラフは，$y=4\cos 3\theta$ のグラフを θ 軸方向に $\dfrac{\boxed{ア}}{\boxed{イ}}$，$y$ 軸方向に $\boxed{ウエ}$ だけ平行移動したものであり，周期は $\dfrac{\boxed{オ}}{\boxed{カ}}\pi$，振幅は $\boxed{キ}$ である。

まず，**右辺の最後の −1 を左辺に移項しよう。**

「もとにする式は $y=4\cos 3\theta$ だから，

$$y=4\cos(3\theta-\pi)-1$$

$$y+1=4\cos(3\theta-\pi)$$

あれっ？ 3θ が $3\theta-\pi$ になってる。これはどうすればいいんですか?」

こんなときは **θ の係数でくくるんだ。**

$$y+1=4\cos(3\theta-\pi)$$

$$y+1=4\cos 3\left(\theta-\frac{\pi}{3}\right)$$

θ のところが $\theta-\dfrac{\pi}{3}$ になっているし，y のところが $y+1$ になっているね。

「ということは，$y=4\cos 3\theta$ のグラフを θ 軸方向へ $\frac{\pi}{3}$ だけ平行移動し，y 軸方向へ -1 だけ平行移動したものなんですね。」

「これもグラフにかいて考えたほうがいいですか?」

いや。今回は『グラフをかけ。』とはいっていないし，周期や振幅を求めるときはかく必要はないよ。周期や振幅の求めかたは **4-7** の **コツ11** で登場したね。

「$y=4\cos 3\theta$ のグラフの周期は，$y=\cos\theta$ の周期 2π の $\frac{1}{3}$ 倍だから，$\frac{2}{3}\pi$。振幅は 4 です。」

そうだね。そして，問題のグラフはこれを平行移動したものだ。**平行移動しても形は変わらないので，周期は $\frac{2}{3}\pi$，振幅は4のまま** なんだ。

解答 ［ア］…π，［イ］…3，［ウエ］…-1，［オ］…2，
［カ］…3，［キ］…4 ⇦答え **例題 4-9**

加法定理

$\sin(\alpha+\beta)$ を普通の数式のように$\sin\alpha+\sin\beta$としてはダメだよ。ちゃんと公式があるんだ。がんばって覚えよう。

2つの角の和や差で表される角の三角関数の値は，それぞれの角の三角関数の値がわかれば求めることができる。次の**加法定理**を見てみよう。

加法定理

$$\sin(\alpha+\beta)=\sin\alpha\cos\beta+\cos\alpha\sin\beta$$
$$\sin(\alpha-\beta)=\sin\alpha\cos\beta-\cos\alpha\sin\beta$$
$$\cos(\alpha+\beta)=\cos\alpha\cos\beta-\sin\alpha\sin\beta$$
$$\cos(\alpha-\beta)=\cos\alpha\cos\beta+\sin\alpha\sin\beta$$
$$\tan(\alpha+\beta)=\frac{\tan\alpha+\tan\beta}{1-\tan\alpha\tan\beta}$$
$$\tan(\alpha-\beta)=\frac{\tan\alpha-\tan\beta}{1+\tan\alpha\tan\beta}$$

sinもcosもtanも（$\alpha+\beta$）のものだけ覚えればいいよ。**（$\alpha-\beta$）は＋と－を入れ換えただけ**だからね。

例題 4-10 定期テスト 出題度 ❗❗❗ 共通テスト 出題度 ❗

次の値を求めよ。

(1) $\cos 75°$　　(2) $\tan 165°$

(1)の$\cos 75°$は**$\cos(30°+45°)$と表せば，加法定理を使って求められる。**

解答　(1)　$\cos 75^\circ = \cos(30^\circ + 45^\circ)$

$$= \cos 30^\circ \cos 45^\circ - \sin 30^\circ \sin 45^\circ$$

$$= \frac{\sqrt{3}}{2} \cdot \frac{1}{\sqrt{2}} - \frac{1}{2} \cdot \frac{1}{\sqrt{2}}$$

$$= \frac{\sqrt{3} - 1}{2\sqrt{2}}$$

$$= \underline{\underline{\frac{\sqrt{6} - \sqrt{2}}{4}}}$$

答え　例題 4-10 (1)

加法定理を使うときは**30°，45°，60°，……**といった**三角関数の値が知られている角**を使うんだ。ハルトくん，(2)のtan165°を求めてみて。

「165°はどうするのかな？」

「120°＋45°でやればいいんじゃない？　120°も三角関数の値がわかる角でしょ。」

「あっ，そうか。

解答　(2)　$\tan 165^\circ = \tan(120^\circ + 45^\circ)$

$$= \frac{\tan 120^\circ + \tan 45^\circ}{1 - \tan 120^\circ \tan 45^\circ}$$

$$= \frac{(-\sqrt{3}) + 1}{1 - (-\sqrt{3}) \cdot 1}$$

$$= \frac{1 - \sqrt{3}}{1 + \sqrt{3}}$$

分母を有理化するために分子・分母に$1-\sqrt{3}$を掛ける

$$= \frac{(1 - \sqrt{3})^2}{(1 + \sqrt{3})(1 - \sqrt{3})}$$

$$= \frac{1 - 2\sqrt{3} + 3}{1 - 3}$$

$$= \frac{4 - 2\sqrt{3}}{-2}$$

$$= \underline{\underline{-2 + \sqrt{3}}}$$

答え　例題 4-10 (2)

今気づいたけど，165°を135°＋30°としてもいけるな！」

そうだね。$\tan 165° = \tan(135° + 30°)$ とすると

解答 (2) $\tan 165° = \tan(135° + 30°)$

$$= \frac{\tan 135° + \tan 30°}{1 - \tan 135° \tan 30°}$$

$$= \frac{-1 + \frac{1}{\sqrt{3}}}{1 - (-1) \times \frac{1}{\sqrt{3}}}$$

$$= \frac{\frac{-\sqrt{3}+1}{\sqrt{3}}}{\frac{\sqrt{3}+1}{\sqrt{3}}}$$

分子・分母に$\sqrt{3}$を掛ける

$$= \frac{1-\sqrt{3}}{1+\sqrt{3}}$$

$$= \underline{\underline{-2+\sqrt{3}}}$$ 答え 例題 4-10 (2)

途中から同じ計算だから，式は省略したけど，同じ結果になるね。

例題 4-11

定期テスト 出題度 ❗❗❗　共通テスト 出題度 ❗

$\frac{\pi}{2} < \alpha < \pi$，$\pi < \beta < \frac{3}{2}\pi$ で，$\cos\alpha = -\frac{3}{5}$，$\tan\beta = \frac{8}{15}$ のとき，次の値を求めよ。

(1) $\sin(\alpha - \beta)$　　(2) $\tan(\alpha + \beta)$

今度の問題は角の大きさではなく，三角関数の値が与えられている。加法定理を使うのは同じだけど，値を代入して解く問題だね。

「(1)は，$\sin(\alpha-\beta)=\sin\alpha\cos\beta-\cos\alpha\sin\beta$，

(2)は，$\tan(\alpha+\beta)=\dfrac{\tan\alpha+\tan\beta}{1-\tan\alpha\tan\beta}$ の公式を使いたいけど，

$\sin\alpha$，$\tan\alpha$，$\cos\beta$，$\sin\beta$ がわからない……。」

うん。まず，それらを求めてから，加法定理の公式に代入だね。『数学Ⅰ・A編』の 4-5 で登場した公式を使えばいい。

❶ $\sin^2\theta+\cos^2\theta=1$

❷ $1+\tan^2\theta=\dfrac{1}{\cos^2\theta}$

❸ $\tan\theta=\dfrac{\sin\theta}{\cos\theta}$

思い出したかな？　ミサキさん，解いてみて。

「うろ覚えです。たいへんそうですが，やってみます。

解答

$$\sin^2\alpha+\left(-\frac{3}{5}\right)^2=1 \quad \leftarrow \sin^2\alpha+\cos^2\alpha=1$$

$$\sin^2\alpha=\frac{16}{25}$$

$\dfrac{\pi}{2}<\alpha<\pi$ だから，$\sin\alpha>0$ より

$$\sin\alpha=\frac{4}{5}$$

$$\tan\alpha=\frac{\frac{4}{5}}{-\frac{3}{5}}=-\frac{4}{3} \quad \leftarrow \tan\alpha=\frac{\sin\alpha}{\cos\alpha}$$

$$1+\left(\frac{8}{15}\right)^2=\frac{1}{\cos^2\beta} \quad \leftarrow 1+\tan^2\beta=\frac{1}{\cos^2\beta}$$

$$\cos^2\beta=\frac{225}{289}$$

$\pi<\beta<\frac{3}{2}\pi$ だから，$\cos\beta<0$ より

$$\cos\beta=-\frac{15}{17}$$

$\tan\beta=\frac{\sin\beta}{\cos\beta}$ より，$\sin\beta=\tan\beta\times\cos\beta$ だから

$$\sin\beta=\frac{8}{15}\cdot\left(-\frac{15}{17}\right)=-\frac{8}{17}$$」

ここまでで，$\sin\alpha$，$\tan\alpha$，$\cos\beta$，$\sin\beta$ の値が求められたね。これを加法定理の公式に代入して，(1)，(2)を求めるよ。ミサキさん，もうひとふんばり。

「(1) $\sin(\alpha-\beta)=\sin\alpha\cos\beta-\cos\alpha\sin\beta$

$$=\frac{4}{5}\cdot\left(-\frac{15}{17}\right)-\left(-\frac{3}{5}\right)\cdot\left(-\frac{8}{17}\right)$$

$$=-\frac{84}{85}$$ 答え 例題 4-11 (1)

(2) $\tan(\alpha+\beta)=\frac{\tan\alpha+\tan\beta}{1-\tan\alpha\tan\beta}$

$$=\frac{\left(-\frac{4}{3}\right)+\frac{8}{15}}{1-\left(-\frac{4}{3}\right)\cdot\frac{8}{15}}$$

$$=-\frac{36}{77}$$ 答え 例題 4-11 (2)

あーっ，疲れた……。」

よくできました。最後まで頑張ったね。

2直線のなす角

公式を知っていれば，楽勝の問題。成り立つ理由は次のページで説明するね。

例題 4-12　定期テスト 出題度 !!!　共通テスト 出題度 !!

2直線 $y=3x-1$，$y=\dfrac{1}{2}x+5$ のなす角 θ を求めよ。

ただし，$0\leqq\theta\leqq\dfrac{\pi}{2}$ とする。

この問題は次の公式を使って解くんだよ。

2直線のなす角

傾きが，m_1，m_2 である2直線のなす角を θ とすると

$$\tan\theta=\left|\frac{m_1-m_2}{1+m_1m_2}\right| \quad (ただし，m_1m_2 \neq -1)$$

ミサキさん，解いてみて。

「公式にあてはめるだけですね。

解答

$$\tan\theta=\left|\frac{3-\frac{1}{2}}{1+3\cdot\frac{1}{2}}\right|=\frac{\frac{5}{2}}{\frac{5}{2}}=1$$

$0\leqq\theta\leqq\dfrac{\pi}{2}$ より，$\theta=\dfrac{\pi}{4}$　← 答え　例題 4-12」

そうだね。正解。簡単だったかな？

お役立ち話 10

「2直線のなす角」の公式が成り立つ理由

例えば，「右の2直線のなす角の大きさを測って」といわれたら，ア，イどちらの角を分度器で測る？

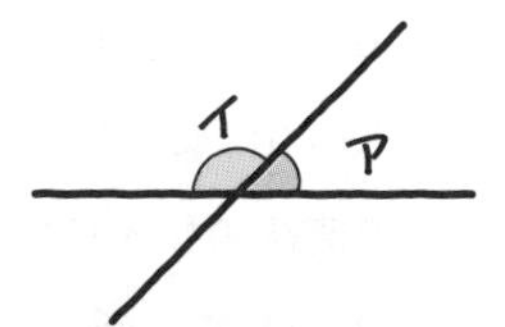

「アを測るかなぁ。」

うん。大きいイのほうは測らないよね。つまり，**『2直線のなす角』といわれたら，自動的に0から$\frac{\pi}{2}$までの角をさすことが多い**んだ。なす角が0なら平行（または一致），$\frac{\pi}{2}$なら垂直だよ。

さて，傾きが，m_1，m_2である2直線をかいてみよう。

そして，交点を通るように水平な線をかいて，図のようにそれぞれの角をα，βとおく。

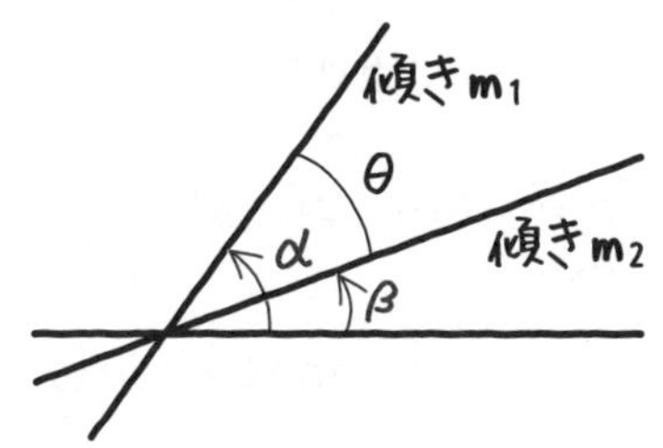

するとtan$\alpha=m_1$，tan$\beta=m_2$になる。加法定理を使えば

$$\tan(\alpha-\beta)=\frac{\tan\alpha-\tan\beta}{1+\tan\alpha\tan\beta}=\frac{m_1-m_2}{1+m_1m_2}$$

（ただし，$m_1m_2\neq-1$）

になるね。

さて，この$\alpha-\beta$だが，いろいろな場合があって，**鋭角か鈍角かわからないから，分けて考えて**みようか。

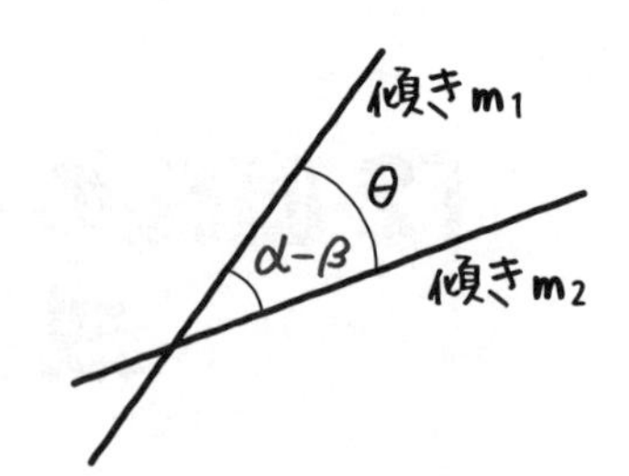

(i)　**$\alpha-\beta$が鋭角**のとき，

$\tan(\alpha-\beta)$の値は正になるね。

2直線のなす角は$\theta=\alpha-\beta$だから，

$\tan\theta=\tan(\alpha-\beta)$になる。

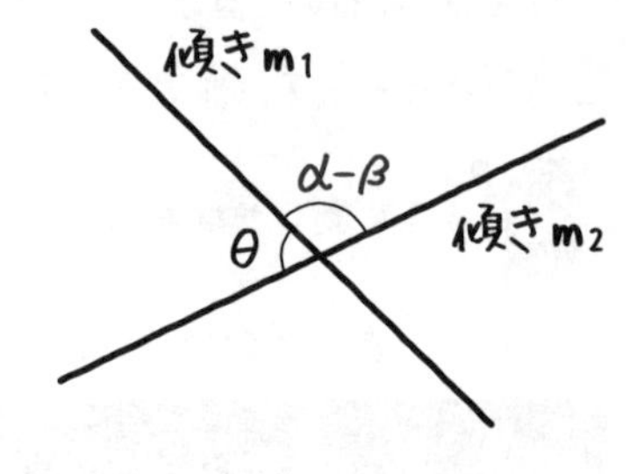

(ii)　**$\alpha-\beta$が鈍角**のとき，

$\tan(\alpha-\beta)$の値は負になるね。

2直線のなす角は

$\theta=180°-(\alpha-\beta)$だから，

$\tan\theta=\tan\{180°-(\alpha-\beta)\}$

$\quad=-\tan(\alpha-\beta)$になる。

$\tan(\alpha-\beta)$が正のときは，$\tan\theta=\tan(\alpha-\beta)$，$\tan(\alpha-\beta)$が負のときは，$\tan\theta=(-1)\times\tan(\alpha-\beta)$になる。“正ならそのまま，負なら−1倍になるもの”ってことは？

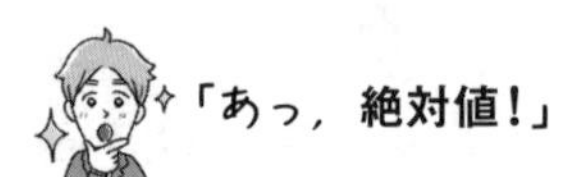

「あっ，絶対値！」

そうなんだ。$\tan\theta=|\tan(\alpha-\beta)|$ つまり，$\left|\dfrac{m_1-m_2}{1+m_1m_2}\right|$になるわけだ。

4-12 2倍角の公式，半角の公式

2倍になっている角を元の角に直せるから「2倍角の公式」，半分になっている角を元の角に直せるから「半角の公式」というよ。

2倍角の公式

$$\sin 2\alpha = 2\sin\alpha\cos\alpha$$

$$\cos 2\alpha = \cos^2\alpha - \sin^2\alpha$$
$$= 1 - 2\sin^2\alpha$$
$$= 2\cos^2\alpha - 1$$

$$\tan 2\alpha = \frac{2\tan\alpha}{1-\tan^2\alpha}$$

この**2倍角の公式**も覚えよう。4-10 でやった加法定理で $2\alpha=(\alpha+\alpha)$ と考えればいいよ。

$$\sin(\alpha+\alpha) = \sin\alpha\cos\alpha + \cos\alpha\sin\alpha = \mathbf{2\sin\alpha\cos\alpha}$$

$$\cos(\alpha+\alpha) = \cos\alpha\cos\alpha - \sin\alpha\sin\alpha = \mathbf{\cos^2\alpha - \sin^2\alpha}$$

$$\tan(\alpha+\alpha) = \frac{\tan\alpha+\tan\alpha}{1-\tan\alpha\tan\alpha} = \mathbf{\frac{2\tan\alpha}{1-\tan^2\alpha}}$$

「加法定理から簡単に導けるんですね。」

うん。でも慣れたら覚えて使ってね。

「$\cos 2\alpha$ はどうして $\cos^2\alpha - \sin^2\alpha$ が $1-2\sin^2\alpha$ になったり，$2\cos^2\alpha - 1$ になったりするのですか?」

$\sin^2\alpha+\cos^2\alpha=1$ という公式があるよね。この式を

$$\cos^2\alpha=1-\sin^2\alpha,\quad \sin^2\alpha=1-\cos^2\alpha$$

と変形して，$\cos^2\alpha-\sin^2\alpha$ に代入したらいいよ。

「なんだ。難しいことじゃないんですね。」

わかった？　さらに，**$\cos 2\alpha=1-2\sin^2\alpha$ と $\cos 2\alpha=2\cos^2\alpha-1$ を変形**すれば，次の式が得られる。

$$\sin^2\alpha=\frac{1-\cos 2\alpha}{2}$$

$$\cos^2\alpha=\frac{1+\cos 2\alpha}{2}$$

α を $\dfrac{\alpha}{2}$ におき換えると，**半角の公式**という公式になるよ。

Point 38　半角の公式

$$\sin^2\frac{\alpha}{2}=\frac{1-\cos\alpha}{2}$$

$$\cos^2\frac{\alpha}{2}=\frac{1+\cos\alpha}{2}$$

$$\tan^2\frac{\alpha}{2}=\frac{1-\cos\alpha}{1+\cos\alpha}$$

$\tan^2\dfrac{\alpha}{2}$ は　$\tan\theta=\dfrac{\sin\theta}{\cos\theta}$ から　$\tan^2\dfrac{\alpha}{2}=\dfrac{\sin^2\dfrac{\alpha}{2}}{\cos^2\dfrac{\alpha}{2}}$ としているよ。

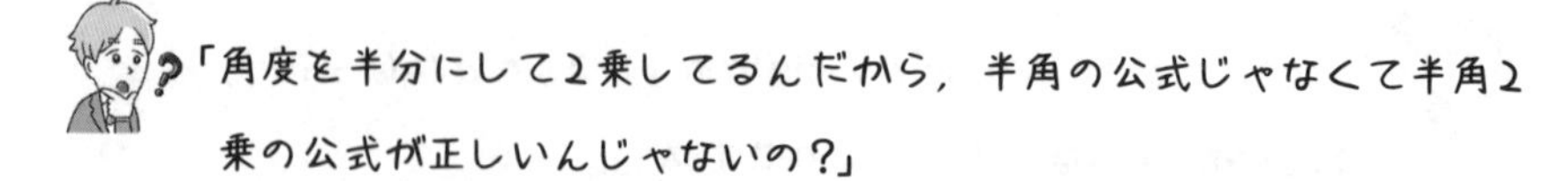

「角度を半分にして2乗してるんだから，半角の公式じゃなくて半角2乗の公式が正しいんじゃないの？」

そういわれるとたしかに……。でも，半角の公式っていうんだ。ボクが名づ

けたわけじゃないからしょうがない(笑)。半角の公式も，覚えて使ってね。

じゃあ，実際に公式を使って次の問題を解いてみよう。

例題 4-13　定期テスト 出題度 !!!　共通テスト 出題度 !

$\frac{3}{2}\pi<\alpha<2\pi$ で，$\sin\alpha=-\frac{\sqrt{5}}{3}$ のとき，次の値を求めよ。

(1)　$\sin 2\alpha$　　　(2)　$\cos\frac{\alpha}{2}$

(1)は $\sin 2\alpha=2\sin\alpha\cos\alpha$ の公式を使うので，$\sin\alpha$ の他に $\cos\alpha$ も求めておかなければならない。

「あっ，例題 4-11 と同じパターンですね。」

(2)は，$\cos^2\frac{\alpha}{2}=\frac{1+\cos\alpha}{2}$ の公式を使うよ。ちなみに，今回は $\tan\alpha$ は登場しないから求めなくてもいいね。じゃあ，ハルトくん，2題とも解いてみよう。

「解答

$$\sin^2\alpha+\cos^2\alpha=1$$

$$\left(-\frac{\sqrt{5}}{3}\right)^2+\cos^2\alpha=1$$

$$\cos^2\alpha=\frac{4}{9}$$

$\frac{3}{2}\pi<\alpha<2\pi$ より，$\cos\alpha>0$

$$\cos\alpha=\frac{2}{3}$$

(1)　$\sin 2\alpha=2\sin\alpha\cos\alpha$

$$=2\cdot\left(-\frac{\sqrt{5}}{3}\right)\cdot\frac{2}{3}$$

$$=-\frac{4\sqrt{5}}{9}$$

答え　例題 4-13 (1)

(2)　$\cos^2\dfrac{\alpha}{2}=\dfrac{1+\cos\alpha}{2}=\dfrac{1+\frac{2}{3}}{2}=\dfrac{5}{6}$

$\cos\dfrac{\alpha}{2}=\sqrt{\dfrac{5}{6}}$ で，……。」

あっ，ちょっと，ストップ！　2乗から1乗を求めると，正と負の両方が出てしまうから，どちらなのかを調べなきゃいけないよ。『数学Ⅰ・A編』の **4-5** でやったよね。

「あっ，調べましたよ。$\dfrac{3}{2}\pi<\alpha<2\pi$ ということは第4象限の角ということだからcosは正じゃないんですか？」

式にある角は $\dfrac{\alpha}{2}$ だよね。**$\dfrac{\alpha}{2}$ の範囲を求めなきゃダメだよ。** **例題 4-4** でやったよね。

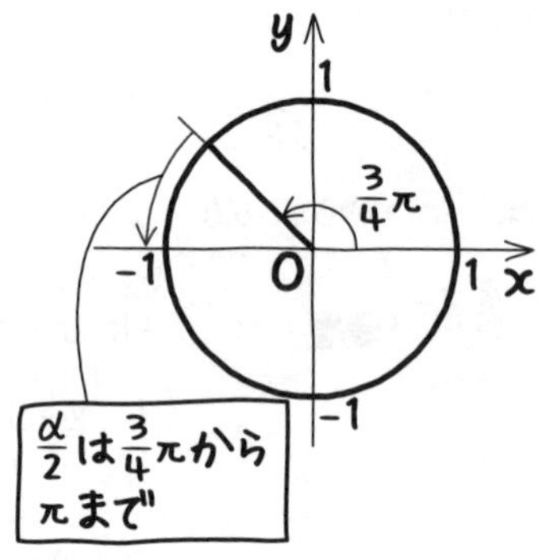

$\dfrac{3}{2}\pi<\alpha<2\pi$ だから，$\dfrac{3}{4}\pi<\dfrac{\alpha}{2}<\pi$ だよ。

単位円でこの範囲を確認すると右のようになるね。

「そうだ。ということは，

$\cos\dfrac{\alpha}{2}$ は負だ。

$\dfrac{3}{4}\pi<\dfrac{\alpha}{2}<\pi$ より，$\cos\dfrac{\alpha}{2}<0$

$\cos\dfrac{\alpha}{2}=-\sqrt{\dfrac{5}{6}}=\underline{\underline{-\dfrac{\sqrt{30}}{6}}}$　答え　**例題 4-13** (2)」

お役立ち話 11

3倍角の公式

3倍角の公式

$\sin 3\theta = \mathbf{3\sin\theta - 4\sin^3\theta}$

$\cos 3\theta = \mathbf{4\cos^3\theta - 3\cos\theta}$

この3倍角の公式は加法定理＆2倍角の公式で導けるよ。

$$\begin{aligned}\sin 3\theta &= \sin(\theta + 2\theta) \\ &= \sin\theta\cos 2\theta + \cos\theta\sin 2\theta \quad \text{(加法定理)} \\ &= \sin\theta(1 - 2\sin^2\theta) + \cos\theta \times 2\sin\theta\cos\theta \quad \text{(2倍角の公式)} \\ &= \sin\theta - 2\sin^3\theta + 2\sin\theta\cos^2\theta \\ &= \sin\theta - 2\sin^3\theta + 2\sin\theta(1 - \sin^2\theta) \\ &= \sin\theta - 2\sin^3\theta + 2\sin\theta - 2\sin^3\theta \\ &= 3\sin\theta - 4\sin^3\theta\end{aligned}$$

$$\begin{aligned}\cos 3\theta &= \cos(\theta + 2\theta) \\ &= \cos\theta\cos 2\theta - \sin\theta\sin 2\theta \quad \text{(加法定理)} \\ &= \cos\theta(2\cos^2\theta - 1) - \sin\theta \times 2\sin\theta\cos\theta \quad \text{(2倍角の公式)} \\ &= 2\cos^3\theta - \cos\theta - 2\sin^2\theta\cos\theta \\ &= 2\cos^3\theta - \cos\theta - 2(1 - \cos^2\theta)\cos\theta \\ &= 2\cos^3\theta - \cos\theta - 2\cos\theta + 2\cos^3\theta \\ &= 4\cos^3\theta - 3\cos\theta\end{aligned}$$

2倍角の公式を使って解く

4-3 で三角方程式・三角不等式をやったけど，2倍角の公式を習ったことで，解ける問題がさらに増えるね。

例題 4-14　定期テスト 出題度 ❗❗❗　共通テスト 出題度 ❗❗❗

次の不等式を解け。ただし，$0 \leqq \theta < 2\pi$とする。

(1)　$\cos 2\theta - 3\sin\theta - 2 > 0$

(2)　$\sin 2\theta - \sin\theta \leqq 0$

まず，角度をそろえよう。

「$\cos 2\theta$の公式は，

$$\cos 2\theta = \cos^2\theta - \sin^2\theta$$
$$= 1 - 2\sin^2\theta$$
$$= 2\cos^2\theta - 1$$

の3つありますよね。どれを使えばいいのですか？」

ラクに計算するためには，**sin または cos のみの式**にしたい。

例えば，$\cos 2\theta = \cos^2\theta - \sin^2\theta$ の公式を使うと，

$$(\cos^2\theta - \sin^2\theta) - 3\sin\theta - 2 > 0$$

となって sin と cos が混ざった式になってしまうし，$\cos 2\theta = 2\cos^2\theta - 1$ の公式を使っても，

$$(2\cos^2\theta - 1) - 3\sin\theta - 2 > 0$$

となって sin と cos が混ざった式になってしまうね。

だから，ここでは **$\cos 2\theta = 1 - 2\sin^2\theta$ を使う。そうすれば sin だけの式になるね。**

$$(1-2\sin^2\theta)-3\sin\theta-2>0$$

あとは，左辺を因数分解して不等式を解こう。『数学Ⅰ・A編』の **4-6** でやったね。ミサキさん，解いてみて。

「**解答**　(1)

$$\cos 2\theta-3\sin\theta-2>0$$
$$(1-2\sin^2\theta)-3\sin\theta-2>0$$
$$-2\sin^2\theta-3\sin\theta-1>0$$
$$2\sin^2\theta+3\sin\theta+1<0$$
$$(2\sin\theta+1)(\sin\theta+1)<0$$

よって，$-1<\sin\theta<-\frac{1}{2}$

$0\leqq\theta<2\pi$ より，~~$\frac{7}{6}\pi<\theta<\frac{11}{6}\pi$~~」

ちょっと待って。$-1<\sin\theta<-\frac{1}{2}$ だよ。

「はい……。」

イコールが入っていないから，$\sin\theta=-1$ つまり $\theta=\frac{3}{2}\pi$ は含まないんだ。右の図を見てごらん。

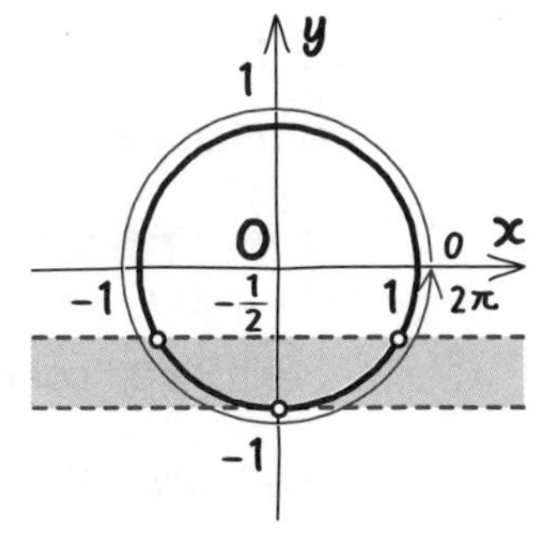

「あっ，そうか……。ダマされた～！

$\underline{\underline{\frac{7}{6}\pi<\theta<\frac{3}{2}\pi,}}$

$\underline{\underline{\frac{3}{2}\pi<\theta<\frac{11}{6}\pi}}$ 

例題 4-14 (1)」

気をつけようね。さて，続いては(2)の $\sin 2\theta-\sin\theta\leqq 0$ だが，**$\sin 2\theta$ の公式としては $\sin 2\theta=2\sin\theta\cos\theta$ しかない。だからこれは sin のみ，または cos のみの式にするのは初めから不可能**だ。sin と cos が混ざった式のままでいこう。

$$\sin 2\theta - \sin\theta \leqq 0$$
$$2\sin\theta\cos\theta - \sin\theta \leqq 0$$
$$\sin\theta(2\cos\theta - 1) \leqq 0$$

「えっ？　でも，この後はどう解けばいいんですか？」

これは 3-26 でやったように考えるんだ。

$AB>0 \iff A$，Bともに正，またはA，Bともに負
$AB<0 \iff A$，Bの一方が正で他方が負

じゃあ，解いていくよ。

解答　(2)
$$\sin 2\theta - \sin\theta \leqq 0$$
$$2\sin\theta\cos\theta - \sin\theta \leqq 0$$
$$\sin\theta(2\cos\theta - 1) \leqq 0$$

よって

$\sin\theta \geqq 0$，$2\cos\theta - 1 \leqq 0$　または　$\sin\theta \leqq 0$，$2\cos\theta - 1 \geqq 0$

つまり，$\sin\theta \geqq 0$，$\cos\theta \leqq \frac{1}{2}$　または　$\sin\theta \leqq 0$，$\cos\theta \geqq \frac{1}{2}$

(i)　$\sin\theta \geqq 0$，$\cos\theta \leqq \frac{1}{2}$ になるのは，

$0 \leqq \theta < 2\pi$ より

$\frac{\pi}{3} \leqq \theta \leqq \pi$

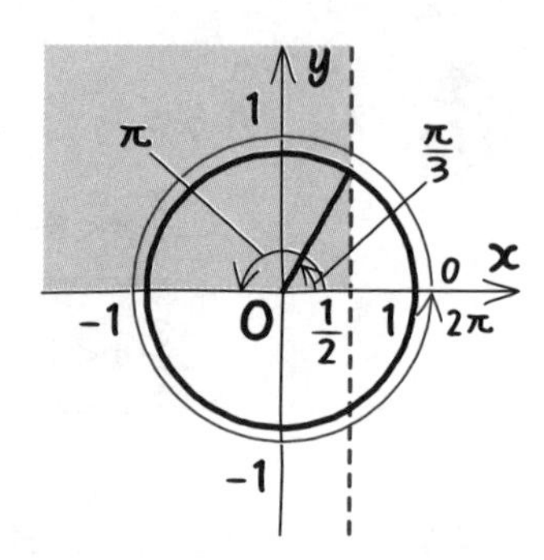

(ii)　$\sin\theta \leqq 0$, $\cos\theta \geqq \frac{1}{2}$ になるのは,

$0 \leqq \theta < 2\pi$ より

$\theta = 0$, $\frac{5}{3}\pi \leqq \theta < 2\pi$

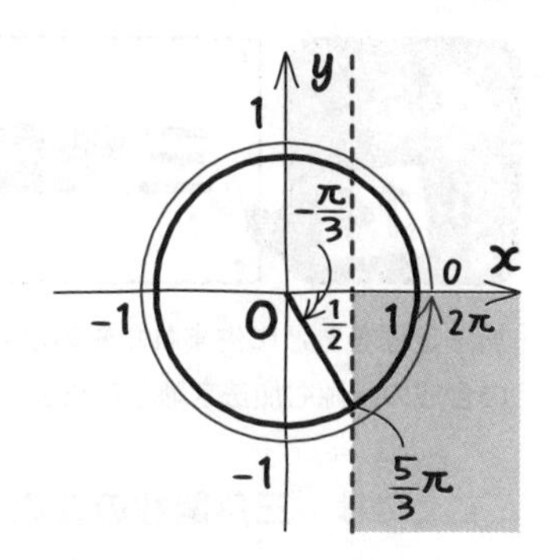

(i), (ii)より

$\boldsymbol{\theta = 0,\ \frac{\pi}{3} \leqq \theta \leqq \pi,\ \frac{5}{3}\pi \leqq \theta < 2\pi}$

例題 4-14 (2)

「sinの条件，cosの条件を両方満たす領域を答えるんですね。」

うん，三角関数の値を頭に入れて，共通の領域をしっかり見きわめよう。

(ii)のところで，$\theta = 0$ を答えに含めるのを忘れないでね。$0 \leqq \theta < 2\pi$ だから，$\theta = 2\pi$ は答えに含まれないけど，$\theta = 0$ は答えに含まれるんだ。

4-14 三角関数の合成

加法定理をもとに生まれたものが2倍角の公式，半角の公式だったね。じつは，三角関数の合成の起源も加法定理なんだよ。

ここでは，**三角関数の合成**という式変形を学んでいくよ。

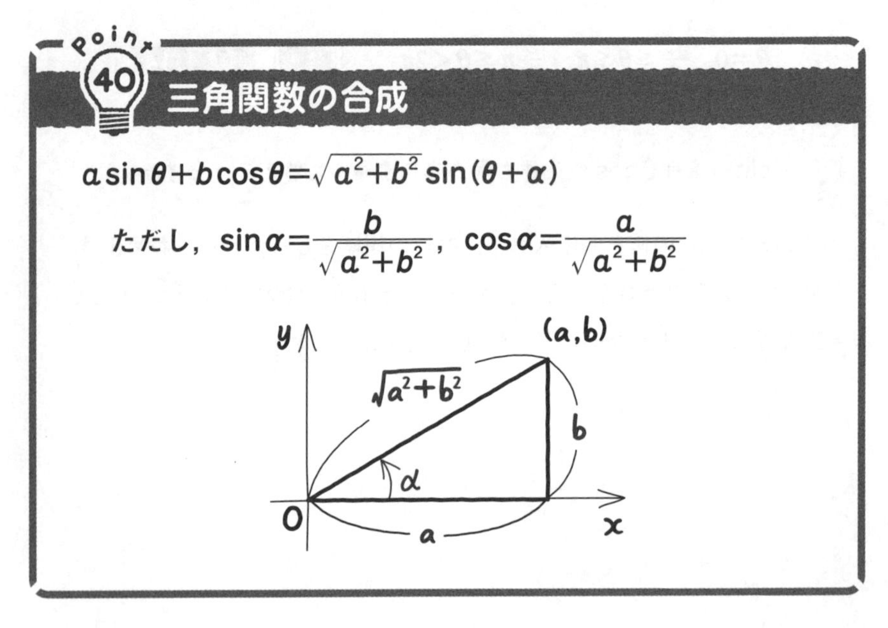

実際に問題を解きながら使いかたを確認していこう。

例題 4-15 定期テスト 出題度 !!! 共通テスト 出題度 !!!

次の式を $r\sin(\theta+\alpha)$ の形に変形せよ。ただし，$r>0$，$0\leqq\alpha<2\pi$ とする。

(1) $\sqrt{3}\sin\theta+\cos\theta$　　(2) $-\sin\theta+\cos\theta$

(3) $\sqrt{3}\sin\theta-3\cos\theta$

(1)は$\sqrt{3}\sin\theta+\cos\theta$だから，
$\sqrt{a^2+b^2}=\sqrt{(\sqrt{3})^2+1^2}=2$だね。

そしてP($\sqrt{3}$，1) という点をとる。右の図の**OPを斜辺とする直角三角形は，底辺が$\sqrt{3}$，高さが1，斜辺が2**になっていることがわかるね。ということは角αの値はどうなるの？

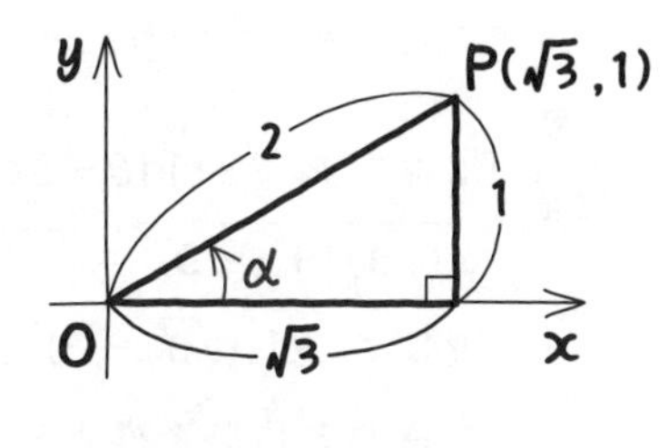

「30°だから，$\frac{\pi}{6}$ですね。」

そうなんだよ。だから$\frac{\pi}{6}$だけ角を足せばいいんだ。

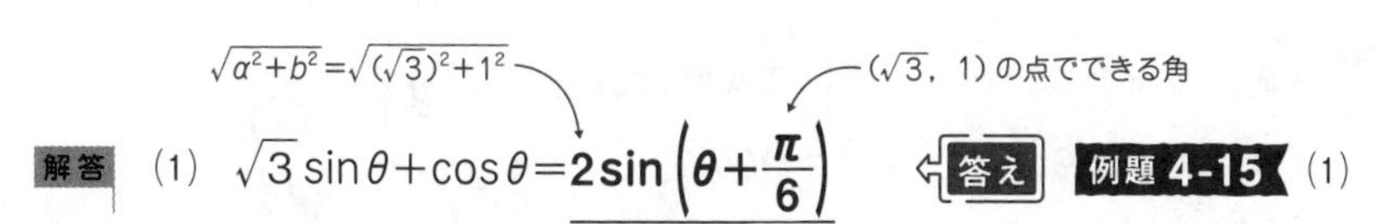

解答 (1) $\sqrt{3}\sin\theta+\cos\theta=\mathbf{2\sin\left(\theta+\frac{\pi}{6}\right)}$ 答え 例題 4-15 (1)

「こうやって解くんですね。合成のしかたがわかりました。」

実際に解いてみると，使いかたがわかってくるものだよね。では(2)の$-\sin\theta+\cos\theta$にいこう。

$-\sin\theta+\cos\theta$より，

係数$\sqrt{a^2+b^2}$は$\sqrt{(-1)^2+1^2}=\sqrt{2}$

そして，点Q(−1，1) という点をとり，直角三角形を作ると右のようになるね。

x軸の正の方向から，反時計回りに測るから，$\alpha=\frac{3}{4}\pi$となるよ。

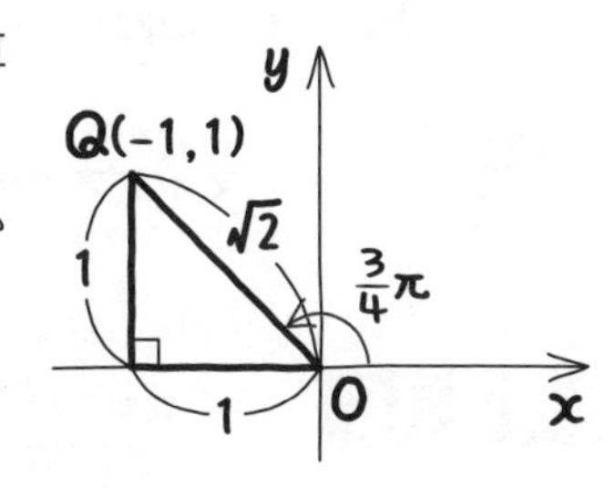

解答 (2) $-\sin\theta+\cos\theta$

$=\mathbf{\sqrt{2}\sin\left(\theta+\frac{3}{4}\pi\right)}$ 答え 例題 4-15 (2)

じゃあ，ミサキさん，(3)をやってみて。

「(3)はまず，$\sqrt{3}\sin\theta-3\cos\theta$より，

$\sqrt{(\sqrt{3})^2+(-3)^2}=\sqrt{12}=2\sqrt{3}$

そして，点R$(\sqrt{3},\ -3)$という点をとって直角三角形を作ると，右のようになって……，あれ？

$\sqrt{3}:3:2\sqrt{3}$ になる角っていくつですか？」

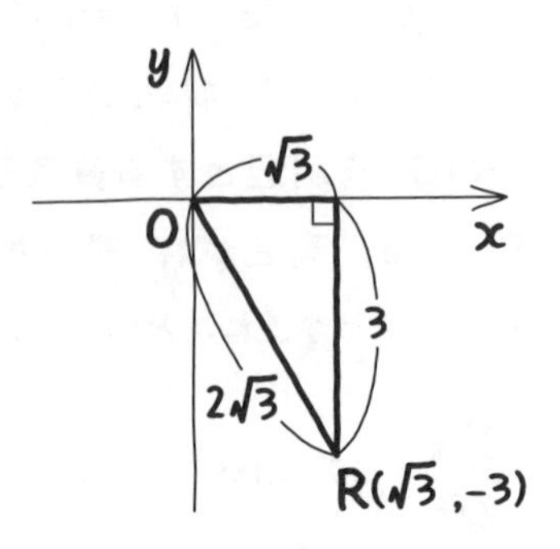

3を $\sqrt{3}\times\sqrt{3}$ と考えてごらん。簡単な比にすると$1:\sqrt{3}:2$になるよ。

「あ，じゃあ60°だ！　そして反時計回りに測るから360°－60°＝300°，

つまり$\alpha=\dfrac{5}{3}\pi$ですね。

解答　(3)　$\sqrt{3}\sin\theta-3\cos\theta$

$$=2\sqrt{3}\sin\left(\theta+\frac{5}{3}\pi\right)$$

答え　例題 4-15 (3)」

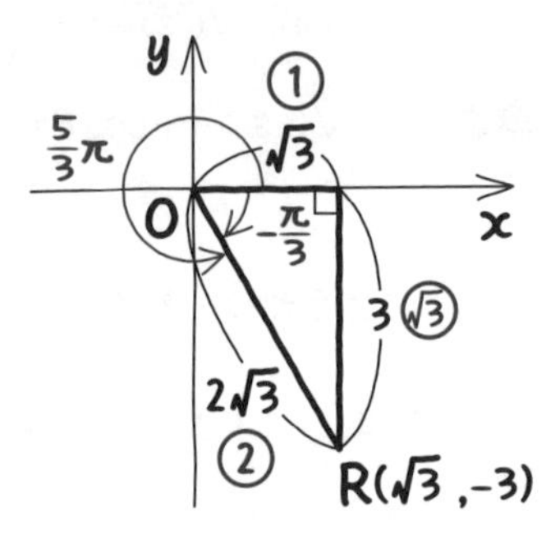

そうだね。また，逆回りで考えて，$2\sqrt{3}\sin\left(\theta-\dfrac{\pi}{3}\right)$ でもいいよ。

「へえー，マイナスの角を使ってもいいんですね。」

例題 4-16

定期テスト 出題度 !!　共通テスト 出題度 !!

$3\sin\theta+4\cos\theta$を$r\sin(\theta+\alpha)$の形に変形せよ。ただし，$r>0$，$0\leqq\alpha<2\pi$とする。

$r=\sqrt{3^2+4^2}=5$ で，点 (3, 4) をとると，右の図のようになるよ。

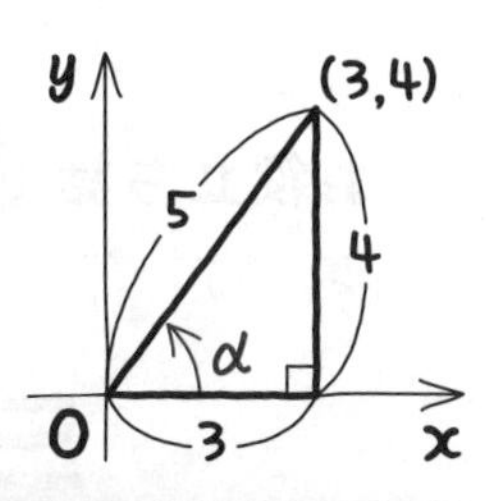

「辺の比が3：4：5の直角三角形か。角αはわからないですね。」

三角関数の値から角がわからないときは，αのままにして，sinαとcosαの値を書いておけばいいんだ。

解答　$3\sin\theta+4\cos\theta=$ **$5\sin(\theta+\alpha)$**

ただし，$\sin\alpha=\dfrac{4}{5}$，$\cos\alpha=\dfrac{3}{5}$

例題 4-16

「なぜsinαとcosαを答えるんですか？」

その理由は2つあるよ。

まず，**α というのはどういう角なのかを説明するためだ**。角の値がわからないとき，sinやcosの値をいうのが一般的なんだ。2つの値をいえば第何象限の角か示せるしね。

もう1つの理由は，**計算していくと後からsinα やcosα が登場することがあるので，そのときに使うため**なんだ。まあ，これはまた 例題 4-19 で出てくるからね。

数Ⅱ 4章

お役立ち話 12

三角関数の合成が成り立つ理由

「$a\sin\theta+b\cos\theta$を合成するときに，sinの係数のaをx座標，cosの係数bをy座標にして点$(a,\ b)$をとるのって変じゃないですか？　これまで『sinはy座標，cosはx座標』ってやってきたのに。」

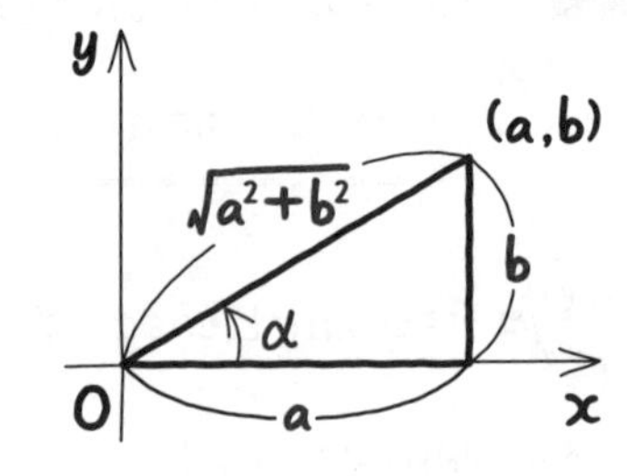

たしかに変に感じるかもしれないね。じゃあ三角関数の合成のしくみを式変形をして見ていこう。

$a\sin\theta+b\cos\theta$という式を$\sqrt{a^2+b^2}$でくくってみよう。

$$a\sin\theta+b\cos\theta=\sqrt{a^2+b^2}\left(\frac{a}{\sqrt{a^2+b^2}}\sin\theta+\frac{b}{\sqrt{a^2+b^2}}\cos\theta\right)$$

ここで，$\dfrac{a}{\sqrt{a^2+b^2}}$を$\cos\alpha$，$\dfrac{b}{\sqrt{a^2+b^2}}$を$\sin\alpha$とすると

$$\begin{aligned}a\sin\theta+b\cos\theta&=\sqrt{a^2+b^2}\left(\underbrace{\frac{a}{\sqrt{a^2+b^2}}}_{\cos\alpha}\sin\theta+\underbrace{\frac{b}{\sqrt{a^2+b^2}}}_{\sin\alpha}\cos\theta\right)\\&=\sqrt{a^2+b^2}\,(\sin\theta\cos\alpha+\cos\theta\sin\alpha)\\&=\sqrt{a^2+b^2}\sin(\theta+\alpha)\end{aligned}$$

加法定理の逆の変形

となるんだよ。

4-15 三角関数の最大，最小

ここから三角関数の最大，最小の問題をやっていくよ。2次関数の最大，最小は『数学Ⅰ・A編』の 3-10 で確認しておこう。

例題 4-17　定期テスト 出題度 !!!　共通テスト 出題度 !!

次の関数の最大値，最小値およびそのときのθの値を求めよ。

(1)　$y=-4\sin\theta+1$　$\left(0\leqq\theta\leqq\dfrac{\pi}{3}\right)$

(2)　$y=\cos 2\theta+2\cos\theta$　$(0\leqq\theta\leqq\pi)$

●sinθ＋■の形の最大・最小は，まずsinθの最大・最小を求めるんだ。●cosθ＋■，●tanθ＋■のときも同様だよ。ではハルトくん，(1)を解いてみて。

「$0\leqq\theta\leqq\dfrac{\pi}{3}$だから，右の図のような範囲なので$\theta=0$のとき，$\sin\theta$は最小値0で，$y=-4\sin\theta+1$も最小値1になって……。」

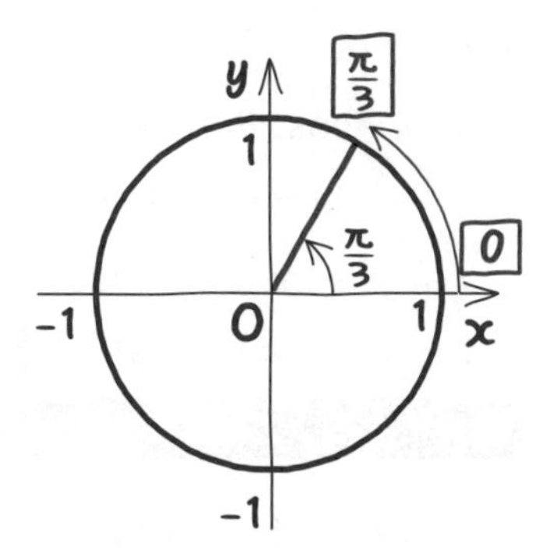

ちょっと待って！　−4倍しているんだから，$\sin\theta$が小さいほどyは大きくなるよ。

「あ，そうか。ということは$\sin\theta$が最小のときyは最大，$\sin\theta$が最大のときyは最小ですね。

解答　(1)　$\theta=0$のとき$\sin\theta$は最小となり最小値は$\sin 0=0$

このとき$y=-4\sin\theta+1$は最大となり$y=1$

$\theta=\frac{\pi}{3}$のとき$\sin\theta$は最大となり最大値は$\sin\frac{\pi}{3}=\frac{\sqrt{3}}{2}$

このとき$y=-4\sin\theta+1$は最小となり$y=-2\sqrt{3}+1$

よって，**$\theta=0$のとき，yの最大値1**

$\theta=\frac{\pi}{3}$のとき，yの最小値$-2\sqrt{3}+1$

答え　例題 4-17 (1)」

よくできました。じゃあ，(2)の$y=\cos 2\theta+2\cos\theta$ $(0\leqq\theta\leqq\pi)$ にいってみよう。これは**2倍角の公式を使う問題だね。$\cos 2\theta$ を変えよう。**例題 4-14 の(1)と違って$\cos 2\theta=1-2\sin^2\theta$ とすると，sinとcosが混ざっちゃうから解きにくくなりそうだ。**$\cos 2\theta=2\cos^2\theta-1$ を使うと，$\cos\theta$ のみの式になるね。**

$$
\begin{aligned}
y&=\cos 2\theta+2\cos\theta\\
&=(2\cos^2\theta-1)+2\cos\theta\\
&=2\cos^2\theta+2\cos\theta-1
\end{aligned}
$$

あとは『数学Ⅰ・A編』の 4-9 と同じだ。**$\cos\theta=t$とおくと，tの2次関数になる。2次関数の最大・最小といえば平方完成**だね。

$$y=2t^2+2t-1=2\left(t+\frac{1}{2}\right)^2-\frac{3}{2}$$

まだ，もう1つやらなければならないことがあるよ。

“おき換えをしたら，残る文字の範囲を求める”というのがあった。

「あっ，tの範囲を求めるということですね。」

そういうことだ。$0 \leqq \theta \leqq \pi$ を単位円で確認すると右のようになる。

$-1 \leqq \cos\theta \leqq 1$ だから，$-1 \leqq t \leqq 1$ だね。これで2次関数のグラフとtの範囲の両方を使って解くんだ。

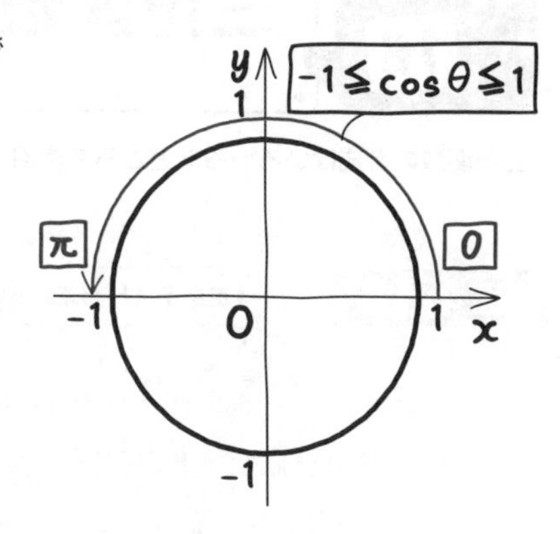

解答 (2) $y=\cos 2\theta+2\cos\theta$

$=(2\cos^2\theta-1)+2\cos\theta$

$=2\cos^2\theta+2\cos\theta-1$

$\cos\theta=t$とおくと，

$y=2t^2+2t-1=2(t^2+t)-1$

$=2\left\{\left(t+\dfrac{1}{2}\right)^2-\dfrac{1}{4}\right\}-1=2\left(t+\dfrac{1}{2}\right)^2-\dfrac{3}{2}$

ここで，$0 \leqq \theta \leqq \pi$ だから，

$-1 \leqq \cos\theta \leqq 1$，すなわち，$-1 \leqq t \leqq 1$

よって，$t=-\dfrac{1}{2}$のとき

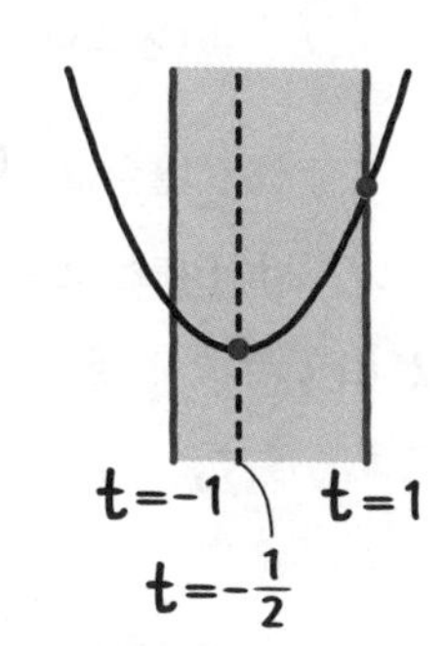

最小値$-\dfrac{3}{2}$

このとき$\cos\theta=-\dfrac{1}{2}$ より　**$\theta=\dfrac{2}{3}\pi$**

例題 4-17 (2)

また，$t=1$のとき

$y=2\cdot1^2+2\cdot1-1=3$　より

最大値　3

このとき$\cos\theta=1$より　**$\theta=0$**

例題 4-17 (2)

三角関数の合成を使った式

三角関数の合成はいろいろなところで応用がきくよ。

例題 4-18　定期テスト 出題度 ❗❗❗　共通テスト 出題度 ❗❗

$y=\sin\theta+\sqrt{3}\cos\theta-1\ (0\leqq\theta\leqq\pi)$ について，次の問いに答えよ。

(1)　$y<0$ を満たす θ の範囲を求めよ。

(2)　y の最大値，最小値およびそのときの θ を求めよ。

「$\sin\theta$ と $\cos\theta$ が混ざった式ですね……。」

こういう場合は，4-14 で教えた三角関数の合成を使おう。$\sin\underline{\underline{\theta}}$ と $\cos\underline{\underline{\theta}}$ とか，$\sin\underline{\underline{5\theta}}$ と $\cos\underline{\underline{5\theta}}$ とか**角の等しいsinとcosが出てきたときは，三角関数の合成**が使えるからね。まず，三角関数の合成を使って式を変形すれば

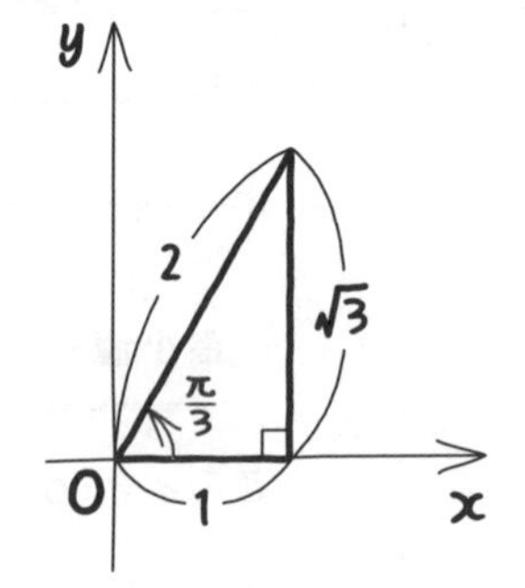

$$y=\sin\theta+\sqrt{3}\cos\theta-1$$
$$=2\sin\left(\theta+\frac{\pi}{3}\right)-1<0$$

右の図から三角関数を合成

だから，$\sin\left(\theta+\frac{\pi}{3}\right)<\frac{1}{2}$ ということになる。

$\theta+\frac{\pi}{3}$ の範囲を求めると，$0\leqq\theta\leqq\pi$ より，$\frac{\pi}{3}\leqq\theta+\frac{\pi}{3}\leqq\frac{4}{3}\pi$ で，この範囲を単位円になぞっておこう。

そして，$\sin\left(\theta+\frac{\pi}{3}\right)<\frac{1}{2}$ ということは，y 座標が $\frac{1}{2}$ より小さいときを調べればいい。

解答 (1) $y<0$ を満たすから

$\sin\theta+\sqrt{3}\cos\theta-1<0$

$2\sin\left(\theta+\dfrac{\pi}{3}\right)-1<0$

$\sin\left(\theta+\dfrac{\pi}{3}\right)<\dfrac{1}{2}$ ……①

$0\leqq\theta\leqq\pi$ より,

$\dfrac{\pi}{3}\leqq\theta+\dfrac{\pi}{3}\leqq\dfrac{4}{3}\pi$ だから,

①を満たすのは

$\dfrac{5}{6}\pi<\theta+\dfrac{\pi}{3}\leqq\dfrac{4}{3}\pi$

よって, $\boldsymbol{\dfrac{\pi}{2}<\theta\leqq\pi}$ ⇦ 答え 例題 4-18 (1)

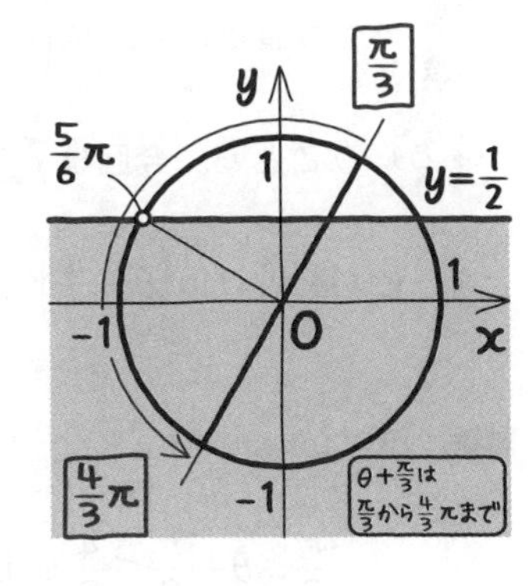

最後のところは大丈夫かな? $\dfrac{5}{6}\pi<\theta+\dfrac{\pi}{3}\leqq\dfrac{4}{3}\pi$ と求められたあと, すべての辺から $\dfrac{\pi}{3}$ を引くと, $\dfrac{\pi}{2}<\theta\leqq\pi$ というわけだ。

「例題 4-4 の(2)でやりましたね。OKです。」

よかった(笑)。続いて(2)だ。まず, 三角関数を合成して

$y=2\sin\left(\theta+\dfrac{\pi}{3}\right)-1$

この式は, ●sin+■の形だから, まずsinの部分の最大・最小を考えよう。

$\dfrac{\pi}{3}\leqq\theta+\dfrac{\pi}{3}\leqq\dfrac{4}{3}\pi$ より,

この範囲を単位円になぞって,

$\sin\left(\theta+\dfrac{\pi}{3}\right)$, つまり$y$座標の最大, 最小を考える。

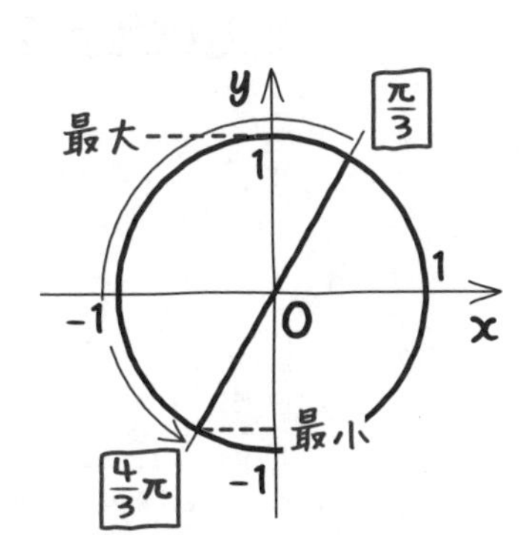

$\theta+\dfrac{\pi}{3}=\dfrac{\pi}{2}$ のとき，つまり $\theta=\dfrac{\pi}{6}$ のとき $\sin\left(\theta+\dfrac{\pi}{3}\right)$ の最大値は1になるね。

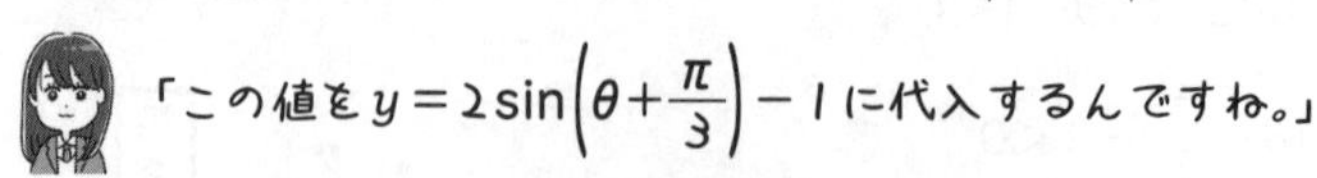

そういうことだ。今回は **例題 4-17** の(1)と違って，$\sin\left(\theta+\dfrac{\pi}{3}\right)$ が最大のとき，y は最大。$\sin\left(\theta+\dfrac{\pi}{3}\right)$ が最小のとき，y は最小となるよ。

解答　(2)　$y=\sin\theta+\sqrt{3}\cos\theta-1=2\sin\left(\theta+\dfrac{\pi}{3}\right)-1$

$\dfrac{\pi}{3}\leqq\theta+\dfrac{\pi}{3}\leqq\dfrac{4}{3}\pi$ より，

$\theta+\dfrac{\pi}{3}=\dfrac{\pi}{2}$，つまり

$\theta=\dfrac{\pi}{6}$ のとき， $\sin\left(\theta+\dfrac{\pi}{3}\right)=1$

$y=2\cdot1-1=1$ なので

yの最大値1　⇦答え　**例題 4-18** (2)

$\theta+\dfrac{\pi}{3}=\dfrac{4}{3}\pi$，つまり

$\theta=\pi$ のとき， $\sin\left(\theta+\dfrac{\pi}{3}\right)=-\dfrac{\sqrt{3}}{2}$

$y=2\cdot\left(-\dfrac{\sqrt{3}}{2}\right)-1=-\sqrt{3}-1$ なので

yの最小値$-\sqrt{3}-1$　⇦答え　**例題 4-18** (2)

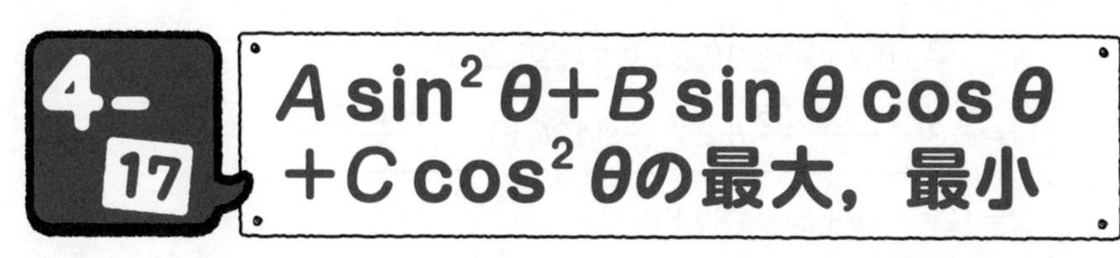

これを初見で解ける人はほとんどいないはず。知っている人の間では有名な問題だよ。

例題 4-19 定期テスト 出題度 !! 共通テスト 出題度 !!!

次の□にあてはまる符号または0～9までの数字を答えよ。

$y=-3\sin^2\theta+24\sin\theta\cos\theta+7\cos^2\theta\ \left(0\leqq\theta\leqq\frac{\pi}{2}\right)$ は最大値が［アイ］

である。また，最小値は［ウエ］で，このとき$\theta=\frac{［オ］}{［カ］}\pi$である。

$A\sin^2\theta+B\sin\theta\cos\theta+C\cos^2\theta$の最大，最小を考えるよ。**$A\sin^2\theta$か$C\cos^2\theta$の一方が欠けていることもあるけど，やりかたは同じでいいよ。**

2倍角の公式，半角の公式，三角関数の合成を使って，求めるんだ。

まず，真ん中の$24\sin\theta\cos\theta$だけど，$\sin\theta\cos\theta$が登場する公式といえば，4-12 で登場した。

2倍角の公式　$\sin2\theta=2\sin\theta\cos\theta$

があったね。つまり，**$\sin\theta\cos\theta=\frac{1}{2}\sin2\theta$** ということだ。

$$24\sin\theta\cos\theta=12\sin2\theta$$

すると，右辺の真ん中の項だけ角が2θになって角がそろわなくなる。だから，$-3\sin^2\theta$や$+7\cos^2\theta$も角を2θに変えるには，

半角の公式のαを2αにした，

$$\sin^2\alpha=\frac{1-\cos2\alpha}{2},\quad \cos^2\alpha=\frac{1+\cos2\alpha}{2}$$

を使えばいい。これらを使って計算してみると，次のようになるよ。

$$y=-3\sin^2\theta+24\sin\theta\cos\theta+7\cos^2\theta$$
$$=-3\cdot\frac{1-\cos 2\theta}{2}+24\cdot\frac{1}{2}\sin 2\theta+7\cdot\frac{1+\cos 2\theta}{2}$$
$$=12\sin 2\theta+5\cos 2\theta+2$$

「角が2θにそろって，だいぶ簡単になりましたね。」

そうだね。同じ角でsinとcosが混ざっていたら，「**合成**」をすればいい。例題 4-16で説明したよね。有名角でないのでαを使う。

$$y=12\sin 2\theta+5\cos 2\theta+2$$
$$=13\sin(2\theta+\alpha)+2$$

ただし，$\sin\alpha=\frac{5}{13}$，$\cos\alpha=\frac{12}{13}$

になるよ。いきなり$13\sin(2\theta+\alpha)+2$の最大，最小を求めるのは無理なので，**まず，$\sin(2\theta+\alpha)$の最大，最小を求めよう**。

「例題 4-18 (2)と同じ流れですね。」

まず，**$2\theta+\alpha$の角の範囲**を求める。$0\leqq\theta\leqq\frac{\pi}{2}$より，$0\leqq 2\theta\leqq\pi$だから，$\alpha\leqq 2\theta+\alpha\leqq\pi+\alpha$になる。

そして，その範囲を考えるのだが，角αの値はわからないよね。

「そうですよね……。どうやって考えるのですか？」

角αの値はわからないけど，$\sin\alpha=\frac{5}{13}$，$\cos\alpha=\frac{12}{13}$で，$\cos\alpha$が1に近いからけっこう小さめの角だね。だいたい20°くらいかな？　よくわからないけど（笑）。

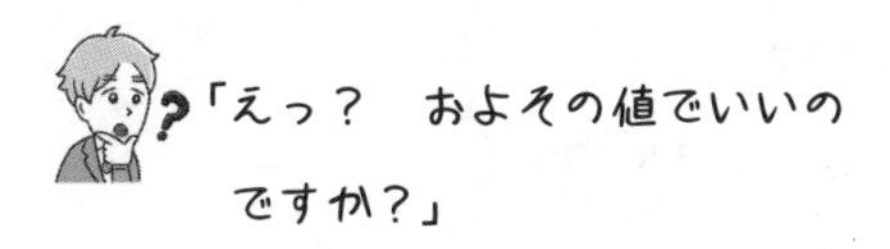
「えっ？　およその値でいいのですか？」

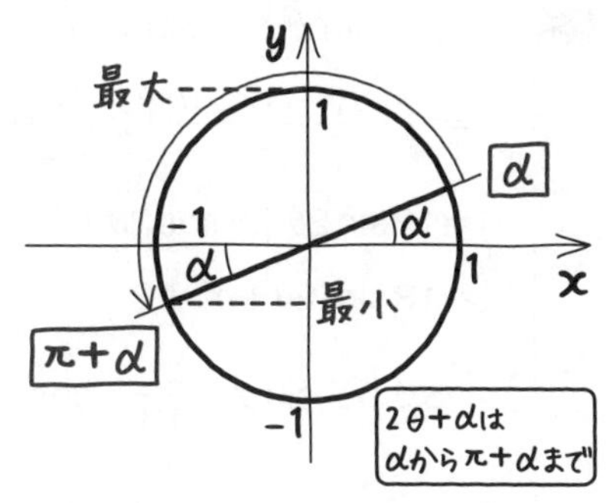

いいよ。問題ない。図にかくと，こうだよね。$\sin(2\theta+\alpha)$の最大はどこ？

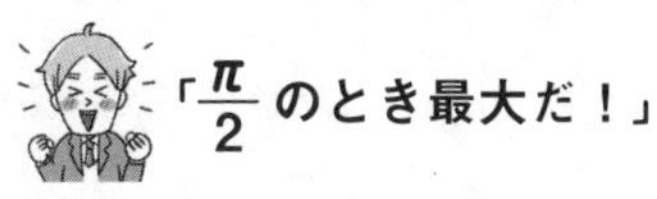
「$\dfrac{\pi}{2}$のとき最大だ！」

そうだね。$2\theta+\alpha$が$\dfrac{\pi}{2}$になるときsinが最大だ。1になるね。

一方，$2\theta+\alpha$が$\pi+\alpha$になるときsinが最小だね。

「あれっ？　でも，$\pi+\alpha$のときのsinの値っていくつなんだろう？」

「つまり，$\sin(\pi+\alpha)$の値だから……。あっ，ひょっとして$\sin(180°+\theta)=-\sin\theta$の公式ですか？」

そう。**4-5** で登場したよね。$\sin(\pi+\alpha)=-\sin\alpha$になる。

「あっ！　合成したときに，$\sin\alpha=\dfrac{5}{13}$を求めたのがここで役立つんですね。」

そうなんだ。つまり，$\sin(2\theta+\alpha)$の最小値は$-\dfrac{5}{13}$だ。

もし公式を思いつかなかったとしても，右上の図から判断できるよ。αのときのy座標は$\sin\alpha$，つまり$\dfrac{5}{13}$だよね。$\pi+\alpha$は原点に対してαと対称な位置だからy座標は$-\dfrac{5}{13}$になるはずだ。だから$\sin(2\theta+\alpha)$の最小値は$-\dfrac{5}{13}$になるんだよ。

解答　$y=-3\sin^2\theta+24\sin\theta\cos\theta+7\cos^2\theta$

$=-3\cdot\dfrac{1-\cos 2\theta}{2}+24\cdot\dfrac{1}{2}\sin 2\theta+7\cdot\dfrac{1+\cos 2\theta}{2}$

$=12\sin 2\theta+5\cos 2\theta+2$

$=13\sin(2\theta+\alpha)+2$

ただし，$\sin\alpha=\dfrac{5}{13}$，$\cos\alpha=\dfrac{12}{13}$

$0\leqq\theta\leqq\dfrac{\pi}{2}$で，$\alpha\leqq 2\theta+\alpha\leqq\pi+\alpha$より，

$2\theta+\alpha=\dfrac{\pi}{2}$のとき，$\sin(2\theta+\alpha)=1$となり，

yの最大値は$y=13\cdot 1+2=\mathbf{15}$

$2\theta+\alpha=\pi+\alpha$，つまり，$\boldsymbol{\theta=\dfrac{1}{2}\pi}$のとき，

$\sin(2\theta+\alpha)=-\dfrac{5}{13}$となり，

yの最小値は$y=13\cdot\left(-\dfrac{5}{13}\right)+2=\mathbf{-3}$

アイ…**15,**　ウエ…**−3,**　オ…**1,**　カ…**2**

4-18 $\sin\theta+\cos\theta$ と $\sin\theta\cos\theta$ が登場する式

$\sin\theta+\cos\theta$ を文字でおき換えて解く問題と，4-17 の問題は，三角関数の応用問題としては定番なんだ。しっかりおさえておこう。

例題 4-20 定期テスト 出題度 !! 共通テスト 出題度 !!!

関数 $y=2\sin 2\theta+\sin\theta+\cos\theta\ (0\leqq\theta<2\pi)$ について，次の問いに答えよ。

(1) $\sin\theta+\cos\theta=t$ とおくとき，y を t を用いて表せ。

(2) y の最小値を求めよ。

(3) y の最大値と，そのときの θ の値を求めよ。

角が θ と 2θ だから，まず，角を θ にそろえよう。

2倍角の公式より，$\sin 2\theta=2\sin\theta\cos\theta$ だから，もとの式はこうなるね。

$$y=4\sin\theta\cos\theta+\sin\theta+\cos\theta$$

さて(1)だが，まず，**$\sin\theta+\cos\theta=t$ の両辺を2乗して，$\sin\theta\cos\theta$ について解いてみて。**

「$\sin\theta+\cos\theta=t$ より，

$$(\sin\theta+\cos\theta)^2=t^2$$

$$\sin^2\theta+2\sin\theta\cos\theta+\cos^2\theta=t^2$$

$\sin^2\theta+\cos^2\theta=1$

$$1+2\sin\theta\cos\theta=t^2$$

$$\sin\theta\cos\theta=\frac{t^2-1}{2}$$ です。」

そうだね。これで $y=4\sin\theta\cos\theta+\sin\theta+\cos\theta$ を t で表せる。『数学Ⅰ・A編』の 4-7 でやった $(\sin\theta+\cos\theta)^2=1+2\sin\theta\cos\theta$ という公式を使ってもいいよ。

解答 (1) $\sin\theta+\cos\theta=t$の両辺を2乗すると

$$(\sin\theta+\cos\theta)^2=t^2$$

$$1+2\sin\theta\cos\theta=t^2$$

$$2\sin\theta\cos\theta=t^2-1$$

$\sin\theta\cos\theta=\dfrac{t^2-1}{2}$ より

$$y=2\sin2\theta+\sin\theta+\cos\theta$$

$$=4\sin\theta\cos\theta+\sin\theta+\cos\theta$$

$$y=4\cdot\frac{t^2-1}{2}+t$$

$$\mathbf{y=2t^2+t-2}$$ ⇦答え 例題 4-20 (1)

「yはtの2次関数になるんですね。そうすると，平方完成すれば(2), (3)の最大，最小が求められますね。」

例題 4-17 (2)と同じだ。あとでちゃんと計算するけど結果からいうと，

$$y=2\left(t+\frac{1}{4}\right)^2-\frac{17}{8}$$

になる。そして，**おき換えをしたので，tの範囲を求める。**

「あっ，またか……。この理屈，よく出るなぁ。」

よく出るからこそ，しっかり覚えておこう。さて，tの範囲だが，

$-1\leqq\sin\theta\leqq1$，$-1\leqq\cos\theta\leqq1$より，$-2\leqq\sin\theta+\cos\theta\leqq2$とする人が多いんだけど，全然違うんだ。そもそも$\sin\theta$と$\cos\theta$が同時に1になるなんてことはないからね。

「じゃあ，どうやって求めればいいのですか？」

$\sin\underline{\underline{\theta}}+\cos\underline{\underline{\theta}}$ の形といえば**合成**だ。

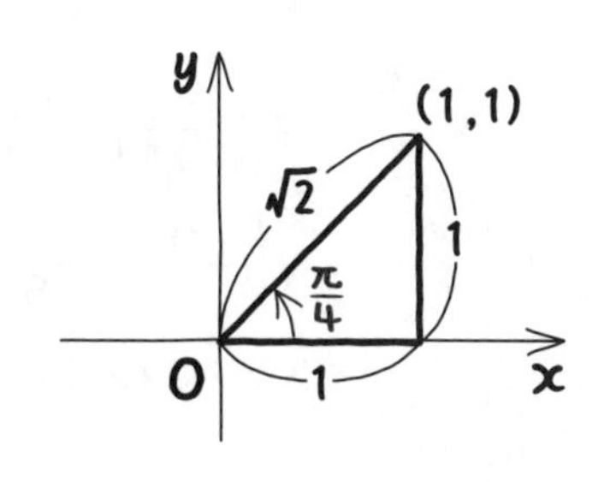

$$t=\sin\theta+\cos\theta$$
$$=\sqrt{2}\sin\left(\theta+\frac{\pi}{4}\right)$$

例題 4-18 (2)でも出てきた通り，先に

$\sin\left(\theta+\frac{\pi}{4}\right)$ の範囲を求めてから，

$t=\sqrt{2}\sin\left(\theta+\frac{\pi}{4}\right)$ の範囲を求めよう。

まず，$\theta+\frac{\pi}{4}$ の範囲を求める。

$0\leqq\theta<2\pi$ だから，

$$\frac{\pi}{4}\leqq\theta+\frac{\pi}{4}<\frac{9}{4}\pi$$

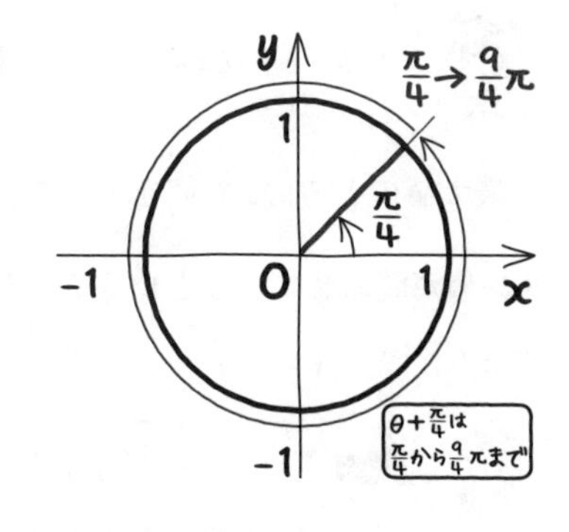

次に，この範囲内でsinの範囲，つまりy座標の範囲を求めるんだよね。

$$-1\leqq\sin\left(\theta+\frac{\pi}{4}\right)\leqq1$$

そして，tは$\sin\left(\theta+\frac{\pi}{4}\right)$ の $\sqrt{2}$ 倍だよね。

$-\sqrt{2}\leqq t\leqq\sqrt{2}$ になる。あとは，**グラフをかいて，$-\sqrt{2}\leqq t\leqq\sqrt{2}$ の範囲で最大，最小を求めればいい。**

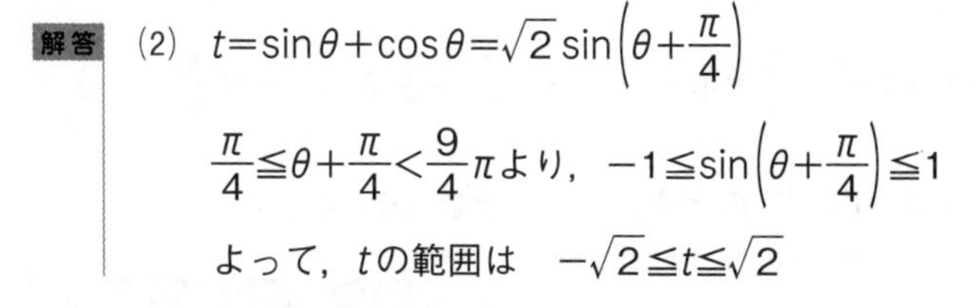

解答 (2) $t=\sin\theta+\cos\theta=\sqrt{2}\sin\left(\theta+\frac{\pi}{4}\right)$

$\frac{\pi}{4}\leqq\theta+\frac{\pi}{4}<\frac{9}{4}\pi$ より，$-1\leqq\sin\left(\theta+\frac{\pi}{4}\right)\leqq1$

よって，tの範囲は　$-\sqrt{2}\leqq t\leqq\sqrt{2}$

数Ⅱ 4章

$$y=2t^2+t-2$$
$$=2\left(t^2+\frac{1}{2}t\right)-2$$
$$=2\left\{\left(t+\frac{1}{4}\right)^2-\frac{1}{16}\right\}-2$$
$$=2\left(t+\frac{1}{4}\right)^2-\frac{17}{8}$$

グラフは右の図。

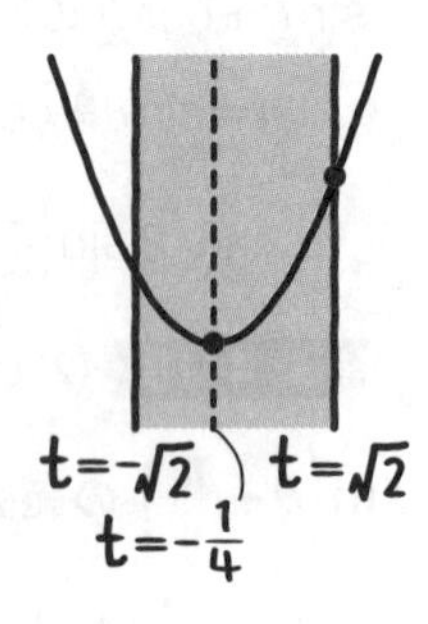

よって，$t=-\frac{1}{4}$ のとき，**yの最小値$-\frac{17}{8}$**

答え　例題 4-20 (2)

「(3)は，θの値をどうやって求めるんですか？」

最大値のときのtの値を，合成したあとの$\sqrt{2}\sin\left(\theta+\frac{\pi}{4}\right)$ に戻せばいいよ。θの値が問われているということは，よく知っている値だってことだよ。ミサキさん，やってみて。

「解答　(3)　(2)のグラフより，

最大値をとるのは，$t=\sqrt{2}$ のときで，

$y=2t^2+t-2=2\underline{(\sqrt{2})^2}_{t^2}+\underline{\sqrt{2}}_{t}-2=2+\sqrt{2}$

$t=\sqrt{2}\sin\left(\theta+\frac{\pi}{4}\right)=\sqrt{2}$ だから，

$$\sin\left(\theta+\frac{\pi}{4}\right)=1$$

$\frac{\pi}{4}\leqq\theta+\frac{\pi}{4}<\frac{9}{4}\pi$ だから，$\theta+\frac{\pi}{4}=\frac{\pi}{2}$ より，$\theta=\frac{\pi}{4}$

よって，**$\theta=\frac{\pi}{4}$ のとき，yの最大値$2+\sqrt{2}$**

答え　例題 4-20 (3)」

「$\sin\theta$, $\cos\theta$, $\sin\theta\cos\theta$ の他に, $\sin^2\theta$ や $\cos^2\theta$ も含まれているときは, どう解けばいいのですか?」

例題 4-19 と **例題 4-20** が混ざったような式のときだね。そのときは, **例題 4-20** と同様に **"$\sin\theta$ と $\cos\theta$ の部分" を t とおいて解けばいいよ。**

例題 4-21　定期テスト 出題度 !　共通テスト 出題度 !!!

関数 $y=\sin\theta-2\sin^2\theta-\sqrt{3}\cos\theta-2\sqrt{3}\sin\theta\cos\theta$ $(0\leqq\theta\leqq\pi)$ について, 次の問いに答えよ。

(1) $\sin\theta-\sqrt{3}\cos\theta=t$ とおくとき, y を t を用いて表せ。

(2) y の最大値と, そのときの θ の値を求めよ。

(3) y の最小値を求めよ。

まず, (1)のようにおけばいい。次に, $\sin\theta-\sqrt{3}\cos\theta=t$ の両辺を2乗すると,

$$\sin^2\theta-2\sqrt{3}\sin\theta\cos\theta+3\cos^2\theta=t^2$$

になる。

「t とおいた残りの部分は $\sin^2\theta$ や $\sin\theta\cos\theta$ なのに, $\cos^2\theta$ が出ちゃいましたよ。」

うん。そうしたら, $\cos^2\theta$ を $1-\sin^2\theta$ に変えればいいだけだ。

解答 (1) $\sin\theta-\sqrt{3}\cos\theta=t$ より

$$(\sin\theta-\sqrt{3}\cos\theta)^2=t^2$$

$$\sin^2\theta-2\sqrt{3}\sin\theta\cos\theta+3\cos^2\theta=t^2$$

$$\sin^2\theta-2\sqrt{3}\sin\theta\cos\theta+3(1-\sin^2\theta)=t^2$$

$$\sin^2\theta-2\sqrt{3}\sin\theta\cos\theta+3-3\sin^2\theta=t^2$$

$-2\sin^2\theta-2\sqrt{3}\sin\theta\cos\theta=t^2-3$ より

$y=\sin\theta-2\sin^2\theta-\sqrt{3}\cos\theta-2\sqrt{3}\sin\theta\cos\theta$

$y=t-2\sin^2\theta-2\sqrt{3}\sin\theta\cos\theta$

$\boldsymbol{y=t^2+t-3}$ ⇦答え 例題 4-21 (1)

(2) $t=\sin\theta-\sqrt{3}\cos\theta$

$=2\sin\left(\theta-\dfrac{\pi}{3}\right)$

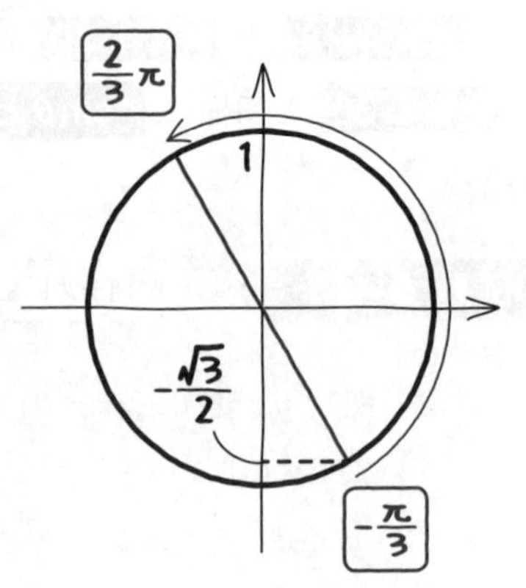

$-\dfrac{\pi}{3}\leqq\theta-\dfrac{\pi}{3}\leqq\dfrac{2}{3}\pi$ より,

$-\dfrac{\sqrt{3}}{2}\leqq\sin\left(\theta-\dfrac{\pi}{3}\right)\leqq 1$

よって，tの範囲は　$-\sqrt{3}\leqq t\leqq 2$

$y=\left(t+\dfrac{1}{2}\right)^2-\dfrac{1}{4}-3$

$=\left(t+\dfrac{1}{2}\right)^2-\dfrac{13}{4}$

グラフは右の図。

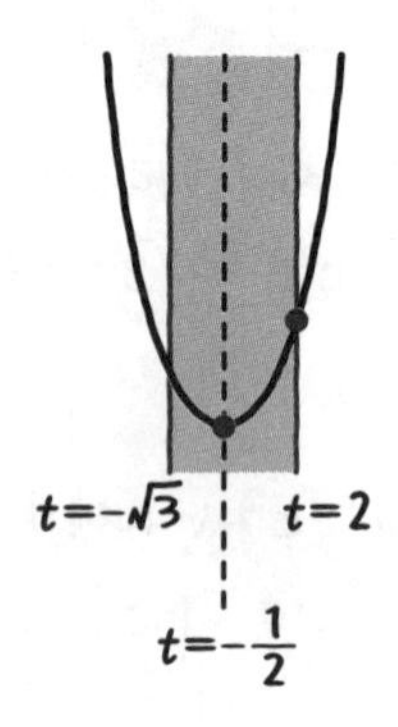

$t=2$のとき，最大値 3

$t=2\sin\left(\theta-\dfrac{\pi}{3}\right)=2$ より

$\sin\left(\theta-\dfrac{\pi}{3}\right)=1$

$\theta-\dfrac{\pi}{3}=\dfrac{\pi}{2}$

$\theta=\dfrac{5}{6}\pi$

$\theta=\dfrac{5}{6}\pi$ のとき，yの最大値 3 ⇦答え 例題 4-21 (2)

(3) $t=-\dfrac{1}{2}$ のとき，**yの最小値 $-\dfrac{13}{4}$** ⇦答え 例題 4-21 (3)

4-19 和→積，積→和の公式

和（または差）を積の形にしたり，積を和（または差）の形にしたりできるよ。高校3年間で最も面倒くさい公式が登場するよ。

さて，ここは誰もがいやになるところだ。次の複雑な公式を覚えなきゃいけないからね。

Point 41 和と積の公式

和→積の公式

$$\cos A+\cos B=2\cos\frac{A+B}{2}\cos\frac{A-B}{2}$$

$$\sin A+\sin B=2\sin\frac{A+B}{2}\cos\frac{A-B}{2}$$

$$\sin A-\sin B=2\cos\frac{A+B}{2}\sin\frac{A-B}{2}$$

$$\cos A-\cos B=-2\sin\frac{A+B}{2}\sin\frac{A-B}{2}$$

積→和の公式

$$\cos\alpha\cos\beta=\frac{1}{2}\{\cos(\alpha+\beta)+\cos(\alpha-\beta)\}$$

$$\sin\alpha\cos\beta=\frac{1}{2}\{\sin(\alpha+\beta)+\sin(\alpha-\beta)\}$$

$$\cos\alpha\sin\beta=\frac{1}{2}\{\sin(\alpha+\beta)-\sin(\alpha-\beta)\}$$

$$\sin\alpha\sin\beta=-\frac{1}{2}\{\cos(\alpha+\beta)-\cos(\alpha-\beta)\}$$

「えーっ……！　こんなに公式，覚えられない……。」

「和→積，積→和の公式が4つずつの計8個か。キツい！」

そうだね。でも，形はそれぞれ同じなんだよね。**まず，すべてcosになっているのが1つずつあるよね。その形を覚えよう。**

和→積：$\cos A+\cos B=2\cos\frac{A+B}{2}\cos\frac{A-B}{2}$ ……❶

積→和：$\cos\alpha\cos\beta=\frac{1}{2}\{\cos(\alpha+\beta)+\cos(\alpha-\beta)\}$ ……❷

「まぁ，この2つくらいなら……。」

そして，あとは**和と積の組合せを覚えればいい**んだ。この組合せを覚えられない！　という人は下の表のゴロ合わせで覚えればいいよ。

和 ⇄	積
sin ＋ sin 咲いた　咲いた	sin × cos 桜と　コスモス
sin －sin さっと咲かない	cos × sin コスモス咲いた
cos －cos この冬越さずに	－sin × sin 咲かない桜

“咲かない”や“越さずに”は否定形だから，マイナスになるというわけだ。和→積の公式では❶をベースに，この表の組合せでsinやcosを変えればいい。

「あっ，これいいですね。」

「でも，桜は春だし，コスモスは秋桜だから一緒には咲かないですよ。」

まぁ，カタイことはいわないで（笑）。

積→和の公式では❷をベースに，表の組合せを右から左に読めばいいよ。

いちばん下のものは$-\sin\alpha\sin\beta=\frac{1}{2}\{\cos(\alpha+\beta)-\cos(\alpha-\beta)\}$ になってしまうけど，両辺を-1倍すれば公式通りになるからね。

例題 4-22 定期テスト 出題度 ❗❗ 共通テスト 出題度 ❗

次の値を求めよ。

(1) $\cos 25°-\cos 35°+\cos 95°$

(2) $\sin 20°\sin 40°\sin 80°$

(1)は，まず，$\cos 25°$ と $\cos 95°$ を足そう。そして，和→積の公式だ。

解答 (1) $\cos 25°-\cos 35°+\cos 95°$

$=(\cos 25°+\cos 95°)-\cos 35°$

$=2\cos\frac{25°+95°}{2}\cos\frac{25°-95°}{2}-\cos 35°$

$=2\cos 60°\cos(-35°)-\cos 35°$

$\cos 60°$ は $\frac{1}{2}$ だね。このように，**値がわかる三角比はその値を使うんだよ。** $\cos(-35°)$ の値はわからないが，$\cos(-\theta)=\cos\theta$ の公式を使えば，$\cos 35°$ とすることはできる。

$=2\cdot\frac{1}{2}\cos 35°-\cos 35°$

$=\cos 35°-\cos 35°$

$=\underline{\underline{0}}$ ⇐答え 例題 4-22 (1)

きれいな答えになったね。次に(2)だが，まず，$\sin 40°$ と $\sin 80°$ を掛けよう。そして，積→和の公式を使えばいいよ。ハルトくん，やってみて。

「解答　(2)　$\sin 20^\circ \sin 40^\circ \sin 80^\circ$

$$= \sin 20^\circ \cdot \left(-\frac{1}{2}\right)\{\cos 120^\circ - \cos(-40^\circ)\}$$

40° ＋80°

40° －80°

$$= \sin 20^\circ \cdot \left(-\frac{1}{2}\right) \cdot \left(-\frac{1}{2} - \cos 40^\circ\right)$$

$$= \frac{1}{4}\sin 20^\circ + \frac{1}{2}\sin 20^\circ \cos 40^\circ$$

あれ？　ここからはどうすれば……？」

$\sin 20^\circ \cos 40^\circ$ のところで，もう１回積→和の公式を使うよ。

「

$$= \frac{1}{4}\sin 20^\circ + \frac{1}{2} \cdot \frac{1}{2}\{\sin 60^\circ + \sin(-20^\circ)\}$$

20° ＋40°

20° －40°

$$= \frac{1}{4}\sin 20^\circ + \frac{1}{4} \cdot \left(\frac{\sqrt{3}}{2} - \sin 20^\circ\right)$$

$\sin(-\theta) = -\sin\theta$

$$= \frac{1}{4}\sin 20^\circ + \frac{\sqrt{3}}{8} - \frac{1}{4}\sin 20^\circ$$

$$= \frac{\sqrt{3}}{8}$$

答え　例題 4-22 (2)

あっ，解けた！」

よくできました。自分でp.344の❶，❷の式とゴロ覚えの表はかけるようにしよう。Point 41 は使えるようにしないといけないからね。

5章

指数関数と対数関数

ある人が，貯金を始めようと考えた。イッキにたくさんのお金を貯金することができないから，1日目には1円，次の日は2円，その次の日は4円，…というふうに前の日の2倍のお金を貯金することにした。すると，14日目で8,192円，15日目で16,384円となり，とても貯金できる金額ではないことに気づいたんだ。

「へーっ。そんな金額になるなんて，最初は絶対気づかないな。」

「1か月だとどんな金額になるんだろう。2を30回掛けるとなると想像できないな。」

いや，実際に30回掛けなくても何桁の数になるかを調べることはできるんだよ。この単元を勉強したらわかるんだ。

累乗根

2-18 でも3乗根が登場したが，ここでは実数の範囲だけで考えるよ。

例題 5-1　定期テスト 出題度 !!!　共通テスト 出題度 !!

次の値を求めよ。

(1)　216の3乗根　　(2)　$\sqrt[3]{216}$

(3)　-243の5乗根　　(4)　$\sqrt[5]{-243}$

“n乗したらaになる数” を**aのn乗根**というんだ（nは正の整数）。3乗根，4乗根，5乗根，……といろいろあるけど，それらを総称して**累乗根**（るいじょうこん）というよ。

だから，(1)は3乗して216になる数ってことだよ。

解答　(1)　6　◁答え　例題 5-1 (1)

「3乗して216になる数が6だって，どうしてすぐにわかったんですか？」

2^3は8，3^3は27，4^3は64，5^3は125，……くらいまではよく出てくるから覚えておいてもいいかもね。$5^3=125$だから，3乗して216になるのは6くらいかもって見当をつけてもいいけど，確実に見つけるには『数学Ⅰ・A編』の 0-6 でやった素因数分解を使うんだ。

$216=2^3\times3^3=(2\times3)^3$ だからね。

「私は素因数分解することにします。」

そうだね。自信のない人はそうしたほうがいいよ。そして，累乗根の表しかたなんだけど，ちょっと複雑なので注意してほしい。**3乗根，5乗根とかいった“奇数”乗根は1つしかなくて，aのn乗根は$\sqrt[n]{a}$と表す。そして，符号はaと同じになる。** だから，(2)は(1)と同じ意味だよ。

解答 (2) 6 ⇦答え 例題 5-1 (2)

じゃあ，(3)，(4)の答えはわかる？

「(3)は5乗して-243になる数ってことか。(4)も同じ意味ですね。」

そうだよ。243を素因数分解しよう。

$243=3^5$だ。-243は負だから，5乗根も負だよ。

解答 (3)，(4) -3 ⇦答え 例題 5-1 (3)，(4)

例題 5-2

定期テスト 出題度 !!! 共通テスト 出題度 !!

次の値を求めよ。

(1) 64の6乗根　　(2) $\sqrt[6]{64}$

(1)は，6乗して64になる数のことだね。素因数分解をすると，$64=2^6$だ。

解答 (1) 2，-2 ⇦答え 例題 5-2 (1)

「あっ，そうか。-2も答えなんですね。」

うん。これが累乗根の表しかたの注意点の2つ目だよ。aのn乗根が**4乗根，6乗根とかいった“偶数”乗根は正，負の2つあるんだ。** そして，**aのn乗根のうち，正のほうは$\sqrt[n]{a}$で表し，負のほうは$-\sqrt[n]{a}$で表して区別**

数II 5章

するんだ。 だから，(2)は『64の6乗根のうち正のほう』になる。

「なるほど。ということは

解答　(2)　2　⇐**答え**　**例題 5-2**　(2)」

その通り。ちなみに$-\sqrt[6]{64}$なら，『64の6乗根のうち負のほう』だから，-2が正解だ。

「わーっ，なんか間違えそう……。」

それからもう1つ。右のように“負の数の偶数乗根”というのはないというのも覚えておこう。正の数は偶数回掛けると正だし，負の数も偶数回掛けると正で，0は偶数回掛けると0だ。実数を偶数回掛けて，負になることはないからね。

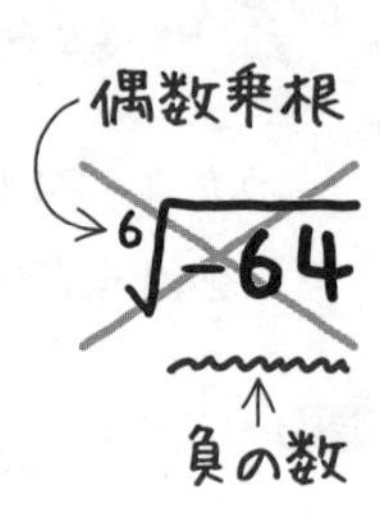

「$\sqrt[6]{64}=2$，$-\sqrt[6]{64}=-2$だけど，$\sqrt[6]{-64}$は存在しないということですね。」

「でも，“奇数乗根”は$\sqrt[5]{-243}=-3$のように負の数が$\sqrt{\quad}$の中に入ることがあるんだ。」

混乱しやすいところだけど，ちゃんと理解しておいてね。

累乗根の計算

2乗根を「平方根」，3乗根を「立方根」と呼んだりもするよ。

中学のころから$\sqrt{}$って習ってきたよね。例えば，$\sqrt{9}$なら，“2乗すると9になる正の数”つまり$\sqrt[2]{9}$のことだ。**$\sqrt{}$は$\sqrt[2]{}$のことなんだよ。**

「そうだったんですか。知らなかった……。」

さらに，ここでは累乗根の計算のしかたも覚えよう。

累乗根の計算

$a>0$，$b>0$で，m，n，pが正の整数のとき

❶ $\sqrt[n]{a}\times\sqrt[n]{b}=\sqrt[n]{ab}$　　❷ $\sqrt[n]{a}\div\sqrt[n]{b}=\sqrt[n]{\dfrac{a}{b}}$

❸ $\sqrt[m]{\sqrt[n]{a}}=\sqrt[mn]{a}$　　❹ $\sqrt[np]{a^{mp}}=\sqrt[n]{a^m}$

「文字を使った式だけだとイメージがわかないですね。」

実際に問題を解きながら解説していくよ。

例題 5-3　定期テスト 出題度 ❗❗❗　共通テスト 出題度 ❗❗

次の計算をせよ。

(1) $\sqrt[3]{2}\times\sqrt[3]{4}$　　(2) $\sqrt{\sqrt[5]{9}}$

まず Point 42 の❶と❷の式だが，**同じ累乗根どうしは，掛けたり割ったりできる。**(1)の $\sqrt[3]{2}\times\sqrt[3]{4}$ では2つとも3乗根だよね。だから，❶が使えるよ。

解答　(1)　$\sqrt[3]{2}\times\sqrt[3]{4}=\sqrt[3]{8}$

$=\underline{\underline{2}}$　⇐答え　例題 5-3 (1)

❸は，***n* 乗根の数の *m* 乗根は，*m*×*n* 乗根になる**ということだ。これを使う問題が(2)だ。$\sqrt{\quad}$ は $\sqrt[2]{\quad}$ のことだったよね。だから，$\sqrt{\sqrt[5]{9}}$ は $\sqrt[2]{\sqrt[5]{9}}$ とみなせばいい。5乗根の数の2乗根とみなせるね。

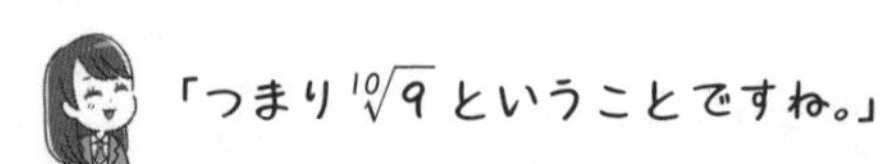

「つまり $\sqrt[10]{9}$ ということですね。」

うん。さらに，9は 3^2 とすれば，❹の式も使える。❹の式は $\sqrt[np]{a^{mp}}=\sqrt[n]{a^m}$ となっているね。**"指数"と"累乗根"に同じ数 *p* を掛けたり割ったりできる**ということだ。今回の場合は，指数と累乗根を2で割ることができる。次のようになるよ。

解答　(2)　$\sqrt{\sqrt[5]{9}}=\sqrt[10]{9}$

$=\sqrt[10]{3^2}$　累乗根の10も，指数の2も2で割れる

$=\underline{\underline{\sqrt[5]{3}}}$　⇐答え　例題 5-3 (2)

$\sqrt[5]{3}$ はこれ以上簡単にならないよ。5乗して3になる数なんてわからないもんね。だから，$\sqrt[5]{3}$ のままでいい。

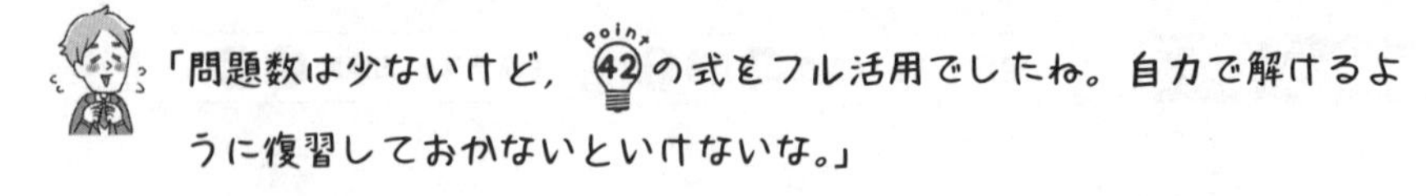

「問題数は少ないけど，Point 42 の式をフル活用でしたね。自力で解けるように復習しておかないといけないな。」

5-3 累乗根の中の数を簡単にする

使われている数が小さいほうがわかりやすい。$\sqrt{}$ だけでなく，3乗根のときもね。

例題 5-4　定期テスト 出題度 ❗❗❗　共通テスト 出題度 ❗❗

次の計算をせよ。

(1) $\sqrt[3]{144}$　　(2) $\sqrt[3]{-54}+\sqrt[3]{250}-\sqrt[3]{16}$

『数学Ⅰ・A編』の **0-6** で，$\sqrt{}$ を簡単にするやりかたを学習したね。例えば $\sqrt{18}$ なら，18を素因数分解する。$\sqrt{2\cdot3\cdot3}$ で，$\sqrt{}$ の中に同じ数が2つあれば，その数を $\sqrt{}$ の外に出せるから……。

「"3"が2つあるから，3を $\sqrt{}$ の外に出せて，$3\sqrt{2}$ ですね。」

そうだね。今回も同じで，$\sqrt[3]{}$ **は，中に同じ数が3つあれば，1つ $\sqrt[3]{}$ の外に出せるんだ。**このようになるよ。

解答　(1) $\sqrt[3]{144}=\sqrt[3]{2\cdot2\cdot2\cdot2\cdot3\cdot3}$

$=2\sqrt[3]{2\cdot3\cdot3}$

$=\mathbf{2\sqrt[3]{18}}$ ⇦ 答え　例題 5-4 (1)

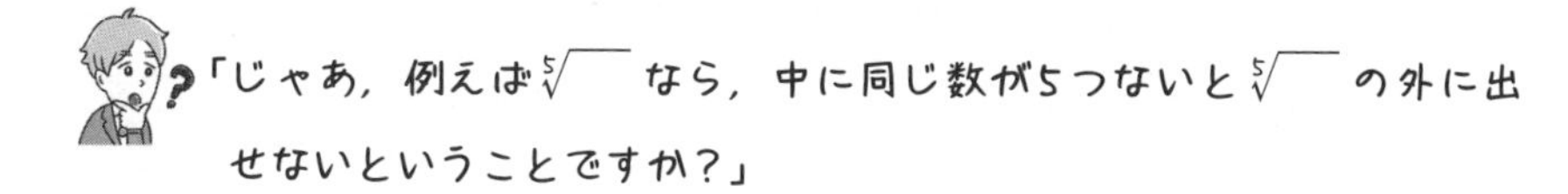

「じゃあ，例えば $\sqrt[5]{}$ なら，中に同じ数が5つないと $\sqrt[5]{}$ の外に出せないということですか？」

そういうことだ。じゃあ，ハルトくん，(2)を解いてみて。

「$\sqrt[3]{\quad}$ の中がマイナスのときは，どう考えればいいんですか？」

あっ，そうか。いい忘れていた(笑)。$\sqrt[3]{-54}$ なら，$\sqrt[3]{-1}\times\sqrt[3]{54}$ と考えればいい。$\sqrt[3]{-1}$ は-1のことだから，$-\sqrt[3]{54}$ になるよ。そして，素因数分解すればいい。

「わかりました。

解答　(2)　$\sqrt[3]{-54}+\sqrt[3]{250}-\sqrt[3]{16}$　←$\sqrt[3]{-54}=-\sqrt[3]{54}$ まず，マイナスを外に出す

$=-\sqrt[3]{54}+\sqrt[3]{250}-\sqrt[3]{16}$

$=-\sqrt[3]{2\cdot3\cdot3\cdot3}+\sqrt[3]{2\cdot5\cdot5\cdot5}-\sqrt[3]{2\cdot2\cdot2\cdot2}$

$=-3\sqrt[3]{2}+5\sqrt[3]{2}-2\sqrt[3]{2}$

$=\underline{\underline{0}}$　⇐ 答え　**例題 5-4** (2)」

そうだね。$\sqrt[3]{\quad}$ に限らず，**奇数乗根の中がマイナスのときは，まずマイナスを外に出す**ようにしよう。

「偶数乗根の中がマイナスのときもですか？」

5-1 の最後でもいったよね。負の数の偶数乗根というのはないよ。だから，そんな問題は出ないんだ。

「あっ，そうでした。忘れていました。」

0乗，マイナス乗，分数乗

0回掛ける？　-2回掛ける？　$\frac{1}{5}$回掛ける？　初めて学ぶ人は奇妙な計算に感じるかもしれないね。

例題 5-5　定期テスト 出題度 ❗❗❗　共通テスト 出題度 ❗❗❗

次の値を求めよ。

(1)　7^0　　(2)　5^{-2}　　(3)　$243^{\frac{1}{5}}$　　(4)　$\left(\frac{9}{25}\right)^{-\frac{3}{2}}$

0や負の整数の指数

$a \neq 0$のとき

$$a^0=1, \qquad a^{-n}=\frac{1}{a^n}=\left(\frac{1}{a}\right)^n$$

(1)と(2)はPoint 43を使って解くよ。0以外のどんな数も **0乗は1になるし，マイナスn乗は「n乗分の1」とか「逆数のn乗」になる。**

「えーっ。どうしてそうなるんですか？」

まず，$\dfrac{a^n}{a^n}=1$ で指数法則を使うと，

$a^{n-n}=1$ より $a^0=1$

さらに両辺を a^n で割ると

$\dfrac{a^0}{a^n}=\dfrac{1}{a^n}$ より $a^{-n}=\dfrac{1}{a^n}$

になるよね。

解答 (1) $7^0=\underline{\underline{1}}$ ⇦答え 例題 5-5 (1)

(2) $5^{-2}=\left(\dfrac{1}{5}\right)^2=\underline{\underline{\dfrac{1}{25}}}$ ⇦答え 例題 5-5 (2)

さて，その次だ。

分数の指数

$a>0$，p が整数で，n が正の整数のとき

$a^{\frac{1}{n}}=\sqrt[n]{a}$，　$a^{\frac{p}{n}}=(\sqrt[n]{a})^p=\sqrt[n]{a^p}$

1つめの式は，**$\dfrac{1}{n}$ 乗は $\sqrt[n]{}$ になる。例えば $\dfrac{1}{2}$ 乗は $\sqrt[2]{}$，つまり $\sqrt{}$ になる**ということだ。2つめの式は“$\dfrac{p}{n}$ 乗は $\dfrac{1}{n}$ 乗を p 乗したもの”ということだよ。ミサキさん，(3)の $243^{\frac{1}{5}}$ はどうなると思う？

「分数の指数を累乗根に直すんですね。

解答 (3) $243^{\frac{1}{5}}=\sqrt[5]{243}=\sqrt[5]{3^5}=\underline{\underline{3}}$ ⇦答え 例題 5-5 (3)」

正解。243を素因数分解すると3^5になるからね。累乗根に変えないで，初めから3^5にして

$$243^{\frac{1}{5}}=(3^5)^{\frac{1}{5}}=3^1=3$$

としてもいいよ。

じゃあ，ハルトくん，(4)の$\left(\frac{9}{25}\right)^{-\frac{3}{2}}$を解いて。

「……どういう順番で解けばいいんですか？」

マイナス乗は逆数になるので，そこから始めたほうがいいと思う。

$-\frac{3}{2}$乗ということは『逆数の$\frac{3}{2}$乗』と考えればいいね。

「じゃあ，$\left(\frac{9}{25}\right)^{-\frac{3}{2}}=\left(\frac{25}{9}\right)^{\frac{3}{2}}$ということか。$\frac{3}{2}$乗ということは……。

『$\frac{1}{2}$乗の3乗』だから，$\left(\sqrt{\frac{25}{9}}\right)^3$ですね！

解答　(4)　$\left(\frac{9}{25}\right)^{-\frac{3}{2}}=\left(\frac{25}{9}\right)^{\frac{3}{2}}=\left(\sqrt{\frac{25}{9}}\right)^3=\left(\frac{5}{3}\right)^3$

$=\underline{\underline{\frac{125}{27}}}$　⇦**答え**　**例題 5-5**　(4)」

「『3乗の$\frac{1}{2}$乗』ということで，$\sqrt{\left(\frac{25}{9}\right)^3}$としてもいいんですか？」

できるけど，$\left(\frac{25}{9}\right)^3$ってすごい数だよね。計算するのイヤじゃない？

「あっ，そうですね。計算はラクなほうがいいです。」

どっちに変えたほうがラクに計算できるかは問題によって違うから，どちらで解くべきかは，問題ごとに考えるようにしよう。

5-5 指数法則

『数学Ⅰ・A編』の 1-3 でも指数法則は登場したが，累乗根が登場したので，あらためてまとめておこう。

例題 5-6 定期テスト 出題度 !!! 共通テスト 出題度 !!!

次の式を a の累乗の形にせよ。

(1) $a^{-4}\times\sqrt{a}$

(2) $a^3\div\sqrt[5]{a^2}$

(3) $(a^3)^2\div\sqrt[3]{\sqrt{a}}\times\dfrac{1}{a^5}$

(4) $\left(\dfrac{\sqrt[5]{a\sqrt{a}}}{\sqrt[6]{a^3}}\right)^5$

Point 45 指数法則

$a>0$，$b>0$ で，p，q が実数のとき

❶ $a^p\times a^q=a^{p+q}$

❷ $a^p\div a^q=a^{p-q}$

❸ $(a^p)^q=a^{pq}$

❹ $(ab)^p=a^pb^p$

$\left(\dfrac{a}{b}\right)^p=\dfrac{a^p}{b^p}=a^p\div b^p$

『数学Ⅰ・A編』では，指数は正の整数のときを考えていたけど，指数が実数のときもこの指数法則が成り立つんだよ。これを使って，解いていこう。

まず，**すべて指数の形にしてから，指数法則を使えばいい。** じゃあ，ハルトくん，(1)と(2)を解いてみて。

「**解答** (1) $a^{-4}\times\sqrt{a}=a^{-4}\times a^{\frac{1}{2}}$ ←$\sqrt[n]{a}=a^{\frac{1}{n}}$

$=a^{-4+\frac{1}{2}}$

$=a^{-\frac{7}{2}}$ ⇐**答え** **例題 5-6** (1)

(2) $a^3\div\sqrt[5]{a^2}=a^3\div a^{\frac{2}{5}}$

$=a^{3-\frac{2}{5}}$

$=a^{\frac{13}{5}}$ ⇐**答え** **例題 5-6** (2)」

よし，大丈夫そうだね。じゃあ，ミサキさん，(3)は？

「……。どこから計算すればいいんですか？」

それぞれを少しずつ簡単にしていけばいい。まず，$\sqrt{a}$ は $\sqrt[2]{a}$ のことだから **5-2** の Point 42 の❸の公式から，$\sqrt[3]{\sqrt{a}}$ は $\sqrt[6]{a}$ にできるね。

「**解答** (3) $(a^3)^2\div\sqrt[3]{\sqrt{a}}\times\frac{1}{a^5}=a^{3\times2}\div\sqrt[6]{a}\times\frac{1}{a^5}$ ← $\frac{1}{a^n}=a^{-n}$

$=a^6\div a^{\frac{1}{6}}\times a^{-5}$

$=a^{6-\frac{1}{6}-5}$

$=a^{\frac{5}{6}}$ ⇐**答え** **例題 5-6** (3)」

正解！ $\sqrt[3]{\sqrt{a}}$ は初めから指数にして，$(a^{\frac{1}{2}})^{\frac{1}{3}}$，よって $a^{\frac{1}{6}}$ としてもいいよ。

最後の(4)だが，これは累乗根が何重にもなっているね。こういう場合，**累乗根は内側から順に指数の形にしていくのがいい。**

解答 (4)

$$\left(\frac{\sqrt[5]{a\sqrt{a}}}{\sqrt[6]{a^3}}\right)^5$$

$\sqrt{a}=a^{\frac{1}{2}}$

$$=\left(\frac{\sqrt[5]{a\cdot a^{\frac{1}{2}}}}{\sqrt[6]{a^3}}\right)^5$$

$a^p\times a^q=a^{p+q}$

$$=\left(\frac{\sqrt[5]{a^{\frac{3}{2}}}}{\sqrt[6]{a^3}}\right)^5$$

$\sqrt[m]{a^n}=a^{\frac{n}{m}}$

$$=\left(\frac{a^{\frac{3}{10}}}{a^{\frac{1}{2}}}\right)^5$$

$a^p\div a^q=a^{p-q}$

$$=\left(a^{\frac{3}{10}-\frac{1}{2}}\right)^5$$

$$=\left(a^{-\frac{1}{5}}\right)^5$$

$(a^p)^q=a^{pq}$

$$=\underline{\underline{a^{-1}}}$$ ⇦答え　例題 5-6 (4)

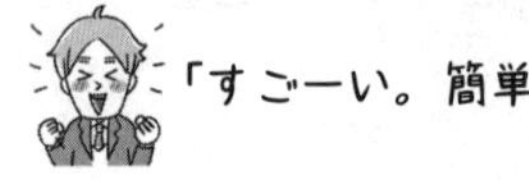
「すごーい。簡単な式になった！」

そうだね。ちょっと複雑な式のときは一度に計算せずに，少しずつ順に計算しよう。そうするとミスが防げるよ。

5-6 指数法則を使った計算

指数法則は覚えるのはもちろん，どういうときに使えるかを理解することも大切だよ。

例題 5-7　定期テスト 出題度 !!!　共通テスト 出題度 !!!

次の計算をせよ。

(1) $32^{\frac{1}{3}} \div 4^{\frac{1}{3}}$　　(2) $\left(\frac{1}{53}\right)^7 \cdot \left(\frac{1}{53}\right)^{-8}$

a^x $(a>0,\ a \neq 1)$ では，a を底（てい）というんだよ。ここでは，この底を使って説明していくよ。まず，ミサキさん，(1)と(2)を解いてみて。

a^n ← 指数
↑
底

「解答　(1) $32^{\frac{1}{3}} \div 4^{\frac{1}{3}} = (32 \div 4)^{\frac{1}{3}} = 8^{\frac{1}{3}} = \sqrt[3]{8}$

$= \underline{\underline{2}}$ ⇐答え　例題 5-7 (1)

(2) $\left(\frac{1}{53}\right)^7 \cdot \left(\frac{1}{53}\right)^{-8} = \left(\frac{1}{53}\right)^{7-8} = \left(\frac{1}{53}\right)^{-1}$

$= \underline{\underline{53}}$ ⇐答え　例題 5-7 (2)」

コツ12 指数法則を使う目安

指数の計算は“指数”か“底”の少なくとも一方が同じなら『掛け算』と『割り算』ができる。両方がそれぞれ同じなら『足し算』，『引き算』ができる。

(1)は指数が $\dfrac{1}{3}$ でそろっていたから，$32^{\frac{1}{3}}\div4^{\frac{1}{3}}=8^{\frac{1}{3}}$ というふうにできた。$(ab)^p=a^p\times b^p$ や $\left(\dfrac{a}{b}\right)^p=a^p\div b^p$ の 5-5 の Point 45 の指数法則❹が使えたわけだ。

一方，(2)は底が $\dfrac{1}{53}$ でそろっていたから，$\left(\dfrac{1}{53}\right)^7\cdot\left(\dfrac{1}{53}\right)^{-8}=\left(\dfrac{1}{53}\right)^{-1}$ というふうにできた。$a^p\times a^q=a^{p+q}$ や $a^p\div a^q=a^{p-q}$ という 5-5 の Point 45 の指数法則❶，❷が使えたわけだ。

「あっ，そうなんですか？　特に意識しないで解いていました。」

指数法則を正しく使えるようにしないとね。例えば $4\cdot2^n=8^n$ などと，間違った計算をする人が多いんだ。

「えっ？　違うんですか？」

違う。違う。だって，$4\cdot2^n$ なら，つまり $4^1\cdot2^n$ というわけなので，底は4と2で違うし，指数も1と n で違うよね。指数か底かどちらか一方がそろっていなければ掛け算はできないんだ。

「じゃあ，どうやって求めるんですか？」

底を2にそろえればいいよ。

$$
\begin{aligned}
4\cdot2^n&=2^2\cdot2^n\\
&=2^{n+2}
\end{aligned}
$$

というふうになるね。

「じゃあ，例えば $3\cdot2^n$ なら，どうやって求めるんですか？」

$3\cdot2^n$ はそれ以上簡単にできないね。$3\cdot2^n$ のままでいいよ。

「えっ？　でも，$1\div2^n$ とかは底も指数も異なっているのに $\left(\dfrac{1}{2}\right)^n$ とできますよ。」

1は1^nと考えればいいよ。$1^n \div 2^n$だから$\left(\frac{1}{2}\right)^n$になるんだ。

「そういうことか……。じゃあ，$3 \div 2^n$だと無理ですね。」

そうだね。2^nで割るということは$\left(\frac{1}{2}\right)^n$を掛けることだから$3\left(\frac{1}{2}\right)^n$にするくらいはできるけどね。

じゃあ，もうちょっと話をするね。**“指数”と“底”の両方が同じなら『足し算』と『引き算』**ができるんだ。例えば，$2^{n+3}+2^n$を計算しようと思ったらこのままだとできない。2^{n+3}と2^nの底は2でそろっているけど，指数は一方が$n+3$なのに，もう一方はnだ。掛けることはできても，足すことはできない。

「じゃあ，そろえるんですか？」

そうなんだ。底はもちろん，指数もそろえる必要がある。$(n+3)$乗はn乗×3乗に直せばいい。

$$
\begin{aligned}
2^{n+3}+2^n &= 2^3 \cdot 2^n + 2^n \\
&= 8 \cdot 2^n + 2^n \\
&= 9 \cdot 2^n
\end{aligned}
$$

というふうになるね。

「$8 \cdot 2^n + 2^n$がどうして，$9 \cdot 2^n$になるんですか？」

例えば，$8a+a$なら，$9a$になるよね。係数の“8”と“1”を足すわけだからね。2^nをaだと思えば$8 \cdot 2^n + 2^n = 9 \cdot 2^n$となるでしょ。

「あっ，そうか。2^nを1つの文字のように考えるんですね。」

5-7 a^x+a^{-x}や$a^{2x}+a^{-2x}$が与えられたときの式の値

かなりよく出る公式だし，いろいろと応用も利くよ。$\left(a^{\frac{1}{2}x}+a^{-\frac{1}{2}x}\right)^2$を展開すれば，$a^x+2+a^{-x}$になるとかね。

例題 5-8　定期テスト 出題度 !!!　共通テスト 出題度 !!!

$2^x+2^{-x}=5$が成り立つとき，次の値を求めよ。

(1)　4^x+4^{-x}　　(2)　2^x-2^{-x}　　(3)　8^x-8^{-x}

この問題を初めて見た人はたいてい，2^xを求めようとするんだ。

「えっ？　今，私もそう思いました……。」

うん。『2^xを求めよ。』という問題ならそれでいいのだが，今回は必要ない。

a^x+a^{-x}と$a^{2x}+a^{-2x}$の式変形

❶　$(a^x+a^{-x})^2=a^{2x}+2+a^{-2x}$

❷　$(a^x-a^{-x})^2=a^{2x}-2+a^{-2x}$

よって，$(a^x-a^{-x})^2=(a^x+a^{-x})^2-4$

「なんか，$(a^x+a^{-x})^2$を2乗すれば$a^{2x}+a^{-2x}$になりそうな気がするんですけど……。」

いや，違うよ。$(x+y)^2=x^2+2xy+y^2$の公式を使って実際に展開してみるといいよ。

コツ13の❶の式の左辺を展開すると，

$$(a^x+a^{-x})^2=(a^x)^2+2\cdot a^x\cdot a^{-x}+(a^{-x})^2$$
$$=a^{2x}+2a^0+a^{-2x} \qquad \leftarrow a^x\cdot a^{-x}=a^{x-x}=a^0$$
$$=a^{2x}+2+a^{-2x}$$ になるね。

「あっ，そうか。$a^0=1$ですからね。」

わかった？ コツ13の❷の式も同じだね。じゃあ，(1)を解いてみよう。

$4^x+4^{-x}=(2^2)^x+(2^2)^{-x}=2^{2x}+2^{-2x}$ だから

4^x+4^{-x}は，$2^{2x}+2^{-2x}$とすればいい。

（x乗）+（$-x$乗）がわかっていて，（$2x$乗）+（$-2x$乗）を求めたいから，

❶ $(a^x+a^{-x})^2=a^{2x}+2+a^{-2x}$

を使えばいい。

「aのところって何でもいいんですか？」

うん。正の数なら何でもいいよ。今回は2だね。

解答 (1) $(2^x+2^{-x})^2=2^{2x}+2+2^{-2x}$
$=4^x+2+4^{-x}$ より，
$4^x+4^{-x}=(2^x+2^{-x})^2-2$
$=5^2-2$ （$2^x+2^{-x}=5$を代入）
$=\underline{\underline{23}}$ ⇦答え 例題 5-8 (1)

(2)は2^x-2^{-x}だから，（←ここがマイナス） コツ13の❷の式

$$(a^x-a^{-x})^2=a^{2x}-2+a^{-2x}$$

だね。aのところは2にすればいい。

解答　(2)　$(2^x-2^{-x})^2=2^{2x}-2+2^{-2x}$

$=4^x-2+4^{-x}$

(1)より $4^x+4^{-x}=23$ を代入

$=23-2$

$=21$

$2^x-2^{-x}=\underline{\underline{\pm\sqrt{21}}}$　答え　例題 5-8 (2)

$(a^x-a^{-x})^2=(a^x+a^{-x})^2-4$ の式を使ってもいいよ。

解答　(2)　$(2^x-2^{-x})^2=(2^x+2^{-x})^2-4$

$2^x+2^{-x}=5$ を代入

$=5^2-4$

$=21$

$2^x-2^{-x}=\underline{\underline{\pm\sqrt{21}}}$　答え　例題 5-8 (2)

「$(2^x-2^{-x})^2=21$ なら，$2^x-2^{-x}=\sqrt{21}$ じゃないんですか？」

えっ？　どうして正になると思うの？

「2^x は 2^{-x} より大きいから，2^x-2^{-x} は正じゃ……。」

そんなことはないよ。だって x は負かもしれない。そうすると，$-x$ は正だから，2^{-x} のほうが 2^x より大きいよね。

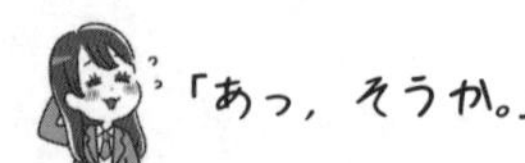

「あっ，そうか。」

わかった？　次に(3)の 8^x-8^{-x} だ。次のコツ14の3乗の展開公式を使うよ。

コツ14　a^x+a^{-x} と $a^{3x}+a^{-3x}$ の式変形

❶ $(a^x+a^{-x})^3=a^{3x}+3a^x+3a^{-x}+a^{-3x}$

❷ $(a^x-a^{-x})^3=a^{3x}-3a^x+3a^{-x}-a^{-3x}$

❶を式変形で確認しておくよ。

$$(a^x+a^{-x})^3=(a^x)^3+3(a^x)^2\cdot a^{-x}+3a^x(a^{-x})^2+(a^{-x})^3$$
$$=a^{3x}+3a^{2x}a^{-x}+3a^xa^{-2x}+a^{-3x}$$
$$=a^{3x}+3a^x+3a^{-x}+a^{-3x}$$

じゃあ，ハルトくん，(3)の8^x-8^{-x}はどう考えるといいかな？

「8^x-8^{-x}は$2^{3x}-2^{-3x}$とするんですよね。」
（$\to (2^3)^x-(2^3)^{-x}$）

そう！　素晴らしい！　じゃあ解いてみて。

「コツ14の❷の式を使うんですね。

解答　(3)　$(2^x-2^{-x})^3=2^{3x}-3\cdot2^x+3\cdot2^{-x}-2^{-3x}$
$$=8^x-3\cdot2^x+3\cdot2^{-x}-8^{-x}\quad \text{より}$$
$$8^x-8^{-x}=(2^x-2^{-x})^3+3\cdot2^x-3\cdot2^{-x}$$

あれっ？　このあとはどうやって計算するのですか？」

後ろの$3\cdot2^x-3\cdot2^{-x}$を，3でくくればいいよ。続きをやってみて。

「
$$=(2^x-2^{-x})^3+3(2^x-2^{-x})$$
$2^x-2^{-x}=\pm\sqrt{21}$を代入すると
$$=(\pm\sqrt{21})^3+3\cdot(\pm\sqrt{21})\quad \text{（複号同順。以下同じ。）}$$
$$=\pm21\sqrt{21}\pm3\sqrt{21}$$
$$=\underline{\underline{\pm24\sqrt{21}}}$$
⇦答え　例題 5-8 (3)」

よくできました。

5-8 指数関数$y=a^x$ ($a>0$, $a \neq 1$) のグラフ

$y=a^x$のグラフを考えるよ。今までに見たことがない形をしているよ。$y=\tan\theta$のグラフで習った"漸近線"も出てくるんだ。

$a>0$, $a \neq 1$のとき，$y=a^x$はxの関数なんだ。関数$y=a^x$を，aを底とするxの**指数関数**というよ。

例題 5-9 定期テスト 出題度 !!! 共通テスト 出題度 !!

次の関数のグラフをかけ。

(1) $y=2^x$ (2) $y=\left(\dfrac{1}{2}\right)^x$

(3) $y=-2^x$ (4) $y=2^{x+3}+1$

まず，基本となる$y=a^x$のグラフの形を覚えよう。実は$a>1$のときと$0<a<1$のときで形が違うんだ。

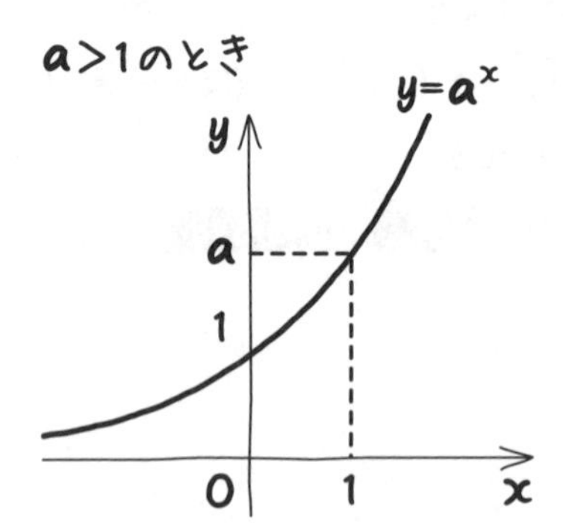

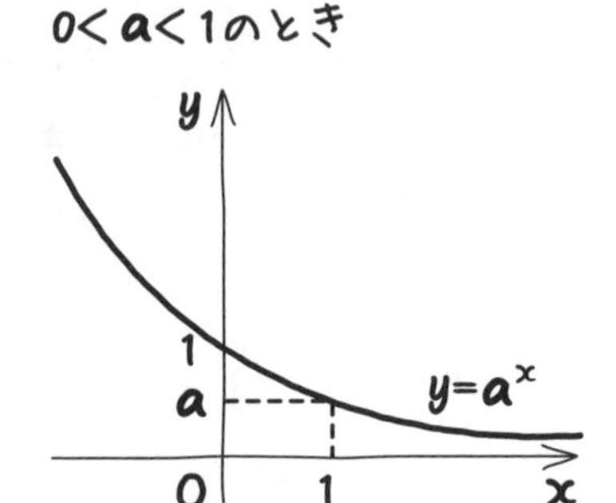

どちらも$x=0$のとき$y=1$で，$x=1$のとき$y=a$なんだけど，底である**aが1より大きいときは，xが増加するにつれてyも増加するグラフ**になるのに対して，**aが1より小さいときは，xが増加するにつれてyが減少するグラフ**になるんだ。

グラフをもう一度見てごらん。$a>1$のときはxが小さくなるにつれて，$0<a<1$のときはxが大きくなるにつれて，それぞれグラフがx軸に限りなく近づいていくよね。x軸との間隔は限りなくせまくなっていくが，永久に交わらない。つまり，x軸がグラフの漸近線(ぜんきんせん)になるということだね。

$y=a^x$のグラフを元に考えると，(1)，(2)のグラフは次のようにかけるよ。

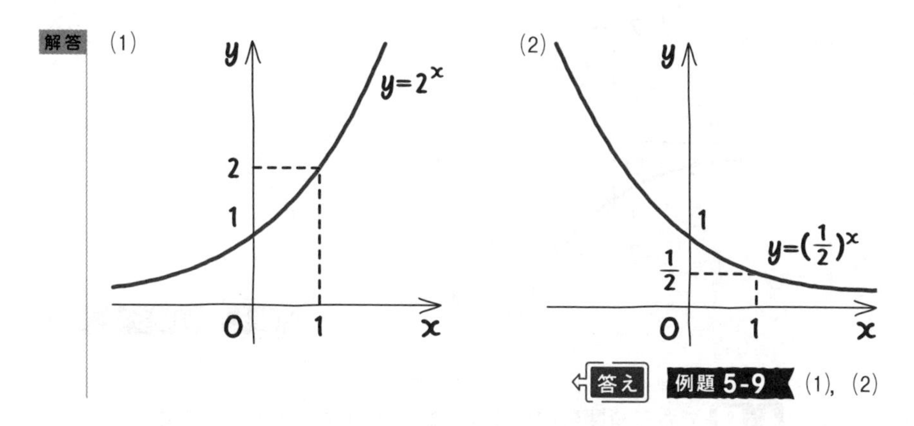

実は(2)～(4)のグラフは(1)のグラフを平行移動や対称移動させたものなんだ。平行移動や対称移動は，『数学Ⅰ・A編』の 3-7 や，最近では 4-8 で登場したね。

「またか。グラフが出てくるたびに，この話になるな……。」

もう，いい加減，飽きた(笑)？ (2)は，$\frac{1}{2}=2^{-1}$であることから

$$y=\left(\frac{1}{2}\right)^x=(2^{-1})^x=2^{-x}$$

と変形できる。よって，(1)の$y=2^x$と比べて指数が$-x$になっているから，(2)のグラフは(1)のグラフをy軸に関して対称移動したものと考えられるよ。

「あっ，ホントだ。」

数Ⅱ 5章

さて(3)だが，例題 4-8 と同様，右辺の係数をなくすために両辺を－1倍してみよう。$-y=2^x$ になるね。(1)の $y=2^x$ と比べて y が $-y$ になっているから，(3)のグラフは(1)のグラフを x 軸に関して対称移動したものになるんだ。

解答　(3)

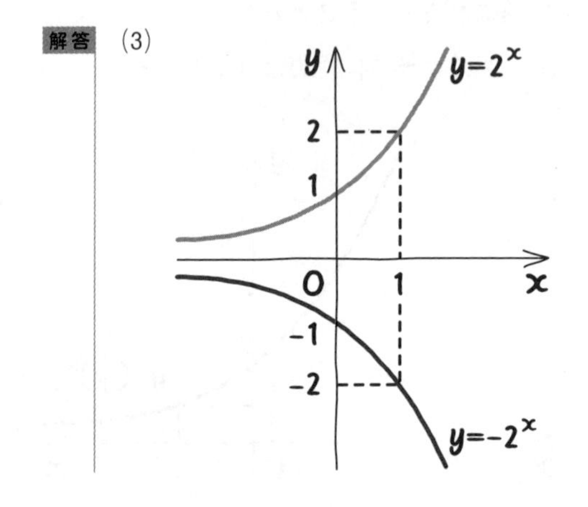

答え　例題 5-9 (3)

(4)は，4-9 でも三角関数のグラフで同じようなことをやったね。

$y=2^{x+3}+1$

$y-1=2^{x+3}$

「ということは，$y=2^x$ のグラフを x 軸方向に－3，y 軸方向に＋1平行移動したということですよね。」

そういうことだね。じゃあ，グラフをずらしてかいてみよう。4-8 でやったように，移動するときはいくつかの点をずらす。今回は2個で十分だ。わかりやすい点がいい。

「じゃあ，点(0, 1)と，点(1, 2)でいいですね。
点(0, 1)は点(－3, 2)になるし，
点(1, 2)は点(－2, 3)になりますね。」

うん。さらに，今回は **漸近線もあるから，これも，ずらさなきゃいけないよ。** (1)のグラフの漸近線は，x軸つまり直線$y=0$だね。これは移動させるとどうなる？

「左に3ずらすと……。あっ，x軸に平行な線だから，左右にずらしても変わらないのか。そして，上に1ずらすから，$y=1$です。」

そうだね。2点$(-3, 2)$，$(-2, 3)$を通り，直線$y=1$に限りなく近づくようにかけばいい。

解答 (4)

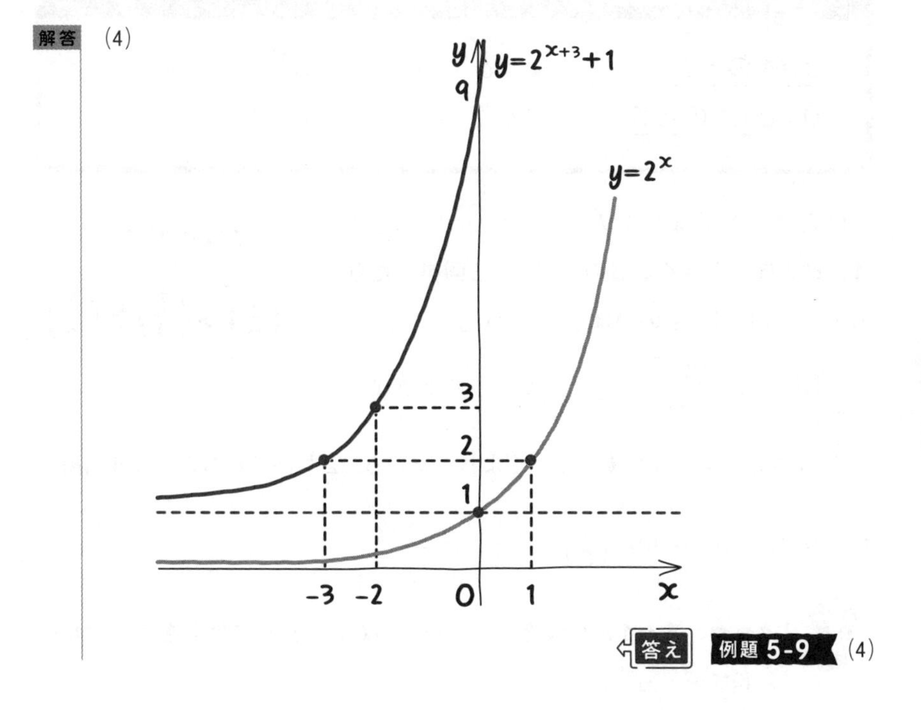

答え 例題 5-9 (4)

y軸と交わるのだからその交点も求めておこう。$x=0$を代入すればいいね。$y=2^{0+3}+1=2^3+1=9$だ。

5-9 指数の大小

底がそろっているとき，そろっていないときの数の大小の比べかたを覚えよう。

まず，次の指数関数の性質を覚えておこう。

Point 46 指数関数 $y=a^x$ の性質

$a>1$ のとき　　$p<q \iff a^p<a^q$

$0<a<1$ のとき　　$p<q \iff a^p>a^q$

例えば 4^3 と 4^5 なら 4^5 のほうが大きいよね。4は掛けるほど大きくなるのだから，3回掛けたものより5回掛けたもののほうが大きい。

$4^2<4^3<4^4<4^5$

$\left(\frac{1}{3}\right)^2>\left(\frac{1}{3}\right)^3>\left(\frac{1}{3}\right)^4$

それに対し，$\left(\frac{1}{3}\right)^2$ と $\left(\frac{1}{3}\right)^4$ ならどうだろうか？

$\frac{1}{3}$ は掛けるほど数が減っていくよね。だから，2回掛けたものより4回掛けたもののほうが小さい。$\left(\frac{1}{3}\right)^2>\left(\frac{1}{3}\right)^4$ だね。

「そうか。底が1より大きいか，小さいかに，気をつけなきゃいけないんだな……。」

そうだね。次ページの $y=a^x$ のグラフを見てごらん。$a>1$ のグラフでは，$p<q$ ならば $a^p<a^q$ だね。x が大きいほど y も大きい。

一方，$0<a<1$ のグラフは，$p<q$ ならば，$a^p>a^q$ だね。x が大きいほど y は小さくなるんだ。

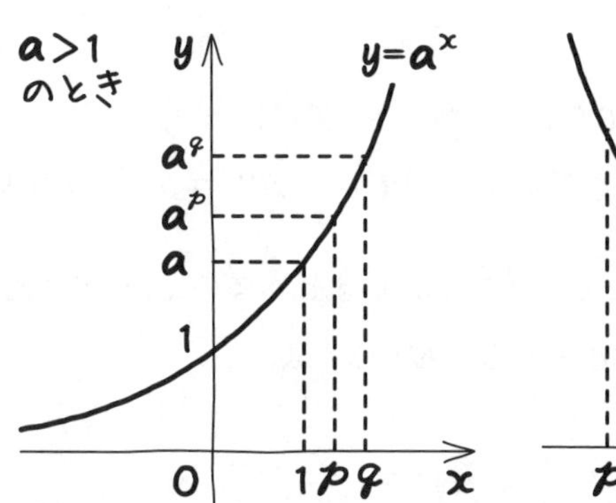

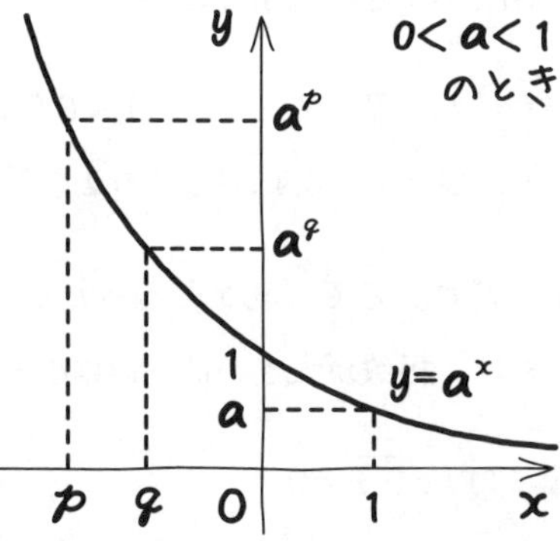

例題 5-10　定期テスト 出題度 ！！！　共通テスト 出題度 ！！！

次の数の大小を比較せよ。

(1) $\sqrt{2}$，$\sqrt[3]{4}$，$\sqrt[5]{8}$　　(2) $\sqrt{0.7}$，$\dfrac{1}{0.7^4}$，0.49^3

まず，(1)だが**底をそろえるということがとても大事**だ。底が，2，4，8というようにバラバラなので比較できない。4は2の2乗だし，8は2の3乗だから，底をいちばん小さい2にそろえよう。

解答 (1) $\sqrt{2}=2^{\frac{1}{2}}$

$\sqrt[3]{4}=\sqrt[3]{2^2}=2^{\frac{2}{3}}$

$\sqrt[5]{8}=\sqrt[5]{2^3}=2^{\frac{3}{5}}$　　指数を比べると $\dfrac{1}{2}<\dfrac{3}{5}<\dfrac{2}{3}$

よって，$2^{\frac{1}{2}}<2^{\frac{3}{5}}<2^{\frac{2}{3}}$ より ←底は2で1より大きい

$\sqrt{2}<\sqrt[5]{8}<\sqrt[3]{4}$　←答え　例題 5-10 (1)

最後に元の姿に戻すことを忘れないでね。

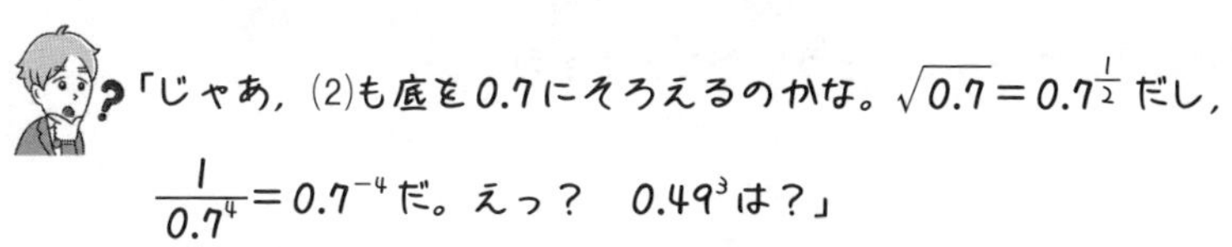

0.49は0.7を何回掛けたもの？

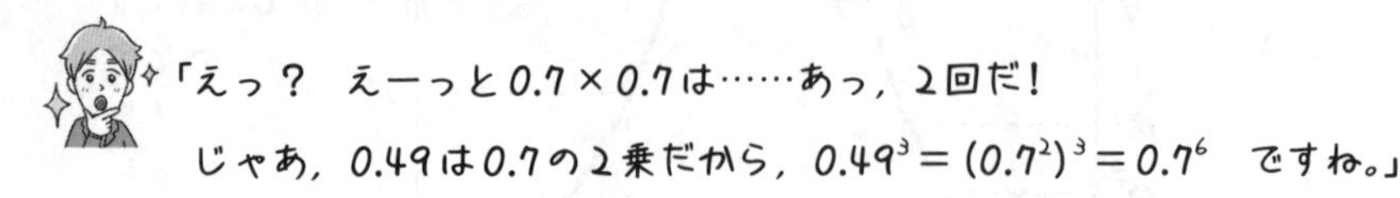

そうだね。さて，底がそろったところでいよいよ比べるのだが，0<底<1のときは，指数が大きいほど値は小さくなるんだったよ。

解答　(2)　$\sqrt{0.7}=0.7^{\frac{1}{2}}$

$\frac{1}{0.7^4}=0.7^{-4}$

$0.49^3=(0.7^2)^3=0.7^6$

よって，$0.7^6<0.7^{\frac{1}{2}}<0.7^{-4}$ より

（底が0.7で1より小さいので，指数の小さいほうが値は大きい）

$$0.49^3<\sqrt{0.7}<\frac{1}{0.7^4}$$ ⇐ **答え**　**例題 5-10** (2)

次は底がそろっていないときの数の比較だ。やってみよう。

例題 5-11

定期テスト 出題度 !!　　共通テスト 出題度 !

次の数の大小を比較せよ。

(1)　$\sqrt[3]{2}$，$\sqrt[5]{3}$，$\sqrt[6]{5}$　　　　(2)　2^{42}，5^{18}，7^{12}

(1)は今までとは違い，底が2，3，5なので，そろえられないんだ。

累乗根をすべて指数に直しても，$\sqrt[3]{2}=2^{\frac{1}{3}}$，$\sqrt[5]{3}=3^{\frac{1}{5}}$，$\sqrt[6]{5}=5^{\frac{1}{6}}$ となって，どの値も求められるわけでもない。そのときは，3つの数すべてを同じ回数掛けてみよう。**指数の分母を払って，整数乗にする**んだ。

「整数乗にするって，どういうことですか？」

5-5 の Point 45 指数法則❸の $(a^p)^q=a^{pq}$ を使って指数の分母を払うんだ。**3, 5, 6の最小公倍数は30だから，すべて30乗しよう。**

解答 (1) $\left(2^{\frac{1}{3}}\right)^{30}=2^{10}=1024$

$\left(3^{\frac{1}{5}}\right)^{30}=3^{6}=729$

$\left(5^{\frac{1}{6}}\right)^{30}=5^{5}=3125$

底が1より大きいから，指数が大きくなると数は大きくなるね。同じように30乗したのに数が大きいということは，元の数が大きかったということなんだよね。

よって，　$3^{\frac{1}{5}}<2^{\frac{1}{3}}<5^{\frac{1}{6}}$

つまり，$\sqrt[5]{3}<\sqrt[3]{2}<\sqrt[6]{5}$ ⇐答え 例題 5-11 (1)

になるね。

「(2)も同じですか？」

うん。やはり底をそろえることはできない。もちろん，2^{42}も，5^{18}も，7^{12}も，まともに計算したらたいへんだ(笑)。そこで(1)でやったように，すべて同じ数乗すればいい。

ハルトくん，42乗と18乗と12乗で何か気がつかない？

「42と18と12は6の倍数です。」

そうだよね。**すべて6の倍数乗になっているから，$\frac{1}{6}$乗しよう。**

解答 (2) $(2^{42})^{\frac{1}{6}}=2^{7}=128$

$(5^{18})^{\frac{1}{6}}=5^{3}=125$

$(7^{12})^{\frac{1}{6}}=7^{2}=49$

よって，$7^{12}<5^{18}<2^{42}$ ⇐答え 例題 5-11 (2)

数II 5章

5-10 指数方程式，指数不等式

指数を使った方程式や不等式を解くときも，底が1より大きいか小さいかに気をつけよう。

指数を含む方程式を**指数方程式**，指数を含む不等式を**指数不等式**というよ。さあ，問題をやっていこう。

例題 5-12　定期テスト 出題度 !!!　共通テスト 出題度 !!!

次の方程式，不等式を解け。

(1)　$9^{3x-1}=27^{-x}$

(2)　$\left(\dfrac{1}{36}\right)^{x+2}>\left(\dfrac{1}{6}\right)^{x-8}$

方程式や不等式を解くときも，底をそろえよう。

「(1)は，9は3の2乗だし，27は3の3乗だから底は3にそろえればいいのか。

解答　(1)　$9^{3x-1}=27^{-x}$

$(3^2)^{3x-1}=(3^3)^{-x}$

$3^{6x-2}=3^{-3x}$

この後は，どうするのですか？」

指数どうしが等しくなるわけだよね。

$$6x-2=-3x$$
$$9x=2$$
$$x=\frac{2}{9}$$ 答え 例題 5-12 (1)

となる。(2)も底をそろえよう。

ミサキさん，やってみて。

「$\frac{1}{36}$ は $\frac{1}{6}$ の2乗だから，底を $\frac{1}{6}$ にそろえればいいんですね。

解答 (2) $\left(\frac{1}{36}\right)^{x+2}>\left(\frac{1}{6}\right)^{x-8}$

$$\left\{\left(\frac{1}{6}\right)^2\right\}^{x+2}>\left(\frac{1}{6}\right)^{x-8}$$

$$\left(\frac{1}{6}\right)^{2x+4}>\left(\frac{1}{6}\right)^{x-8}$$

底 $\frac{1}{6}$ は1より小さいから

$$2x+4<x-8$$

$$x<-12$$ 答え 例題 5-12 (2)」

あっ，いいね。最後のところは気をつけよう。0<底<1 のときは，指数が大きいほど値は小さいからね。不等号の向きは逆になるよ。

「引っかからずに解けました！」

5-11 おき換えると2次式になる指数方程式，指数不等式

三角方程式，三角不等式を解くときにも，三角関数を t でおき換えて解いたよね。それと同じことをやるよ。

例題 5-13 定期テスト 出題度 !!! 共通テスト 出題度 !!!

次の方程式，不等式を解け。

(1) $9^{x+1}+17\cdot 3^x-2=0$

(2) $4^x-2^{x-1}-14\leqq 0$

コツ15 文字でおき換えると2次式になる指数方程式

❶ x乗，$2x$乗，…等にする。

❷ 底をそろえる。

❸ 式に同じものがあれば文字におき換える。

(1)は，

❶ $(x+1)$乗は1乗×x乗にしよう。

$$9^{x+1}+17\cdot 3^x-2=0$$

$$9\cdot 9^x+17\cdot 3^x-2=0$$

❷ 底をそろえよう。

底は小さい自然数がいい。9は3^2だから，9^xは3^{2x}にできるよ。

$$9\cdot 3^{2x}+17\cdot 3^x-2=0$$

❸ 同じものがあれば文字におき換える。

今回は3^xが2か所にあるね。

「えっ？　ないですよ……。」

3^{2x}は$(3^x)^2$と考えればいいんだ。

$$9\cdot(3^x)^2+17\cdot3^x-2=0$$

$t=3^x$ $(t>0)$ とおくと

$$9t^2+17t-2=0$$

となって，ふつうの2次方程式に直せる。これを計算すればtが求められるし，tを3^xに戻せばxも求められるね。

解答 (1)

$$9^{x+1}+17\cdot3^x-2=0$$

$$9\cdot9^x+17\cdot3^x-2=0$$

$$9\cdot3^{2x}+17\cdot3^x-2=0$$

$t=3^x$ $(t>0)$ とおくと

$$9t^2+17t-2=0$$

$$(t+2)(9t-1)=0$$

$t>0$より，$t=\dfrac{1}{9}$ ←おき換えた文字の範囲に注意して，tを求める

$$3^x=\frac{1}{9}$$

$$3^x=3^{-2}$$

よって，$x=-2$ ⇐ **答え** **例題 5-13** (1)

「どうして，$t>0$なんですか？」

だって，tは3^xのことだよ。

「えっ？　でも，xが負かもしれないし……。」

いや，関係ないよ。例えば，3^{-100}だって，$\left(\dfrac{1}{3}\right)^{100}$とか，$\dfrac{1}{3^{100}}$のことだろう？

正の数になるよ。**底が正の数なら，マイナス乗でも必ず正になるんだ。**

じゃあ，ミサキさん，(2)をやってみて。

「**解答** (2)

$$4^x-2^{x-1}-14 \leqq 0$$

$$(2^2)^x-\frac{2^x}{2}-14 \leqq 0$$

両辺を2倍する

$$2 \cdot 2^{2x}-2^x-28 \leqq 0$$

$t=2^x$ $(t>0)$ とおくと，

$$2t^2-t-28 \leqq 0$$

$$(t-4)(2t+7) \leqq 0$$

$$-\frac{7}{2} \leqq t \leqq 4$$

$t>0$ より，$0<t \leqq 4$

$$0<2^x \leqq 4$$

まず，$0<2^x$ のほうは……。」

「$0<x$ ですよね。」

違うよ。$1<2^x$ なら，$2^0<2^x$ だから $0<x$ になるけど，ここでは $0<2^x$ だからね。

「あっ，そうか！　じゃあ，どうやって計算すればいいんですか？」

2^x って，底が正なので，絶対正だよね。だから，$0<2^x$ は当たり前だ。この問題に限らず，数学では，**計算をしていく途中で，“必ず成り立つ式”が出ることがたびたびある**んだ。そのときは，『**当たり前だ。**』ということで計算しなくていいんだよ。

「

$0<2^x$ は明らか。

$$2^x \leqq 4$$

$$2^x \leqq 2^2$$

$\underline{\underline{x \leqq 2}}$ ⇦**答え** **例題 5-13** (2)」

5-12 指数関数の最大，最小

関数の最大，最小は同じものがあればおき換えて，別の関数にするというのが多いよ。そして，おき換えた後は，例のあの形？

例題 5-14　定期テスト 出題度 !!　共通テスト 出題度 !!!

関数 $y=4^x-2^{x+3}$ $(x \leqq 4)$ の最大値，最小値，およびそのときの x の値を求めよ。

指数方程式や指数不等式のときと同じように コツ15 の方法で式変形する。

❶ $(x+3)$ 乗は，3乗×x乗にすればいいね。

❷ 底をそろえる。

$$y=4^x-2^3\cdot 2^x$$
$$=2^{2x}-8\cdot 2^x$$

❸ 式に同じものがあるので，$2^x=t\,(t>0)$ と文字でおこう。

$$y=t^2-8t$$

2次関数の最大，最小を求めるから平方完成すればいいね。

$$y=(t-4)^2-16$$

さて，ここで1つ大切なことを忘れてはいけない。$2^x=t$とおき換えたのだから……

「tの範囲を求めるんですね！」

何だ。先に言われちゃった(笑)。そうだね。5-11 でもやったけど，おき換えをしたら，おき換えた文字t，つまり**2^xの範囲を求める**んだったね。

$x \leqq 4$ なので，

$$2^x \leqq 2^4$$

つまり，$t \leqq 16$

になる。でも，これだけじゃない。t は 2^x なので絶対正になるね。

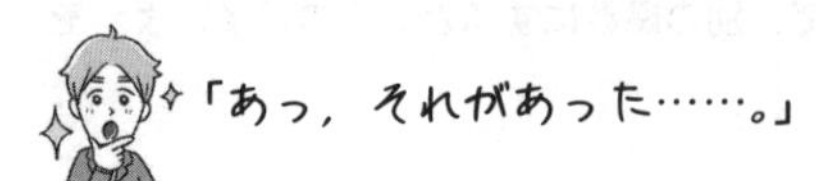

$0 < t \leqq 16$ になり，平方完成したものからかいた簡単なグラフと合わせると，解答は次のようになる。

解答

$y = 4^x - 2^{x+3}$ $(x \leqq 4)$ より

$y = 2^{2x} - 2^3 \cdot 2^x$

$\quad = 2^{2x} - 8 \cdot 2^x$

$2^x = t$ $(t > 0)$ とおくと

$y = t^2 - 8t$

$\quad = (t-4)^2 - 16$

ここで t の範囲を求めると

$x \leqq 4$ より

$\quad 0 < 2^x \leqq 2^4$

$\quad 0 < t \leqq 16$

$t = 16$ のとき，**y の最大値128**

　このとき　$2^x = 16$

　　　　$x = 4$ ⇐ 答え　例題 5-14

$t = 4$ のとき，**y の最小値 -16**

　このとき　$2^x = 4$

　　　　$x = 2$ ⇐ 答え　例題 5-14

$y = (t-4)^2 - 16$

最大

最小

$t = 0$　$t = 4$　$t = 16$

5-13 a^x+a^{-x}をおき換えて，指数関数の最大，最小を求める

これは，解くのにいくつもの知識が必要な問題だから，試験を作る人は出題したがるんだよね。解くほうは大変だけど。

例題 5-15　定期テスト 出題度 ❗❗　共通テスト 出題度 ❗❗❗

関数 $y=9^x+9^{-x}+3^x+3^{-x}$ について，次の問いに答えよ。

(1) $t=3^x+3^{-x}$ とおくとき，y を t を用いて表せ。

(2) y の最小値と，そのときの x の値を求めよ。

9^x+9^{-x} は $3^{2x}+3^{-2x}$ とみなせばいい。5-7 で

$$(a^x+a^{-x})^2=a^{2x}+2+a^{-2x}$$

という関係が登場したね。ハルトくん。それを使って，解いてみて。

「解答 (1) $(3^x+3^{-x})^2=3^{2x}+2+3^{-2x}$

$=9^x+2+9^{-x}$　より

$9^x+9^{-x}=(3^x+3^{-x})^2-2$

$=t^2-2$

よって，$y=t^2+t-2$ ⇐答え 例題 5-15 (1)」

うん。正解。続いての(2)だが，y は t の２次関数で，しかも最大，最小を求めるわけなので，平方完成すればいい。

$$y=\left(t+\frac{1}{2}\right)^2-\frac{9}{4}$$

さて，3^x+3^{-x} を t としたのだから，当然 t の範囲を求めなければならない。t の範囲はわかる？

「3^xは正だし，3^{-x}も正だから，$t>0$ですか？」

いや，違う。もっとしぼり込める。3^x+3^{-x}の形を見て，ある公式が頭に浮かばない？

「……なんですか?」

じゃあ，$3^x+\dfrac{1}{3^x}$の形に変えてみようか。3^xも$\dfrac{1}{3^x}$も正で，掛けると1……つまり定数になってしまうので……。

「あっ，もしかして，**相加平均と相乗平均の（大小）関係**ですか？」

そうだね。1−21 で登場した。正の数どうしで，掛けると定数になるような和の組み合わせは，相加平均と相乗平均の（大小）関係を使うんだったよね。

相加平均と相乗平均の（大小）関係

$a>0$，$b>0$のとき

$$a+b\geqq 2\sqrt{ab}$$

等号成立は$a=b$のとき

$$\begin{aligned} t&=3^x+\frac{1}{3^x}\\ &\geqq 2\sqrt{3^x\cdot\frac{1}{3^x}}\\ &=2 \end{aligned}$$

となって$t\geqq 2$だね。もちろん，3^x+3^{-x}の形を見た段階で相加平均と相乗平均の（大小）関係が思いつけばもっといい。3^xも3^{-x}も正だし，掛けると3^0つまり1になるからね。

「式が，$y=\left(t+\dfrac{1}{2}\right)^2-\dfrac{9}{4}$で，範囲が$t\geqq 2$というわけですね。」

解答　(2)　tの範囲を求めると，相加平均と相乗平均の(大小)関係より

$$t=3^x+3^{-x}$$
$$\geqq 2\sqrt{3^x\cdot 3^{-x}}=2$$

等号成立は

$$3^x=3^{-x}$$
$$x=-x$$
$$x=0$$

(1)の結果より

$$y=t^2+t-2$$
$$=\left(t+\frac{1}{2}\right)^2-\frac{1}{4}-2$$
$$=\left(t+\frac{1}{2}\right)^2-\frac{9}{4}\quad (t\geqq 2)$$

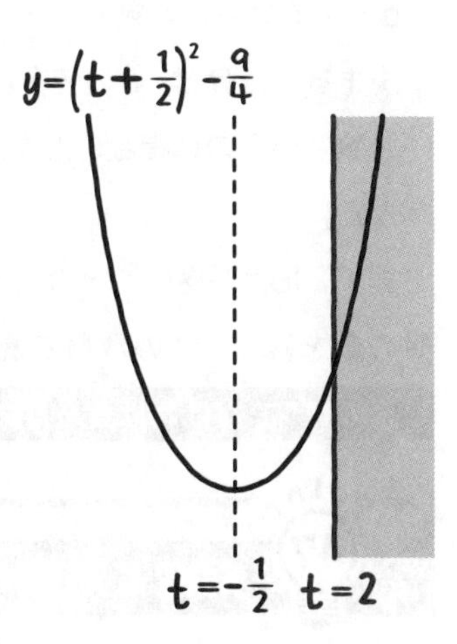

$t=2$のとき最小値をとり，

yの最小値は

$y=2^2+2-2=\underline{\underline{4}}$

このとき $\underline{\underline{\boldsymbol{x=0}}}$　答え　例題 5-15 (2)

対数の基本

「対数」は，英語でlogarithm。対数のlogは，これを略したものだよ。

aが1でない正の数で，Mが正の数のとき，$\boldsymbol{a^b=M}$となるbの値がただ1つに決まるんだけど，bの値を**$\boldsymbol{a}$を底とする$\boldsymbol{M}$の対数**というよ。

対数というのは指数の形を変えたもので，$a^b=M$を$b=$で表したいときに使うんだ。

まず，**log**（ログ）と書いてその右下に小さく底のaの数を書く。そのあとに大きくMの数を書く。この数Mを**真数**（しんすう）といい，**底は“1でない正の数”で，真数は“正の数”でなければならない**と決まっているんだ。

指数と対数の関係

$a^b=M \Longleftrightarrow \boldsymbol{b=\log_{\underline{a}} M}$ ←真数（$M>0$）

↑
底（$a>0$，$a \neq 1$）

整数や分数はlogに直せる

整数（または分数）bを$\log_a M$に変えるなら，真数Mはa^bの数にすればよい。

例えば，2を$\log_7 M$に変えるなら，Mは7^2つまり49になる。$\log_7 49$ということだね。

例題 5-16 定期テスト 出題度 !!! 共通テスト 出題度 !!!

次の値を求めよ。

(1) $\log_3 81$　　(2) $7^{\log_7 5}$

まず，求めたいものをxとおこう。(1)なら，

$$x=\log_3 81$$

ミサキさん，これを，“指数の形”，つまり，logを使わない形に変えて解いてみて。

「解答 (1) $x=\log_3 81$とおくと，$3^x=81$

$x=\underline{\underline{4}}$ ⇦答え 例題 5-16 (1)

ですね。」

ハルトくん，(2)は？

「解答 (2) $x=7^{\log_7 5}$とおくと

$\log_7 5=\log_7 x$

$x=\underline{\underline{5}}$ ⇦答え 例題 5-16 (2)

です。」

正解。このようにしたら求められる。でも，いちいち求めたいものをxとおくのも面倒だから，次のように覚えよう。

コツ17 x＝とおかずに，値を求める

❶ $\log_a b$は「aを何乗したらb？」の問いの答え。

❷ $a^{\log_a c}$はcになる。

(1)は，$\log_3 81$というのは『3を何乗したら81？』の問いの答えの数だから4，(2)は5になる。

対数の計算

まず，基本ということで対数の計算のやりかたを学ぼう。対数は表しかただけでなく，計算方法も個性的なんだ。

例題 5-17　定期テスト 出題度 !!!　共通テスト 出題度 !!!

次の式を簡単にせよ。

(1) $\log_4 8+\log_4 2$　　(2) $\log_6 3\sqrt{2}-\log_6\sqrt{3}$

(3) $\dfrac{\log_5 9}{\log_5 243}$

これらを解くには，次のPoint 48の公式が必要なんだ。

Point 48 積，商，累乗の対数

$a>0$，$a\neq 1$，$M>0$，$N>0$でkが実数のとき

❶ $\log_a MN=\log_a M+\log_a N$

❷ $\log_a \dfrac{M}{N}=\log_a M-\log_a N$

❸ $\log_a M^k=k\log_a M$

これらの性質はよく使うよ。左辺から右辺だけでなく，右辺から左辺にも変形できるようにしよう。それでは 例題 5-17 を確認するよ。(1)の$\log_4 8+\log_4 2$は，Point 48の❶を使えばいいね。ミサキさん，解いてみて。

「**解答** (1) $\log_4 8+\log_4 2=\log_4(8\cdot 2)=\log_4 16$

$=\underline{\underline{2}}$ ⇦ 答え 例題 5-17 (1)」

正解。$\log_4 16$ということは,『4を何乗すれば16?』の答えだから2だね。(2)の$\log_6 3\sqrt{2}-\log_6\sqrt{3}$は Point 48 の❷を使えばいいよ。ハルトくん,解いてみて。

「**解答** (2) $\log_6 3\sqrt{2}-\log_6\sqrt{3}=\log_6\dfrac{3\sqrt{2}}{\sqrt{3}}$

分母・分子に$\sqrt{3}$を掛けて有理化する

$=\log_6\dfrac{3\sqrt{6}}{3}$

$=\log_6\sqrt{6}$

$=\log_6 6^{\frac{1}{2}}$

$=\underline{\underline{\dfrac{1}{2}}}$ ⇦ 答え 例題 5-17 (2)」

そうだね。$\sqrt{6}$は6の$\dfrac{1}{2}$乗だったもんね。

さて,最後の(3)の$\dfrac{\log_5 9}{\log_5 243}$だが,$\log_5 9$っていうと,『5を何乗すると9になるか?』だけど……,いくつかわからないよね。同じく$\log_5 243$もわからない。そこで,**真数をもっと小さい自然数にしよう**。9は3^2だし,243は3^5だ。だから Point 48 の❸を使って真数を累乗で表し,指数の“2”と“5”を前に出して係数にするんだ。

解答 (3) $\dfrac{\log_5 9}{\log_5 243}=\dfrac{\log_5 3^2}{\log_5 3^5}=\dfrac{2\cancel{\log_5 3}}{5\cancel{\log_5 3}}=\underline{\underline{\dfrac{2}{5}}}$ ⇦ 答え 例題 5-17 (3)

数II 5章

5-16 底を変換する

5-3 で，使われている数が小さいほうが，わかりやすいというのがあった。ここでも，同じ発想だよ。

例題 5-18 定期テスト 出題度 !!! 共通テスト 出題度 !!!

次の式を簡単にせよ。

(1) $\log_9 27$

(2) $\log_2 81 \cdot \log_3 25 \cdot \log_5 \sqrt{7} \cdot \log_7 8$

(3) $(\log_2 49 + \log_8 7)(\log_7 4 + \log_{49} 2)$

(1)はさっきと同じだ。『9を何乗したら27？』と聞かれてもわからないよね。でも，**底を小さい自然数に変えると求められる** よ。次の公式を使うんだ。

底の変換公式

$a>0$，$b>0$，$c>0$ で，$a \neq 1$，$b \neq 1$，$c \neq 1$ のとき

❶ $\log_a b = \dfrac{\log_c b}{\log_c a}$

❷ $\log_a b = \dfrac{1}{\log_b a}$

(1)は，$\log_a b = \dfrac{\log_c b}{\log_c a}$ の底の変換公式❶を使えばいい。

「この公式の底の"c"の部分には，何が入るんですか？」

何を入れても成り立つんだよ。"1でない正の数" だったらね。でも，今回は元の底が9で，9は3^2だから，3にするんだ。**元の底が"3の累乗"のときは底を3に変える**ようにしよう。

解答 (1) $\log_9 27=\dfrac{\log_3 27}{\log_3 9}$ ←$\dfrac{\log_3 3^3}{\log_3 3^2}$

$=\dfrac{3\log_3 3}{2\log_3 3}$

$=\underline{\underline{\dfrac{3}{2}}}$ ⇐**答え** **例題 5-18** (1)

「**例題 5-17** (3)では真数を小さくしたけど，今度は底を小さくするのか。」

どちらもできるときは底を簡単にするほうを優先させたほうがいいと思う。(2)は以下のように解く。

コツ18 対数の計算（掛け算，割り算）

❶ 底を小さいものにそろえる。

❷ 値が求められるものは求める。

❸ 真数を累乗の形にして，$\log_a M^k \to k\log_a M$にする。

❶底を2にそろえようか。結論からいうと$\log_2 8$，$\log_2 81$とかが出てくるんだけど，❷$\log_2 8$は3と求まる。❸$\log_2 81$は求まらないが$\log_2 3^4$とすれば$4\log_2 3$とできるね。

「**解答** (2) $\log_2 81\cdot\log_3 25\cdot\log_5\sqrt{7}\cdot\log_7 8$

$=\log_2 81\cdot\dfrac{\log_2 25}{\log_2 3}\cdot\dfrac{\log_2\sqrt{7}}{\log_2 5}\cdot\dfrac{\log_2 8}{\log_2 7}$

$=\log_2 3^4\cdot\dfrac{\log_2 5^2}{\log_2 3}\cdot\dfrac{\log_2 7^{\frac{1}{2}}}{\log_2 5}\cdot\dfrac{3}{\log_2 7}$

$$=4\log_2 3\cdot\frac{2\log_2 5}{\log_2 3}\cdot\frac{\frac{1}{2}\log_2 7}{\log_2 5}\cdot\frac{3}{\log_2 7}$$

$$=\underline{\underline{12}}$$ ⇦答え　例題 5-18 (2)

あっ，きれいに消えました！」

「(3)は，まさか展開??」

いや。それなら大変な式になるだけだ。それぞれの(　)の中を計算して，最後にお互いを掛けるという方法でいこう。

❶　底をそろえる。1以外のできるだけ小さい自然数がいいので2だ。

❷　$\log_2 8$など値が求められるものは求める。

❸　$\log_2 49$は$\log_2 7^2$さらに$2\log_2 7$とできる。

解答　(3)　$(\log_2 49+\log_8 7)(\log_7 4+\log_{49} 2)$

$$=\left(\log_2 49+\frac{\log_2 7}{\log_2 8}\right)\left(\frac{\log_2 4}{\log_2 7}+\frac{1}{\log_2 49}\right)$$

$$=\left(\log_2 7^2+\frac{\log_2 7}{3}\right)\left(\frac{2}{\log_2 7}+\frac{1}{\log_2 7^2}\right)$$

$$=\left(2\log_2 7+\frac{\log_2 7}{3}\right)\left(\frac{2}{\log_2 7}+\frac{1}{2\log_2 7}\right)$$

$$=\left(2\log_2 7+\frac{1}{3}\log_2 7\right)\left(\frac{4}{2\log_2 7}+\frac{1}{2\log_2 7}\right)$$

$$=\left(\frac{7}{3}\log_2 7\right)\left(\frac{5}{2\log_2 7}\right)$$

$$=\underline{\underline{\frac{35}{6}}}$$ ⇦答え　例題 5-18 (3)

例題 5-19 定期テスト 出題度 !!! 共通テスト 出題度 !

$\log_3 5=a$, $\log_5 7=b$ とするとき，次の値を a, b を用いて表せ。

(1) $\log_3 7$ (2) $\log_{45} 49$

まず，底をそろえよう。底を3にすると，$\log_3 5$ はそのままでいいね。$\log_5 7$ を変えよう。

解答 (1) $b=\dfrac{\log_3 7}{\log_3 5}=\dfrac{\log_3 7}{a}$ ←$\log_3 5=a$

$\log_3 7=\underline{\underline{ab}}$ ⇦答え 例題 5-19 (1)

「(2)の $\log_{45} 49$ も底を3にできますね。

$\log_{45} 49=\dfrac{\log_3 49}{\log_3 45}$ です。」

その通り。あとは，真数を小さくしていけばいいね。49は 7^2 で，“2” は前に出せる。Point 48 の❸を使えばいい。また，45は素因数分解すれば $3^2\cdot 5$ で，Point 48 の❶を使えばいいよ。2つのlogの足し算の形にできるね。

解答 (2) $\log_{45} 49=\dfrac{\log_3 49}{\log_3 45}=\dfrac{\log_3 7^2}{\log_3 (3^2\cdot 5)}$

$=\dfrac{\log_3 7^2}{\log_3 3^2+\log_3 5}=\dfrac{2\log_3 7}{2+\log_3 5}$

$\log_3 5=a$, (1)より $\log_3 7=ab$ を代入すると

$=\underline{\underline{\dfrac{2ab}{2+a}}}$ ⇦答え 例題 5-19 (2)

数II 5章

例題 5-20　定期テスト 出題度 ❗❗❗　共通テスト 出題度 ❗❗

0でない実数 x，y，z が，$2^x=3^y=18^z$ の関係を満たすとき，

$\dfrac{1}{x}+\dfrac{2}{y}=\dfrac{1}{z}$ が成り立つことを証明せよ。

『数学Ⅰ・A編』の 1-13 で似たものが登場したね。**等号でつながっている** **ヒントは，$=t$ とおいて変形する** とよい。5-14 の Point 47 の変形をして，左辺，右辺に代入すれば終わり。

解答　$2^x=3^y=18^z=t$ とおくと，$x=\log_2 t$，$y=\log_3 t$，

$z=\log_{18} t$（$t>0$ かつ $t\neq 1$）より

$$
\begin{aligned}
\text{左辺}&=\frac{1}{\log_2 t}+\frac{2}{\log_3 t}\\
&=\log_t 2+2\log_t 3\\
&=\log_t 2+\log_t 3^2\\
&=\log_t 2+\log_t 9\\
&=\log_t 18
\end{aligned}
$$

$$
\begin{aligned}
\text{右辺}&=\frac{1}{\log_{18} t}\\
&=\log_t 18
\end{aligned}
$$

よって，左辺＝右辺より，題意を満たす。　**例題 5-20**

「$t>0$ かつ $t\neq 1$ は，どうしてですか？」

$2^x=3^y=18^z$ は底が正だから，$t>0$ だ。さらに，x，y，z は0でないから，$t\neq 1$ になる。Point 49 の❷を使って計算すると，底が t になるけど，底の条件は自動的にいえているよね。

5-17 対数の足し算，引き算

5-16 は簡単にするために係数を前に出したが，足し算，引き算のため係数をなくすときもあるよ。

例題 5-21 定期テスト 出題度 !!! 共通テスト 出題度 !!!

$\log_2\sqrt{15}-\log_4 5+\dfrac{3}{2}\log_2 3+2\log_{\frac{1}{2}}6$ を簡単にせよ。

コツ19 対数の計算（足し算，引き算）

❶ 底をそろえる。（底の変換公式）

❷ 値が求められるものは求める。

❸ $k\log_a M \to \log_a M^k$ にする。

❹ 真数の掛け算・割り算にする。

まず，❶ **底をそろえよう**。4は2^2だし，$\dfrac{1}{2}$は2^{-1}だ。"2の累乗" だから2にそろえればいいね。5-16 の Point 49 の底の変換公式❶でいける。

解答

$$\log_2\sqrt{15}-\log_4 5+\frac{3}{2}\log_2 3+2\log_{\frac{1}{2}}6$$ ←❶底をそろえる

$$=\log_2\sqrt{15}-\frac{\log_2 5}{\log_2 4}+\frac{3}{2}\log_2 3+2\cdot\frac{\log_2 6}{\log_2\frac{1}{2}}$$ ←❷値が求められるものは求める

❷ $\log_2 4$のように**値が求められるものは，求めよう**。また，$\dfrac{\log_2 5}{2}$の

ような分数のときは，$\frac{1}{2}\log_2 5$というふうに**係数を前に出そう**。

$$=\log_2\sqrt{15}-\frac{\log_2 5}{2}+\frac{3}{2}\log_2 3+2\cdot\frac{\log_2 6}{-1}$$

$$=\log_2\sqrt{15}-\frac{1}{2}\log_2 5+\frac{3}{2}\log_2 3-2\log_2 6$$

「でも，このままだと足せないなあ……。」

うん。そこで，❸ **係数をなくせばいい**。

$\frac{1}{2}\log_2 5$は 5-15 の Point 48 の❸を使えば$\log_2 5^{\frac{1}{2}}$となり，$\log_2\sqrt{5}$とできるね。

他もそんな感じだ。❹ **logどうしを足す，引くのときは，真数どうしをそれぞれ掛ける，割るでいいね**。 5-15 の Point 48 の❶，❷だ。

$$=\log_2\sqrt{15}-\log_2 5^{\frac{1}{2}}+\log_2 3^{\frac{3}{2}}-\log_2 6^2 \quad \leftarrow❸係数をなくす$$

$$=\log_2\sqrt{15}-\log_2\sqrt{5}+\log_2 3\sqrt{3}-\log_2 36$$

$\log_a M-\log_a N=\log_a\frac{M}{N}$

$\log_a M+\log_a N=\log_a MN$

$$=\log_2\frac{\sqrt{15}\cdot 3\sqrt{3}}{\sqrt{5}\cdot 36}$$

$\leftarrow \log_2\frac{\sqrt{15}\cdot 3\sqrt{3}}{\sqrt{5}\cdot 36}=\log_2\frac{\sqrt{3}\cdot\sqrt{3}}{12}=\log_2\frac{3}{12}$

$$=\log_2\frac{1}{4}$$

$$=\log_2 2^{-2}$$

$$=\underline{\underline{-2}}$$ ⇦答え　例題 5-21

5-18 対数関数 $y=\log_a x$ $(a>0,\ a \neq 1)$ のグラフ

「また，グラフか……。」という声が聞こえてきそう。「また，平行移動，対称移動か……。」という声もね。

例題 5-22

定期テスト 出題度 !!!　共通テスト 出題度 !!

次の関数のグラフをかけ。

(1)　$y=\log_3 x$　(2)　$y=\log_{\frac{1}{3}} x$　(3)　$y=\log_3(-x)$

a が1でない正の数のとき，関数 $y=\log_a x$ を a を底とする x の**対数関数**というよ。じゃあ，対数関数のグラフをかいてみよう。

まず，ベースとなる $y=\log_a x$ の形を覚えよう。やはり，$a>1$ のときと $0<a<1$ のときで形が違うんだ。

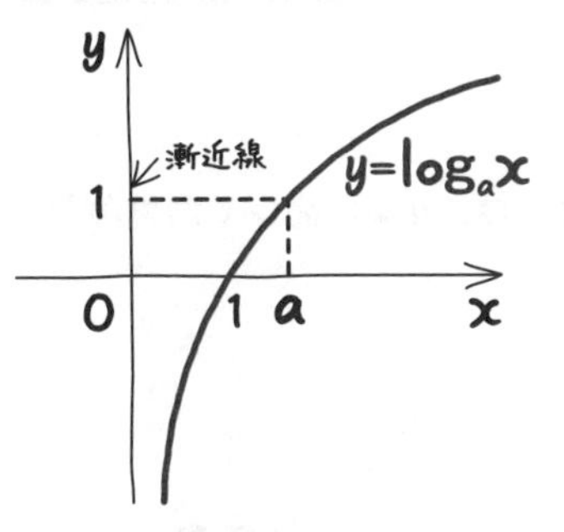

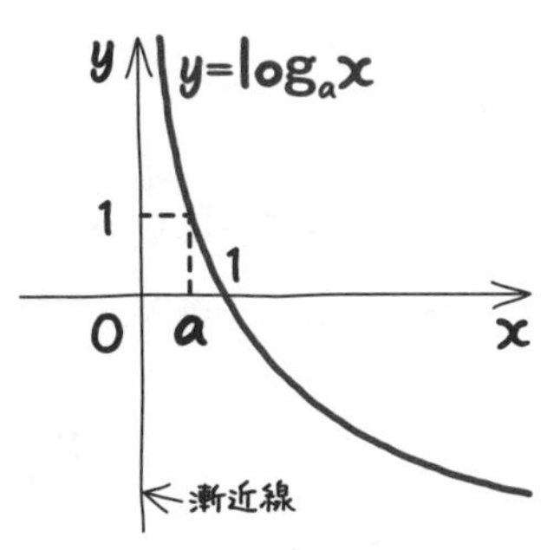

どちらも $x=1$ のとき $y=0$ で，$x=a$ のとき $y=1$ なんだけど，底の a が**1より大きいときは増加のグラフ**になるが，**1より小さいときは減少のグラフ**になるんだ。真数 x は正なので，y 軸，つまり直線 $x=0$ が漸近線だ。

ところで，指数関数のグラフと対数関数のグラフって，形が似てるだろ？実は，$y=a^x$ と $y=\log_a x$ のグラフは直線 $y=x$ について対称なんだ。

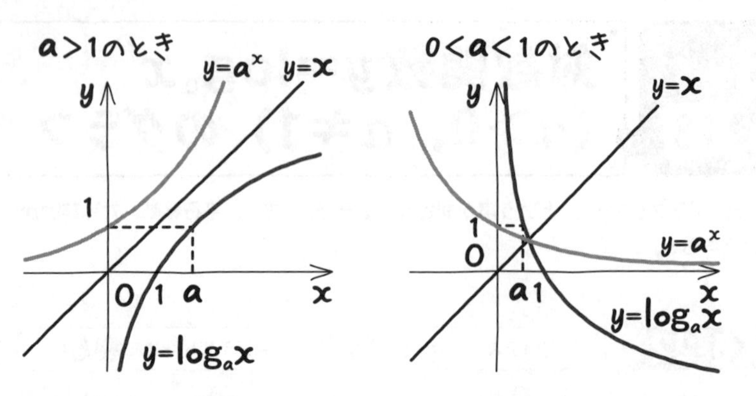

さて，本題に戻って例題を解こう。(1)，(2)は以下のようなグラフになるね。

解答

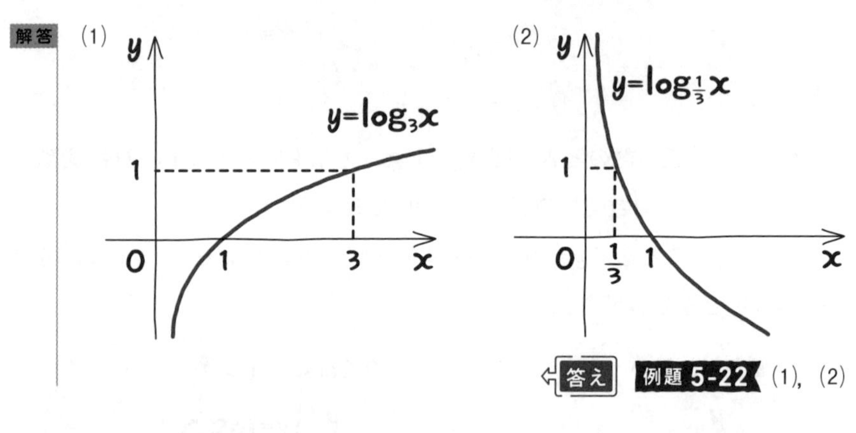

答え　例題 5-22 (1)，(2)

(3)はわかる？

「xが$-x$になっているということは，y軸に関して対称移動したわけだから，こうですね。

解答

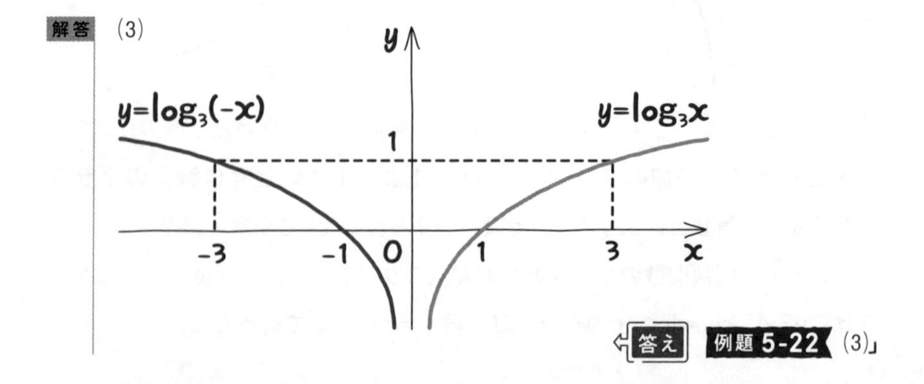

答え　例題 5-22 (3)」

例題 5-23　定期テスト 出題度 !!　共通テスト 出題度 !!

次の□にあてはまる符号または0から9までの数字を答えよ。

$y=\log_3(3x+9)$ のグラフは $y=\log_3 x$ のグラフを x 軸方向に [アイ]，y 軸方向に [ウ] だけ平行移動したものである。

5-8 と同じように考えればいいんだけど，そのままではわからないね。真数の部分をxの係数でくくってみよう。

「$y=\log_3\{3(x+3)\}$

えっ？　このあとは，どうすればいいんですか？」

対数の性質を使って計算をすればいいよ。5-15 でやったね。

$$y=\log_3\{3(x+3)\}$$
$$=\log_3 3+\log_3(x+3) \quad \leftarrow \log_a MN=\log_a M+\log_a N$$
$$=1+\log_3(x+3)$$
$$y-1=\log_3(x+3)$$

「ということは，$y=\log_3 x$のグラフをx軸方向に-3，y軸方向に$+1$平行移動したものですね。」

解答　[アイ]…-3，[ウ]…1　←答え　例題 5-23

正解。さて，問題はここまでだが，ハルトくん，グラフをかいてみて。

「えーっと……点$(1,\ 0)$は，点$(-2,\ 1)$に移って，

点$(3,\ 1)$は，点$(0,\ 2)$に移って……。

あっ，漸近線もずらすのか。$x=-3$だ。こうですか？

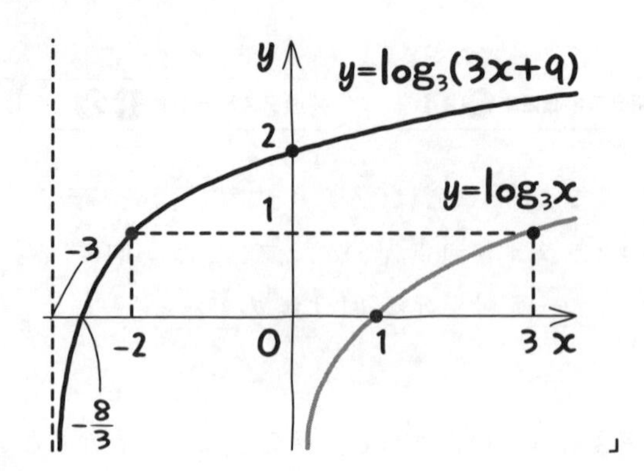

」

「えっ？　x切片って，どういうふうに求めたの？

$y=0$を代入すると

$$0=\log_3(3x+9)$$

ですが，そのあとは……？」

5−14 で学習した指数と対数の書き換えをすればいいよ。

$$a^b=M \iff b=\log_a M$$　だったよね。

「あっ，そうか。

$$3x+9=3^0$$

$$3x+9=1$$

$$x=-\frac{8}{3}$$　なんですね。」

そうだね コツ16 から0は$\log_3 1$に直せるから，$\log_3 1=\log_3(3x+9)$より$1=3x+9$として求めてもいいよ。

y切片のほうも大丈夫かな？　$x=0$を代入すると

$$y=\log_3 9=\log_3 3^2=2$$

になるもんね。

対数の大小

まず，底をそろえて比べよう。底がそろえられないときには，指数の場合は同じ回数だけ掛けたね。対数の場合はちょっと違うんだ。

定期テスト 出題度 !!!　共通テスト 出題度 !!

次の数の大小を比較せよ。

(1) $\log_5 6$, $\log_{25} 2$, $\log_{\sqrt{5}} 3$　　(2) 2, $\log_{0.6}\dfrac{2}{3}$, $\log_{0.6} 7$

Point 50 対数関数 $y=\log_a x$ の性質

$a>1$ のとき　$p<q \iff \log_a p<\log_a q$

$0<a<1$ のとき　$p<q \iff \log_a p>\log_a q$

やはり指数関数と同じで，底が1より大きいか小さいかで違う。$y=\log_a x$ のグラフを見ればその理由がわかるよ。

$a>1$ のとき

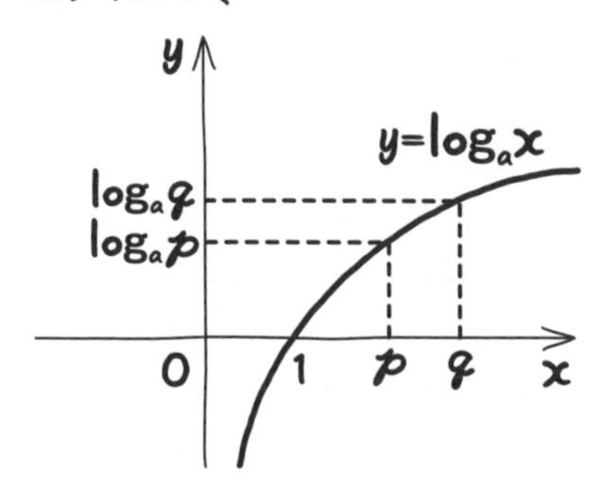

$0<a<1$ のとき

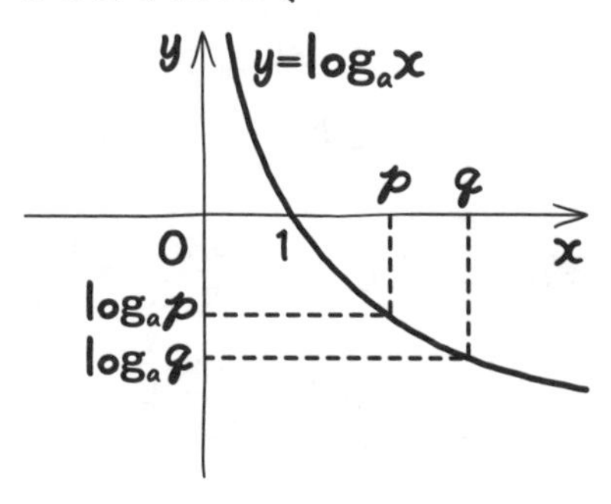

数II 5章

　$a>1$ のときは，p より q が大きければ，$\log_a p$ より $\log_a q$ が大きくなるね。真数 x が大きいほど $\log_a x$ の値は大きい。

　一方，$0<a<1$ のときは，p より q が大きければ，$\log_a p$ より $\log_a q$ が小さくなる。真数 x が大きいほど $\log_a x$ の値は小さいね。

「5-9 で指数の大小を考えるときは底をそろえましたよ。今回もそうですか？」

　うん。**底をそろえよう。** 5-16 の Point 49 の底の変換公式を使おう。

　$\log_5 6$，$\log_{25} 2$，$\log_{\sqrt{5}} 3$ だね。$\log_{25} 2$ の底の25は5の2乗だし，$\log_{\sqrt{5}} 3$ の底の $\sqrt{5}$ は5の $\frac{1}{2}$ 乗だから，底を5にそろえよう。

　まず，$\log_5 6$ はいいね。ミサキさん，$\log_{25} 2$ はどうなる？

「$\log_{25} 2=\dfrac{\log_5 2}{\log_5 25}=\dfrac{\log_5 2}{2}$

このあとは……？」

　5-17 でやったよ。$\dfrac{\log_5 2}{2}$ は係数を前に出して $\dfrac{1}{2}\log_5 2$ とすればいい。

「$\dfrac{\log_5 2}{2}=\dfrac{1}{2}\log_5 2=\log_5 2^{\frac{1}{2}}=\log_5\sqrt{2}$ 　ですね。」

　そう。じゃあ，ハルトくん，$\log_{\sqrt{5}} 3$ は？

「$\log_{\sqrt{5}} 3=\dfrac{\log_5 3}{\log_5\sqrt{5}}=\dfrac{\log_5 3}{\frac{1}{2}}=2\log_5 3=\log_5 3^2$

$=\log_5 9$ 　ですか？」

　そうだね。これで比べることができる。

解答　(1)　$\log_{25} 2=\dfrac{\log_5 2}{\log_5 25}=\dfrac{\log_5 2}{2}=\dfrac{1}{2}\log_5 2=\log_5 2^{\frac{1}{2}}=\log_5\sqrt{2}$

$\log_{\sqrt{5}} 3=\dfrac{\log_5 3}{\log_5\sqrt{5}}=\dfrac{\log_5 3}{\frac{1}{2}}=2\log_5 3=\log_5 3^2=\log_5 9$

底の5は1より大きくて，$\sqrt{2}<6<9$ より

$\log_5\sqrt{2}<\log_5 6<\log_5 9$ だから

$\underline{\underline{\log_{25}2<\log_5 6<\log_{\sqrt{5}}3}}$ 答え 例題 5-24 (1)

じゃあ，(2)の2，$\log_{0.6}\frac{2}{3}$，$\log_{0.6}7$ だけど，$\log_{0.6}$ にそろえよう。

5-14 の コツ16 でやったけど，**整数や分数はlogに変えることができるんだ。**

「あっ，そうか。$2=\log_{0.6}$● なら ●のところは 0.6^2 つまり0.36だ。」

そうだね。さて，あとは比べるだけだが，ここで注意してほしい。**底が1より小さいから，真数が大きいほど，数は小さくなる**からね。

解答 (2) $2=\log_{0.6}0.6^2=\log_{0.6}0.36$

底の0.6は1より小さくて，$7>\frac{2}{3}>0.36$ より

$\log_{0.6}7<\log_{0.6}\frac{2}{3}<\log_{0.6}0.36$ だから

$\underline{\underline{\log_{0.6}7<\log_{0.6}\frac{2}{3}<2}}$ 答え 例題 5-24 (2)

次はもう少し難しい比較をしてみよう。

例題 5-25

定期テスト 出題度 !! 共通テスト 出題度 !

次の数の大小を比較せよ。

$\log_2 3$，$\log_{\frac{1}{3}}2$，$\log_4 7$，$\log_7 5$

さて，これは底をそろえても求めることはできないと思う。**対数の場合は『それぞれの数がいくつからいくつの範囲の数かしぼり込み』をする**んだ。

「しぼり込み？」

例えば，$\log_2 3$の値はわからない。2を何乗したら3になるかなんてわからないよね。でも，いくつくらいかはわかるんだ。

まず，1って$\log_2$にするといくつ？

「2を1乗すると2だから，$1=\log_2 2$です。」

2は$\log_2$にすると？

「$2=\log_2 4$です。」

つまり，$\log_2 3$はその間だから，$1<\log_2 3<2$とわかるね。このように0や1など，周辺の整数をlogで表せば，いくつといくつにはさまれた数かわかるんだ。

解答　$1=\log_2 2$，　$2=\log_2 4$より，$1<\log_2 3<2$

$0=\log_{\frac{1}{3}} 1$，$-1=\log_{\frac{1}{3}}\left(\frac{1}{3}\right)^{-1}=\log_{\frac{1}{3}} 3$より，$-1<\log_{\frac{1}{3}} 2<0$

$1=\log_4 4$，$2=\log_4 4^2=\log_4 16$より，$1<\log_4 7<2$

$0=\log_7 1$，$1=\log_7 7$より，$0<\log_7 5<1$

これで，大きい順に並べると，ビリは$\log_{\frac{1}{3}} 2$，ビリから2番目は$\log_7 5$とわかった。後は，$\log_2 3$と$\log_4 7$の決勝戦ということになるが……。

「あっ，その2つは底がそろえられますね！」

その通り。それでも解けるね。この解きかたは後でやってみよう。でもここで，さらにしぼり込んでもいい。“1と2の間”とわかったけど，真ん中の$\frac{3}{2}$より大きいかどうかを調べてみよう。

$\frac{3}{2}=\log_2 2^{\frac{3}{2}}=\log_2 2\sqrt{2}$　　$2\sqrt{2}<3$ より，$\frac{3}{2}<\log_2 3<2$

$\frac{3}{2}=\log_4 4^{\frac{3}{2}}=\log_4 8$　　$7<8$ より，$1<\log_4 7<\frac{3}{2}$

よって，$\log_{\frac{1}{3}} 2<\log_7 5<\log_4 7<\log_2 3$ 答え 例題 5-25

「対数がどの範囲にあるかを求めていけば解けるんですね。」

そうだね。じゃあ，さっきミサキさんがいっていた，底をそろえる解きかたをやってみるね。

$\log_2 3$ と $\log_4 7$ の底を2にそろえて比べてみると，底の変換公式で

$$\log_4 7=\frac{\log_2 7}{\log_2 4}=\frac{1}{2}\log_2 7=\log_2 7^{\frac{1}{2}}$$

$\log_2 3$ と $\log_2 7^{\frac{1}{2}}$ の真数を比べると，$7^{\frac{1}{2}}=\sqrt{7}=2.645\cdots$ だから

$$3>7^{\frac{1}{2}}$$

よって，$\log_2 3>\log_2 7^{\frac{1}{2}}$，すなわち，$\log_2 3>\log_4 7$ だね。

例題 5-26

定期テスト 出題度 !! 　共通テスト 出題度 !

$\sqrt[3]{17}$，$\log_3 14$，$\frac{5}{2}$ の大小を比較せよ。

「指数と対数が混じっていますね。」

うん。その場合は，2つずつ比べればいい。しかも，指数と対数を比べるのは困難だから，**“整数（または分数）と指数”，“整数（または分数）と対数”という組み合わせで比べるといいよ。**

「$\sqrt[3]{17}$ と $\dfrac{5}{2}$, $\log_3 14$ と $\dfrac{5}{2}$ を比べるわけか。」

「$\sqrt[3]{17}$ と $\dfrac{5}{2}$ の大小は，底をそろえるのは無理ですよね…。$\sqrt[3]{17}$ は $17^{\frac{1}{3}}$ で，

もう一方は1乗だから，両方を3乗すればいいのね。$(\sqrt[3]{17})^3 = 17$

$\left(\dfrac{5}{2}\right)^3 = \dfrac{125}{8} = 15.6\cdots$ だから，$\dfrac{5}{2} < \sqrt[3]{17}$ です。」

それでもいいが，分数になるのが面倒な気がするので，**両方を2倍した，$2\sqrt[3]{17}$ と5を比較すればいいよ。** じゃあ，$\sqrt[3]{17}$ と $\dfrac{5}{2}$ の比較はミサキさん，

$\log_3 14$ と $\dfrac{5}{2}$ の比較はハルトくんにやってもらおう。最後に答えもいってね。

「**解答**　$\sqrt[3]{17}$ と $\dfrac{5}{2}$ の大小を調べる。$2\sqrt[3]{17}$ と5を比較すると，

$(2\sqrt[3]{17})^3 = 8 \cdot 17 = 136$,　$5^3 = 125$　より

$5 < 2\sqrt[3]{17}$

$\dfrac{5}{2} < \sqrt[3]{17}$」

「　$\log_3 14$ と $\dfrac{5}{2}$ の大小を調べる。$2\log_3 14$ と5を比較すると，

$2\log_3 14 = \log_3 14^2 = \log_3 196$,　$5 = \log_3 3^5 = \log_3 243$　より

$2\log_3 14 < 5$

$\log_3 14 < \dfrac{5}{2}$

よって，$\log_3 14 < \dfrac{5}{2} < \sqrt[3]{17}$　答え　例題 5-26

あっ，求められた。(笑)」

そうだね。正解。

5-20 対数を使って解く指数方程式，指数不等式

指数方程式に見えても，対数を使って解く方程式，不等式があるよ。

例題 5-27 定期テスト 出題度 !! 共通テスト 出題度 !!

次の方程式，不等式を解け。

(1) $2^{3x-1}=17$ (2) $5^{x+4}=8^{x-2}$ (3) $7^{-2x+1}\leqq 3^{-x+3}$

まず，(1)は，両辺の底をそろえることができればいいのだが，今回は無理だね。こんなときは，$a^b=c \iff b=\log_a c$ という指数と対数の関係を使えばいい。

解答 (1) $2^{3x-1}=17$

$3x-1=\log_2 17$

$3x=\log_2 17+1$

$x=\dfrac{\log_2 17+1}{3}$ ← 答え 例題 5-27 (1)

というふうにね。また，**両辺の対数をとることで，log を“かぶせる”という方法**もある。今回は底が2だから $\log_2$ を“かぶせる”んだ。

解答 (1) $2^{3x-1}=17$

$\log_2 2^{3x-1}=\log_2 17$

$3x-1=\log_2 17$

$3x=\log_2 17+1$

$x=\dfrac{\log_2 17+1}{3}$ 

例題 5-27 (1)

数II 5章

答えはどちらで解いても同じだね。

(2)もやってみよう。まず，底は小さい自然数にするべきだ。8は2^3だから，2にしておこう。

解答　(2)　$5^{x+4}=8^{x-2}$

$5^{x+4}=(2^3)^{x-2}$

$5^{x+4}=2^{3x-6}$

「でも，底が5と2ならそろえることができないですよね。」

うん。そこで，(1)と同じくlogを“かぶせる”といい。底は5と2だから$\log_2$か$\log_5$をつけよう。$\log_2$でやってみようか。

$\log_2 5^{x+4}=\log_2 2^{3x-6}$

$(x+4)\log_2 5=3x-6$

あとはxを求めるのだから，左辺にxを集めて係数で割ればいい。次のような感じになるね。

$x\log_2 5+4\log_2 5=3x-6$

$x\log_2 5-3x=-4\log_2 5-6$

$(\log_2 5-3)x=-4\log_2 5-6$

$$x=\frac{-4\log_2 5-6}{\log_2 5-3}$$ ⇐答え　例題 5-27 (2)

「$\log_5$を“かぶせ”てもいいんですか？」

いいよ。そのときは次のような答えになるね。

解答 (2) $5^{x+4}=8^{x-2}$

$5^{x+4}=(2^3)^{x-2}$

$5^{x+4}=2^{3x-6}$

$\log_5 5^{x+4}=\log_5 2^{3x-6}$

$x+4=(3x-6)\log_5 2$

$x+4=3x\log_5 2-6\log_5 2$

$x-3x\log_5 2=-4-6\log_5 2$

$(1-3\log_5 2)x=-4-6\log_5 2$

$$x=\frac{-4-6\log_5 2}{1-3\log_5 2}$$ ← 答え 例題 5-27 (2)

答えは違うように見えるけど，底を2に変換すると，5-16 の Point 49 の❷の公式より，

$$(\text{分子})=-4-6\log_5 2=-4-6\cdot\frac{1}{\log_2 5}=\frac{-4\log_2 5-6}{\log_2 5}$$

$$(\text{分母})=1-3\log_5 2=1-3\cdot\frac{1}{\log_2 5}=\frac{\log_2 5-3}{\log_2 5}$$

だから $\dfrac{-4-6\log_5 2}{1-3\log_5 2}=\dfrac{-4\log_2 5-6}{\log_2 5}\cdot\dfrac{\log_2 5}{\log_2 5-3}=\dfrac{-4\log_2 5-6}{\log_2 5-3}$

で同じになったね。

「全然違う値に見えたのに同じなんですね。」

うん，こういうこともあるんだ。じゃあ，(3)の $7^{-2x+1}\leqq 3^{-x+3}$ はどうなる？ハルトくん，解いてみて。

数II 5章

「解答　(3)　$7^{-2x+1} \leqq 3^{-x+3}$

$\log_3 7^{-2x+1} \leqq \log_3 3^{-x+3}$

$(-2x+1)\log_3 7 \leqq -x+3$

$-2x\log_3 7 + \log_3 7 \leqq -x+3$

$-2x\log_3 7 + x \leqq 3 - \log_3 7$

$(1-2\log_3 7)x \leqq 3 - \log_3 7$

~~$x \leqq \dfrac{3-\log_3 7}{1-2\log_3 7}$~~……。」

ちょっと待って。最後は$1-2\log_3 7$で割ったんだよね？

不等式の各辺を割るときは，それが0か正か負かで不等号の向きが変わるよね。『数学Ⅰ・A編』の 1-20 で登場したよ。

「あっ，そうだ！　$1-2\log_3 7$は……。あれっ？　正なのか，負なのか，どっちだろう……。」

$1-2\log_3 7$の1と$2\log_3 7$の大小を比べてみよう。

1は$\log_3 3$で，$2\log_3 7$は$\log_3 7^2$つまり$\log_3 49$だから，1より$2\log_3 7$のほうが大きいよね。よって$1-2\log_3 7$は負なんだ。負で割るわけだから，最後の不等号の向きは逆になるね。

$$x \geqq \frac{3-\log_3 7}{1-2\log_3 7}$$

答え　例題 5-27 (3)

が正解だよ。

5-21 対数方程式，対数不等式

真数が正になるというのは，世界中の数学の常識。何もいわれなくても，対数が出てきただけで，真数は正だと思わなきゃいけないよ。

例題 5-28 定期テスト 出題度 ❗❗❗ 共通テスト 出題度 ❗❗❗

次の方程式，不等式を解け。

(1) $\log_6(x+4)=\frac{1}{2}$　　(2) $\log_{\frac{1}{3}}x \geqq -2$

さて，続いては対数の方程式や不等式だ。これらを**対数方程式**，**対数不等式**というよ。

コツ20 対数方程式，対数不等式

❶ 真数条件，底の条件をいう。

❷ 底をそろえる。

❸ 式に同じものがあれば文字におき換えて，同じものがないなら両辺を同じ形にする。

対数の場合，真数は絶対に正になるよね。これを『真数条件』というんだ。(1)でいうと，$x+4$が真数として使われているということは，自動的に$x+4$は正なんだ。つまり，$x>-4$になるということだよ。まず，❶ **真数条件をいわなければならない**んだ。

「"底の条件"はいわなくていいのですか？」

底のところは文字になっていないから，今回は必要ないんだ。例題 5-32 で登場するから，そこでまた説明するよ。ここはとりあえず，続きを解いていくよ。❷ **底をそろえる**。といっても底は1つしかないので，そろえるも何もない。

❸ **式に同じものがあれば文字におき換えて，同じものがないなら両辺を同じ形にする**。同じものなんて，まったくないよね。じゃあ，両辺を同じ形にしよう。

「分数を$\log_6$を使って書き変えるということか。」

そうだね。5-14 の コツ16 を使う。$\frac{1}{2}$ は$\log_6 6^{\frac{1}{2}}$ つまり$\log_6\sqrt{6}$ だ。そして，両辺の真数を比較すればいい。

解答　(1)　真数条件より，$x+4>0$

$$x>-4$$

$\log_6(x+4)=\frac{1}{2}$　より

$$\log_6(x+4)=\log_6 6^{\frac{1}{2}}$$

$$x+4=\sqrt{6}$$

$$x=\sqrt{6}-4$$

これは真数条件$x>-4$を満たす。

$\underline{\underline{x=\sqrt{6}-4}}$　⇦答え　例題 5-28 (1)

最後に真数条件と照らし合わせるのを忘れないで。真数条件から$x>-4$もいえなければいけないし，$x=\sqrt{6}-4$という結果もいえなければならない。$\sqrt{6}-4$は$x>-4$を満たすから，答えとしていいね。じゃあ，ミサキさん，(2)を解いて。

「**解答** (2) 真数条件より，$x>0$

$$\log_{\frac{1}{3}} x \geqq -2$$

$$\log_{\frac{1}{3}} x \geqq \log_{\frac{1}{3}} \left(\frac{1}{3}\right)^{-2}$$

$$\log_{\frac{1}{3}} x \geqq \log_{\frac{1}{3}} 9$$

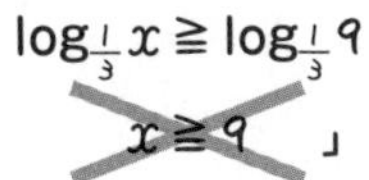

~~$x \geqq 9$~~ 」

ちょっと待って！ 底が $\frac{1}{3}$ だから……。

「あっ！ 不等号が逆！ やり直します。えーっと……。

底 $\frac{1}{3}$ は1より小さいから

$$x \leqq 9$$

真数条件から，$x>0$なので

$$\underline{\underline{0<x\leqq 9}}$$ ⇐ **答え** **例題 5-28** (2)」

そうだね。正解。

例題 5-29 定期テスト 出題度 ❗❗❗ 共通テスト 出題度 ❗❗❗

$\log_2(3x-1)+\log_2(x+1)=5$を解け。

これも同じだ。まず，❶ **真数条件をいう**。$3x-1$も$x+1$も真数だから，自動的に$3x-1$も$x+1$も正だね。つまり，$x>\frac{1}{3}$かつ$x>-1$より，$x>\frac{1}{3}$になる。

次に，❷ **底をそろえる**。

「底は両方とも2ですね。」

うん。だから，これはやる必要ない。

次に，❸ **式に同じものがあれば文字におき換えて，同じものがないなら両辺を同じ形にする**。今回は同じものはないよね。$\log_2(3x-1)$ と $\log_2(x+1)$ はまったく関係ない数だ。

「同じものがないから，両辺を同じ形にするんですね。右辺の5をlogにしたら形がそろうな。」

いや。それだけじゃダメ。

左辺はlogが2つなのに右辺はlogが1つだから，同じ形といえないよ。**両辺ともlogを1つにするんだ。**

解答 真数条件より，$3x-1>0$ かつ $x+1>0$ より

$$x>\frac{1}{3} \text{ かつ } x>-1$$

よって，$x>\dfrac{1}{3}$

$\log_2(3x-1)+\log_2(x+1)=5$ より　（$\log_2(3x-1)(x+1)$）

$$\log_2(3x^2+2x-1)=\log_2 2^5$$

$$3x^2+2x-1=32$$

$$3x^2+2x-33=0$$

$$(x-3)(3x+11)=0$$

$$x=3,\ -\frac{11}{3}$$

真数条件から，$x>\dfrac{1}{3}$ なので

$$x=3$$ ← 答え　例題 5-29

例題 5-30

定期テスト 出題度 ❗❗❗ 共通テスト 出題度 ❗❗❗

$\log_3(x+1)-\log_9(-2x+1)\geqq 1$ を解け。

まず，❶ **真数条件**だね。じゃあ，ミサキさん，どうなる？

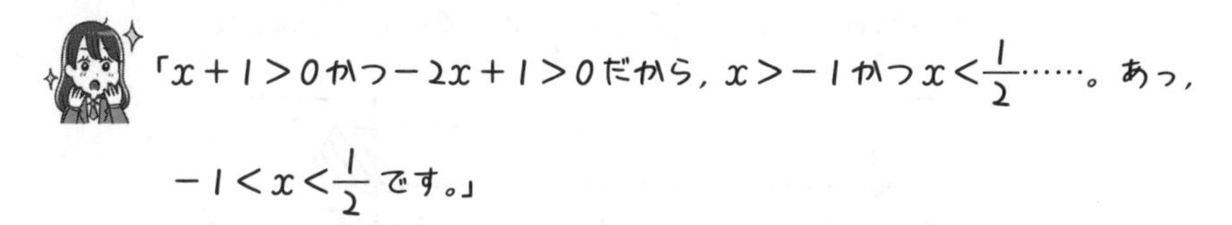

「$x+1>0$ かつ $-2x+1>0$ だから，$x>-1$ かつ $x<\frac{1}{2}$……。あっ，

$-1<x<\frac{1}{2}$ です。」

そうだね。そして，与式を計算しよう。❷ **底をそろえる**。底は3と9だから，3にそろえよう。後は❸ **式に同じものがあれば文字におき換えて，同じものがないなら両辺を同じ形にする**。今回もたぶん，同じものはないと思う。じゃあ，ハルトくん，やってみて。

「**解答** 真数条件より，$x+1>0$ かつ $-2x+1>0$ だから

$$-1<x<\frac{1}{2}$$

$$\log_3(x+1)-\log_9(-2x+1)\geqq 1$$

$$\log_3(x+1)-\frac{\log_3(-2x+1)}{\log_3 9}\geqq 1$$

底を3にそろえる

$$\log_3(x+1)-\frac{\log_3(-2x+1)}{2}\geqq 1$$

両辺に2を掛ける

$$2\log_3(x+1)-\log_3(-2x+1)\geqq 2$$

$$\log_3(x+1)^2-\log_3(-2x+1)\geqq 2$$

両辺を同じ形にする

$$\log_3(x+1)^2-\log_3(-2x+1)\geqq \log_3 3^2$$

$\log_a M-\log_a N=\log_a\frac{M}{N}$

$$\log_3\frac{(x+1)^2}{-2x+1}\geqq \log_3 9$$

底3は1より大きいから

$$\frac{(x+1)^2}{-2x+1} \geqq 9$$

$$(x+1)^2 \geqq 9(-2x+1)$$ ←真数条件より $-2x+1>0$ だから不等号の向きは変わらない

$$x^2+2x+1 \geqq -18x+9$$

$$x^2+20x-8 \geqq 0$$

解の公式より
$x^2+20x-8=0$
$x=-10\pm\sqrt{10^2-1\cdot(-8)}$
$=-10\pm\sqrt{108}$
$=-10\pm6\sqrt{3}$

$x \leqq -10-6\sqrt{3}$, $-10+6\sqrt{3} \leqq x$

真数条件から，$-1<x<\frac{1}{2}$ なので

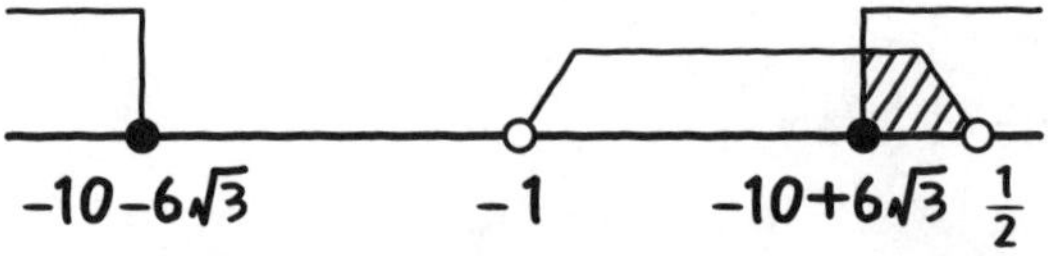

$-10-6\sqrt{3}$　-1　$-10+6\sqrt{3}$　$\frac{1}{2}$

$$-10+6\sqrt{3} \leqq x < \frac{1}{2}$$

答え　例題 5-30」

うん。いいね！　よくできた。素晴らしい！

5-22 おき換えると2次式になる対数方程式，対数不等式

5-21 と似ているように見えて，途中から求めかたが違ってくるよ。同じものがあるかどうかが分かれ道だ。

例題 5-31　定期テスト 出題度 ❗❗❗　共通テスト 出題度 ❗❗❗

$(\log_5 x)^2-\log_5 x^2=8$ を解け。

❶ **真数条件をいおう。** 真数は x と x^2 だから，真数条件より，$x>0$ かつ $x^2>0$，つまり $x>0$ だ。

❷ **底をそろえる。** 底は2つとも5だから，もともとそろっているね。

❸ **式に同じものがあれば文字におき換えて，同じものがないなら両辺を同じ形にする。** 今回は同じものはある？

「対数の方程式では今までずっとなかったから……そろそろある？」

なんじゃそりゃ(笑)。じゃあ，1つ質問。$(\log_5 x)^2$ と $\log_5 x^2$ の違いってわかる？

「……？」

$(\log_5 x)^2$ は $\log_5 x$ を2回掛けたものだ。(　) がついているということは“これでひとカタマリ”ということだ。それに対して，$\log_5 x^2$ は x だけ2回掛けたものだ。

「じゃあ，同じものはないということですね。」

数Ⅱ 5章

いや，実はオチがある(笑)。**$\log_5 x^2$の指数を前に持ってこよう。すると，$2\log_5 x$になる**からね。

$$(\log_5 x)^2-2\log_5 x=8$$

$\log_5 x$が2つあるね。同じものがあるからおき換える。すると指数方程式のときと同じように，簡単な2次方程式になる。それを解いていけばいいわけだ。

解答　真数条件より，$x>0$かつ$x^2>0$だから

$x>0$

$(\log_5 x)^2-\log_5 x^2=8$

$(\log_5 x)^2-2\log_5 x=8$

$\log_5 x=t$とおくと

$t^2-2t=8$

$t^2-2t-8=0$

$(t+2)(t-4)=0$

$t=-2,\ 4$

$\log_5 x=-2,\ 4$

$x=5^{-2},\ 5^4$

$=\dfrac{1}{25},\ 625$

真数条件から，$x>0$なので，$\boldsymbol{x=\dfrac{1}{25},\ 625}$　⇦**答え**　**例題 5-31**

「tとおき換えたのにtの範囲は考えないのですか？」

考えるよ。tは“すべての実数”になる。

「えっ？　$x>0$なのにtは全範囲？　どうして??」

$t=\log_5 x$のグラフを思い出せばいいよ。p.397の左のグラフで横軸x，縦軸tとみなせばいい。

「$x>0$ で t はすべての実数です！」

例題 5-32 定期テスト 出題度 ❗❗ 共通テスト 出題度 ❗❗❗

$2\log_7 x-3\log_x 7<1$ を解け。

「まず，❶ x が真数に使われているから，真数条件より $x>0$ ですね。」

うん。さらに，今回は，**底が文字になっているよね。そのときは“底の条件”もチェックしなければならない。** 底は1でない正の数と決まっているからね。$x>0$ かつ $x \neq 1$ もいえる。

真数条件より“$x>0$”がいえるし，底の条件より“$x>0$ かつ $x \neq 1$”がいえる。両方いえるということは“$x>0$ かつ $x \neq 1$”だ。じゃあ，与式の計算に入ろう。まず，底を7にそろえるよ。

5-16 の Point 49 の $\log_a b=\dfrac{1}{\log_b a}$ の底の変換公式❷を使えばいい。

$$2\log_7 x-3\log_x 7<1$$
$$2\log_7 x-\frac{3}{\log_7 x}<1$$

$3\log_x 7=3\times\dfrac{\log_7 7}{\log_7 x}=\dfrac{3}{\log_7 x}$

そして，分母をはらっておこう。両辺に $\log_7 x$ を掛ければいいね。

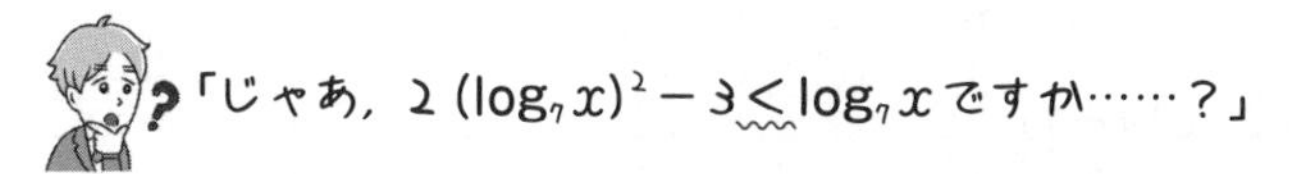

いや，そうじゃないよ。例題 5-27 の(3)でも同じ話をしたけど，**$\log_7 x$ は正とは限らない**よね。もし，$\log_7 x$ が負なら，両辺に負を掛けるわけなので，不等号の向きは逆になるはずだよね。今回は正か負かは不明だ。

「じゃあ……場合分けということですね。」

解答 真数条件，底の条件より，$x>0$ かつ $x \neq 1$

$2\log_7 x - 3\log_x 7 < 1$

底を変換する

$2\log_7 x - \dfrac{3}{\log_7 x} < 1$ ……(＊)

(i) $\log_7 x > 0$ つまり $x>1$ のとき ……①

$2(\log_7 x)^2 - 3 < \log_7 x$ ←(＊)の両辺に $\log_7 x$ をかけた

$2(\log_7 x)^2 - \log_7 x - 3 < 0$

$\log_7 x = t$ $(t>0)$ とおくと

$2t^2 - t - 3 < 0$

$(2t-3)(t+1) < 0$

$-1 < t < \dfrac{3}{2}$

$t>0$ だから，$0 < t < \dfrac{3}{2}$

$\log_7 1 < \log_7 x < \log_7 7\sqrt{7}$ ←$\log_7 7^{\frac{3}{2}} = \log_7 \sqrt{7^3} = \log_7 7\sqrt{7}$

底7は1より大きいから，$1 < x < 7\sqrt{7}$

これは①の条件を満たす。

(ii) $\log_7 x < 0$ つまり $0 < x < 1$ のとき ……②

$2(\log_7 x)^2 - 3 > \log_7 x$ ←(＊)に負の数をかけたので不等号の向きが逆になる

$2(\log_7 x)^2 - \log_7 x - 3 > 0$

$\log_7 x = t$ $(t<0)$ とおくと

$2t^2 - t - 3 > 0$

$(2t-3)(t+1) > 0$

$t < -1$，$\dfrac{3}{2} < t$

$t<0$ より，$t < -1$

$\log_7 x < \log_7 \dfrac{1}{7}$ ←$\log_7 7^{-1} = \log_7 \dfrac{1}{7}$

底7は1より大きいから

$x < \dfrac{1}{7}$

②より，$0<x<\frac{1}{7}$

(i)，(ii)より

$$0<x<\frac{1}{7},\ 1<x<7\sqrt{7}$$ 答え 例題 5-32

「(i)の1行目でどうして$\log_7 x>0$が$x>1$になるのですか？」

えっ？　式変形しただけだよ。両辺を$\log_7$にすれば，

$\log_7 x>0$

$\log_7 x>\log_7 1$　（$7^0=1$だから$0=\log_7 1$）

$x>1$

ついでにいっておくと，(ii)の1行目は$\log_7 x<0$より$x<1$で，なおかつ真数条件と底の条件で$x>0$かつ$x\neq 1$だから，$0<x<1$だ。

「ボクも質問！　最後に『(i)，(ii)より，$0<x<\frac{1}{7}$，$1<x<7\sqrt{7}$』と答えましたけど，ここで真数条件と底の条件をもう一度あげなくていいんですか？」

実は(i)の条件①，(ii)の条件②にはすでに真数条件（$x>0$）と底の条件（$x\neq 1$）が盛り込まれているんだ。

「あっ，そういうことなのか。(i)，(ii)の最後でチェックは終わっていたってことですね。」

数II 5章

5-23 対数関数の最大，最小

対数関数の最大，最小を求める問題も多いね。その中でもよくテストに出る2題を，ここで紹介するよ。

例題 5-33 定期テスト 出題度 !!! 共通テスト 出題度 !!!

関数 $y=\log_{\frac{1}{2}}(x+5)+\log_{\frac{1}{2}}(x-1)$ $(x\geqq 3)$ の最大値を求めよ。

まず，真数条件をいうのだが，今回は『$x\geqq 3$』と書いてあるよね。$x+5$ も $x-1$ も正になるから，今回は不要だ。

「底も $\frac{1}{2}$ でそろっていますね。」

そうだね。そろえる必要はない。さて，与式を計算すると

$y=\log_{\frac{1}{2}}(x^2+4x-5)$ ←$(x+5)(x-1)=x^2+4x-5$

になるのだが，真数の部分が2次式になっているよね。平方完成しよう。

解答

$y=\log_{\frac{1}{2}}(x+5)+\log_{\frac{1}{2}}(x-1)$

$=\log_{\frac{1}{2}}(x+5)(x-1)$

$=\log_{\frac{1}{2}}(x^2+4x-5)$

$=\log_{\frac{1}{2}}\{(x+2)^2-9\}$

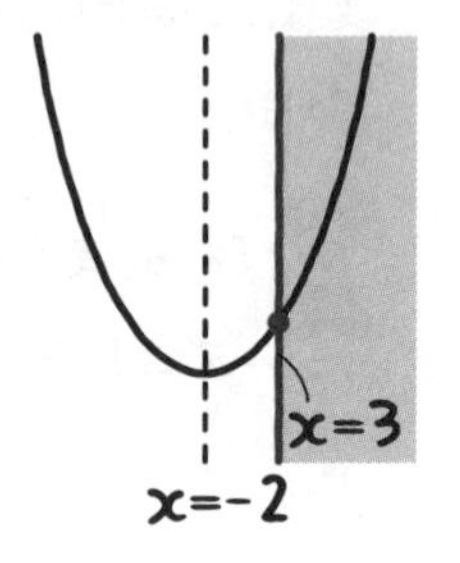

$x=3$ のとき，$(x+2)^2-9$ の最小値16

底 $\frac{1}{2}$ は1より小さいから，真数が最小のときyは最大になる。

y の最大値は $\log_{\frac{1}{2}}16=\underline{\underline{-4}}$ ⇦答え 例題 5-33

$16=2^4=\left(\frac{1}{2}\right)^{-4}$

「底が1より小さいから**真数が最小のとき，yが最大**になるんですね。」

そうだね。同じような問題で，底が1より大きいときは，真数が最大のとき最大，最小のとき最小とすればいいよ。

例題 5-34　定期テスト 出題度!!　共通テスト 出題度!!!

x，yが$x \geqq 1$，$y \geqq 4$，$xy=64$という条件を満たすとき，$(\log_2 x)^2+(\log_2 y)^2$の最大値，最小値と，そのときの$x$，$y$の値を求めよ。

同じような問題を『数学Ⅰ・A編』の 3-20 でやっているんだよね。

「なんだっけ。あっ，文字を減らすやつか。」

じゃあ，ハルトくん。その方法でできるところまででいいから，解いてみて。

「$x \geqq 1$ ……①，$y \geqq 4$ ……②，$xy=64$ ……③

③より，$y=\dfrac{64}{x}$ ……③′

③′を与式に代入すると

$$(\log_2 x)^2+(\log_2 y)^2=(\log_2 x)^2+\left(\log_2 \frac{64}{x}\right)^2$$
$$=(\log_2 x)^2+(\log_2 64-\log_2 x)^2 \quad \leftarrow \log_2 64=\log_2 2^6$$
$$=(\log_2 x)^2+(6-\log_2 x)^2$$

あっ，展開できそうだ。」

そのまま展開すると，たいへんな式になりそうだね。$\log_2 x$をXとかにおき換えたほうがいいんじゃない？

「あっ，そうか。$=X^2+(6-X)^2$ になる！」

うん。そうだね。その後，展開すれば2次式になるから，最大，最小は平方完成で求められるね。

「おき換えをしたから，おき換えた文字Xの範囲を求めるということですね。」

まず，③′を与式に代入するとxの式になったので，xの範囲を求めるわけだね。さらに，$\log_2 x$をXにおき換えて，Xにしたわけなので，Xの範囲も求めなきゃいけないよ。

「えっ？　2回も範囲を求めるんですか？」

しょうがないよ。おき換えを2回したんだからね。最初から解くと，次のようになるよ。

解答　$x \geqq 1$ ……①，　$y \geqq 4$ ……②，　$xy=64$ ……③

③より，$y=\dfrac{64}{x}$ ……③′

これを与式に代入すると

$$(\log_2 x)^2+(\log_2 y)^2=(\log_2 x)^2+\left(\log_2 \frac{64}{x}\right)^2$$

$$=(\log_2 x)^2+(\log_2 64-\log_2 x)^2$$

$$=(\log_2 x)^2+(6-\log_2 x)^2$$

$X=\log_2 x$とおくと，

$$=X^2+(6-X)^2$$

$$=X^2+36-12X+X^2$$

$$=2X^2-12X+36$$

$$=2(X^2-6X)+36$$

$$=2\{(X-3)^2-9\}+36$$

$$=2(X-3)^2+18 \quad \cdots\cdots ④$$

まず，xの範囲を求めると，

②，③′より，

$$y=\frac{64}{x}\geqq 4$$

$64\geqq 4x$ ←$x\geqq 1$より，両辺にxを掛けても，不等号の向きは変わらない

$16\geqq x$ ……⑤

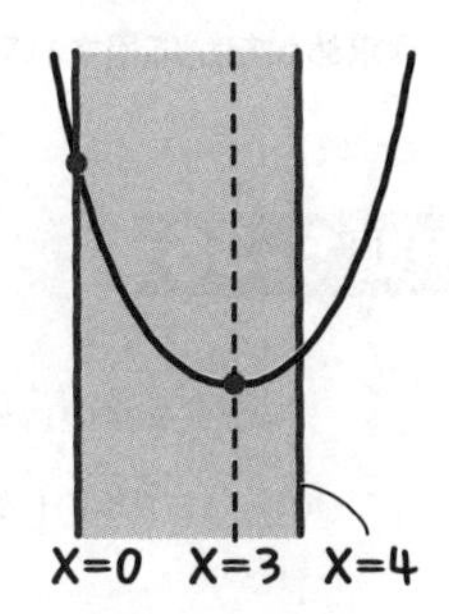

よって，①，⑤より$1\leqq x\leqq 16$

次に，Xの範囲を求める。底を2として，

$1\leqq x\leqq 16$の各辺の対数をとると

$$\log_2 1\leqq \log_2 x\leqq \log_2 16$$

$$0\leqq X\leqq 4$$ ←$\log_2 16=\log_2 2^4=4\log_2 2$

よって，④より$X=0$のとき，最大値36 ←④に$X=0$を代入

このとき，$\log_2 x=0$

$x=1$

③′より，$y=64$

$X=3$のとき，最小値18 ←④に$X=3$を代入

このとき，$\log_2 x=3$

$x=8$ （$x=2^3=8$）

③′より，$y=8$

$(x,\ y)=(1,\ 64)$ のとき，最大値36

$(x,\ y)=(8,\ 8)$ のとき，最小値18

例題 5-34

5-24 桁数

（けた）

とても小さな数や大きな数を扱う学問ってあるよね。細菌学とか，天文学とか。ここで扱う求めかたが応用されているよ。

例題 5-35　定期テスト 出題度 ❗❗❗　共通テスト 出題度 ❗❗

次の数の桁数を求めよ。ただし，$\log_{10}2=0.3010$，$\log_{10}3=0.4771$，$\log_{10}7=0.8451$ とする。

(1)　7^{30}　　(2)　45^{10}

10を底とする対数を**常用対数**というんだ。常用対数の値は教科書の巻末などにのっていて，この問題はそれを使って解くんだ。

さて，桁数の求めかただけど，(1)は7を30回掛けると求められるがたいへんだよね(笑)。次のように考えるんだ。

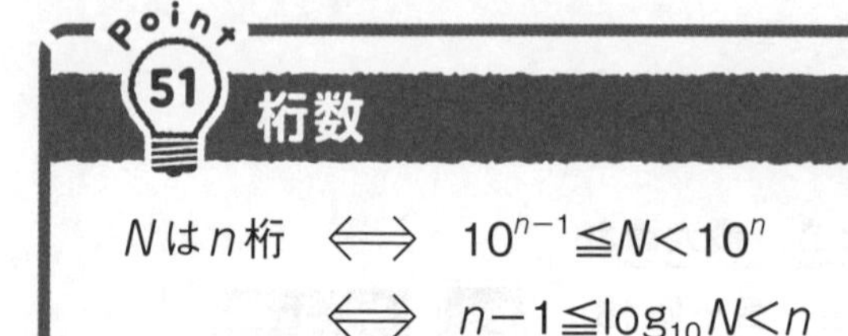

Point 51　桁数

N は n 桁 $\iff 10^{n-1} \leqq N < 10^n$

$\iff n-1 \leqq \log_{10}N < n$

これは覚えておいたほうがいいんだけど，もし試験のときに忘れてしまったら，その場で求めることもできるよ。例えば N が4桁の数なら

$1000 \leqq N < 10000$ より，

$10^3 \leqq N < 10^4$　　だ。

この流れからいくと，N が n 桁の数なら

$10^{n-1} \leqq N < 10^n$　　　になるね。

さらに，各辺に $\log_{10}$ を "かぶせる"，つまり常用対数をとると

$n-1 \leqq \log_{10} N < n$　　　となる。

さて，実際に計算する手順がある。

コツ21 桁数を求める手順

❶ $\log_{10}$ を "かぶせ" て（常用対数をとって），値を求める。

❷ N を n 桁とするとき，$10^{n-1} \leqq N < 10^n$ より

$n-1 \leqq \log_{10} N < n$ にあてはめる。

これを使ってやってみよう。まず，❶ $\log_{10}$ を "かぶせ" て常用対数をとる。

$$\log_{10} 7^{30} = 30 \log_{10} 7$$
$$= 30 \times 0.8451$$
$$= 25.353$$

次に，❷ 7^{30} が n 桁とすると，$10^{n-1} \leqq 7^{30} < 10^n$ より $n-1 \leqq \log_{10} 7^{30} < n$ にあてはめる。

$$n-1 \leqq 25.353 < n$$
$$n = 26$$

「どうして，$n=26$ なんですか？」

25.353は25と26の間の数だよね。$n-1$ が25で，n が26にあたるということは，$n=26$ なんだ。

じゃあ，解きかたをまとめるよ。

解答　(1)　$\log_{10}7^{30}=30\log_{10}7=30\times0.8451=25.353$

7^{30}がn桁とすると，

$10^{n-1}\leqq7^{30}<10^{n}$より

$$n-1\leqq25.353<n$$

nは自然数より，$n=26$

よって，**26桁**　⇦答え　例題 5-35 (1)

「(2)は，どうするんですか？　$\log_{10}$を“かぶせ”ても，$\log_{10}45$の値が書いていないし……。」

いや，$\log_{10}2$と$\log_{10}3$の値がわかっていたら，$\log_{10}45$の値は求まるよ。

45を素因数分解すれば$45=3^2\cdot5$より，

$$\log_{10}45=\log_{10}(3^2\cdot5)$$
$$=\log_{10}3^2+\log_{10}5$$
$$=2\log_{10}3+\log_{10}5$$

3) 45
3) 15
5

と直せるね。

「えっ？　でも$\log_{10}5$は？」

「$\log_{10}5$は$\log_{10}2+\log_{10}3$にはならないし……。」

もちろん違うよ。$\log_a MN=\log_a M+\log_a N$だよね。$\log_{10}6$なら，

$$\log_{10}6=\log_{10}(2\cdot3)$$
$$=\log_{10}2+\log_{10}3$$

になるけど，$\log_{10}5$はそうはならない。**$\log_{10}5$を$\log_{10}\frac{10}{2}$とみなせばいい。**

$$\log_{10}5=\log_{10}\frac{10}{2}$$
$$=\log_{10}10-\log_{10}2$$
$$=1-\log_{10}2$$ になる。

でも，5を $\frac{10}{2}$ に変えるなんて発想は，なかなか思いつかないよね。

$$\mathbf{\log_{10}5=1-\log_{10}2}$$

は，よく使うから覚えておくといいよ。

解答 (2) $\log_{10}45^{10}=10\log_{10}45$

$=10\log_{10}(3^2\cdot5)$

$=10(\log_{10}3^2+\log_{10}5)$

$=10(2\log_{10}3+1-\log_{10}2)$ ← $\log_{10}5=\log_{10}\frac{10}{2}=\log_{10}10-\log_{10}2$

$=10(2\times0.4771+1-0.3010)$

$=16.532$

45^{10} が n 桁とすると，

$10^{n-1}\leqq45^{10}<10^n$

$n-1\leqq16.532<n$

n は自然数より，$n=17$

よって，**17桁** ← 答え 例題 5-35 (2)

5-25 小数第何位に初めて0でない数字が現れるか

公式が違うだけで他はすべて同じ。桁数とセットで覚えておこう。

例題 5-36　定期テスト 出題度 ❗❗❗　共通テスト 出題度 ❗❗

$\left(\frac{1}{6}\right)^{80}$ を小数で表したとき，小数第何位に初めて0でない数字が現れるかを求めよ。ただし，$\log_{10}2=0.3010$，$\log_{10}3=0.4771$ とする。

$\frac{1}{6}$ は掛ければ掛けるほど数が小さくなる。$\frac{1}{6}$ を80回も掛けて小数で表すと，0.0000……とかになる。でも，ずっと0が続くわけではないよね。いつかは0でない数字が現れる。さて，小数第何位に初めて0でない数字が現れるかだ。次の Point 52 を使って求められるよ。

Point 52 小数第何位

（Nはきわめて小さい正の数とする。）

Nは小数第n位に初めて0でない数字が現れる

$$\iff 10^{-n} \leqq N < 10^{-n+1}$$

$$\iff -n \leqq \log_{10}N < -n+1$$

これも桁数と同じで，もし忘れてしまったら調べてみればいい。例えば，Nが小数第4位に初めて0でない数字が現れるなら，0.000何……だから

$$0.0001 \leqq N < 0.001$$

$$\frac{1}{10000} \leqq N < \frac{1}{1000}$$

$$\frac{1}{10^4} \leqq N < \frac{1}{10^3}$$

$$10^{-4} \leqq N < 10^{-3}$$

よって，小数第n位なら，$10^{-n} \leqq N < 10^{-n+1}$になるね。各辺に$\log_{10}$を"かぶせる"と　$-n \leqq \log_{10} N < -n+1$　となる。

さて，求めかたは，桁数のときと同じだ。ミサキさん，解いてみて。

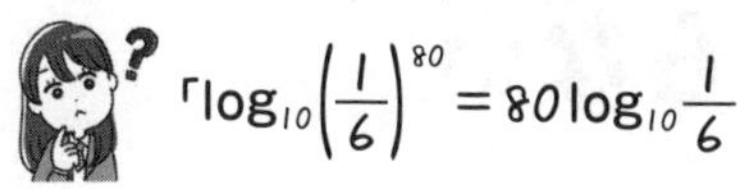

「$\log_{10}\left(\frac{1}{6}\right)^{80} = 80\log_{10}\frac{1}{6}$

……この後は，どうすればいいんですか？」

$\frac{1}{6}$を6^{-1}と考えて，$\log_{10}\frac{1}{6} = \log_{10} 6^{-1} = -\log_{10} 6$とすればいいよ。

また，初めから$\left(\frac{1}{6}\right)^{80}$は$(6^{-1})^{80}$つまり$6^{-80}$にしてもいいし。

「あっ，なるほど。それがいいですね。それでやります。

解答

$$\log_{10}\left(\frac{1}{6}\right)^{80} = \log_{10}(6^{-1})^{80}$$

$$= \log_{10} 6^{-80}$$

$$= -80\log_{10} 6$$

$$= -80\log_{10}(2 \cdot 3)$$

$$= -80(\log_{10} 2 + \log_{10} 3)$$

$\log_a MN = \log_a M + \log_a N$

$$= -80(0.3010 + 0.4771)$$

$$= -62.248$$

$\left(\frac{1}{6}\right)^{80}$は小数第$n$位に初めて0でない数字が現れるとすると

$10^{-n} \leqq \left(\frac{1}{6}\right)^{80} < 10^{-n+1}$より

$$-n \leqq -62.248 < -n+1$$

nは自然数より，$n = 63$

よって，**小数第63位** 答え　例題 5-36」

うん。正解だね。

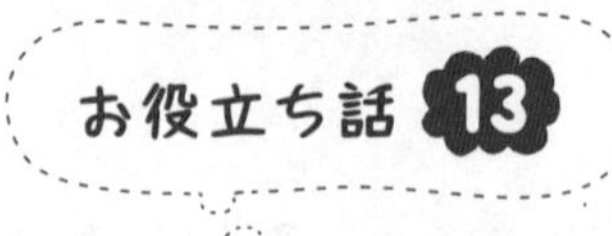

少しくらい数が増えても桁数は変わらない

ちょっとおもしろい話をしよう。例えば，『$2^{40}+3$の桁数を求めよ。』という問題なら，どうやって求めればいい？

「$\log_{10}(2^{40}+3)$は……。あれっ？　どうやって求めるんですか？」

それでは，求められないよ。

「えっ？　じゃあ，どうするんですか？」

$2^{40}+3$の桁数と2^{40}の桁数は同じだ。$2^{40}+3$の桁数を求めたければ，2^{40}の桁数を求めればいい。だって，2^{40}はめちゃめちゃ大きい数だ。そんな数に3を足したくらいで桁数は増えないよね。例えば何兆円もお金をもっている大富豪がいたとする。その人が3円のお金をもらったからといって，もっている財産の桁はちっとも増えないよね。

「でも，『あと3円でちょうど10兆円！』みたいな場合もありえませんか？」

例えばもし，2^{40}が9999999999997とか

$2^2=4$で割り切れない → 9999999999998とか

9999999999999なら

（9999999999997と9999999999999 ← 2の倍数でない）

3を足せば桁数は増えるが，2の累乗がこんな数になることはないからね。

5-26 最高位の数字

例えば，同じ4桁の数といってもいろいろある。ここでは桁数だけでなく，最高位の数字も当てようということだ。

例題 5-37 定期テスト 出題度 !! 共通テスト 出題度 !!

次の問いに答えよ。ただし，$\log_{10}2=0.3010$, $\log_{10}3=0.4771$ とする。

(1) 45^{10} の最高位の数字を求めよ。

(2) $\left(\frac{1}{6}\right)^{80}$ を小数で表したとき，初めて現れる0以外の数字を求めよ。

Point 53 最高位の数字

❶ N は n 桁で最高位の数字は k

$\iff$ $k\cdot10^{n-1}\leqq N<(k+1)10^{n-1}$

各辺に $\log_{10}$ を“かぶせる”

$\log_{10}k\cdot10^{n-1}\leqq\log_{10}N<\log_{10}(k+1)10^{n-1}$

$\log_{10}k+\log_{10}10^{n-1}\leqq\log_{10}N<\log_{10}(k+1)+\log_{10}10^{n-1}$

$\iff$ $\log_{10}k+(n-1)\leqq\log_{10}N<\log_{10}(k+1)+(n-1)$

❷ N は小数第 n 位に初めて0でない数字が現れて，その数字は k

$\iff$ $k\cdot10^{-n}\leqq N<(k+1)10^{-n}$

各辺に $\log_{10}$ を“かぶせる”

$\log_{10}k\cdot10^{-n}\leqq\log_{10}N<\log_{10}(k+1)10^{-n}$

$\log_{10}k+\log_{10}10^{-n}\leqq\log_{10}N<\log_{10}(k+1)+\log_{10}10^{-n}$

$\iff$ $\log_{10}k-n\leqq\log_{10}N<\log_{10}(k+1)-n$

これらの式も忘れないのがいちばんなんだけど，もし忘れても調べられる。例えば，Nは4桁で最高位の数字が8なら，8千いくつだから，

$8000 \leqq N < 9000$　　より

$8 \cdot 10^3 \leqq N < 9 \cdot 10^3$

Nはn桁で最高位の数字がkなら，

$k \cdot 10^{n-1} \leqq N < (k+1)10^{n-1}$

になりそうだね。各辺に$\log_{10}$を“かぶせる”と，その次の式も出せる。

じゃあ，解いてみるよ。

まず，$\log_{10}45^{10}$を求める。でも，例題 5-35 (2)で16.532と求めたし，桁数も17とわかっているから，省略するよ。

$\log_{10}k+(17-1) \leqq \log_{10}45^{10} < \log_{10}(k+1)+(17-1)$

$\log_{10}k+16 \leqq 16.532 < \log_{10}(k+1)+16$

各辺から16を引くと

$\log_{10}k \leqq 0.532 < \log_{10}(k+1)$

になる。さて，この0.532は，logいくつとlogいくつの間に，はさまった数といえる？　ちなみに，$\log_{10}3$の値より大きいよね。じゃあ，$\log_{10}4$は？

「$\log_{10}4$の値はわからないですよ。」

そうかな？　実は，$\log_{10}4$の値は書いてないけど求めることができるよ。

$\log_{10}4 = \log_{10}2^2$

$= 2\log_{10}2$　　（$\log_{10}2 = 0.3010$を代入）

$= 0.6020$

これより，0.532は$\log_{10}3$と$\log_{10}4$の間にあるとわかるんだ。

解答　(1)　例題 5-35 (2)より

$\log_{10}45^{10} = 16.532$　かつ45^{10}は17桁

最高位の数字をkとすると

$k \times 10^{16} \leqq 45^{10} < (k+1) \times 10^{16}$

$\log_{10} k + 16 \leqq 16.532 < \log_{10}(k+1) + 16$

各辺から16を引くと

$\log_{10} k \leqq 0.532 < \log_{10}(k+1)$

ここで，$\log_{10} 3 = 0.4771$

$\log_{10} 4 = \log_{10} 2^2 = 2\log_{10} 2 = 0.6020$

より，　$\log_{10} 3 \leqq 0.532 < \log_{10} 4$

だから$k=3$

最高位の数字は $\underline{\underline{3}}$ ⇐答え　例題 5-37 (1)

続いて(2)をやってみよう。$\left(\frac{1}{6}\right)^{80}$ が小数第63位にはじめて0でない数字が現れるのは，例題 5-36 で求めたからいいね。あとは Point 53 の❷にあてはめるだけ。ミサキさん，続きをお願い。

「解答　(2)　例題 5-36 より，$\log_{10}\left(\frac{1}{6}\right)^{80} = -62.248$　かつ $\left(\frac{1}{6}\right)^{80}$ は小数第63位にはじめて0でない数字が現れる。

初めて現れる0以外の数字をkとすると

$k \times 10^{-63} \leqq \left(\frac{1}{6}\right)^{80} < (k+1) \times 10^{-63}$

$\log_{10} k - 63 \leqq -62.248 < \log_{10}(k+1) - 63$

各辺に63を足すと

$\log_{10} k \leqq 0.752 < \log_{10}(k+1)$

ここで，$\log_{10} 5 = \log_{10}\frac{10}{2} = 1 - \underbrace{\log_{10} 2}_{0.3010} = 0.6990$,

$\log_{10} 6 = \log_{10}(2 \cdot 3) = \underbrace{\log_{10} 2}_{0.3010} + \underbrace{\log_{10} 3}_{0.4771} = 0.7781$ より

$k=5$

初めて現れる0以外の数字は $\underline{\underline{5}}$ ⇐答え　例題 5-37 (2)」

よくできました。

5-27 文章問題

地震のマグニチュードも10を底とする対数で表されたものなんだ。対数は，私たちの生活の中にも役立っているんだよ。

例題 5-38　定期テスト 出題度 !!　共通テスト 出題度 !

次の問いに答えよ。ただし，$\log_{10}2=0.3010$，$\log_{10}3=0.4771$，$\log_{10}7=0.8451$とする。

(1)　1分で3倍に増えるバクテリアがあるとする。今，1個のバクテリアがあるとすると，1億個以上に増えるのには何分後か。答えは整数で求めよ。

(2)　あるメーカーの粘着シートは何度はがしても使用できるが，1回使用するごとに粘着力が2%減少する。この粘着シートを何回使用すれば，粘着力が最初の$\dfrac{1}{3}$以下になるか。

「(1)は，ずいぶん，おっかない問題だなあ。」

「$\log_{10}2$，$\log_{10}3$，$\log_{10}7$の値って覚えなければならないんですか？」

いや。その必要ないよ。問題文に必ず書いてあるからね。

さて，(1)だけど，1分で3倍になるということは，

2分たつと3倍の3倍，つまり3^2倍になる。

3分たつと3^3倍，4分たつと3^4倍，……ということで，

n分で3^n倍になるね。

「これが1億個以上なのだから

$$3^n \geqq 100000000$$

つまり，$3^n \geqq 10^8$ ということですね。」

そうだね。あとは，logを“かぶせ”ればいい。さて，底をいくつにするかだが，ふつうなら，底が3だ。でも，今回は問題に書いてある$\log_{10}2$，$\log_{10}3$，$\log_{10}7$の値を使いたい。だから，$\log_{10}$を“かぶせる”ことにしよう。あとは，計算していくだけだ。

解答 (1) n分で1億個以上になるとすると

$$3^n \geqq 10^8$$

両辺の常用対数をとると

$$\log_{10}3^n \geqq \log_{10}10^8$$

$$n\log_{10}3 \geqq 8$$

$$n \geqq \frac{8}{\log_{10}3}$$

$\log_{10}3=0.4771$ を代入

$$n \geqq \frac{8}{0.4771}$$

$$n \geqq 16.7\cdots\cdots$$

nは自然数より

17分 ⇦答え 例題 5-38 (1)

さて，続いて(2)だが，1回ごとに2%減少するということは，1回使うと98%になるということだね。

「つまり，$\frac{98}{100}$か。」

「じゃあ，n回で$\left(\frac{98}{100}\right)^n$になるということね。」

そして，これが$\frac{1}{3}$以下になるということで，同じ手順で計算できるね。

解答 (2) n回で粘着力が$\frac{1}{3}$以下になるとすると

$$\left(\frac{98}{100}\right)^n \leqq \frac{1}{3}$$

両辺の常用対数をとると

$$\log_{10}\left(\frac{98}{100}\right)^n \leqq \log_{10}\frac{1}{3}$$

$$n\log_{10}\frac{98}{100} \leqq \log_{10}\frac{1}{3}$$

$$n(\log_{10}98-\log_{10}100) \leqq \log_{10}1-\log_{10}3 \quad \leftarrow \log_{10}1=0$$

$$n\{\log_{10}(2\cdot7^2)-2\} \leqq -\log_{10}3$$

$$n(\log_{10}2+\log_{10}7^2-2) \leqq -\log_{10}3$$

$$n(\log_{10}2+2\log_{10}7-2) \leqq -\log_{10}3$$

$$n(0.3010+2\times0.8451-2) \leqq -0.4771$$

これを整理すると

$$n \geqq 54.2\cdots$$

nは自然数より

55回 ⇦答え　**例題 5-38** (2)

6章

微分

例えば，曲線のグラフで$x=5$から$x=5.1$までの変化の割合を考えてみよう。さらに，$x=5$から$x=5.01$までの変化の割合，$x=5$から$x=5.001$までの変化の割合……と極限まで小さくしていくと，『$x=5$のときの変化の割合』になっていくよね。

「とても小さい範囲に分けて考えていく……」

「あっ！　だから，“微分”という名前なんですね！」

そうなんだ。この考えは速度だって使える。2秒後から2.1秒後までの平均の速度，2秒後から2.01秒後までの平均の速度……としていくと，『2秒後の速度』になっていくんだ。

6-1 極限

「極限」は英語でlimit（リミット）。limはそこから取ったんだよ。

まず，極限値について説明しておこう。関数$y=f(x)$のxをaに限りなく近づけたとき（$x \neq a$），$f(x)$の値が限りなくbに近づくことを

$$\lim_{x \to a} f(x)=b \quad \text{または} \quad x \to a \text{のとき} f(x) \to b$$

と表すんだ。そして，bを**極限値**というよ。

例えば，$\lim_{x \to 3} x^2$なら，$y=x^2$のグラフをかいてxを3に近づけてみればいい。

「yは9に近づきますね。」

そうだね。x^2に$x=3$を代入すると9だから

$$\lim_{x \to 3} x^2=9$$

と表すよ。

「えっ？　そんなのでいいの？」

うん。$x \to 3$は厳密にはxが2.999……とか3.00……01になるのであって，3になるわけじゃない。でも，実際にx^2は$3^2=9$に近づくわけだから，結果的には$x=3$を代入するのと同じことなんだよね。

ちなみに，グラフが肝心の$x=3$のところで切れているものもある。右図の場合は，値$f(3)=4$だが，$x \to 3$にするとx^2は9に近づくから

$$\lim_{x \to 3} x^2=9$$

になる。気をつけようね。

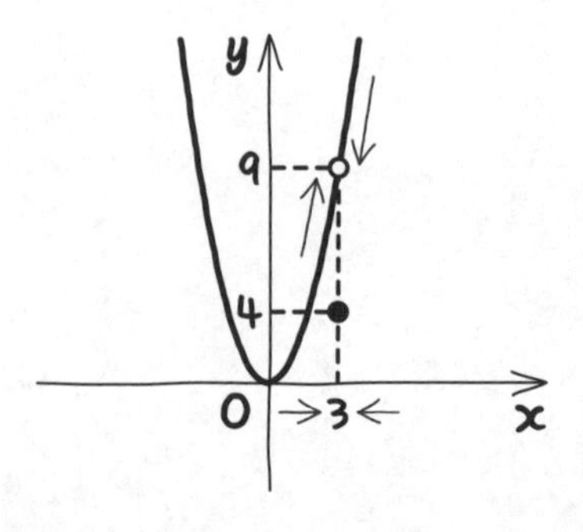

例題 6-1 定期テスト 出題度 !!! 共通テスト 出題度 !

次の極限値を求めよ。

(1) $\displaystyle\lim_{x\to-4}(3x^2-x-7)$ (2) $\displaystyle\lim_{x\to2}\frac{-2x^2+x+6}{x^2+3x-10}$

(1)は$y=3x^2-x-7$のグラフは途中で切れたりしない，連続した1本のものだ。$x=-4$を代入するだけだね。

解答 (1) $\displaystyle\lim_{x\to-4}(3x^2-x-7)$ ←$3\cdot(-4)^2-(-4)-7$

$=48+4-7$

$=\underline{\underline{45}}$ ⇦答え 例題 6-1 (1)

「それにしても，ラクだな。」

「じゃあ，(2)は$x=2$を代入すると……，あれっ？ $\dfrac{0}{0}$になって求められない……。」

このように，代入してみると$\dfrac{0}{0}$の形になるものを**不定形**というんだけど，こういうときは因数分解し，**約分してから，$x=2$を代入すればいい。**

解答 (2) $\displaystyle\lim_{x\to2}\frac{-2x^2+x+6}{x^2+3x-10}=\lim_{x\to2}\frac{-(2x^2-x-6)}{x^2+3x-10}$

$\displaystyle=\lim_{x\to2}\frac{-(2x+3)\cancel{(x-2)}}{\cancel{(x-2)}(x+5)}$

$\displaystyle=\lim_{x\to2}\frac{-(2x+3)}{x+5}$

$=\underline{\underline{-1}}$ ⇦答え 例題 6-1 (2)

分母が0に近づくとき

極限の定番といえる問題のひとつがこれだよ。しっかりマスターしよう。

例題 6-2　定期テスト 出題度 !!　共通テスト 出題度 !

$\displaystyle\lim_{x\to-4}\frac{x^2+ax+b}{x^2+3x-4}=3$のとき，定数$a$，$b$の値を求めよ。

極限による関数の決定

cを定数とすると

$\displaystyle\lim_{x\to c}\frac{f(x)}{g(x)}$＝定数，かつ，$\displaystyle\lim_{x\to c}g(x)=0$なら

$\displaystyle\lim_{x\to c}f(x)=0$

分数の極限値が存在するとき，分母が0に近づけば，分子も0に近づくということだ。

「えっ？　どうしてそうなるんですか？」

$f(x)$って，$\dfrac{f(x)}{g(x)}$と$g(x)$を掛けたものだから，こうなるね。

$$\lim_{x\to c}f(x)=\lim_{x\to c}\left\{\frac{f(x)}{g(x)}\times g(x)\right\}$$

←$\displaystyle\lim_{x\to c}\frac{f(x)}{g(x)}$＝定数
$\displaystyle\lim_{x\to c}g(x)=0$

＝定数×0

＝0

「あっ，なんだ。そうやってみると，簡単な理由ですね。」

じゃあ，実際に問題を解いてみるよ。問題文が $\lim_{x \to -4} \frac{x^2+ax+b}{x^2+3x-4}=3$ だから極限値が存在する。しかも $\lim_{x \to -4} (x^2+3x-4)=0$，つまり分母→0だ。

「それは，自分でいうんですね。」

そうだよ。ということは，分子も0に近づく。

解答　$\lim_{x \to -4} \frac{x^2+ax+b}{x^2+3x-4}=3$，かつ，$\lim_{x \to -4} (x^2+3x-4)=0$ より

$$\lim_{x \to -4} (x^2+ax+b)=0$$

$$16-4a+b=0$$

$$b=4a-16 \quad \cdots\cdots ①$$

この①を元の式に代入すると

$$\lim_{x \to -4} \frac{x^2+ax+4a-16}{x^2+3x-4}=3$$

$$\lim_{x \to -4} \frac{(x+4)(x+a-4)}{(x+4)(x-1)}=3 \quad \leftarrow 約分する$$

したがって　$\frac{a-8}{-5}=3$

$$a-8=-15$$

$$a=-7 \quad \cdots\cdots ②$$

②を①に代入すると

$$b=-44$$

答え　例題 6-2

「解答の真ん中あたりで，$x^2+ax+4a-16$ を，$(x+4)(x+a-4)$ と因数分解できるのは，どうやって思いついたんですか？」

「えっ？　『掛けて$4a-16$，足してa』になる数を，地道に探すってことでしょ？　4と$a-4$になるよ。」

そもそも，$x\to-4$で分子，分母が0になるのは，ともに$(x+4)$を因数にもっていたからなんだよね。

「あっ，$x+4$を因数にもつのは初めからわかるんだ。」

「約分されて$x+4$が消えたおかげで，$\frac{0}{0}$でなく，ちゃんとした極限になるのよね。」

平均変化率（変化の割合）

変化の割合は中学の数学で習ったけど，忘れていないかな？　もう一度振り返っておこう。

例えば，$y=f(x)$という曲線があるとする。この曲線上の$x=a$のときの点と，$x=b$のときの点を通る直線の傾きは覚えているかな？

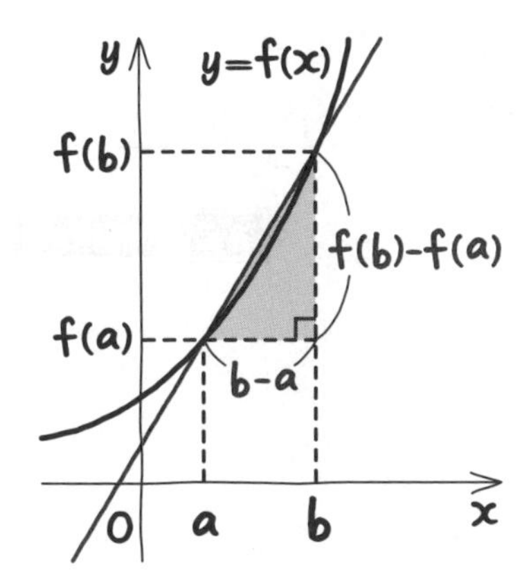

$x=a$のときのyの値は$f(a)$で，$x=b$のときのyの値は$f(b)$だ。

xの値の変化量は$b-a$，yの値の変化量は$f(b)-f(a)$になる。

「傾きだから，yの変化量をxの変化量で割ればいいんですね。」

そうだね。これを$x=a$から$x=b$までの**平均変化率**というよ。

平均変化率

$y=f(x)$の$x=a$から$x=b$までの平均変化率は

$$\frac{f(b)-f(a)}{b-a}$$

例題 6-3 定期テスト 出題度 !! 共通テスト 出題度 !!

関数 $y=-x^2+5x-7$ の $x=-2$ から $x=3$ までの平均変化率を求めよ。

y は $f(x)$ とすればいいよ。ミサキさん，解いてみて。

「解答 $y=f(x)$ とおくと

$$\frac{f(3)-f(-2)}{3-(-2)}=\frac{(-1)-(-21)}{3-(-2)}$$

$$=\underline{\underline{4}}$$ ⇦答え 例題 6-3」

そうだね。正解だ。

6-4 微分係数

ここからは新しい言葉が次々に出てくるよ。新しい考えかたなので，しっかり覚えよう。

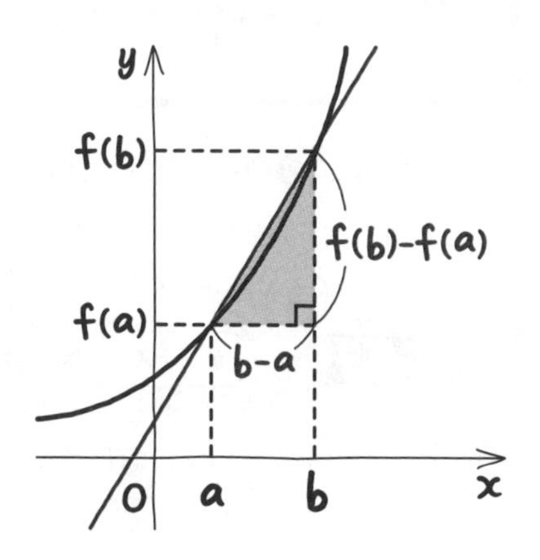

直線を表す関数は，ずっと変化の割合が一定で，グラフは同じ傾きだ。でも曲線は変化の割合が一定じゃないよね。昔の人は，“$x=a$のときの一瞬の変化の割合”を求めたかったんだ。

そこで，まず$x=a$から$x=b$までの平均変化率 $\dfrac{f(b)-f(a)}{b-a}$ を求めた。

「でも，これは“一瞬の”じゃないですよね。」

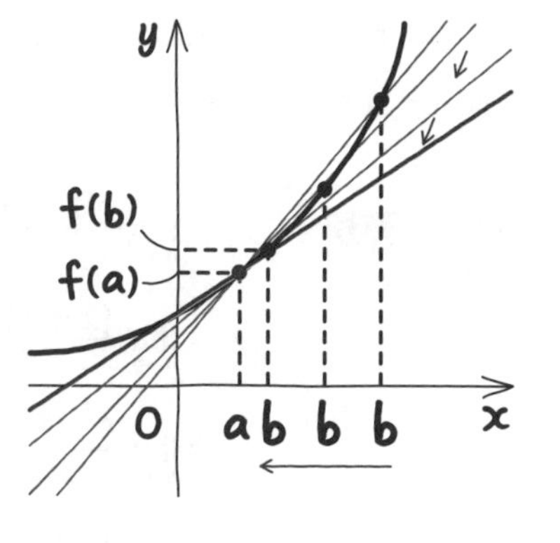

そうなんだ。だから，bをこんなに遠い場所ではなく，aのすぐ近くにとるようにすれば，より近づくし，さらに，**bをaに限りなく近づければ，“$x=a$のときの一瞬の変化の割合”に限りなく近づく**ことを見つけたんだよ。

“$y=f(x)$ の$x=a$のときの変化の割合”は，$\displaystyle\lim_{b\to a}\frac{f(b)-f(a)}{b-a}$ で計算できる。これを，$x=a$における**微分係数**または**変化率**といい，$f'(a)$と表すことにしたんだ。さらに，bはaより少し多い（または少ない）という意味を込めて，$b=a+h$とおくと，$\displaystyle\lim_{h\to 0}\frac{f(a+h)-f(a)}{h}$ と表せるんだ。

微分係数の定義

❶ $f'(a)=\lim_{b\to a}\frac{f(b)-f(a)}{b-a}$

❷ $f'(a)=\lim_{h\to 0}\frac{f(a+h)-f(a)}{h}$

一般的には，❷の式が定義の式とされることが多いよ。では問題を解いてみよう。

例題 6-4　定期テスト 出題度 ❗❗　共通テスト 出題度 ❗

$f(x)=x^3$の $x=2$における微分係数を，定義を用いて求めよ。

ミサキさん，“$f(x)$の$x=2$における微分係数”をよく使われるほうの定義の式❷で計算すると，どうなる？

「解答

$$f'(2)=\lim_{h\to 0}\frac{f(2+h)-f(2)}{h}$$

$$=\lim_{h\to 0}\frac{(2+h)^3-8}{h}$$ ←$f(x)=x^3$なのでx^3のxに$2+h$と2をそれぞれ代入する

$$=\lim_{h\to 0}\frac{8+12h+6h^2+h^3-8}{h}$$

$$=\lim_{h\to 0}\frac{12h+6h^2+h^3}{h}$$

$$=\lim_{h\to 0}\frac{h(12+6h+h^2)}{h}$$ ←約分する

$$=\lim_{h\to 0}(12+6h+h^2)$$ ←$h=0$を代入する

$$=\underline{\underline{12}}$$ 答え 例題 6-4」

正解。じゃあ，ハルトくん，定義の式❶のほうで計算して。

「解答 $f'(2)=\lim_{b\to 2}\frac{f(b)-f(2)}{b-2}$

$=\lim_{b\to 2}\frac{b^3-8}{b-2}$

$=\lim_{b\to 2}\frac{(b-2)(b^2+2b+4)}{b-2}$

$=\lim_{b\to 2}(b^2+2b+4)$

$=\underline{\underline{12}}$ ⇐答え 例題 6-4」

そうだね。この2つの求めかたのどちらを使ってもいいよ。では，もう1問。

例題 6-5

定期テスト 出題度 !! 共通テスト 出題度 !

次の式を $f(a)$，$f'(a)$ を用いて表せ。

(1) $\lim_{h\to 0}\frac{f(a+4h)-f(a)}{h}$ (2) $\lim_{h\to 0}\frac{f(a+2h)-f(a-h)}{h}$

(3) $\lim_{b\to a}\frac{af(b)-bf(a)}{b-a}$

まず，(1)の式だが，$f'(\bullet)=\lim_{\blacktriangle\to 0}\frac{f(\bullet+\blacktriangle)-f(\bullet)}{\blacktriangle}$

の形にすればいい。$f(a+4h)$ を $f(a+h)$ に変えることができればいいんだけど，それは無理なんだよね。だから，**分母のhを$4h$にすればいい。$4h$でそろえるんだ。分母に4を掛けたので，当然，分子にも4を掛けるよ。**

解答 (1) $\lim_{h\to 0}\frac{f(a+4h)-f(a)}{h}=\lim_{h\to 0}\left\{\frac{f(a+4h)-f(a)}{4h}\cdot 4\right\}$

$=\underline{\underline{4f'(a)}}$ ⇐答え 例題 6-5 (1)

「極限のところの"$h\to 0$"は"$4h\to 0$"に変えなくていいのですか？」

理屈としては変えなきゃいけないよね。でも，今回は必要ない。『hが0に近づく』ということは『$4h$が0に近づく』ということと同じだからね。

さて，(2)の $\displaystyle\lim_{h\to 0}\frac{f(a+2h)-f(a-h)}{h}$ だけど，これは，そもそも，式の中に$f(a)$がないよね。だから，補充しよう。まず，❶ **分子の真ん中に$-f(a)$を，最後に$f(a)$を補充する**。結局，0を足したことになるので値は変わらない。そして，❷ **前後2つずつに分け，後ろは，マイナスを外に出そう**。解いてみるよ。

解答 (2) $\displaystyle\lim_{h\to 0}\frac{f(a+2h)-f(a-h)}{h}$

$$=\lim_{h\to 0}\frac{f(a+2h)-f(a)-f(a-h)+f(a)}{h}$$ ←❶分子に$-f(a)$，$f(a)$を足す

$$=\lim_{h\to 0}\left\{\frac{f(a+2h)-f(a)}{h}+\frac{-f(a-h)+f(a)}{h}\right\}$$ ←❷2つずつに分け，後ろはマイナスを外に出す

$$=\lim_{h\to 0}\left\{\frac{f(a+2h)-f(a)}{h}-\frac{f(a-h)-f(a)}{h}\right\}$$

$$=\lim_{h\to 0}\left\{\frac{f(a+2h)-f(a)}{2h}\cdot 2+\frac{f(a-h)-f(a)}{-h}\right\}$$ ←(1)と同様の式変形をする

$$=2f'(a)+f'(a)$$

$$=\mathbf{3f'(a)}$$ ⇦答え　例題 6-5 (2)

(3)は，一見，56の❶の形に似ているけど，$f(b)$の前にa，$f(a)$の前にbが付いている。

「係数と(　)の中の数が食い違っているのか…。」

うん。その場合は **"そろっているもの"，例えば，$-af(a)$と$af(a)$を入れればいい。** 求める手順は同じだよ。

解答 (3) $\lim_{b \to a} \frac{af(b)-bf(a)}{b-a}$

$=\lim_{b \to a} \frac{af(b)-af(a)-bf(a)+af(a)}{b-a}$

$=\lim_{b \to a} \left\{ \frac{af(b)-af(a)}{b-a} + \frac{-bf(a)+af(a)}{b-a} \right\}$

$=\lim_{b \to a} \left\{ \frac{af(b)-af(a)}{b-a} - \frac{bf(a)-af(a)}{b-a} \right\}$

$=\lim_{b \to a} \left\{ a \cdot \frac{f(b)-f(a)}{b-a} - f(a) \cdot \frac{b-a}{b-a} \right\}$

$=\lim_{b \to a} \left\{ a \cdot \frac{f(b)-f(a)}{b-a} - f(a) \right\}$

$=\underline{\underline{\boldsymbol{af'(a)-f(a)}}}$ ⇦ 答え 例題 6-5 (3)

「前後の式が，a や $f(a)$ でくくれるのですね。」

「“そろっているもの”なら，$-bf(b)$ と $bf(b)$ を入れるとかじゃ，ダメなんですか？」

あっ，それでも解けるよ。これはいろいろ応用が利いて，例えば，分子が $b^2f(a)-a^2f(b)$ なら $-a^2f(a)$ と $a^2f(a)$ を入れればいい。$-b^2f(b)$ と $b^2f(b)$ でもいいよ。

「もともと，係数と，(　)の中の数がそろっているときは，どうするのですか？

例えば，$\lim_{b \to a} \frac{bf(b)-af(a)}{b-a}$ とか…。」

そのときは，**“食い違っているもの”を入れればいいよ。**$-af(b)$ と $af(b)$ でもいいし。$-bf(a)$ と $bf(a)$ でもいい。

導関数

ここで学ぶやりかたが微分の元祖だ。最初に発表されたときは，世界の数学者の間で大論争になったらしいよ。

さて，$x=a$における微分係数と同様に，**“$y=f(x)$ のx座標がxのときの変化率”**は次の式で計算できる。

Point 57 導関数の定義

❶ $f'(x)=\lim_{b \to x}\dfrac{f(b)-f(x)}{b-x}$

❷ $f'(x)=\lim_{h \to 0}\dfrac{f(x+h)-f(x)}{h}$

「……あれっ？ 6-4 の Point 56 の微分係数の定義の式と似ている……というか同じですか？」

「そうだなあ。aのところがxになっただけだもんな。」

うん。ソックリだ。でも，意味も呼びかたも違うんだ。

$f'(a)$は，“$y=f(x)$の$x=a$のときの変化率”で，『$x=a$における微分係数』といって値を表す。

$f'(x)$は，“$y=f(x)$の変数がxのときの変化率”で，『**導関数**』といって関数なんだよ。値じゃなくて，“xの式”ってことだ。導関数を求めることを**微分する**といい，導関数の定義を**微分の定義**ともいうよ。導関数に$x=a$を代入すると微分係数が得られるんだ。

$f(x)$ —微分する→ $f'(x)$ —$x=a$を代入→ $f'(a)$

$f'(x)$：導関数　　$f'(a)$：($x=a$における)微分係数

例題 6-6

定期テスト 出題度 !! 共通テスト 出題度 !

$f(x)=x^2-5x$ の導関数を，定義を用いて求めよ。

Point 57は❷のほうを使うのが一般的だ。じゃあ，ハルトくん，解いてみて。

「解答

$$f'(x)=\lim_{h\to 0}\frac{f(x+h)-f(x)}{h}$$

$$=\lim_{h\to 0}\frac{\{(x+h)^2-5(x+h)\}-(x^2-5x)}{h}$$

$$=\lim_{h\to 0}\frac{(x^2+2xh+h^2-5x-5h)-(x^2-5x)}{h}$$

$$=\lim_{h\to 0}\frac{x^2+2xh+h^2-5x-5h-x^2+5x}{h}$$

$$=\lim_{h\to 0}\frac{2xh+h^2-5h}{h}$$

$$=\lim_{h\to 0}\frac{h(2x+h-5)}{h}$$ ←約分する

$$=\lim_{h\to 0}(2x+h-5)$$ ←$h=0$を代入する

$$=\underline{\underline{2x-5}}$$ 答え 例題 6-6

あーっ！　疲れました……。」

微分の公式

微分の公式を使うとラクなので，導関数の定義は忘れてしまうんだよね。『導関数の定義を使って解け』という問題もあるから，定義のほうも覚えておいてね。

ここからはどんどん微分していくよ。微分は今までのようにいちいち定義を使って計算するのは面倒だ。そこで，次の導関数を求めるやりかたを使おう。

x^nと定数関数の導関数の求めかた

nが自然数のとき

$f(x)=x^n$　なら，$f'(x)=\boldsymbol{nx^{n-1}}$

　特に$f(x)=x$　なら，$f'(x)=\mathbf{1}$

$f(x)=$定数　なら，$f'(x)=\mathbf{0}$

例えば，$f(x)=x^3$を微分すると，$f'(x)=3x^2$,

　　　$f(x)=x^{10}$を微分すると，$f'(x)=10x^9$ということ。

「右肩の指数が，係数になって，次数が1つ下がるんですね。」

そういうこと。$f(x)=x$はx^1と考えられるから，$f'(x)=1\cdot x^0=1$になる。

例題 6-7　定期テスト 出題度 !!!　共通テスト 出題度 !!!

関数$f(x)=x^3+7x^2-2x+5$について，次の問いに答えよ。

(1)　導関数を求めよ（微分せよ）。

(2)　$x=-1$における微分係数を求めよ。

(1)をやってみよう。ただし，**いくつも項があるときは，次の微分の公式を使うんだ。**

Point 59 微分の公式1

❶ $y=cf(x)$ のとき $y'=cf'(x)$ （c は定数）

❷ $y=f(x)+g(x)$ のとき $y'=f'(x)+g'(x)$

$y=f(x)-g(x)$ のとき $y'=f'(x)-g'(x)$

Point 58の導関数の求めかたを使って，**各項を微分すればいい。**まず，x^3 の項を微分すると，$3x^2$ だ。次に $7x^2$ の項だが，**係数は微分しても変化しないよ**（微分の公式1−❶）。係数7はそのままで，x^2 を微分すると？

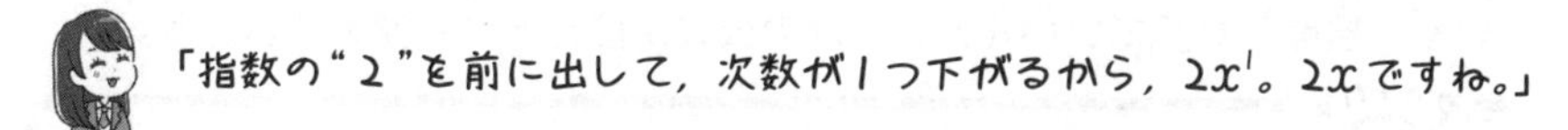

そうだね。$-2x$ の項は，係数の -2 はそのままだ。x を微分すると，1になる。定数項の"5"は微分すれば0になるとPoint 58にあるね。そして，微分の公式1−❷の通り，各項の和にすればいい。

解答 (1) $f'(x)=3x^2+7\cdot 2x-2\cdot 1+0$

$=\underline{\underline{3x^2+14x-2}}$ ← 答え 例題 6-7 (1)

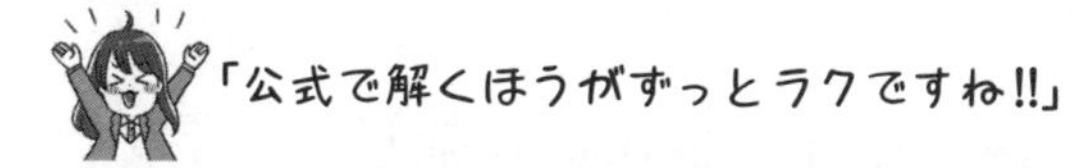

そのための公式だからね。じゃあ，(2)にいってみよう。

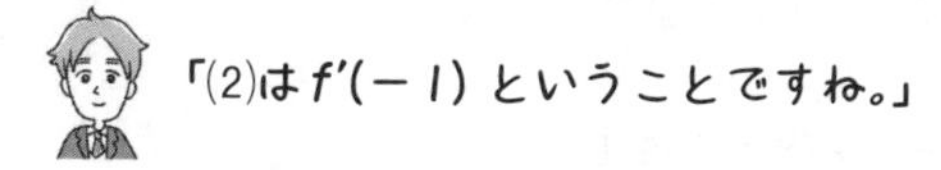

うん。(1)で，$f(x)$ を公式で微分して $f'(x)$ を求めたよね。$f'(x)$ はわかっているんだから，これに $x=-1$ を代入するだけだよ。

解答　(2)　$f'(x)=3x^2+14x-2$ より

$f'(-1)=3\cdot(-1)^2+14\cdot(-1)-2$

$=\underline{\underline{-13}}$　答え　例題 6-7 (2)

例題 6-8

定期テスト 出題度 !!!　共通テスト 出題度 !!

関数 $f(x)=3(x-5)^4$ について，次の問いに答えよ。

(1)　導関数を求めよ（微分せよ）。

(2)　$x=5$ における微分係数を求めよ。

「これは，$f(x)$ を展開しないとダメですか？」

いや，展開しなくていいんだよ。次の公式が使えるから覚えておこう。

微分の公式 2

自然数 n について

$y=(ax+b)^n$ のとき　$\boldsymbol{y'=n(ax+b)^{n-1}\cdot a}$（$a$ は定数）

$(ax+b)^n$ の形のときは，展開しないで，そのまま微分しよう。じゃあ，ミサキさん，(1)を解いてみて。

「解答　(1)　$f'(x)=3\cdot4(x-5)^3\cdot1$　←$a=1$ なので 1 を掛けた

$=\underline{\underline{12(x-5)^3}}$　答え　例題 6-8 (1)」

そう。正解だね。(2)は $f'(x)$ に $x=5$ を代入するよ。

解答　(2)　$f'(5)=12(5-5)^3$

$=\underline{\underline{0}}$　答え　例題 6-8 (2)

$\dfrac{dy}{dx}$って？

yをxで微分したものは，y'というふうに書くんだ。でも，他にも，アタマに$\dfrac{d}{dx}$をつけるという方法もあるよ。$\dfrac{d}{dx}y$とか，yも分子の部分に乗っけちゃって$\dfrac{dy}{dx}$と書くときもある。読みかたは「**ディーワイディーエックス**」で，分数みたいには読まないので注意だよ。

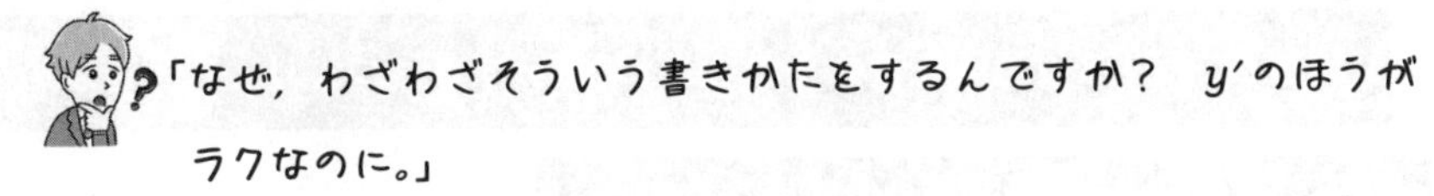
「なぜ，わざわざそういう書きかたをするんですか？　y'のほうがラクなのに。」

例えば，yがxの式なら問題ない。

$$y'=2x^3-7x^2+x+4$$

と書かれていたら，誰もが，『あっ，xで微分したのか。』と思うよね。また，

$$y'=5z^2+8z-2$$

と書かれていたら，『zで微分した。』と思うだろう。でも，

$$y'=-2x^3z^2+9z+4xz-z^3$$

というふうに2文字あったら，困るよね。xで微分したのか，zで微分したのかわからない。

でも，$\dfrac{dy}{dx}$**なら，"yをxで微分したもの"，**$\dfrac{dy}{dz}$**なら，"yをzで微分したもの"**というふうに区別がつくんだ。

位置と速度

微分と７章で勉強する積分を使えば，位置と速度をお互いに求めることもできる。これを覚えれば，物理でも使えるから便利だよ。

例題 6-9　定期テスト 出題度 !!　共通テスト 出題度 !

数直線上を動く物体があり，t秒後の座標が$5t^2-3t+6$である。この物体の4秒後の速度を求めよ。

この物体の数直線上の位置をxとすると，$x=5t^2-3t+6$で，xはtの関数なんだ。

『時刻tにおける位置』を表すxの式をtで微分する，つまり，$\frac{dx}{dt}$を求めると，『時刻tにおける速度』の式になるんだ。

ということで，“t秒後の速度$\frac{dx}{dt}$”は？

「$\frac{dx}{dt}=10t-3$ですね。」

じゃあ，ハルトくん，最初から解いてみて。

「**解答**　t秒後の位置をxとすると$x=5t^2-3t+6$

$\frac{dx}{dt}=10t-3$

$t=4$を代入すると，$\underline{\underline{37}}$　

例題 6-9」

接線，法線

接線は“傾き”が命なんだ。実は接線の傾きは，接点における微分係数なんだよ。

例題 6-10 定期テスト 出題度 ❗❗❗ 共通テスト 出題度 ❗❗❗

曲線 $y=4x^2-7x+3$ の点(2，5)における接線の方程式および法線の方程式を求めよ。

「接線って，以前にも出てきましたよね？」

うん。3-17 で円の接線というのは扱ったね。でもそれは円の方程式でしか使えない。$y=f(x)$ の形の関数の接線は求めかたが違うんだ。以下の手順で求めるよ。

コツ22 接線を求める手順

❶ 接点をおく。

❷ 微分して接点の x 座標を代入し，傾きを求める。

❸ 接線の方程式は

$y-y$ 座標＝傾き×($x-x$ 座標)

で求められる。

❶ **接点をおく。**この場合は，接点は(2，5)だね。

❷ **微分して接点の x 座標を代入し，傾きを求める。**

この関数を，まず微分すると，$y'=8x-7$

この式に$x=2$を代入すると$y'=9$になるね。これが傾きだよ。

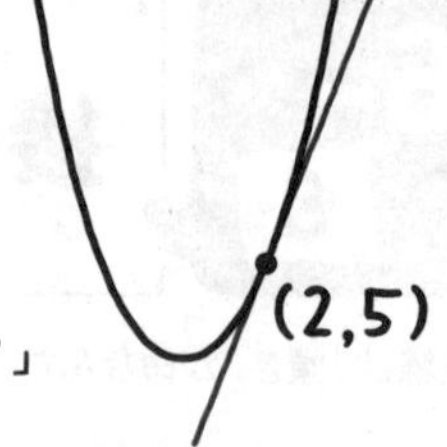

「えっ？　どうしてそれで求められるんですか？」

$x=2$における一瞬の変化の割合は$f'(2)$だったよね。ということは，そこで接している直線も傾きが$f'(2)$ということでしょ。

「あっ，そうですよね。」

$f'(2)$を求めたいなら$f(x)$を微分して，$x=2$を代入する。“微分して接点のx座標を代入”だ。

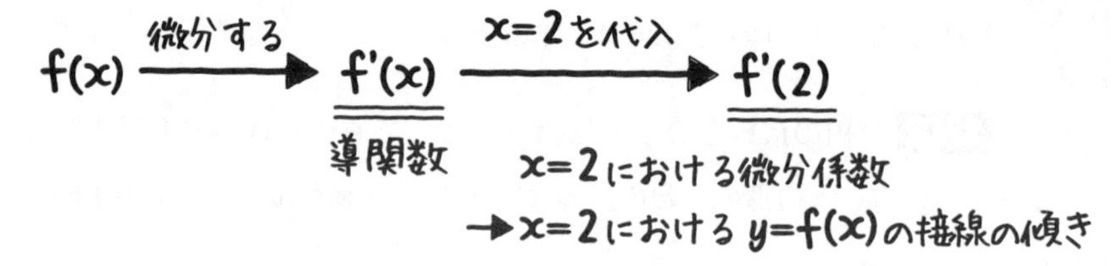

「接線の傾きの求めかたはわかりました。」

さて，接点もわかって傾きもわかったので，接線の方程式がわかるね。

❸　接線の方程式は，$y-y$座標＝傾き×($x-x$座標）で求められる。

解答　接点は（2，5）

関数$y=4x^2-7x+3$を微分すると

$y'=8x-7$より，$x=2$を代入すると，傾き9

接線の方程式は

$y-5=9(x-2)$　←点（2，5）を通る

<u>$y=9x-13$</u>　⇦答え　例題 6-10

「これで終わりじゃないですよね。問題文にある法線の方程式って何ですか？」

法線というのは，**接点を通って接線に垂直な直線**のことだよ。

3-6 でも登場したけど，**2つの直線（傾きがm_1とm_2）が垂直なら，$m_1m_2=-1$になる**んだったよね。

「接線の傾きは，9で……。」

法線の傾きをmとしてmを求めればいいよ。

解答 法線の傾きをmとすると，$9m=-1$より，$m=-\frac{1}{9}$

点$(2,\ 5)$を通る法線の方程式は

$$y-5=-\frac{1}{9}(x-2)$$

$$y=-\frac{1}{9}x+\frac{47}{9}$$

答え 例題 6-10

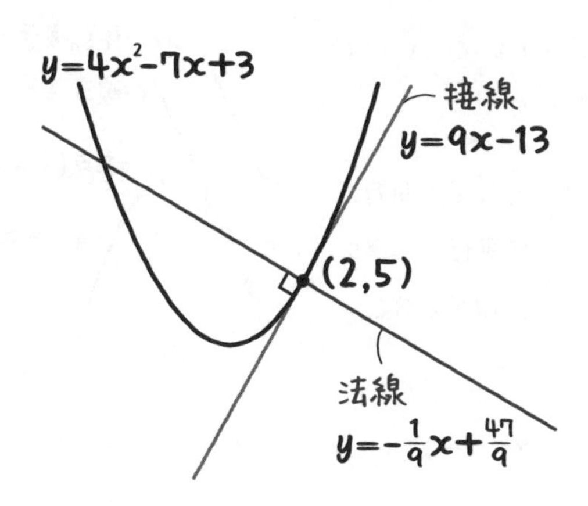

接点がわからないときの接線の求めかた

円なら，接点がわかっていなくても，接線の方程式を求めることができる。でも，$y=f(x)$ の関数のときはムリ。まず，接点をおくことから考えよう。

例題 6-11　定期テスト 出題度 !!!　共通テスト 出題度 !!!

曲線 $y=-x^2+5x+8$ の接線で直線 $y=3x-4$ に平行なものの方程式を求めよ。

さて，この問題は接点が書いていないよね。でも，接点の x 座標を文字で表せば，座標の形で表すことができる。だから，

❶　**接点を $(t,\ -t^2+5t+8)$ とおこう。**

❷　**$y'=-2x+5$ より，傾きは $-2t+5$** になる。

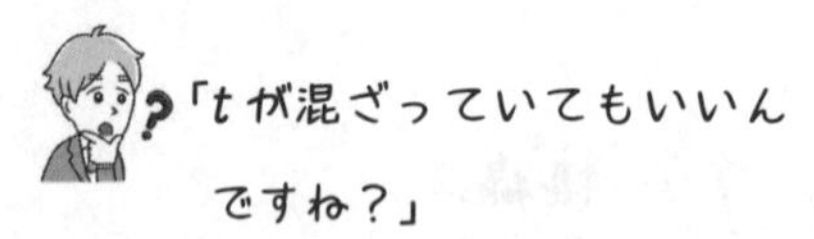

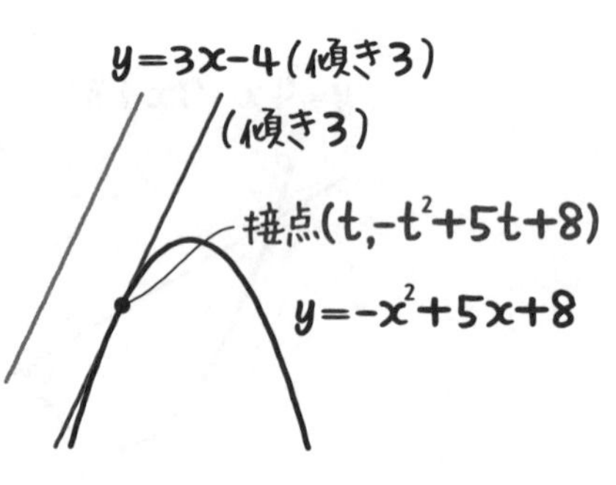

うん。構わない。そして，問題には『直線 $y=3x-4$ に平行』と書いてあるよね。つまり，傾きが3ということだ。

「あっ，じゃあ，　$-2t+5=3$ で，$t=1$　　ですね。」

これを代入すると，最初においた接点は $(1,\ 12)$ とわかるね。

「そうか，それで❸　**接線の方程式**も求められるんですね。」

解答　接点を $(t,\ -t^2+5t+8)$ とおくと,

$y'=-2x+5$ より, 傾きは $-2t+5$

直線 $y=3x-4$ に平行だから傾きは3より

$-2t+5=3$　　$t=1$

$t=1$ を代入して, 接点は $(1,\ 12)$, 傾きは3より, 接線の方程式は

$y-12=3(x-1)$

$y-12=3x-3$

$\underline{\underline{y=3x+9}}$　⇦答え　例題 6-11

例題 6-12

定期テスト 出題度 !!!　共通テスト 出題度 !!!

曲線 $y=2x^2+x-3$ の接線で点 $(1,\ -8)$ を通るものの方程式を求めよ。

例題 6-10 との違いに気をつけてほしい。『……における接線』と『……を通る接線』は意味が違ったよね。これは 3-18 で説明したよ。

この問題の『**点 (1, −8) を通る接線**』というのは, 接線は点 $(1,\ -8)$ を通るけど, 接点はわからないということだ。これは『**点 (1, −8) から引いた接線**』といういいかたもできる。

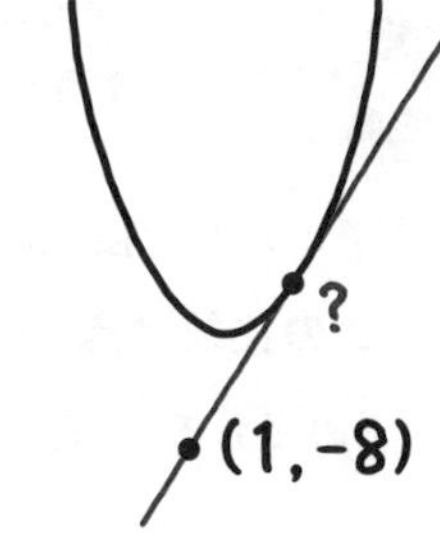

「点 (1, −8) は接点じゃないのか。」

「接点がわからないということは, 接点の座標を何かの文字でおかなきゃいけないんですね。」

その通り。❶　**接点を$(t,\ 2t^2+t-3)$**とおいてやってみようか。そして，
❷　**$y'=4x+1$より，傾きは$4t+1$**になる。

「さっきの問題は傾きが3とわかっていたけど，今回は傾きが書いていないな……。」

そうなんだ。だから❸　**接線の方程式まで求めてしまおう**。接点の座標を代入すると

$$y-(2t^2+t-3)=(4t+1)(x-t)$$

となる。さて，式を整理して$y=$●$x+$○の形にするんだ。

「$y-2t^2-t+3=4tx+x-4t^2-t$

$$y=4tx+x-4t^2-t+2t^2+t-3$$

$$y=(4t+1)x-2t^2-3$$

ですか？」

あーっ。ちょっと，待って！　間違ってはいないけど，xの係数は展開しなくていいんだよ。$(4t+1)x$を展開したのに，またxでくくって$(4t+1)x$にしている。ということは，初めから展開しなくていいってことだ。

「あっ，そうか。」

さて，これで接線の方程式にtの文字は入っているけど求められたね。そして，**この接線は点$(1,\ -8)$を通るから$x=1$，$y=-8$を代入すればよい**。tが求められるから，元の接線の方程式に代入すれば終わりだ。

解答 接点を $(t,\ 2t^2+t-3)$ とおくと

$y'=4x+1$ より，傾きは $4t+1$

接線の方程式は

$$y-(2t^2+t-3)=(4t+1)(x-t)$$

$$y-2t^2-t+3=(4t+1)x-4t^2-t$$

xの項は展開せず，tの項のみ展開して計算

$$y=(4t+1)x-2t^2-3 \quad \cdots\cdots①$$

この接線は点 $(1,\ -8)$ を通るので

$$-8=4t+1-2t^2-3$$

$$2t^2-4t-6=0$$

$$t^2-2t-3=0$$

$$(t+1)(t-3)=0$$

$$t=-1,\ 3$$

①式に $t=-1$ と $t=3$ をそれぞれ代入すると，接線の方程式は

$y=-3x-5,\ y=13x-21$ ⇦答え **例題 6-12**

ちなみに，接点を求めたいなら，$t=-1,\ 3$ を t で表した接点の座標 $(t,\ 2t^2+t-3)$ に代入するんだ。$t=-1$ のときは接点 $(-1,\ -2)$，$t=3$ のときは接点 $(3,\ 18)$ になるね。

6-10 共通接線

タイトルの通り，“共通な接線”を求めてみよう。やりかたは意外にシンプルだよ。

例題 6-13 定期テスト 出題度 !! 共通テスト 出題度 !!!

関数 $y=2x^2$ で表される放物線を C_1，それを平行移動したもので頂点が $(3,\ 12)$ である放物線を C_2，その両方に接する直線を m とするとき，次の問いに答えよ。

(1) 放物線 C_2 の方程式を求めよ。

(2) 共通接線 m の方程式を求めよ。

(3) C_1 と m の接点 A と，C_2 と m の接点 B の x 座標を求めよ。

まず(1)は大丈夫かな？ 『数学Ⅰ・A編』の 3-7 で習った“平行移動”だよね。

「x 軸方向に $+p$ 平行移動すると，式は $x\to x-p$ になり，y 軸方向に $+q$ 平行移動すると，式は $y\to y-q$ になるということですよね。

解答 (1) $y-12=2(x-3)^2$

$\underline{\underline{y=2(x-3)^2+12}}$ ⇐答え 例題 6-13 (1)」

うん。それもあるし，『数学Ⅰ・A編』の 例題 3-11 (2)で，関数は“グラフを平行移動しても最高次の係数は変わらない”というのがあったよね。

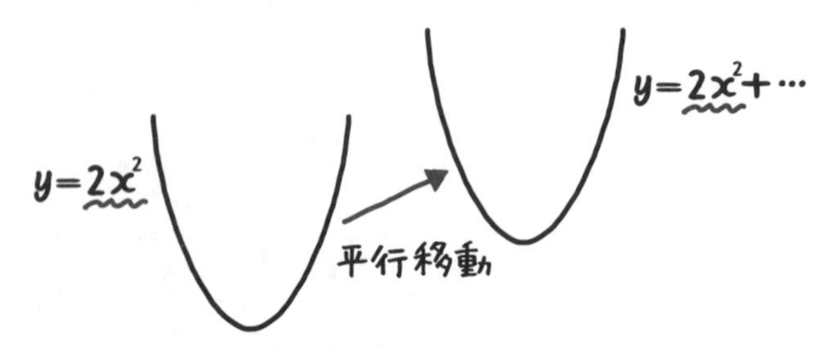

これを知っていたら(1)はカンタンに求められる。最高次の係数が2の2次関数で，しかも頂点が(3, 12)より，C_2の方程式は，$y=2(x-3)^2+12$になるね。

「あっ，こんなに簡単なんですね……。」

展開して，$y=2x^2-12x+30$と答えてもいいよ。

さて，(2)だけど，**共通接線**とは両方の接線になっているものだ。

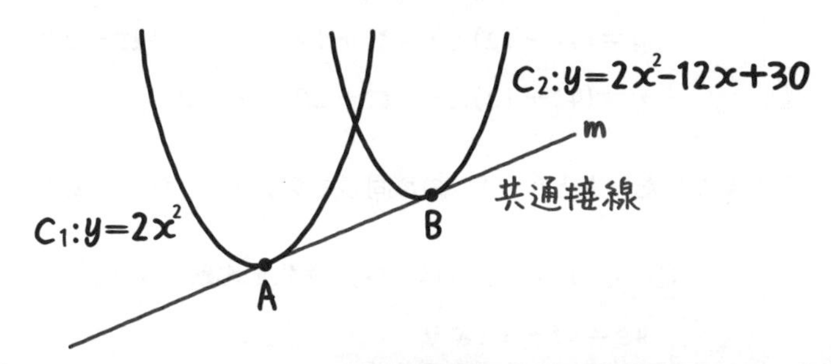

求めかたはいたって単純で，**C_1，C_2の接線をそれぞれ求めて，同じものだと考えればいいね。見比べればいい。** じゃあ，ハルトくん，解いてみて。

「えーっと，接点がない……。」

ということは？

「おく？」

そうだね。アルファベットは何でもいいや。じゃあ，

C_1との接点を$(s,\ 2s^2)$，

C_2との接点を$(t,\ 2t^2-12t+30)$

とおこう。じゃあ，まずはC_1，C_2の接線をそれぞれ求めてみて。

「**解答** (2) 放物線C_1の接線は，接点を$(s,\ 2s^2)$とおくと

$y'=4x$だから，傾き$4s$

接線mの方程式は

$$y-2s^2=4s(x-s)$$

$$y=4sx-2s^2 \quad \cdots\cdots①$$

放物線C_2の接線は，接点を$(t,\ 2t^2-12t+30)$とおくと，

(1)より

$y=2x^2-12x+30$

$y'=4x-12$だから，傾き$4t-12$

接線mの方程式は

$y-(2t^2-12t+30)=(4t-12)(x-t)$

$y=(4t-12)x-4t^2+12t+2t^2-12t+30$

$y=(4t-12)x-2t^2+30$ ……②」

うん, よくできました。あとは, ①, ②が同じものだから, 係数を比較しよう。

「①，②は同じものだから，係数を比較すると，

$4s=4t-12$より

$s=t-3$ ……③

$-2s^2=-2t^2+30$より

$-s^2+t^2=15$ ……④

③を④に代入すると

$-(t-3)^2+t^2=15$

$-t^2+6t-9+t^2=15$

$6t=24$

$t=4$

これを③に代入すると

$s=1$

よって，求める共通接線mの方程式は①より

$\underline{\underline{y=4x-2}}$ 答え 例題 6-13 (2)

(3) 接点Aのx座標は$\underline{\underline{1}}$

接点Bのx座標は$\underline{\underline{4}}$ 答え 例題 6-13 (3)」

6-11 3次関数の増減とグラフ

2次関数のグラフをかくには『平方完成』，3次以上の関数のグラフをかくには『増減表』と覚えておこう。

例題 6-14　定期テスト 出題度 !!!　共通テスト 出題度 !!!

関数 $y=x^3-3x^2-9x+22$ のグラフをかけ。

3次関数のグラフをかくには，**増減表**という表をつくるんだ。手順を説明していこう。

❶ **微分をして因数分解する。**3次関数を微分すると2次関数になるよね。つまり2次不等式を解く要領だ。

$y=x^3-3x^2-9x+22$ より

$y'=3x^2-6x-9$

$=3(x^2-2x-3)$

$=3(x+1)(x-3)$

❷ **$y'=0$ になる x を求める。**

$y'=0$ になるのは

$3(x+1)(x-3)=0$

$x=-1,\ 3$

❸ **$y'>0$ になる x を求める。**

$y'>0$ になるのは，

$3(x+1)(x-3)>0$

$x<-1,\ 3<x$

ここまで求めたら，x，y'，yを次のような表に表すんだ。

xの行は$y'=0$になる値を，左から小さい順に1つおきに書いて前後に欄をつくる。

x	……	-1	……	3	……
y'					
y					

次にy'の行の符号を書くんだ。まず，❷で$x=-1$，3のとき$y'=0$とわかったし，❸で，$y'>0$になるのは$x<-1$，$3<x$のときとわかったので，0と＋が書ける。

「$y'<0$になるときは，$y'>0$の不等号が逆だから$-1<x<3$のときですね。」

x	……	-1	……	3	……
y'	＋	0	－	0	＋
y	↗	27	↘	-5	↗

うん，その通りだ。実は「……」の下は正か負しか入らないから，正でなかったところは負を入れるようにしてもいいよ。そして，下段だが，yの行はy'の符号にしたがって増加か減少かを矢印で書くんだ。$y'>0$ということは，yの変化の割合が正。つまり，yは増加しているということになるよ。

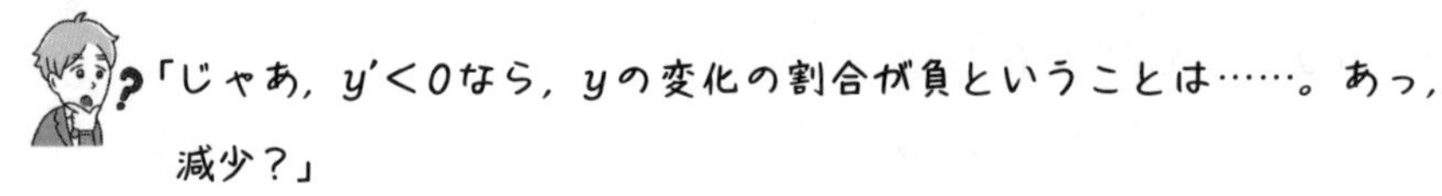

「じゃあ，$y'<0$なら，yの変化の割合が負ということは……。あっ，減少？」

そうだね。あとは，$y'=0$のところのyの値を計算して書き込もう。最初の$y=x^3-3x^2-9x+22$に代入すればいいよ。

代入したら，これをグラフにしてみよう。$x<-1$のとき増加して，$x=-1$のとき$y=27$になる，そこから$x=3$まで減少して，このとき$y=-5$になる。そこから再び増加する。これをなめらかな曲線でかくんだ。

「なんか，(−1，27) と (3，−5) の点しかわからないと，かくのが難しいですね。うまくかく方法はないんですか。」

今までグラフをかいたときのように，y切片 (y軸との交点のy座標) とx切片 (x軸との交点のx座標) を求めると，もう少しかきやすくなるよ。

y切片は，$x=0$を代入すると，$y=22$

x切片は，$y=0$を代入すると

$$x^3-3x^2-9x+22=0$$

$$(x-2)(x^2-x-11)=0$$

$$x=2,\ \frac{1\pm3\sqrt{5}}{2}$$

「3次式の因数分解は，**2−15** で登場した方法を使えばいいんですよね。」

そう，因数定理だね。$x^3-3x^2-9x+22$に$x=2$を代入すると0なので，$x-2$を因数にもつね。

「$\frac{1\pm3\sqrt{5}}{2}$も図にかき込むんですか？」

いや，整数や簡単な分数でなければかき込まなくていいよ。また，因数分解したり，解の公式で求めたりできないときは求めなくていい。

数II 6章

解答 $y=x^3-3x^2-9x+22$より

$y'=3x^2-6x-9$

$=3(x^2-2x-3)$

$=3(x+1)(x-3)$

$y'=0$になるのは

$3(x+1)(x-3)=0$

$x=-1,\ 3$

$y'>0$になるのは

$3(x+1)(x-3)>0$

　$x<-1,\ 3<x$

x	……	-1	……	3	……
y'	$+$	0	$-$	0	$+$
y	↗	27	↘	-5	↗

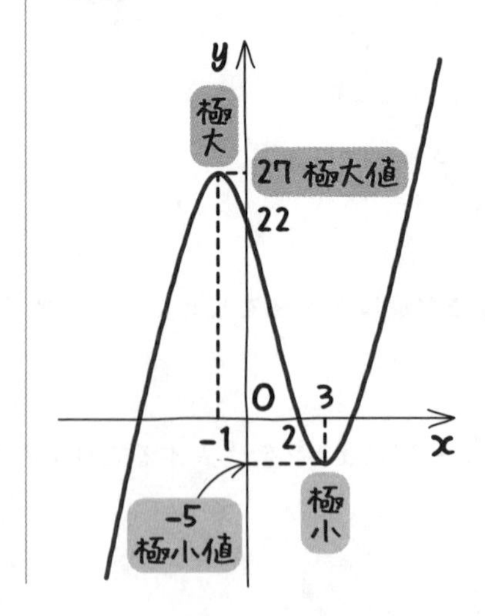

答え　例題 6-14

答えのグラフに注目してほしい。

$x=-1$のときを境に増加から減少に変わる。これを**極大**になるといい，このときのyの値27を**極大値**というんだ。

一方，$x=3$のときを境に減少から増加に変わる。これを**極小**になるといい，このときのyの値-5を**極小値**というんだよ。

極大値と極小値を合わせて**極値**というよ。

『極値を求めよ。』という問題なら，

　$x=-1$のとき，極大値27

　$x=3$のとき，極小値-5

と答えるんだ。今回は『グラフをかけ。』という問題なのでグラフをかいたけど，**極値を求めるだけなら，増減表だけでもわかる**よね。

6-12 グラフに“平らな部分”ができる3次関数

今回は，あえて“平らな部分”というけど，「変曲点」と呼ばれるものの一種なんだ。数学Ⅲをやると，この「変曲点」という言葉がよく登場するんだけどね。

例題 6-15　定期テスト 出題度 !!!　共通テスト 出題度 !!!

関数 $y=x^3-6x^2+12x-7$ のグラフをかけ。

6-11 と同じように増減表をつくってグラフをかこう。

解答

$y=x^3-6x^2+12x-7$

$y'=3x^2-12x+12$

$=3(x^2-4x+4)=3(x-2)^2$

$y'=0$ になるのは

$3(x-2)^2=0$

$x=2$

$y'>0$ になるのは

$3(x-2)^2>0$

$x \neq 2$

$3(x-2)^2>0$ は『数学Ⅰ・A編』の 3-17 で勉強した不等式だよ。増減表をつくってみると次のようになるはずだ。y' がマイナスになるところは1か所もないね。

x	……	2	……
y'	$+$	0	$+$
y	↗	1	↗

「ずっと増加するということかな？」

たしかに，そう思うかもしれないね。でも，**x=2のときはy'=0だから増加も減少もしていない**んだ。

だから，**グラフは最初は急な右上がりで，だんだんゆるやかになって，x=2のときに一瞬平らになったように見える。その後は再び右上がりになって，だんだん傾きが急になる**ようにグラフをかかなければならない。

$x=0$を代入すると，$y=-7$より，y切片は-7。

$y=0$を代入すると

$$x^3-6x^2+12x-7=0$$

$$(x-1)(x^2-5x+7)=0$$

$x=1$より，x切片は1。

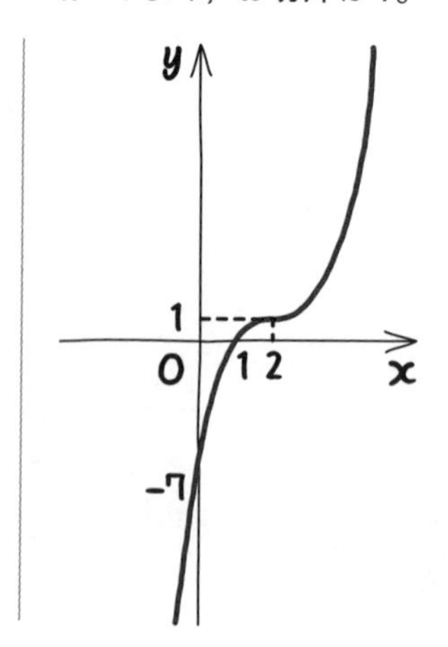

答え 例題 6-15

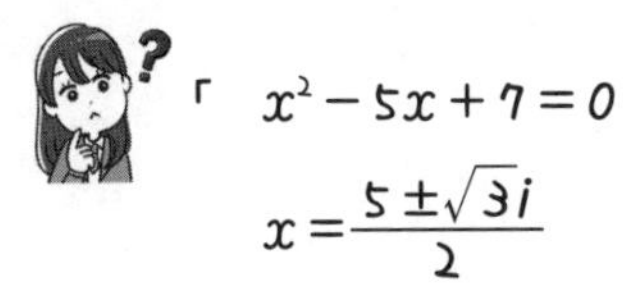

「 $x^2-5x+7=0$

$$x=\frac{5\pm\sqrt{3}i}{2}$$

のときも$y=0$と考えてはいけないんですか？」

それはダメ。2-5 でも説明したけど，**虚数には大小がないんだ。よって，数直線上や，グラフ上では表せない。**

「$x=2$のときのyの値は，極値といえるんですか？」

いや。**極値じゃないよ。** **関数が増加から減少，または減少から増加に変わるときが極値** なんだ。今回は，極大値，極小値はなしということになる。

この関数のように，$a<b$のときに必ず$f(a)<f(b)$ならば，この関数は『**単調に増加する**』または，単に『**単調増加**』というんだ。

「$x=2$のときは，グラフは平らになりますけど，それでも単調増加といっていいんですか？」

うん。グラフが平らになるのは，まさに$x=2$の一瞬だけなんだよね。少しでもずれると，増加しているよ。『単調増加』というのは，“xが増えれば必ずyも増える”ということだよ。

$x=1.999$のときより，$x=2$のときの値はわずかだけど大きいよね。$x=2$のときと$x=2.001$のときの値を比べてもそうだよね。

ずっと増加する3次関数

ここで，もう1つの例として

$$y=2x^3+12x^2+29x-4$$

という3次関数の増減を考えてみよう。

「ふつうに手順通りやっていけばいいんですよね……。」

じゃあ，やってみて。

「$y'=6x^2+24x+29$

あっ，因数分解ができない……。」

これは『数学Ⅰ・A編』の 3-16 で似たようなことを扱ったよ。

> 因数分解できないときは解の公式を使って解を求め，
>
> ❶ $ax^2+bx+c=0\,(a\neq0)$ の解がα，βなら，
>
> $a(x-\alpha)(x-\beta)$ と因数分解する。
>
> さらに，実数解がないときは
>
> ❷ 平方完成する。

今回は，解の公式で求めると虚数解になってしまうので，実数解が求められないから❷ 平方完成だね。

$$y'=6x^2+24x+29$$
$$=6(x^2+4x)+29$$
$$=6\{(x+2)^2-4\}+29$$
$$=6(x+2)^2+5$$

「忘れていた……。数学Ⅰ・Aって大事だな……。」

$y'=(0以上)+5$だから，**常に$y'>0$**なんだよね。よって，常にyは増加するとわかる。増減表をつくる必要もない。

「あっ，こういうのもあるのか。これも，単調増加ですね。」

そうだよ。グラフをかけば変化の割合が常に正だからね。

6-13 3次関数のグラフの形からわかること

3次関数のグラフといっても，6-11，6-12と，そのあとのお役立ち話⑮の，合わせて3通りあったね。

実は，**3次関数$y=f(x)$のグラフの形がわかれば，それを微分した関数，つまり導関数$y=f'(x)$のグラフの形もわかるよ。**3次関数の最高次（3次）の係数が正のときを考えよう。つまり$y=ax^3+bx^2+cx+d$で$a>0$の場合だ。

例えば　の形のグラフならば，増加して，減少して，増加するのだから，微分した$f'(x)$は正から負になり，また正になるということだよね。ちなみに，3次関数を微分したら何次関数？

「2次関数です。」

そうだね。『正になり，負になり，正になる2次関数』ということは，

$y=f'(x)$は　という形のグラフになるということだ。

さらに，『数学Ⅰ・A編』の3-19でも登場したけど，**2次関数とx軸（$y=0$）が異なる2点で交わる**ということは，“$=0$”の形にして2次方程式をつくると，**判別式$D>0$**になるということだったね。

「他のグラフでもそんな感じでわかるんですか？」

じゃあ，残り2つの3次関数のグラフについて説明するよ。

　の形のグラフなら，増加して，一瞬平らになって，また増加するから，微分した$f'(x)$は正から，0になり，また正になる。ということは，$y=f'(x)$

は　の形のグラフになり，x 軸と1点で交わる（接する）から $D=0$ だ。

の形のグラフなら，常に増加するから，$f'(x)$ は常に正。$y=f'(x)$

は　の形のグラフになり，x 軸と共有点をもたないので $D<0$ だ。

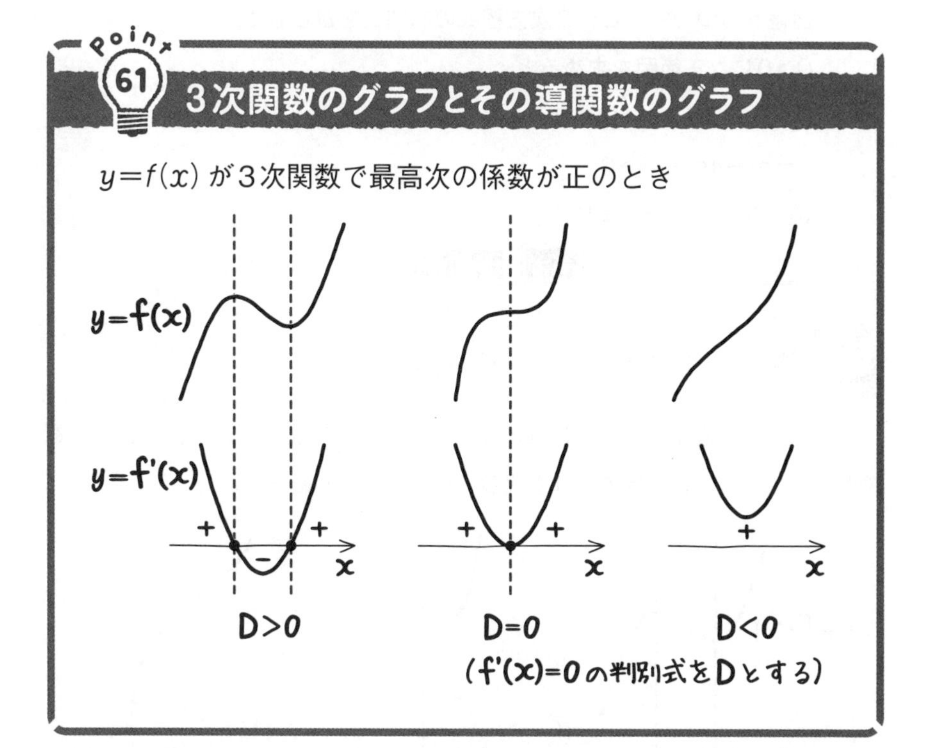

例題 6-16　定期テスト 出題度 !!!　共通テスト 出題度 !!!

関数 $y=2x^3-3ax^2+(6a+18)x-7$ が極値をもつときの定数 a の値の範囲を求めよ。

『極値をもつ』のだから，$y'=0$ の2次方程式の判別式を D とすると，$D>0$ になる範囲を求めればいい。

解答 $y=2x^3-3ax^2+(6a+18)x-7$

$y'=6x^2-6ax+(6a+18)$

$6x^2-6ax+(6a+18)=0$ とすると，

$x^2-ax+(a+3)=0$

(両辺を6で割る)

極値をもつので，この2次方程式の判別式を D として，

$D>0$ になる範囲を求めると

$D=(-a)^2-4\cdot1\cdot(a+3)$

$=a^2-4a-12>0$

$(a-6)(a+2)>0$ より

$a<-2,\ 6<a$ ← 答え 例題 6-16

「最高次の係数が負のときはどうなるんですか？」

うん。その場合は次のようになるよ。さっきの Point 61 のグラフの上下がすべて逆さまになっているだけで，判別式 D については同じ結果だ。

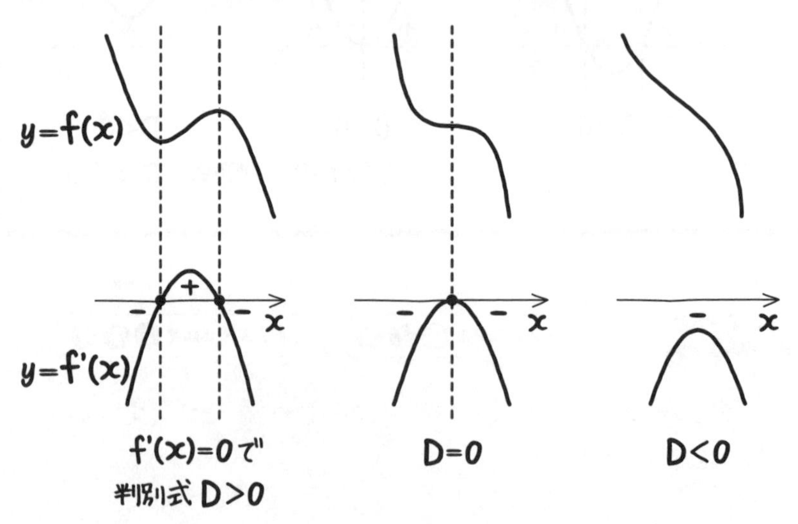

6-14 4次関数の増減表とグラフ

この方法をマスターすれば，5次関数だって，6次関数だってグラフがかけるよ。

例題 6-17　定期テスト 出題度 !!!　共通テスト 出題度 !!!

関数 $y=-x^4+4x^3+8x^2-48x+48$ のグラフをかけ。

増減表をつくる手順は同じだよ。ハルトくん，できるところまでやってみて。

「**解答**　$y=-x^4+4x^3+8x^2-48x+48$

$y'=-4x^3+12x^2+16x-48$

$=-4(x^3-3x^2-4x+12)$

$=-4(x+2)(x-2)(x-3)$

$y'=0$ になるのは

$-4(x+2)(x-2)(x-3)=0$ より

$x=-2,\ 2,\ 3$

$y'>0$ になるのは

$-4(x+2)(x-2)(x-3)>0$

ここからどうするのかなぁ……。」

「3次の不等式って，どのようにして符号を判定するんですか？」

$y'=-4(x-2)(x-3)(x+2)$ の『**簡単なグラフ**』をかいてみるといい。次のルールにそってかく。

数II 6章

コツ23 簡易的なグラフのかきかた

❶ 最高次の係数が正(負)ならば,
右端のy'の値は正(負)。

❷ 重解は接する。それ以外の解は交わる。

❸ グラフは右から左にかく。

まず, ❶ $y'=-4(x-2)(x-3)(x+2)$ は最高次の係数が-4で負より,
右端のy'の値は負。右のようにx軸の下に点を打とう。

次に, ❷ $x=-2,\ 2,\ 3$が$y'=0$ の解より, $x=-2,\ 2,\ 3$でx軸と交わる。

そして, ❸ 右下の点から出発して左へ向かって$x=3,\ 2,\ -2$で交わるようにかくと, 右のようになるね。

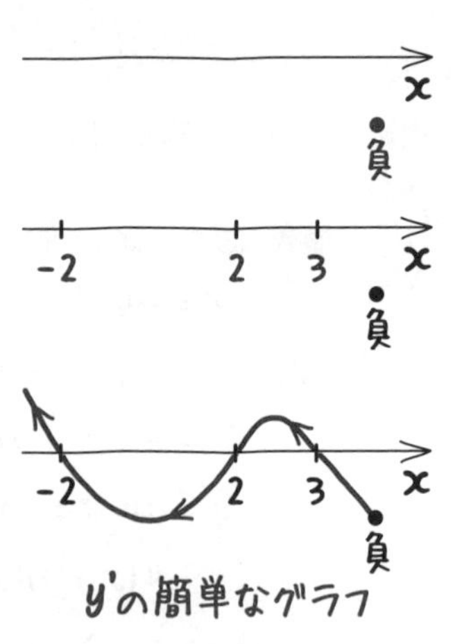

y'の簡単なグラフ

そうすれば, $y'>0$ になるのは, $x<-2,\ 2<x<3$とわかるよね。

「なるほど……すべてイッキに求められるのですね。便利！！」

『グラフをかけ』という問題のときは, こうかいちゃダメだよ。でも, y'の符号を調べるには, こういう正と負を調べるだけの雑なグラフで十分なんだよ。さて, ❶, ❷, ❸が終わったので, 増減表にしてみよう。まず, $y'=0$になるのは$x=-2,\ 2,\ 3$だから, こうだ。

x	……	-2	……	2	……	3	……
y'		**0**		**0**		**0**	
y							

次に，2段目のy'の符号は，さっきの雑なグラフからわかるね。

x	……	-2	……	2	……	3	……
y'	**+**	0	**−**	0	**+**	0	**−**
y							

そして，下の段にグラフの増減やyの値を書けばできあがりだ。

$y'>0$になるのは

$-4(x+2)(x-2)(x-3)>0$

$x<-2$，$2<x<3$

x	……	-2	……	2	……	3	……
y'	+	0	−	0	+	0	−
y	↗	**128**	↘	**0**	↗	**3**	↘

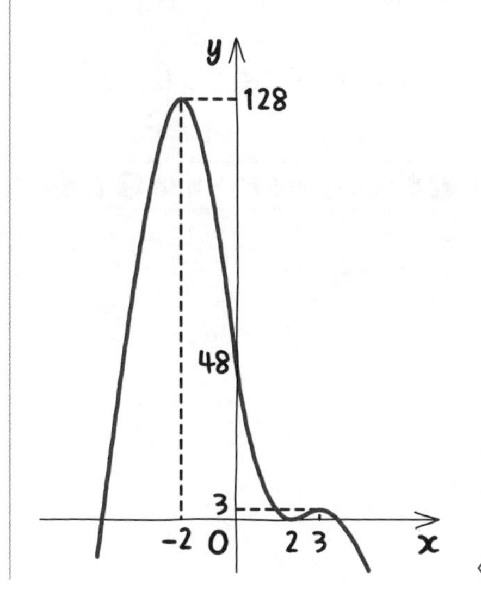

「y切片は$x=0$を代入すると，$y=48$ということか。」

そうだね。x切片は，$y=0$との交点を求めればよいので

$0=-x^4+4x^3+8x^2-48x+48$

$x^4-4x^3-8x^2+48x-48=0$　になるね。

「$x=2$を代入すると0だから，$x-2$で割り切れて……。」

いや，そんなことをする必要ないんだ。グラフをよく見てごらん。$y=-x^4+4x^3+8x^2-48x+48$ と $y=0$ は $x=2$ のところで接しているよね。

ということは，連立させると$x=2$の重解が出るんだ。つまり，$(x-2)^2$を因数にもつということなんだ。

「$(x-2)^2$，つまりx^2-4x+4で割り切れるということですね！
割ると……商がx^2-12で余りが0だから……

$x^4-4x^3-8x^2+48x-48=0$

$(x-2)^2(x^2-12)=0$

$x=2$(重解)，$\pm 2\sqrt{3}$　ですね。」

そうだね。$\pm 2\sqrt{3}$ はグラフにかいてもかかなくてもどっちでもいいよ。

例題 6-18　定期テスト 出題度 !!!　共通テスト 出題度 !!!

関数 $y=x^4+4x^3-16x-16$のグラフをかけ。

ミサキさん，やってみて。

「**解答**　$y=x^4+4x^3-16x-16$

$y'=4x^3+12x^2-16$

$=4(x^3+3x^2-4)$

$=4(x-1)(x^2+4x+4)$

$=4(x-1)(x+2)^2$

$y'=0$になるのは

$4(x-1)(x+2)^2=0$

$x=1,\ -2$（重解）

$y'>0$になるのは

$4(x-1)(x+2)^2>0$

このあとは……？」

ここから，さっきと同じように『簡単なグラフ』をかけばいいよ。最高次の係数が4で正より右端は正。$x=1$は解なので交わるし，$x=-2$は重解なので接するから，右から左へかくと右のようになるね。

$x=-2,\ 1$のときのyの値も計算しておく。

$y'>0$になるのは

$4(x-1)(x+2)^2>0$

$1<x$

x	……	-2	……	1	……
y'	$-$	0	$-$	0	$+$
y	↘	0	↘	-27	↗

グラフをかくにはx軸，y軸との交点も必要だね。

y切片は$x=0$を代入すると，$y=-16$

x切片は$y=0$を代入すると

$$x^4+4x^3-16x-16=0$$

$$(x-2)(x+2)^3=0$$

$x=-2$（3重解），2　になるね。

“3重解” は 例題 2-19 (2)でやったよね。忘れていたら見直しておこう。

「$x=-2$は“3重解”ですけど，このときはどうなるんですか。」

$x=-2$のときは，下のグラフのような状態になるよ。このときも，『x軸に接する』というんだ。

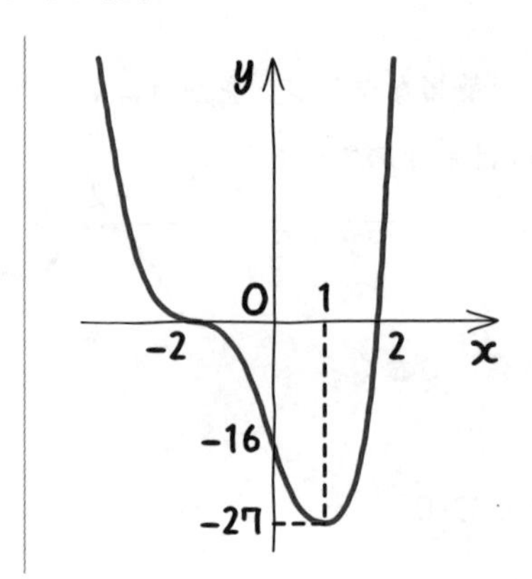

答え　例題 6-18

6-15 極大値，極小値から3次関数を求める

『数学Ⅰ・A編』の 3-9 で2次関数を求めるというのがあったが，ここでは3次関数を求めてみよう。

例題 6-19　定期テスト 出題度 !!!　共通テスト 出題度 !!!

関数$f(x)=ax^3+bx^2+cx+d$ $(a\neq 0)$が，$x=1$のとき極大値16をとり，$x=-3$のとき極小値-80をとるとき，定数a, b, c, dの値を求めよ。

『$x=1$のとき極大値16をとる』といういいかたは，

『$x=1$のとき極大になる』

『$x=1$のとき値が16になる』

という2つのことをひとことで表現したものなんだよね。

まず，**『$x=1$のとき極大になる』なら，$f'(1)=0$**になる。

「どうしてですか？」

増減表を思い出せばいい。$x=1$のとき極大ならば，次のようになる。

x	……	1	……
$f'(x)$	+	0	−
$f(x)$	↗	16	↘

「$f'(x)$が，$x=1$のとき0になるということね。」

でも，注意してほしい。逆は成り立たないよ。$f'(1)=0$ なら $x=1$ で極大をとるってことではない。極小になるかもしれないし，**6-12** のように平らになることもあるよ。

また，**『$x=1$ のとき値が16になる』**から **$f(1)=16$** もいえる。

つまり，『$x=1$ のとき極大値16になる』は

『$x=1$ のとき極大になる』 $\underset{\not\Leftarrow}{\Rightarrow}$ **$f'(1)=0$**

『$x=1$ のとき値が16になる』 $\Longleftrightarrow$ **$f(1)=16$**

「『$x=-3$ のとき極小値 -80 をとる』も同じように考えればいいんですね。」

そう。$f'(-3)=0$，$f(-3)=-80$ がいえる。ミサキさん，やってみて。

「**解答**　$f(x)=ax^3+bx^2+cx+d\ (a\neq 0)$ より

$f'(x)=3ax^2+2bx+c$

$f'(1)=3a+2b+c=0$　……①

$f(1)=a+b+c+d=16$　……②

$f'(-3)=27a-6b+c=0$　……③

$f(-3)=-27a+9b-3c+d=-80$　……④

(②−④)÷4より，$7a-2b+c=24$　……⑤

(①−③)÷8より，$-3a+b=0$　……⑥

(①−⑤)÷4より，$-a+b=-6$　……⑦

⑥−⑦より，$-2a=6$，$a=-3$

⑦に代入すると，$b=-9$　←$-(-3)+b=-6$

①より，$c=27$　←$3\cdot(-3)+2\cdot(-9)+c=0$

②より，$d=1$　←$-3-9+27+d=16$

できました！」

うん。そこまではいい。でも，まだ終わりじゃないんだ。$f'(1)=0$, $f'(-3)=0$ なら $x=1$ で極大値，$x=-3$ で極小値をとるとは限らない。確認がいるんだ。

コツ24　極大，極小になっているかの確認

方法1…増減表をつくる。

方法2…$y=f'(x)$ の簡単なグラフをかく。負から正になる x が極小，正から負になる x が極大。

逆に，$a=-3$，$b=-9$，$c=27$，$d=1$ なら

$f(x)=-3x^3-9x^2+27x+1$

$f'(x)=-9x^2-18x+27=-9(x-1)(x+3)$

$f'(x)=0$ になるのは

$x=1,\ -3$

$f'(x)>0$ になるのは

$-9(x-1)(x+3)>0$

$(x-1)(x+3)<0$

$-3<x<1$

x	……	-3	……	1	……
$f'(x)$	$-$	0	$+$	0	$-$
$f(x)$	↘		↗		↘

$x=-3$ のとき極小，$x=1$ のとき極大になるので，

$a=-3$，$b=-9$，$c=27$，$d=1$　答え　例題 6-19

「極大値，極小値は求めなくてもいいんですか？」

すでにわかっているのでいらない。$x=-3$ のとき極小で，$x=1$ のとき極大であることが確認できれば十分だ。もし，そうでなければ答えは“解なし”だ。方法2でやってもいいよ。

逆に，$a=-3$，$b=-9$，$c=27$，$d=1$ なら，$y=f'(x)$ のグラフを考えると

$$y=f'(x)=-9x^2-18x+27$$
$$=-9(x^2+2x-3)$$
$$=-9(x-1)(x+3)$$

より

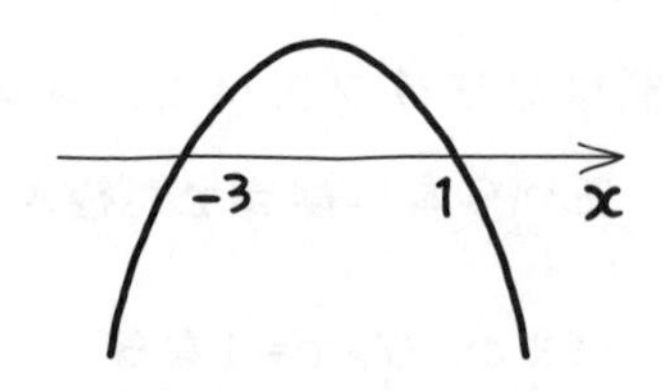

$x=-3$ で極小，$x=1$ で極大になるので

$a=-3$，$b=-9$，$c=27$，$d=1$ ⇦答え 例題 6-19

というふうにね。実はもうひとつ方法があり，それは数学Ⅲで登場するよ。

3次関数の最大，最小

グラフをかくのは面倒。増減表だけで最大，最小が求まればラクだよ。

例題 6-20　定期テスト 出題度 ❗❗❗　共通テスト 出題度 ❗❗❗

関数 $y=x^3-7x^2+8x+14$ の $0\leqq x\leqq 5$ における最大値，最小値を求めよ。

ハルトくん，まず増減表をつくる直前までやってみて。

「えっ？　はい……。

解答 $y=x^3-7x^2+8x+14\quad (0\leqq x\leqq 5)$

$y'=3x^2-14x+8$

$\quad=(3x-2)(x-4)$

$y'=0$ になるのは，$x=\dfrac{2}{3}$，4

$y'>0$ になるのは

$\quad(3x-2)(x-4)>0$

$\quad x<\dfrac{2}{3}$，$4<x$　」

うん。とりあえず，そこまででいい。そのあとは増減表をつくるんだけど，今回は今までと違って $0\leqq x\leqq 5$ という範囲があるよね。そのときはまず，左上の角に0を，右上の角に5を書く。

x	0		5
y'			
y			

そして，その間に$y'=0$になるxを書き込むんだ。今回は$x=\frac{2}{3}$，4で，両方とも0と5の間にあるね。$0 \leqq x \leqq 5$におけるyの増減表は，次の通り。

x	0	……	$\frac{2}{3}$	……	4	……	5
y'		$+$	0	$-$	0	$+$	
y	14	↗	$\frac{446}{27}$	↘	-2	↗	4

最大値，最小値なら増減表だけで求められるよ。

$\frac{446}{27}=16.5\cdots$だね。一方，最小になるのは$x=4$のときだ。

$x=\frac{2}{3}$のとき，**最大値 $\frac{446}{27}$**

$x=4$のとき，**最小値-2**　答え　例題 6-20

となる。やりかたはわかった？

「はい。要するに，増減表のときに両方にxの範囲を書くという作業が増えただけですよね。」

まあ，ひとことでいえば，そうだね(笑)。

例題 6-21　定期テスト 出題度 !!!　共通テスト 出題度 !!!

関数 $y=-2x^3-9x^2+24x+5$ の $-2 \leqq x \leqq 3$における最大値，最小値を求めよ。

ミサキさん，これも，増減表をつくる直前までやってみて。

「解答　$y=-2x^3-9x^2+24x+5 \quad (-2 \leqq x \leqq 3)$

$y'=-6x^2-18x+24$

$=-6(x^2+3x-4)$

$=-6(x-1)(x+4)$

$y'=0$ になるのは，$x=-4,\ 1$

$y'>0$ になるのは

$-6(x-1)(x+4)>0$

$(x-1)(x+4)<0$

$-4<x<1$　」

うん。いいね。じゃあ，増減表をつくってみよう。

まず，例によって両側の角に x の範囲を書く。

そして，その間に $y'=0$ になる x を書き込むのだが，**$x=-4$ は $-2 \leqq x \leqq 3$ の範囲にないので，書く必要はない**。$x=1$ だけ書こう。

x	-2	……	1	……	3
y'			0		
y					

$x=-4$ は，表の中にはないよね。表より左にある。だから，$-4<x<1$ の範囲は，表では，$-2<x<1$ のところにあたるよ。

x	-2	……	1	……	3
y'		$+$	0	$-$	
y	-63	↗	18	↘	-58

$x=1$ のとき，**最大値18**

$x=-2$ のとき，**最小値 -63** 

例題 6-21

微分の利用

増減表を使って解く定番の問題はいくつかあるけど，そのうちのひとつを紹介するね。

例題 6-22　定期テスト 出題度 !!!　共通テスト 出題度 !

半径がrの球の内部に接する円柱の体積の最大値を求めよ。

『半径がrの球の内部に接する円柱』といっても，いろいろあるね。底面を大きくすると，高さは小さくなるし，かといって，高さを大きくすると，底面が小さくなってしまう。

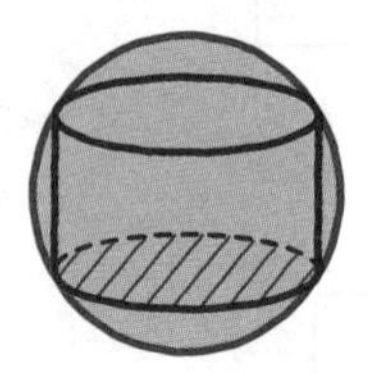

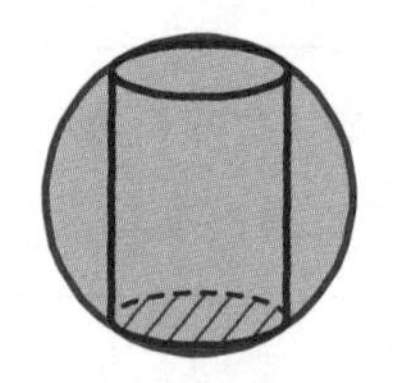

どのくらいの高さにすれば，体積が最大になるか？　という問題だ。

球の中心から円柱の底面までの距離をxとおこう。つまり，高さを$2x$とおくんだ。そして，図のように，球の中心と底面の円周上の点をつなぐ。この長さはrだね。

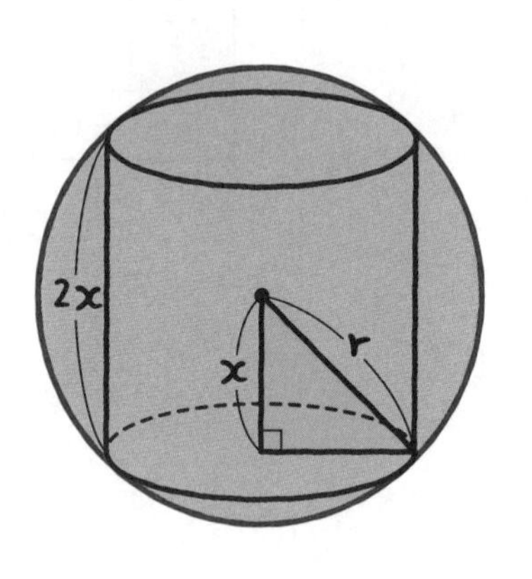

「球の半径だからですね。」

うん。じゃあ，円柱の底面の半径は？

「三平方の定理で……$\sqrt{r^2-x^2}$ です。」

そうだね。これを使って円柱の体積Vを計算すると

$$V=\pi(-2x^3+2r^2x) \leftarrow V=\pi(\sqrt{r^2-x^2})^2\times 2x$$
$$=\pi(r^2-x^2)\times 2x$$

「このあと，どうやって最大値を求めるんですか？」

ここで考えてみよう。rは球の半径だから，変化しない数だということはわかる？

「あっ，はい。そうですよね。球の大きさは変わらないし……。」

rは定数。つまり，数字と同じなんだ。ということは，この式はxの3次関数とみなせるんだよね。

「あっ，そうか！　増減表でいいんですね。」

ちなみに，xは正だし，球の半径より小さいから，$0<x<r$という範囲になるよ。

解答　高さを$2x$とおくと，円柱の底面の半径は$\sqrt{r^2-x^2}$より，

円柱の体積Vは

$$V=\pi(\sqrt{r^2-x^2})^2\cdot 2x$$
$$=\pi(r^2-x^2)\cdot 2x$$
$$=\pi(-2x^3+2r^2x)$$
$$=-2\pi(x^3-r^2x)$$

$$\frac{dV}{dx}=-2\pi(3x^2-r^2) \quad \leftarrow V\text{を}x\text{で微分する}$$
$$=-2\pi(\sqrt{3}x+r)(\sqrt{3}x-r)$$

$\dfrac{dV}{dx}=0$になるのは

$$-2\pi(\sqrt{3}x+r)(\sqrt{3}x-r)=0$$

$$x=\pm\frac{r}{\sqrt{3}}$$

$\dfrac{dV}{dx}>0$ になるのは

$$-2\pi(\sqrt{3}x+r)(\sqrt{3}x-r)>0$$

$$(\sqrt{3}x+r)(\sqrt{3}x-r)<0$$

$$-\frac{r}{\sqrt{3}}<x<\frac{r}{\sqrt{3}}$$

$0<x<r$ より，増減表は次のようになる。

x	0	……	$\dfrac{r}{\sqrt{3}}$	……	r
$\dfrac{dV}{dx}$		$+$	0	$-$	
V	——	↗	$\dfrac{4\sqrt{3}}{9}\pi r^3$	↘	——

$x=\dfrac{r}{\sqrt{3}}$ のとき，体積の最大値 $\boldsymbol{\dfrac{4\sqrt{3}}{9}\pi r^3}$ 答え 例題 6-22

「さっき，聞くタイミングを逃してしまったのですが，
高さを x とおいたら解けないんですか？」

いや。それでも解けるよ。ただ，そうすると高さの半分が $\dfrac{x}{2}$ になってしまう。すると，底面の半径は $\sqrt{r^2-\left(\dfrac{x}{2}\right)^2}$ という分数になってしまい，後の計算が面倒くさそうだからね。

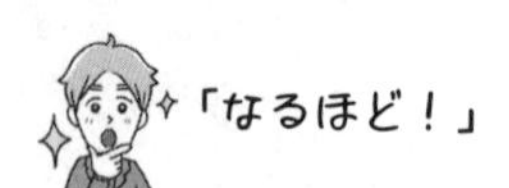
「なるほど！」

ちなみに，円錐のときも，球の中心から底面までの距離を x とおいて解けばいいよ。高さは $x+r$ になるはずだ。

実数解の個数

実数解の問題は，グラフを使った問題としては鉄板のネタだよ。

例題 6-23 定期テスト 出題度 !!! 共通テスト 出題度 !!!

3次方程式$2x^3-3x^2-12x+a=0$（aは定数）について，次の問いに答えよ。

(1) 異なる実数解の個数を求めよ。

(2) 異なる2つの負の解および1つの正の解をもつときのaの値の範囲を求めよ。

実数解の個数をグラフから求める問題は『数学Ⅰ・A編』の **3-26** で登場しているよ。忘れていると困るので，振り返っておくよ。こうなるんだったね。

『$y=f(x)$ と $y=g(x)$ のグラフの共有点のx座標』	$\Longleftrightarrow$	『$f(x)=g(x)$ の実数解』

つまり，『$2x^3-3x^2-12x+a=0$の実数解の個数』を求めるということは，『$y=2x^3-3x^2-12x+a$と$y=0$のグラフの共有点（のx座標）の個数』を求めるということだ。でも，$y=2x^3-3x^2-12x+a$のグラフってかけないよね。

そこで，元の式を$-2x^3+3x^2+12x=a$と変形して，

『$y=-2x^3+3x^2+12x$と$y=a$のグラフの共有点（のx座標）の個数』を考えればいい。

「あっ，思い出してきました……。(1)が解けそうな気がする！」

そう？　じゃあ，やってみて。

「解答　(1)　$2x^3-3x^2-12x+a=0$

$-2x^3+3x^2+12x=a$ より

$y=-2x^3+3x^2+12x$　……①

$y=a$　……②

とすると，①と②のグラフの共有点の個数を求めればよい。

①より

$y'=-6x^2+6x+12$

$=-6(x^2-x-2)$

$=-6(x+1)(x-2)$

$y'=0$ になるのは

$-6(x+1)(x-2)=0$

$x=-1,\ 2$

$y'>0$ になるのは

$-6(x+1)(x-2)>0$

$(x+1)(x-2)<0$

$-1<x<2$

x	……	-1	……	2	……
y'	$-$	0	$+$	0	$-$
y	↘	-7	↗	20	↘

①のグラフとy軸との交点は，$y=0$

x軸との交点は，$-2x^3+3x^2+12x=0$

$$2x^3-3x^2-12x=0$$

$$x(2x^2-3x-12)=0$$

$$x=0,\ \frac{3\pm\sqrt{105}}{4}$$

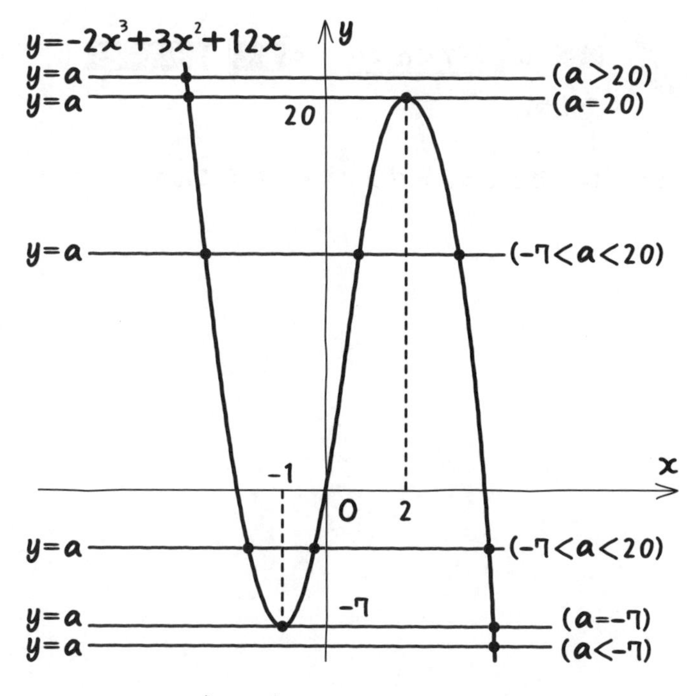

よって，$2x^3-3x^2-12x+a=0$の実数解の個数は

$-7<a<20$のとき　3個

$a=-7$，20のとき　2個

$a<-7$，$20<a$のとき　1個　　答え　例題 6-23 (1)」

正解！　そうだね。$y=a$はx軸に平行なグラフになるけど，aの値によって交わる回数は変わるよね。

数II 6章

じゃあ，(2)だが，(1)でかいたグラフを利用するよ。

『$-2x^3+3x^2+12x=a$ が異なる2つの負の解および1つの正の解をもつ』

ということは，

『$y=-2x^3+3x^2+12x$ と $y=a$ のグラフが異なる2つの“x座標が”負の共有点および1つの“x座標が”正の共有点をもつ』

ということになる。わかる？

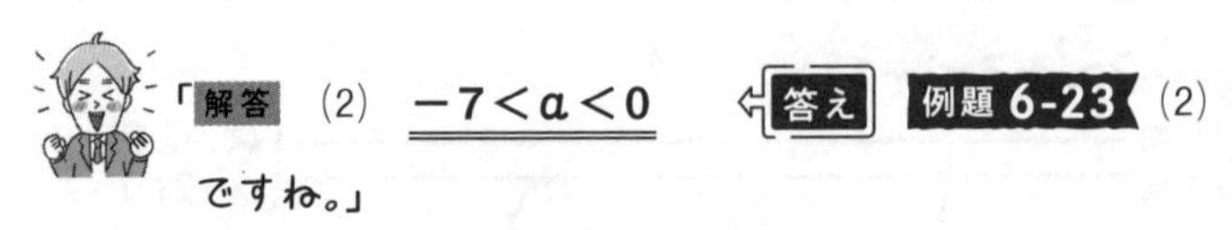

そうだね。合ってるよ。グラフを見て答えるんだ。

曲線と直線が接する

頭を柔らかくして考えれば当たり前のことも，テスト本番では，思いつかないことも多いね。問題を多く解いて慣れておくことが大事だよ。

例題 6-24　定期テスト 出題度 ❗❗❗　共通テスト 出題度 ❗❗❗

曲線 $y=-2x^3+5x^2+ax-1$ ……① と 直線 $y=3x-10$ ……② について，次の問いに答えよ。

(1)　①，②が接するときの定数 a と，そのときの接点Pの座標を求めよ。

(2)　(1)のとき，①，②の点P以外の交点Qの座標を求めよ。

「接するんだから，2つの式から方程式をつくって判別式が0？」

いや，今回は3次関数と1次関数なので，連立させると x の3次方程式になってしまう。判別式は使えないね。

「じゃあ，どうやって求めるんですか？」

実はとても単純だ。同じ意味でも，いい回しを変えるとわかりにくくなることってあるんだよね(笑)。要するに，『$y=-2x^3+5x^2+ax-1$ の接線が $y=3x-10$』だよね。

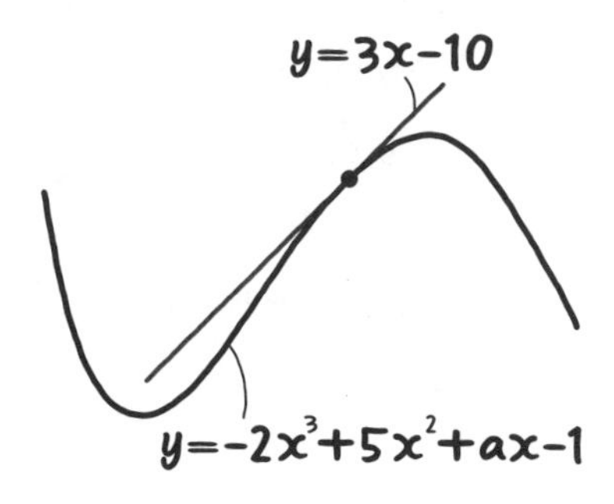

数Ⅱ 6章

「……あっ，そうか……。そうですね。あーっ，ダマされた！ すごく難しく考えていた……。」

別にダマしてなんかいないよ(笑)。ふつうに$y=-2x^3+5x^2+ax-1$の接線を求めて$y=3x-10$と見比べればいいよね。答えはこうなる。

解答 (1) ①の曲線と②の直線の接点を

$P(t,\ -2t^3+5t^2+at-1)$ とおくと，①について

$y'=-6x^2+10x+a$ より，

Pにおける接線の傾きは，$-6t^2+10t+a$

接線の方程式は

$y-(-2t^3+5t^2+at-1)=(-6t^2+10t+a)(x-t)$

$y=(-6t^2+10t+a)x$

$\quad +6t^3-10t^2-at-2t^3+5t^2+at-1$

$y=(-6t^2+10t+a)x+4t^3-5t^2-1$

これが$y=3x-10$になるので，係数を比較すると

$-6t^2+10t+a=3$ ……③

$4t^3-5t^2-1=-10$ より

$4t^3-5t^2+9=0$

$(t+1)(4t^2-9t+9)=0$

tは実数だから，$t=-1$ ……④ ← $4t^2-9t+9=0$は実数解がない

④を③に代入すると，$a=19$

よって，**$a=19$，接点$P(-1,\ -13)$** ⇦答え 例題 6-24 (1)

↑ $-2t^3+5t^2+at-1$に$t=-1$，$a=19$を代入
（または，$y=3x-10$に$x=-1$を代入）

ミサキさん，(2)を解いてみて。

「**解答** (2) ①，②より

$$-2x^3+5x^2+19x-1=3x-10$$

$$2x^3-5x^2-16x-9=0$$

$$(x+1)^2(2x-9)=0$$

$$x=-1\text{（重解）},\ \frac{9}{2}$$

Pでないほうの交点だから，$x=\frac{9}{2}$

②より，$y=\frac{7}{2}$

よって，$\mathrm{Q}\left(\frac{9}{2},\ \frac{7}{2}\right)$  **例題 6-24** (2)」

うん，正解。ところで，$2x^3-5x^2-16x-9$は，どうやって因数分解した？

「えっ？ 3次式の因数分解だから，xに何を代入すれば0になるかを探したら，$x=-1$だったから，$x+1$を因数にもつとわかって$2x^3-5x^2-16x-9$を$x+1$で割って，

$$(x+1)(2x^2-7x-9)=0$$

で，さらに，$2x^2-7x-9$を因数分解しました。」

うん，それでも間違ってない。でも，**6-14** でやった方法でいいよ。

(1)で，①と②はP（−1，−13）で接しているとわかったよね。**$x=-1$のところで接しているということは，①，②の連立方程式が（$x+1$）^{2}を因数にもつということだ。**

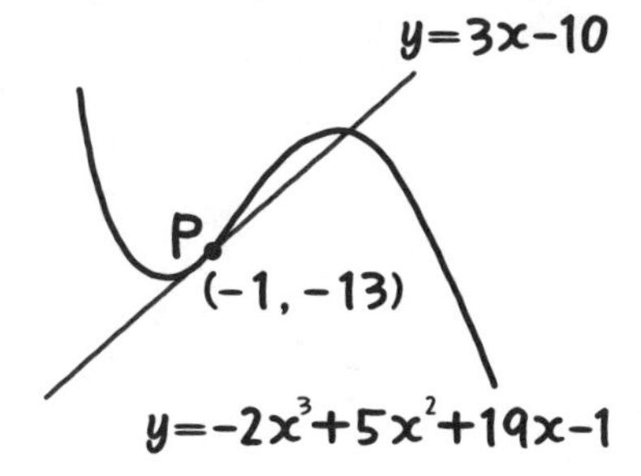

「あっ，そうか。初めから，$2x^3-5x^2-16x-9$が$(x+1)^2$で割り切れるとわかるんだ！　じゃあ，$(x+1)^2$つまり，x^2+2x+1で割って……。」

いや，割らなくても求められるよ。式の展開は，**アタマとアタマを掛けてアタマ，オシリとオシリを掛けてオシリになる**んだよね。

$$2x^3-5x^2-16x-9=0$$
$$(x+1)^2(\bullet+\bullet)=0$$

$(x+1)^2$を展開したらアタマはx^2だ。(●＋●) のアタマの●はわからない。でも，両方を掛けると$2x^3$になる。ということは●って？

「$2x$……ですか？」

そうだね。じゃあ，オシリどうしも考えてみようか。

$(x+1)^2$を展開した式のオシリは1だ。(●＋●)のオシリの●はわからない。でも，両方を掛けると-9になる。ということは●は？

「-9ですね！」

正解。アタマが$2x$で，オシリが-9の式ということは，$2x-9$なんだよね。すぐに求められたでしょ。

「すごい！　接する点がわかれば，この方法がラクですね。」

2つの曲線が接する

曲線どうしが「同じ点を通り，その点で同じ接線をもつ。」ことが接するということだ。

例題 6-25　定期テスト 出題度 !!　共通テスト 出題度 !!!

曲線 C_1：$y=x^3+x^2-9x-7$ と曲線 C_2：$y=2x^2+ax+a$ について，次の問いに答えよ。

(1)　C_1，C_2 が $x>0$ の範囲で接するときの定数 a の値と，そのときの接点Pの座標を求めよ。

(2)　(1)のとき，C_1，C_2 の点P以外の交点Qの座標を求めよ。

「これも，連立させると3次方程式になってしまうので，判別式が使えないですね。」

そう，使えないね。まず“曲線どうしが接する”というのは次のような意味だ。

Point 62　2つの曲線が接する条件

2曲線 $y=f(x)$，$y=g(x)$ が点Pで接する。

$\Longleftrightarrow$　2曲線がともに点Pを通り，
点Pにおける接線が同じ。

「まず，2曲線とも点Pを通るのは当たり前だし……。」

数II 6章

うん。そして，2つの曲線が交わっているときは，$y=f(x)$の接線と$y=g(x)$の接線は違うものになるんだ。

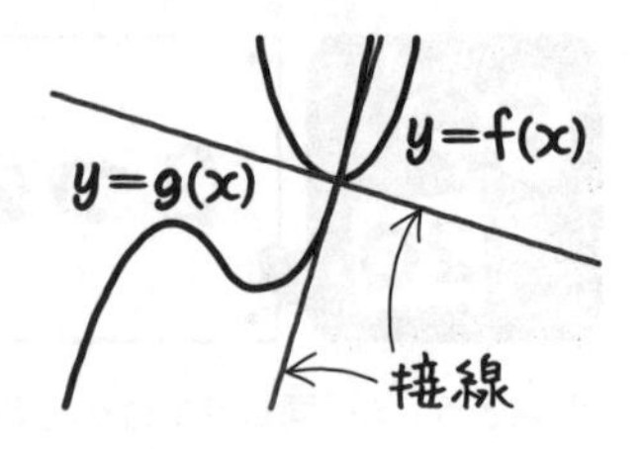

でも，2つの曲線が接するときは，共通な接線になるよ。

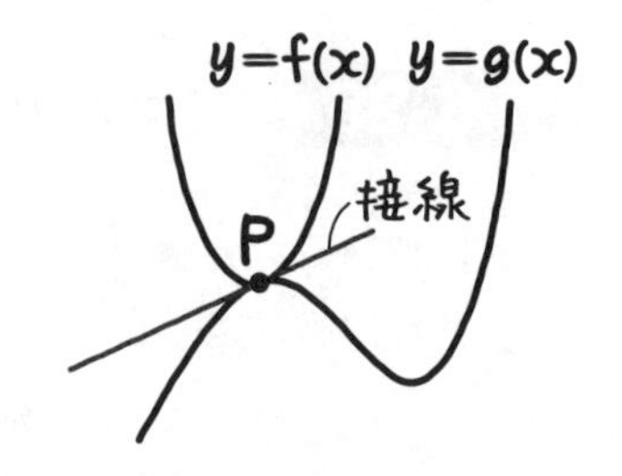

さあ，求めてみよう。しかし，この問題は接点の座標は書いてないよ。

「じゃあ，接点の座標を文字でおけばいいんですね。」

そうなんだ。接点Pは曲線C_1の$y=x^3+x^2-9x-7$上にあるから，接点Pのx座標をtとすると，$\mathrm{P}(t,\ t^3+t^2-9t-7)$ とおけるね。問題には，「$x>0$の範囲で接する」とあるから$t>0$だよ。

「そして，2曲線がともに点$(t,\ t^3+t^2-9t-7)$を通るということは，C_2の式のx，yに代入できますね。」

うん，代入してみると

$$t^3+t^2-9t-7=2t^2+at+a$$

$$t^3-t^2-(9+a)\,t-7-a=0 \quad \cdots\cdots①$$

となるということだ。または，接点Pのx座標だけtとおくと，C_1のy座標はt^3+t^2-9t-7，C_2のy座標は$2t^2+at+a$になるんだけど，このときのy座標が同じなので，

$$t^3+t^2-9t-7=2t^2+at+a$$

と考えてもいいよ。

「できる式は，同じですね。」

うん。次に，接線を考えてみると，

C_1の接線は

接点$(t,\ t^3+t^2-9t-7)$

$y'=3x^2+2x-9$より，傾き$3t^2+2t-9$

C_2の接線は

接点$(t,\ 2t^2+at+a)$

$y'=4x+a$より，傾き$4t+a$

このままC_1の接線も，C_2の接線も求めることができるのだが，傾きを求めた時点であえてやめておこう。**傾きが同じであることをいえばいいんだ。**

「えっ？？　どうして？」

同じ点を通り，同じ傾きなら同じ直線だよね。2つの接線はともに同じ点Pを通ることがすでにわかっているなら，あとは“傾きが同じ”をいえば，“接線が同じ”をいったことになるんだよね。

解答　(1)　接点Pは曲線C_1上にあるから$(t,\ t^3+t^2-9t-7)$とおく。$(t>0)$

また，接点Pは曲線C_2上にもあるから

$$t^3+t^2-9t-7=2t^2+at+a$$

$$t^3-t^2-(9+a)t-7-a=0 \quad \cdots\cdots①$$

また，C_1の接線のPにおける傾きは

$y'=3x^2+2x-9$ より，$3t^2+2t-9$

C_2 の接線のPにおける傾きは

$y'=4x+a$ より，$4t+a$

2つの接線の傾きは同じだから，

$3t^2+2t-9=4t+a$

$3t^2-2t-9=a$ ……②

②を①に代入すると

$t^3-t^2-(\underbrace{3t^2-2t}_{9+a})t-7-(\underbrace{3t^2-2t-9}_{a})=0$

$t^3-t^2-3t^3+2t^2-7-3t^2+2t+9=0$

$-2t^3-2t^2+2t+2=0$

−2で両辺を割る

$t^3+t^2-t-1=0$

$t=1$ とすると0なので
$t-1$ を因数にもつ（因数定理）

$(t-1)(t^2+2t+1)=0$

$(t-1)(t+1)^2=0$

$t=1,\ -1$（重解）

$t>0$ だから，$t=1$

②に代入すると，$a=-8$

よって，**$a=-8$，接点P（1，−14）** 答え 例題 6-25 (1)

t^3+t^2-9t-7 に $t=1$ を代入

ハルトくん，(2)の点P以外の C_1，C_2 の交点はどうやって求める？

「交点を求めるのだから，2つの曲線の式を連立させて方程式を解くんでしょ。あっ，そうだ。曲線 C_1，C_2 は，$x=1$ で接しているから，$(x-1)^2$ を因数にもつんだ！」

そうだよ。6-19 でやった，ラクに求められる方法だね。じゃあ，解いて！

「解答　(2)　C_1の曲線の式は，$y=x^3+x^2-9x-7$　……③

C_2の曲線の式は，$y=2x^2-8x-8$　……④

とすると，③，④より

$$x^3+x^2-9x-7=2x^2-8x-8$$

$$x^3-x^2-x+1=0$$

$$(x-1)^2(x+1)=0$$ ← 2曲線は$x=1$で接するので$(x-1)^2$を因数にもつ

$x=1$(重解)，-1

QはPでないほうの交点だから，$x=-1$

④より，$y=2$

よって，**Q$(-1,\ 2)$**　答え　例題 6-25 (2)」

そう。正解！

6-21 3次関数の接線の本数

接線の求めかたと，実数解の個数の求めかたの両方がわかっていたら，解けるのがこれだ。3次関数だけでできる問題だよ。

例題 6-26　定期テスト 出題度 !!　共通テスト 出題度 !!

aを定数とするとき，点$(4,\ a)$から曲線$y=x^3-6x^2+x+35$に引ける接線の本数を求めよ。

まず，ふつうに$y=x^3-6x^2+x+35$の上にある接点を設定して，接線の方程式を求めてみよう。

解答　接点を$(t,\ t^3-6t^2+t+35)$とおく。

$y'=3x^2-12x+1$より，接線の傾きは$3t^2-12t+1$

接線の方程式は

$$y-(t^3-6t^2+t+35)=(3t^2-12t+1)(x-t)$$

$$y=(3t^2-12t+1)x-3t^3+12t^2-t+t^3-6t^2+t+35$$

$$y=(3t^2-12t+1)x-2t^3+6t^2+35$$

この接線は点$(4,\ a)$を通るから

$$a=12t^2-48t+4-2t^3+6t^2+35$$

$$a=-2t^3+18t^2-48t+39 \quad \cdots\cdots ①$$

さて，例題 6-12 でやったように，ふつうは，この①を計算してtを求めてから，それを接線の方程式に代入する。でも，今回はaの値がわからないので，tを求めることができないよね。

「はい。どうすれば……？」

思い出してほしい。この①を解いて，例えば“$t=1$”とか答えが1つしか出なかったら，接点は1つで接線も1本になるはずだ。tは，接点のx座標だからね。同様に“$t=-1$，3”とか答えが2つ出たなら，接点も接線も2つずつ出るはずだ。

もちろん，tの答えが3つなら接点も接線も3つずつ求められる。要するに，**①のtの実数解の個数＝接点の個数＝接線の本数** ということになる。

「接線の本数を求めたいなら，①のtの実数解の個数を求めればいいということか！」

そうだね。じゃあ，①の実数解の個数はどうやって求めればいい？

「あっ，私，わかります。左辺と右辺のグラフをかくんですね。」

その通り。6-18 でやったね。じゃあ，続きを解くよ。

①のtの実数解の個数を調べればいいから，

$y=a$　……②と

$y=-2t^3+18t^2-48t+39$　……③

のグラフの共有点の個数を求めればいい。

③より

$$
\begin{aligned}
y' &= -6t^2+36t-48 \\
&= -6(t^2-6t+8) \\
&= -6(t-2)(t-4)
\end{aligned}
$$

$y'=0$になるのは

$t=2,\ 4$

$y'>0$になるのは

$-6(t-2)(t-4)>0$

$(t-2)(t-4)<0$

$2<t<4$

t	……	2	……	4	……
y'	−	0	＋	0	−
y	↘	−1	↗	7	↘

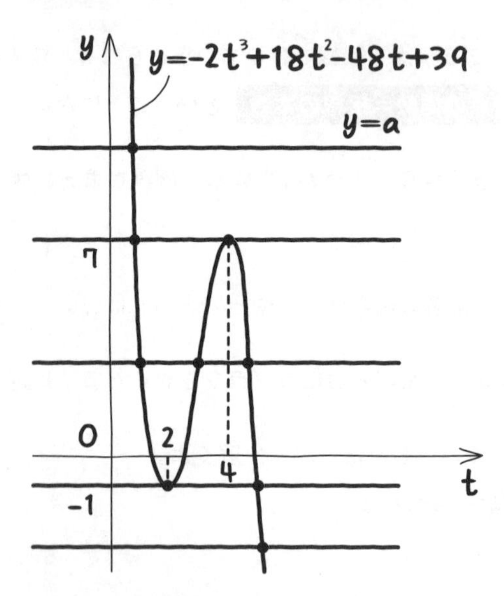

よって接線の本数は

$-1<a<7$のとき　3本

$a=-1,\ 7$のとき　2本

$a<-1,\ 7<a$のとき　1本

例題 6-26

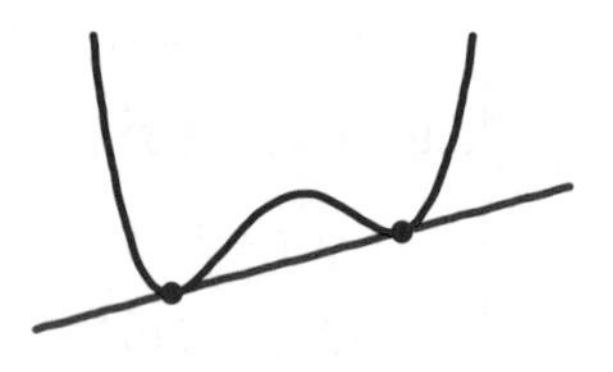

ここで補足しておくと，3次関数は1本の接線につき1つの接点しかない。

しかし，4次関数の場合は1本の接線に2つの接点があることもあるから，

①のtの実数解の個数＝接点の個数＝接線の本数

とはならない場合があるよ。気をつけよう。

7章

積分

微分や積分は人類にとっての大発見の1つといわれているんだ。これをきっかけに科学がイッキに発展したからね。

「いつごろから使われ始めたのですか？」

どちらも17世紀といわれているよ。でも，古代から複雑な図形の面積を細かく分割して求めていたらしい。その考えかたが，積分の元になったという記録も残っているんだ。

「“面積を分けて考えた”から，積分ということか。」

不定積分

“積分”は英語で「integral（インテグラル）」。ちなみにintegralには「整数の」という意味もある。ちょっと紛らわしいかな？

微分して$f(x)$になる元の関数を求めることを，**積分する**というんだ。
ちなみに，微分する前の関数のことを**原始関数**というんだよ。

例えば$\frac{1}{4}x^4$なら微分するとx^3になるよね。だから，x^3の原始関数の1つは$\frac{1}{4}x^4$といえる。$\frac{1}{4}x^4+2$も，$\frac{1}{4}x^4-\frac{4}{3}$も，$\frac{1}{4}x^4+\sqrt{5}$も，微分すると$x^3$になるから，これらはすべて，$x^3$の原始関数なんだよ。

「答えは無数にあるんですね。」

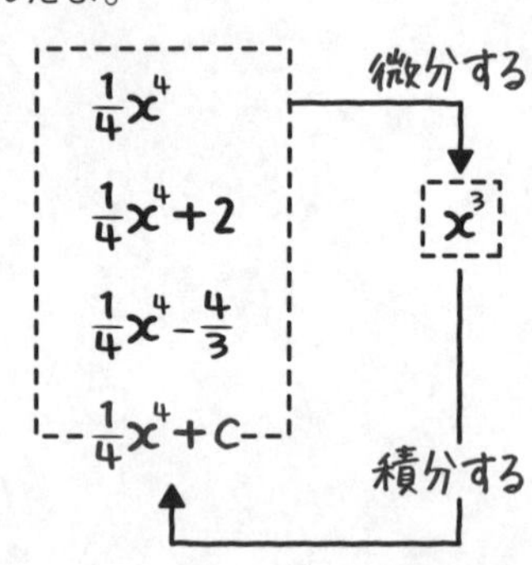

うん。ぜんぶ答えるとキリがないんだ。だから，x^3の原始関数はまとめて，$\frac{1}{4}x^4+C$（Cは定数）と表すよ。これを**不定積分**といい，Cを**積分定数**というんだ。

“$f(x)$の不定積分”は前にアルファベットのSをタテに長くのばしたような形の$\int$（インテグラルと読む）をつけ，$f(x)$の後ろにdxを書いてはさんで，$\int f(x)dx$と書く。読みかたは「インテグラル エフエックス ディーエックス」って感じだよ。今回のようにx^3の不定積分なら，$\int x^3dx$となり，

$\int x^3dx=\frac{1}{4}x^4+C$（$C$は積分定数）ということだ。

「$\int x^3dx$は，『微分してx^3になるものは何？』っていう意味ですね。」

うん。そんな感じ。それが積分だからね。では，積分のしかたをまとめていこう。

Point 63 不定積分

n が自然数のとき

$$\int x^n dx = \frac{1}{n+1}x^{n+1} + C \quad (C\text{は積分定数})$$

a が定数のとき

$$\int a dx = ax + C \quad (C\text{は積分定数})$$

そして，もう1つ重要な不定積分の公式がある。

Point 64 不定積分の性質

❶ $\int kf(x)dx = k\int f(x)dx$ （k は定数）

❷ $\int \{f(x) \pm g(x)\}dx = \int f(x)dx \pm \int g(x)dx$

（複号同順）

❶の式は，係数は積分しても変化しない。❷の式は，項がいくつもあるときは各項を1つずつ積分すればいいってことを表している。

「そうか。微分のときと同じか。」

そういうこと。では，これらを使って問題を解いていこう。

例題 7-1　定期テスト 出題度 !!!　共通テスト 出題度 !!!

次の不定積分を求めよ。

(1) $\int(4x^2-x+7)dx$　　(2) $\int(2x-1)(3x+5)dx$

(3) $\int(t^3+9t^2-5t)dt-\int(t^3-5t+2)dt$　　(4) $\int dx$

じゃあ，(1)をやってみようか。まず$4x^2$だけど，係数の4はそのままで，x^2は積分すると$\frac{1}{3}x^3$。よって，$4\cdot\frac{1}{3}x^3$になる。xはx^1と考えて積分すると，$\frac{1}{2}x^2$になるね。7は積分すると$7x$だ。

解答　(1) $\int(4x^2-x+7)dx$

$$=4\cdot\frac{1}{3}x^3-\frac{1}{2}x^2+7x+C$$

$$=\underline{\underline{\boldsymbol{\frac{4}{3}x^3-\frac{1}{2}x^2+7x+C}}}$$ **（Cは積分定数）** ⇦ **答え**　**例題 7-1** (1)

最後に$+C$を書くのを忘れないでね。

「xの次数が1つずつ増えていく感じですね。」

「(2)のように，掛け算になっているときはどうするんですか？」

展開してから積分すればいいよ。微分のときもそうだったね。ミサキさん，やってみて。

「**解答**　(2) $\int(2x-1)(3x+5)dx$

$$=\int(6x^2+7x-5)dx$$

$$=6\cdot\frac{1}{3}x^3+7\cdot\frac{1}{2}x^2-5x+C$$

$$=\underline{\underline{2x^3+\frac{7}{2}x^2-5x+C\quad(C\text{は積分定数})}}$$

答え 例題 7-1 (2)」

「(3)は，最後のところがdtになっているな……。」

うん。この場合は『tで積分』ということなんだ。xがtになっただけでまったく変わらないよ。

「t^3+9t^2-5tとt^3-5t+2の両方を，積分するんですか？」

それでもいいが，面倒だよね。Point 64の❷の式を逆の向きに考えれば，

"積分される式"どうしは，足したり引いたりできるんだ。

解答 (3) $\int(t^3+9t^2-5t)\,dt-\int(t^3-5t+2)\,dt$

$$=\int(t^3+9t^2-5t-t^3+5t-2)\,dt$$

$$=\int(9t^2-2)\,dt$$

$$=9\cdot\frac{1}{3}t^3-2t+C$$

$$=\underline{\underline{3t^3-2t+C\quad(C\text{は積分定数})}}$$

答え 例題 7-1 (3)

(4)は積分されるものが書いていない。これは書き忘れたわけではなくて，1の積分ということだ。1の積分のときは1を省略することもあるんだ。

「じゃあ，

解答 (4) $\int dx=\underline{\underline{x+C\quad(C\text{は積分定数})}}$

答え 例題 7-1 (4)

ですか？」

あっ，先にいわれちゃったか(笑)。うん。その通り。

数II 7章

微分する前の関数を求める

“微分”の反対が“積分”だということがわかっていたら，楽勝かな？

例題 7-2　定期テスト 出題度 !!!　共通テスト 出題度 !

関数 $f(x)$ が $f'(x)=-6x^2+4x+5$，$f(1)=2$ を満たすとき，$f(x)$ の式を求めよ。

$f(x)$ を微分したものが $f'(x)$ ということは，**$f'(x)$ を積分すると $f(x)$ になるということだね**。不定積分なので $+C$ が出てくるんだけど，今回は“$f(1)=2$”というもう1つの条件がある。これを使えば C の値が求められるよ。

「**解答**

$$f(x)=\int(-6x^2+4x+5)dx$$

$$=-6\cdot\frac{1}{3}x^3+4\cdot\frac{1}{2}x^2+5x+C$$

$$=-2x^3+2x^2+5x+C \quad (C\text{は積分定数})$$

$f(1)=-2\cdot1^3+2\cdot1^2+5\cdot1+C=2$ より，$C=-3$

$f(x)=\underline{\underline{-2x^3+2x^2+5x-3}}$　⇦ 答え　例題 7-2」

O.K. よくできました。

例題 7-3　定期テスト 出題度 !!!　共通テスト 出題度 !

関数 $y=f(x)$ のグラフが点 $(-2,\ 9)$ を通り，点 $(x,\ y)$ における接線の傾きが $3x^2-8x-1$ であるとき，$f(x)$ の式を求めよ。

通る点は，とりあえずあと回しにしよう。まず，『関数$y=f(x)$のグラフ上の点$(x,\ y)$における接線の傾き』を考えるよ。

「傾きということは，微分して，接点のx座標を代入すればいいんですよね。」

うん。6-8 でやったもんね。

「微分したら$f'(x)$。xにx座標を代入して……，あっ，変わらないですね。$f'(x)$です。」

うん。$f'(x)=3x^2-8x-1$ということは？

「あっ，積分すれば$f(x)$が求められる！

$f(x)=x^3-4x^2-x+C$　　　です。」

そうだね。そして，このグラフが点$(-2,\ 9)$を通るから，Cも求められるよ。解答は以下のようになる。

解答　$y=f(x)$のグラフ上の点$(x,\ y)$における接線の傾きは$f'(x)$であるから

$$f'(x)=3x^2-8x-1$$

よって，

$$\begin{aligned} f(x)&=\int(3x^2-8x-1)\,dx \\ &=3\cdot\frac{1}{3}x^3-8\cdot\frac{1}{2}x^2-x+C \\ &=x^3-4x^2-x+C \quad (C\text{は積分定数}) \end{aligned}$$

$y=f(x)$のグラフが点$(-2,\ 9)$を通るから

$$9=(-2)^3-4\cdot(-2)^2-(-2)+C \quad \leftarrow 9=-22+C$$

これを解くと，$C=31$

よって，$f(x)=\underline{\underline{\boldsymbol{x^3-4x^2-x+31}}}$  答え　例題 7-3

$(ax+b)^n$ の不定積分

6-6 の Point 60 で $(ax+b)^n$ を展開せずに微分するっていうのがあったよね。積分でも展開せずにできるか考えてみよう。

例題 7-4　定期テスト 出題度 ❗❗❗　共通テスト 出題度 ❗❗❗

不定積分 $\int(3x+1)^6dx$ を求めよ。

「えーっ……！　6乗ですか！」

「展開するの大変ですね。2乗してから3乗？　それとも……。」

心配しなくて大丈夫！　この場合，こんな便利な公式があるんだ。

Point 65 $(ax+b)^n$ の不定積分

$$\int(ax+b)^n dx=\frac{1}{n+1}(ax+b)^{n+1}\cdot\frac{1}{a}+C \quad (C\text{は積分定数})$$

この公式にあてはめて解くよ。ではハルトくん，やってみよう。

「解答

$$\int(3x+1)^6dx=\frac{1}{7}(3x+1)^7\cdot\frac{1}{3}+C$$

$$=\frac{1}{21}(3x+1)^7+C \quad (C\text{は積分定数})$$

例題 7-4」

よし，正解だ。

定積分

積分記号$\int$は和を表すsumの頭文字Sを縦に引きのばしたものだといわれているんだ。

例題 7-5　定期テスト 出題度 !!!　共通テスト 出題度 !!!

次の定積分を求めよ。

(1) $\int_{-3}^{1}(3x^2+8x-2)\,dx$

(2) $\int_{-2}^{-1}(2t-1)(t+3)\,dt$

これまでやった不定積分に対し，**定積分**とは範囲のある積分のことだよ。書きかたにもきまりがある。関数$f(x)$ をaからbまで積分することを

$\int_a^b f(x)dx$　で表すんだ。

(1)なら，『$3x^2+8x-2$の$x=-3$から$x=1$までの定積分』という意味なんだ。

「積分する範囲の“始まり”を$\int$の下，“終わり”を上に書くのか！」

「どういう計算をするんですか？」

今まで通りにまずは積分をする。そして，求めた原始関数に上の数 (b) を代入したものから，下の数 (a) を代入したものを引くんだ。定積分の計算のしかたをまとめておくから見てみよう。

定積分

関数$f(x)$の不定積分の1つを$F(x)$とすると

$$\int_a^b f(x)\,dx=\Big[F(x)\Big]_a^b=F(b)-F(a)$$

$\Big[F(x)\Big]_a^b$の［　］の中には不定積分を書くんだけど，$+C$は書かなくていい。

では，実際に(1)の$\int_{-3}^{1}(3x^2+8x-2)\,dx$を解いていこう。まずは，積分して［　］の中に入れ，範囲は右に書くんだ。

解答　(1)　$\int_{-3}^{1}(3x^2+8x-2)\,dx$

$$=\left[3\cdot\frac{1}{3}x^3+8\cdot\frac{1}{2}x^2-2x\right]_{-3}^{1}$$

$$=\Big[x^3+4x^2-2x\Big]_{-3}^{1}$$

そして，**上の数1を代入したものから下の数−3を代入したものを引く。**

$$=(1^3+4\cdot1^2-2\cdot1)-\{(-3)^3+4\cdot(-3)^2-2\cdot(-3)\}$$

$$=3-15$$

$$=\underline{\underline{-12}}$$　⇦答え　例題 7-5 (1)

じゃあミサキさん，(2)の$\int_{-2}^{-1}(2t-1)(t+3)\,dt$をやってみて。積分する文字が$t$になっているだけで，やることは変わらないよ。

「解答 (2) $\int_{-2}^{-1}(2t-1)(t+3)\,dt$

$$=\int_{-2}^{-1}(2t^2+5t-3)\,dt$$

$$=\left[\frac{2}{3}t^3+\frac{5}{2}t^2-3t\right]_{-2}^{-1}$$

$$=\left\{\frac{2}{3}\cdot(-1)^3+\frac{5}{2}\cdot(-1)^2-3\cdot(-1)\right\}$$

$$-\left\{\frac{2}{3}\cdot(-2)^3+\frac{5}{2}\cdot(-2)^2-3\cdot(-2)\right\}$$

$$=-\frac{2}{3}+\frac{5}{2}+3+\frac{16}{3}-10-6$$

$$=\underline{\underline{-\frac{35}{6}}}$$ 答え 例題 7-5 (2)

ですね。」

そう。正解！

定積分の計算のしかた

定積分は面倒なので少しでも簡単にやりたい。その知恵を学ぼう。

定積分の計算では，次の定積分の公式を使うことも多いんだ。

Point 67 定積分の公式

❶ $\int_a^b kf(x)dx = k\int_a^b f(x)dx$ （k は定数）

❷ $\int_a^b \{f(x) \pm g(x)\}dx = \int_a^b f(x)dx \pm \int_a^b g(x)dx$

（複号同順）

❸ $\int_a^a f(x)dx = 0$

❹ $\int_b^a f(x)dx = -\int_a^b f(x)dx$

❺ $\int_a^c f(x)dx + \int_c^b f(x)dx = \int_a^b f(x)dx$

いきなり5つも公式が出てきてイヤだったかな（笑）？　でも1つずつ説明するから安心してね。では，問題を解いてみよう。

例題 7-6　定期テスト 出題度 ❗❗❗　共通テスト 出題度 ❗❗❗

次の定積分を求めよ。

(1) $\int_{-2}^{1}(3x^2-7x+2)dx - 3\int_{-2}^{1}(x^2-x-5)dx$

(2) $\int_{2}^{3}(-5x^2-x+3)dx - \int_{3}^{2}(2x^2+x-4)dx$

(1)はそのまま計算すると大変だ。まず Point 67 の公式❶を逆向きに使って，

$$3\int_a^b f(x)\,dx=\int_a^b 3f(x)\,dx$$

とできる。そして，積分の範囲がどちらも$\int_{-2}^{1}$だよね。Point 67 **の公式❷を逆向きに考えると，** **同じ積分範囲のときは"積分される式"を足したり引いたりできるよ。**

解答 (1) $\int_{-2}^{1}(3x^2-7x+2)\,dx-3\int_{-2}^{1}(x^2-x-5)\,dx$

$=\int_{-2}^{1}(3x^2-7x+2)\,dx-\int_{-2}^{1}(3x^2-3x-15)\,dx$ ← 3を分配法則で掛ける

$=\int_{-2}^{1}\{(3x^2-7x+2)-(3x^2-3x-15)\}\,dx$

$=\int_{-2}^{1}(-4x+17)\,dx$ ← 同じ積分範囲なので計算できる

$=\Big[-2x^2+17x\Big]_{-2}^{1}$

$=(-2\cdot1^2+17\cdot1)-\{-2\cdot(-2)^2+17\cdot(-2)\}$

$=15-(-42)=\underline{\underline{57}}$ ⇐ 答え 例題 7-6 (1)

ちなみに，(2)は1つにまとめられると思う？

「範囲が違うから，無理ですよね。」

いや，実はできるんだ。**－1倍すれば定積分の上下の範囲を逆さまにできる。**

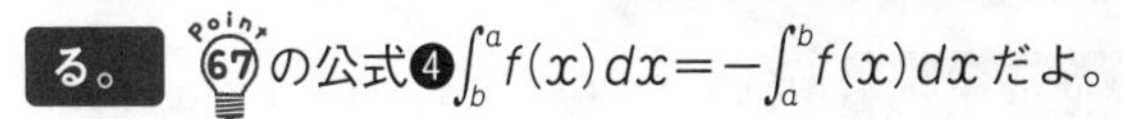

Point 67 の公式❹$\int_b^a f(x)\,dx=-\int_a^b f(x)\,dx$だよ。

「そうなんですか。どうして成り立つのですか？」

まず，❸の$\int_a^a f(x)\,dx$は積分して"$x=a$を代入したもの"から"$x=a$を代入したもの"を引くから0になるのは明らかだね。

❹の$\int_a^b f(x)dx$は，積分して“$x=b$を代入したもの”から“$x=a$を代入したもの”を引いたものだよね。

一方，$\int_b^a f(x)dx$は“$x=a$を代入したもの”から“$x=b$を代入したもの”を引いたものだ。つまり，おたがい-1倍ってことだ。

解答 (2) $\int_2^3(-5x^2-x+3)dx-\int_3^2(2x^2+x-4)dx$

$=\int_2^3(-5x^2-x+3)dx+\int_2^3(2x^2+x-4)dx$ ← 正負を入れ換えて積分範囲も入れ換える

$=\int_2^3\{(-5x^2-x+3)+(2x^2+x-4)\}dx$

$=\int_2^3(-3x^2-1)dx$ ← 同じ積分範囲なので計算できる

$=\left[-x^3-x\right]_2^3$

$=(-3^3-3)-(-2^3-2)$

$=\underline{\underline{-20}}$ ⇦ 答え 例題 7-6 (2)

例題 7-7

定期テスト 出題度 ❗❗❗　共通テスト 出題度 ❗❗❗

定積分$\int_{-4}^1(-2x+9)dx+\int_1^3(-2x+9)dx$を求めよ。

今度は **“積分される式”が同じだ。** Point 67の公式❺$\int_a^c f(x)dx+\int_c^b f(x)dx=\int_a^b f(x)dx$を使う。この場合は，**範囲をくっつけることができるよ。**

$\int_{-4}^1$は“$x=-4$から$x=1$までの積分”だし，

$\int_1^3$は“$x=1$から$x=3$までの積分”だから，

合わせて，“$x=-4$から$x=3$までの積分”つまり，$\int_{-4}^3$になる。

解答　$\int_{-4}^{1}(-2x+9)\,dx+\int_{1}^{3}(-2x+9)\,dx$

$=\int_{-4}^{3}(-2x+9)\,dx$

$=\Big[-x^2+9x\Big]_{-4}^{3}$

$=(-9+27)-(-16-36)$

$=\underline{\underline{70}}$　答え　例題 7-7

「例えば，

$$\int_{-2}^{0}(-2x+9)\,dx+\int_{1}^{5}(-2x+9)\,dx$$

みたいな式なら１つにまとめられないですよね？」

うん。できないね。範囲がつながっていないからね。

奇関数と偶関数（$\int_{-a}^{a}$の定積分）

積分範囲が対になっていないと使えないからね。注意しよう。

奇関数というのは，xのところを$-x$にすると値が-1倍になるものだ。式で表すと　$f(-x)=-f(x)$ だ。

例えば，当たり前だけどxなんかはそうだ。$-x$にすると値が-1倍になる。$4x^3$なんかもxのところに$-x$を代入すると$4(-x)^3=-4x^3$なので値が-1倍になるね。他にも，$-\dfrac{3}{8}x^5$とか$\sqrt{5}x^7$とかもそうなる。

つまり，xの1乗，3乗，5乗，……といった**xの奇数乗のものは奇関数**なんだ。

一方，**偶関数というのは，xのところを$-x$にしても値が同じになるものだ。**式で表すと　$f(-x)=f(x)$ だよ。

x^2はそうだ。xに$-x$を代入すると値が $(-x)^2=x^2$だからね。同じだ。他にも，$9x^4$とか，$-\dfrac{\sqrt{7}}{2}x^6$とかも偶関数だ。係数は関係ない。

xの2乗，4乗，6乗，……といった**xの偶数乗のものは偶関数**だ。また，**定数は0乗だから偶関数**なんだ。

「えっ？　どうしてですか？」

例えば4という数はxを$-x$に変えても4のままだよね。だって，もともとxを持っていないから(笑)。変えようもない。また，**$|x|$も偶関数**なんだ。絶対値の中は-1倍しても変わらないからね。

「あっ，確かにそうですね。あれっ？　でも，奇関数，偶関数が積分と何の関係があるんですか？」

実は，$\int_{-1}^{1}f(x)\,dx$とか$\int_{-6}^{6}f(x)\,dx$とかいうように**積分の範囲が対になっている定積分は次の式が成り立つ**んだ。

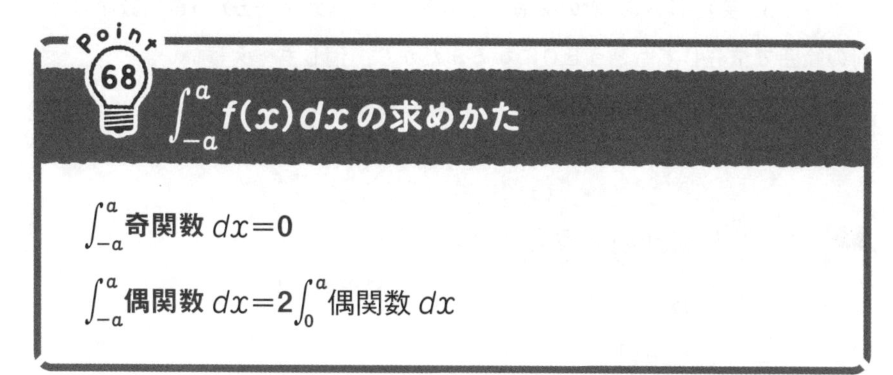
Point 68

$\int_{-a}^{a}f(x)\,dx$の求めかた

$\int_{-a}^{a}$奇関数$\,dx=0$

$\int_{-a}^{a}$偶関数$\,dx=2\int_{0}^{a}$偶関数$\,dx$

これを使うと，計算がスピードアップするんだ。次の例題で使いかたを説明するね。

例題 7-8 定期テスト 出題度 ❗❗❗ 共通テスト 出題度 ❗❗❗

次の定積分を求めよ。

(1) $\int_{-2}^{2}(9x^5-6x^3+2x)\,dx$

(2) $\int_{-1}^{1}(-x^3+9x^2-5x-7)\,dx$

(3) $\int_{-4}^{4}(3x+|x|)\,dx$

(1)の問題は，$9x^5$は奇関数なので$x=-2$から$x=2$といった対の範囲で積分したら0になる。同様に$-6x^3$も$2x$も0だ。だから計算しなくても0だよ。

解答 (1) $\int_{-2}^{2}(9x^5-6x^3+2x)\,dx=\underline{\underline{0}}$ ⇦答え 例題 7-8 (1)

「えっ？　こんなに簡単？」

そうだよ(笑)。じゃあ，次の(2)もやってみよう。$-x^3$と$-5x$も奇関数なので，対の範囲で積分してもどうせ0になるんだから，消しちゃえばいい。

さらに，$9x^2$や-7は偶関数なので積分の範囲が$x=0$から$x=1$の定積分の2倍にできる。

解答　(2)　$\displaystyle\int_{-1}^{1}(\underbrace{-x^3}_{奇}+\underbrace{9x^2}_{偶}\underbrace{-5x}_{奇}\underbrace{-7}_{偶})dx$　　←$\displaystyle\int_{-1}^{1}(-x^3)dx=0$, $\displaystyle\int_{-1}^{1}(-5x)dx=0$

$\displaystyle=2\int_{0}^{1}(9x^2-7)dx$

$=2\Big[3x^3-7x\Big]_0^1$

$=2\cdot\{(3\cdot1^3-7\cdot1)-(\underbrace{3\cdot0^3-7\cdot0}_{0})\}$

$=2\cdot(3-7)$

$=\underline{\underline{-8}}$　←答え　例題 7-8 (2)

(3)は，$3x$は奇関数，$|x|$は偶関数ということで，まず

$\displaystyle2\int_{0}^{4}|x|dx$

$\displaystyle\int_{0}^{4}$ということは『$x=0$から$x=4$までの定積分』ということで，$0\leqq x\leqq4$だ。絶対値はそのままはずせる。

解答　(3)　$\displaystyle\int_{-4}^{4}(\underbrace{3x}_{奇}+\underbrace{|x|}_{偶})dx$

$\displaystyle=2\int_{0}^{4}|x|dx$

$\displaystyle=2\int_{0}^{4}xdx$

$\displaystyle=2\left[\frac{1}{2}x^2\right]_0^4$

$=\underline{\underline{16}}$　←答え　例題 7-8 (3)

7-7 $\int_{\alpha}^{\beta}(x-\alpha)(x-\beta)dx$ の計算

積分のコツはできるだけ複雑な積分計算をしないことなんだ。中には積分を1回もしなくていいものもあるよ。

例題 7-9 定期テスト 出題度 ❗❗❗ 共通テスト 出題度 ❗❗❗

次の定積分を求めよ。

(1) $\int_{-5}^{1}(x-1)(x+5)\,dx$

(2) $\int_{\frac{1}{3}}^{2}(3x^2-7x+2)\,dx$

(3) $\int_{2-\sqrt{2}}^{2+\sqrt{2}}(x^2-4x+2)\,dx$

これも普通にやっても求められるが，次の公式を使うとラクだよ。

$(x-\alpha)(x-\beta)$ の定積分

$$\int_{\alpha}^{\beta}(x-\alpha)(x-\beta)\,dx=-\frac{1}{6}(\beta-\alpha)^3$$

(1)はこれがそのまま使えるね。

「でも，$\int_{-5}^{1}(x-1)(x+5)dx$ は $\int_{\alpha}^{\beta}(x-\alpha)(x-\beta)dx$ の公式の形になっていないですよ。」

えっ？　なっているよ。$\int_{-5}^{1}(x-1)(x+5)\,dx=\int_{-5}^{1}(x+5)(x-1)\,dx$ だからね。掛け算は順番を変えてもいいもんね。

「あっ，そうか……。たしかにその通りですね。」

答えは次のようになる。

解答 (1) $\int_{-5}^{1}(x-1)(x+5)\,dx$

$=\int_{-5}^{1}(x+5)(x-1)\,dx$

$=-\frac{1}{6}\cdot\{1-(-5)\}^3$　　$\int_{\alpha}^{\beta}(x-\alpha)(x-\beta)dx=-\frac{1}{6}(\beta-\alpha)^3$

$=-\frac{1}{6}\cdot 6^3$

$=\underline{\underline{-36}}$　　答え　例題 7-9 (1)

じゃあ，次に行くよ。(2)の$\int_{\frac{1}{3}}^{2}(3x^2-7x+2)\,dx$だけど，まず因数分解すれば，

解答 (2) $\int_{\frac{1}{3}}^{2}(3x^2-7x+2)\,dx$

$=\int_{\frac{1}{3}}^{2}(3x-1)(x-2)\,dx$

になるよね。このままなら公式は使えないが，**係数を前に出せば使える。**

$=3\int_{\frac{1}{3}}^{2}\left(x-\frac{1}{3}\right)(x-2)\,dx$　　$\int_{a}^{b}kf(x)dx=k\int_{a}^{b}f(x)dx$

$\int_{\frac{1}{3}}^{2}\left(x-\frac{1}{3}\right)(x-2)dx=-\frac{1}{6}\left(2-\frac{1}{3}\right)^3$

$=3\cdot\left(-\frac{1}{6}\right)\cdot\left(2-\frac{1}{3}\right)^3$

$=-\frac{1}{2}\cdot\left(\frac{5}{3}\right)^3$

$=\underline{\underline{-\frac{125}{54}}}$　　答え　例題 7-9 (2)

最後に(3)の$\int_{2-\sqrt{2}}^{2+\sqrt{2}}(x^2-4x+2)dx$だが，代入して計算するのは避けたいところだね。そして，（　）の中は，ふつうには因数分解ができなさそうだ。でも，**$ax^2+bx+c=0$の解がα，βなら，$a(x-\alpha)(x-\beta)$と因数分解できる**ね。これは『数学Ⅰ・A編』の **3-16** や，この本では **2-4** でも出てきたんだけど……。

「あっ，大丈夫です。覚えています。

$x^2-4x+2=0$の解は解の公式から

$$x=\frac{4\pm\sqrt{(-4)^2-4\cdot1\cdot2}}{2}=\frac{4\pm\sqrt{8}}{2}=\frac{4\pm2\sqrt{2}}{2}=2\pm\sqrt{2}$$

だから　$x^2-4x+2=\{x-(2-\sqrt{2})\}\{x-(2+\sqrt{2})\}$　ですね。

解答　(3)　$\int_{2-\sqrt{2}}^{2+\sqrt{2}}(x^2-4x+2)dx$

$$=\int_{2-\sqrt{2}}^{2+\sqrt{2}}\{x-(2-\sqrt{2})\}\{x-(2+\sqrt{2})\}dx$$

$$=-\frac{1}{6}\cdot\{(2+\sqrt{2})-(2-\sqrt{2})\}^3$$

$$=-\frac{1}{6}\cdot(2\sqrt{2})^3=-\frac{16\sqrt{2}}{6}$$

$$=\underline{\underline{-\frac{8\sqrt{2}}{3}}}$$

答え　例題 7-9 (3)」

そう。正解。じゃあ，次に進もう。

7-8 計算できない定積分を含む関数を求める

式の一部に定積分を含んでいれば，ふつう，定積分を計算する。でも，計算できないときは？

例題 7-10　定期テスト 出題度 ❗❗❗　共通テスト 出題度 ❗❗❗

次の等式を満たす関数 $f(x)$ を求めよ。

(1)　$f(x)=3x^2-4x-\int_1^3 f(t)\,dt$

(2)　$f(x)=6x+\int_{-3}^5 tf(t)\,dt$

「この問題，何ですか？　$\int_1^3 f(t)\,dt$なんて，$f(t)$ がわからないと解けないですよね。」

コツ 25　計算できない定積分を含む式（$\int_{定数}^{定数}$の場合）

❶ 例えば，定積分がtの積分なら，t以外の変数（xなど）は外に出す。

❷ 定積分の部分を$=A$とおく。全体をながめるともう1つの式ができる。

❶　今回の定積分は$\int_1^3 f(t)\,dt$だね。dtということは，tの積分だ。そして，$f(t)$は『tの式』という意味だから，xとかは含まれていない。何もしなくてよい。

❷は,

$$\int_1^3 f(t)\,dt = A\ (\text{定数}) \quad \cdots\cdots①$$

とおく。すると，式の全体をながめると,

$$f(x)=3x^2-4x-A \quad \cdots\cdots②$$

という式も成り立つよね。この2つの式を連立させればいい。

「定積分を“$=A$”などと定数扱いにしていいんですか？」

いいんだよ。だって，積分して，$t=3$を代入したものから$t=1$を代入したものを引くのだよね。

「そっか，定積分は定数になるんですね。」

うん。では，問題を解いていくよ。

解答　(1)　$f(x)=3x^2-4x-\int_1^3 f(t)\,dt$

$\int_1^3 f(t)\,dt=A$ (定数)　……①　とおくと

$f(x)=3x^2-4x-A$　……②

②を①に代入すると

$$\int_1^3 (3t^2-4t-A)\,dt=A$$

$$\Big[t^3-2t^2-At\Big]_1^3=A$$

$$(27-18-3A)-(1-2-A)=A$$

$$10-2A=A$$

$$3A=10$$

$$A=\frac{10}{3}$$

②に代入すると

$$f(x)=\mathbf{3x^2-4x-\frac{10}{3}}$$

例題 7-10 (1)

「②は$f(x)$の式ですよね。どうして①に代入できるのですか？」

成り立っている式は文字を変えていいんだ。$f(x)=3x^2-4x-A$ということはxをtに変えれば，$f(t)=3t^2-4t-A$もいえる。

「②を①に代入すると決まっているのですか？」

そうだよ。①を②に代入すると，元の式に戻ってしまうからね（笑）。

(2)もやってみようか。まず，❶ $\int_{-3}^{5}tf(t)\,dt$だから，tの積分だね。t以外の変数がないから，前に出すものはないよね。❷は同じだ。定積分を定数Aとおこう。ミサキさん，解いてみて。

「**解答** (2) $f(x)=6x+\int_{-3}^{5}tf(t)\,dt$

$\int_{-3}^{5}tf(t)\,dt=A$（定数）……①　とおくと

$f(x)=6x+A$ ……②

②を①に代入すると

$$\int_{-3}^{5}t(6t+A)\,dt=A$$

$$\int_{-3}^{5}(6t^2+At)\,dt=A$$

$$\left[2t^3+\frac{1}{2}At^2\right]_{-3}^{5}=A$$

$$\left(250+\frac{25}{2}A\right)-\left(-54+\frac{9}{2}A\right)=A$$

$$250+\frac{25}{2}A+54-\frac{9}{2}A=A$$

$$7A=-304$$

$$A=-\frac{304}{7}$$

②に代入すると

$$f(x)=6x-\frac{304}{7}$$ 答え 例題 7-10 (2)」

おっ，いいね。よくできました。

例題 7-11 定期テスト 出題度 !! 共通テスト 出題度 !!!

$f(x)=\int_0^2 (x-t)f(t)\,dt-1$ を満たす関数 $f(x)$ を求めよ。

❶ 今回注目するのは $\int_0^2 (x-t)f(t)\,dt$ の部分だね。$\int_0^2 (x-t)f(t)\,dt$ は t の積分なのに積分されるものに x という変数が入っているよね。だから，x を前に出す。ということだね。

「$f(x)=\int_0^2 (x-t)f(t)\,dt-1$

$=(x-t)\int_0^2 f(t)\,dt-1$ とするんですか？」

いや。t は前に出しちゃダメなんだ。x だけを前に出すんだ。

「どうすればいいんですか？」

まず，展開しよう。

$$f(x)=\int_0^2 (x-t)f(t)\,dt-1$$

$$=\int_0^2 \{xf(t)-tf(t)\}\,dt-1$$

そして，2つの積分に分ける。7-5 の Point 67 の❷だね。

$$=\int_0^2 xf(t)\,dt-\int_0^2 tf(t)\,dt-1$$

そして x を前に出せる。

$$=x\int_0^2 f(t)\,dt-\int_0^2 tf(t)\,dt-1$$

数II 7章

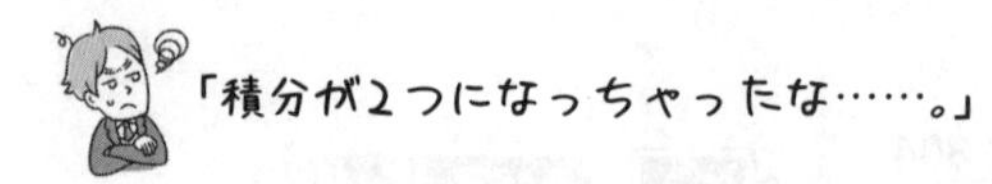

まあ，やむを得ないね。xを前に出さないと計算ができないからね。このくらいの犠牲はしかたがない。

そして，❷だが，今回は定積分が2つあるので～＝A，～＝Bと2つおこう。全体をながめるともう1つの式ができるので，合計3つの式になる。(1)と同じで，最後の式を他の式に代入する。今回は③のxをtに変えて，①，②に代入すればいいよ。

解答

$$f(x)=\int_0^2(x-t)f(t)\,dt-1$$

$$=\int_0^2\{xf(t)-tf(t)\}\,dt-1$$

$$=\int_0^2 xf(t)\,dt-\int_0^2 tf(t)\,dt-1$$

$$=x\int_0^2 f(t)\,dt-\int_0^2 tf(t)\,dt-1$$

$$\int_0^2 f(t)\,dt=A \quad \cdots\cdots①$$

$$\int_0^2 tf(t)\,dt=B \quad \cdots\cdots②$$ （A，Bは定数）とおくと

$$f(x)=Ax-B-1 \quad \cdots\cdots③$$

③を①に代入すると

$$\int_0^2(At-B-1)\,dt=A$$

$$\left[\frac{1}{2}At^2-Bt-t\right]_0^2=A$$

$$2A-2B-2=A$$

$$A-2B=2 \quad \cdots\cdots④$$

③を②に代入すると

$$\int_0^2 t(At-B-1)\,dt=B$$

$$\int_0^2 (At^2-Bt-t)\,dt=B$$

$$\left[\frac{1}{3}At^3-\frac{1}{2}Bt^2-\frac{1}{2}t^2\right]_0^2=B$$

$$\frac{8}{3}A-2B-2=B$$

$$8A-6B-6=3B$$

$$8A-9B=6 \quad \cdots\cdots⑤$$

④×8−⑤より

$$-7B=10$$

$$B=-\frac{10}{7}$$

← $8A-16B=16$
$-)\ 8A-\ 9B=6$
$-\ 7B=10$

これを④に代入すると

$$A=-\frac{6}{7}$$

← $A-2\times\left(-\frac{10}{7}\right)=2$
$A=2-\frac{20}{7}=-\frac{6}{7}$

よって，③より $f(x)=\boldsymbol{-\frac{6}{7}x+\frac{3}{7}}$ 　答え　例題 7-11

「なんだか変わった問題でしたね。」

うん，解きかたを理解して覚えておこう。自分で復習してね。

微分と積分の関係

積分してから，微分するなんて二度手間だ。積分と微分は逆の行為だということを利用した問題を解いてみよう。

例題 7-12　定期テスト 出題度 !!!　共通テスト 出題度 !!!

$\dfrac{d}{dx}\displaystyle\int_2^x (3t^2+8t-7)\,dt$ を求めよ。

「$\dfrac{d}{dx}$ って，どういう意味ですか？」

お役立ち話 14 でも説明したよ。頭に $\dfrac{d}{dx}$ がついていたら，“x で微分”の意味だったね。

「問題の意味は『$\displaystyle\int_2^x (3t^2+8t-7)\,dt$ を x で微分せよ。』ということか……。

$$\int_2^x (3t^2+8t-7)\,dt = \Big[t^3+4t^2-7t\Big]_2^x$$
$$= x^3+4x^2-7x-10$$

これを，x で微分すると，$3x^2+8x-7$ ですね。」

うん。それでもいいのだが，微分と積分は次のような関係にあるんだ。次の公式を利用すると，すっきり解けるよ。

微分と積分の関係

a が定数のとき，$\dfrac{d}{dx}\displaystyle\int_a^x f(t)\,dt=f(x)$

これを使って解くとこうなるよ。

解答　$\dfrac{d}{dx}\displaystyle\int_2^x (3t^2+8t-7)\,dt=\underline{\underline{\mathbf{3x^2+8x-7}}}$　答え　例題 7-12

「あれっ？　**文字の t が x に変わっただけだ！**」

$\dfrac{d}{dx}\displaystyle\int_a^x f(t)\,dt$ で説明しよう。$f(t)$ の不定積分を $F(t)$ とするよ。

$$\int_a^x f(t)\,dt=\Big[F(t)\Big]_a^x=\underbrace{F(x)}_{x\text{の関数}}-\underbrace{F(a)}_{\text{定数（}a\text{は定数なので）}}$$

これを x で微分すると $f(x)-0$ つまり $f(x)$ になるよね。

例題 7-13

定期テスト 出題度 !!!　共通テスト 出題度 !!!

次の等式を満たす関数 $f(x)$ と，そのときの定数 a の値を求めよ。

(1) $\displaystyle\int_2^x f(t)\,dt=x^2+ax-a$

(2) $\displaystyle\int_x^a f(t)\,dt=-2x^3+5x^2-7$

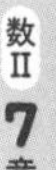

「あっ，さっきの式と似てる！」

コツ26 計算できない定積分を含む式（$\int_{定数}^{x}$ の場合）

❶　コツ25と同じ。

❷　・$\int$の上下が同じになるxを代入する。

　　・両辺をxで微分する。

(1)をやってみよう。まず，❶だけど，今回はtの積分で積分されるのは$f(t)$，つまりtの式だから大丈夫だね。

❷は，$\int$の下の数は2だから，与式に$x=2$を代入する。そして，7-5の Point 67 公式❸を使うんだ。左辺は0だから，aの値が求められる。

さらに，与式の両辺をxで微分すると$f(x)$が求まるよ。

解答　(1)　与式に$x=2$を代入すると

$$\int_2^2 f(t)\,dt=4+2a-a$$

$$0=4+a$$

よって，$\underline{\underline{a=-4}}$　⇦答え　例題 7-13 (1)

$\int_2^x f(t)\,dt=x^2-4x+4$の両辺を$x$で微分すると

$\underline{\underline{f(x)=2x-4}}$　⇦答え　例題 7-13 (1)

「……えっ？　もしかして，これで終わりですか？」

そうだよ。

「じゃあ，(2)の$\int_x^a f(t)\,dt$のように上下が逆だったらどうすればいいんですか？」

7-5の Point 67 公式❹を使うんだよ。$\int_b^a f(x)\,dx=-\int_a^b f(x)\,dx$だったね。そのあとは，同様に計算すればいい。

解答 (2) $\int_x^a f(t)\,dt=-2x^3+5x^2-7$ より

$$\int_a^x f(t)\,dt=2x^3-5x^2+7 \quad \cdots\cdots ①$$

①の式に $x=a$ を代入すると

$$\int_a^a f(t)\,dt=2a^3-5a^2+7$$

$$0=2a^3-5a^2+7$$

$$(a+1)(2a^2-7a+7)=0$$

$2a^2-7a+7=0$ となる実数 a はないので

$a=-1$ ⇦答え 例題 7-13 (2)

①の両辺を微分すると

$f(x)=6x^2-10x$ ⇦答え 例題 7-13 (2)

数II 7章

7-10 定積分と面積

微分や積分で使われるdxは「限りなく0に近いx」の意味がある。冒頭でもいった通り，面積は積分公式が発見される前は図形を細かく分けて求めていたんだ。

三角形や円は面積を求める公式があったが，曲線ではさまれる図形の面積は以下の方法を使う。

2つの曲線と面積

$a \leqq x \leqq b$で，常に$f(x) \geqq g(x)$のとき，
曲線$y=f(x)$，$y=g(x)$と，2直線$x=a$，$x=b$で
囲まれる面積Sは

$$S=\int_a^b \{f(x)-g(x)\}dx$$

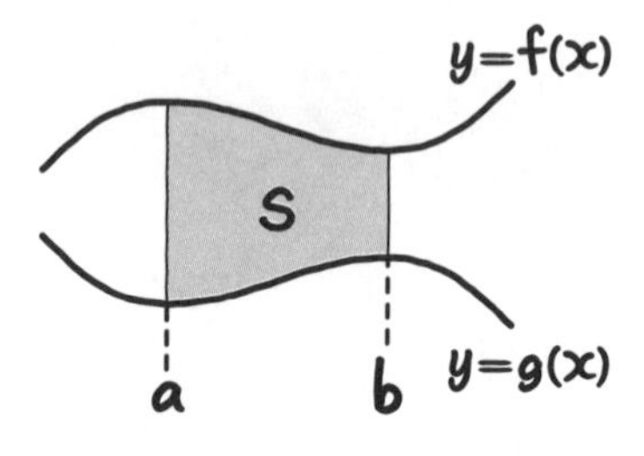

問題をやってみよう。

例題 7-14 定期テスト 出題度 ❗❗❗ 共通テスト 出題度 ❗❗❗

曲線 $y=3x^2$と，x軸，直線 $x=2$，$x=5$で囲まれる図形の面積Sを求めよ。

問題をグラフで表すと，右のような形になるね。上にある線が$y=3x^2$で，下にある線がx軸つまり$y=0$だ。だから，$3x^2$から0を引いたものを，左端の$x=2$から右端の$x=5$の範囲で積分すれば面積が求められるよ。

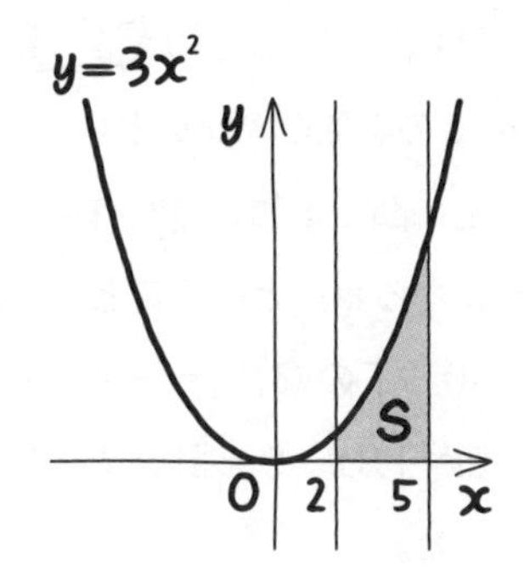

解答 $S=\int_2^5 3x^2dx$ ←$\int_2^5(3x^2-0)dx$

$=\left[x^3\right]_2^5=125-8$

$=\underline{\underline{117}}$ ⇦答え 例題 7-14

じゃあ，次の問題にいこう。

例題 7-15

定期テスト 出題度 ❗❗❗　共通テスト 出題度 ❗❗❗

曲線 $y=-2x^2+8x-9$と，x軸，直線 $x=-1$，$x=4$で囲まれる図形の面積 Sを求めよ。

これも平方完成するときちっとしたグラフをかくことはできる。でも，x軸との上下関係さえわかればいい。この問題は『グラフをかけ』とはいっていないしね。面積が求められればいいんだ。正確なグラフでなくてもおおよその形，つまり図がわかれば十分に解ける。

まず，曲線は2次関数のグラフで，x^2の係数が負だから上に凸の放物線だ。そこで，$y=-2x^2+8x-9$とx軸($y=0$)の共有点のx座標を求めると，

$$-2x^2+8x-9=0 \text{より} \quad x=\frac{4\pm\sqrt{2}i}{2}$$

「あっ，虚数解になった。」

『数学Ⅰ・A編』の 3−19 でもやったし，この本の 6−13 でも説明したね。$y=0$の実数解がないということは，x軸との共有点がないということだ。

上に凸でx軸との共有点がないから，図は右のようになるね。ということは，上の線はx軸，つまり$y=0$。下の線は$y=-2x^2+8x-9$だから，0から$-2x^2+8x-9$を引いて-1から4まで積分すればいいね。

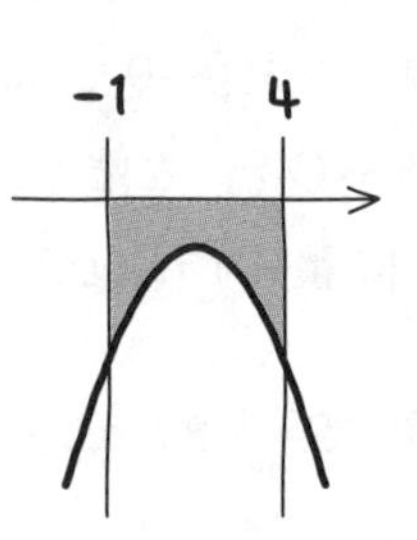

「解答
$$S=\int_{-1}^{4}\{0-(-2x^2+8x-9)\}dx$$
$$=\int_{-1}^{4}(2x^2-8x+9)dx$$
$$=\left[\frac{2}{3}x^3-4x^2+9x\right]_{-1}^{4}$$
$$=\left(\frac{128}{3}-64+36\right)-\left(-\frac{2}{3}-4-9\right)$$
$$=\frac{128}{3}-64+36+\frac{2}{3}+4+9$$
$$=\frac{130}{3}-15=\frac{85}{3}$$ 答え 例題 7-15

ですね。」

そう，x軸の上にあるか下にあるかわかれば，あとは積分をするだけだね。

「曲線$y=f(x)$とx軸ではさまれる$x=a$から$x=b$までの面積」を考えてみようか。

例題 7-14 のようにグラフがx軸の上にあれば

$$S=\int_a^b\{f(x)-0\}dx=\int_a^b f(x)dx$$

つまり，面積は定積分に等しくなる。

しかし，例題 7-15 のようにグラフがx軸の下にあれば

$$S=\int_a^b\{0-f(x)\}dx=-\int_a^b f(x)dx$$

つまり，面積は定積分の-1倍になるよ。

7-11 2つの曲線で囲まれる面積を求める

2つの曲線のどちらが上にあるかどうかがカギだ。図をかいて見きわめよう。

例題 7-16　定期テスト 出題度 !!!　共通テスト 出題度 !!!

2曲線 $y=x^2-16x-9$，$y=-5x^2+2x+15$ と，2直線 $x=1$，$x=3$ で囲まれる図形の面積 S を求めよ。

今度は x 軸との間の面積ではなく，2つの曲線で囲まれた部分の面積だ。

❶ 2つの曲線の共有点の x 座標を求めよう。

$y=x^2-16x-9$ ……①

$y=-5x^2+2x+15$ ……②

とおくと，①，②より，交点の x 座標は

$$x^2-16x-9=-5x^2+2x+15$$

$$6x^2-18x-24=0$$

$$x^2-3x-4=0$$

$$(x+1)(x-4)=0$$

$$x=-1,\ 4$$

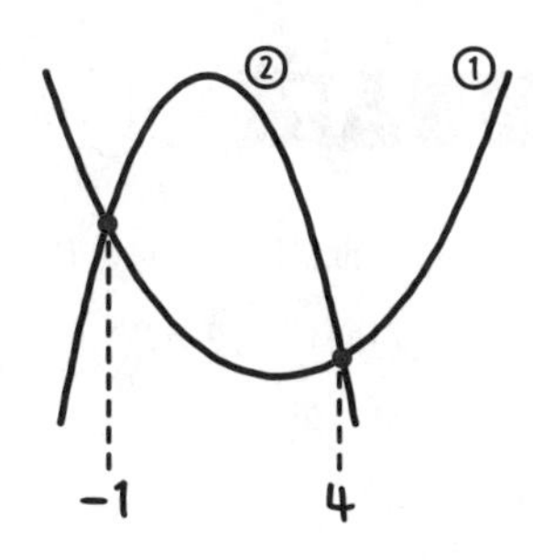

❷ 図をかく。

①のグラフは下に凸の放物線で，②のグラフは上に凸の放物線だね。それが $x=-1$，4で交わっているので，およそ右のような図になる。

じゃあ，ハルトくん。この2つのグラフに $x=1$，$x=3$ の直線をかき込んでみて。

「右のような感じでかけました。」

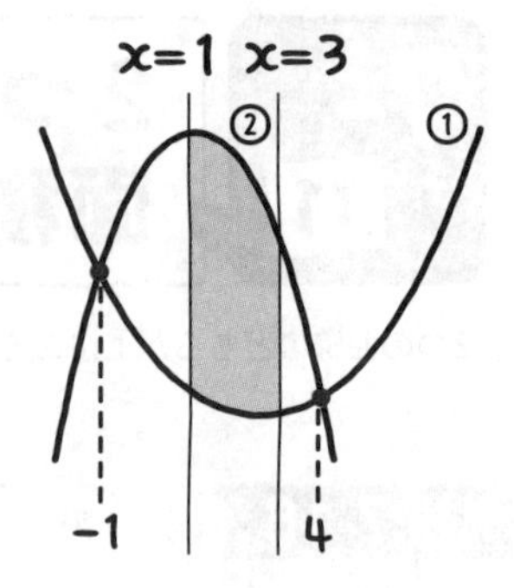

「頂点とかは考えなくていいんですか？」

それはいいんだよ。実際に計算したら，頂点が$x=-1$より左にあったり$x=4$より右にあったりで，グラフの形は正確でないかもしれないけど，2つのグラフの上下関係や交点がわかればいいんだ。

❸ 面積を積分して求めればいい。

ハルトくん，$1 \leqq x \leqq 3$の範囲でどちらのグラフが上にある？

「②のグラフです。」

そうだね。ということは，②の式から①の式を引こう。

解答

$$S=\int_1^3 \{(-5x^2+2x+15)-(x^2-16x-9)\}\,dx$$

$$=\int_1^3 \{-6x^2+18x+24\}\,dx$$

$$=\Big[-2x^3+9x^2+24x\Big]_1^3$$

$$=(-54+81+72)-(-2+9+24)$$

$$=\underline{\underline{68}}$$

答え　例題 7-16

例題 7-17

定期テスト 出題度 ❗❗❗　共通テスト 出題度 ❗❗❗

曲線 $y=4x^3+12x^2-13x-29$ と直線 $y=3x+19$ で囲まれる図形の面積Sを求めよ。

「今度は片方が直線ですね。」

曲線のときと同じように，どちらのグラフが上になるかを考えればいいよ。じゃあミサキさん，まず，❶　**共有点のx座標を求めよう。**

「解答　$y=4x^3+12x^2-13x-29$　……①

$y=3x+19$　……②

①，②より，交点のx座標は

$4x^3+12x^2-13x-29=3x+19$

$4x^3+12x^2-16x-48=0$

$x^3+3x^2-4x-12=0$

$(x-2)(x^2+5x+6)=0$

$(x-2)(x+3)(x+2)=0$

$x=-3,\ -2,\ 2$」

うん。3次式の因数分解は 2-15 でやったもんね。次に，❷　**図をかこう。**

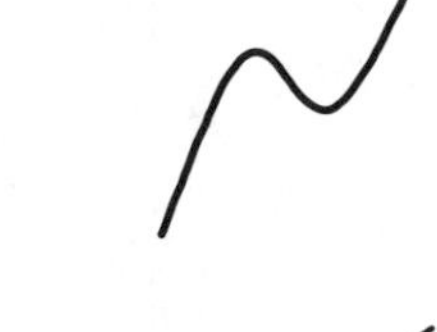

$y=4x^3+12x^2-13x-29$ は最高次の係数が正の数の3次関数なので，およそ右のような図になることは 6-13 でやったよね。これと直線$y=3x+19$が3回交わり，そのときのx座標が，$x=-3,\ -2,\ 2$ というわけなので，右のような図になる。

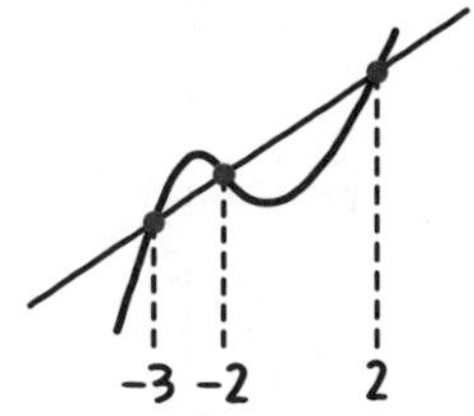

最後に，❸　**面積を積分して求める**わけだが，このように求める面積が2つに分かれているときは，両方の面積の和を求める。

じゃあ，直線と曲線の位置関係を調べてみて。

「$-3 \leqq x \leqq -2$では3次関数が上で，$-2 \leqq x \leqq 2$では直線が上になってます。」

そうなんだ。だから

$$S=\int_{-3}^{-2}\{(4x^3+12x^2-13x-29)-(3x+19)\}\,dx$$
$$+\int_{-2}^{2}\{(3x+19)-(4x^3+12x^2-13x-29)\}\,dx$$

を計算すればいい。じゃあ，ミサキさん，続きを計算してみて。

「あっ，$\int_{-2}^{2}\{(3x+19)-(4x^3+12x^2-13x-29)\}dx$ のほうって，もしかして奇関数，偶関数で計算できますか？」

おっ，スルドい！　範囲が−2から2までだから，奇関数は0になり，偶関数は0から2までの2倍になるね。**7-6** でやった通りだ。

「

$$S=\int_{-3}^{-2}\{(4x^3+12x^2-13x-29)-(3x+19)\}dx$$
$$+\int_{-2}^{2}\{(3x+19)-(4x^3+12x^2-13x-29)\}dx$$
$$=\int_{-3}^{-2}(4x^3+12x^2-16x-48)dx$$
$$+\int_{-2}^{2}(-4x^3-12x^2+16x+48)dx$$
$$=\int_{-3}^{-2}(4x^3+12x^2-16x-48)dx$$
$$+2\int_{0}^{2}(-12x^2+48)dx$$
$$=\Big[x^4+4x^3-8x^2-48x\Big]_{-3}^{-2}+2\Big[-4x^3+48x\Big]_{0}^{2}$$
$$=(16-32-32+96)-(81-108-72+144)$$
$$+2(-32+96)-0$$
$$=\underline{\underline{131}}$$

答え　例題 7-17

わーっ……。疲れました。」

「あれっ，最高次の係数が正の数の3次関数って他の形もありますよね？　平らになるのとか，増加するだけのとか……。」

うん。でも，どの形でも囲まれかたは同じになるから大丈夫なんだよ。

7-12 放物線と直線，放物線と放物線

この内容は，知っておくとよい……というか，知らないと大損するよ。テストでは，途中式をちゃんと書けば，時間をかけてやっても，ラクに解いても点数は一緒だもんね。

例題 7-18　定期テスト 出題度 ❗❗❗　共通テスト 出題度 ❗❗❗

曲線 $y=-x^2+5x-1$ と直線 $y=-3x+6$ で囲まれる図形の面積 S を求めよ。

放物線と直線が2点で交わるとき，その2つのグラフに囲まれる部分の面積はラクに計算ができるんだ。

❶ 共有点の x 座標を求める，**❷ 図をかく**までの手順は 例題 7-16，例題 7-17 と同じだ。ハルトくん，やってみて。

「**解答**　$y=-x^2+5x-1$ ……①

$y=-3x+6$ ……②

①，②より，

$-x^2+5x-1=-3x+6$

$x^2-8x+7=0$

$(x-1)(x-7)=0$

$x=1,\ 7$

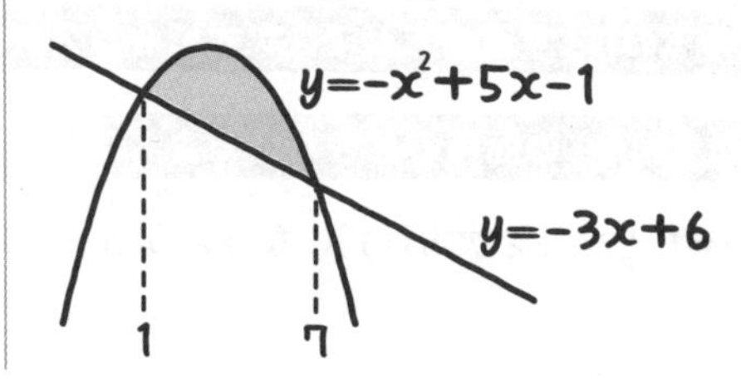

です。」

うん。そして，❸ **面積を積分して求める**ので，①の式から②の式を引こう。

$$S=\int_1^7 \{(-x^2+5x-1)-(-3x+6)\}\,dx$$
$$=\int_1^7 (-x^2+8x-7)\,dx$$

まず，マイナスを出す。そうすると，❶で計算したときと同じ式が出てくるので，因数分解できる。

$$=-\int_1^7 (x^2-8x+7)\,dx$$
$$=-\int_{①}^{⑦} (x-①)(x-⑦)\,dx$$

同じになる

そして，7-7 の Point 69 で出てきた

$$\int_\alpha^\beta (x-\alpha)(x-\beta)\,dx=-\frac{1}{6}(\beta-\alpha)^3$$ を使うんだ。

$$=-\left(-\frac{1}{6}\right)\cdot(7-1)^3$$
$$=-\left(-\frac{1}{6}\right)\cdot 6^3$$
$$=\underline{\underline{36}}$$ ⇦答え　例題 7-18

となって，簡単に面積が求まるよ。

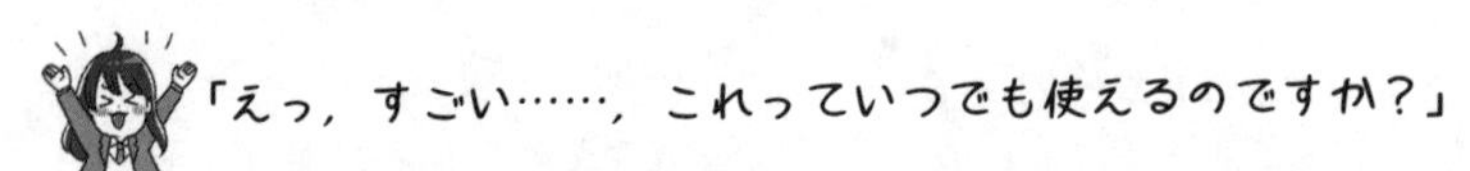

いや，**この方法が使えるのは，“連立させて2次式になる2本の曲線（または曲線と直線）で囲まれる図形”の面積のときだけだよ。** 今回は，①と②を連立させて，$x^2-8x+7=0$という2次方程式になったから，使えるんだ。

例題 7-19　定期テスト 出題度 ❗❗❗　共通テスト 出題度 ❗❗❗

2曲線 $y=x^2-4x-10$ と $y=-x^2-5x-7$ で囲まれる図形の面積 S を求めよ。

放物線と放物線の場合も，放物線と直線のときと同じように考えられるよ。これは，ミサキさんに解いてもらおう。

「**解答**　$y=x^2-4x-10$　……①

$y=-x^2-5x-7$　……②

①，②より，

$x^2-4x-10=-x^2-5x-7$

$2x^2+x-3=0$

$(2x+3)(x-1)=0$

$x=-\frac{3}{2},\ 1$

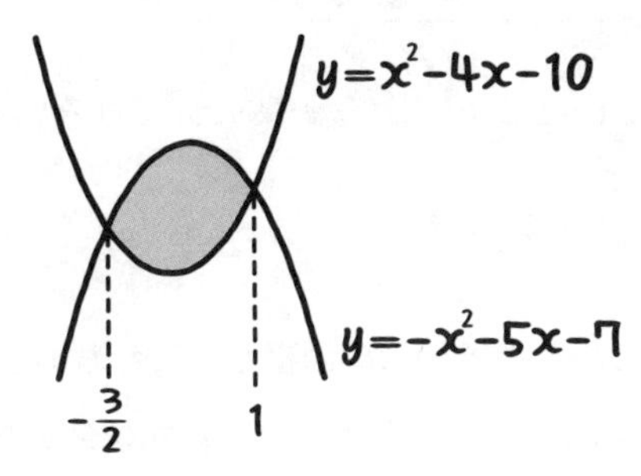

$S=\int_{-\frac{3}{2}}^{1}\{(-x^2-5x-7)-(x^2-4x-10)\}dx$

$=\int_{-\frac{3}{2}}^{1}(-2x^2-x+3)dx$

$=-\int_{-\frac{3}{2}}^{1}(2x^2+x-3)dx$

$=-\int_{-\frac{3}{2}}^{1}(2x+3)(x-1)dx$

…………」

さて，このままなら公式が使えないね。どうするんだっけ？

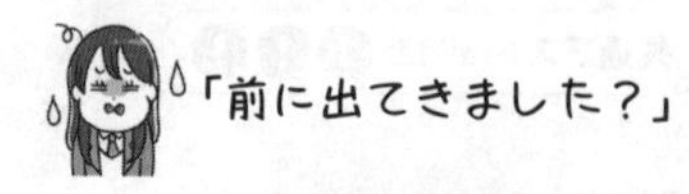

これも，例題 7-9 (2) で出てきたよ。

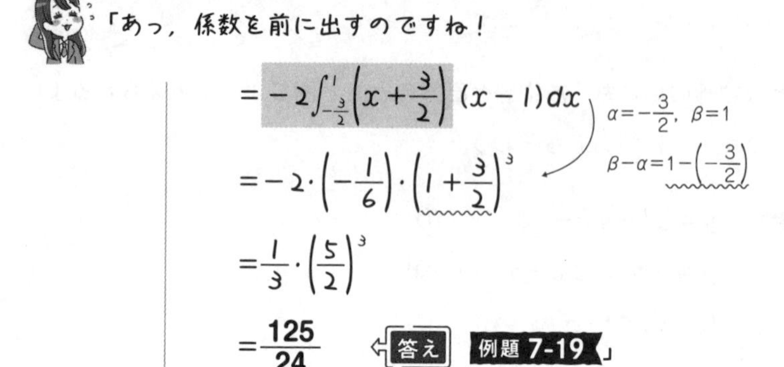

そう。正解。

例題 7-20

定期テスト 出題度 ❗❗❗　共通テスト 出題度 ❗❗❗

2曲線 $y=x^2+5x+1$ と $y=2x^2-x+9$ で囲まれる図形の面積 S を求めよ。

今度も2つの放物線で囲まれる図形の面積だ。これも同じやりかただ。今度は，x^2 の係数の符号が同じだけど，交点を求める式は2次方程式になるよ。

ミサキさん，これはわかる？

「解答　$y=x^2+5x+1$　……①

$y=2x^2-x+9$　……②

①，②より，

$x^2+5x+1=2x^2-x+9$

$x^2-6x+8=0$

$(x-2)(x-4)=0$

$x=2,\ 4$

グラフは，①は下に凸で，②も下に凸で……えっ？　どういうふうに囲まれているの？」

下に凸のグラフといってもいろいろあるよ。『数学Ⅰ・A編』の 3-4 でも登場したけど，$y=ax^2+$……の放物線のグラフの開き具合は，x^2の係数aが0から離れるほどシャープになるし，0に近づくほどフラットになるんだ。

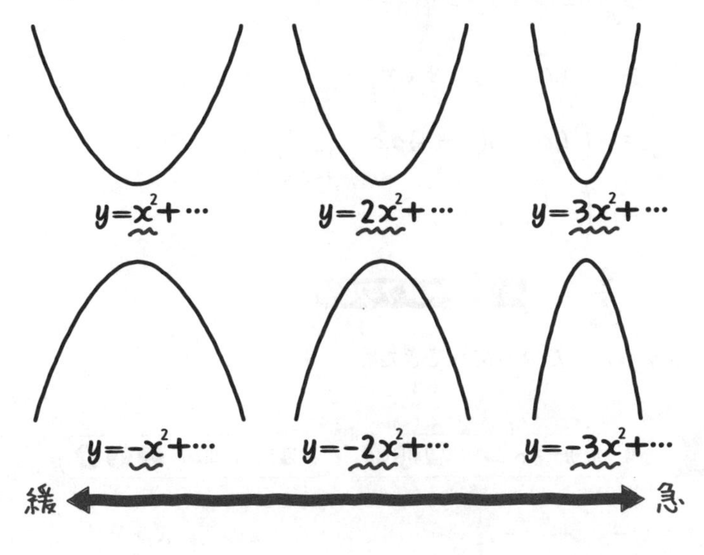

「じゃあ，こんな感じですか？」

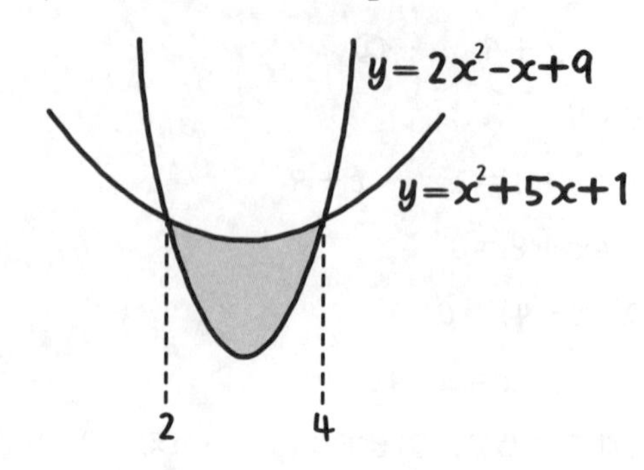

そうだね。いままでの通り，グラフの形は正確でなくていいよ。じゃあ，面積は？

「
$$S=\int_2^4\{(x^2+5x+1)-(2x^2-x+9)\}dx$$
$$=\int_2^4(-x^2+6x-8)dx$$
$$=-\int_2^4(x^2-6x+8)dx$$
$$=-\int_2^4(x-2)(x-4)dx$$
$\alpha=2$，$\beta=4$
$\beta-\alpha=4-2$
$$=-\left(-\frac{1}{6}\right)\cdot(4-2)^3$$
$$=\frac{4}{3}$$
答え　例題 7-20」

よくできました。だいぶ慣れてきたね。

例題 7-21

定期テスト 出題度 ❗❗❗　共通テスト 出題度 ❗❗❗

関数 $y=x^3+4x^2+2x-7$ ……①について，次の問いに答えよ。

(1) ①のグラフを x 軸方向に $+1$，y 軸方向に $+1$ だけ平行移動したグラフの方程式を求めよ。

(2) ①のグラフと(1)で求めたグラフで囲まれる図形の面積 S を求めよ。

今度はグラフの平行移動の考えかたを使うよ。ハルトくん，(1)はできる？

「x軸方向に$+1$平行移動するということはxを$x-1$にすればいいし，y軸方向に$+1$平行移動するということはyを$y-1$にすればいいんですよね。」

その通りだ。『数学Ⅰ・A編』の 3-7 で登場したね。じゃあ，(1)の答えはどうなるかな？

「**解答** (1)

$$y-1=(x-1)^3+4(x-1)^2+2(x-1)-7$$

$$y-1=(x^3-3x^2+3x-1)+4(x^2-2x+1)+2(x-1)-7$$

$$y-1=x^3-3x^2+3x-1+4x^2-8x+4+2x-2-7$$

$$y=x^3+x^2-3x-5$$

答え 例題 7-21 (1)」

そうだね。じゃあ，この式は②としよう。(2)は，解ける？

「**解答** (2)

$y=x^3+4x^2+2x-7$ ……①

$y=x^3+x^2-3x-5$ ……②

①，②より，

$$x^3+4x^2+2x-7=x^3+x^2-3x-5$$

$$3x^2+5x-2=0$$

$$(3x-1)(x+2)=0$$

$$x=\frac{1}{3},\ -2$$」

そう。①と②は3次関数どうしだけど，交点を求める式は2次方程式になるね。グラフをかいてみよう。①の概形は，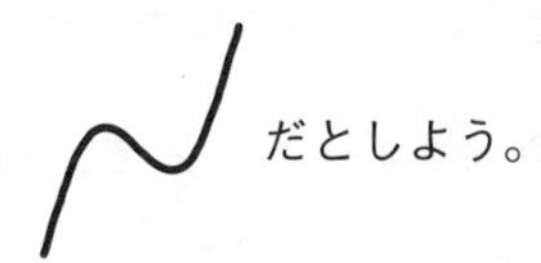だとしよう。

②はこのグラフをx軸方向に＋1，y軸方向に＋1平行移動した……。つまり右上に移動したわけだから

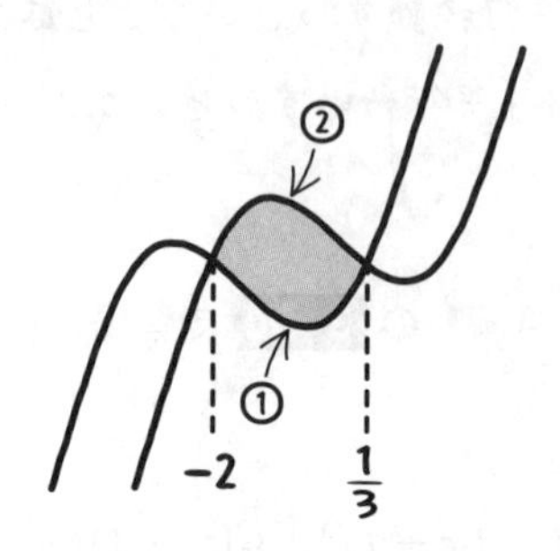

という感じになるかな。囲まれたところは，上にある曲線が②で，下にある曲線が①になるね。

「

$$S=\int_{-2}^{\frac{1}{3}}\{\underbrace{(x^3+x^2-3x-5)}_{②}-\underbrace{(x^3+4x^2+2x-7)}_{①}\}dx$$

$$=\int_{-2}^{\frac{1}{3}}(-3x^2-5x+2)dx$$

$$=-\int_{-2}^{\frac{1}{3}}(3x^2+5x-2)dx$$

$$=-\int_{-2}^{\frac{1}{3}}(3x-1)(x+2)dx$$

$$=-3\int_{-2}^{\frac{1}{3}}(x+2)\left(x-\frac{1}{3}\right)dx$$

$\alpha=-2,\ \beta=\frac{1}{3}$

$\beta-\alpha=\frac{1}{3}-(-2)$

$$=-3\cdot\left(-\frac{1}{6}\right)\cdot\left(\frac{1}{3}+2\right)^3$$

$$=\frac{1}{2}\cdot\left(\frac{7}{3}\right)^3=\frac{343}{54}$$

答え　例題 7-21 (2)

ですね。」

よくできました。7−11 の最後でもいったけど，もし，①のグラフが平らになったり，増加するだけのグラフでも囲まれかたは同じになるから，問題ないよ。今回は②は①のグラフをどれだけ平行移動したかわかっているけど，そうでないときはまず−2と$\frac{1}{3}$で交わるように2曲線をかいておく。上の図で①，②の番号が抜けている状態だ。

そして，例えば①－②で調べると，

$$3x^2-5x+2$$
$$=(3x-1)(x+2)>0$$

になるのは

$$x<-2,\ \frac{1}{3}<x$$

つまり，この範囲では①が②より上にあるとわかる。

「じゃあ，逆に $-2<x<\frac{1}{3}$ では②が①より上ということですね。」

答えのみ出せばいいときの裏ワザ（その1）

さて，答えのみ出せばいいという問題のときは，さらに速く求める方法があるんだ。

連立させて2次方程式になる曲線と曲線（または直線）で囲まれる部分の面積は

共有点のx座標を求め，

$$\frac{(x^2\text{の係数の差})\cdot(\text{共有点の}x\text{座標の差})^3}{6}$$

で計算する。

例題 7-18 をもう一度やってみようか。

例題 7-18　定期テスト 出題度 !!!　共通テスト 出題度 !!!

曲線 $y=-x^2+5x-1$ と直線 $y=-3x+6$ で囲まれる図形の面積Sを求めよ。

まずは，共有点のx座標を求めよう。

$$y=-x^2+5x-1 \quad \cdots\cdots①$$

$$y=-3x+6 \quad \cdots\cdots②$$

①，②より，

$$-x^2+5x-1=-3x+6$$

$$x^2-8x+7=0$$

$$(x-1)(x-7)=0$$

$x=1$，7　だったね。

さて，①，②のx^2の係数はそれぞれ-1，0だね。差は$0-(-1)=1$だ。

一方，共有点のx座標の差は$7-1=6$だ。

$$S=\frac{1\cdot 6^3}{6}=36$$

と求めることができる。

「えっ？　すごーい！　これだけで求まるんですね！」

ラクだね。残りの 例題 7-19 ～ 例題 7-21 も同様に解けるよ。

例題 7-19 ⟶ $\dfrac{2\cdot\left(\dfrac{5}{2}\right)^3}{6}=\dfrac{125}{24}$，　例題 7-20 ⟶ $\dfrac{1\cdot 2^3}{6}=\dfrac{4}{3}$，

例題 7-21 ⟶ $\dfrac{3\cdot\left(\dfrac{7}{3}\right)^3}{6}=\dfrac{343}{54}$

答えのみ出せばいい問題の場合は，このやりかたで解いてもいい。 特に，共通テストは時間との勝負なので，時間短縮できるなら，したほうが得策だ。でも，**記述式ではこのように解いてはいけないからね。注意しよう。**

7-13 曲線とその2本の接線で囲まれる部分の面積

「面積を求める問題で接線が登場したら $(\quad)^2$ が頭をよぎる。」そうなったら，もう達人!?

例題 7-22 定期テスト 出題度 !!! 共通テスト 出題度 !!!

放物線 $y=x^2$ と点 $(1,\ 0)$ から放物線に引いた2本の接線で囲まれる図形の面積 S を求めよ。

この問題と 7-14 は，接線が出てくる問題が続くよ。さて，問題を解こう。

$y=x^2$ ……① とおこう。6-9 でやったね。『……から引いた接線』ということは，接点がわかっていないから，まず接点をおくんだよね。

「接線が2本ということは接点を2つおくんですか？」

いや，1つでいいよ。計算したらちゃんと接点が2つ求められるから。あっ，接線の方程式を求めたら，接点も求めておいて。

「**解答** $y=x^2$ ……①

接点を $(t,\ t^2)$ とおく。

①より，$y'=2x$，接線の傾きは $2t$ ←$y'=2x$ に $x=t$ を代入

接線の方程式は

$y-t^2=2t(x-t)$ ←点 $(t,\ t^2)$ を通り傾き $2t$ の直線

$y-t^2=2tx-2t^2$

$y=2tx-t^2$ ……②

この接線は点 $(1,\ 0)$ を通るので

$$0=2t-t^2$$
$$t^2-2t=0$$
$$t(t-2)=0$$
$$t=0,\ 2$$

よって，②より

接線の方程式 $y=0$，接点 $(0,\ 0)$

接線の方程式 $y=4x-4$，接点 $(2,\ 4)$　$t=0$ のとき $t^2=0$，$t=2$ のとき $t^2=4$ 」

うん。さて，グラフをかいて面積を求めるのだが，ここで1つ問題が起こる。囲まれる図形の下の線は交点 (1, 0) を境にして交代するんだ。

$x=0$ から $x=1$ までは $y=0$ が担当しているけど，

$x=1$ から $x=2$ までは $y=4x-4$ が担当するんだ。

このように **上下の線が途中で代わるときは，その交点で縦に分割するのが，基本の解きかた** だよ。

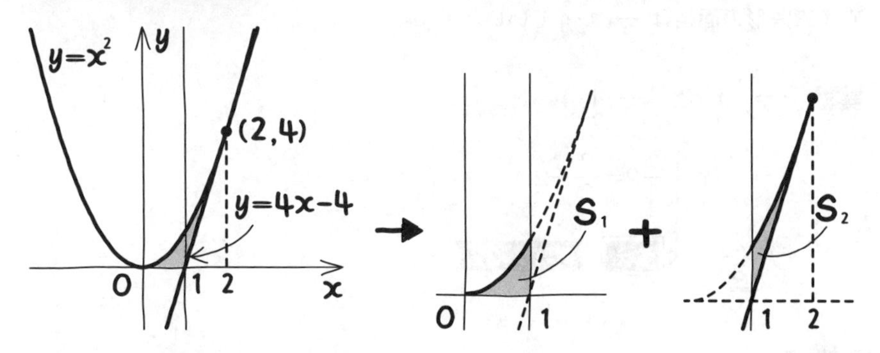

そして，分割した2つの面積の和を求めればいいんだ。

「
$$S=\underbrace{\int_0^1 x^2dx}_{S_1}+\underbrace{\int_1^2\{x^2-(4x-4)\}dx}_{S_2}$$
$$=\left[\frac{1}{3}x^3\right]_0^1+\left[\frac{1}{3}x^3-2x^2+4x\right]_1^2$$
$$=\frac{1}{3}+\frac{1}{3}\cdot2^3-2\cdot2^2+4\cdot2-\left(\frac{1}{3}\cdot1^3-2\cdot1^2+4\cdot1\right)$$

$$=\frac{1}{3}+\frac{8}{3}-8+8-\frac{1}{3}+2-4$$

$$=\frac{8}{3}-2=\underline{\underline{\frac{2}{3}}}$$ 答え　例題 7-22

と計算すればいいんですね。」

うん。基本の解きかただね。でも，もっと簡単に求めることもできるんだ。

足し算の発想よりも引き算の発想をすればいい。

この問題は，

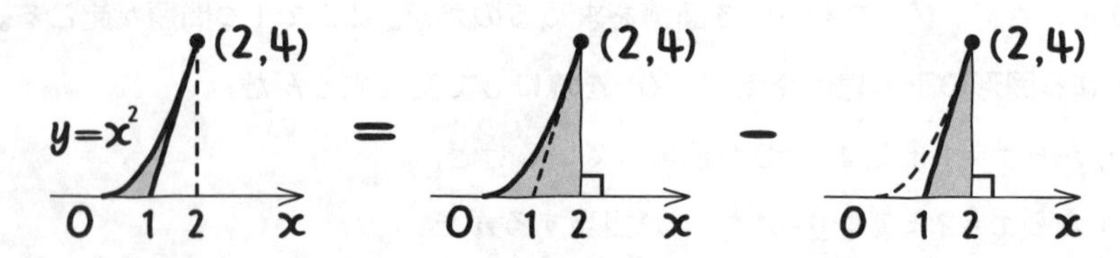

と考えればいいんだ。$\int_0^2 x^2 dx$ から底辺1, 高さ4の直角三角形を引けばいいね。

直角三角形の面積は $\frac{1}{2}\cdot 1\cdot 4$ でいい。

解答

$$S=\int_0^2 x^2 dx-\frac{1}{2}\cdot 1\cdot 4$$

$$=\left[\frac{1}{3}x^3\right]_0^2-2=\frac{8}{3}-2$$

$$=\underline{\underline{\frac{2}{3}}}$$ 答え　例題 7-22

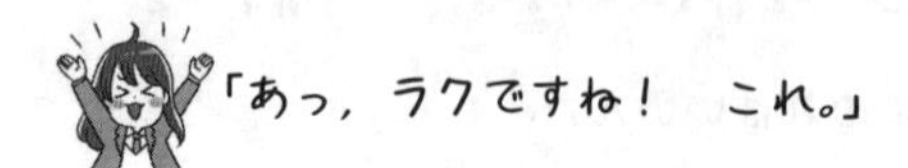

「あっ，ラクですね！　これ。」

積分のコツはできるだけ複雑な積分計算をしないことなんだ。ラクして解くように考えようね。

例題 7-23 定期テスト 出題度 ❗❗❗ 共通テスト 出題度 ❗❗❗

放物線 C：$y=x^2-4x-2$について，次の問いに答えよ。

(1) 2点A$(-1,\ 3)$，B$(3,\ -5)$における接線の方程式をそれぞれ求めよ。

(2) 放物線Cと(1)で求めた2本の接線で囲まれる図形の面積Sを求めよ。

(1)は 6-8 でやったね。ハルトくん，解いて。

「解答 (1) A$(-1,\ 3)$における接線は

$y'=2x-4$より，傾き-6

接線の方程式は

$$y-3=-6(x+1)$$ ←点$(-1,\ 3)$を通る

$$y-3=-6x-6$$

$$\underline{\underline{y=-6x-3}}$$ 答え 例題 7-23 (1)

B$(3,\ -5)$における接線は

$y'=2x-4$より，傾き2

接線の方程式は

$$y+5=2(x-3)$$ ←点$(3,\ -5)$を通る

$$y+5=2x-6$$

$$\underline{\underline{y=2x-11}}$$  例題 7-23 (1)」

そう。正解。ここまでを図にすると次のようになるね。

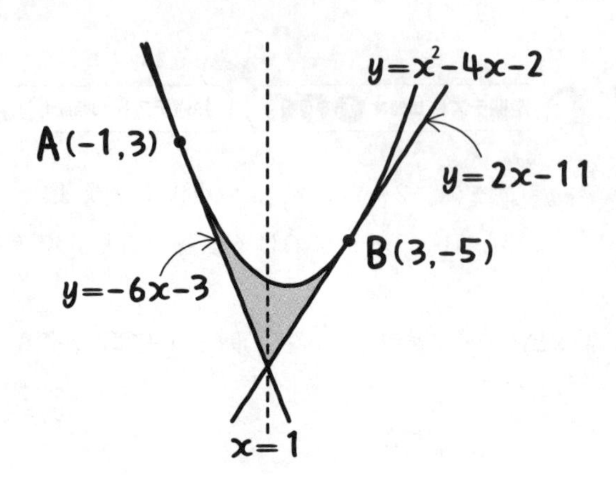

「囲まれる図形の下の線が途中で変わるんですね。」

そうなんだ。さっきやったよね。(2)は 例題 7-22 で見せたような，引き算の解法はできそうにない。基本の解きかたでいこう。2本の接線の交点のx座標を求めると，$x=1$になる。ということで，縦に分割だ。

$x=-1$から$x=1$までは放物線の下側の境界線が$y=-6x-3$。

$x=1$から$x=3$までは下側の境界線が$y=2x-11$ということで，分けて積分しよう。

解答　(2)　$y=-6x-3$　……①

$y=2x-11$　……②

①，②の交点のx座標を求めると

$-6x-3=2x-11$

$-8x=-8$

$x=1$　　　より

$$S=\int_{-1}^{1}\{(x^2-4x-2)-(-6x-3)\}dx$$

$$+\int_{1}^{3}\{(x^2-4x-2)-(2x-11)\}dx$$

$$=\int_{-1}^{1}(x^2+2x+1)dx+\int_{1}^{3}(x^2-6x+9)dx$$

$$=\int_{-1}^{1}(x+1)^2dx+\int_{1}^{3}(x-3)^2dx$$

ここで, 7-3 の Point 65 でいったことを思い出してほしい。

$$\int(ax+b)^n dx=\frac{1}{n+1}(ax+b)^{n+1}\cdot\frac{1}{a}+C$$

だったね。この式が定積分の計算でも使えるんだ。続きを解くよ。

$$=\left[\frac{1}{3}(x+1)^3\right]_{-1}^{1}+\left[\frac{1}{3}(x-3)^3\right]_{1}^{3}$$

$$=\left(\frac{8}{3}-0\right)+\left\{0-\left(-\frac{8}{3}\right)\right\}$$

$$=\frac{8}{3}+\frac{8}{3}$$

$$=\underline{\underline{\frac{16}{3}}}$$ ⇦答え 例題 7-23 (2)

「そうか。x^2+2x+1は$(x+1)^2$になるし, x^2-6x+9は$(x-3)^2$になりますもんね。」

「でも, $(\ \ )^2$になるなんて思いつくかな……。」

いや, 計算する前から$(\ \ )^2$になるとわかっているんだよ。6-19 でも説明したけど, $y=x^2-4x-2$と$y=-6x-3$のグラフは$x=-1$で接しているから, 連立させた方程式を解くと, $x=-1$という重解をもつ。つまり, $(x+1)^2$を因数にもつとわかるんだ。

「もう1つが$(x-3)^2$になるのも同じ理由なんですね！」

そうだね。$y=x^2-4x-2$と$y=2x-11$のグラフは$x=3$で接しているからね。

7-14 3次関数のグラフと接線で囲まれる部分の面積

7-13 とセットで覚えておこう。面積の求めかたは，抜け道だらけなんだよね。

例題 7-24 定期テスト 出題度 !!! 共通テスト 出題度 !!!

曲線 $y=2x^3+x^2-7x-1$ と，その曲線上の点 $(-1,\ 5)$ における接線で囲まれる図形の面積 S を求めよ。

じゃあ，ミサキさん，接線を求めてみて。

「**解答** $y=2x^3+x^2-7x-1$ ……①

接点 $(-1,\ 5)$

$y'=6x^2+2x-7$ より，接線の傾きは -3 ← $6\cdot(-1)^2+2\cdot(-1)-7=-3$

接線の方程式は

$y-5=-3(x+1)$ ←点 $(-1,\ 5)$ を通る

$y-5=-3x-3$

$y=-3x+2$ ……②」

そうだね。6-8 のやりかたでいいね。さて，曲線と直線で囲まれる面積なので，今までと同じ手順だ。ハルトくん，❶ 共有点の x 座標を求めて。

「①，②より，

$2x^3+x^2-7x-1=-3x+2$

$2x^3+x^2-4x-3=0$

$(x+1)^2(2x-3)=0$

$x=-1$（重解），$\dfrac{3}{2}$」

そうだね。ところで，$2x^3+x^2-4x-3=0$ はどうやって因数分解した？

「えっ？　3次方程式の因数分解だから，因数定理を使って x に何を代入すると0になるかを探したら $x=-1$ だったんですけど……。」

いや，間違ってはいないが，もっとラクに計算できるよ。
①の曲線の，点 $(-1,\ 5)$ における接線が②だったんだろう？　つまり，
①，②は点 $(-1,\ 5)$ で接しているわけだよね？

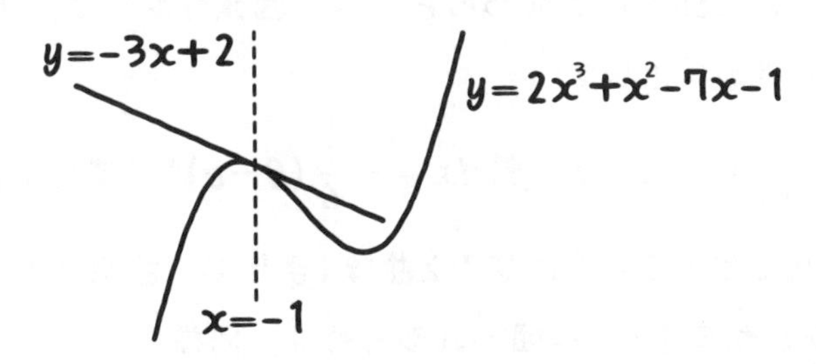

7-13 でも説明したけど，$x=-1$ のところで接するということは，連立させて方程式をつくると，$x=-1$ という重解をもつんだよね。

「そうか！ $(x+1)^2$ を因数にもつんだ！」

さらに，6-19 で登場した『アタマとアタマを掛けてアタマ，オシリとオシリを掛けてオシリ』を使えばもっとラクに計算できるね。じゃあ，続きをいこう。次に，❷ 図をかくということだね。まず，①は x^3 の係数が正の3次関数なので，グラフは という形としよう。

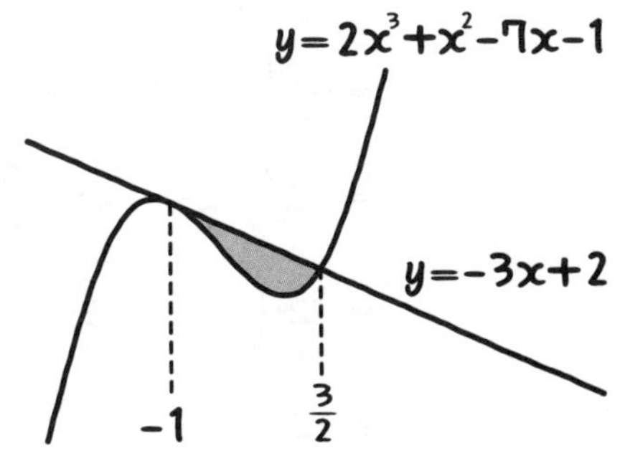

これと②のグラフが $x=-1$ で接して，$x=\frac{3}{2}$ で交わっているんだよね。だから，左で接して右で交わるようにしてかくと，右のようになるね。

グラフは形がゆがんでいても大丈夫だよ。

数II 7章

コツ27 積分で面積を求める手順

❶ 共有点の x 座標を求める。

❷ 図をかく。

❸ 積分する。

ただし，連立させて2次式になる2曲線（または，曲線と直線）で囲まれる図形のときは，因数分解して，係数があれば前に出して，

$$\int_\alpha^\beta (x-\alpha)(x-\beta)dx=-\frac{1}{6}(\beta-\alpha)^3$$ が使える。

連立させて3次式になる2曲線（または，曲線と直線）で"ひとかたまり"に囲まれるものは，同様に，

$$\int_\alpha^\beta (x-\alpha)^2(x-\beta)dx=-\frac{1}{12}(\beta-\alpha)^4$$

$$\int_\alpha^\beta (x-\alpha)(x-\beta)^2dx=\frac{1}{12}(\beta-\alpha)^4$$ が使える。

（裏公式）

$$S=\int_{-1}^{\frac{3}{2}}\{(-3x+2)-(2x^3+x^2-7x-1)\}dx$$

$$=\int_{-1}^{\frac{3}{2}}(-2x^3-x^2+4x+3)dx$$

$$=-\int_{-1}^{\frac{3}{2}}(2x^3+x^2-4x-3)dx$$

$$=-\int_{-1}^{\frac{3}{2}}(x+1)^2(2x-3)dx$$

$$=-2\int_{-1}^{\frac{3}{2}}(x+1)^2\left(x-\frac{3}{2}\right)dx$$

$$=-2\cdot\left(-\frac{1}{12}\right)\cdot\left\{\frac{3}{2}-(-1)\right\}^4$$

$\int_\alpha^\beta (x-\alpha)^2(x-\beta)$ $=-\frac{1}{12}(\beta-\alpha)^4$

$$=-2\cdot\left(-\frac{1}{12}\right)\cdot\left(\frac{5}{2}\right)^4$$

$$=\frac{625}{96}$$ 答え　例題 7-24

「へーっ……。でも，わざわざ“ひとかたまり”といっているのはどうしてですか？」

ひとかたまりになるのは，3次関数では，一方が接している場合なんだ。

7-11 で登場したけど， のように，囲まれる部分が2つに分かれていたりすると，この裏公式は使えないんだ。

例題 7-25

定期テスト 出題度 !! 　共通テスト 出題度 !!!

曲線 C_1：$y=x^3+3x-5$ と C_2：$y=x^2+4x-6$ で囲まれる図形の面積 S を求めよ。

解答　$y=x^3+3x-5$ ……①

$y=x^2+4x-6$ ……②

とすると，①，②より

$$x^3+3x-5=x^2+4x-6$$

$$x^3-x^2-x+1=0$$

$$(x-1)^2(x+1)=0$$

$$x=1\ (\text{重解}),\ -1$$

「C_1 は の形として，

C_2 は の形だから……。」

$x=-1$で交わり，$x=1$で接する。つまり，左で交わり，右で接するということだね。右のような図になるよ。

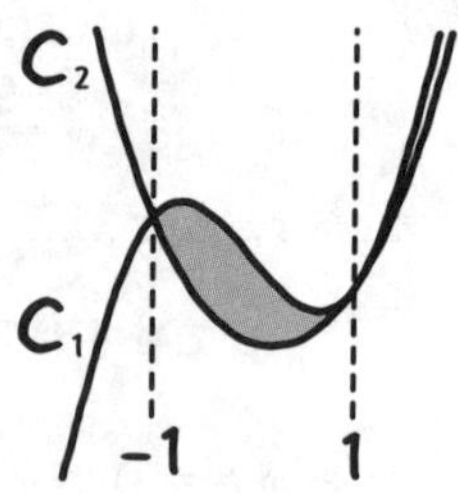

「解答　$S=\int_{-1}^{1}\{(x^3+3x-5)-(x^2+4x-6)\}dx$

$=\int_{-1}^{1}(x^3-x^2-x+1)dx$

$=\int_{-1}^{1}(x+1)(x-1)^2dx$

$\int_{\alpha}^{\beta}(x-\alpha)(x-\beta)^2dx=\frac{1}{12}(\beta-\alpha)^4$

$=\frac{1}{12}\cdot\{1-(-1)\}^4$

$=\frac{1}{12}\cdot 2^4$

$=\frac{4}{3}$ 答え

例題 7-25 ですね。」

お役立ち話 17

答えのみ出せばいいときの裏ワザ（その2）

7-14 も，答えのみ出せばいいという問題のときは以下の方法を使うと，さらに速く求められるよ。

“連立させて3次方程式になる”2つの曲線（または曲線と直線）で囲まれるひとかたまりの部分の面積は共有点のx座標を求め

$$\frac{(x^3\text{の係数の差})\cdot(\text{共有点の}x\text{座標の差})^4}{12}$$

で計算する。

例題 7-24 の場合，$y=2x^3+x^2-7x-1$……①，$y=-3x+2$……②のx^3の係数はそれぞれ2，0だから差は2だ。一方，共有点のx座標は-1と$\frac{3}{2}$と求められたね。だから，差は$\frac{5}{2}$だ。上の公式にあてはめると面積は，

$\frac{2\cdot\left(\frac{5}{2}\right)^4}{12}=\frac{625}{96}$ だ。じゃあ，ハルトくん，例題 7-25 はどうなる？

「x^3の係数は1，0だから，差は1。そして，共有点のx座標は1，-1だから，差は2。面積は，$\frac{1\cdot 2^4}{12}=\frac{4}{3}$

ということか！」

7-15 2つの放物線とその共通接線で囲まれる面積

共通接線を求めた後に面積を求めるというのも定番の問題なんだ。6-10 でやった問題の続きを解いてみよう。

例題 7-26 定期テスト 出題度 !!! 共通テスト 出題度 !!!

関数 $y=2x^2$ で表される放物線を C_1，それを平行移動したもので頂点が (3, 12) である放物線を C_2，その両方に接する直線を m とするとき，次の問いに答えよ。

(1) 放物線 C_2 の方程式を求めよ。

(2) 共通接線 m の方程式を求めよ。

(3) C_1 と m の接点Aと，C_2 と m の接点Bの x 座標を求めよ。

(4) 放物線 C_1, C_2 および接線 m で囲まれる図形の面積 S を求めよ。

(1)～(3)は 例題 6-13 ですでにやった問題なんだ。

(1)の放物線 C_2 の方程式は，$y=2(x-3)^2+12=2x^2-12x+30$

(2)の共通接線 m の方程式は，$y=4x-2$

(3)は C_1 と m の接点Aの x 座標は1,

C_2 と m の接点Bの x 座標は4

だった。図にすると次のような感じになるね。今回は(4)だけ解いておこう。

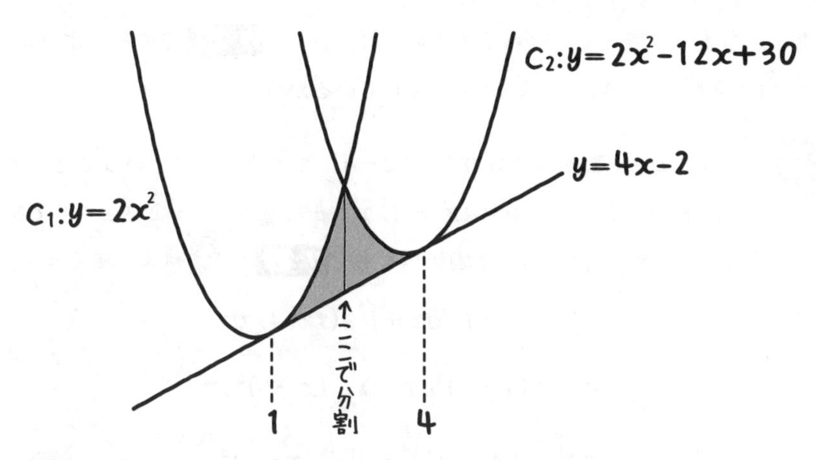

7−13 でやったけど，今回も，上にある曲線が途中で代わるよね。ということは放物線C_1，C_2の交点で縦に分割して，面積を求めなければならない。

「はい。あっ，ということは，放物線C_1，C_2の交点のx座標が必要ですね。」

そういうことになるね。じゃあ，求めてみて。

「**解答**　(4)　C_1の方程式　$y=2x^2$　……①

C_2の方程式　$y=2x^2-12x+30$　……②

①，②より，放物線C_1，C_2の交点のx座標は

$$2x^2=2x^2-12x+30$$
$$12x=30$$
$$x=\frac{5}{2}$$

$$S=\int_1^{\frac{5}{2}}\{2x^2-(4x-2)\}dx$$
$$+\int_{\frac{5}{2}}^{4}\{(2x^2-12x+30)-(4x-2)\}dx$$
$$=\int_1^{\frac{5}{2}}(2x^2-4x+2)dx+\int_{\frac{5}{2}}^{4}(2x^2-16x+32)dx$$
$$=\left[\frac{2}{3}x^3-2x^2+2x\right]_1^{\frac{5}{2}}+\cdots\cdots$$」

あっ，ちょっと待って。それでも求められるけど，7-13 でやったように，例えば$y=2x^2$と$y=4x-2$は$x=1$で接しているから……。

「あっ，$x=1$を重解にもつ！ $(x-1)^2$を因数にもつということですね。ということは，$y=2x^2-12x+30$と$y=4x-2$は$x=4$で接しているから$(x-4)^2$を因数にもち，7-3 の Point 65 がまた使えます。

$$=\int_1^{\frac{5}{2}}2(x-1)^2dx+\int_{\frac{5}{2}}^4 2(x-4)^2dx$$

$$=2\int_1^{\frac{5}{2}}(x-1)^2dx+2\int_{\frac{5}{2}}^4(x-4)^2dx$$

$$=2\left[\frac{1}{3}(x-1)^3\right]_1^{\frac{5}{2}}+2\left[\frac{1}{3}(x-4)^3\right]_{\frac{5}{2}}^4$$

$$=2\left\{\frac{1}{3}\cdot\left(\frac{3}{2}\right)^3-0\right\}+2\left\{0-\frac{1}{3}\cdot\left(-\frac{3}{2}\right)^3\right\}$$

$$=\frac{9}{4}+\frac{9}{4}$$

$$=\frac{9}{2}$$

答え 例題 7-26 (4)」

そうだね。

7-16 絶対値を含む関数の積分

7-5 で，積分する範囲をくっつけるというのがあったけど，関数が同じなら連続した区間を分けることもできるよ。

例題 7-27

定期テスト 出題度 !!! 共通テスト 出題度 !!!

$\int_2^5 |x^2-2x-3|dx$ を求めよ。

「絶対値をつけたまま，積分ってできるんですか？」

いや，できないよ。

コツ28 絶対値の積分①

方法1 積分をする前にまず，絶対値を場合分けではずす。

絶対値のはずしかたは大丈夫かな？『数学Ⅰ・A編』の 1-21 で登場したよね。

「絶対値の中が0以上のときはそのままはずし，絶対値の中が負のときは－1倍してはずすということですよね。」

うん。ちなみに，例題 7-8 (3)では，絶対値の中が0以上と決まっていたから場合分けはなかった。でも，今回は必要だ。

(i) $x^2-2x-3 \geqq 0$

$(x+1)(x-3) \geqq 0$

つまり $x \leqq -1,\ 3 \leqq x$ のとき

$\int_2^5$ ということは『$x=2$ から，$x=5$ までの積分』ということで，$2 \leqq x \leqq 5$ だ。

数Ⅱ 7章

$x \leqq -1$, $3 \leqq x$ なんだけど, $2 \leqq x \leqq 5$ ということでさらに範囲を絞り込める。できる限りせまい範囲にすることが大事だよ。

解答　$|x^2-2x-3|$ の絶対値をはずすと

(i)　$x^2-2x-3 \geqq 0$

$(x+1)(x-3) \geqq 0$

つまり $x \leqq -1$, $3 \leqq x$ のとき　……①

さらに, $2 \leqq x \leqq 5$ より,　……②

<u>$3 \leqq x \leqq 5$ のとき</u>

x^2-2x-3

じゃあ, ちょっと練習。ハルトくん, (ii)として"絶対値の中が負の場合"をやってみて。

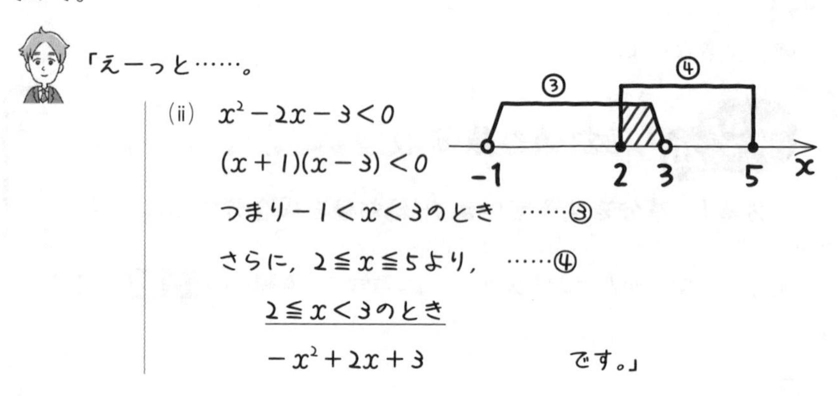

そうだね。$|x^2-2x-3|$ は,

(i)　$3 \leqq x \leqq 5$ のとき　x^2-2x-3

(ii)　$2 \leqq x < 3$ のとき　$-x^2+2x+3$

というように x の値によって式が違うんだ。

積分範囲を分割しよう。

$$\int_2^5 |x^2-2x-3|\,dx$$

$$=\int_2^3 |\underset{\text{(ii)}}{x^2-2x-3}|\,dx+\int_3^5 |\underset{\text{(i)}}{x^2-2x-3}|\,dx$$

$$=\int_2^3 (-x^2+2x+3)\,dx+\int_3^5 (x^2-2x-3)\,dx$$

$$=\left[-\frac{1}{3}x^3+x^2+3x\right]_2^3+\left[\frac{1}{3}x^3-x^2-3x\right]_3^5$$

$$=(-9+9+9)-\left(-\frac{8}{3}+4+6\right)$$

$$\quad+\left(\frac{125}{3}-25-15\right)-(9-9-9)$$

$$=9+\frac{8}{3}-10+\frac{125}{3}-40+9 \leftarrow \frac{133}{3}-32$$

$$=\frac{37}{3}$$ ⇦答え 例題 7-27

「場合分けが面倒ですね……。」

そうだね。そこで，他のやりかたを説明しよう。

コツ29 絶対値の積分②

方法2 面積で考える。

まず，$y=|x^2-2x-3|$ のグラフってどんな感じになる？

「以前にやりましたよね？ 場合分け？」

うん。それでもいいけど『右辺全体に絶対値がついているグラフ』って，『数学Ⅰ・A編』の 3-28 でも登場したね。

$y=|f(x)|$ のグラフは，$y=f(x)$ のグラフをかいて，$y<0$ の部分を x 軸で対称移動（折り返し）したものだ。

「覚えてない……。」

今回は，まず，$y=x^2-2x-3$のグラフをかいて……。あっ，『グラフをかけ。』という問題でないから簡単なものでいいよ。ハルトくん，やってみて。

「因数分解して

$y=(x+1)(x-3)$ だから，

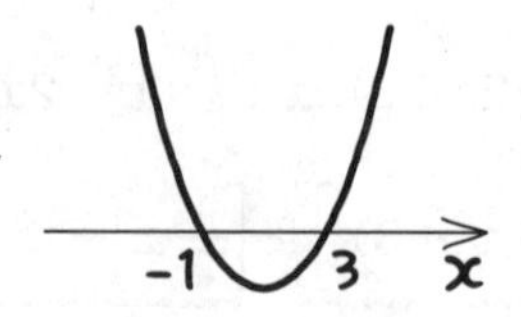

$y<0$の部分をx軸で折り返すと，

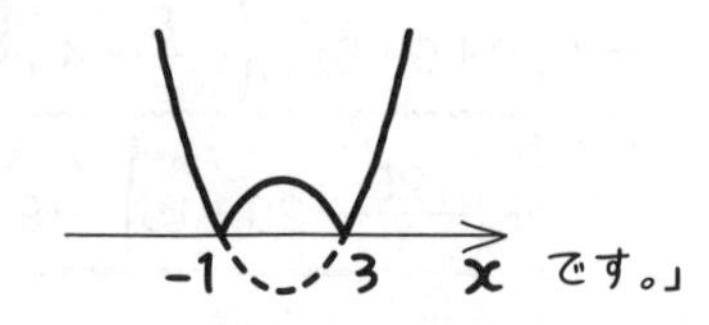

です。」

そうだね。ところで，7-10 の最後で言ったけど$y=g(x)$のグラフがx軸の上部にあるとすると，$y=g(x)$とx軸ではさまれる$x=a$から$x=b$の部分の面積Sは$\int_a^b g(x)dx$になるよね。

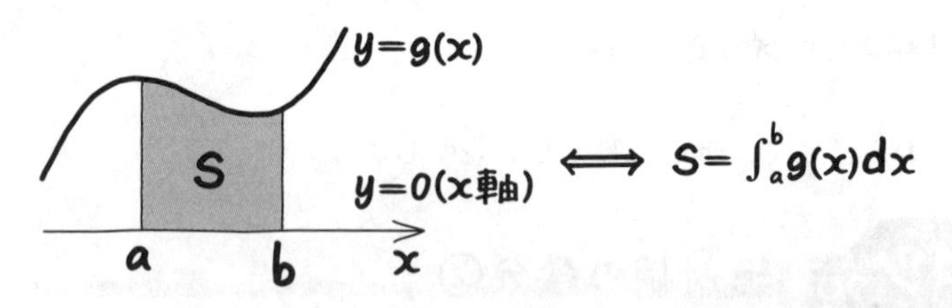

ということは逆のいいかたをすると，**$y=g(x)$のグラフがx軸の上部にあるとき，$\int_a^b g(x)dx$を求めたければ，『$y=g(x)$とx軸ではさまれる$x=a$から$x=b$の部分の面積』を求めればいい**ということだよね。わかる？

「あっ，じゃあ，$\int_2^5|x^2-2x-3|dx$を求めたいから，

『$y=|x^2-2x-3|$とx軸ではさまれる$x=2$から$x=5$の部分の面積』を求めればいいということですね。」

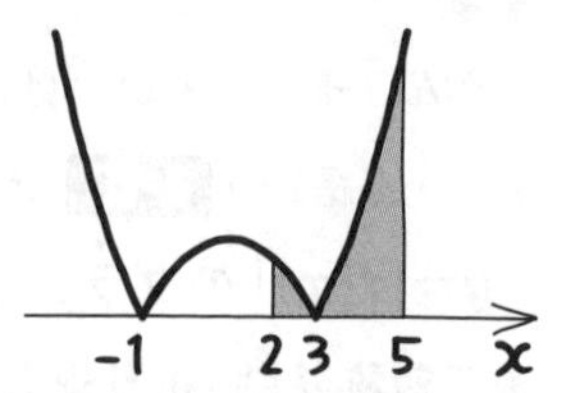

そうなんだ。じゃあ，求めてみよう。

まず，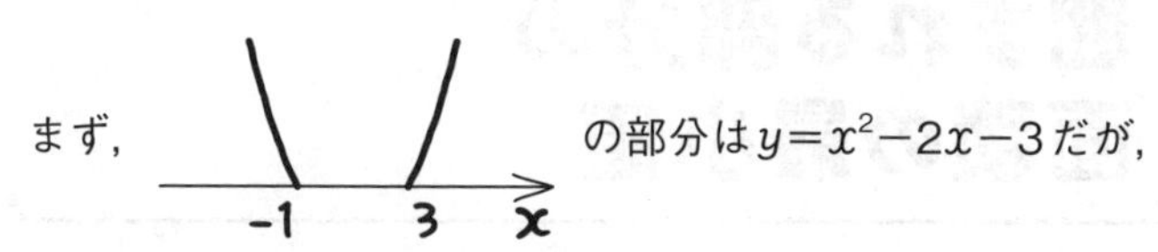

の部分は $y=x^2-2x-3$ だが，

（-1　3　x）の部分は $y=x^2-2x-3$ を x 軸で折り返した，つまり，対称移動したものだよね。

「y が $-y$ に変わるので，

$$-y=x^2-2x-3$$

$$y=-x^2+2x+3$$ 　ですね。」

そうだね。対称移動は，グラフをやるたびに登場するから，もういい加減，飽きたかな（笑）？

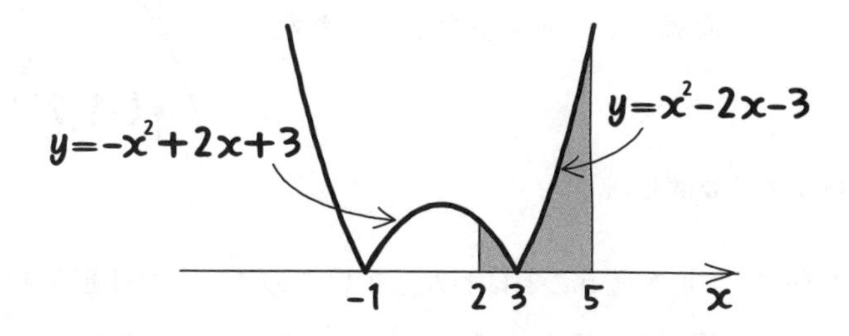

さて，上の図から面積は $\int_2^3(-x^2+2x+3)\,dx+\int_3^5(x^2-2x-3)\,dx$ になる。

「方法1と同じ結果になるのか。便利だな。」

今回は出てこなかったけど，例えば x の絶対値の積分の中には，**積分範囲が $\int_0^a$ になっているとか，積分される式が $|x^2-bx|$ になっているとか，x 以外の文字が含まれていることがある。この場合は迷わず方法2でやろう。**

数Ⅱ 7章

7-17 囲まれる部分の面積の最小値

今まで習ったいろいろな知識を使って解いていくよ。忘れているところが出てきたら，ちょっと反省しつつ，その場所に戻って覚え直せばいいからね。

例題 7-28 定期テスト 出題度 !! 共通テスト 出題度 !!!

放物線 $y=-x^2+2x+7$ と点 $(-1,\ 2)$ を通る直線で囲まれる図形の面積 S の最小値とそのときの直線の傾きを求めよ。

これは応用問題だ。

点 $(-1,\ 2)$ を通る直線は y 軸に平行でないことはわかるかな？　直線がまっすぐ縦なら囲まれないからね。

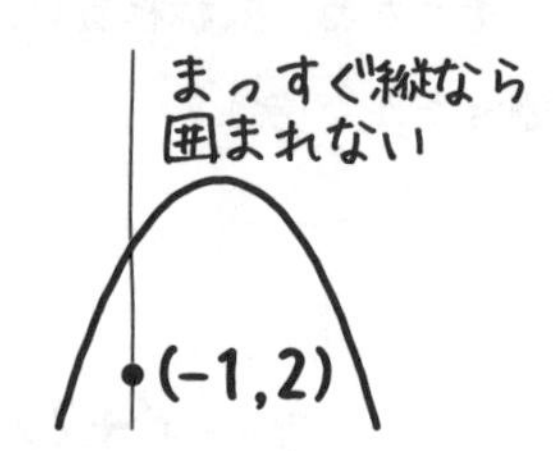

「あっ，なるほど。」

直線は点 $(-1,\ 2)$ を通ることはわかっているので，あとは傾きを決めればいいね。じゃあ，傾きを m としよう。直線の式も求められるね。さて，この問題は過去に出てきたいろいろな知識が必要なんだけど。どこまでわかっているのかな……？　じゃあ，一応，最後まで通して解いてみようか。途中でわからない点があったら，あとで聞いてくれ。

解答 放物線の方程式は

$$y=-x^2+2x+7 \quad \cdots\cdots ①$$

また，直線は明らかに y 軸に平行でないから，傾きを m とすると，点 $(-1,\ 2)$ を通るから，方程式は

$$y-2=m(x+1)$$

$$y=mx+m+2 \quad \cdots\cdots ②$$

①，②より

$$-x^2+2x+7=mx+m+2$$

$$x^2+(m-2)x+m-5=0 \quad \cdots\cdots③$$

解をα，βとすると$(\beta>\alpha)$

解と係数の関係より

$$\begin{cases} \alpha+\beta=-m+2 & \cdots\cdots④ \\ \alpha\beta=m-5 & \cdots\cdots⑤ \end{cases}$$

また，③の判別式をDとすると

$$D=(m-2)^2-4(m-5)$$

$$=m^2-8m+24>0$$

$(m-4)^2+8>0$より，常に成り立つから，異なる2点で交わる。

グラフをかくと，次のようになる。

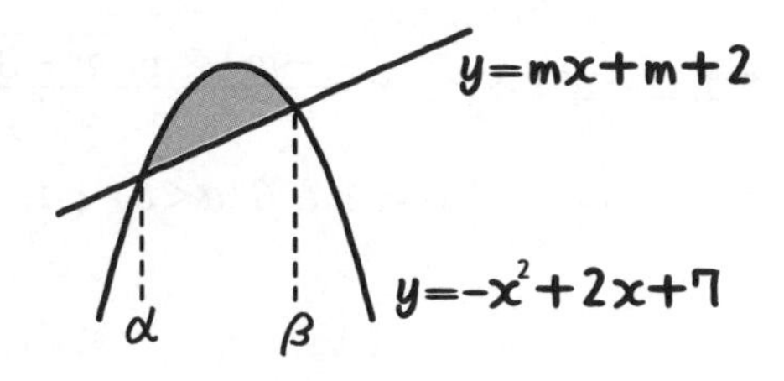

$$S=\int_\alpha^\beta\{(-x^2+2x+7)-(mx+m+2)\}\,dx$$

$$=\int_\alpha^\beta\{-x^2+(2-m)x-m+5\}\,dx$$

$$=-\int_\alpha^\beta\{x^2+(m-2)x+m-5\}\,dx$$

$$=-\int_\alpha^\beta(x-\alpha)(x-\beta)\,dx$$

$$=-\left(-\frac{1}{6}\right)\cdot(\beta-\alpha)^3$$

$$=\frac{1}{6}(\beta-\alpha)^3$$

④，⑤より，$(\beta-\alpha)^2=(\beta+\alpha)^2-4\beta\alpha$

$$=(-m+2)^2-4\cdot(m-5)$$

$$=m^2-8m+24$$

$\beta-\alpha>0$ より

$$\beta-\alpha=\sqrt{m^2-8m+24}$$

よって　$S=\dfrac{1}{6}(\sqrt{m^2-8m+24})^3$

ここで，$m^2-8m+24=(m-4)^2+8$　より

$m=4$ のとき，$m^2-8m+24$ の最小値8

直線の傾きが $\underline{\underline{4}}$ のとき，

S の最小値 $\dfrac{1}{6}(\sqrt{8})^3=\underline{\underline{\dfrac{8\sqrt{2}}{3}}}$ 

「なんか，いくつもわからないところが……。
まず，①，②を連立させたのはわかるのですが，そのあと，なんで解と係数の関係を使うのか……。」

3-24 でも登場したよ。実際に計算すると，$x=\dfrac{-m+2\pm\sqrt{m^2-8m+24}}{2}$
というすごい値になってしまう。こんなときは解を α, β ($\alpha<\beta$) とおいて，“解と係数の関係” だった。

「あっ，そうか……。じゃあ，その後の判別式は？」

異なる2点で交わるから判別式 $D>0$ だよね。

「それはわかるんです。そのあと，どうして判別式を平方完成するんですか？　因数分解するんじゃあ……。」

えっ？　あっ，そういうこと？　これはね，『数学Ⅰ・A編』の 3-16 で登場した コツ26 を思い出して。

「たしか，微分でも，この話，出てきたじゃん。」

そうだね。**お役立ち話 15**でも扱ったね。

まず，判別式の$m^2-8m+24$は因数分解できないね。さらに，

❶ $m^2-8m+24=0$の解は$m=4\pm2\sqrt{2}i$より，実数解でないよね。ということは，❷ 平方完成でやるしかない。平方完成すれば$(m-4)^2+8$だ。

$(m-4)^2$は0以上だから，8に0以上の数を足しているから絶対に正にしかならないよね。つまり，mがどんな値であろうと正になる。常に成り立つということだ。

「じゃあ，mの条件式は何も出てこないということですね。」

そう。mがどんな値でも，2点で交わるということは，曲線と点$(-1,\ 2)$の位置関係が右のようになっているからなんだ。

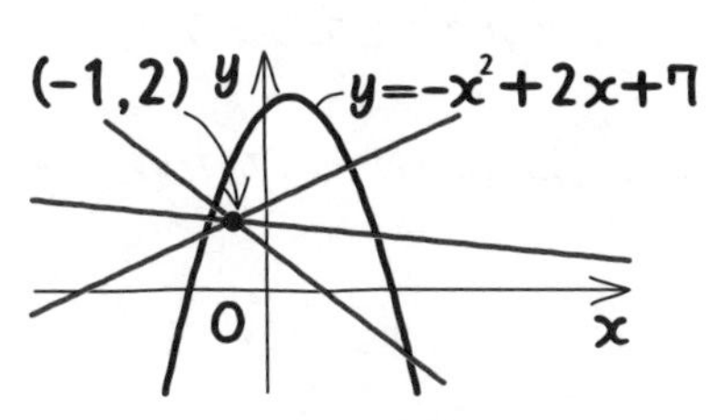

「面積の計算の途中で，$-\int_\alpha^\beta\{x^2+(m-2)x+m-5\}dx$はどうして$-\int_\alpha^\beta(x-\alpha)(x-\beta)dx$になるのですか？」

もう少し前の式変形から説明するよ。マイナスを出すと③の左辺と同じ式ができるんだったよね。

$$\int_\alpha^\beta\{-x^2+(2-m)x-m+5\}dx$$

$$=-\int_\alpha^\beta\{x^2+(m-2)x+m-5\}dx$$

そして，$x^2+(m-2)x+m-5=0$の解をα，βとおいたよね。**7-7** でも出てきたけど，$ax^2+bx+c=0$の解がα，βなら$a(x-\alpha)(x-\beta)$と因数分解できるから，$x^2+(m-2)x+m-5=(x-\alpha)(x-\beta)$と変形したんだ。

「そういうことか……。その後は，$S=\frac{1}{6}(\beta-\alpha)^3$ に α，β の本当の値である，

$$\alpha=\frac{-m+2-\sqrt{m^2-8m+24}}{2},\ \beta=\frac{-m+2+\sqrt{m^2-8m+24}}{2}$$

を代入してもいいんですよね。」

うん。いいよ。でも，『数学Ⅰ・A編』の **例題 1-23** (3)で登場した，

$$(\beta-\alpha)^2=(\beta+\alpha)^2-4\beta\alpha$$

の公式を使ったほうがラクだと思う。あとは……。

「$S=\frac{1}{6}(\sqrt{m^2-8m+24})^3$ は $\sqrt{\quad}$ の中が最小のとき，全体も最小！ということでしょう？」

あっ，ここはわかっていたのか (笑)。

7-18 面積を分割する直線の式を求める

これ，結構，定番の問題だよ。たまたま一度も解いたことのない人には，マニアックに感じるかも知れないね。

例題 7-29 定期テスト 出題度 ❗❗ 共通テスト 出題度 ❗❗

放物線 C：$y=-x(x-3)$ と直線 m：$y=ax$（ただし，$0<a<3$）で囲まれる図形の面積を S_1，放物線 C と直線 m および x 軸で囲まれる図形の面積を S_2，放物線 C と直線 m および直線 $x=3$ で囲まれる図形の面積を S_3 とするとき，次の問いに答えよ。

(1) $S_1=S_2$ であるときの a の値を求めよ。

(2) $S_1=S_3$ であるときの a の値を求めよ。

『グラフをかけ。』という問題ではないので，右のような“簡単なグラフ”でいい。

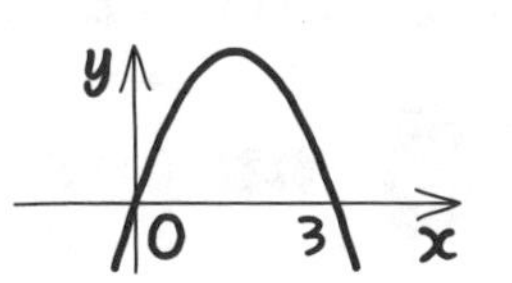

一方，m は原点を通る直線だ。下のようになるね。

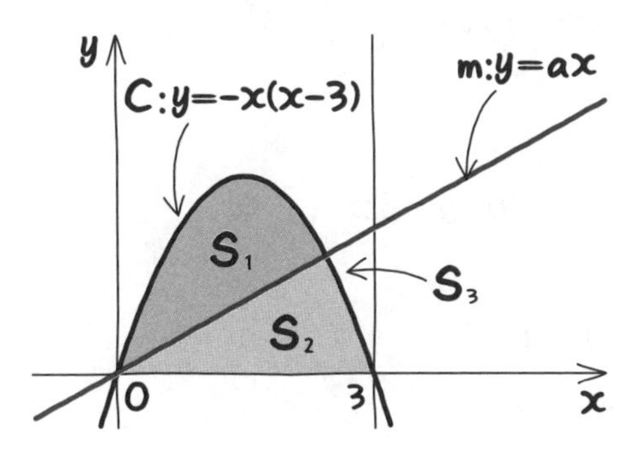

まず，S_1+S_2 を求めてみよう。ミサキさん，どうやって求められる？

「$S_1+S_2=\int_0^3\{-x(x-3)\}dx$

$=-\int_0^3 x(x-3)dx$

$=-\left(-\frac{1}{6}\right)\cdot 3^3$

$=\frac{9}{2}$

（$\int_\alpha^\beta (x-\alpha)(x-\beta)dx=-\frac{1}{6}(\beta-\alpha)^3$）

これは簡単ですね。」

そうだね。7－12 でやったもんね。

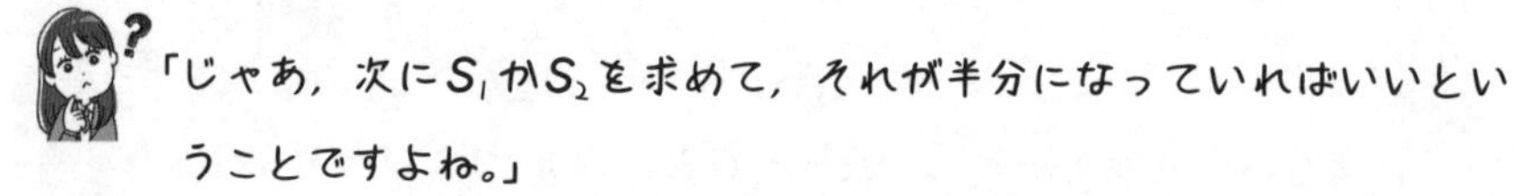

「じゃあ，次にS_1かS_2を求めて，それが半分になっていればいいということですよね。」

「$\frac{9}{4}$になればいいのか。S_1とS_2のどっちでもいいんですか？」

そうだけど，S_2は上の線が途中で変わっているよね。だから縦に分割しなければならないので求めるのが面倒だね。S_1がいいよ。上の線も下の線もずっと変わらないからね。じゃあ，最初からやってみて。

「**解答**　(1)　$S_1+S_2=\int_0^3\{-x(x-3)\}dx$

$=-\int_0^3 x(x-3)dx=-\left(-\frac{1}{6}\right)\cdot 3^3$

$=\frac{9}{2}$

$y=-x(x-3)$　……①，$y=ax$　……②

①，②より

$-x(x-3)=ax$

$-x^2+3x=ax$

$x^2+(a-3)x=0$

$x\{x+(a-3)\}=0$

$x=0,\ -a+3$

$$S_1=\int_0^{-a+3}\{-x(x-3)-ax\}dx$$

$$=\int_0^{-a+3}(-x^2+3x-ax)dx$$

$$=-\int_0^{-a+3}\{x^2+(a-3)x\}dx$$

$$=-\int_0^{-a+3}x(x+a-3)dx$$

$\int_\alpha^\beta(x-\alpha)(x-\beta)dx=-\frac{1}{6}(\beta-\alpha)^3$

$$=-\left(-\frac{1}{6}\right)\cdot(-a+3)^3$$

$$=\frac{1}{6}(-a+3)^3$$

$$S_1=\frac{1}{6}(-a+3)^3=\frac{9}{4}\text{ より}$$　$S_1+S_2=\frac{9}{2}$，$S_1=S_2$ より $S_1=\frac{9}{4}$

$$(-a+3)^3=\frac{27}{2}$$

えっ？　この先はどうするのですか？」

3乗根を使えばいいよ。**5-1** で登場したね。

$$-a+3=\frac{3}{\sqrt[3]{2}}$$

$$a=3-\frac{3}{\sqrt[3]{2}}$$ 　⇦**答え**　**例題 7-29** (1)

「こんな答えになるとは……。まさかの3乗根！」

次の(2)も解いてみよう。

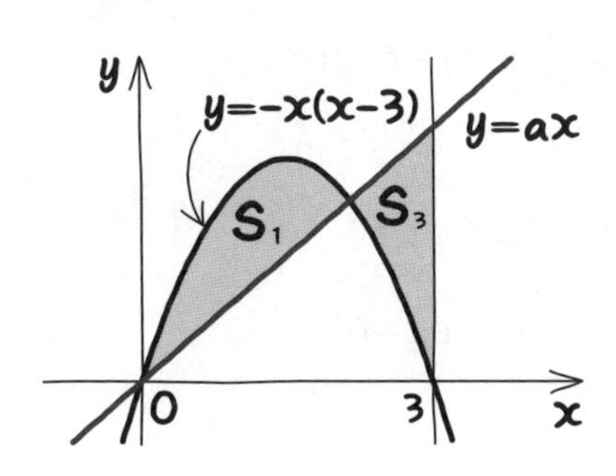

数II 7章

「S_1は$\frac{1}{6}(-a+3)^3$だったな。S_3は，

$\int_{-a+3}^{3}\{ax+x(x-3)\}dx$……。わーっ，キツいな！」

ここで，下の図を見てほしい。一方は$f(x)$が上で$g(x)$が下になっていて，他方は$g(x)$が上で$f(x)$が下になっているね。**両方の面積が等しいなら$f(x)$から$g(x)$を引いて，それをいちばん左端のaからいちばん右端のcまで積分したら0になるんだ。**

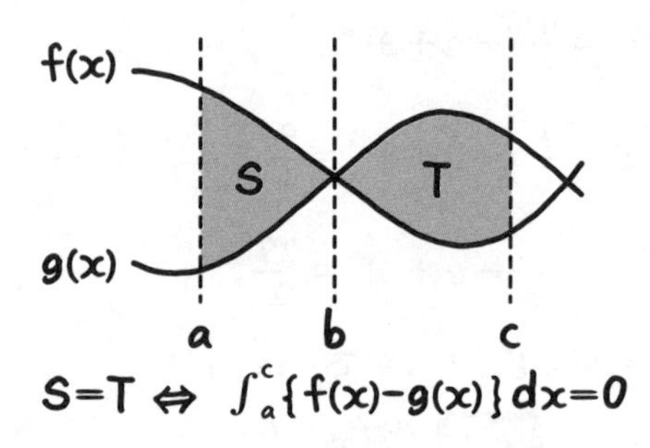

もちろん，$g(x)$ から$f(x)$ を引いてもいいから，

$\int_a^c\{g(x)-f(x)\}dx=0$でもいいんだよ。

「えっ？　でも，どうして成り立つのですか？」

$S=\int_a^b\{f(x)-g(x)\}dx$，$T=\int_b^c\{g(x)-f(x)\}dx$になるよね。そして，

$S=T$より

$$\int_a^b\{f(x)-g(x)\}dx=\int_b^c\{g(x)-f(x)\}dx$$

になるよね。これを左辺に集めればいい。

$$\int_a^b\{f(x)-g(x)\}dx-\int_b^c\{g(x)-f(x)\}dx=0$$

$$\int_a^b\{f(x)-g(x)\}dx+\int_b^c\{f(x)-g(x)\}dx=0$$

$$\int_a^c\{f(x)-g(x)\}dx=0$$

“積分される式が同じときは積分する範囲をつなげることができる”というのは，7-5 の Point 67 ❺でやったよね？

今回は右図の S_1 と S_3 が等しいから $y=ax$ と $y=-x(x-3)$ で，これを使おう。では，ミサキさん，解いて。

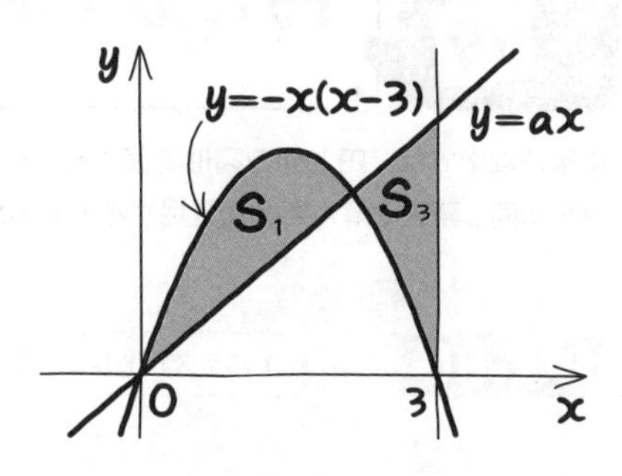

「解答　(2)　$S_1=S_3$ より，

$$\int_0^3 \{ax+x(x-3)\}dx=0$$

（$ax-\{-x(x-3)\}$）

$$\int_0^3 \{x^2+(a-3)x\}dx=0$$

$$\left[\frac{1}{3}x^3+\frac{1}{2}(a-3)x^2\right]_0^3=0$$

$$9+\frac{9}{2}(a-3)=0$$

$$18+9(a-3)=0$$

$$2+(a-3)=0$$

$\underline{\underline{a=1}}$　⇦答え　例題 7-29 (2)

あっ，解けちゃった。すごーい!!」

数II 7章

円と放物線で囲まれる面積

中学の数学では，円と他の図形で囲まれた部分の面積を求めたよ。中学の最後と数学Ⅱの最後に同じ発想で解く問題が登場するのも不思議なめぐり合わせかも。

例題 7-30　定期テスト 出題度 !　共通テスト 出題度 !!

円 $x^2+y^2=16$ と放物線 $y=\frac{1}{12}x^2+1$ で囲まれる小さいほうの部分の面積 S を求めよ。

解答

円 $x^2+y^2=16$ ……①

放物線 $y=\frac{1}{12}x^2+1$ ……②

円と放物線の交点の座標を求めると，

②より，$\frac{1}{12}x^2=y-1$

$x^2=12y-12$ ……②′

②′を①に代入すると

$12y-12+y^2=16$

$y^2+12y-28=0$

$(y+14)(y-2)=0$

$y \geqq 1$ より ← $y=\frac{1}{12}x^2+1 \geqq 1$

$y=2$

②′に代入すると

$x^2=12$

$x=\pm 2\sqrt{3}$

よって，交点は $(2\sqrt{3},\ 2)$，$(-2\sqrt{3},\ 2)$

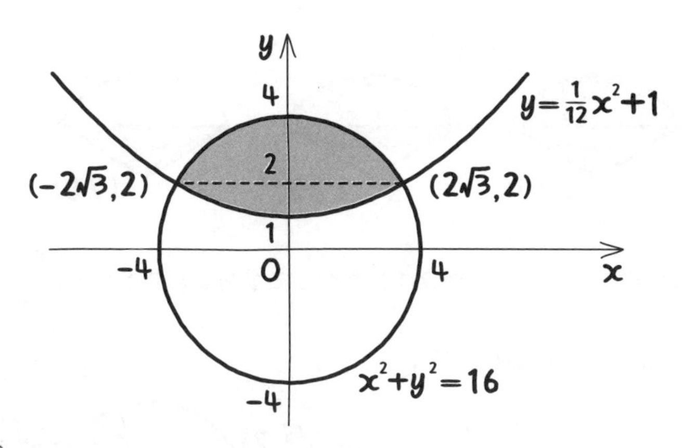

「“どら焼き”みたいな形ね。」

そうだね(笑)。さて，面積を求めるとき，ふつうは上のグラフの式から下のグラフの式を引いて，その交点から交点までの範囲で積分する。しかし，円の式は“$y=$”の形をしていないから，無理なんだ。下の図のように，直角三角形を利用して解くよ。**“円の一部分”の面積を求めたいときは，円の中心と交点をそれぞれ線分で結ぶんだ。** 長さをすべて図に書いていくと，辺の長さが，2と$2\sqrt{3}$と4。つまり，$1:\sqrt{3}:2$の直角三角形なので，1つの角は60°になるね。左側の直角三角形も同じだ。

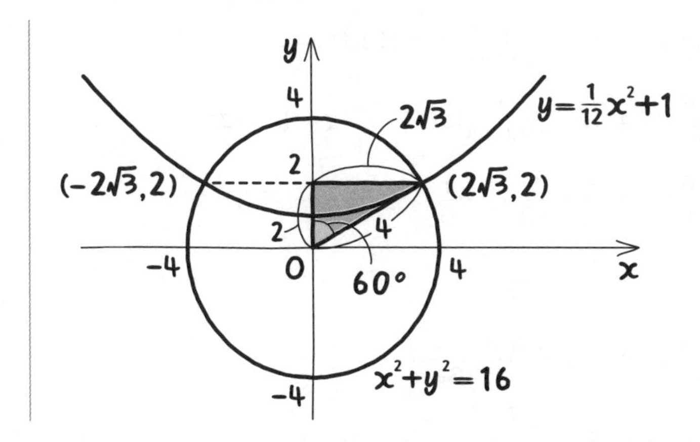

次のように考えると，**おうぎ形の面積−三角形の面積**で“どら焼き”の上の部分の面積が求まる。

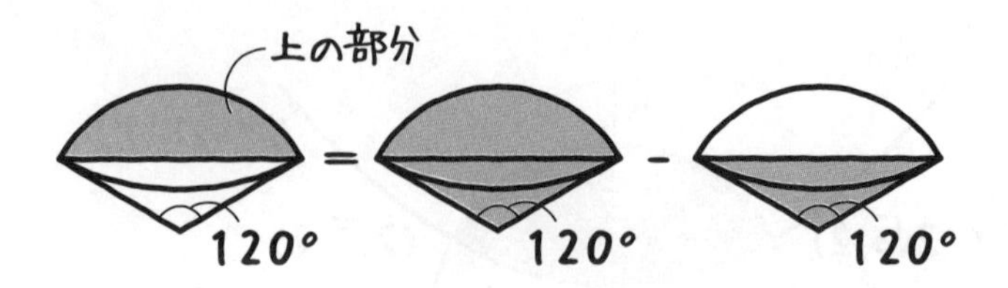

「なるほど……。下の部分はどうやって求めるんですか？」

簡単だよ。上の線は直線$y=2$で，

下の線は放物線$y=\frac{1}{12}x^2+1$

だから……。

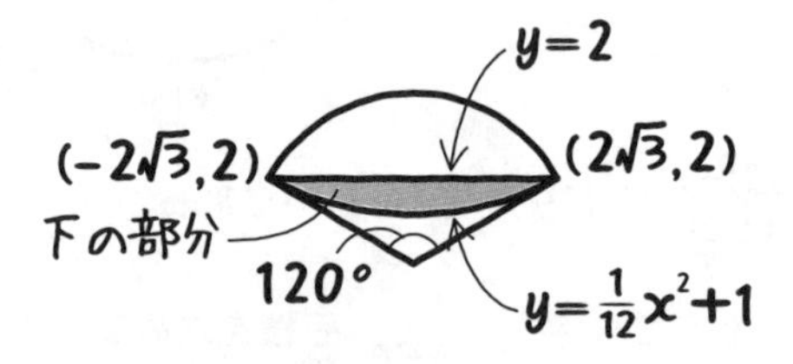

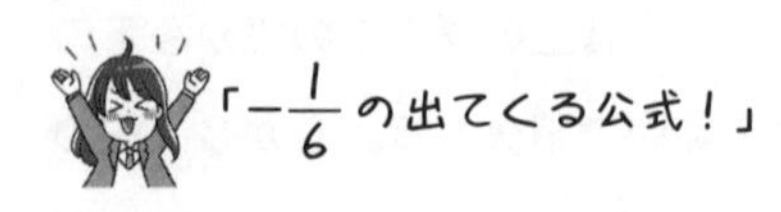

そうだね。

$$S=\underbrace{\pi\cdot4^2\cdot\frac{120}{360}-\frac{1}{2}\cdot4\sqrt{3}\cdot2}_{\text{上の部分}}+\underbrace{\int_{-2\sqrt{3}}^{2\sqrt{3}}\left\{2-\left(\frac{1}{12}x^2+1\right)\right\}dx}_{\text{下の部分}}$$

$$=\frac{16}{3}\pi-4\sqrt{3}+\int_{-2\sqrt{3}}^{2\sqrt{3}}\left(-\frac{1}{12}x^2+1\right)dx$$

$$=\frac{16}{3}\pi-4\sqrt{3}-\frac{1}{12}\int_{-2\sqrt{3}}^{2\sqrt{3}}(x^2-12)\,dx$$

$$=\frac{16}{3}\pi-4\sqrt{3}-\frac{1}{12}\int_{-2\sqrt{3}}^{2\sqrt{3}}(x+2\sqrt{3})(x-2\sqrt{3})\,dx$$

$$=\frac{16}{3}\pi-4\sqrt{3}-\frac{1}{12}\cdot\left(-\frac{1}{6}\right)\cdot\{2\sqrt{3}-(-2\sqrt{3})\}^3$$

$$=\frac{16}{3}\pi-4\sqrt{3}+\frac{(4\sqrt{3})^3}{12\cdot6}$$

$$=\frac{16}{3}\pi-4\sqrt{3}+\frac{\overset{2}{\cancel{4}}\cdot\cancel{4}\cdot4\cdot\cancel{3}\cdot\sqrt{3}}{\cancel{12}\cdot\cancel{6}_{3}}$$

$$=\frac{16}{3}\pi-4\sqrt{3}+\frac{8\sqrt{3}}{3}$$

$$=\underline{\underline{\frac{16}{3}\pi-\frac{4\sqrt{3}}{3}}}$$

答え　例題 7-30

8章

数列

音楽にも数列があるんだ。例えばバイオリンのある弦をソに調弦したとする。弦の長さの$\frac{2}{3}$のところを押さえて弾くと高いレの音（5度高い）が出る。また$\frac{1}{2}$のところを押さえて弾くと，1オクターブ高いソの音が出る。この3つの音を同時に出すと，とてもきれいなハーモニーになるんだ。

「えっ？　知らなかった！」

「この$\frac{2}{3}$とか，$\frac{1}{2}$とかの数字に何か秘密があるんですか？」

うん。ソの音の弦の長さを1として比をとると，1，$\frac{2}{3}$，$\frac{1}{2}$だね。逆数にすると，1，$\frac{3}{2}$，2となり，差はすべて$\frac{1}{2}$で同じになるんだ。逆数が一定の規則で並ぶ数の並びかたを，調和数列（harmonic sequence または harmonic progression）というんだよ。

8-1 数列の第n項を求めてみよう

IQテストで，見たことないかな？　数字がいくつか並んでいて，その後がどうなるかを求めるという問題。規則を見つけるんだよね。

数をある規則にしたがって並べたものを**数列**といい，数列の各数を**項**というんだ。例えば，

1，4，9，16，25，……

という数列があるとする。この最初の数，ここでは1だね。これを**初項**といい，a_1で表すことが多い。これは1番目の項であることから，**第1項**ともいう。2番目の項を第2項といい，a_2で表し，3番目の項を第3項といい，a_3で表す。以下同様に第4項a_4，第5項a_5，……というふうに表し，n番目の項を第n項a_nと表すんだ。

「"多い"ということは，他の表しかたでもいいんですか？」

うん。特にアルファベットは決まっていない。例えば数列が2つあったとしたら，区別するために

一方の数列を，a_1，a_2，a_3，……

もう一方の数列を，b_1，b_2，b_3，……

とおいたりするよ。

「数列って，ずっと続くものですか？」

いや。1，4，9，16というふうに項の数が決まっているものもある。これを**有限数列**といい，それに対して限りなく続くものを**無限数列**というんだ。

例題 8-1

定期テスト 出題度 ❗❗❗　共通テスト 出題度 ❗❗

次の数列 $\{a_n\}$ の一般項を求めよ。

(1) 1, 4, 9, 16, 25, ……

(2) −1, 1, −1, 1, −1, ……

(3) 1, −1, 1, −1, 1, ……

(4) $1,\ -\frac{1}{2},\ \frac{1}{3},\ -\frac{1}{4},\ \frac{1}{5},\ \cdots\cdots$

「$\{a_n\}$ ってどういう意味ですか？　一般項って……。」

ごめんごめん。説明してなかったね。a_n は第n項のことだった。これを**一般項**というんだ。それに対して，$\{a_n\}$ は数列全体のことだ。『数列 a_1, a_2, a_3, a_4, a_5, ……』と書くと面倒だよね。だから，代わりに『数列 $\{a_n\}$』と書くんだよ。

さて，(1)はどんな規則で並んでいるかな。ミサキさん，わかる？

「1は1^2だし，4は2^2だし，9は3^2だし……。」

その通り。

初項 $a_1=1^2$

第2項 $a_2=2^2$

第3項 $a_3=3^2$

⋮

となっているね。じゃあ，この流れでいくと第n項 a_n は？

「**解答**　(1)　$a_n=n^2$　　例題 8-1 (1)」

数B 8章

正解。このa_nが一般項だよ。数列では第n項を考えることがとても多いんだ。

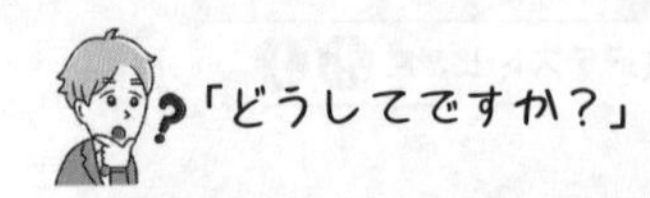
「どうしてですか？」

第n項のa_nさえ求めれば，a_1，a_2，……すべて求めたのと同じ なんだよね。

つまり，『$a_n=n^2$』なら，

$n=1$を代入すると，初項　$a_1=1^2=1$

$n=2$を代入すると，第2項　$a_2=2^2=4$

⋮

というふうに表すことができるからね。じゃあ，他も求めよう。(2)は，

初項　$a_1=(-1)^1$

第2項　$a_2=(-1)^2$

第3項　$a_3=(-1)^3$

⋮

と考えればいい。

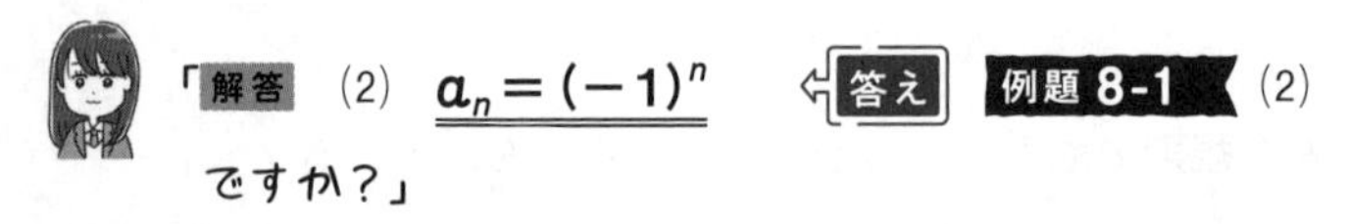
「解答　(2)　$a_n=(-1)^n$　答え　例題 8-1 (2)

ですか？」

その通りだ。(3)は(2)と似ているけど，どうなるかわかるかな？

「(2)と違って，今度は1から始まっている。符号が逆だ。」

そうだね。つまり(2)の-1倍だ。だから$a_n=-(-1)^n$と表せるね。

$(-1)^1\times(-1)^n$と考えて

解答　(3)　$a_n=(-1)^{n+1}$　答え　例題 8-1 (3)

(4)は，まず符号だけ考えてみようか。

1，-1，1，-1，1，……

になっていたら，n番目はどうなる？

「$(-1)^{n+1}$ですね。」

そう。次に，分数の部分のみに注目しよう。1は$\frac{1}{1}$と考えると，

$$\frac{1}{1},\ \frac{1}{2},\ \frac{1}{3},\ \frac{1}{4},\ \frac{1}{5},\ \cdots\cdots$$

となっているね。

「分母が1から順に並んでいるから，n番目は$\frac{1}{n}$だ。」

そうだね。今回はこの両方を掛け合わせたものだから

解答　(4)　$a_n=(-1)^{n+1}\times\frac{1}{n}$　より

$$a_n=\frac{(-1)^{n+1}}{n}$$

(4)

等差数列の一般項

カレンダーを見てみよう。日曜日の日付は公差が7の等差数列になっているよ。他の曜日でも，そうだけどね。

例題 8-2　定期テスト 出題度 ❗❗❗　共通テスト 出題度 ❗❗❗

次の等差数列 $\{a_n\}$ の一般項を求めよ。

5，9，13，17，21，……

まず，どんな規則で並んでいるかわかる？

「4ずつ増えていっていますね。」

そうだね。この数列は5から始まって，前の項に4ずつ足しているね。このように，ある数に一定の数を次々と足して得られる数列を**等差数列**というんだ。また，足していく一定の数を**公差**といい，dで表すことが多いよ。

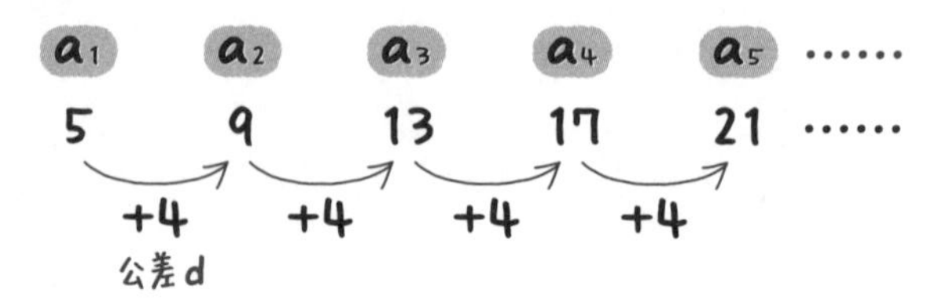

「公差が負のときもあるんですか？」

うん。公差は分数になることも$\sqrt{\ \ }$になることも，負になることもある。公差が負なら，マイナスを足していくわけだから数は減っていくよ。

では，「この等差数列の第100項a_{100}は？」と聞かれたらどうする？

「まさか，数を100個書いたりしないですよ……ね。」

うん，書かない(笑)。初項から順にそれぞれの項をa_1とdを使って表してみるよ。

まず，初項は$a_1=a_1$で，第2項a_2は初項a_1に公差dを1回足したものだ。同様に，第3項a_3は初項a_1に公差dを2回足したものだし，第4項a_4は初項a_1に公差dを3回足したものだ。式で表すと

初項　$a_1=a_1$

第2項　$a_2=a_1+d$

第3項　$a_3=a_2+d=a_1+2d$

第4項　$a_4=a_3+d=a_1+3d$

1つ少ない

⋮

となる。これをみると，**初項a_1に1つ少ない回数だけ公差を足している**よね。この調子でいくと第100項a_{100}はどうなるかな？

「初項a_1に公差dを99回足したものだから……。

第100項　$a_{100}=a_1+99d$

$=5+99\cdot4$

$=401$　か。」

その通り。つまり，等差数列の一般項は次のようになる。

等差数列の一般項

初項a_1，公差dの等差数列の第n項（一般項）は

$$a_n=a_1+(n-1)d$$

例題 8-2 の解答はこうなるよ。

解答　**初項5，公差4**より，第n項（一般項）a_nは

$$a_n=5+(n-1)\cdot 4$$
$$=\underline{\underline{4n+1}}$$

答え　例題 8-2

さて，数列を表すときは，“$a_1=5$，$a_2=9$，$a_3=13$，……になる数列”ではなく**“初項5，公差4の等差数列”**といえばいいんだ。“初項”と“公差”さえわかっていれば，すべての項が求められるよ。

「“一般項が$a_n=4n+1$の数列”といういいかたでもいいんですよね。」

うん。それでもいいね。

例題 8-3

定期テスト 出題度 !!!　共通テスト 出題度 !!!

第4項が12，第11項が-16の等差数列$\{a_n\}$について，次の問いに答えよ。

(1)　一般項a_nを求めよ。

(2)　-56になるのは第何項かを求めよ。

等差数列はなんといっても初項と公差が命だ。**まず，初項と公差を求めなければ始まらない。** 初項a_1の値をa，公差をdとおくと，

第4項は$a+3d$になり，これが12に等しい。

第11項は$a+10d$になり，これが-16に等しい。

「あっ，そうか。連立させればいいのか。

解答 (1) 数列$\{a_n\}$の初項をa，公差をdとおくと

第4項a_4は，$a+3d=12$ ……①

第11項a_{11}は，$a+10d=-16$ ……②

①−②より

$-7d=28$

$d=-4$

これを①に代入すると

$a=24$

よって，$a_n=24+(n-1)\cdot(-4)$ より

$a_n=-4n+28$ ←答え 例題 8-3 (1)」

その通り。続いて(2)だが，第何項か求めたいときは，**まず第n項を求めよう**。そして，「それが−56になるのは？」と考えればいいよ。(1)で第n項のa_nを求めているから，次のように解けるよ。

解答 (2) $a_n=-4n+28=-56$

$-4n=-84$

$n=21$

よって，**第21項** ←答え 例題 8-3 (2)

8-3 等差数列の“初項から第n項までの和”

1ずつ増えていく10個の整数を足すと，「5番目の数の10倍より5大きい数」になる。これは初項a，公差1，項数10の等差数列の和を計算してみるとわかるよ。

例題 8-4　定期テスト 出題度!!!　共通テスト 出題度!!!

初項18，公差-3の等差数列$\{a_n\}$について，次の問いに答えよ。

(1) 一般項a_nを求めよ。

(2) 初項から第n項までの和S_nを求めよ。

(3) $S_n<0$になる最小のnを求めよ。

(4) S_nが最大になるときのnの値および最大値を求めよ。

「(1)は 8-2 の Point 72 の式を使えばいいんですよね。

解答　(1) $a_n=18+(n-1)\cdot(-3)$

$=18-3n+3$

$=\underline{\underline{-3n+21}}$　答え 例題 8-4 (1)」

そうだね。じゃあ次の(2)だが，**初項から第n項までの和はS_nと書くことが多い**んだ。そして等差数列の和であるS_nは，次の公式で求められる。

等差数列の和

初項a_1，公差dの等差数列の**初項から第n項までの和S_nは**

$$S_n=\frac{n(a_1+a_n)}{2}=\frac{n\{2a_1+(n-1)d\}}{2}$$

$a_n=a_1+(n-1)d$を代入

この公式は，両方とも覚えておいてね。

「どうして，これで計算できるのですか？」

あっ，それはこのあとの**お役立ち話 18**で説明するよ。ハルトくん，公式にあてはめて解いてみて。

「解答　(2)　$S_n=\dfrac{n\{18+(-3n+21)\}}{2}$

$=\dfrac{n(-3n+39)}{2}$　← 答え　例題 8-4 (2)

ですか？」

そうだね。2つ目の公式を使って

解答　(2)　$S_n=\dfrac{n\{2\cdot18+(n-1)\cdot(-3)\}}{2}$

$=\dfrac{n(36-3n+3)}{2}$

$=\dfrac{n(-3n+39)}{2}$　← 答え　例題 8-4 (2)

と解いてもいいよ。じゃあ，ミサキさん，(3)は，わかる？

「……これも，そのまま計算すればいいんですよね。

$\dfrac{n(-3n+39)}{2}<0$

　両辺を2倍した

$n(-3n+39)<0$

　両辺を−3で割った

$n(n-13)>0$

$n<0,\ 13<n$

あれっ，このあとは？」

数列のnは自然数だよね。だってnは“第n項”のnだからね。

「あっ，そうだ。じゃあ“1より小さい自然数”はないし，
“13より大きい自然数”ということは，$n=14$，15，……ですね。

解答 (3) $\dfrac{n(-3n+39)}{2}<0$

両辺を2倍した

$n(-3n+39)<0$

両辺を-3で割った

$n(n-13)>0$

$n<0,\ 13<n$

nは自然数より

最小のnは**14** ← **答え** **例題 8-4** (3)」

そうだね。さて，次の(4)だが……。

「S_nはnの2次関数で，その最大，最小だから平方完成ですね。」

うん。それでもできるけど，『S_nの最大，最小』を求めるにはとっておきの方法がある。それは，**まずa_nを求めて，そのあとa_nが正，0，負になるときを求める**という方法だ。

$a_n>0$になるのは，$-3n+21>0$より，$n<7$のときだ。nは自然数だから，$n \leqq 6$のとき，つまり，a_1，a_2，a_3，a_4，a_5，a_6は正とわかった。

同様に，$a_n=0$になるのは，$n=7$なので，a_7は0。

そして，$a_n<0$になるのは，$n \geqq 8$なので，a_8，a_9，……は負になる。

a_1,	a_2,	……,	a_6,	a_7,	a_8,	a_9,	……
正	正		正	0	負	負	

最初の6項は正だから足せば足すほど合計は大きくなるね。でも，第7項は0だから足しても合計は変わらない。また，第8項以降は負なので足せば足すほど合計は減ってしまう。

「じゃあ，第6項までの和か，第7項までの和が最大ということか！」

そういうこと。ちなみに今回は初項が正で公差が負だから，初めのうちは正だけど途中から負になるよね。だから**初めて負になるときを調べてもいい。その1つ前までの和が最大ということだ。**

「今回のように，0の項があるときはどうなるのですか？」

その項までの和，その1つ前の項までの和のどちらとも最大になるよ。

解答　(4)　$a_n<0$になるのは

$$-3n+21<0$$

$$n>7$$

nは自然数より，$n\geqq 8$

$a_7=0$で，第8項で初めて$a_n<0$になるから，

S_nが最大になるときのnの値は$\underline{\underline{\boldsymbol{n=6,\ 7}}}$

このとき最大値は

$$S_6=S_7=\frac{7(-3\cdot 7+39)}{2}=\underline{\underline{\mathbf{63}}}$$

例題 8-4 (4)

等差数列の和の公式が成り立つワケ

8-3 で出てきた等差数列の和の公式が成り立つ理由を説明しよう。

『数学Ⅰ・A編』の**お役立ち話 20**で連続した整数の和を求めるやり方を紹介したけど，それはすべての等差数列の和を求めるときにも使えるんだ。例えば，

2 ＋ 5 ＋ 8 ＋ 11 ＋ 14 なら

初項　　　　　　　　　　末項
2 ＋ 5 ＋ 8 ＋ 11 ＋ 14
末項
＋) 14 ＋ 11 ＋ 8 ＋ 5 ＋ 2
16 ＋ 16 ＋ 16 ＋ 16 ＋ 16
初項＋末項
項数

16が5個できるので，16×5＝80。その半分なので40だ。

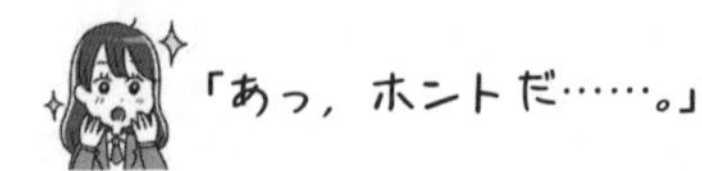

ちなみに数列の最後の項を**末項**というよ。まとめると，**“初項と末項を足した数”** 16に **“項数”** 5を掛けて2で割っているよね。つまり，

$S_n=\dfrac{n(a_1+a_n)}{2}$ になるよ。

途中の項からの和

項数を求められなかったり，数え間違ったりするミスがとても多いんだ。気をつけよう。

例題 8-5　定期テスト 出題度 !!　共通テスト 出題度 !!

初項が6，末項が91，公差が5の等差数列 $\{a_n\}$ について，第7項から末項までの和を求めよ。

まず，項数を求めよう。項数を n とするよ。

「末項って第何項ですか？」

項数は n だから……。

「あっ，n 項までということは，末項は第 n 項だ。」

そうだね。これが91になるから，

解答 末項（第 n 項）$a_n=6+(n-1)\cdot5=91$

$$(n-1)\cdot5=85$$

$$n-1=17$$

$$n=18$$

項数は18とわかったから，和を考えよう。第7項から第18項までの和は **“初項から第18項までの和”から，“初項から第6項までの和”を引けばいい。**

「えっ？　初項から第7項までの和を引くんじゃないんですか？」

いや，次の図で考えてみればわかるよ。

数B 8章

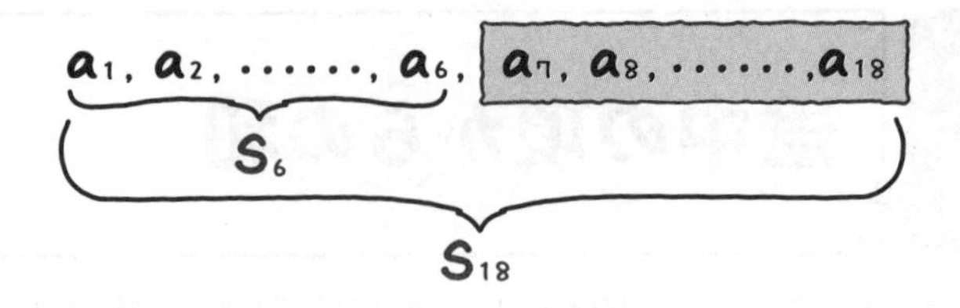

「あっ，そうか……じゃあ，

解答　初項から第n項までの和をS_nとすると

$$S_{18}-S_6=\frac{18\{2\cdot6+(18-1)\cdot5\}}{2}-\frac{6\{2\cdot6+(6-1)\cdot5\}}{2}$$

$$=873-111$$

$$=\underline{\underline{762}}$$

（$S_n=\frac{n\{2a+(n-1)d\}}{2}$）

答え　例題 8-5」

うん。さらに，他にも求めかたがあるよ。等差数列の一部を切り取っても等差数列になるという性質を使うんだ。

a_1, a_2, ……, a_6, a_7, a_8, ……, a_{18}

これが初項！

ふつうの数列は第1項から始まるから，第1項が初項だが，今回は第7項a_7を初項とみなすんだ。項数12，公差5の等差数列の和と考えられるよね。

解答　初項（第7項）$a_7=6+(7-1)\cdot5=36$より

和は$\frac{12(36+91)}{2}=\underline{\underline{762}}$　答え　例題 8-5

「第7項から第18項までなら項数は11じゃないんですか？」

いや，違うよ。例えば『7日から18日まで何日間あるか？』なら，
（最後の日）－（最初の日）＋1で計算するのはわかる？
18－7＋1＝12（日間）だ。今回もこの考えかたと同じだよ。

等比数列

5章のオープニング（p.347）で登場した貯金の話も，実は数列なんだ。31日目の金額は，初項1，公比2の等比数列の第31項だよ。

例題 8-6 定期テスト 出題度 !!! 共通テスト 出題度 !!!

次の等比数列 $\{a_n\}$ の一般項を求めよ。

2，6，18，54，162，……

これはどんな規則で並んでいるか，わかるかな？

「3倍ずつになっていますね。」

そうだね。この数列は2から始まって，前の項に3を掛けているね。このようにある数に一定の数を次々と掛けて得られる数列を**等比数列**というんだ。掛けていく一定の数を**公比**といい，rで表すことが多いよ。

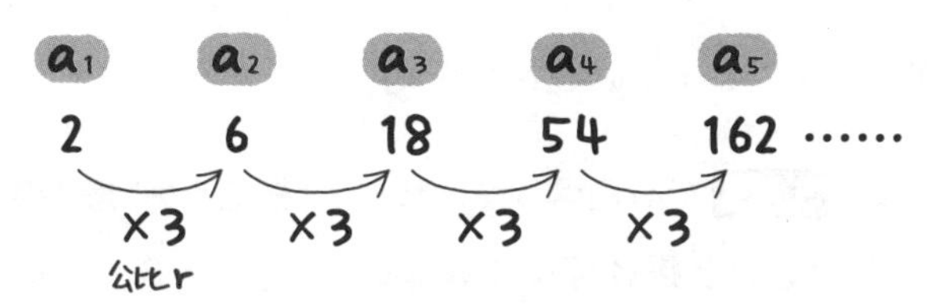

第2項 a_2 は初項 a_1 に公比 r を1回掛けたものだし，

第3項 a_3 は初項 a_1 に公比 r を2回掛けたもの，

第4項 a_4 は初項 a_1 に公比 r を3回掛けたものだ。

これを式で表すと

初項　$a_1=a$

第2項　$a_2=a_1r=ar^{1}$

第3項　$a_3=a_2r=ar^{2}$

第4項　$a_4=a_3r=ar^{3}$

⋮　　1つ少ない

初項に，第●項の●より1つ少ない回数だけ公比を掛けているよね。例えば第100項a_{100}は，初項a_1に公比rを99回掛けたものだ。これを第n項で考えると以下のようになる。

等比数列の一般項

初項a_1，公比rの等比数列の第n項（一般項）は

$$a_n=a_1\cdot r^{n-1}$$

「例題 8-6 の数列は初項2，公比3だから，

$a_n=2\cdot 3^{n-1}$

ですね。」

「$2\cdot 3^{n-1}=6^{n-1}$じゃないんですか？」

いや，違うよ。5-6 でも登場したけれど，**“指数”か“底”の少なくとも一方がそろっていないと掛け算はできないんだ。**2と3^{n-1}は底が“2”と“3”でそろっていないし，指数は“1乗”と“$n-1$乗”でそろっていないからね。

「あっ，そうか。じゃあ，やっぱり

解答　第n項（一般項）$a_n=2\cdot 3^{n-1}$ 

例題 8-6

のままでいいんですね。」

そうだよ。

例題 8-7

定期テスト 出題度 ❗❗❗　共通テスト 出題度 ❗❗❗

第2項が28，第5項が-224の等比数列$\{a_n\}$について，次の問いに答えよ。ただし，公比は実数とする。

(1)　次のア～ウにあてはまる0から9までの数字または符号を答えよ。

一般項$a_n=$ ア $\cdot($ イウ $)^n$である。

(2)　-896になるのは第何項かを求めよ。

まず，**初項と公比を求めなければならない**よ。初項a，公比rとおいて計算しよう。

第2項　$a_2=ar=28$　……①

第5項　$a_5=ar^4=-224$　……②

連立方程式は足したり引いたりというイメージがあるけど，左辺どうし，右辺どうしを割ってもいいんだ。今回は②÷①を計算すると，$\dfrac{ar^4}{ar}$となるよね。

「なるほど。aが約分されて消えるんだ！」

等比数列の問題で連立方程式を解くときは，$a\times$●$=$の形を2つ作って，割るということが多いよ。

「あれっ？　でも，たしか，文字で割るときは，割るものが“0でない”か“0”かで場合分けしなきゃいけないんじゃ……。」

おっ，よく覚えていたね！『数学Ⅰ・A編』の 1-20 で登場したもんね。でも，今回は大丈夫だよ。①でarは28だといっているから。

「そうか。あっ，じゃあ，aもrも0じゃないのか。」

うん，それもわかるね。じゃあ，②÷①を計算しよう。左辺どうし，右辺どうしを割ると，$r^3=-8$になるから，$r=-2$だ。

これを①に代入して計算すると，$a=-14$

よって，初項-14，公比-2より，

$$一般項 a_n=-14\cdot(-2)^{n-1}$$

になるね。

「えっ？　でも，解答欄はn乗になっていて合わない……。」

そうだね。そこで，-14を$7\times(-2)$と考えてみようか。

$$\begin{aligned}a_n&=-14\cdot(-2)^{n-1}\\&=7\times(-2)\cdot(-2)^{n-1}\\&=7\cdot(-2)^n\end{aligned}$$

となるよね。

「あっ，たしかに。1乗と$(n-1)$乗を掛けるとn乗ですね。」

「でも，-14を7と-2に分解するなんて絶対に思いつかないよ。」

それならば$(-2)^{n-1}$のほうをイジればいい。$\dfrac{(-2)^n}{-2}$になるよね。

解答　(1)　初項a，公比rとおくと，

第2項$a_2=ar=28$　……①

第5項$a_5=ar^4=-224$　……②

①より，$a\neq0$，$r\neq0$だから，②÷①より

$$\frac{ar^4}{ar}=-8$$

$$r^3=-8$$

rは実数だから

$$r=-2$$

これを①に代入すると，$a=-14$

$$a_n=-14\cdot(-2)^{n-1}$$
$$=-14\cdot\frac{(-2)^n}{-2}$$
$$=\mathbf{7\cdot(-2)^n}$$

ア …**7**，イウ …**−2** ⇦答え 例題 8-7 (1)

「$(-2)^{n-1}=(-2)^n\cdot(-2)^{-1}$としてもいいんですか？」

うん，いいよ。$(-2)^{-1}=-\frac{1}{2}$だからね。じゃあ，(2)の-896になるのは第何項かだけど，『第何項かを求める』というのは，例題 8-3 でもあったね。

「第n項が-896と考えればいいんですよね。

解答 (2) $a_n=7\cdot(-2)^n=-896$

$$(-2)^n=-128$$
$$(-2)^n=(-2)^7$$
$$n=7$$

よって，**第7項** ⇦答え 例題 8-7 (2)」

よくできました。

8-6 等比数列の“初項から第n項までの和”

等比数列の和の公式は，公比≠1のときと，公比=1のときがあるんだけど，公比が1の数列って同じ数字が並ぶ数列だからね。和は簡単に求められるよ。

例題 8-8　定期テスト 出題度 !!!　共通テスト 出題度 !!!

初項 -5，公比$\frac{1}{2}$の等比数列 $\{a_n\}$ の初項から第 n 項までの和 S_n を求めよ。

Point 75 等比数列の和

初項a_1，公比rの等比数列の
初項から第n項までの和S_nは

(i) $r \neq 1$のとき　$S_n=\dfrac{a_1(1-r^n)}{1-r}$

(ii) $r=1$のとき　$S_n=na_1$

この公式が成り立つ理由は，このあとの**お役立ち話 19**で説明するよ。では問題を解いていくけど，この問題は Point 75 の公式を使えばいい。今回は公比が$\frac{1}{2}$なので，$S_n=\frac{a_1(1-r^n)}{1-r}$のほうを使うよ。ハルトくん，解いてみよう。

「解答　$S_n=\dfrac{-5\left\{1-\left(\frac{1}{2}\right)^n\right\}}{1-\frac{1}{2}}=\dfrac{-5\left\{1-\left(\frac{1}{2}\right)^n\right\}}{\frac{1}{2}}$

このあとは，どうすればいいんだろう？」

係数の $\dfrac{-5}{\dfrac{1}{2}}$ を簡単にしたいね。割り算は逆数の掛け算だから，$\dfrac{1}{2}$ の逆数2を掛ければいいよ。分母，分子に2を掛けてもいい。

「
$$S_n=\frac{-5\left\{1-\left(\frac{1}{2}\right)^n\right\}}{1-\frac{1}{2}}=\frac{-5\left\{1-\left(\frac{1}{2}\right)^n\right\}}{\frac{1}{2}}$$
分母・分子に2を掛ける
$$=-5\cdot2\left\{1-\left(\frac{1}{2}\right)^n\right\}$$
$$=\underline{\underline{-10+10\left(\frac{1}{2}\right)^n}}$$
答え 例題 8-8 」

例題 8-9　定期テスト 出題度 !!　共通テスト 出題度 !!!

初項が2，末項が-486，和が-364である等比数列$\{a_n\}$の公比と項数を求めよ。

公比をr，項数をnとおこう。

「“末項”ということは，第n項か。」

うん。項はn個あるからね。例題 8-5 でも登場したね。

末項（第n項）$a_n=2r^{n-1}=-486$

$r^{n-1}=-243$ ……①

「次は和ですね。あれっ？　でも，等比数列の和の公式って，公比≠1のときと公比＝1のときで違いますよね？」

「今回はどっちを使うのかな？」

ハルトくん，公比が1の数列ってどんな数列？

「ずっと1を掛けるので，ずっと同じ数字が並ぶ数列……あっ，そうか！」

気づいたかな。初項と末項が違うから，この等比数列の公比は1じゃないね。つまり$r \fallingdotseq 1$だから，初項から第n項までの和S_nは

$$S_n=\frac{2(1-r^n)}{1-r}=-364$$

$$\frac{1-r^n}{1-r}=-182 \quad \cdots\cdots ②$$

あとは，例題 8-7 でやったように連立方程式を解くんだ。

「①と②はどうやって連立するのですか？」

n乗を，$(n-1)$乗×1乗に直せばいいよ。

$$\frac{1-r^{n-1}\cdot r}{1-r}=-182$$

これに①を代入すればO.K.だ。

解答　公比をr，項数をnとおくと，初項≒末項より，$r \fallingdotseq 1$

$$末項（第n項）\ a_n=2r^{n-1}=-486$$

$$r^{n-1}=-243 \quad \cdots\cdots ①$$

初項から第n項までの和S_nは

$$S_n=\frac{2(1-r^n)}{1-r}=-364$$

$$\frac{1-r^n}{1-r}=-182$$

$$\frac{1-r^{n-1}\cdot r}{1-r}=-182$$

これに①を代入すると

$$\frac{1+243r}{1-r}=-182$$

$$1+243r=-182(1-r)$$

$$1+243r=-182+182r$$

$$61r=-183$$

$$r=-3$$

これを①に代入すると

$$(-3)^{n-1}=-243$$

$$(-3)^{n-1}=(-3)^5$$

$$n-1=5$$

$$n=6$$

公比−3，項数6 

例題 8-9

例題 8-10　定期テスト 出題度 !!　共通テスト 出題度 !!!

初項から第4項までの和が45，初項から第8項までの和が765である等比数列$\{a_n\}$の一般項を求めよ。

「まず，初項a，公比rとおいて，$r\neq1$のときと，$r=1$のときで和の公式が違うから……。」

「分けるのが面倒くさいよ。先に$r\neq1$であることをいったほうがいいんじゃないの？」

「そうね。公比が1なら，すべての項が同じ数の数列だから……。あっ，変！　第4項までの和が45になるなら，初項から第8項までの和は2倍の90になるはずだもん。$r\neq1$ね。」

そうだね。$r \neq 1$であることをいって，$S_n=\dfrac{a_1(1-r^n)}{1-r}$の公式を使おう。

解答　初項をa，公比をrとすると，$r=1$ならば，すべての項が同じ数だから初項から第4項までの和S_4が45，初項から第8項までの和が765は矛盾。

よって，$r \neq 1$より

初項から第4項までの和$S_4=\dfrac{a(1-r^4)}{1-r}=45$　……①

初項から第8項までの和$S_8=\dfrac{a(1-r^8)}{1-r}=765$　……②

$a \neq 0$，$r \neq 1$だから，②÷①より

$$\frac{a(1-r^8)}{1-r}\cdot\frac{1-r}{a(1-r^4)}=17$$

$$\frac{1-r^8}{1-r^4}=17$$

$$\frac{(1+r^4)(1-r^4)}{1-r^4}=17$$

$$1+r^4=17$$

$$r^4=16$$

$$r=2,\ -2$$

①に代入すると

$r=2$のとき，$a=3$

$r=-2$のとき，$a=-9$

よって

$\boldsymbol{a_n=3\cdot 2^{n-1}}$ **または** $\boldsymbol{a_n=-9\cdot(-2)^{n-1}}$　

例題 8-10

お役立ち話 19

等比数列の和の公式が成り立つワケ

「等比数列の和の公式って，どうして成り立つんですか？」

まず，初項から第n項までふつうに書き並べる。そして，これをr倍したものを下に書く。8-20 でまた紹介するんだけど，1つずつ右にずらして書くんだ。そして，上下を引くと

$$
\begin{array}{rl}
S_n = & a_1 + a_1r + a_1r^2 + \cdots\cdots + a_1r^{n-1} \\
-)\ rS_n = & \qquad a_1r + a_1r^2 + \cdots\cdots + a_1r^{n-1} + a_1r^n \\
\hline
S_n - rS_n = & a_1 \qquad\qquad\qquad\qquad\qquad - a_1r^n
\end{array}
$$

上下を引いた式を整理すると

$(1-r)S_n=a_1(1-r^n)$ ……①

あとは両辺を$1-r$で割ればいいわけだが，$1-r$は0か0でないか不明なので，場合分けになるね。

(i) $1-r\neq0$つまり$r\neq1$のとき

①の両辺を$1-r$で割って，$S_n=\dfrac{a_1(1-r^n)}{1-r}$

(ii) $1-r=0$つまり$r=1$のとき

$1-r$で割れないので最初の式に$r=1$を代入すると，

$S_n=a_1+a_1+a_1+a_1+\cdots\cdots+a_1$ ←a_1がn個

$=na_1$

積立預金

今回は貯金の利子の問題だけれど，借金の利子の場合もあるよね。額が計算できないと悲惨なことになりそうで，ちょっと怖いね。

例題 8-11　定期テスト 出題度 !!　共通テスト 出題度 !

クレアさんは10年前の誕生日から毎年誕生日に，1000ドルずつ積立預金をし，今年の誕生日に引き出すことにした。年利2%の複利がつくとするとき，次の問いに答えよ。ただし，$1.02^{10}=1.219$とする。

(1)　初めの年に預けた1000ドルはいくらになっているか。

(2)　全額引き出すとすると，合計額はいくらか。

ただし，今年の誕生日に預ける1000ドルは含めないものとする。

年利2%の複利なんて，ずいぶんいい利率だな。うらやましい(笑)。

ところで，『2%の複利』の意味わかる？

「初めて聞きました。」

複利2%ってことは，1年後には2%増える。何倍になる？

「うーん……。」

小学校のときに習っているよ。元の100%から2%増えるわけだから，102%になるということだよね。

「あっ，1.02倍だ……。」

そうだね。1年で1.02倍。その1.02倍の額を“元金と利息を合計した額”という意味で『元利合計』というんだ。さらに1年たつと前の年の元利合計の1.02倍，その次の年も同じように1.02倍，……ということで，10年後の現在では元利合計は1.02^{10}倍になっているはずだ。

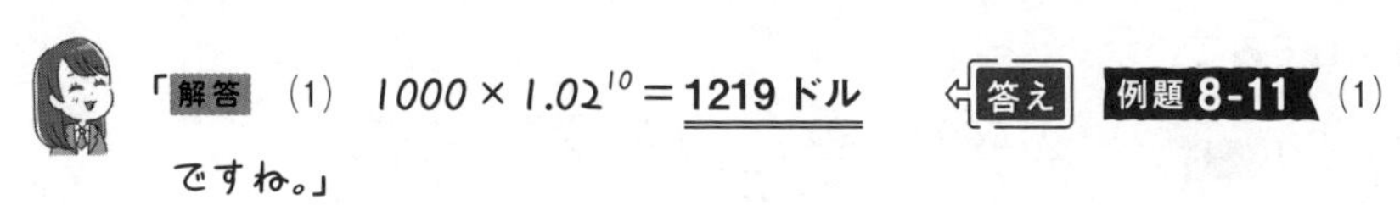

「解答 (1) $1000 \times 1.02^{10} = \underline{\underline{1219}}$ ドル ⇐答え 例題 8-11 (1)

ですね。」

その通り。その次の年つまり，9年前に預けた1000ドルは9年しかたっていないから，

$$1000 \times 1.02^{9}$$

になっている。

さらに，

8年前に預けた1000ドルは，

$$1000 \times 1.02^{8}$$

⋮

2年前に預けた1000ドルは，

$$1000 \times 1.02^{2}$$

1年前に預けた1000ドルは，

$$1000 \times 1.02^{1}$$

となるね。

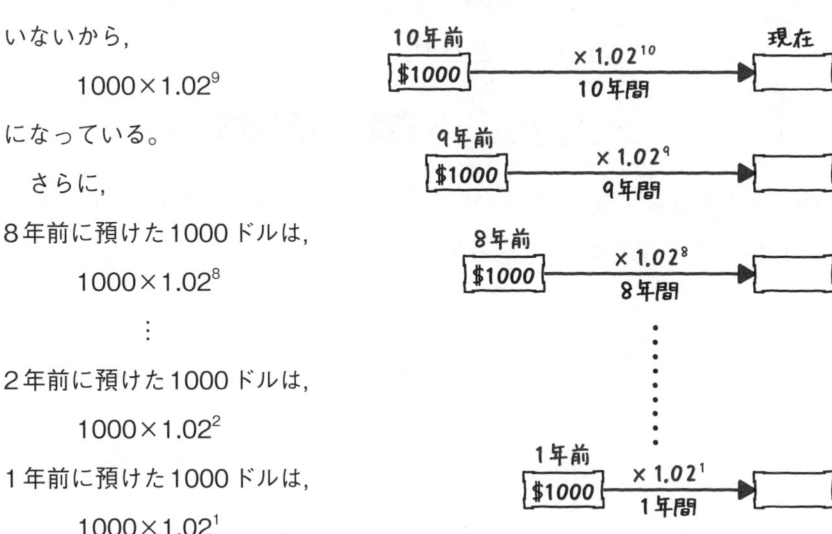

さて，(2)の貯まったお金の合計だけれど，これを逆に足していくとわかりやすいよ。

$(1000 \times 1.02^{1}) + (1000 \times 1.02^{2}) + \cdots\cdots$

$+ (1000 \times 1.02^{8}) + (1000 \times 1.02^{9})$

$+ (1000 \times 1.02^{10})$

これってどんな数列の和になっている？

「あっ，初項が(1000×1.02)，公比が1.02，項数10の等比数列の和だ。」

そうだね。1年前に預けたお金の元利合計1000×1.02を初項，10年前に預けたお金の元利合計1000×1.02^{10}を第10項と考えればいいね。じゃあ，計算してみて。

「**解答**　(2)　$\dfrac{(1000\times 1.02)(1-1.02^{10})}{1-1.02}$　　$S_n=\dfrac{a(1-r^n)}{1-r}$

$1.02^{10}=1.219$

$=\dfrac{1020(1-1.219)}{-0.02}$

$=\dfrac{1020\cdot(-0.219)}{-0.02}$

$=$**11169ドル**　⇦**答え**　**例題 8-11** (2)」

よくできました。預金しなかったら$1000\times 10=10000$ドルだったのだから，1169ドルも増えたことになるね。いい利率だ(笑)。

8-8 等差中項，等比中項

等差数列や等比数列で，3つ続いた項の真ん中の項にはおもしろい性質があるんだ。よく考えると当たり前だけどね。

例題 8-12 定期テスト 出題度 !!! 共通テスト 出題度 !!

$a-2$，29，b がこの順で等差数列になり，3，a，b がこの順で等比数列になるとき，定数 a，b の値を求めよ。ただし，a，b は0でない数とする。

3つ並んだ等差数列の真ん中の項を**等差中項**，3つ並んだ等比数列の真ん中の項を**等比中項**というんだ。以下の公式が成り立つよ。

等差中項，等比中項

❶ 等差中項

a，b，c がこの順で等差数列 $\iff 2b=a+c$

❷ 等比中項

a，b，c がこの順で等比数列 $\iff b^2=ac$

（a，b，c は0でない数）

❶ a，b，c がこの順で等差数列となるとき，公差を d とすると

$a=b-d$，$c=b+d$ なので，$a+c=2b$

❷ a，b，c がこの順で等比数列となるとき，公比を r（$r\neq 0$）とすると

$a=\dfrac{b}{r}$，$c=br$ なので，$ac=b^2$ ってことだ。

じゃあ，ミサキさん，これを使って解いてみて。

「**解答**　$a-2$，29，bがこの順で等差数列より

$$2\cdot 29=(a-2)+b$$
$$58=a-2+b$$
$$a+b=60 \quad \cdots\cdots①$$

3，a，bがこの順で等比数列より

$$a^2=3b$$
$$a^2-3b=0 \quad \cdots\cdots②$$

①×3＋②より

$$a^2+3a=180$$

$$\begin{array}{r} 3a+3b=180 \\ +)\ a^2-3b=0 \\ \hline a^2+3a=180 \end{array}$$

$$a^2+3a-180=0$$
$$(a+15)(a-12)=0$$
$$a=-15,\ 12$$

①に代入すると

$a=-15$のとき，$b=75$

$a=12$のとき，$b=48$

よって，$(a,\ b)=(-15,\ 75),\ (12,\ 48)$

答え　例題 8-12」

その通り。じゃあ，次の問題。

例題 8-13

定期テスト 出題度 !!　　共通テスト 出題度 !

-1，a，bをある順に並べると等差数列になり，別のある順に並べると等比数列になるとき，定数a，bの値を求めよ。ただし，$-1<a<0<b$とする。

「“ある順”って，順番がわかっていないのですか？」

うん。それも求めなければならない。まず，等差数列のほうだが，**等差数列は徐々に増えるか，徐々に減るかのどちらかなんだ。**

つまり，$-1<a<0<b$ より公差が正のときは-1，a，bの順，公差が負のときはb，a，-1の順になる。

「あっ，そうか。でも，どちらも真ん中の項はaだ。
$2a=b-1$になる。」

次に，等比数列のほうだが，**等比数列はすべて同じ符号になるか，正と負が交互になるかのどちらかなんだ。**

公比が正なら，正の数を掛けていくわけだから，ずっと同じ符号になるはずだね。
公比が負なら，負の数を掛けていくわけだから，符号が交互になるはずだ。

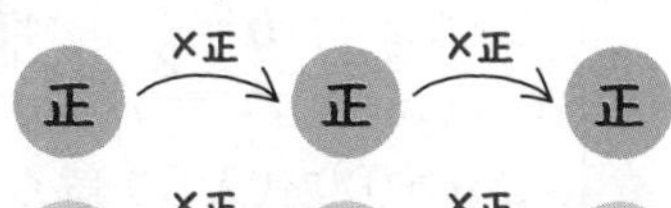

これをふまえて解いてみるよ。-1とaが負で，bが正だよね。そして，これを並べる。まず公比は正なの？　負なの？

「もしも公比が正ならば，3つとも正か3つとも負になっているはずだから……公比は負です。」

そうだね。そして，並び順は正と負が交互に来るから，
-1，b，aの順か，または，a，b，-1の順のはずだ。

「どっちにしても，$b^2=-a$になりますね。」

そうなんだ。じゃあ，解いてみるよ。

数B 8章

解答　$-1<a<0<b$ より，等差数列は -1，a，b の順か，b，a，-1 の順になるので

$2a=b-1$ ……①

等比数列は -1，b，a の順か，a，b，-1 の順になるので

$b^2=-a$ ……②

②より，$a=-b^2$ ……②′でこれを①に代入すると，

$$-2b^2=b-1 \quad \leftarrow 2\cdot(-b^2)=b-1$$

$$2b^2+b-1=0$$

$$(2b-1)(b+1)=0$$

$$b=\frac{1}{2},\ -1$$

$b>0$ より，$\boldsymbol{b=\frac{1}{2}}$ 　答え　例題 8-13

これを①に代入して解くと，$\boldsymbol{a=-\frac{1}{4}}$ 　答え　例題 8-13

8-9 3つの数が等差数列になっているとき

ちょっとした工夫で計算がラクになるというのは，結構，快感だよ。数学の醍醐味はそういうところにあるのかも。

例題 8-14 定期テスト 出題度❗❗❗ 共通テスト 出題度❗❗

3つの数が等差数列をなしていて，和が33，それぞれの数の2乗の和が395になるとき，その3つの数を求めよ。

まず，求めたい3つの数をおこう。

「a，b，cでいいんですか？」

いや，文字は3つもいらないよ。等差数列だから，初項をa，公差をdとすると，a，$a+d$，$a+2d$とおける。

$$a+(a+d)+(a+2d)=33$$

これを計算すると，$a+d=11$ ……①

$$a^2+(a+d)^2+(a+2d)^2=395$$

これを計算すると，$3a^2+6ad+5d^2=395$ ……②

と式を立ててもいいのだが，もっと簡単な式を作る方法もあるんだ。**項数が奇数個のときは真ん中の数をaとおけばいい。** すると，前の数は真ん中の数よりd少ないわけだから$a-d$になるし，後ろの数は真ん中の数よりd多いので$a+d$とおけるよ。

解答　3つの数が等差数列より，$a-d$，a，$a+d$とおくと

$$(a-d)+a+(a+d)=33$$
$$3a=33$$
$$a=11 \quad \cdots\cdots ①$$
$$(a-d)^2+a^2+(a+d)^2=395$$
$$a^2-2ad+d^2+a^2+a^2+2ad+d^2=395$$
$$3a^2+2d^2=395 \quad \cdots\cdots ②$$

①を②に代入すると

$$3\times11^2+2d^2=395$$
$$2d^2=395-363$$
$$d^2=16$$
$$d=4,\ -4$$

$d=4$のとき，7，11，15

$d=-4$のとき，15，11，7

よって，3つの数は，**7，11，15**　

例題 8-14

「こっちのほうが計算がラクですね。5個のときはどうするのですか？」

同じだよ。真ん中をaとしよう。あとは左右に2個ずつあるので，

$$a-2d,\ a-d,\ a,\ a+d,\ a+2d$$

とおける。$(2n+1)$個でもそうだ。真ん中に1個あり，左右にn個ずつあるので，

$$\underbrace{a-nd,\ \cdots\cdots,\ a-d}_{n\text{個}},\ \underset{\text{真ん中}}{a},\ \underbrace{a+d,\ \cdots\cdots,\ a+nd}_{n\text{個}},$$

とおけるよ。

「真ん中の数を基準に，公差を増やしたり減らしたりすればいいんですね。」

Σ(シグマ)記号とは

Σは"和"の意味の「Sum（サム）」からきている文字だ。表計算ソフトのΣを使って和を求めたという経験もあるんじゃないかな？

例題 8-15 定期テスト 出題度 ❗❗❗ 共通テスト 出題度 ❗❗❗

次の式を記号Σを用いて表せ。

(1) $1^2+2^2+3^2+\cdots\cdots+40^2$

(2) $6^1+6^2+6^3+\cdots\cdots+6^n$

(3) $12+14+16+\cdots\cdots+78$

(1)では，底の1，2，3，……，40が変化していく部分だね。これをkとおき換えて，『k^2の$k=1$から$k=40$までの和』という意味をΣで表すんだ。Σの下に始まりの$k=1$を書き，上には終わりの40だけを書くんだ。$k=40$と書くと，$k=$が上と下で両方あってクドいからね。

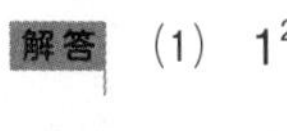

解答 (1) $1^2+2^2+3^2+\cdots\cdots+40^2=\underline{\underline{\sum_{k=1}^{40}k^2}}$

答え 例題 8-15 (1)

「Σにはkを使うって決まっているんですか？」

いや，どんなアルファベットでもいいよ。$\sum_{i=1}^{40}i^2$でも$\sum_{j=1}^{40}j^2$でも意味は同じだよ。ではハルトくん，(2)はわかる？

数B 8章

「$6^1+6^2+6^3+\cdots\cdots+6^n$

だから，変化していく部分は指数の1，2，3，……，nだから，これをkとおき換えて

解答　(2)　$6^1+6^2+6^3+\cdots\cdots+6^n=\underline{\underline{\sum_{k=1}^{n}6^k}}$

答え　例題 8-15 (2)」

そうだね。正解。ミサキさん，(3)は？

「$\sum_{k=12}^{78}k$ですか？」

いや，それなら，

$12+13+14+15+16+\cdots\cdots+78$

の意味になってしまうよね。

「あっ，そうか……。」

$12+14+16+\cdots\cdots+78$はぜんぶ偶数だよね。2の倍数は$2k$（kは整数）と表せるよね。

12は$2\cdot6$，14は$2\cdot7$，16は$2\cdot8$，78は$2\cdot39$とみなせば，$2k$とおいて$k=6$から$k=39$までの和とすればいい。

解答　(3)　$12+14+16+\cdots\cdots+78=\underline{\underline{\sum_{k=6}^{39}2k}}$

例題 8-15 (3)

8-11 Σ(シグマ)記号の公式を使って計算する

Σの公式は分数が出てくるからなかなか覚えにくい。でも数列の和とは切っても切れない公式だからしっかり覚えよう。

まず，最初にΣ記号の性質や公式を紹介するね。

Σの性質と和の公式

Σの和の公式

❶ $\displaystyle\sum_{k=1}^{n} c=cn$ （cはkに無関係のもの）

❷ $\displaystyle\sum_{k=1}^{n} k=\frac{1}{2}n(n+1)$

❸ $\displaystyle\sum_{k=1}^{n} k^2=\frac{1}{6}n(n+1)(2n+1)$

❹ $\displaystyle\sum_{k=1}^{n} k^3=\left\{\frac{1}{2}n(n+1)\right\}^2=\frac{1}{4}n^2(n+1)^2$

Σの性質

❶ $\displaystyle\sum_{k=1}^{n}(a_k\pm b_k)=\sum_{k=1}^{n}a_k\pm\sum_{k=1}^{n}b_k$ （複号同順）

❷ $\displaystyle\sum_{k=1}^{n}ca_k=c\sum_{k=1}^{n}a_k$ （cはkに無関係のもの）

例題 8-16

定期テスト 出題度 ！！！　共通テスト 出題度 ！！！

次の値を求めよ。

(1)　$1^2+2^2+3^2+\cdots\cdots+40^2$

(2)　$\sum_{k=1}^{n}(k+1)(k+2)$

(1)は 8-10 でも登場したやつだね。Σで表せる。

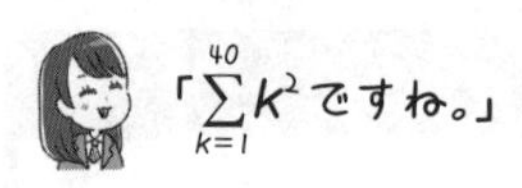

うん。そして，$\sum_{k=1}^{n}k^2=\frac{1}{6}n(n+1)(2n+1)$ の公式を使えばいいんだ。今回はΣ記号の上のnの部分が40になっているのでnを40として計算すればいいね。ハルトくん，解いてみて。

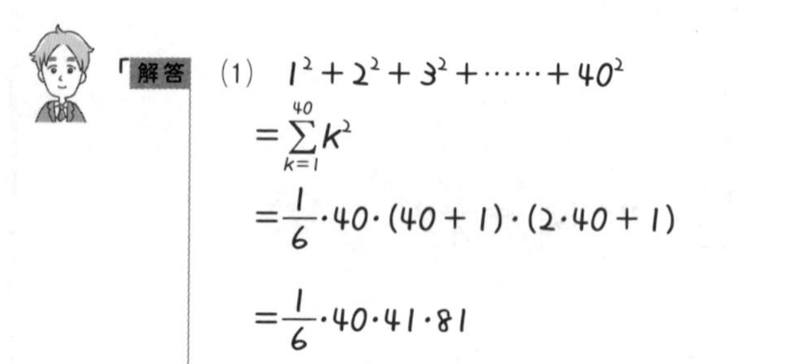

$=$ **22140**　⇦答え　例題 8-16 (1)」

正解。さて，次の(2)は“Σの性質”を使いたいんだけど……。

「$\sum_{k=1}^{n}(k+1)(k+2)=\sum_{k=1}^{n}(k+1)\cdot\sum_{k=1}^{n}(k+2)$ だから……。」

あっ，ちょっと待って。そういう変形はできないよ。Σが分けられるのは足し算, 引き算だけだ。掛け算には使えない。これは展開すれば足し算になるよ。

$$\sum_{k=1}^{n}(k+1)(k+2)=\sum_{k=1}^{n}(k^2+3k+2)$$

すると，“Σの性質”を使える。足し算，引き算はΣ記号を分けられるし，kに関係ないものはΣの前に出せる。

$$=\sum_{k=1}^{n}k^2+\sum_{k=1}^{n}3k+\sum_{k=1}^{n}2$$

$$=\underline{\sum_{k=1}^{n}k^2}+\underline{\underline{3\sum_{k=1}^{n}k}}+\sum_{k=1}^{n}2$$

そのあと，“Σの和の公式”を使えばいい。

$$=\underbrace{\frac{1}{6}n(n+1)(2n+1)}_{\sum_{k=1}^{n}k^2}+\underbrace{3\cdot\frac{1}{2}n(n+1)}_{3\sum_{k=1}^{n}k}+\underbrace{2n}_{\sum_{k=1}^{n}2}$$

「$\sum_{k=1}^{n}2$の2はΣの前に出さないのですか？」

うん。出して，$2\sum_{k=1}^{n}$としてもいいよ。$\boldsymbol{\sum_{k=1}^{n}}$は$\boldsymbol{\sum_{k=1}^{n}1}$と同じ意味だよ。

「これで計算は終わりですか？」

いや，展開して整理した形にするか，因数分解できるときは因数分解して答えるんだ。これは展開すると分数だらけのとても難しい式になりそうだ。そこで，ここは全体を分数でくくって因数分解して答えよう。

「じゃあ，$\frac{1}{2}$でくくって……。」

いや，そうじゃない。**分数でくくるときは，$\frac{1}{分母の最小公倍数}$でくくる。**

今回は$\frac{1}{6}$と$\frac{3}{2}$だよね。6と2の最小公倍数は6だから，$\frac{1}{6}$でくくるんだ。

「へーっ。知らなかったです！」

あと，**共通な文字でもくくる。**$\frac{1}{6}n(n+1)(2n+1)$と$\frac{3}{2}n(n+1)$と$2n$のすべてに共通な文字は何？

「nです。」

そう。だから$\frac{1}{6}n$でくくって整理すればいい。$\frac{1}{6}n$でくくるのだから，

$\frac{1}{6}n$で割った残りものどうしを計算することになる。

$\frac{1}{6}n(n+1)(2n+1)$ は $\frac{1}{6}n$で割ると $(n+1)(2n+1)$ が残るし，

$\frac{3}{2}n(n+1)$ は $\frac{1}{6}n$で割ると$9(n+1)$ が残るし，

$2n$は$\frac{1}{6}n$で割ると12が残る。これらを計算すればいいわけだ。

じゃあ，解答をまとめるよ。

解答　(2)　$\sum_{k=1}^{n}(k+1)(k+2)=\sum_{k=1}^{n}(k^2+3k+2)$

$$=\sum_{k=1}^{n}k^2+3\sum_{k=1}^{n}k+\sum_{k=1}^{n}2$$

$$=\frac{1}{6}n(n+1)(2n+1)+\frac{3}{2}n(n+1)+2n$$

$$=\frac{1}{6}n\{(n+1)(2n+1)+9(n+1)+12\}$$

$$=\frac{1}{6}n(2n^2+3n+1+9n+9+12)$$

$$=\frac{1}{6}n(2n^2+12n+22)$$

「2重のカッコだから，内側のカッコをはずせばいいんですね。」

そうだね。あっ，まだ，終わりじゃないよ。因数分解は“これ以上因数分解できない”というところまでやらなければならない。$2n^2+12n+22$は2でくくれるよ。

$$=\frac{1}{6}n\cdot 2(n^2+6n+11)$$

$$=\frac{1}{3}n(n^2+6n+11)$$

答え　例題 8-16 (2)

8-12 $\sum_{k=1}^{n} ar^{k-1}$の計算

ここで扱う問題は，問題を見て，等比数列の和だと見ぬけない人が意外に多いんだ。かなり登場するんだけどね。

例題 8-17 定期テスト 出題度 ❗❗❗ 共通テスト 出題度 ❗❗❗

次の値を求めよ。

(1) $\sum_{k=1}^{8} 5\cdot 2^{k-1}$ (2) $\sum_{k=1}^{n} (-4)^k$

$\sum_{k=1}^{8} 5\cdot 2^{k-1}$を$\sum$を用いずに表すと，$5\cdot 2^0+5\cdot 2^1+5\cdot 2^2+\cdots\cdots+5\cdot 2^7$となるね。

「あっ，2倍ずつになっていく……。初項が$5\cdot 2^0=5$，公比が2の等比数列ですね。」

そうなんだ。でも，いちいち書き並べるのは面倒なので，

$\sum_{k=1}^{n} ar^{k-1}$は『初項がa，公比がr，項数nの等比数列の和』

と覚えておくといい。つまり，$\sum_{k=1}^{n} ar^{k-1}=\frac{a(1-r^n)}{1-r}$ $(r\neq 1)$ だね。ハルトくん，(1)は解ける？

「**解答** (1) $\sum_{k=1}^{8} 5\cdot 2^{k-1}=\frac{5(1-2^8)}{1-2}$

$=-5(1-256)$

$=\underline{\underline{1275}}$ ← 答え 例題 8-17 (1)」

そうだね。正解だよ。

「(2)は$\sum_{k=1}^{n} a \cdot r^{k-1}$の形をしてないですが……。」

1乗×$(k-1)$乗はk乗だよね。ということは

$(-4)^k=(-4)^1(-4)^{k-1}$から

$\sum_{k=1}^{n}(-4)^k=\sum_{k=1}^{n}(-4)(-4)^{k-1}$とすればいい。

「初項が-4，公比が-4の等比数列の和だから

解答 (2) $\sum_{k=1}^{n}(-4)^k$

$$=\sum_{k=1}^{n}(-4)(-4)^{k-1}$$

$$=\frac{-4\{1-(-4)^n\}}{1-(-4)}$$

$$=-\frac{4}{5}\{1-(-4)^n\}$$

$$=\underline{\underline{-\frac{4}{5}+\frac{4}{5}\cdot(-4)^n}}$$

答え 例題 8-17 (2)」

8-13 一般項を求めてから「初項から第n項までの和」を求める

数多いΣの問題の中で，最も有名な問題がこれだ。

例題 8-18　定期テスト 出題度 !!!　共通テスト 出題度 !!!

次の数列の初項から第n項までの和を求めよ。

3^2, 6^2, 9^2, 12^2, ……

数列を$\{a_n\}$としようか。等差数列，等比数列は和の公式があるから，それにあてはめればよかったよね。しかし, それ以外の数列は和の公式がないので, 以下の手順で求めるよ。

コツ30　一般の数列の和の求めかた

❶　第k項a_kを求める。

❷　和は，$\sum_{k=1}^{n} a_k$

「どうしてこれで求められるのですか？」

“初項から第n項までの和”は

$$a_1+a_2+a_3+\cdots\cdots+a_n$$

だよね。右下の添え字の1，2，3，……，nをkとおき換えて，Σをつけると，

$$=\sum_{k=1}^{n} a_k$$

になる。わかったかな？　じゃあ，❶　**第k項a_kを求めてみよう。**

「第k項は……。えっ？」

まず，3, 6, 9, 12, ……なら，k番目はどうなる？

「初項が3，公差が3の等差数列だから，$3+(k-1)\cdot3=3k$です。」

そうだね。じゃあ，3^2, 6^2, 9^2, 12^2, ……ということは，第k項は？

「$3k$の2乗ですか？」

その通り。第k項$a_k=(3k)^2$になるね。あっ，（　）をつけるのを忘れちゃだめだよ。$3k$全体を2乗しているわけだからね。

「第k項$a_k=9k^2$ということですね。」

そう。❷ **それをΣ記号を使って表し，計算すれば，初項から第n項までの和S_nを求めることができる。**じゃあハルトくん，求めてみて。

「**解答**　第k項$a_k=(3k)^2=9k^2$

初項から第n項までの和をS_nとすると

$$S_n=\sum_{k=1}^{n}9k^2$$
$$=9\sum_{k=1}^{n}k^2$$
$$=9\cdot\frac{1}{6}n(n+1)(2n+1)$$
$$=\frac{3}{2}n(n+1)(2n+1)$$

例題 8-18」

例題 8-19

定期テスト 出題度 ❗❗❗　共通テスト 出題度 ❗❗❗

次の数列の初項から第n項までの和を求めよ。

$1^2\cdot1$, $2^2\cdot4$, $3^2\cdot7$, $4^2\cdot10$, ……

❶ 第k項a_kを求める。

第1項が$1^2\cdot1$，第2項が$2^2\cdot4$，第3項が$3^2\cdot7$，……となると第k項はどうなるのだろうか？　といわれたってわからないよね。**ぜんぶをイッキに考えるとわかりにくいので，部分ごとに見ていくんだ。**

まず，左の数ばかり見ると，

$$\mathbf{1^2}\cdot1,\ \mathbf{2^2}\cdot4,\ \mathbf{3^2}\cdot7,\ \mathbf{4^2}\cdot10,\ \cdots\cdots$$

1番目が1^2，2番目が2^2，3番目が3^2，4番目が4^2，……だから，k番目はk^2になる。

次に，右の数ばかり見ると，

$$1^2\cdot\mathbf{1},\ 2^2\cdot\mathbf{4},\ 3^2\cdot\mathbf{7},\ 4^2\cdot\mathbf{10},\ \cdots\cdots$$

1番目が1，2番目が4，3番目が7，4番目が10，……だよね。じゃあ，k番目はどうなる？　ハルトくん，わかる？

「1，4，7，10，……ということは初項1，公差3の等差数列だから，k番目は　$1+(k-1)\cdot3=3k-2$です。」

そうだね。よって，第k項$a_k=k^2\cdot(3k-2)$になる。

そして，**❷ 和は，$\sum_{k=1}^{n}a_k$を使って求めればいいんだ。**

解答　第k項は$a_k=k^2\cdot(3k-2)$

初項から第n項までの和S_nは

$$S_n=\sum_{k=1}^{n}k^2(3k-2)$$

$$=\sum_{k=1}^{n}(3k^3-2k^2)$$

$$=\sum_{k=1}^{n}3k^3-\sum_{k=1}^{n}2k^2$$

$$=3\sum_{k=1}^{n}k^3-2\sum_{k=1}^{n}k^2$$

$$=3\cdot\frac{1}{4}n^2(n+1)^2-2\cdot\frac{1}{6}n(n+1)(2n+1)$$

$$=\frac{1}{12}n(n+1)\{9n(n+1)-4(2n+1)\}$$

$\frac{1}{12}n(n+1)$でくくる

$$=\frac{1}{12}n(n+1)(9n^2+9n-8n-4)$$

$$=\frac{1}{12}\boldsymbol{n(n+1)(9n^2+n-4)}$$ ← 答え　例題 8-19

分数は $\frac{1}{12}$ でくくればいいし，共通なnと$n+1$でくくったよ。

例題 8-20　定期テスト 出題度 ❗❗　共通テスト 出題度 ❗

次の数列の和を求めよ。

$1\cdot n,\ 2(n-1),\ 3(n-2),\ \cdots\cdots,\ n\cdot 1$

まず，**❶第k項を求めよう。**

「左の数は1，2，3，……だから，k番目はkですね。」

「右の数は$n-k$かな。」

いや。そうじゃないよ。n，$(n-1)$，$(n-2)$，……，1ということは，初項n，公差-1の等差数列だよね。では，第k番目は？

「$n+(k-1)\cdot(-1)=n+1-k$　だ。」

その通り。ちなみに，

　左の数が1なら，右の数はn

　左の数が2なら，右の数は$(n-1)$　……

となるので，左の数と右の数の和が$n+1$になることに気づいてもいい。左の数がkなら，右の数は$(n+1-k)$になるね。

さて，**❷和は**

$$S_n=\sum_{k=1}^{n}k\cdot(n+1-k)$$

となるが，**kのΣだから，k以外の文字は定数として扱うよ。nとかは数字と考えればいい。**展開すると

$$=\sum_{k=1}^{n}\{(n+1)k-k^2\}$$

になり，Σ記号は振り分けられるし，kに関係ない$(n+1)$はΣの前に出せる。

解答　第k項$a_k=k(n+1-k)$より，

$$和S_n=\sum_{k=1}^{n}k\cdot(n+1-k)$$

$$=\sum_{k=1}^{n}\{(n+1)k-k^2\}$$

$$=\sum_{k=1}^{n}(n+1)k-\sum_{k=1}^{n}k^2$$

$$=(n+1)\sum_{k=1}^{n}k-\sum_{k=1}^{n}k^2$$

$$=(n+1)\cdot\frac{1}{2}n(n+1)-\frac{1}{6}n(n+1)(2n+1)$$

$$=\frac{1}{6}n(n+1)\{3(n+1)-(2n+1)\}$$

$$=\frac{1}{6}n(n+1)(3n+3-2n-1)$$

$$=\underline{\underline{\frac{1}{6}n(n+1)(n+2)}}$$

答え　例題 8-20

8-14 「数列の和」から「一般項」を求める

数列の和が先に与えられたときに，一般項を求める方法を考えよう。

例題 8-21　定期テスト 出題度 ❗❗❗　共通テスト 出題度 ❗❗❗

初項から第 n 項までの和 S_n が $S_n=5n^2-6n$ で表される数列 $\{a_n\}$ の一般項を求めよ。

Point 78 数列の和と一般項

数列 $\{a_n\}$ の初項から第 n 項までの和を S_n とすると

$$a_1=S_1$$

$n\geqq2$ のとき　$a_n=S_n-S_{n-1}$

数列の和と一般項の間には，上のような関係が成り立つんだ。だから，『初項から第 n 項までの和』から一般項を求めるには，次の２つの手順で行うよ。

コツ 31 数列の和から一般項を求める方法

❶ $n=1$ を代入して，a_1 を求める。

❷ S_n の式を①とし，n に $n-1$ を代入した S_{n-1} の式を②として，①－②を計算し，a_n $(n\geqq2)$ を求める。

「❶　$n=1$を代入すると，$S_1=5\cdot1^2-6\cdot1=-1$ですね。」

S_1は『初項から第1項までの和』。つまり，初項a_1と同じだから，

$a_1=-1$になるね。

❷は，

$$S_n=5n^2-6n \quad \cdots\cdots ①$$

nに$n-1$を代入すると，

$$\begin{aligned} S_{n-1}&=5(n-1)^2-6(n-1) \\ &=5n^2-10n+5-6n+6 \\ &=5n^2-16n+11 \quad (n\geqq2) \quad \cdots\cdots ② \end{aligned}$$

①－②より

$$S_n-S_{n-1}=10n-11$$

S_nは初項から第n項までの和で，S_{n-1}は初項から1つ手前の第$n-1$項までの和の意味だから

$$\begin{array}{rrr} S_n= & a_1+a_2+\cdots\cdots\cdots\cdots+a_{n-1} & +a_n \\ -)\ S_{n-1}= & a_1+a_2+\cdots\cdots\cdots\cdots+a_{n-1} & \\ \hline S_n-S_{n-1}= & & a_n \end{array}$$

になるよね。

$$a_n=10n-11 \quad (n\geqq2)\ \text{になるよ。}$$

「どうしてnを$n-1$にしたら，$n\geqq2$になるんですか？　さっき質問をするつもりだったのですが，タイミングを逃してしまって……。」

$S_n=5n^2-6n$はていねいに書くと，$S_n=5n^2-6n\ (n\geqq1)$ なんだ。数列で登場するnは自然数だから$n\geqq1$は当たり前で，普通は省略しているけどね。

そして，nを$n-1$にすれば，『$n\geqq1$』も『$n-1\geqq1$』つまり，『$n\geqq2$』になる。

「あっ，そうか。でも，なかなか思いつかない。」

『$n \geqq 1$』の式で n の代わりに $n-1$ を入れると，『$n \geqq 2$』になる と覚えておけばいいよ。

「じゃあ，もともと$n \geqq 2$の式だったら，nを$n-1$にしたら$n \geqq 3$になるということですか？」

そういうことだ。さて，①は$n \geqq 1$，②は$n \geqq 2$で成り立つとわかった。では，両方成り立つのはどういう条件のときかな？

「『$n \geqq 1$かつ$n \geqq 2$』だから，$n \geqq 2$のときですね。」

その通り。そして，❶，❷の計算の結果は，

$n=1$のとき，初項$a_1=-1$

$n \geqq 2$のとき，つまり，第2項以降は，$a_n=10n-11$

というふうに答えが2つということだ。しかし，答えはいちばん簡単な答えかたをするのが鉄則だからね。できれば1つにまとめたい。

そこで，$a_n=10n-11$に$n=1$を代入してみるんだ。

「$a_1=-1$になりますね……。」

うん。『$n=1$のとき，$a_1=-1$』と同じになったということだね。よって，この$a_n=10n-11$の式は，$n \geqq 2$に限らず$n=1$でも成り立っている。$n=1$も仲間に入れることができる。つまり，$n \geqq 1$で成り立つということだ。

この **最後の$n=1$を代入して確認するのは絶対に忘れちゃいけないよ。**

解答 $n=1$を代入すると，$S_1=-1$。さらに$S_1=a_1$より

$$a_1=-1$$

$S_n=5n^2-6n$ ……①

nに$n-1$を代入すると，

$S_{n-1}=5(n-1)^2-6(n-1)$
$=5n^2-10n+5-6n+6$
$=5n^2-16n+11 \quad (n \geqq 2) \quad \cdots\cdots②$

①−②より

$a_n=10n-11 \quad (n \geqq 2)$

この式に$n=1$を代入すると$a_1=-1$より，$n=1$のときも成り立つ。

よって，$\underline{\underline{a_n=10n-11}}$ 答え 例題 8-21

ちなみに，“初項から第n項までの和”はS_nでなく，**$\sum_{k=1}^{n} a_k$と表されていることもある。このときは書き並べて$a_1+a_2+\cdots\cdots+a_n$としてから，同じ求めかたで解けばいいよ。**初めから書き並べられているときもあるけどね。

また，$\sum_{k=1}^{n} a_k{}^2$を書き並べて，$a_1{}^2+a_2{}^2+\cdots\cdots+a_n{}^2$とか，$\sum_{k=1}^{n} \frac{1}{a_k}$を書き並べて，$\frac{1}{a_1}+\frac{1}{a_2}+\cdots\cdots+\frac{1}{a_n}$のように**“初項から第$n$項までの和に似たもの”から第$n$項を求めることもある。やはり，同じ求めかたでいいよ。**やってみよう。

例題 8-22

定期テスト 出題度 !! 共通テスト 出題度 !!

関係式$\sum_{k=1}^{n} ka_k=n^2+2n$を満たす数列$\{a_n\}$の一般項を求めよ。

書き並べると，

$1 \cdot a_1+2 \cdot a_2+\cdots\cdots+n \cdot a_n=n^2+2n \quad \cdots\cdots①$

という式になるね。

「係数がついているけど，“初項から第n項までの和に似たもの”ですね。」

数B 8章

さて，左辺は『$1\cdot a_1$，$2\cdot a_2$，……というふうに足していき，$n\cdot a_n$になったら足すのをやめる。』ということだ。では，$n=1$のときは？

「$1\cdot a_1$で，いきなり終わりですね！」

うん。一方，右辺は$n=1$を代入するだけ。また①の式は，nに$n-1$を代入すると

$$1\cdot a_1+2\cdot a_2+\cdots\cdots+(n-1)\cdot a_{n-1}=(n-1)^2+2(n-1)$$
$$=n^2-1 \quad (n\geqq 2) \qquad \cdots\cdots②$$

となり，①から②を引くと

$$n\cdot a_n=2n+1 \quad (n\geqq 2)$$

になる。

「左辺どうしを引いて，どうして$n\cdot a_n$になるのですか？」

えっ，わからない？　じゃあ，説明しよう。①の左辺の途中が『……』で隠れてしまっているけど，$n\cdot a_n$の1つ前ってどうなる？

「係数もaの後の添え字も1つずつ増えていくわけだから，$(n-1)\cdot a_{n-1}$です。」

その通り。①は詳しく書くと

$$1\cdot a_1+2\cdot a_2+\cdots\cdots+(n-1)\cdot a_{n-1}+n\cdot a_n=n^2+2n \qquad \cdots\cdots①$$

ということだよ。

「ここから②を引けば，左辺は$n\cdot a_n$だけが残るということか。」

解答

$$1\cdot a_1+2\cdot a_2+\cdots\cdots+n\cdot a_n=n^2+2n \qquad \cdots\cdots①$$

$n=1$のとき

$$1\cdot a_1=1^2+2\cdot 1$$
$$a_1=3$$

①のnに$n-1$を代入すると

$$1\cdot a_1+2\cdot a_2+\cdots\cdots+(n-1)\cdot a_{n-1}=(n-1)^2+2(n-1)$$
$$=n^2-1 \quad (n\geqq 2) \quad \cdots\cdots②$$

①−②より

$$n\cdot a_n=2n+1 \quad (n\geqq 2)$$
$$a_n=2+\frac{1}{n} \quad (n\geqq 2)$$

この式に$n=1$を代入すると$a_1=3$より，$n=1$のときも成り立つ。

よって，$\boldsymbol{a_n=2+\frac{1}{n}}$　答え　例題 8-22

「$n=1$を代入して成り立たないこともあるのですか？」

うん，あるよ。もともと答えが2つあったのを，できれば1つにまとめたいということで$n=1$を代入するんだ。成り立たなかったら，やっぱりダメだったということで，2つの答えのままでいい。

8-15 階差数列

一目見てどういう数の並びかたかわからないとき，試してみるのが階差数列の考えかただよ。

例題 8-23　定期テスト 出題度 !!!　共通テスト 出題度 !!!

次の数列の一般項を求めよ。

(1)　1，5，12，22，35，……

(2)　2，-1，8，-19，62，……

このように，各項が一見どういうルールで並んでいるのかがわからないときは，**“いくつずつ増えるか”に注目**してみるとルールがわかることがある。元の数列をa_1，a_2，a_3，……，その増加分をb_1，b_2，b_3，……とおこう。すると，b_1，b_2，b_3，……はどんな数列かわかることがあるんだ。慣れてきたらおかなくてもいいのだが，最初のうちは混乱しないためにもおいたほうがいいよ。

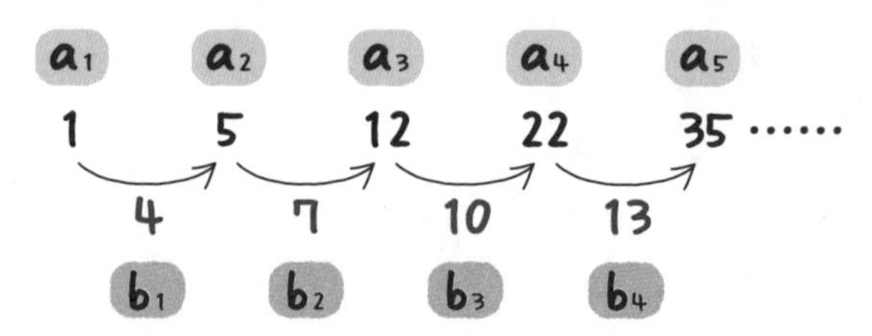

数列$\{a_n\}$はどういう規則で並んでいるのか不明だが，この場合の数列$\{b_n\}$はとてもわかりやすい数列になっている。どんな数列かな？

「4，7，10，13，……だから，初項4，公差3の等差数列です。」

そうだね。この数列$\{b_n\}$を数列$\{a_n\}$の**階差数列**というんだ。では数列$\{a_n\}$の一般項を求める手順をまとめるよ。

コツ32 階差数列を用いて一般項を求める手順

数列$\{a_n\}$において

❶ 階差数列$\{b_n\}$の第k項b_kを求める。

❷ $a_n=a_1+\sum_{k=1}^{n-1}b_k$ $(n\geqq 2)$にあてはめて求める。

「どうして，❷の式でa_nが求まるのですか？」

最初の図をよく見てほしい。例えば，第2項a_2はa_1にb_1を足したものだよね。第2項$a_2=a_1+b_1$だ。

同様に，第3項$a_3=a_2+b_2=a_1+(b_1+b_2)$

第4項$a_4=a_3+b_3=a_1+(b_1+b_2+b_3)$

⋮

になる。この調子でいけば，

第n項$a_n=a_1+(b_1+b_2+\cdots\cdots+b_{n-1})$

になるはずだ。

右下の添え字の1，2，3，……，nをkとおき換えて，Σをつけると，

$$a_n=a_1+(b_1+b_2+\cdots\cdots+b_{n-1})$$
$$=a_1+\sum_{k=1}^{n-1}b_k \quad (n\geqq 2)$$

になるね。

「あっ，そうか。じゃあ，$n\geqq 2$がつくのはどうしてですか？」

数B 8章

$a_1+(b_1+\cdots\cdots)$ という計算では第2項a_2以降を求めることはできるが，初項a_1は求められない。だから$n\geqq 2$なんだ。

解答 (1) 与えられた数列を $\{a_n\}$ とし，その階差数列を $\{b_n\}$ とすると，

b_n：4，7，10，13，……より，数列 $\{b_n\}$ は初項4，公差3の等差数列であるから

$$\text{第}k\text{項}\quad b_k=4+(k-1)\cdot 3$$
$$=3k+1$$

$n\geqq 2$のとき

$$a_n=a_1+\sum_{k=1}^{n-1}b_k \quad \leftarrow a_1=1$$
$$=1+\sum_{k=1}^{n-1}(3k+1)$$
$$=1+3\sum_{k=1}^{n-1}k+\sum_{k=1}^{n-1}1$$
$$=1+3\cdot\frac{1}{2}(n-1)(n-1+1)+(n-1)$$

$\sum_{k=1}^{n}k=\frac{1}{2}n(n+1)$, $\sum_{k=1}^{n}1=n$ を利用

$$=1+\frac{3}{2}(n-1)n+(n-1)$$
$$=\frac{3}{2}(n-1)n+n$$
$$=\frac{1}{2}n\{3(n-1)+2\}$$
$$=\frac{1}{2}n(3n-1)$$

$n=1$を代入すると$a_1=1$となり，成り立つ。

よって，$\boldsymbol{a_n=\frac{1}{2}n(3n-1)}$ 答え 例題 8-23 (1)

「どうして，$\sum_{k=1}^{n-1}k$が$\frac{1}{2}(n-1)(n-1+1)$になるんですか？」

$\boldsymbol{\sum_{k=1}^{n}k=\frac{1}{2}n(n+1)}$ の公式を使うわけだが，今回はΣの上のnの部分が

$n-1$になっているので，**nの代わりに$n-1$を使うんだよ。**

「$\sum_{k=1}^{n-1} 1$が$(n-1)$になるのも，そうなんですね！」

うん。$\sum_{k=1}^{n} c=cn$の公式で，nの部分が$n-1$になっているね。

じゃあ，ミサキさん，(2)も同じ方法で解いてみて。

「**解答** (2) 与えられた数列を$\{a_n\}$とし，階差数列を$\{b_n\}$とすると

a_1, a_2, a_3, a_4, a_5, …… a_n

2, −1, 8, −19, 62, ……

−3, 9, −27, 81, ………

b_1, b_2, b_3, b_4, ………, b_{n-1}

数列$\{b_n\}$は初項-3，公比-3の等比数列より

$$第k項\ b_k=(-3)\cdot(-3)^{k-1}$$
$$=(-3)^k$$

$n \geqq 2$のとき

$$a_n=a_1+\sum_{k=1}^{n-1} b_k \quad \leftarrow a_1=2$$
$$=2+\sum_{k=1}^{n-1}(-3)^k$$
$$=2+\sum_{k=1}^{n-1}(-3)\cdot(-3)^{k-1} \quad \leftarrow \sum_{k=1}^{n} ar^{k-1}=\frac{a(1-r^n)}{1-r}$$
$$=2+\frac{(-3)\cdot\{1-(-3)^{n-1}\}}{1-(-3)}$$
$$=2+\frac{-3-(-3)^n}{4}$$
$$=\frac{5-(-3)^n}{4}$$

$n=1$を代入すると，$a_1=2$となり，成り立つ。

$$a_n=\frac{5-(-3)^n}{4}$$

例題 8-23 (2)

『$b_n=a_{n+1}-a_n$ とおく』の意味

さて，ここでもう1つ覚えておいてほしいことがある。

さっきの問題の解答の初めに，『数列を $\{a_n\}$ とし，階差数列を $\{b_n\}$ とすると』と書いたよね。実は他に『$b_n=a_{n+1}-a_n$ とおく』といういいかたもある。意味はまったく同じだ。

「えっ？　どうしてですか？」

階差数列の第 n 項あたりをもう一度見てほしい。
右のように

$$b_n=a_{n+1}-a_n$$

の関係になっているよね。

ここに注目！

$a_1,\ a_2,\ \cdots\cdots,\ a_{n-1},\ a_n,\ a_{n+1}$

$b_1,\ b_2,\ \cdots\cdots,\ b_{n-1},\ b_n$

いいかたがラクなので，こちらのほうもよく使われるんだ。

試験で『$b_n=a_{n+1}-a_n$ とおけ。』というヒントがあったのに何をすればいいのかわからず解けなかったという話をよく聞くんだ。これは問題を作った人が『数列 $\{a_n\}$ の階差数列を $\{b_n\}$ とおけ。』というヒントをわざわざくれているんだよ。

「暗号みたい。事前にやっておかないとわからないですね。」

勉強した人だけわかる，暗号のような隠しヒントが書いてあることが数列の問題では意外とあるんだ。

8-16 分数列

分数の数列を分数列っていうんだ。分数の数列の和って求めるのが難しそうに見えるけど，工夫すれば簡単に計算できるものがあるんだ。

例題 8-24 定期テスト 出題度 !!! 共通テスト 出題度 !!!

次の数列の初項から第 n 項までの和 S_n を求めよ。

$$\frac{1}{1\cdot 2},\ \frac{1}{2\cdot 3},\ \frac{1}{3\cdot 4},\ \frac{1}{4\cdot 5},\ \cdots\cdots$$

8-13 でやったのと同様に，第k項を求めよう。これも分子ばかり見る，分母の左ばかり見る，分母の右ばかり見るというように部分ごとに見ていけばいい。じゃあ，第k項を自力で出してみてごらん。

……できたかな？　じゃあ，答え合わせだ。

まず，分子は1，1，1，1，……だから，第k項は1。

分母の左の数は1番目が1，2番目が2，3番目が3，……だから，k番目はkだ。

分母の右の数は1番目が2，2番目が3，3番目が4，……だから，k番目は$k+1$だね。

ということは，❶ 第k項は $\dfrac{1}{k(k+1)}$ だね。できたかな？

「できていましたけど，“分母の右の数”は別の考えかたで求めました。」

どんな方法？

「分母の左の数が1になっているときは分母の右の数は2だし，
分母の左の数が2になっているときは分母の右の数は3で，
分母の左の数が3になっているときは分母の右の数は4になっていますよね。だから，分母の左の数がkならば分母の右の数は$k+1$なんじゃないかと……。」

素晴らしい！　その考えかたでもいいよ。さて，後は$S_n=\sum_{k=1}^{n}\frac{1}{k(k+1)}$を計算しよう。

「$\frac{1}{\sum_{k=1}^{n}k(k+1)}$として……。」

あっ，それはダメ！　Σを分母に移動させる公式なんてないよ。

「じゃあ，書き並べるんですか？」

いや。このまま書き並べても求まらない。この分数は$\frac{1}{k}$と$\frac{1}{k+1}$の積だよね。これは分数の和の形で表せるんだ。

$\frac{1}{\text{分母の小さいもの}}-\frac{1}{\text{分母の大きいもの}}$と変形してから全体を分母の差で割るんだ。

$\frac{1}{k(k+1)}$なら$\frac{1}{k}-\frac{1}{k+1}$として，$k+1$と$k$の差は1なので，全体を1で割ればいい。

「1で割っても変わらないですよね。」

うん，だから$\frac{1}{k}-\frac{1}{k+1}$でいいんだよ。これを**部分分数分解**というんだ。

「“部分分数分解”って，“ぶ”が多いな。」

「どうして $\dfrac{1}{k(k+1)}=\dfrac{1}{k}-\dfrac{1}{k+1}$ なんですか？」

じゃあ，右辺を $\dfrac{a}{k}+\dfrac{b}{k+1}$ とおいて，**例題 1-17** でやった恒等式の計算をするとわかるよ。

$$\frac{1}{k(k+1)}=\frac{a}{k}+\frac{b}{k+1}$$
$$=\frac{a(k+1)+bk}{k(k+1)}$$
$$=\frac{(a+b)k+a}{k(k+1)}$$

$a+b=0$　かつ　$a=1$ より

$b=-1$

よって　$\dfrac{1}{k}-\dfrac{1}{k+1}$

「ホントだ！　こんな計算なんですね。」

そして，❷ $k=1,\ 2,\ 3,\ \cdots\cdots,\ n-2,\ n-1,\ n$ のときを書き並べてから，和を求めるんだ。

解答

$$S_n=\sum_{k=1}^{n}\frac{1}{k(k+1)}$$
$$=\sum_{k=1}^{n}\left(\frac{1}{k}-\frac{1}{k+1}\right)$$
$$=\left(1-\frac{1}{2}\right)+\left(\frac{1}{2}-\frac{1}{3}\right)+\left(\frac{1}{3}-\frac{1}{4}\right)+\cdots\cdots$$
$$\cdots\cdots+\left(\frac{1}{n-2}-\frac{1}{n-1}\right)+\left(\frac{1}{n-1}-\frac{1}{n}\right)+\left(\frac{1}{n}-\frac{1}{n+1}\right)$$

$\displaystyle\sum_{k=1}^{n}\left(\frac{1}{k}-\frac{1}{k+1}\right)$ のように Σ の後が（　）になっているものは，書き並べるときも（　）を使うし，｛　｝なら｛　｝を使うよ。書き並べると，$-\dfrac{1}{2}$

数B 8章

と$\frac{1}{2}$，$-\frac{1}{3}$と$\frac{1}{3}$というふうに**となりどうしで消えて，最初の1と最後の$-\frac{1}{n+1}$だけが残る**というわけだ。

$$=1-\frac{1}{n+1}$$

$$=\frac{n}{n+1}$$ 答え 例題 8-24

「へーっ……こんな方法があるんですね……。」

まあ，まだ最初なので，書き並べるときに，前は$k=1$，$k=2$，$k=3$のとき，後ろは$k=n-2$，$k=n-1$，$k=n$のときというふうに少し多めに3つずつ書いたけど，慣れてきてとなりどうしが消えるとわかったら

$$=\left(1-\frac{1}{2}\right)+\left(\frac{1}{2}-\frac{1}{3}\right)+\cdots\cdots+\left(\frac{1}{n}-\frac{1}{n+1}\right)$$

（↑$k=1$　↑$k=2$　↑$k=n$）

というふうに前2つ，後ろ1つくらい書くだけでいいと思う。

8-17 分数列～分母が3数の積である数列の和のとき～

部分分数分解にはいくつかの方法がある。しっかりマスターしよう。

例題 8-25　定期テスト 出題度 !!　共通テスト 出題度 !!

次の数列の初項から第 n 項までの和 S_n を求めよ。

$$\frac{1}{1\cdot3\cdot5},\ \frac{1}{3\cdot5\cdot7},\ \frac{1}{5\cdot7\cdot9},\ \frac{1}{7\cdot9\cdot11},\ \cdots\cdots$$

まず，第k項を求めよう。

分子は1，1，1，1，……だから第k項の分子は1。

分母の3数の積のうち，いちばん左の数は1，3，5，7，……だから初項1，公差2の等差数列より，k番目は，$1+(k-1)\cdot2=2k-1$ だ。

分母の，真ん中の数は左の数より2大きいから$2k+1$。

いちばん右の数はさらに2大きいから$2k+3$になる。

よって，第k項は $\dfrac{1}{(2k-1)(2k+1)(2k+3)}$ になるね。

「分母の数が3つか……，どうやって変形するのですか？」

小さい2つの $(2k-1)(2k+1)$ で1組，

大きい2つの $(2k+1)(2k+3)$ で1組と考えよう。つまり，真ん中の$2k+1$は両方とコンビを組むことになる。そして，

$\dfrac{1}{\text{分母の小さいコンビ}}-\dfrac{1}{\text{分母の大きいコンビ}}$ として，いちばん大きい分母といちばん小さい分母の差で全体を割ればいい。

今回は$2k+3$と$2k-1$の差が4なので，4で割ると，

$\dfrac{1}{4}\left\{\dfrac{1}{(2k-1)(2k+1)}-\dfrac{1}{(2k+1)(2k+3)}\right\}$になる。$\dfrac{1}{4}$は$\Sigma$の前に出してしまおう。あとは，書き並べれば，となりどうしで消えるよ。じゃあ，ハルトくん，解いてみて。

「{　}で書き並べるのですね。」

うん。面倒だから，前2つ，後ろ1つでいいよ。

「**解答**

$$S_n=\sum_{k=1}^{n}\frac{1}{(2k-1)(2k+1)(2k+3)}$$

$$=\frac{1}{4}\sum_{k=1}^{n}\left\{\frac{1}{(2k-1)(2k+1)}-\frac{1}{(2k+1)(2k+3)}\right\}$$

$$=\frac{1}{4}\cdot\left[\left\{\frac{1}{1\cdot3}-\frac{1}{3\cdot5}\right\}+\left\{\frac{1}{3\cdot5}-\frac{1}{5\cdot7}\right\}+\cdots\cdots\right.$$

↑ $k=1$　　↑ $k=2$

$$\left.+\left\{\frac{1}{(2n-1)(2n+1)}-\frac{1}{(2n+1)(2n+3)}\right\}\right]$$

↑ $k=n$

$$=\frac{1}{4}\cdot\left\{\frac{1}{3}-\frac{1}{(2n+1)(2n+3)}\right\}$$

$$=\frac{1}{4}\cdot\frac{(2n+1)(2n+3)-3}{3(2n+1)(2n+3)}$$

$$=\frac{1}{4}\cdot\frac{4n^2+8n+3-3}{3(2n+1)(2n+3)}$$

$4n^2+8n$
$=4n(n+2)$

$$=\frac{n(n+2)}{3(2n+1)(2n+3)}$$

答え　例題 8-25

です。わーっ……後半の計算が面倒だった……。」

よくできました。部分分数分解のやりかたは慣れたかな？　よく使う方法だから，復習しておいてね。

8-18 離れたものどうしで消える分数列

この部分分数分解は消えかたが特殊で，最初はとまどうと思う。慣れると平気でできるようになるよ。

例題 8-26　定期テスト 出題度 !!　共通テスト 出題度 !!

次の数列の初項から第 n 項までの和 S_n を求めよ。

$$\frac{1}{1\cdot3},\ \frac{1}{2\cdot4},\ \frac{1}{3\cdot5},\ \frac{1}{4\cdot6},\ \cdots\cdots$$

ミサキさん，第k項はどうなる？

「分子は1，1，1，1，……だから，分子のk番目は1。
分母の左の数は1，2，3，4，……だから，k番目はk，
分母の右の数は分母の左の数より2大きいから$k+2$
だから……第k項は $\dfrac{1}{k(k+2)}$ です！」

「じゃあ，$S_n=\displaystyle\sum_{k=1}^{n}\frac{1}{k(k+2)}$ で計算すればいいのか。」

そうだね。じゃあ，8−16 で説明したように部分分数分解したら？

「まず，$\dfrac{1}{k}-\dfrac{1}{k+2}$ として，$k+2$とkの差は2だから，2で割って，
$\dfrac{1}{2}\left(\dfrac{1}{k}-\dfrac{1}{k+2}\right)$ です！」

「$S_n=\sum_{k=1}^{n}\frac{1}{k(k+2)}$

$=\frac{1}{2}\sum_{k=1}^{n}\left(\frac{1}{k}-\frac{1}{k+2}\right)$

$=\frac{1}{2}\left\{\left(1-\frac{1}{3}\right)+\left(\frac{1}{2}-\frac{1}{4}\right)+\cdots\cdots+\left(\frac{1}{n}-\frac{1}{n+2}\right)\right\}$

（↑$k=1$　↑$k=2$　↑$k=n$）

えっ？　消えない……。」

いつも“となりどうしが消える”わけじゃないんだ。そのときは，前後4つずつくらいは書いたほうがいいよ。4つずつ書くと

（$k=1$↓　$k=2$↓　$k=3$↓　$k=4$↓）

$$=\frac{1}{2}\left\{\left(1-\frac{1}{3}\right)+\left(\frac{1}{2}-\frac{1}{4}\right)+\left(\frac{1}{3}-\frac{1}{5}\right)+\left(\frac{1}{4}-\frac{1}{6}\right)+\cdots\cdots\right.$$

$$+\left(\frac{1}{n-3}-\frac{1}{n-1}\right)+\left(\frac{1}{n-2}-\frac{1}{n}\right)+\left(\frac{1}{n-1}-\frac{1}{n+1}\right)$$

（↑$k=n-3$　↑$k=n-2$　↑$k=n-1$）

$$\left.+\left(\frac{1}{n}-\frac{1}{n+2}\right)\right\}$$

（↑$k=n$）

となるよね。まず，前のほうから考えるよ。

$-\frac{1}{3}$ なら，2つ先の（　）の中に $\frac{1}{3}$ があるよね。だから，消える。$-\frac{1}{4}$ も，2つ先の（　）の中の $\frac{1}{4}$ があるから消えるね。

あとは省略したけど，$-\frac{1}{5}$ も，$-\frac{1}{6}$ もこの調子で消えるよ。

$$\frac{1}{2}\left\{\left(1-\frac{1}{3}\right)+\left(\frac{1}{2}-\frac{1}{4}\right)+\left(\frac{1}{3}-\frac{1}{5}\right)+\left(\frac{1}{4}-\frac{1}{6}\right)+\cdots\cdots\right.$$

後ろのほうは，$\frac{1}{n}$ なら，2つ前の（　）の中に$-\frac{1}{n}$ があるから消えるよね。

$\frac{1}{n-1}$ も，2つ前の（　）の中の$-\frac{1}{n-1}$ とともに消える。

あとは省略したけど，$\frac{1}{n-2}$ も，$\frac{1}{n-3}$ もこの調子で消える。

$$\cdots\cdots+\left(\frac{1}{n-3}-\frac{1}{n-1}\right)+\left(\frac{1}{n-2}-\frac{1}{n}\right)+\left(\frac{1}{n-1}-\frac{1}{n+1}\right)+\left(\frac{1}{n}-\frac{1}{n+2}\right)\Bigg\}$$

結果として，1と$\frac{1}{2}$，$-\frac{1}{n+1}$ と$-\frac{1}{n+2}$ が残るんだ。

解答

$$S_n=\sum_{k=1}^{n}\frac{1}{k(k+2)}=\frac{1}{2}\sum_{k=1}^{n}\left(\frac{1}{k}-\frac{1}{k+2}\right)$$

$$=\frac{1}{2}\left\{\left(1-\frac{1}{3}\right)+\left(\frac{1}{2}-\frac{1}{4}\right)+\left(\frac{1}{3}-\frac{1}{5}\right)+\left(\frac{1}{4}-\frac{1}{6}\right)+\cdots\cdots\right.$$

$$+\left(\frac{1}{n-3}-\frac{1}{n-1}\right)+\left(\frac{1}{n-2}-\frac{1}{n}\right)+\left(\frac{1}{n-1}-\frac{1}{n+1}\right)$$

$$\left.+\left(\frac{1}{n}-\frac{1}{n+2}\right)\right\}$$

$$=\frac{1}{2}\left(1+\frac{1}{2}-\frac{1}{n+1}-\frac{1}{n+2}\right)$$

$$=\frac{1}{2}\left(\frac{3}{2}-\frac{1}{n+1}-\frac{1}{n+2}\right)$$

$$=\frac{1}{2}\cdot\frac{3(n+1)(n+2)-2(n+2)-2(n+1)}{2(n+1)(n+2)}$$

$$=\frac{1}{2}\cdot\frac{3n^2+9n+6-2n-4-2n-2}{2(n+1)(n+2)}$$

$$=\frac{1}{2}\cdot\frac{3n^2+5n}{2(n+1)(n+2)}$$

$$=\frac{n(3n+5)}{4(n+1)(n+2)}\quad(n\geqq 2)$$

$n=1$ のとき $S_1=\dfrac{1}{3}$ で，$S_1=a_1=\dfrac{1}{1\cdot 3}=\dfrac{1}{3}$ より成り立つ。

$$S_n=\frac{n(3n+5)}{4(n+1)(n+2)}$$ ⇦答え　例題 8-26

「どうして $n\geqq 2$ になるのですか？」

$\displaystyle\sum_{k=1}^{n}\left(\frac{1}{k}-\frac{1}{k+2}\right)$ は，（　）を n 個書き並べて足したよね。そのとき，（　）に2つずつ値があって，色々消えた結果，1，$\dfrac{1}{2}$，$-\dfrac{1}{n+1}$，$-\dfrac{1}{n+2}$ の4つが残った。ということは，（　）は少なくとも2個あったといえる。

「$n=1$ で成り立つかの確認がいるということですね。」

8-19 $\sqrt{\quad}$ の数列

Σの後が分数になっているのも個性的だけど，ここではもっと個性的なものを紹介するよ。

例題 8-27 定期テスト 出題度 !! 共通テスト 出題度 !

次の数列の初項から第 n 項までの和 S_n を求めよ。

$$\frac{1}{1+\sqrt{2}},\ \frac{1}{\sqrt{2}+\sqrt{3}},\ \frac{1}{\sqrt{3}+2},\ \frac{1}{2+\sqrt{5}},\ \cdots\cdots$$

まず，第k項を求めてΣを用いて表すのだが，**Σで表すにはまず形をそろえることが大切**なんだ。つまり，分母のすべての数を $\sqrt{\quad}$ の形にするんだ。1は $\sqrt{1}$ だし，2は $\sqrt{4}$ だ。

$$\frac{1}{\sqrt{1}+\sqrt{2}},\ \frac{1}{\sqrt{2}+\sqrt{3}},\ \frac{1}{\sqrt{3}+\sqrt{4}},\ \frac{1}{\sqrt{4}+\sqrt{5}},$$ ……の第k項はどうなる？

「分子は1，1，1，1，……より，1。

分母の左の数は1番目が $\sqrt{1}$，2番目が $\sqrt{2}$，3番目が $\sqrt{3}$，……

だからk番目は $\sqrt{k}$。

分母の右の数は1番目が $\sqrt{2}$，2番目が $\sqrt{3}$，3番目が $\sqrt{4}$，……

だからk番目は $\sqrt{k+1}$ なので，

第k項は $\dfrac{1}{\sqrt{k}+\sqrt{k+1}}$ で，$S_n=\displaystyle\sum_{k=1}^{n}\frac{1}{\sqrt{k}+\sqrt{k+1}}$ です。」

そうだね。じゃあ，Σの計算をしてみよう。まず，分母を有理化することを考えるんだ。今回は $\sqrt{\quad}+\sqrt{\quad}$ だから，$\sqrt{\quad}-\sqrt{\quad}$ を分母・分子に掛けるといい。となりどうしが消えるよ。

解答

$$S_n=\sum_{k=1}^{n}\frac{1}{\sqrt{k}+\sqrt{k+1}}$$

$$=\sum_{k=1}^{n}\frac{\sqrt{k}-\sqrt{k+1}}{(\sqrt{k}+\sqrt{k+1})(\sqrt{k}-\sqrt{k+1})}$$ ←分母を有理化する。

$$=\sum_{k=1}^{n}\frac{\sqrt{k}-\sqrt{k+1}}{-1}$$

$$=-\sum_{k=1}^{n}(\sqrt{k}-\sqrt{k+1})$$

$$=-\{(\sqrt{1}-\sqrt{2})+(\sqrt{2}-\sqrt{3})+\cdots\cdots+(\sqrt{n}-\sqrt{n+1})\}$$

$$=-(1-\sqrt{n+1})$$

$$=\underline{\underline{-1+\sqrt{n+1}}}$$ ⇦**答え**　**例題 8-27**

「有理化したら式が簡単になった。」

解答の $\sum_{k=1}^{n}\frac{\sqrt{k}-\sqrt{k+1}}{-1}$ のところは，$\sum_{k=1}^{n}(\sqrt{k+1}-\sqrt{k})$ とも変形できるが，やらないほうがいいと思う。マイナスを出して，$-\sum_{k=1}^{n}(\sqrt{k}-\sqrt{k+1})$ のように，**“小さい数が使われているほう”を前に，“大きい数が使われているほう”を後ろにしたほうが書き並べたときの計算がラクだよ。**

「えっ？　どうしてですか？」

$\sum_{k=1}^{n}(\sqrt{k+1}-\sqrt{k})$ だと，

$$=(\sqrt{2}-\sqrt{1})+(\sqrt{3}-\sqrt{2})+(\sqrt{4}-\sqrt{3})+\cdots\cdots$$

となって少し離れたものどうしが消える形になって，面倒なんだ。

$\sum_{k=1}^{n}(\sqrt{k}-\sqrt{k+1})$ なら，解答のように隣どうしが消えてくれてありがたい。

実は，**例題 8-24** の $\sum_{k=1}^{n}\left(\frac{1}{k}-\frac{1}{k+1}\right)$ も，そうなんだ。

「“小さい数”でなく，“小さい数が使われているほう”が前ということですね。」

そう。$\frac{1}{k}$ はkが，$\frac{1}{k+1}$ は$k+1$が使われているからね。$\frac{1}{k}$ が前だ。

例題 8-25，例題 8-26 も，このルールでやっているよ。

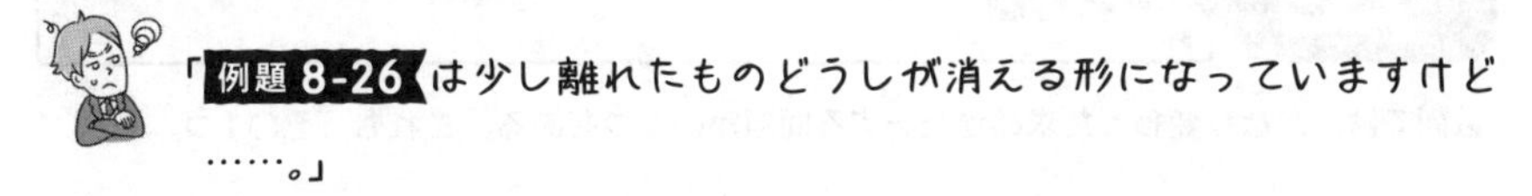

「例題 8-26 は少し離れたものどうしが消える形になっていますけど……。」

いや。もし，$\frac{1}{k+2}$ を前に，$\frac{1}{k}$ を後ろにして書き並べたら，もっと離れたものどうしが消える形になって悲惨だよ。これはまだ助かったほうだ（笑）。

8-20 {(等差数列)×(等比数列)}の和

数列では，かなり変わった求めかたをする問題がいくつもある。これも，その1つ。

例題 8-28　定期テスト 出題度!!　共通テスト 出題度!!

次の数列の初項から第 n 項までの和 S_n を求めよ。

$1\cdot3^0$，$3\cdot3^1$，$5\cdot3^2$，$7\cdot3^3$，……

まず，左の数ばかり見ると，1，3，5，7，……だから等差数列。

右の数は，3^0，3^1，3^2，3^3，……だから等比数列になっている。このように，“等差数列と等比数列の積”という数列の和は，独特の方法で求めるんだ。

「左の数は，初項1，公差2の等差数列だから，

k番目は$1+(k-1)\cdot2=2k-1$

右の数は，初項$3^0=1$，公比3の等比数列だから，k番目は3^{k-1}

これより第k項は，$(2k-1)\cdot3^{k-1}$になるから，

$$S_n=\sum_{k=1}^{n}(2k-1)\cdot3^{k-1}$$

を計算すればいいんじゃあ……。」

残念ながら，これを解く公式がないんだよね……。

「えっ，そうなのか……。どうやって，解けばいいんですか？」

コツ33 (等差数列)×(等比数列) の和

❶ S_nを書き並べる。

❷ 両辺に“公比”を掛けたものを右斜め下に書き並べ，引き算する。

❸ 右辺は最初と最後を除いては等比数列の和になる。

❶ **S_nを書き並べる。**

$$S_n=1\cdot3^0+3\cdot3^1+5\cdot3^2+\cdots\cdots+(2n-1)\cdot3^{n-1}$$

ここで注意するのは，**●$r^{○}$の形のまま書き並べる**ということだ。変に気をきかせて，計算して

$$S_n=1+9+45+\cdots\cdots$$

とか書いてしまうと，かえって解けなくなってしまうよ。

次に，**❷ 両辺に“公比”を掛けたものを右斜め下に書き並べ，引き算する**。今回は公比が3なので，3を後ろの数に掛ける。例えば，$1\cdot3^0$なら$1\cdot3^1$，$3\cdot3^1$なら$3\cdot3^2$，……というふうにね。書き並べるときは1つずつ右下にずらして書くんだ。

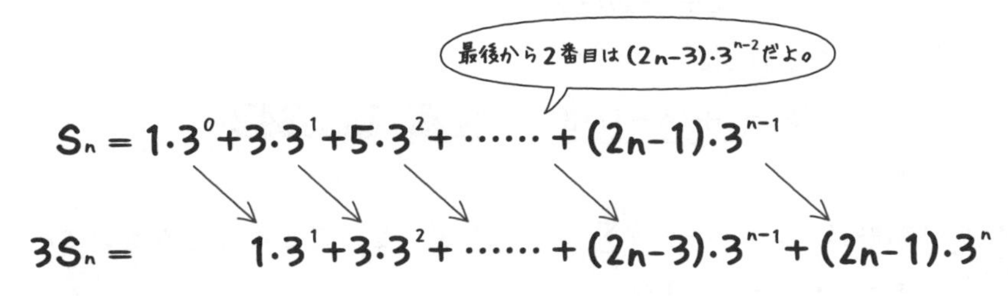

「どうしてですか？」

こうすると，上の式のように3^1の下に3^1がきて，3^2の下に3^2がきて，……というふうになって引き算がしやすいんだよね。

実際に引き算をしてみると，

数B 8章

$3\cdot3^1$ から $1\cdot3^1$ を引くと $2\cdot3^1$,

$5\cdot3^2$ から $3\cdot3^2$ を引くと $2\cdot3^2$,

⋮

$(2n-1)\cdot3^{n-1}$ から $(2n-3)\cdot3^{n-1}$ を引くと $2\cdot3^{n-1}$

となる。

「左の数がすべて2になるんですね！」

うん。そして，❸ **右辺は最初と最後を除いては等比数列の和になる。** 今回は初項が $2\cdot3^1=6$ で，公比が3，項数 $n-1$ の等比数列の和になるよ。

解答

$$S_n=1\cdot3^0+3\cdot3^1+5\cdot3^2+\cdots\cdots+(2n-1)\cdot3^{n-1}$$
$$-)\ 3S_n=\qquad 1\cdot3^1+3\cdot3^2+\cdots\cdots+(2n-3)\cdot3^{n-1}+(2n-1)\cdot3^n$$
$$-2S_n=1\cdot3^0+2\cdot3^1+2\cdot3^2+\cdots\cdots+2\cdot3^{n-1}-(2n-1)\cdot3^n$$

$$\begin{aligned}-2S_n&=1\cdot3^0+\frac{6(1-3^{n-1})}{1-3}-(2n-1)\cdot3^n\\&=1-3(1-3^{n-1})-(2n-1)\cdot3^n\\&=1-3+3^n-(2n-1)\cdot3^n\\&=-2+(-2n+2)\cdot3^n\end{aligned}$$

両辺を -2 で割って

$$S_n=\mathbf{1+(n-1)\cdot3^n}$$  答え　例題 8-28

「問題が，最初から，『$\sum_{k=1}^{n}(2k-1)\cdot3^{k-1}$ を計算せよ。』とか書いてあることもあるんですか？」

うん。あるね。そのときは，Σを書き並べて，同じやりかたで解けばいいよ。

8-21 群数列

数列をグループ分けして考えるものがある。求める手順は決まっているから，しっかり覚えよう。

例題 8-29 定期テスト 出題度 !!! 共通テスト 出題度 !!

次のような数列 $\{a_n\}$ を仕切り線 | でグループに分け，左から第1群，第2群，……と呼ぶことにする。

1 | 4，7 | 10，13，16，19 | 22，25，……

この数列の第 k 群の個数が 2^{k-1} 個になるようにするとき，次の問いに答えよ。

(1) 第9群の4番目の数を求めよ。

(2) 580は第何群の何番目かを求めよ。

群数列というのは，この問題のような「数列をグループ分けした数列」のことなんだ。各グループは「群」または「区間」と呼ばれる。群数列の問題は，『数』，『第何項』，『第何群の何番目』のうちの1つがわかっていて，その他の1つを求めるという出題のしかたになっているよ。

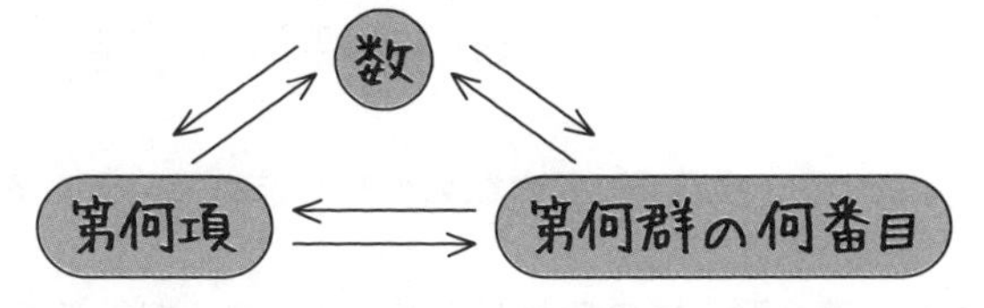

(1)は第9群の4番目の数を求めよ，つまり『第何群の何番目』がわかっていて，『数』を求めよ！ ということなんだよね。直接は求められない。2段階で求めるんだ。

まず，第9群の4番目は第何項か求めよう。

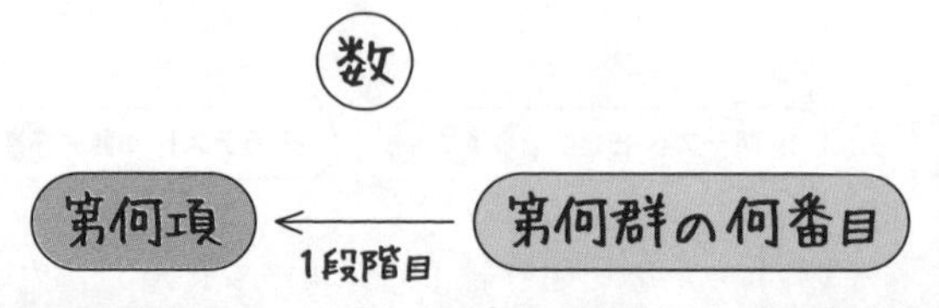

『第何群の何番目』から，『第何項』を求めたいときは，まず，1つ前の群までの項数を求めるんだ。 求める数は第9群だから，1つ前の第8群までの項数を求めるよ。

解答　(1)　第1群は$2^0=1$　個

第2群は$2^1=2$　個

第3群は$2^2=4$　個

⋮

第8群は2^7　個

第8群までの項数は

$2^0+2^1+2^2+\cdots\cdots+2^7$

$=\dfrac{1\cdot(1-2^8)}{1-2}=255$　←初項$a=1$，公比$r=2$，項数$n=8$の等比数列の和$\dfrac{a(1-r^n)}{1-r}=\dfrac{1\cdot(1-2^8)}{1-2}$

「初項1，公比2，項数8の等比数列の和を求めているんですね。」

その通り。さて，第8群までの個数が255ということは，第9群の4番目は第何項になるかな？

「うーん。255＋4で第259項ですか？」

正解だよ。次に，第259項の数はいくつなのかを求めよう。

このグループ分けする前の数列は初項1，公差3の等差数列だよね。ということは第259項は？

「あっ，

よって第9群の4番目は第259項で，数は

$1+(259-1)\cdot 3$ ←初項a，公差dの等差数列の第n項は$a_n=a_1+(n-1)d$

$=\underline{\underline{775}}$ 答え 例題 8-29 (1)

ということか。」

素晴らしい。これで数が求められたね。では，(2)を解いてみよう。

(2)は(1)の逆の流れで，“580”という『数』がわかっていて，『第何群の何番目』かを求めたいわけだ。

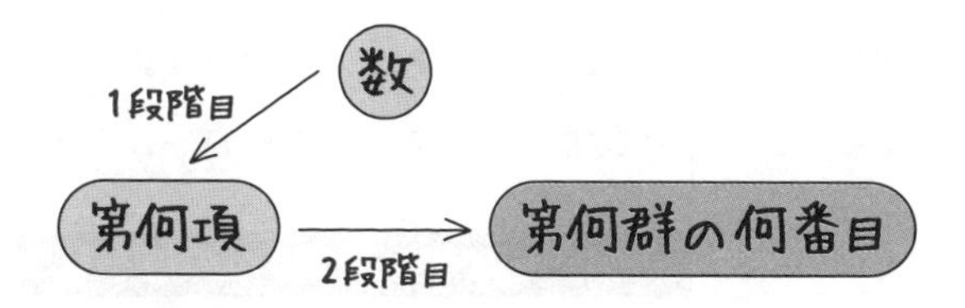

まず，580が第何項かを求めよう。

「元の数列$\{a_n\}$は初項1，公差3の等差数列ですよね。

解答 (2) $a_n=1+(n-1)\cdot 3=3n-2$だから，

$3n-2=580$

$n=194$

よって，第194項」

数B 8章

うん。そうだ。**例題 8-3** でやったように，**第何項かを求めたいときは，一般項を求める**んだったよね。

次に第194項は第何群の何番目かを求める。『第何群の何番目』から，『第何項』かを求めたいときは，1つ前の群までの項数を求めたよね。でも，**今回は何群かわからないので，まず m 群までの項数を求めよう。**

第1群は $2^0=1$　個

第2群は $2^1=2$　個

第3群は $2^2=4$　個

⋮

第 m 群は 2^{m-1}　個より

$$\frac{1(1-2^m)}{1-2}=2^m-1$$

だね。そして，m に適当な値を入れて194に近くなるものを探すんだ。例えば，$m=5$ を代入すると，$2^5-1=31$ で小さすぎるね。

「もっと大きい数が……$m=10$ なら，$2^{10}-1=1023$

あっ，でかすぎる！」

「じゃあ，7とか？

$m=7$ なら，$2^7-1=127$ で……あっ，近いです。

$m=8$ なら，$2^8-1=255$ で……あー，オーバーしちゃった。」

いや，これでいいんだ。**『194』をはさむ2つの m の値を見つければいいよ。**

さて，第7群までの項数は127，第8群までの項数が255ということは第194項は第何群にある？

「第8群にありますね。」

うん，そうだね。第8群の何番目が第194項かな？

「第7群の最後が第127項だから……194－127＝67（番目）だ！」

その通り。じゃあ，答えの続きを書くよ。

第m群までの項数は

$2^0+2^1+2^2+\cdots\cdots+2^{m-1}$

$=\dfrac{1(1-2^m)}{1-2}=2^m-1$

$m=7$を代入すると，$2^7-1=127$

$m=8$を代入すると，$2^8-1=255$

$194-127=67$

よって，**第8群の67番目** 

例題 8-29 (2)

8-22 群数列の和

8-21 より少しレベルを上げた問題だが，群数列としてはかなりの定番といえる問題だ。

例題 8-30　定期テスト 出題度 !!　共通テスト 出題度 !!

次の数列 $\{a_n\}$ について，次の問いに答えよ。

$$\frac{1}{1},\ \frac{1}{2},\ \frac{2}{2},\ \frac{1}{3},\ \frac{2}{3},\ \frac{3}{3},\ \frac{1}{4},\ \frac{2}{4},\ \frac{3}{4},\ \frac{4}{4},\ \frac{1}{5},\ \cdots\cdots$$

(1) 約分していない状態で $\frac{6}{17}$ は第何項か。

(2) 第1000項の数を約分していない状態で答えよ。

(3) 初項から第1000項までの和を求めよ。

この数列はどうやって並んでいるのだろう。分母と分子に注目すると，分母が1増えるごとに分子は1から分母の数まで1ずつ増えている。つまり，この数列はグループ分けできることがわかるね。まず最初に群に分けよう。

解答 (1)

$$\frac{1}{1}\ \Big|\ \frac{1}{2},\ \frac{2}{2}\ \Big|\ \frac{1}{3},\ \frac{2}{3},\ \frac{3}{3}\ \Big|\ \frac{1}{4},\ \frac{2}{4},\ \frac{3}{4},\ \frac{4}{4}\ \Big|\ \frac{1}{5},\ \cdots\cdots$$

と分け，左から第1群，第2群……とする。

さて，(1)は『数』から『第何項』を求める問題だ。

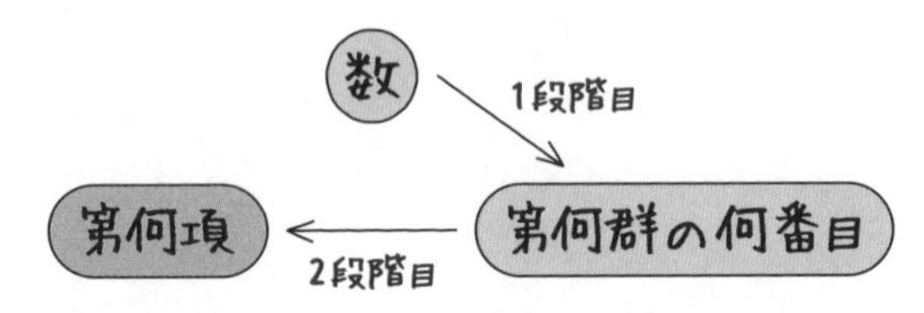

まず，$\frac{6}{17}$ は第何群の何番目かを求めよう。

第1群は分母が1だよね。第2群は分母がすべて2, 第3群は分母がすべて3, ……だから分母が17ということは第何群？

「第17群です。」

そうだね。さて，第17群は，$\frac{1}{17}$，$\frac{2}{17}$，$\frac{3}{17}$，……，$\frac{17}{17}$

となっているはずだよね。じゃあ，$\frac{6}{17}$ は何番目？

「6番目です！」

そう。第17群の6番目になる。次に第何項かを求めよう。

「1つ前の群までの項数を求めればいいんですね？」

そういうことだ。8-21 でやったね。じゃあ，続きを解いてみて。

「$\frac{6}{17}$は第17群の6番目の項，第16群までの項数は

第1群は1個,

第2群は2個,

第3群は3個，……より,

$$1+2+3+\cdots\cdots+16=\frac{16(1+16)}{2}=136\text{（個）}$$

第17群の6番目までの項数は

$$136+6=142\text{（個）}$$

よって，**第142項** 答え 例題 8-30 (1)

です。」

その通り。じゃあ，ハルトくん，(2)は？

「『第1000項』の『数』を答えるから『第何項』から『数』を求めるのか……(1)の逆だな。

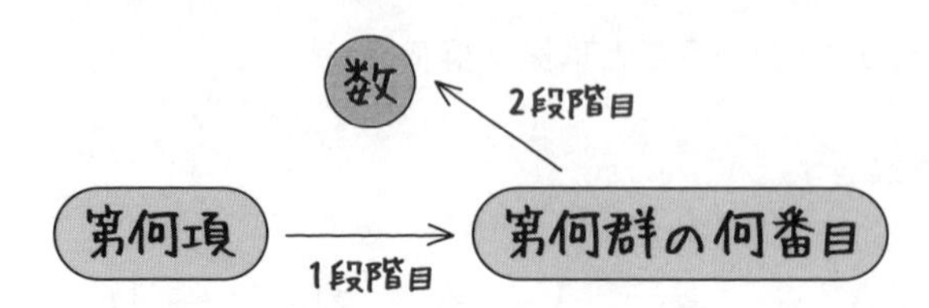

まず，第何群の何番目を求めるけど……第何群か不明だから，第m群までの項数を求めればいいんですよね。」

いいね。合っているよ。

「**解答**　(2)　第m群までの項数は，

$$1+2+3+\cdots\cdots+m=\frac{m(m+1)}{2}$$

で，1000に近い数は……

$m=44$を代入すると

$$\frac{44(44+1)}{2}=990$$

$m=45$を代入すると

$$\frac{45(45+1)}{2}=1035」$$

これで1000に近い数がわかったね。じゃあ，第何群の何番目？

「第44群までの項数は990で，
第45群までの項数は1035ということは……
第1000項は45群の10番目です。」

そうだね。では，数はいくつかな？

「　　第45群の10番目だから $\underline{\underline{\dfrac{10}{45}}}$ ⇐答え 例題 8-30 (2)
です。」

うん。正解。

「やったーっ！」

最後に(3)の「初項から1000項までの和」だが，初項から第1000項までをまさか1つずつ足すわけにはいかない(笑)。そこで，ハルトくんが(2)で求めたばかりの“第1000項は第45群の10番目”というのを利用しよう。

「初項から第45群の10番目までの和を求めればいいんですね。」

うん。じゃあ，まず第1群から第44群までの和を求めよう。それに第45群の最初の10個を足せばいいね。

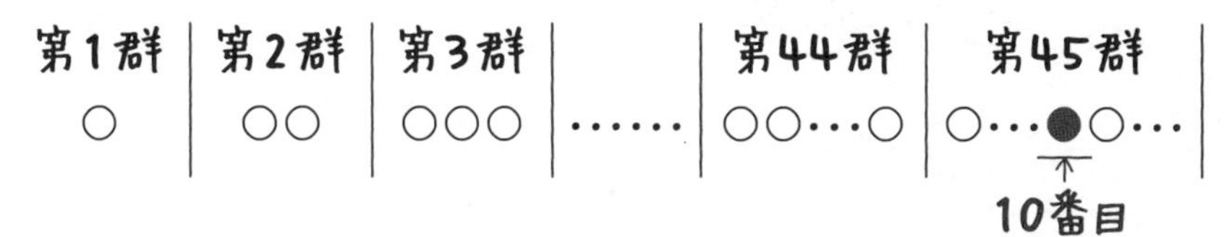

「第1群から第44群までの和を求めるのは，かなりたいへんですね。」

そうなんだ。そこで，

(第1群の和)＋(第2群の和)＋(第3群の和)＋……＋(第44群の和)

を簡単に解く方法がある。1，2，3，……，44と変化するところをkとしてΣを使って表せばいいんだ。

$\displaystyle\sum_{k=1}^{44}$ **(第k群の和)** でいい。

「あっ，そうか！　第k群の和を求めてから，Σを使って$k=1\sim44$で足すのか。うまいなぁ……。」

ボクが考えた方法じゃないけどね(笑)。

「でも，第k群の和なんて求められるんですか？」

すぐ求められるよ。$\dfrac{1}{k}+\dfrac{2}{k}+\cdots\cdots+\dfrac{k}{k}$ だから

$\dfrac{1}{k}(1+2+\cdots\cdots+k)$ でしょ？　ということは，$\dfrac{1}{k}\times\dfrac{k(1+k)}{2}$

になるからね。解答は以下のようになる。

解答　(3)　初項から第45群の10番目の項までの和を求めればよいから，まず第1群から第44群までの和を求めると

$$\sum_{k=1}^{44}(\text{第}k\text{群の和})$$
$$=\sum_{k=1}^{44}\left(\frac{1}{k}+\frac{2}{k}+\cdots\cdots+\frac{k}{k}\right)$$
$$=\sum_{k=1}^{44}\frac{1}{k}(1+2+\cdots\cdots+k)$$
$$=\sum_{k=1}^{44}\frac{1}{k}\cdot\frac{k(1+k)}{2}$$
$$=\frac{1}{2}\sum_{k=1}^{44}(1+k)$$
$$=\frac{1}{2}\left(\sum_{k=1}^{44}1+\sum_{k=1}^{44}k\right)$$
$$=\frac{1}{2}\cdot\left(44+\frac{1}{2}\cdot44\cdot45\right)$$
$$=517$$

よって，求める和は

$$517+\left(\frac{1}{45}+\frac{2}{45}+\cdots\cdots+\frac{10}{45}\right)$$
$$=517+\frac{1}{45}(1+2+\cdots\cdots+10)$$
$$=517+\frac{1}{45}\cdot\frac{10(1+10)}{2}$$

← $\dfrac{1}{45}\cdot\dfrac{10(1+10)}{2}=\dfrac{11}{9}$

$$=\underline{\underline{\frac{4664}{9}}}$$

⇦**答え**　**例題 8-30** (3)

8-23 等差数列，等比数列の漸化式

漸化式は，その形によってa_nの求めかたが違う。あらゆるパターンを覚えていくのが大切なんだ。まず，いちばん簡単なものから考えるよ。

さて，ここからは**漸化式**（ぜんかしき）の問題を解いていこう。

「漸化式って何ですか？」

漸化式っていうのは，複数の項の関係を表した式のことだよ。

例題 8-31 定期テスト 出題度 !!! 共通テスト 出題度 !!!

次のように定められた数列 $\{a_n\}$ の一般項を求めよ。

(1) $a_1=3$，$a_{n+1}-a_n=-7$ $(n=1,\ 2,\ 3,\ \cdots\cdots)$

(2) $a_1=1$，$a_{n+1}=-2a_n$ $(n=1,\ 2,\ 3,\ \cdots\cdots)$

a_{n+1}とa_nの関係式が，(1)では$a_{n+1}-a_n=-7$，(2)では$a_{n+1}=-2a_n$となっているね。こういうのが漸化式だよ。

「なんとなくわかりました。でも，どうやって問題を解くんですか？」

与えられた漸化式（a_{n+1}とa_nの関係式）から，一般項a_nがどうなるかを考えるんだ。やってみよう。

(1)は，$a_{n+1}-a_n=-7$

$$a_{n+1}=a_n-7$$

これに，$n=1$，$n=2$，$n=3$，……と代入していくと，右のようになるよ。

これは，どんな数列のことかわかる？

$$a_2=a_1-7$$
$$a_3=a_2-7$$
$$a_4=a_3-7$$
$$\vdots$$

「あっ，前の項から-7ずつ変化するから，公差-7の等差数列ですか？」

そうだね。いちいち$n=1, 2,$ ……と代入するのは面倒だ。形で覚えておこう。

基本的な漸化式①

$n=1$，2，3，……のとき

$$\boldsymbol{a_{n+1}=a_n+d}\quad (d\text{は定数})$$

は『公差dの等差数列』

$\Rightarrow \boldsymbol{a_n=a_1+(n-1)d}$と変換。

じゃあミサキさん，(1)の一般項はどうなる？

「

(1) 初項が3で，公差が-7の等差数列だから

$$a_n=3+(n-1)\cdot(-7)$$
$$=\underline{\underline{-7n+10}}$$

答え　例題 8-31 (1)」

そうだね。さて，次に(2)の$a_{n+1}=-2a_n$も，$n=1$，$n=2$，$n=3$，……と代入すれば，右のようになって，公比-2の等比数列とわかるが，形を覚えておこう。

$$a_2=-2a_1$$
$$a_3=-2a_2$$
$$a_4=-2a_3$$
$$\vdots$$

基本的な漸化式②

$$a_{n+1}=ra_n \ (r\text{は定数})$$

は『公比rの等比数列』

$\Rightarrow a_n=a_1r^{n-1}$と変換。

ハルトくん，(2)の答えは？

「解答　(2)　初項1，公比-2の等比数列だから

$$a_n=1\cdot(-2)^{n-1}$$
$$=\underline{\underline{(-2)^{n-1}}}$$

答え　例題 8-31 (2)」

正解。あともうひとつ話をさせて。**漸化式というのは，a_{n+1}とa_nの関係の他に，a_nとa_{n-1} ($n\geqq2$) の関係もあるんだ。**

$$a_n-a_{n-1}=-7 \ (n\geqq2),$$
$$a_n=-2a_{n-1} \ (n\geqq2)$$

このときは，**nを$n+1$にすればいい。**

$$a_{n+1}-a_n=-7 \ (n\geqq1),$$
$$a_{n+1}=-2a_n \ (n\geqq1)$$

というふうになるよ。

「nを$n+1$にすると，『$n\geqq2$』が『$n\geqq1$』になるんですか？」

そう。8-14 で説明したのと同じだよ。『$n+1\geqq2$』になるからね。

8-24 階差数列の漸化式

階差数列を忘れてしまった人は，ここをやる前に，8-15 を復習しておこう。

例題 8-32　定期テスト 出題度 !!!　共通テスト 出題度 !!!

次のように定められた数列 $\{a_n\}$ の一般項を求めよ。

$a_1=-1$，$a_{n+1}=a_n+2n-3$　$(n=1,\ 2,\ 3,\ \cdots\cdots)$

「例題 8-31 と同じように，$n=1$，2，3，……と代入していけばいいんですよね。」

いや，違うんだ。試しにやってみよう。$n=1$，2，3，……と代入すると

$$a_2=a_1+2\cdot1-3=a_1-1$$
$$a_3=a_2+2\cdot2-3=a_2+1$$
$$a_4=a_3+2\cdot3-3=a_3+3$$
$$\vdots$$

「これじゃあ，公差がわかりません。」

うん。似ているけど，等差数列ではないんだ。a_{n+1} と a_n の関係式に n が入ってきているから，差は一定ではなく変化しちゃうんだよね。この数列は実は階差数列を使って求めるんだけど，こういう場合は次の形を覚えておこう。

基本的な漸化式③

$a_{n+1}=a_n+(n\text{の式})$

は$(n$の式$)$をb_nとすると，数列$\{a_n\}$の階差数列が$\{b_n\}$

$\Rightarrow a_n=a_1+\sum_{k=1}^{n-1} b_k$ （ただし$n \geqq 2$）

「『nの式』って1次式とか2次式とかですか？」

いや，それに限らないよ。“nの式”というのはnを含んでいれば何でもいいんだよ。4^nでも$\dfrac{1}{n(n+1)}$でも何でもいいよ。

「じゃあ，今回は，$b_n=2n-3$とするということですか？」

うん。$a_{n+1}=a_n+b_n$になるよね。$b_n=a_{n+1}-a_n$といってもいい。

お役立ち話 20でやった通り，$\{a_n\}$の階差数列が$\{b_n\}$ということになるね。

「あっ，そうか！　あとは，階差数列の解きかたでいいのか。」

そうだね。解いてみるよ。

解答　$a_{n+1}=a_n+2n-3,\ a_1=-1$

$b_n=2n-3$ とおくと，数列 $\{a_n\}$ は階差数列 $\{b_n\}$ をもつ数列で

　第 k 項　$b_k=2k-3$

$$a_n=a_1+\sum_{k=1}^{n-1}b_k \quad (n\geqq 2)$$
$$=-1+\sum_{k=1}^{n-1}(2k-3)$$
$$=-1+2\sum_{k=1}^{n-1}k-\sum_{k=1}^{n-1}3$$
$$=-1+2\cdot\frac{1}{2}(n-1)n-3(n-1)$$
$$=-1+(n-1)n-3(n-1)$$
$$=-1+n^2-n-3n+3$$
$$=n^2-4n+2 \quad (n\geqq 2)$$

$n=1$ を代入すると，$a_1=1^2-4\cdot 1+2=-1$ より成り立つ。

よって，一般項は，$\boldsymbol{a_n=n^2-4n+2}$　答え　例題 8-32

階差数列は，$n=1$ のときの確認も必要だったね。さて，8-15 では，階差数列 $\{b_n\}$ の第 k 項 b_k を求めるのが面倒だった。でも，今回はラクだ。問題文から $b_n=2n-3$ とすぐにわかるので，n を k に変えるだけで $b_k=2k-3$ となるね。

「ふつうの階差数列より，手間がはぶけますね！」

8-25 隣接２項間漸化式

最も有名な漸化式がこれだよ。難しい漸化式をここで紹介する漸化式に直して解くというパターンも多いから，とても大切なんだ。

例題 8-33　定期テスト 出題度 !!!　共通テスト 出題度 !!!

次のように定められた数列 $\{a_n\}$ の一般項を求めよ。

$a_1=2,\ a_{n+1}=-3a_n-8\quad(n=1,\ 2,\ 3,\ \cdots\cdots)$

「$a_{n+1}=-3a_n-8$ ですか……。等差数列でもないし，等比数列でもないし，階差数列でもないな。」

そうだね。いきなり「求めよ」っていわれても，絶対ムリだと思う。解きかたを教えるので，手順を覚えよう。

Point 82　隣接２項間漸化式

$a_{n+1}=pa_n+q\quad(p\neq0,\ 1,\ q\neq0)$

$\Rightarrow a_{n+1}-\alpha=p(a_n-\alpha)$ と変形して一般項 a_n を求める。

「Point 82 を見てもよくわかんないです……。」

ちゃんと説明するから，大丈夫。まずは手順の１つ目だ。

① 漸化式の a_{n+1} と a_n に α を代入して，α についての方程式を解く。

今回は $a_{n+1}=-3a_n-8$　……①

だから，$\alpha=-3\alpha-8$ を解こう。これを**特性方程式**というんだ。

数B 8章

$$\alpha=-3\alpha-8 \quad \cdots\cdots②$$

$$4\alpha=-8$$

$$\alpha=-2$$

そして，元の漸化式①からa_{n+1}とa_nにαを代入した式②を引くんだ。

$$\begin{array}{rrr} & a_{n+1}=-3a_n & -8 \\ -) & \alpha=-3\alpha & -8 \\ \hline & a_{n+1}-\alpha=-3(a_n-\alpha) & \end{array}$$

さらに，$\alpha=-2$という結果と合わせると

$$a_{n+1}+2=-3(a_n+2)$$

になるね。

「a_{n+1}とa_nは違うものですよね。どうして，両方をαとおけるのですか？」

えーっと…そういうことじゃないんだ。まず，**漸化式は左辺と右辺の一部を同じ形にするというのが最も多い解き方**だと知ってほしい。形は漸化式によって異なるのだけれど，今回は，$\boldsymbol{a_{n+1}-\alpha=p(a_n-\alpha)}$ の形にしたい。

もし，問題文を見ただけで

『両辺から2を引けば，

$$a_{n+1}-2=-3a_n+6$$
$$=-3(a_n-2) \text{ になる。』}$$

と気がつけば，それに越したことはないけど。

「無理。絶対に思いつかないです……。」

そうだよね。そこで，問題の式とは別に

$$\alpha=-3\alpha-8 \quad \cdots\cdots②$$

という式を用意するんだ。αに当てはまる数が何かも求めておこう。①も②も正しい式だから，両方を引いて作った

$$a_{n+1}-\alpha=-3(a_n-\alpha)$$

も正しい式になるんだ。

そして，**❷ 左辺をb_{n+1}，右辺の一部をb_nとおくんだ。** すると，

$$b_{n+1}=-3b_n \quad \leftarrow a_{n+1}+2=b_{n+1},\ a_n+2=b_n$$

になる。じゃあ，数列 $\{b_n\}$ はどんな数列？

「えーっと……。あっ，等比数列ですか？」

そうだね。8-23 の Point 80 で登場したね。第$(n+1)$項が第n項の定数倍になっているからね。数列 $\{b_n\}$ は公比-3の等比数列だ。

解答

$a_{n+1}=-3a_n-8$ ……①

$a_{n+1}=a_n=\alpha$とおくと

$\alpha=-3\alpha-8$ ……②

$4\alpha=-8$

$\alpha=-2$ ……③

①−②より

$$\begin{array}{rl} & a_{n+1}=-3a_n \quad -8 \\ -) & \alpha=-3\alpha \quad -8 \\ \hline & a_{n+1}-\alpha=-3(a_n-\alpha) \end{array}$$

③を代入して　$a_{n+1}+2=-3(a_n+2)$

ここで，$b_n=a_n+2$とおくと，

$$b_{n+1}=-3b_n$$

数列 $\{b_n\}$ は，初項$b_1=a_1+2=4$，公比-3の等比数列だから

$$b_n=4\cdot(-3)^{n-1}$$

したがって，$a_n+2=4\cdot(-3)^{n-1}$ $\leftarrow b_n=a_n+2$より

$$\underline{\underline{a_n=4\cdot(-3)^{n-1}-2}}$$

例題 8-33

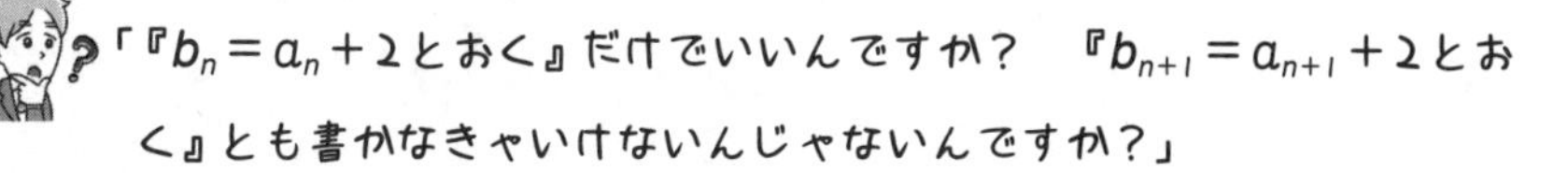

「『$b_n=a_n+2$とおく』だけでいいんですか？　『$b_{n+1}=a_{n+1}+2$とおく』とも書かなきゃいけないんじゃないんですか？」

いや。その必要はないんだ。数列は添え字を変えてもいいんだ。
『$b_n=a_n+2$とおく。』のnを$n+1$にすると，『$b_{n+1}=a_{n+1}+2$とおく。』になるよね。つまり，**『$b_n=a_n+2$とおく。』だけで自動的に両方ともいったことになるんだ。**

「あっ，そうなのか。書き忘れたわけじゃないのか。」

「あの……，質問があります。そのあとの数列$\{b_n\}$の初項のb_1って，どうやって求めたのですか？」

『$b_n=a_n+2$とおく。』とあったよね。nを1にすると，$b_1=a_1+2$だよね。

「あっ，はい。そうか……。$a_1=2$だから，$b_1=2+2=4$ですね。」

あっ，あともう1つ話をさせて。この求めかたに慣れてくると，❷のおき換えが面倒になってくる。

$$a_{n+1}+2=-3(a_n+2)$$

は，“$a_{n+1}+2$”の部分が第$(n+1)$項になり，“a_n+2”の部分が第n項になるわけだから，おき換えなくても公比が-3の等比数列とわかるね。そこで，❷の作業は省略してもいい。最後のところは，

$$a_{n+1}+2=-3(a_n+2)$$

数列$\{a_n+2\}$は，初項が$a_1+2=4$，公比-3の等比数列より

$$a_n+2=4\cdot(-3)^{n-1}$$
$$a_n=4\cdot(-3)^{n-1}-2$$

としてもいいよ。数列は，第n項に｛　｝をつけて表すから，今回は数列$\{a_n+2\}$と書けばいいよ。

8-26 S_n と a_n が混ざった漸化式

8-14 とまったく同じようにしてもいい。ただし，"$n \geqq 2$" という条件が出てきてちょっと面倒くさいので，n を，$n-1$ でなく，$n+1$ に変えるようにしよう。

例題 8-34 定期テスト 出題度 !! 共通テスト 出題度 !!

数列 $\{a_n\}$ の初項から第 n 項までの和 S_n が $S_n=-a_n+3n+1$ $(n=1,\ 2,\ 3,\ \cdots\cdots)$ で表されるとき，a_n を n の式で表せ。

次の手順で考えるよ。

コツ34 S_n と a_n が混ざった漸化式

❶ $n=1$ を代入すると，a_1 が求められる。

❷ n の代わりに $n+1$ を入れた式を作り，お互いに引くと，a_{n+1} と a_n の漸化式が求められる。

「なんか，前に出てきたような……。あっ，8-14 に似ていますよね。」

うん。違うのは，❷の手順で n を $n+1$ にするところだけだね。ちなみに，S_{n+1} は初項から第 $(n+1)$ 項までの和だから，

$$S_{n+1}=a_1+a_2+\cdots\cdots+a_n+a_{n+1}$$

S_n は初項から 1 つ手前の第 n 項までの和の意味だから，

$$S_n=a_1+a_2+\cdots\cdots+a_n$$

$S_{n+1}-S_n$ は a_{n+1} になるよね。

$$
\begin{array}{rl}
S_{n+1} = & a_1 + a_2 + \cdots\cdots + a_n \quad + a_{n+1} \\
-)\quad S_n = & a_1 + a_2 + \cdots\cdots + a_n \\
\hline
S_{n+1} - S_n = & \qquad\qquad\qquad\qquad\quad a_{n+1}
\end{array}
$$

これをふまえてやってみよう。

解答 $S_n=-a_n+3n+1$ ……① において，

$n=1$ のとき，$S_1=-a_1+4$

さらに，$S_1=a_1$ より

$a_1=-a_1+4$

$a_1=2$

また，①の n を $n+1$ にすると

$$S_{n+1}=-a_{n+1}+3(n+1)+1$$
$$=-a_{n+1}+3n+4 \quad \cdots\cdots②$$

②−①より $S_{n+1}-S_n=-a_{n+1}+a_n+3$ ←
$$
\begin{array}{rl}
S_{n+1}= & -a_{n+1}+3n+4 \\
-)\quad S_n= & -a_n \quad +3n+1 \\
\hline
S_{n+1}-S_n= & -a_{n+1}+a_n+3
\end{array}
$$

$S_{n+1}-S_n=a_{n+1}$ より，

$a_{n+1}=-a_{n+1}+a_n+3$

$2a_{n+1}=a_n+3$

$$a_{n+1}=\frac{1}{2}a_n+\frac{3}{2} \quad \cdots\cdots③$$

「あっ，2項間の漸化式になった！」

「①の範囲は $n \geqq 1$ ですよね。n を $n+1$ にしたら，$n+1 \geqq 1$ だから，②の範囲は $n \geqq 0$ になりませんか？」

その通りだよ。その後は，p.646の最後に登場した理屈だ。①が成り立つのは $n \geqq 1$，②が成り立つのは $n \geqq 0$ のときということは，両方が成り立つのは？

「$n \geqq 1$ のときです！」

正解。$n \geqq 1$は当たり前だから，特に何も書いていないということだ。じゃあ，続きをやっていくよ。

③のa_{n+1}，a_nにαを代入すると

$$\alpha=\frac{1}{2}\alpha+\frac{3}{2} \quad \cdots\cdots ④$$

$$\alpha=3 \quad \cdots\cdots ⑤$$

③−④より

$$\begin{array}{rl} a_{n+1}= & \frac{1}{2}a_n+\frac{3}{2} \\ -)\quad \alpha= & \frac{1}{2}\alpha+\frac{3}{2} \\ \hline a_{n+1}-\alpha= & \frac{1}{2}(a_n-\alpha) \end{array}$$

⑤より，$a_{n+1}-3=\frac{1}{2}(a_n-3)$

数列$\{a_n-3\}$は，初項$a_1-3=-1$，公比$\frac{1}{2}$の等比数列だから

$$a_n-3=-1\cdot\left(\frac{1}{2}\right)^{n-1}$$

$$\boldsymbol{a_n=3-\left(\frac{1}{2}\right)^{n-1}}$$ 答え 例題 8-34

例題 8-22 でもやったけど，“初項から第n項までの和”はS_nでなく$\sum_{k=1}^{n} a_k$と表されていることもあるが，書き並べて$a_1+a_2+\cdots\cdots+a_n$としてから，同じ求めかたで解ける。**“初項から第n項までの和に似たもの”と，項の関係のときも，やはり，同じ求めかたでいいよ。**

数B 8章

8-27 1次式のある2項間漸化式

ここは，解きかたが他にもあるけど，いちばんラクな方法を紹介しておくね。

例題 8-35　定期テスト 出題度 !!　共通テスト 出題度 !!

次のように定められた数列 $\{a_n\}$ の一般項を求めよ。

$a_1=1,\ a_{n+1}=2a_n-4n+5\quad (n=1,\ 2,\ 3,\ \cdots\cdots)$

「あれ？　これは 例題 8-33 と似てますね？」

似ているけど，違うタイプの問題だ。$a_{n+1}=2a_n-4n+5$ と n の文字があるでしょ。例題 8-33 は定数だけだったね。こうなると解きかたが違うんだ。

1次式のある2項間漸化式

$a_{n+1}=pa_n+qn+r\quad (p\neq 0,\ 1,\ q\neq 0)$

$\Rightarrow a_{n+1}+s(n+1)+t=p(a_n+sn+t)$

と変形して一般項を求める。

「今回も知らないと絶対に解けない解きかたですか？」

そう，だから手順を覚えてね。まず，

❶　与式を $a_{n+1}+s(n+1)+t=2(a_n+sn+t)$ の形にしたら s，t の値がどうなるかを求めるんだ。

「$a_{n+1}+s(n+1)+t=2(a_n+sn+t)$ の右辺の係数を2にしたのは，元の式で右辺のa_nの係数が2だからですか？」

そうだよ。もし元の式で右辺のa_nの係数が-5なら，-5にすればいいよ。

「$a_{n+1}=2a_n-4n+5$を，
$a_{n+1}+s(n+1)+t=2(a_n+sn+t)$
の形にするといっても，形が違うな……。」

うん。だから，まず❶の式を$a_{n+1}=$～にするといいよ。変形すると，

$$a_{n+1}+s(n+1)+t=2(a_n+sn+t)$$
$$a_{n+1}+sn+s+t=2a_n+2sn+2t$$
$$a_{n+1}=2a_n+sn-s+t$$

となる。そして，問題の式$a_{n+1}=2a_n-4n+5$と係数を比較しよう。

a_{n+1}は同じ。

$2a_n$も同じだよね。

nの係数どうしを比べると，$s=-4$　……①

定数項どうしを比べると，$-s+t=5$　……②

①を②に代入すると，$t=1$

と求められる。よって，このs，tをあらためて❶の式に入れると，

$$a_{n+1}-4(n+1)+1=2(a_n-4n+1)$$

となって，左辺と右辺の（　）の中が同じ形になっているよね。

「あっ，じゃあ，おき換えができますね。」

うん。8-25 のときのように，

❷　左辺をb_{n+1}，右辺の一部をb_nとおくんだ。

じゃあ，ハルトくん，解いてみて。

「**解答** $a_{n+1}=2a_n-4n+5$

与式を$a_{n+1}+s(n+1)+t=2(a_n+sn+t)$ の形にすると，

$$a_{n+1}+s(n+1)+t=2(a_n+sn+t)$$

$$a_{n+1}+sn+s+t=2a_n+2sn+2t$$

$$a_{n+1}=2a_n+sn-s+t$$

これと，$a_{n+1}=2a_n-4n+5$の係数を比較すると

$$s=-4 \quad \cdots\cdots①,\quad -s+t=5 \quad \cdots\cdots②$$

①を②に代入すると　$t=1$

よって，与式は

$$a_{n+1}-4(n+1)+1=2(a_n-4n+1)$$

の形になる。

$b_n=a_n-4n+1$とすると

$$\underline{b_{n+1}}=\underline{2b_n}$$

（b_{n+1}：$a_{n+1}-4(n+1)+1$，$2b_n$：$2(a_n-4n+1)$）

数列$\{b_n\}$は初項$b_1=a_1-4+1=-2$，公比2の等比数列より

$$b_n=-2\cdot 2^{n-1}=-2^n$$

$$b_n=a_n-4n+1 \text{より}$$

$$a_n-4n+1=-2^n$$

$$\underline{\underline{a_n=-2^n+4n-1}}$$ ⇦**答え**　**例題 8-35**」

b_nとおくのが面倒なら，数列$\{a_n-4n+1\}$は，初項が$a_1-4\cdot1+1=-2$，公比2の等比数列より，$a_n-4n+1=-2\cdot2^{n-1}$と考えてもいいよ。

ここでひとつ質問。例えば，$a_{n+1}=a_n-4n+5$ならどうやって求める？

「えっ，同じ手順ですよね？」

いや，違うよ。これは右辺のa_nの係数が1になっているよね。そのときは**8-24**の Point 81 のほうだからね。注意しよう。

8-28 指数のある2項間漸化式

8-27 と同様に，他にも求めかたがあるけど，いちばんラクなやりかたのみ紹介するよ。

例題 8-36　定期テスト 出題度 !!　共通テスト 出題度 !

次のように定められた数列 $\{a_n\}$ の一般項を求めよ。

$a_1=1,\ a_{n+1}=6a_n-2^n\quad (n=1,\ 2,\ 3,\ \cdots\cdots)$

「あ，今度は指数が混ざってる！」

うん，パターンが違うから解きかたも違う。手順を覚えてね。

指数のある2項間漸化式

$a_{n+1}=pa_n+q^n\quad (p\neq 0,\ 1,\ q\neq 0,\ 1)$

$\Rightarrow a_{n+1}+s\cdot q^{n+1}=p(a_n+sq^n)$

と変形して一般項 a_n を求める。

これは 8-27 と似ていて，まず，

❶ 与式を $a_{n+1}+s\cdot 2^{n+1}=6\ (a_n+s\cdot 2^n)$ の形にしたら s の値がどうなるかを求めるんだ。

「元の式の a_n の係数が6だから係数6にするし，元の式の底が2だから底を2にするんですね。」

「今回は，式の最後が2^nでn乗になっていますけど，例えば，2^{n+1}みたいに$(n+1)$乗になっていたら，おきかたが変わるのですか？」

いや。**いちばん後ろはq^nではなく，q^{n-1}とか，q^{n+2}とか，$r \cdot q^n$とか，いろいろな形になっているものがあるが，すべて同じおきかたでいいよ。**

じゃあ，解いてみて。

「与式を

$$a_{n+1} + s \cdot 2^{n+1} = 6(a_n + s \cdot 2^n)$$

の形にすると

$$a_{n+1} + s \cdot 2^{n+1} = 6a_n + 6s \cdot 2^n$$

$$a_{n+1} = 6a_n + 6s \cdot 2^n - s \cdot 2^{n+1}$$

えっ？　この後は？」

5-6 でも，登場したよ。$6s \cdot 2^n$と$s \cdot 2^{n+1}$の引き算をしたいなら，指数と底の両方がそろっていないといけないんだよね。

「あっ，そうだ！　じゃあ，2^nにそろえるんですね。

最初からやります。

解答　$a_{n+1} = 6a_n - 2^n$

与式を$a_{n+1} + s \cdot 2^{n+1} = 6(a_n + s \cdot 2^n)$の形にすると

$$a_{n+1} + s \cdot 2^{n+1} = 6a_n + 6s \cdot 2^n$$

$$a_{n+1} = 6a_n + 6s \cdot 2^n - s \cdot 2^{n+1}$$

$$a_{n+1} = 6a_n + 6s \cdot 2^n - 2s \cdot 2^n$$

（$6s \cdot 2^n$と$-s \cdot 2^{n+1}$を2^nでそろえる）

$$a_{n+1} = 6a_n + 4s \cdot 2^n$$

$a_{n+1} = 6a_n - 2^n$と係数を比較すると

$$4s = -1$$

$$s = -\frac{1}{4}$$

よって，与式は

$$a_{n+1}-\frac{1}{4}\cdot 2^{n+1}=6\left(a_n-\frac{1}{4}\cdot 2^n\right)$$

$b_n=a_n-\frac{1}{4}\cdot 2^n$ とおくと

$b_{n+1}=6b_n$

数列 $\{b_n\}$ は初項が $b_1=a_1-\frac{1}{4}\cdot 2=1-\frac{1}{2}=\frac{1}{2}$,

公比6の等比数列より,

$$b_n=\frac{1}{2}\cdot 6^{n-1}$$

$$a_n-\frac{1}{4}\cdot 2^n=\frac{1}{2}\cdot 6^{n-1} \quad \leftarrow \frac{1}{4}\cdot 2^n=2^{-2}\cdot 2^n=2^{n-2}$$

$$a_n=2^{n-2}+\frac{1}{2}\cdot 6^{n-1}$$ 答え 例題 8-36

ですよね。」

うん。大正解！　数列 $\left\{a_n-\frac{1}{4}\cdot 2^n\right\}$ は，初項が $a_1-\frac{1}{4}\cdot 2=\frac{1}{2}$，公比6の等比数列より，$a_n-\frac{1}{4}\cdot 2^n=\frac{1}{2}\cdot 6^{n-1}$ としてもいいよ。

ちなみに，例えば $a_{n+1}=a_n-2^n$ という式なら，どうやって解く？

「同じ…じゃないですよね。a_n の係数が1だから，階差数列の漸化式です。」

そうだね。8-24 の Point 81 の形だ。

8-29 $a_{n+1}=pa_n+p^n$ $(p\neq 0,\ 1)$ の漸化式

8-28 は右辺の『係数』と『底』が異なっていたが，今回は同じ場合だ。求めかたが違うよ。

例題 8-37 定期テスト 出題度 !! 共通テスト 出題度 !!

次のように定められた数列 $\{a_n\}$ の一般項を求めよ。

$a_1=1,\ a_{n+1}=3a_n+3^n\ (n=1,\ 2,\ 3,\ \cdots\cdots)$

$a_{n+1}=pa_n+p^n$ $(p\neq 0,\ 1)$ の漸化式

$a_{n+1}=pa_n+p^n$ $(p\neq 0,\ 1)$ は，両辺を p^{n+1} で割る。

「今回は，両辺を 3^{n+1} で割ればいいのか。」

「例えば，最後が 3^{n+2} とかになっていたらどうするのですか？」

いや。8-28 と同様で，これも関係ない。**後ろが 3^{n+2} でも，3^{n-1} でも，$5\cdot 3^n$ でも，関係なく，3^{n+1} で割るんだ。**

$$\frac{a_{n+1}}{3^{n+1}}=\frac{3a_n}{3^{n+1}}+\frac{3^n}{3^{n+1}}$$

$$\frac{a_{n+1}}{3^{n+1}}=\frac{3a_n}{3\cdot 3^n}+\frac{3^n}{3\cdot 3^n}$$

$$\frac{a_{n+1}}{3^{n+1}}=\frac{a_n}{3^n}+\frac{1}{3}$$

となって，左辺と右辺の一部が同じになるよね。それぞれ b_{n+1}，b_n とおくと，今回は等差数列になる。

解答

$$a_{n+1}=3a_n+3^n$$

両辺を 3^{n+1} で割ると

$$\frac{a_{n+1}}{3^{n+1}}=\frac{3a_n}{3^{n+1}}+\frac{3^n}{3^{n+1}}$$

$$\frac{a_{n+1}}{3^{n+1}}=\frac{a_n}{3^n}+\frac{1}{3}$$

$b_n=\dfrac{a_n}{3^n}$ とおくと

$$b_{n+1}=b_n+\frac{1}{3}$$

数列 $\{b_n\}$ は，初項 $b_1=\dfrac{a_1}{3^1}=\dfrac{1}{3}$，公差 $\dfrac{1}{3}$ の等差数列より

$$b_n=\frac{1}{3}+(n-1)\cdot\frac{1}{3}$$

$$=\frac{n}{3}$$

$$\frac{a_n}{3^n}=\frac{n}{3}$$

$$a_n=\frac{n}{3}\cdot3^n$$

$$=\boldsymbol{n\cdot3^{n-1}}$$ ←答え 例題 8-37

もちろん，$\dfrac{a_{n+1}}{3^{n+1}}=\dfrac{a_n}{3^n}+\dfrac{1}{3}$ のあとにおき換えをしないで，

数列 $\left\{\dfrac{a_n}{3^n}\right\}$ は初項 $\dfrac{a_1}{3^1}=\dfrac{1}{3}$，公差 $\dfrac{1}{3}$ の等差数列より

$$\frac{a_n}{3^n}=\frac{1}{3}+(n-1)\cdot\frac{1}{3}$$

$$=\frac{n}{3}$$

としてもいいよ。

8-30 隣接3項間漸化式

「項が2つでもたいへんなのに，3つなんて……」という弱音が聞こえてきそう。

例題 8-38 定期テスト 出題度 !! 共通テスト 出題度 !!

次のように定められた数列 $\{a_n\}$ の一般項を求めよ。

$a_1=1$，$a_2=3$，

$a_{n+2}=-3a_{n+1}+10a_n$　$(n=1,\ 2,\ 3,\ \cdots\cdots)$

Point 86 隣接3項間漸化式

$$a_{n+2}=pa_{n+1}+qa_n \quad (p\neq 0,\ q\neq 0)$$

$$\Rightarrow a_{n+2}-\alpha a_{n+1}=\beta(a_{n+1}-\alpha a_n)$$

$$a_{n+2}-\beta a_{n+1}=\alpha(a_{n+1}-\beta a_n)$$

と変形して一般項 a_n を求める。

ちなみに　$a_{n+2}+3a_{n+1}-10a_n=0$

のように，左辺に集めて書いてあることもあるが，解きかたは同じだよ。

「項が3つのときは，a_{n+2}，a_{n+1}，a_n と決まっているのですか？」

いや，a_n，a_{n-1}，a_{n-2} の式で，“$n=3$，4，5，……” となっていることもあるよ。そのときは，n を $n+2$ に変えればいい。

$a_n=-3a_{n-1}+10a_{n-2}$ （$n=3$, 4, 5, ……）

$\longrightarrow a_{n+2}=-3a_{n+1}+10a_n$ （$n=1$, 2, 3, ……） ←$n+2\geqq3$から$n\geqq1$

これによって，範囲も“$n=1$, 2, 3, ……”に変わるんだ。

じゃあ，手順を説明するよ。2項間の漸化式では$a_{n+1}=a_n=\alpha$とおいたけど，

❶ 3項間の漸化式では，$a_{n+2}=x^2$，$a_{n+1}=x$，$a_n=1$とおいてxを求めるんだ。

$$x^2=-3x+10$$
$$x^2+3x-10=0$$
$$(x+5)(x-2)=0$$
$$x=-5,\ 2$$

そして，2つの解をα，βとすると，与式は

$a_{n+2}-\alpha a_{n+1}=\beta(a_{n+1}-\alpha a_n)$

または　$a_{n+2}-\beta a_{n+1}=\alpha(a_{n+1}-\beta a_n)$　の形に変形できる。

「じゃあ，与式は　$a_{n+2}+5a_{n+1}=2(a_{n+1}+5a_n)$　……①

または　$a_{n+2}-2a_{n+1}=-5(a_{n+1}-2a_n)$　……②

と変形できるということですか？」

そうなんだ。①の式からやろう。いつものことだが，左辺と右辺の（　）の中が同じ形になっているから，**❷ 左辺をb_{n+1}，右辺の一部をb_nとおける。**

$b_{n+1}=2b_n$

数列$\{b_n\}$は初項$b_1=a_2+5a_1=8$，公比2の等比数列より，求められるね。

「おき換えるのが面倒なら，頭の中で$a_{n+2}+5a_{n+1}$を第$(n+1)$項，$a_{n+1}+5a_n$を第n項と見なしてもいいですよね。」

そうだね。

$a_{n+2}+5a_{n+1}=2(a_{n+1}+5a_n)$

数列$\{a_{n+1}+5a_n\}$は初項$a_2+5a_1=8$，公比2の等比数列より

$a_{n+1}+5a_n=8\cdot2^{n-1}$　……③

式③は **8−28** の漸化式の形をしているね。これを解けば求められる。

「なるほど。ここからが面倒なのか。」

そう，面倒だから③で解いていくのはやめておこう。一方，式②から同じような式④がもう1つできる。そして，③と④を連立させて求めればいいんだ。最初から通して解いてみようか。

解答

$a_{n+2}=-3a_{n+1}+10a_n$

$a_{n+2}=x^2$，$a_{n+1}=x$，$a_n=1$ とおくと，

$$x^2=-3x+10$$

$$x^2+3x-10=0$$

$$(x+5)(x-2)=0$$

$$x=-5,\ 2$$

よって，与式は，$a_{n+2}+5a_{n+1}=2(a_{n+1}+5a_n)$　……①

と変形できる。

①より，数列 $\{a_{n+1}+5a_n\}$ は初項が $a_2+5a_1=8$，公比2の等比数列だから

$$a_{n+1}+5a_n=8\cdot2^{n-1}\quad……③$$

また，与式は，$a_{n+2}-2a_{n+1}=-5(a_{n+1}-2a_n)$　……②とも変形できる。

②より，数列 $\{a_{n+1}-2a_n\}$ は初項が $a_2-2a_1=1$，公比−5の等比数列だから

$$a_{n+1}-2a_n=(-5)^{n-1}\quad……④$$

③−④より

$$7a_n=8\cdot2^{n-1}-(-5)^{n-1}$$

$$a_n=\frac{2^{n+2}-(-5)^{n-1}}{7}$$

答え　例題 8-38

「あっ，そうか。お互いに引くと a_{n+1} が消えるんですね！」

その通り。③の漸化式を単独で解くより，かなりラクだよ。

8-31 $a_{n+1}=\dfrac{pa_n}{qa_n+r}$ の漸化式

分子，分母をひっくり返すときに，「分母が0になってしまうかも」なんて，考えたことあるかな。今回は，それも考えなきゃいけないんだ。

定期テスト 出題度 !! 共通テスト 出題度 !

次のように定められた数列 $\{a_n\}$ の一般項を求めよ。

$$a_1=1,\ a_{n+1}=\frac{2a_n}{8a_n+1}\quad (n=1,\ 2,\ 3,\ \cdots\cdots)$$

Point 87 分数の漸化式

$$a_{n+1}=\frac{pa_n}{qa_n+r}$$

は，$a_n \neq 0$ を確認して逆数をとる。

❶ **両辺の逆数をとる**。つまり，分子，分母をひっくり返せばいいんだ。

$$a_{n+1}=\frac{2a_n}{8a_n+1}$$

$$\frac{1}{a_{n+1}}=\frac{8a_n+1}{2a_n}$$

$$\frac{1}{a_{n+1}}=4+\frac{1}{2a_n}$$

左辺の $\dfrac{1}{a_{n+1}}$ と右辺の一部 $\dfrac{1}{a_n}$ が同じ形になっているから，

❷ 左辺をb_{n+1}，右辺の一部をb_nとおけばいい。

$$b_{n+1}=4+\frac{1}{2}b_n$$

となって2項間の漸化式になる。

「意外に単純な方法なんですね。今までと比べてもラクかも！」

ただ，ひとつ注意がいるんだ。最初に逆数をとったよね。ということは今まで分子だったa_{n+1}やa_nが分母になるわけだ。もしも，**a_{n+1}やa_nが0なら分母にできないよね。だから，0にならないことを示さなければいけない**よ。

「あっ，そうなんですか……。なんか，面倒ですね。」

でも，今回は0にならないことは簡単にわかるよ。というか，正になるとわかる。a_2，a_3，a_4，……と求めてみよう。まず，a_1は正だよね。

$n=1$を代入すると，$a_2=\dfrac{2a_1}{8a_1+1}$で，$\dfrac{正}{正}$だから，a_2も正だ。

$n=2$なら，$a_3=\dfrac{2a_2}{8a_2+1}$で，$\dfrac{正}{正}$だから，a_3も正，

$n=3$なら，$a_4=\dfrac{2a_3}{8a_3+1}$で，$\dfrac{正}{正}$だから，a_4も正，……

この調子で続けていけば，ずっと正だよね。

「これ，ぜんぶ書くのですか？」

いや，そこまでしなくてもいい。『a_2，a_3，a_4，……と求めていくと，明らかに$a_n>0$だから，』とか，書けば十分だよ。

「“$a_{n+1}>0$”はいわなくてもいいのですか？」

8-25 でもいったけど，数列は添え字を変えていいんだよね。『$a_n>0$』をいえば，『$a_{n+1}>0$』もいったことになるよ。

「あっ，そうでした。同じこと2回聞いちゃった。」

解答

$$a_{n+1}=\frac{2a_n}{8a_n+1} \quad \cdots\cdots ①$$

a_2，a_3，a_4，……と求めていくと明らかにすべてのnについて$a_n>0$より，①の式の両辺の逆数をとると

$$\frac{1}{a_{n+1}}=\frac{8a_n+1}{2a_n}$$

$$\frac{1}{a_{n+1}}=4+\frac{1}{2a_n}$$

ここで，$b_n=\frac{1}{a_n}$とおくと

$$b_{n+1}=\frac{1}{2}b_n+4 \quad \cdots\cdots ②$$

$b_{n+1}=b_n=\alpha$とおくと

$$\alpha=\frac{1}{2}\alpha+4 \quad \cdots\cdots ③$$

$$\frac{1}{2}\alpha=4$$

$$\alpha=8$$

②－③より

$$b_{n+1}-\alpha=\frac{1}{2}(b_n-\alpha)$$

$\alpha=8$を代入

$$b_{n+1}-8=\frac{1}{2}(b_n-8)$$

数列 $\{b_n-8\}$ は初項 $\dfrac{1}{a_1}-8=-7$，公比 $\dfrac{1}{2}$ の等比数列だから

$$b_n-8=-7\cdot\left(\frac{1}{2}\right)^{n-1}$$

$$b_n=-7\cdot\left(\frac{1}{2}\right)^{n-1}+8$$

$$\frac{1}{a_n}=-7\cdot\left(\frac{1}{2}\right)^{n-1}+8$$

逆数をとる

$$a_n=\frac{1}{-7\cdot\left(\frac{1}{2}\right)^{n-1}+8}$$

$$=\frac{2^{n-1}}{-7+8\cdot 2^{n-1}}$$

$\leftarrow 8\cdot 2^{n-1}=2^3\cdot 2^{n-1}=2^{n+2}$

$$=\frac{2^{n-1}}{-7+2^{n+2}}$$

答え　例題 8-39

「最後の a_n の計算がよくわからないのですが……」

分母が分数になっているのはイヤだよね。$\left(\dfrac{1}{2}\right)^{n-1}$ を消したいので分子，分母に 2^{n-1} を掛けたんだ。$\left(\dfrac{1}{2}\right)^{n-1}$ に 2^{n-1} を掛けると1になるからね。

8-32 連立漸化式

2つの漸化式が登場し，両方の一般項を求めよという問題。他にも解きかたがあるが，ここでもいちばんラクな方法のみ紹介するよ。

例題 8-40 定期テスト 出題度 !! 共通テスト 出題度 !!

$a_1=1$, $b_1=2$,

$a_{n+1}=4a_n-3b_n$,

$b_{n+1}=-a_n+2b_n$ $(n=1, 2, 3, \cdots\cdots)$

を満たす数列 $\{a_n\}$, $\{b_n\}$ の一般項を求めよ。

Point 88 連立漸化式

$a_{n+1}=pa_n+qb_n$

$b_{n+1}=ra_n+sb_n$ （p，q，r，s は定数）

は $a_{n+1}+kb_{n+1}$（または $ka_{n+1}+b_{n+1}$）を計算し，

a_{n+1} と b_{n+1}，a_n と b_n と係数比が等しくなる k を求め，

$a_{n+1}+kb_{n+1}=$～の式に代入する。

解答 $a_{n+1}+kb_{n+1}=4a_n-3b_n+k\underbrace{(-a_n+2b_n)}_{b_{n+1}}$

$=4a_n-3b_n-ka_n+2kb_n$

$=(-k+4)a_n+(2k-3)b_n$ ……①

$1:k=(-k+4):(2k-3)$ になるのは

$k(-k+4)=2k-3$

（$a:b=m:n \Rightarrow an=bm$）

$-k^2+4k=2k-3$

$$k^2-2k-3=0$$

$$(k+1)(k-3)=0$$

$$k=-1,\ 3$$

$k=-1$のときは，①より

$$a_{n+1}-b_{n+1}=\underline{5}a_n\underline{\underline{-5}}b_n=5(a_n-b_n)$$

↑ $-(-1)+4$　　↑ $2\times(-1)-3$

よって，数列$\{a_n-b_n\}$は初項$a_1-b_1=-1$，公比5の等比数列より

$$a_n-b_n=-1\cdot 5^{n-1}$$

$$=-5^{n-1}\quad \cdots\cdots②$$

$k=3$のときは，①より

$$a_{n+1}+3b_{n+1}=a_n+3b_n$$

よって，数列$\{a_n+3b_n\}$は初項$a_1+3b_1=7$，公比1の等比数列より

$$a_n+3b_n=7\cdot 1^{n-1}$$

$$=7\quad \cdots\cdots③$$

③−②より

$$4b_n=7+5^{n-1}$$

$$\boldsymbol{b_n=\frac{7+5^{n-1}}{4}}$$

例題 8-40

これを②に代入すると

$$a_n=\frac{7+5^{n-1}}{4}-5^{n-1}$$

$$\boldsymbol{a_n=\frac{7-3\cdot 5^{n-1}}{4}}$$

例題 8-40

「あっ，ホントだ。kが−1のときも3のときも，左辺と右辺の一部が同じになりますね！」

うん，キレイに解けたでしょ。これも解きかたを復習して，自力で解けるようにね。

8-33 ヒントのある漸化式

せっかくヒントをもらっても，どんなふうに使っていけばいいのかわからないと悲劇だ。しっかりやりかたを覚えておこう。

例題 8-41　定期テスト 出題度 !!　共通テスト 出題度 !!

数列 $\{a_n\}$ は $a_1=1$，$a_{n+1}=\dfrac{-3a_n+5}{a_n-7}$　($n=1,\ 2,\ 3,\ \cdots\cdots$) を満たしている。$b_n=\dfrac{a_n-5}{a_n+1}$ とおくとき，次の問いに答えよ。

(1) 数列 $\{b_n\}$ の一般項を求めよ。

(2) 数列 $\{a_n\}$ の一般項を求めよ。

コツ35 ヒントのある漸化式

その1　おき換えかたが書いてある。

その2　{　} の一般項を求めよ。

{　} が等比数列であることを示せなど書いてある。

どちらの場合も第 $(n+1)$ 項＝で計算していけば，右辺の一部に第 n 項がつくれる。

今回はその1のほうだ。では，解いてみよう。数列では“添え字”の部分を変えても成り立つんだったよね。$b_n=\dfrac{a_n-5}{a_n+1}$ ということは，n を $n+1$ にすると $b_{n+1}=\dfrac{a_{n+1}-5}{a_{n+1}+1}$ も成り立つということになる。

解答 (1)

$$b_{n+1}=\frac{a_{n+1}-5}{a_{n+1}+1}=\frac{\dfrac{-3a_n+5}{a_n-7}-5}{\dfrac{-3a_n+5}{a_n-7}+1}$$

$$=\frac{(-3a_n+5)-5(a_n-7)}{(-3a_n+5)+(a_n-7)}$$

$$=\frac{-8a_n+40}{-2a_n-2}$$

$$=\frac{4a_n-20}{a_n+1}$$

$$=\frac{4(a_n-5)}{a_n+1}$$

$$=4\cdot\frac{a_n-5}{a_n+1}$$

$$=4b_n$$

数列 $\{b_n\}$ は公比4，初項が$b_1=\dfrac{a_1-5}{a_1+1}=-2$の等比数列だから

$$\boldsymbol{b_n=-2\cdot4^{n-1}}$$

答え　例題 8-41 (1)

(2)は(1)で求めたb_nを$b_n=\dfrac{a_n-5}{a_n+1}$の式に代入するだけだ。代入してから“$a_n=\sim$”にしてもいいが，面倒なので**先に$a_n=\sim$にしてから代入**しよう。a_nを左辺に集めて係数で割ればいいね。

解答 (2)

$$b_n=\frac{a_n-5}{a_n+1}$$

$$(a_n+1)b_n=a_n-5$$

$$a_nb_n-a_n=-b_n-5$$

$$(b_n-1)a_n=-b_n-5$$

$b_n\neq1$より，$b_n-1\neq0$だから

$$a_n=\frac{-b_n-5}{b_n-1}=\frac{2\cdot4^{n-1}-5}{-2\cdot4^{n-1}-1}$$

← (1)より $b_n=-2\cdot4^{n-1}$

$$=\boldsymbol{\frac{-2\cdot4^{n-1}+5}{2\cdot4^{n-1}+1}}$$

答え　例題 8-41 (2)

「どうして，$b_n-1 \neq 0$とわざわざ書いたのですか？」

$(b_n-1)a_n=$のあと，(b_n-1)で両辺を割るのだが，文字で割るわけだから，『数学Ⅰ・A編』の 1-20 でも登場したように，ふつうは，0でないときと0のときに分けなきゃいけないんだけど，$b_n=\dfrac{a_n-5}{a_n+1}$は，分子，分母が異なるから，$b_n=1$になることはないよね。

あと，もうひとつ話をさせて。『$a_{n+1}=a_n=x$としたときの解がα，βなら，$b_n=\dfrac{a_n-\alpha}{a_n-\beta}$とおき換えればいい。』という裏技もあるんだ。

「$x=\dfrac{-3x+5}{x-7}$の解は，$x=-1$，5。ホントだ！」

例題 8-42

定期テスト 出題度 !!　共通テスト 出題度 !!

漸化式$a_1=1$，$a_{n+1}=3a_n+2^n+pn-1$ （pは定数，$n=1$，2，3，……）が成り立つとき，以下の問いに答えよ。

(1) 数列$\{a_n+2^n+n\}$が等比数列になるときの定数pの値を求めよ。

(2) (1)のとき，数列$\{a_n\}$の一般項を求めよ。

これは，その2のほうだ。やはり，第$(n+1)$項$=$で計算すればいい。

「{ }の中にあるa_n+2^n+nが第n項ですよね。」

「ということは，第$(n+1)$項は$a_{n+1}+2^{n+1}+n+1$だから，

$$\begin{aligned}a_{n+1}+2^{n+1}+n+1&=(3a_n+2^n+pn-1)+2^{n+1}+n+1\\&=3a_n+2^n+2^{n+1}+(p+1)n\\&=3a_n+2^n+2\cdot2^n+(p+1)n\end{aligned}$$

$= 3a_n + 3 \cdot 2^n + (p+1)n$

あれっ，$a_n + 2^n + n$が現れない？」

「右辺は係数が3だから，$3(a_n + 2^n + n)$ とかになると期待したのに，そうじゃないですね……。」

うん。その場合は，**$3(a_n+2^n+n)$ を強引に作ってしまおう。その後に，差を足したり引いたりすればいい。**

「$3(a_n + 2^n + n)$ だと，$3a_n + 3 \cdot 2^n + 3n$ のはずだから，これに$(p-2)n$を足したものと考えればいいんだね。だから，

$a_{n+1} + 2^{n+1} + n + 1 = 3(a_n + 2^n + n) + (p-2)n$　か。」

$a_{n+1}+2^{n+1}+n+1$ が第$(n+1)$項，a_n+2^n+nが第n項で，等比数列になるということは？

「第$(n+1)$項＝定数×第n項になればいいわけだから，$(p-2)n$がなければいいということですね！」

解答　(1)　$a_{n+1}+2^{n+1}+n+1=(3a_n+2^n+pn-1)+2^{n+1}+n+1$

$=3a_n+2^n+2^{n+1}+(p+1)n$

$=3a_n+2^n+2 \cdot 2^n+(p+1)n$

$=3a_n+3 \cdot 2^n+(p+1)n$

$=3(a_n+2^n+n)+(p-2)n$

等比数列になるためには，$p-2=0$ より　$\underline{\underline{p=2}}$

答え　例題 8-42 (1)

(2)　(1)のとき

$a_{n+1}+2^{n+1}+n+1=3(a_n+2^n+n)$

数列 $\{a_n+2^n+n\}$ は，初項$a_1+2^1+1=4$，公比3の等比数列より

$a_n+2^n+n=4 \cdot 3^{n-1}$

$\underline{\underline{a_n=4 \cdot 3^{n-1}-2^n-n}}$　　例題 8-42 (2)

8-34 ヒントなしで左辺と右辺の一部を同じ形にする

ヒントなしの問題も多くあり，難しいものもあるけど，よく出題されるものを紹介しておくよ。

例題 8-43 定期テスト 出題度 ! 共通テスト 出題度 !!

次のように定められた数列 $\{a_n\}$ の一般項を求めよ。

$$a_1=1,\ a_{n+1}=\frac{n}{n+2}a_n\quad (n=1,\ 2,\ 3,\ \cdots\cdots)$$

漸化式のほとんどは，左辺と右辺の一部を同じ形にするという方向で計算すればよかった。今回は，まず両辺に $n+2$ を掛けると

$$(n+2)a_{n+1}=na_n$$

「左辺と右辺が同じ形になってないですよ。」

うん。そこで，さらに，両辺に $(n+1)$ を掛けるんだ。そうすると

$$(n+2)(n+1)a_{n+1}=(n+1)na_n$$

になる。

「あっ，ホントだ…。左辺は，右辺の n のところが $(n+1)$ になったものですね！」

そういうこと。左辺と右辺の一部…というか右辺全部が同じ形になっている。だから，左辺を b_{n+1}，右辺を b_n とおいて求められる。

解答

$$a_{n+1}=\frac{n}{n+2}a_n$$

$$(n+2)a_{n+1}=na_n$$

$$(n+2)(n+1)a_{n+1}=(n+1)na_n$$

$b_n=(n+1)na_n$とおくと

$$b_{n+1}=b_n$$

数列 $\{b_n\}$ は，初項$b_1=2a_1=2$，公比１の等比数列より

$$b_n=2\cdot 1^{n-1}$$
$$=2$$

$$(n+1)na_n=2$$

$$\boldsymbol{a_n=\frac{2}{n(n+1)}}$$

例題 8-43

$(n+2)(n+1)a_{n+1}=(n+1)na_n$の後，おき換えるのが面倒なら，左辺を第$(n+1)$項，右辺を第$n$項とみなして，そのまま解いてもいいよ。

数列 $\{(n+1)na_n\}$ は，初項$2a_1=2$，公比１の等比数列より

$$(n+1)na_n=2\cdot 1^{n-1}$$
$$=2$$

$$a_n=\frac{2}{n(n+1)}$$

というふうにね。

8-35 図形と漸化式

n番目を知りたければ，まず，n番目と$(n+1)$番目の関係を知ることだ。おとなりさんどうしの関係に注目だよ。

例題 8-44 定期テスト 出題度 !! 共通テスト 出題度 !!!

平面上に，どの2本も平行でなく，どの3本も1点で交わらないようにn本の直線をかいたとき，次の個数を求めよ。

(1) 交点の数 (2) 分割された部分の数

まず，(1)だが，"n本の直線の交点の個数"をa_nとしよう。

「直線が1本なら，交点は0個だ。」

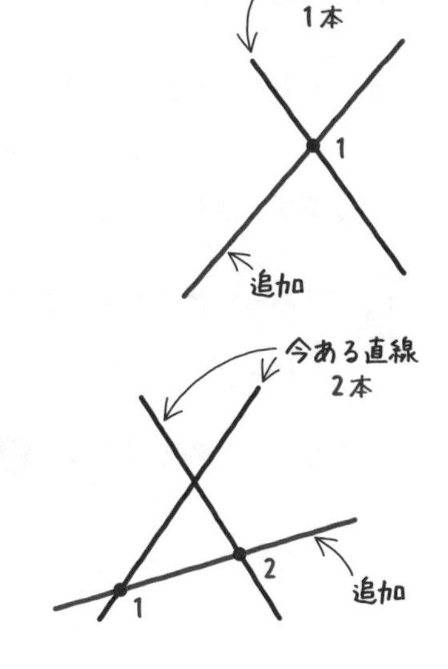

そうだね。$a_1=0$になるね。

これに，直線を1本増やすと，

今ある1本の直線と交わるわけだから，

交点が1つ増えるね。$a_2=1$だ。

さらに，直線を1本増やすと，

今ある2本の直線と交わるわけだから，

交点が2つ増えるね。$a_3=3$になる。

でも，こんな感じで続けていっても，a_nは求められないんだ。以下の方法で解けばいいよ。

コツ36 くり返し動作したときのn番目a_nの求めかた

❶ 1番目a_1を求める。

❷ n番目a_nと，$(n+1)$番目a_{n+1}の関係を求める。

このような問題は，上のような手順で解くよ。

❶は，やったね。❷だが，n本の直線に，さらに直線1本をつけ加えてみよう。

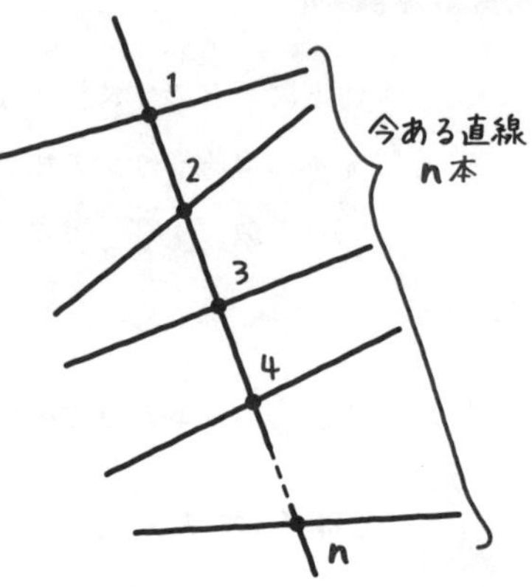

今ある**n本の直線のどれとも平行でないわけだから，すべてと交わるはずだよね。**

「交点がn個増えるということですね。」

そうだね。"直線$(n+1)$本の交点の個数"はa_{n+1}だから，

$$a_{n+1}=a_n+n$$

という関係が成り立つね。さらに，$a_1=0$だった。

「あっ，階差数列の漸化式だ！　$a_n=a_1+\sum_{k=1}^{n-1}k$を計算すればいいですね。」

その通り！　解きかたは，8-24 でやったね。

解答 (1) n本の直線の交点の個数をa_nとすると，$a_1=0$で

$a_{n+1}=a_n+n$

$b_n=n$とおくと，数列$\{a_n\}$は階差数列$\{b_n\}$をもつ数列で

$$\begin{aligned}a_n&=a_1+\sum_{k=1}^{n-1}b_k \qquad (n\geqq 2)\\&=0+\sum_{k=1}^{n-1}k\\&=0+\frac{1}{2}(n-1)\{(n-1)+1\}\\&=\frac{1}{2}n(n-1)\end{aligned}$$

これは，$n=1$を代入しても成り立つ。

よって，$\boldsymbol{\frac{1}{2}n(n-1)}$ **個** ⇐答え 例題 8-44 (1)

さて，続いては，(2)だ。“n本の直線で分割された部分の数”はc_nとしようか。

「直線が1本なら，面は2つの部分に分けられるから，$c_1=2$ですね。」

うん。これに，直線を1本加えよう。**交点は1つ増える**わけだが，それぞれの部分をまた2つずつにカットする状態になっているね。

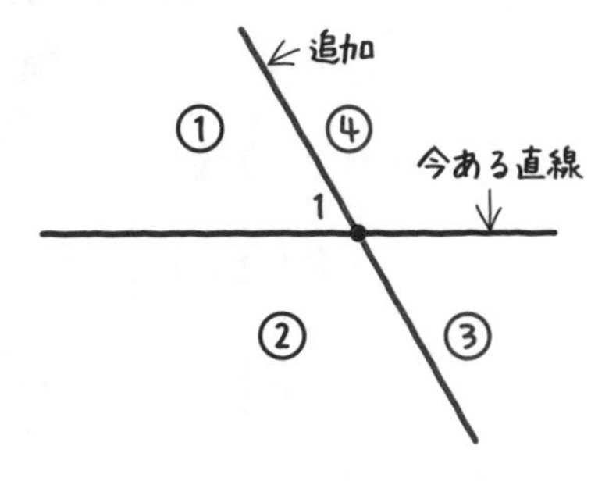

「**分けられた部分が2つ増えちゃう**ということですね。」

そうだね。さらに，直線を1本加えよう。**交点は2つ増える**わけだが，その両側と間の，合わせて3つの部分があり，それをすべてカットするから，**分けられた部分は3つ増える**。

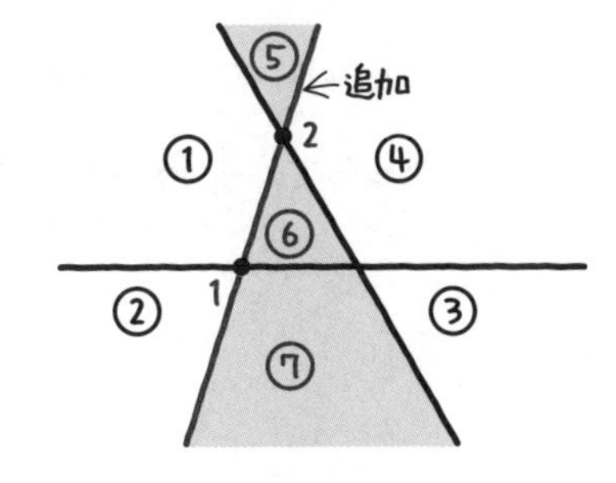

さらに，直線を１本加えると，**交点は３つ増える**わけだが，その両側と間の，合わせて４つの部分があり，それをすべてカットするから，**分けられた部分は４つ増える**。

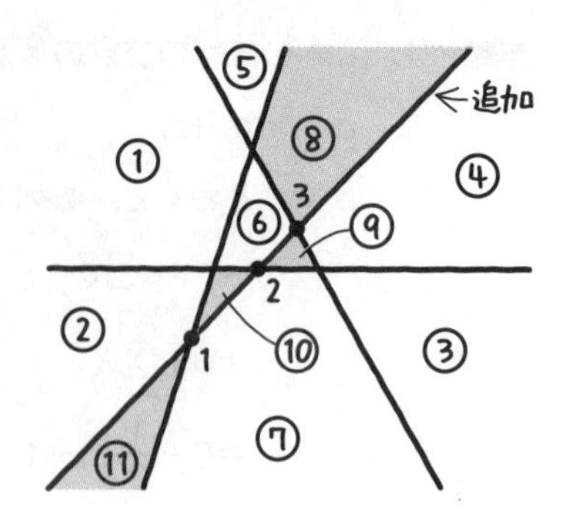

「“増える交点の個数＋１”だけ増えるということか。」

その通り。直線n本に，１本付け加えると，交点がn個増えて，直線で分けられた部分の数は$(n+1)$個増えるから

$$c_{n+1}=c_n+n+1,\ かつ,\ c_1=2$$

となる。これは，階差数列の漸化式だね。解答は次のようになるよ。

解答　(2)　n本の直線で分けられる部分の数をc_nとすると，$c_1=2$で

$$c_{n+1}=c_n+n+1$$

$d_n=n+1$をおくと，数列$\{c_n\}$は階差数列$\{d_n\}$をもつ数列で

$$\begin{aligned}c_n&=c_1+\sum_{k=1}^{n-1}d_k \quad (n\geqq 2)\\&=2+\sum_{k=1}^{n-1}(k+1)\\&=2+\sum_{k=1}^{n-1}k+\sum_{k=1}^{n-1}1\\&=2+\frac{1}{2}(n-1)\{(n-1)+1\}+n-1\\&=\frac{1}{2}(n^2+n+2)\end{aligned}$$

これは，$n=1$を代入しても成り立つ。

よって，$\underline{\underline{\boldsymbol{\frac{1}{2}(n^2+n+2)}\ \textbf{個}}}$　⇦**答え**　**例題 8-44** (2)

8-36 確率と漸化式

n回終わった時点での確率p_nは，順列の${}_nP_n$と全く関係ないよ。似ていて混同する人も多いから，注意しよう。

例題 8-45 定期テスト 出題度 ❗❗ 共通テスト 出題度 ❗❗❗

袋の中に1から5までの数字が書かれたボールが1個ずつ入っている。

袋からボールを1個取り，その数字を記録してから元に戻すという試行をくり返す。n回行ったときの数字の和が3の倍数になる確率を求めよ。

『n回行ったときの数字の和が3の倍数になる確率』をp_nとしよう。

「a_nじゃ，ダメなんですか？」

あっ，それでもいい。ただ，確率のときはp_nとおく人が多いから，今回はそうしよう。さて，これもコツ36と同じ手順で解けるよ。まず，❶ p_1は？

「『1回行ったときの数字の和が3の倍数になる確率』ですよね……

あっ，3を出せばいいから，確率$\frac{1}{5}$です。」

正解。続いて，❷ p_nとp_{n+1}の関係を求める。これは，**p_{n+1}を求める方向で計算すればいいよ。**『$(n+1)$回行ったときの数字の和が3の倍数になる確率』だが，**最後の1回をやる直前つまり，“n回終わった時点”でどうなっているかで考えるんだ。**

(i) **n回終わった時点で，和が3の倍数**になっていたら，最後の1回は何を出せばいい？

「3の倍数ならいいから，3です。」

正解。確率 $\dfrac{1}{5}$ だ。では，**n回終わった時点で，和が3の倍数より1小さい（3の倍数より2大きい）**ときは？

「1か4です。」

その通り。確率 $\dfrac{2}{5}$ になる。**n回終わった時点で，和が3の倍数より2小さい（3の倍数より1大きい）**ときは？

「2か5です。」

そうだよね。こちらも確率 $\dfrac{2}{5}$ になる。同じ結果になるから，後半の2つは分ける必要ない。まとめて，(ii) **n回終わった時点で和が3の倍数になっていないとき**としよう。

解答　確率をp_nとおく。

$$p_1=\frac{1}{5}$$

$(n+1)$回行ったときの数字の和が3の倍数になる確率p_{n+1}は

(i)　**n回終わった時点で和が3の倍数になっているとき**

$$p_n\cdot\frac{1}{5}$$

(ii)　**n回終わった時点で和が3の倍数になっていないとき**

$$(1-p_n)\cdot\frac{2}{5}$$

(i)(ii)より

$$p_{n+1}=p_n\cdot\frac{1}{5}+(1-p_n)\cdot\frac{2}{5}$$

$$=-\frac{1}{5}p_n+\frac{2}{5}$$

(i)の『n回終わった時点で和が3の倍数になる確率』はp_nで，その後，3の倍数を出す確率は$\frac{1}{5}$だよね。両方起こる，つまり“かつ”だから，$p_n \cdot \frac{1}{5}$になるわけだ。

(ii)の『n回終わった時点で和が3の倍数にならない確率』は，全体から『3の倍数になる確率』を引けばいいわけだから$1-p_n$になるね。その後の確率は$\frac{2}{5}$だから，$(1-p_n)\cdot\frac{2}{5}$ になる。

「両方を足したものがp_{n+1}ということですね。」

「2項間の漸化式になるから，後は求めるだけだ！」

$p_{n+1}=p_n=\alpha$とおくと，

$$\alpha=-\frac{1}{5}\alpha+\frac{2}{5}$$

$$5\alpha=-\alpha+2$$

$$6\alpha=2$$

$$\alpha=\frac{1}{3}$$

$$p_{n+1}=-\frac{1}{5}p_n+\frac{2}{5}$$

$$-)\quad \alpha=-\frac{1}{5}\alpha+\frac{2}{5}$$

$$p_{n+1}-\alpha=-\frac{1}{5}(p_n-\alpha)$$

$\alpha=\frac{1}{3}$より

$$p_{n+1}-\frac{1}{3}=-\frac{1}{5}\left(p_n-\frac{1}{3}\right)$$

数B 8章

数列$\left\{p_n-\frac{1}{3}\right\}$は，初項$p_1-\frac{1}{3}=\frac{1}{5}-\frac{1}{3}=-\frac{2}{15}$，公比$-\frac{1}{5}$の等比数列より

$$p_n-\frac{1}{3}=-\frac{2}{15}\left(-\frac{1}{5}\right)^{n-1}$$

$$=\frac{2}{3}\left(-\frac{1}{5}\right)^n$$

$\leftarrow -\frac{2}{15}\left(-\frac{1}{5}\right)^{n-1}=\frac{2}{3}\cdot\left(-\frac{1}{5}\right)\left(-\frac{1}{5}\right)^{n-1}$

$$p_n=\frac{2}{3}\left(-\frac{1}{5}\right)^n+\frac{1}{3}$$

答え　例題 8-45

8-37 数学的帰納法 ～等式の場合～

数学的帰納法というのは，証明のしかたの1つだ。特殊な証明のしかたなので，しっかり覚えよう。

例題 8-46　定期テスト 出題度 !!!　共通テスト 出題度 !

すべての自然数 n について，次の等式が成り立つことを数学的帰納法を使って証明せよ。

$$1^3+2^3+3^3+\cdots\cdots+n^3=\frac{1}{4}n^2(n+1)^2$$

「これって，$\sum_{k=1}^{n} k^3=\frac{1}{4}n^2(n+1)^2$ の公式ですよね。」

そうだね。この公式はどんな自然数nでも成り立つんだ。

左辺は$1^3+2^3+3^3+\cdots\cdots$という調子で，“n^3になるまで足す”ということだよ。$n=1$なら，“1^3になるまで足す”ということで，1^3だけだね。

一方，右辺は $\frac{1}{4}\cdot1^2\cdot2^2=1$ だ。$n=1$のときは左辺も右辺も同じ数になる。つまり，成り立つとわかる。

また，$n=2$なら，“2^3になるまで足す”ということで，

左辺$=1^3+2^3=9$

右辺$=\frac{1}{4}\cdot2^2\cdot3^2=9$だ。$n=2$のときも成り立つとわかる。

こんな感じで，$n=3$なら……，$n=4$なら……，とやっていってもキリがないよね。

「自然数ってずーっと続きますもんね。」

そこで，すべての自然数nで成り立つことを証明するのに**数学的帰納法**という方法を使うんだ。

Point 89 数学的帰納法

すべての自然数nで成り立つことを証明するには，

(I)　$n=1$のとき成り立つことを証明する。

(II)　$n=k$のとき成り立つと仮定すると，

$n=k+1$のときも成り立つことを証明する。

「？　意味がわかりません……。」

じゃあハルトくん，『ドミノ倒し』って知っているよね。

「あのパタパタと倒れていくやつですか？」

うん，それ。ドミノ倒しの世界記録は何百万個にもなるけど，あれはぜんぶのドミノを1つひとつ手で倒したりしないよね。

まず，1個目のドミノを倒せば，その力で2個目のドミノも倒れ，それで3個目のドミノも倒れ，4個目のドミノも倒れ，……ということですべてのドミノが倒れる。

ということは，(I)　**最初の1個を倒す。**

そして，(II)　**あるドミノが倒れれば次のドミノが倒れる。つまり，k番目のドミノが倒れれば（$k+1$）番目のドミノが倒れる。**

「“k”って何番目でもいいんですか？」

うん，そうだよ。この(I)，(II)の両方がいえればすべてのドミノが倒れるよね。その“倒れる”というのを“成り立つ”に変えて考えればいいんだ。まず，(I) $n=1$のとき成り立つ。しかも，(II)　$n=k$のとき成り立つとすると，$n=k+1$のときも成り立つならば……。

「ドミノ式にすべての自然数nで成り立つということか！」

そうなんだ。じゃあ，実際に問題を解いてみよう。まず，

(I)　$n=1$のとき。左辺$=1^3=1$，右辺$=\frac{1}{4}\cdot 1^2\cdot 2^2=1$だから成り立つね。

「さっきやりましたね。」

次に，(II)　$n=k$のとき成り立つと仮定すると，$n=k+1$のときも成り立つことを示そう。

『$n=k$のとき成り立つと仮定する』ということは，『nにkを入れた，

$$1^3+2^3+3^3+\cdots\cdots+k^3=\frac{1}{4}k^2(k+1)^2$$

が，もしも成り立つとしたら』ということから話を始める。これがスタートだ。
すると，nに$k+1$を入れた，

$$1^3+2^3+3^3+\cdots\cdots+(k+1)^3=\frac{1}{4}(k+1)^2\{(k+1)+1\}^2$$

も成り立つ理由をいえということなんだ。これがゴールだ。これを解答用紙の端のジャマにならない場所にメモしておこう。

(Ⅱ)　$n=k$のとき成り立つと仮定すると

$$1^3+2^3+3^3+\cdots\cdots+k^3=\frac{1}{4}k^2(k+1)^2$$

メモ
$n=k+1$のとき
$$1^3+2^3+3^3+\cdots\cdots+(k+1)^3=\frac{1}{4}(k+1)^2\{(k+1)+1\}^2$$

$$1^3+2^3+3^3+\cdots\cdots+k^3=\frac{1}{4}k^2(k+1)^2$$

をうまい具合に変形して，メモの式にすればいいんだ。

「“うまい具合”ってどんなふうにですか？」

両辺を同時に変形していくのは難しいので，**まず左辺をメモの式の形に変えよう**。もともとけっこう似ているんだよね。ところで，このメモの式は途中が『……』で省略されてしまっているけど，$(k+1)^3$の１つ前って何？

「k^3……ですか？」

そうだね。だから，$1^3+2^3+3^3+\cdots\cdots+k^3$まで共通なんだ。

(II)　$n=k$のとき成り立つと仮定すると

$$1^3+2^3+3^3+\cdots\cdots+k^3=\frac{1}{4}k^2(k+1)^2$$

メモ

$n=k+1$のとき

$$1^3+2^3+3^3+\cdots\cdots+(k+1)^3=\frac{1}{4}(k+1)^2\{(k+1)+1\}^2$$

ここにk^3があることに注目！

だから，**$(k+1)^3$を足せば左辺を"メモの左辺"に変えることができる。左辺に$(k+1)^3$を足せば，当然右辺にも足さなければならない。**

(II)　$n=k$のとき成り立つと仮定すると

$$1^3+2^3+3^3+\cdots\cdots+k^3=\frac{1}{4}k^2(k+1)^2$$

両辺に$(k+1)^3$を足すと

$$1^3+2^3+3^3+\cdots\cdots+k^3+\underline{\underline{(k+1)^3}}=\frac{1}{4}k^2(k+1)^2+\underline{\underline{(k+1)^3}}$$

メモ

$n=k+1$のとき

$$1^3+2^3+3^3+\cdots\cdots+(k+1)^3=\frac{1}{4}(k+1)^2\{(k+1)+1\}^2$$

「右辺はどのように変えればいいのですか？」

簡単だよ。そのまま変形すればメモの右辺の形にできるから。

$$\frac{1}{4}k^2(k+1)^2+(k+1)^3=\frac{1}{4}(k+1)^2\{k^2+4(k+1)\}$$
$$=\frac{1}{4}(k+1)^2(k^2+4k+4)$$
$$=\frac{1}{4}(k+1)^2(k+2)^2$$

$k+2$は$(k+1)+1$と同じだから

$$=\frac{1}{4}(k+1)^2\{(k+1)+1\}^2$$

になり，“メモの右辺”の形になったよね。

「あっ，ホントだ……。」

じゃあ，解答をまとめるよ。

解答　$1^3+2^3+3^3+\cdots\cdots+n^3=\frac{1}{4}n^2(n+1)^2$　……（＊）　がすべての自然数nで成り立つことを証明する。

(I)　$n=1$のとき

左辺$=1^3=1$

右辺$=\frac{1}{4}\cdot1^2\cdot2^2=1$

よって，$n=1$のとき（＊）は成り立つ。

(II)　$n=k$のとき（＊）が成り立つと仮定すると

$$1^3+2^3+3^3+\cdots\cdots+k^3=\frac{1}{4}k^2(k+1)^2$$

両辺に$(k+1)^3$を足すと

$$1^3+2^3+3^3+\cdots\cdots+k^3+(k+1)^3$$
$$=\frac{1}{4}k^2(k+1)^2+(k+1)^3=\frac{1}{4}(k+1)^2\{k^2+4(k+1)\}$$
$$=\frac{1}{4}(k+1)^2(k^2+4k+4)=\frac{1}{4}(k+1)^2(k+2)^2$$
$$=\frac{1}{4}(k+1)^2\{(k+1)+1\}^2$$

よって，（＊）は$n=k+1$のときも成り立つ。

(I)，(II)より，すべての自然数nに対して（＊）が成り立つ。　**例題 8-46**

『よって，$n=k+1$のときも成り立つ』『(Ⅰ)，(Ⅱ)より，すべての自然数nに対して成り立つ』を最後に書くのを忘れないようにね。メモは終わったら消しておけばいいね。

あっ，それからいい忘れたことがあるんだけど，(Ⅰ)は「問題で設定された最初の数」を代入するんだよ。今回は『すべての自然数で成り立つことを証明せよ。』で，自然数は1から始まるから1を代入したんだ。もし『$n \geqq 5$のすべての自然数で成り立つことを証明せよ。』なら，$n=5$を代入するよ。他に何か聞きたいことはある？

「(Ⅱ)で，最初に，

$$1^3+2^3+3^3+\cdots\cdots+k^3=\frac{1}{4}k^2(k+1)^2$$

にした後，kをそのまま$k+1$に変えれば，

$$1^3+2^3+3^3+\cdots\cdots+k^3+(k+1)^3=\frac{1}{4}(k+1)^2(k+2)^2$$

になるから，それで済んじゃうんじゃないんですか？」

それはできないよ。**成り立つとわかっている式のときだけ文字を変えてもいい**んだ。例えば，問題文に$f(x)=x^2$と書いてあったら，xをkに変えて，$f(k)=k^2$としても成り立つ。だって，問題を作った人が成り立つといっているのだからね(笑)。数列でもそうだ。問題文に$a_n=4n-1$とあったら，nをkに変えたりして，$a_k=4k-1$とかできる。でも，今回は

$1^3+2^3+3^3+\cdots\cdots+k^3=\dfrac{1}{4}k^2(k+1)^2$が成り立つと“仮定”しただけだ。まだ成り立つと決まったわけじゃない。だから，kを$k+1$に変えることはできないよ。

「納得しました。」

8-38 数学的帰納法 〜不等式の場合〜

不等式の証明をやると，等式の証明のほうがいかにラクだったかを実感するかも。

例題 8-47　定期テスト 出題度 !!!　共通テスト 出題度 !

すべての自然数 n について，次の不等式が成り立つことを数学的帰納法を使って証明せよ。

$$1+\frac{1}{2}+\frac{1}{3}+\cdots\cdots+\frac{1}{n}>\frac{2n-1}{n+1}$$

次は不等式のときの数学的帰納法だ。まず，(Ⅰ) $n=1$ のときは？

「左辺は $1+\frac{1}{2}+\frac{1}{3}+\cdots\cdots$ という感じで $\frac{1}{n}$ になるまで足すんですよね。左辺は $\frac{1}{1}$ つまり1になるまで足すから……1ですね。一方，右辺は $\frac{1}{2}$ だから，不等式は成り立ちます！」

うん。そして，(Ⅱ)は次のようになるね。

(Ⅱ)　$n=k$ のとき成り立つと仮定すると

$$1+\frac{1}{2}+\frac{1}{3}+\cdots\cdots+\frac{1}{k}>\frac{2k-1}{k+1}$$

メモ

$n=k+1$ のとき

$$1+\frac{1}{2}+\frac{1}{3}+\cdots\cdots+\frac{1}{k+1}>\frac{2(k+1)-1}{(k+1)+1}$$

ここに $\frac{1}{k}$ があることに注目！

ハルトくん，続きはどうなる？

「両辺に$\dfrac{1}{k+1}$を足すと，

$$1+\frac{1}{2}+\frac{1}{3}+\cdots\cdots+\frac{1}{k}+\frac{1}{k+1}>\frac{2k}{k+1}\quad\cdots\cdots①$$

$$\uparrow\ \frac{2k-1}{k+1}+\frac{1}{k+1}$$

あれっ？ 右辺を変形したら，$\dfrac{2(k+1)-1}{(k+1)+1}$になるんですか？」

いいや。**不等式の場合は，左辺を合わせても，右辺はメモの右辺の形にならないんだ。**

「じゃあ，どうやって証明をするのですか？」

例えば，Aくんが Cくんより背が高いことをいいたいとする。

今，Aくんが Bくんより背が高いことがわかっている。 ……①

ということは，あとは Bくんが Cくんと同じか，Cくんより背が高いことをいえばいいんだよね。 ……②

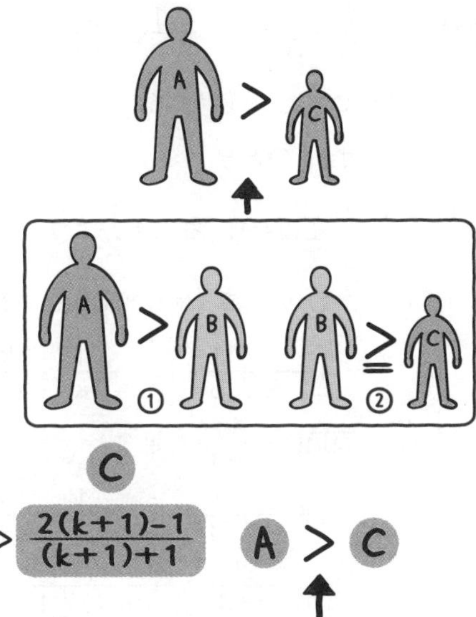

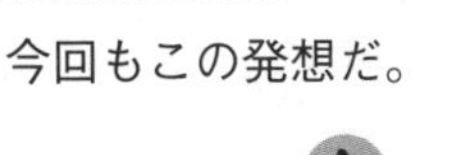

今回もこの発想だ。

$$\underset{\text{A}}{1+\frac{1}{2}+\frac{1}{3}+\cdots+\frac{1}{k}+\frac{1}{k+1}}>\underset{\text{C}}{\frac{2(k+1)-1}{(k+1)+1}}$$

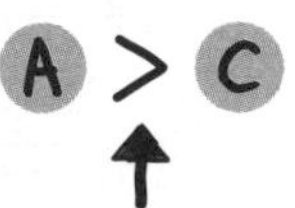

を証明したいのだが，現時点では

$$\underset{\text{A}}{1+\frac{1}{2}+\frac{1}{3}+\cdots+\frac{1}{k}+\frac{1}{k+1}}>\underset{\text{B}}{\frac{2k}{k+1}}$$

A > B

B ≧ C

が成り立つことがわかっている。

だから，あとは

B　　C

$$\frac{2k}{k+1} \geqq \frac{2(k+1)-1}{(k+1)+1}$$

を示せばいいんだ。

「へーっ……等式のときと全然違うんですね。」

そうなんだ。さて，$\frac{2k}{k+1} \geqq \frac{2(k+1)-1}{(k+1)+1}$ を証明するのは簡単だ。左辺から右辺を引いたら0以上になることを示せばいい。じゃあ，最初から通して解いてみよう。

解答　$1+\frac{1}{2}+\frac{1}{3}+\cdots\cdots+\frac{1}{n}>\frac{2n-1}{n+1}$　……（＊）　がすべての自然数nで成り立つことを証明する。

(I)　$n=1$のとき

左辺$=1$，右辺$=\frac{1}{2}$より，$n=1$のとき（＊）は成り立つ。

(II)　$n=k$のとき（＊）が成り立つと仮定すると

$$1+\frac{1}{2}+\frac{1}{3}+\cdots\cdots+\frac{1}{k}>\frac{2k-1}{k+1}$$

両辺に $\frac{1}{k+1}$ を足すと

$$1+\frac{1}{2}+\frac{1}{3}+\cdots\cdots+\frac{1}{k}+\frac{1}{k+1}>\frac{2k}{k+1} \quad \cdots\cdots①$$

次に，$\frac{2k}{k+1} \geqq \frac{2(k+1)-1}{(k+1)+1}$　……②　を示す。

$$\begin{aligned}(\text{左辺})-(\text{右辺}) &= \frac{2k}{k+1}-\frac{2(k+1)-1}{(k+1)+1} \\ &= \frac{2k}{k+1}-\frac{2k+1}{k+2} \\ &= \frac{2k(k+2)-(2k+1)(k+1)}{(k+1)(k+2)} \\ &= \frac{2k^2+4k-2k^2-3k-1}{(k+1)(k+2)}\end{aligned}$$

$$=\frac{k-1}{(k+1)(k+2)}\geqq 0$$

よって，②が成り立つので，①と②より，

$$1+\frac{1}{2}+\frac{1}{3}+\cdots\cdots+\frac{1}{k}+\frac{1}{k+1}>\frac{2(k+1)-1}{(k+1)+1}$$

よって，$n=k+1$ のときも（＊）は成り立つ。

(I), (II)より，すべての自然数 n に対して（＊）は成り立つ。 **例題 8-47**

「どうして，$\frac{k-1}{(k+1)(k+2)}$ が0以上といい切れるんですか？」

まず，n は自然数だよね。そして，今は $n=k$ としているわけだから k も自然数だ。よって，$k-1$ は0以上，$k+1$ は正，$k+2$ は正なので，

$\frac{k-1}{(k+1)(k+2)}\geqq 0$ といえるね。

8-39 数学的帰納法 〜整数の性質の証明〜

「すべての自然数で成り立つ……」の証明なら，数学的帰納法ではないか？　と考えるようにしよう。式だけでなく，言葉の場合もね。

例題 8-48　定期テスト 出題度 !!　共通テスト 出題度 !

すべての自然数 n に対して，7^n-1 が6の倍数になることを数学的帰納法で証明せよ。

数学的帰納法は式だけに限らず，自然数 n を使った整数の性質が正しいことを証明できるんだ。今回は『7^n-1 が6の倍数』を証明したいんだよね。

(I)　$n=1$ のときは，$7^1-1=6$ だから，6の倍数だ。

(II)もやってみよう。

(II)　$n=k$ のとき成り立つと仮定すると

『7^k-1 が6の倍数』

メモ　$n=k+1$ のとき，『$7^{k+1}-1$ が6の倍数』

中学の数学でも学習したけど，証明問題では **“6の倍数”とわかったら，6a (a は整数) とおく**のが鉄則なんだよね。

$7^k-1=6a$（aは整数）とおける。

あとで代入するので

$7^k=6a+1$　……①　と変形しておこう。

さて，今までの方法なら，『7^k-1が6の倍数』をメモの『$7^{k+1}-1$が6の倍数』に変えていくところだが，実際にその変形はかなり難しい。そこで，逆に，**メモの式を変形して，①を代入するんだ。**

「①を代入するといっても，7^{k+1}になっている……。」

7^{k+1}は，$7\cdot7^k$にできるよ。

「$(k+1)$乗は，1乗×k乗だからですね。」

うん，そう。そして，さっきの①を代入すればいい。

$$7^{k+1}-1=7\cdot7^k-1 \leftarrow 7^k=6a+1$$
$$=7\cdot(6a+1)-1$$
$$=42a+6$$

$42a$は6の倍数だし，6も6の倍数だ。

「あっ，そうか。じゃあ，$42a+6$も6の倍数なんだ。」

うん。$42a+6=6(7a+1)$というふうに，6でくくると，もっと6の倍数とわかりやすいよ。

解答　(I)　$n=1$のとき

$7^1-1=6$だから，6の倍数。よって，$n=1$のとき成り立つ。

(II)　$n=k$のとき，成り立つと仮定すると

7^k-1は6の倍数より，$7^k-1=6a$（aは整数）

とおけるから

$7^k=6a+1$　……①

$n=k+1$のとき，$7^{k+1}-1$に①を代入すると

$$7^{k+1}-1=7\cdot\underset{\sim\sim}{7^k}-1$$

数B 8章

$=7\cdot(6a+1)-1$

$=42a+6$

$=6(7a+1)$

よって，$7^{k+1}-1$も6の倍数より，$n=k+1$のときも成り立つ。

(I), (II)より，すべての自然数nに対して成り立つ。 例題 8-48

例題 8-49

定期テスト 出題度 !! 　共通テスト 出題度 !

すべての自然数nに対して，$3^{n+1}+4^{2n-1}$が13の倍数になることを数学的帰納法で証明せよ。

例題 8-48 と同じ方法で証明していこう。

(I)　$n=1$のときは，$3^2+4^1=13$だから13の倍数だ。

(II)は，$3^{k+1}+4^{2k-1}$が13の倍数とすると，

$3^{k+1}+4^{2k-1}=13a$（aは整数）とおける。

「今度は，文字の式が，3^{k+1}と4^{2k-1}の2つありますよね。"$3^{k+1}=$"の形と"$4^{2k-1}=$"の形のどっちに式変形すればいいですか？」

$3^{k+1}=$～にしても，$4^{2k-1}=$～にしても，どちらでもいいよ。

$3^{k+1}=13a-4^{2k-1}$　……①

としようか。さて，メモしておくのは『$3^{(k+1)+1}+4^{2(k+1)-1}$が13の倍数』，つまり『$3^{k+2}+4^{2k+1}$が13の倍数』だ。

①の式を使いたいから，3^{k+1}を作ろう。

「$(k+2)$乗だったら，1乗×$(k+1)$乗ですね。」

そうだね。じゃあ，解くよ。

解答 (I) $n=1$ のとき

$3^2+4^1=13$ だから，13の倍数。よって，$n=1$ のとき成り立つ。

(II) $n=k$ のとき，成り立つと仮定すると

$3^{k+1}+4^{2k-1}$ は13の倍数より

$3^{k+1}+4^{2k-1}=13a$ (a は整数) とおける。

$3^{k+1}=13a-4^{2k-1}$ ……①

$n=k+1$ のとき，①の式を利用して

$$3^{(k+1)+1}+4^{2(k+1)-1}$$
$$=3^{k+2}+4^{2k+1}$$
$$=3\cdot 3^{k+1}+4^{2k+1}$$
$$=3(13a-4^{2k-1})+4^{2k+1}$$ ←①を代入した
$$=39a-3\cdot 4^{2k-1}+4^{2k+1}$$
$$=39a-3\cdot 4^{2k-1}+\underline{16\cdot 4^{2k-1}}$$ ← $4^2\cdot 4^{2k-1}$
$$=39a+13\cdot 4^{2k-1}$$
$$=13(3a+4^{2k-1})$$

よって，$3^{(k+1)+1}+4^{2(k+1)-1}$ も13の倍数より，

$n=k+1$ のときも成り立つ。

(I)，(II)より，すべての自然数 n に対して成り立つ。 **例題 8-49**

「すごい。ちゃんと証明できましたね。でも，自力でできるかな？」

自分でも解いておかないとムリだろうね。復習が大事だよ。

数B 8章

8-40 数学的帰納法 〜一般項の証明〜

初めはとまどった数学的帰納法も，慣れるとラクに解けるようになったと思う。ここの内容もそう。やっていくうちに，抵抗なくできるようになるよ。

例題 8-50　定期テスト 出題度 !!　共通テスト 出題度 !

$a_1=1,\ a_{n+1}=\dfrac{a_n}{(2n+1)a_n+1}$ $(n=1,\ 2,\ 3,\ \cdots\cdots)$ で定められた数列 $\{a_n\}$ について，次の問いに答えよ。

(1)　a_2，a_3，a_4 を求め，数列 $\{a_n\}$ の一般項を推測せよ。

(2)　(1)の推測が正しいことを数学的帰納法で証明せよ。

(1)は，代入するだけだから簡単だ。ミサキさん，やってみて。

「**解答**　(1)　$n=1$ のとき

$$a_2=\frac{a_1}{3a_1+1}=\frac{1}{4}$$

$n=2$ のとき

$$a_3=\frac{a_2}{5a_2+1}=\frac{\frac{1}{4}}{\frac{5}{4}+1}=\frac{1}{9}$$

$n=3$ のとき

$$a_4=\frac{a_3}{7a_3+1}=\frac{\frac{1}{9}}{\frac{7}{9}+1}=\frac{1}{16}$$

よって，$a_n=\dfrac{1}{n^2}$ と推測できる。　**例題 8-50** (1)」

そうだね。$a_1=1$ つまり $\dfrac{1}{1^2}$ だし，$a_2=\dfrac{1}{2^2}$，$a_3=\dfrac{1}{3^2}$，$a_4=\dfrac{1}{4^2}$，……となるから，この調子でいけば $a_n=\dfrac{1}{n^2}$ になりそうだね。

でも，これは単なる予想に過ぎない。このあと a_5 とか a_6 とか求めたら全然違う結果になるかもしれないしね。$a_n=\dfrac{1}{n^2}$ が正しいことを，(2)で数学的帰納法を使って証明するわけだ。まず，(Ⅰ)はいいね。そして，(Ⅱ)は次のようになる。

(Ⅱ)　$n=k$ のとき成り立つと仮定すると

$$a_k=\frac{1}{k^2}$$

メモ

$n=k+1$ のとき，$a_{k+1}=\dfrac{1}{(k+1)^2}$

でも，$a_k=\dfrac{1}{k^2}$ を変形しても，$a_{k+1}=\dfrac{1}{(k+1)^2}$ にならないよね。

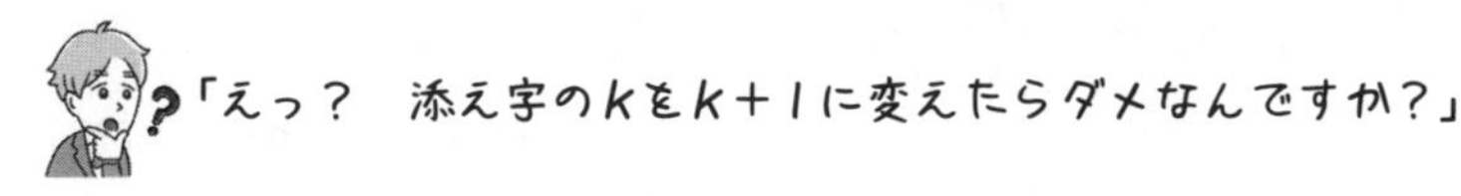

それはできないよ。8-37 でもいったけど，$a_k=\dfrac{1}{k^2}$ はまだ成り立つと決まっていないからね。

今回は，$a_k=\dfrac{1}{k^2}$ 単独で $a_{k+1}=\dfrac{1}{(k+1)^2}$ になるのは無理なので，**問題文の $a_{n+1}=\dfrac{a_n}{(2n+1)a_n+1}$ の式を使おう。これと $a_k=\dfrac{1}{k^2}$ を使って $a_{k+1}=\dfrac{1}{(k+1)^2}$ を作ればいいよ。**

「えっ？　でも，$a_{n+1}=\dfrac{a_n}{(2n+1)a_n+1}$ は n の式だし，$a_k=\dfrac{1}{k^2}$ は k の式だから……。」

添え字の n を k に変えればいいんだよ。$a_{n+1}=\dfrac{a_n}{(2n+1)a_n+1}$ は，問題文に書いてある式だから成り立つと決まっているからね。

「あっ，そうか。こっちは変えていいんですね。」

解答は次のようになるよ。

解答　(2)　(1)より，$a_n=\dfrac{1}{n^2}$　……（＊）　とする。

(Ⅰ)　$n=1$ のとき

$a_1=1$　より，$n=1$ のとき（＊）は成り立つ。

(Ⅱ)　$n=k$ のとき（＊）が成り立つと仮定すると

$$a_k=\frac{1}{k^2}$$

また，$a_{k+1}=\dfrac{a_k}{(2k+1)a_k+1}$ より

（$a_k=\dfrac{1}{k^2}$ を代入）

$$a_{k+1}=\frac{\frac{1}{k^2}}{(2k+1)\cdot\frac{1}{k^2}+1}$$

（分母，分子に k^2 を掛ける）

$$=\frac{1}{2k+1+k^2}=\frac{1}{(k+1)^2}$$

よって，$n=k+1$ のときも（＊）は成り立つ。

(Ⅰ)，(Ⅱ)より，すべての自然数 n に対して（＊）は成り立つ。

例題 8-50 (2)

長かった数列の章もこれでおしまい。慣れないとぜんぜんできない単元だから，問題を自力で解けるように復習してみてね。

9章

確率分布と統計的な推測

『数学Ⅰ・A編』の５章でデータの分析，６章で場合の数と確率を勉強したけど，ここではそれをさらに進化させた内容が登場するよ。

「どんなことを勉強するんですか？」

まぁ，「データをうまく扱うための知識を養う」って感じかな。

「うーん……なんか，難しそう。でも，いよいよ数学Ⅱ・B最後の単元ですしね。頑張ります！」

期待値，分散

期待値は数学Aでも扱ったけど，数学Bでも改めて習う内容なんだ。期待値，分散，標準偏差の求めかたを確認しよう。

例題 9-1　定期テスト 出題度 !!!　共通テスト 出題度 !!!

特産物のイベントで次のような企画が行われた。箱の中に1，2，3と書かれているカードがそれぞれ5枚，4枚，1枚入っている。この中から1枚のカードを引き，書かれている数字の個数だけ，桃がプレゼントされる。

1枚のカードを引いたときの，もらえる桃の個数の期待値，分散，標準偏差を求めよ。

期待値は『数学Ⅰ・A編』の 6-32 で勉強したね。『**●の期待値を求めよ**』なら，**まず，●を上の段に，●が起こり得る確率を下の段にした表を作るんだ。**今回は，『もらえると期待される桃の個数』だから，“もらえる桃の個数”を上の段に，それに対応する確率を下の段に書こう。

ミサキさん，表を作ってみて。

「

桃の個数	1	2	3
確率	$\frac{5}{10}$	$\frac{4}{10}$	$\frac{1}{10}$

ですか。」

そうだね。このように，ある試行（1枚のカードを引く）の結果によって決まる変数（ここでは，桃の個数）を**確率変数**といい，$\boldsymbol{X}$で表す。また，確率は$\boldsymbol{P}$で表し，『$X=a$になる確率』は$\boldsymbol{P(X=a)}$，『$a \leqq X \leqq b$になる確率』は$\boldsymbol{P(a \leqq X \leqq b)}$と書く。じゃあ，ハルトくんに問題。今回の$P(X=3)$，$P(1 \leqq X \leqq 2)$の値は？

「$P(X=3)=\frac{1}{10}$，$P(1 \leqq X \leqq 2)=\frac{9}{10}$です。」

正解。そして，期待値を求めるには

（確率変数）×（そのことが起こる確率）の合計

を計算すればいいんだ。それともう1つ。確率の合計は必ず1になる。表の右側に合計欄を必ずつけておこう。この表を**確率分布**というよ。じゃあ，表を完成させて，期待値を求めてみて。

「解答

桃の個数	1	2	3	計
確率	$\frac{5}{10}$	$\frac{4}{10}$	$\frac{1}{10}$	1

$1 \cdot \frac{5}{10}+2 \cdot \frac{4}{10}+3 \cdot \frac{1}{10}=\frac{8}{5}$（個） ⇦答え 例題 9-1」

よくできました。ちなみにXの期待値は$\boldsymbol{E(X)}$と書くよ。じゃあ，続いて，分散を求めよう。分散って覚えてる？

「だいぶ昔にやった記憶が……。」

『数学Ⅰ・A編』の 5-2 で登場したよ。

「読み返して確認しました。分散は“（それぞれの値－平均値）の2乗”の平均をとったものですね！」

その通り。(それぞれの値−平均値) を偏差といったね。表にすると，次のようになる。

桃の個数X	1	2	3	計
偏差 (X−平均) の2乗	$\left(1-\frac{8}{5}\right)^2$	$\left(2-\frac{8}{5}\right)^2$	$\left(3-\frac{8}{5}\right)^2$	
確率P	$\frac{5}{10}$	$\frac{4}{10}$	$\frac{1}{10}$	1

分散は

$$\left(1-\frac{8}{5}\right)^2\cdot\frac{5}{10}+\left(2-\frac{8}{5}\right)^2\cdot\frac{4}{10}+\left(3-\frac{8}{5}\right)^2\cdot\frac{1}{10}$$

$$=\left(-\frac{3}{5}\right)^2\cdot\frac{5}{10}+\left(\frac{2}{5}\right)^2\cdot\frac{4}{10}+\left(\frac{7}{5}\right)^2\cdot\frac{1}{10}$$

$$=\frac{9}{25}\cdot\frac{5}{10}+\frac{4}{25}\cdot\frac{4}{10}+\frac{49}{25}\cdot\frac{1}{10}$$

$$=\frac{110}{25\cdot 10}$$

$$=\frac{11}{25}$$

これでも求められるけど，他の方法もあったよね。

「“2乗の平均”−“平均値の2乗”でも求められましたね。」

「そうか。そっちのほうがラクだったな。えーっと……。

まず，“2乗の平均”は，$\left(1^2\cdot\frac{5}{10}+2^2\cdot\frac{4}{10}+3^2\cdot\frac{1}{10}\right)$で，

ここから，“平均値の2乗”を引けばいいんだな。

解答 $\left(1^2\cdot\frac{5}{10}+2^2\cdot\frac{4}{10}+3^2\cdot\frac{1}{10}\right)-\left(\frac{8}{5}\right)^2=\frac{30}{10}-\frac{64}{25}=\frac{11}{25}$

より，分散は，$\frac{11}{25}$　答え　例題 9-1」

そう，正解。また，**標準偏差は，分散の正の平方根だから$\sqrt{}$をつければいい。**

標準偏差は，$\sqrt{\frac{11}{25}}=\frac{\sqrt{11}}{5}$（個）　答え　例題 9-1

Xの分散は$V(X)$，Xの標準偏差はσ（シグマ）(X)と書くよ。**分散や標準偏差が大きいほどデータのばらつきは大きいんだ。**

「Xの期待値」から「$aX+b$の期待値」を求める

$aX+b$の期待値や分散はイチから求めなくても，すでにわかっている期待値・分散を利用して求められることもあるよ。

例題 9-2　定期テスト 出題度 ❗❗❗　共通テスト 出題度 ❗❗❗

例題 9-1 の問題で，桃は1個90円で，箱代は何個詰めのものでも一律20円かかるとする。

1枚のカードを引いたときに，プレゼントするのにかかる費用の期待値，分散，標準偏差を求めよ。

では，ミサキさん，(1)を解いてみよう。

「かかる費用は桃が1個なら，$90+20=110$(円)，
2個なら，$90\cdot 2+20=200$(円)，
3個なら，$90\cdot 3+20=290$(円)
ということですよね。確率分布を作ると次のようになるから，

費用X	110	200	290	計
確率P	$\frac{5}{10}$	$\frac{4}{10}$	$\frac{1}{10}$	1

解答　期待値は

$$110\cdot\frac{5}{10}+200\cdot\frac{4}{10}+290\cdot\frac{1}{10}$$

$=\underline{\underline{164\text{（円）}}}$　⇦答え　例題 9-2 」

それでも解けるけど，『数学Ⅰ・A編』の 5-3 の公式を使えばいいよ。

確率変数$aX+b$の期待値，分散，標準偏差

a，bを定数とする。Xの期待値を$E(X)$，分散を$V(X)$，標準偏差を$\sigma(X)$とすると

"$aX+b$の期待値"　$E(aX+b)=aE(X)+b$

"$aX+b$の分散"　$V(aX+b)=a^2V(X)$

"$aX+b$の標準偏差"　$\sigma(aX+b)=|a|\sigma(X)$

今回，桃の個数をXとしたら，費用は$90X+20$になるわけだよね。だから，公式にあてはまるよ。

解答 例題 9-1 より，桃の個数Xの期待値が$\frac{8}{5}$だから

費用$90X+20$の期待値は，$90\cdot\frac{8}{5}+20=$**164（円）** ← 答え 例題 9-2

桃の個数Xの分散が$\frac{11}{25}$だから

費用$90X+20$の分散は，$90^2\cdot\frac{11}{25}=$**3564** ← 答え 例題 9-2

桃の個数Xの標準偏差が$\frac{\sqrt{11}}{5}$だから

費用$90X+20$の標準偏差は，$|90|\cdot\frac{\sqrt{11}}{5}=$**$18\sqrt{11}$（円）**

← 答え 例題 9-2

9-3 確率変数 X, Y の「和の期待値」

桃が出てきたついでに，梨も登場させて話を進めていこう。聞いているうちに食べたくなるかもね。

例題 9-3　定期テスト 出題度 !!!　共通テスト 出題度 !!!

例題 9-1 の問題で，主催者側が箱の中から1，2，3と書かれている5枚，4枚，1枚のカードの中から，それぞれ1枚ずつを取り出し，その3枚にマークを付けて，元に戻した。そして，「マークの付いているカードを引いた場合は書かれた数の桃に加え，梨を1個プレゼントします。」というルールに変更した。

このとき，もらえる桃と梨の個数の合計の期待値を求めよ。

「サービスのいいイベントだな。行ってみたい。」

桃と梨の個数とそれがもらえる確率を表にすると次のようになるね。これを**同時分布**というよ。

梨の個数＼桃の個数	1	2	3	計
0	$\frac{4}{10}$	$\frac{3}{10}$	0	$\frac{7}{10}$
1	$\frac{1}{10}$	$\frac{1}{10}$	$\frac{1}{10}$	$\frac{3}{10}$
計	$\frac{5}{10}$	$\frac{4}{10}$	$\frac{1}{10}$	1

桃1個，梨0個のとき

『桃と梨の個数の合計』をあらためて表にしてみよう。

桃と梨の個数の合計	1	2	3	4	計
確率	$\frac{4}{10}$	$\frac{4}{10}$	$\frac{1}{10}$	$\frac{1}{10}$	1

（2の確率：$\frac{3}{10}+\frac{1}{10}$，3の確率：$0+\frac{1}{10}$）

「解答　期待値は

$$1\cdot\frac{4}{10}+2\cdot\frac{4}{10}+3\cdot\frac{1}{10}+4\cdot\frac{1}{10}=\frac{19}{10}\text{（個）}$$

答え　例題 9-3

あっ，でも，ひょっとしてこれも裏ワザがあるとか……？」

その通り(笑)。まず，桃の個数のほうの期待値$\frac{8}{5}$は，例題 9-1 で求めているよね。また，梨の個数のほうの期待値だってすぐに求められるんじゃないの？

「解答　梨の個数の期待値は，

梨の個数	0	1	計
確率	$\frac{7}{10}$	$\frac{3}{10}$	1

$$0\cdot\frac{7}{10}+1\cdot\frac{3}{10}=\frac{3}{10}$$

です。計算は，ずっとラクですね。」

うん。そして，次の公式を使えばいい。

確率変数の和の期待値

“Xの期待値”を$E(X)$，“Yの期待値”を$E(Y)$とすると，

“$X+Y$の期待値”　$\boldsymbol{E(X+Y)=E(X)+E(Y)}$

「　求める期待値は，

$$\frac{8}{5}+\frac{3}{10}=\frac{19}{10}\text{(個)}$$

例題 9-3

あっ！　ホントだ！」

「これって，3つ以上の場合もいえるのですか？」

うん。成り立つよ。

$$E(X+Y+Z)=E(X)+E(Y)+E(Z)$$

になる。

また，9-2 の Point 90 で，$E(aX+b)=aE(X)+b$

というのがあったね。

特に，$b=0$とすると，$E(aX)=aE(X)$がいえるわけだけど，これを使えば

$$\begin{aligned} E(aX+bY)&=E(aX)+E(bY)\\ &=aE(X)+bE(Y) \end{aligned}$$

もいえるよ。

9-4 独立な確率変数X，Yの「和の分散」

確率変数X，Yの和の分散を求めるとき，X，Yが独立かどうかが，大切なんだ。

まずは，確率変数X，Yが独立かどうかの見分けかたを説明するよ。

独立は『数学Ⅰ・A編』の **6-28** で勉強したよね。

事象A，Bが独立 $\Longleftrightarrow$ $P(A\cap B)=P(A)\cdot P(B)$ を使うんだ。

9-3 の“桃と梨の個数の表”をもう一度見てみよう。

梨の個数＼桃の個数	1	2	3	計
0	$\frac{4}{10}$	$\frac{3}{10}$	0	$\frac{7}{10}$
1	$\frac{1}{10}$	$\frac{1}{10}$	$\frac{1}{10}$	$\frac{3}{10}$
計	$\frac{5}{10}$	$\frac{4}{10}$	$\frac{1}{10}$	1

桃，梨の個数をそれぞれX，Yとしよう。**Xは$X=1$，2，3の3通り，Yは$Y=0$，1の2通りあるから，全部で$2\times3=6$通りの組み合わせがあり，**

全てでさっきの等式が成り立てば，確率変数X，Yは独立といえる。

この表のすべてのマスにおいて，“そのマスの確率”が“縦の「計」の確率と横の「計」の確率の積”に一致しているかどうかだ。例えば，桃の個数が1，梨の個数が0になるマスのところの確率は$\frac{4}{10}$だよね。そして，そのマスの縦の「計」のところの確率は$\frac{5}{10}$，そのマスの横の「計」のところの確率は$\frac{7}{10}$だ。

積を求めると$\frac{5}{10}\times\frac{7}{10}=\frac{7}{20}$だね。$\frac{4}{10}$とは一致しない。だから桃の個数と梨の個数は独立ではないってことだよ。

例題 9-4

定期テスト 出題度 ❗❗❗　共通テスト 出題度 ❗❗❗

ジョーカーを除く52枚のトランプから1枚引いて，次のルールで得点とする。

得点 X：A(エース)なら50点。絵札なら30点。
　　　それ以外なら0点とする。

得点 Y：ハートなら20点。それ以外なら0点とする。

次の問いに答えよ。

(1)　Xの得点の期待値，分散を求めよ。

(2)　Yの得点の期待値，分散を求めよ。

(3)　X，Yは独立であるといえるか。(答えのみでよい。)

(4)　$X+Y$の得点の期待値，分散を求めよ。

(1)はハルトくん，(2)はミサキさんにやってもらおう。

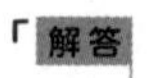

「解答　(1)　確率分布は次のようになる。

得点X	50	30	0	計
確率	$\frac{1}{13}$	$\frac{3}{13}$	$\frac{9}{13}$	1

得点Xの期待値は

$$E(X)=50\cdot\frac{1}{13}+30\cdot\frac{3}{13}+0\cdot\frac{9}{13}$$

$$=\frac{140}{13}\text{(点)}$$

答え　例題 9-4 (1)

得点Xの分散は，"2乗の平均"−"平均値の2乗"より

$$V(X)=\underbrace{\left(50^2\cdot\frac{1}{13}+30^2\cdot\frac{3}{13}+0^2\cdot\frac{9}{13}\right)}_{E(X^2)}-\underbrace{\left(\frac{140}{13}\right)^2}_{\{E(X)\}^2}$$

$$=400-\frac{19600}{169}$$

$$=\frac{48000}{169}$$ ⇐答え　例題 9-4 (1)」

「解答　(2)　確率分布は次のようになる。

得点Y	20	0	計
確率	$\frac{1}{4}$	$\frac{3}{4}$	1

得点Yの期待値は

$$E(Y)=20\cdot\frac{1}{4}+0\cdot\frac{3}{4}=5\text{（点）}$$

得点Yの分散は，"2乗の平均"−"平均値の2乗"より

$$V(Y)=\underbrace{\left(20^2\cdot\frac{1}{4}+0^2\cdot\frac{3}{4}\right)}_{E(Y^2)}-\underbrace{5^2}_{\{E(Y)\}^2}$$

$$=75$$ ⇐答え　例題 9-4 (2)」

じゃあ，続いてX，Yの同時分布の表を書いてみよう。

Y ＼ X	50（A）	30（絵札）	0（それ以外）	計
20（ハート）	$\frac{1}{52}$	$\frac{3}{52}$	$\frac{9}{52}$	$\frac{1}{4}$
0（それ以外）	$\frac{3}{52}$	$\frac{9}{52}$	$\frac{27}{52}$	$\frac{3}{4}$
計	$\frac{1}{13}$	$\frac{3}{13}$	$\frac{9}{13}$	1

$\frac{1}{52}=\frac{1}{13}\times\frac{1}{4}$

ミサキさん，前ページの表からX，Yは独立かどうか答えて。

「解答 (3) **独立である** ⇐答え 例題 9-4 (3)
どのマスの確率も，“縦の『計』×横の『計』”と一致していますからね。」

うん，正解。次の(4)は，$X+Y$の確率分布を作って解くよ。

解答 (4) $X+Y$の確率分布は次のようになる。

得点X+Y	70	50	30	20	0	計
確率	$\frac{1}{52}$	$\frac{6}{52}$	$\frac{9}{52}$	$\frac{9}{52}$	$\frac{27}{52}$	1

得点$X+Y$の期待値は

$$E(X+Y)=70\cdot\frac{1}{52}+50\cdot\frac{6}{52}+30\cdot\frac{9}{52}+20\cdot\frac{9}{52}+0\cdot\frac{27}{52}$$

$$=\frac{820}{52}=\frac{205}{13}\text{(点)}$$ ⇐答え 例題 9-4 (4)

得点$X+Y$の分散は，“2乗の平均”－“平均値の2乗”より

$$V(X+Y)=\left(70^2\cdot\frac{1}{52}+50^2\cdot\frac{6}{52}+30^2\cdot\frac{9}{52}+20^2\cdot\frac{9}{52}+0^2\cdot\frac{27}{52}\right)-\left(\frac{205}{13}\right)^2$$

$$=\frac{7900}{13}-\frac{42025}{169}$$

$$=\frac{60675}{169}$$ ⇐答え 例題 9-4 (4)

になりそうだが……。

「あっ，オチがわかった。9-3 の Point 91 の『確率変数の和の期待値』を使えば，得点$X+Y$の期待値はもっとラクということだ！」

うん，そういうことだ。

> **(X, Yが独立であっても，なくても,)**
> **“$X+Y$の期待値” $E(X+Y)$ は，$E(X)+E(Y)$**

がいえるよ。

「**解答** (4) X, Yの得点の期待値はそれぞれ，$\frac{140}{13}$，5だから，

$$\frac{140}{13}+5=\frac{205}{13}\ (点)」\quad \leftarrow E(X+Y)=E(X)+E(Y)$$

答え 例題 9-4 (4)

うん，さらに，次のような公式もあるんだ。

独立な確率変数の和の分散

X, Yが独立のとき
“$X+Y$の分散” **$V(X+Y)=V(X)+V(Y)$**

解答 X, Yの分散はそれぞれ，$\frac{48000}{169}$，75だから

$$\frac{48000}{169}+75=\frac{60675}{169}\quad \leftarrow X,\ Y\text{が独立のとき } V(X+Y)=V(X)+V(Y)$$

答え 例題 9-4 (4)

になるよ。

「『和の分散』のほうはX, Yが独立のときしか使えないんですか？」

うん，そうだよ。例題 9-3 の桃と梨の個数は独立でないから，この公式を使って“和の分散”を求めることはできないんだ。

お役立ち話 21

独立な確率変数 X, Y の「積の期待値」

X, Y が独立のときは,『積の期待値』というのも求められる。

独立な確率変数の積の期待値

X, Y が独立のとき

“XY の期待値”　$E(XY)=E(X)E(Y)$

簡単な例で説明するよ。サイコロを2回続けてふり,1回目に出る目の数を X, 2回目に出る目の数を Y としよう。X, Y は影響されないから,明らかに独立とわかるよね。期待値は X も Y も同じで

$$E(X)=E(Y)=1\cdot\frac{1}{6}+2\cdot\frac{1}{6}+3\cdot\frac{1}{6}+4\cdot\frac{1}{6}+5\cdot\frac{1}{6}+6\cdot\frac{1}{6}=\frac{7}{2}$$

となるね。このとき1回目と2回目に出た目の数の積 XY の期待値は

$$E(XY)=E(X)E(Y)=\frac{7}{2}\times\frac{7}{2}=\frac{49}{4}$$

として計算できるんだ。

「『XY の分散』を求める公式もあるのですか？」

分散は“2乗の平均－平均値の2乗”だから式で書くと

$V(XY)=E(X^2Y^2)-\{E(XY)\}^2$

X, Y が独立なら,X^2, Y^2 も独立になり,Point 93 を使うと

$V(XY)=E(X^2)E(Y^2)-\{E(X)E(Y)\}^2$ ともできる。

二項分布の期待値と分散

今まで地味に面倒な計算をしていたのが，これで一気にラクになるよ。

例題 9-5　定期テスト 出題度 ❗❗❗　共通テスト 出題度 ❗❗❗

1個のサイコロを4回投げたとき，1の目が出る回数 X の期待値，分散，標準偏差を求めよ。

『数学Ⅰ・A編』の 6-29 で勉強したけど，同じ動作をくり返し，1回1回の結果が次の結果に影響しない試行を，**反復試行**というんだったね。反復試行では，期待値や分散を簡単な公式で求められるんだ。

Point 94 二項分布の期待値と分散

反復試行を n 回くり返すとき

1回の試行で，事象 A が起こる確率が p で，

事象 A が起こる回数を X 回とすると，確率変数 X は，

『二項分布 $B(n,\ p)$ に従う』といい，

期待値 $E(X)=np$

分散 $V(X)=np(1-p)$

標準偏差 $\sigma(X)=\sqrt{np(1-p)}$

（n：反復試行の回数
p：1回の試行で事象 A が起こる確率
X：事象 A が起こる回数）

「サイコロを投げるのは反復試行だから，1の目が出る確率pは常に$\frac{1}{6}$

だし，これを4回くり返すから，

『確率変数Xは二項分布$B\left(4,\ \frac{1}{6}\right)$に従う』

でいいんですか？」

そうだよ。期待値，分散，標準偏差は？

「解答　期待値$E(X)$は　$4\cdot\frac{1}{6}=\underline{\underline{\frac{2}{3}}}$

例題 9-5

分散$V(X)$は　$4\cdot\frac{1}{6}\cdot\left(1-\frac{1}{6}\right)=4\cdot\frac{1}{6}\cdot\frac{5}{6}=\underline{\underline{\frac{5}{9}}}$

答え　例題 9-5

標準偏差$\sigma(X)$は　$\sqrt{\frac{5}{9}}=\underline{\underline{\frac{\sqrt{5}}{3}}}$

答え　例題 9-5

簡単だ。」

うん，覚えて使えるようにしよう。

お役立ち話 22

二項分布について もっとくわしく

例題 9-5 を今までの方法で求めてみるよ。“サイコロを4回投げたとき，1の目がX回出る確率”は，『数学Ⅰ・A編』の 6-29 でやったけど大丈夫かな？

例えば，1の目が1回出る確率を求めてみるよ。

1回目…1，2回目…1以外，3回目…1以外，4回目…1以外

というパターンがあるね。この確率は

$$\underbrace{\frac{1}{6}}_{\substack{1\text{回目}\\ 1\text{が出る確率}}}\cdot\underbrace{\frac{5}{6}\cdot\frac{5}{6}\cdot\frac{5}{6}}_{\substack{2\sim4\text{回目}\\ 1\text{以外が出る確率}}}=\left(\frac{1}{6}\right)\cdot\left(\frac{5}{6}\right)^3$$ だね。

1以外の目は，1回目～4回目のどこで出てもいいから，4回のうち3回を選ぶと考えて，${}_4C_3$パターンある。

だから，4回のうち1回，1の目が出る確率は

$${}_4C_3\cdot\left(\frac{1}{6}\right)\cdot\left(\frac{5}{6}\right)^3$$ になるよ。

4回のうち，1の目が0回，2回，3回，4回出る場合も同様に計算すればいいね。確率分布は次のようになる。

1の目が出る回数X	4	3	2	1	0
確率	${}_4C_0\left(\frac{1}{6}\right)^4$	${}_4C_1\left(\frac{1}{6}\right)^3\left(\frac{5}{6}\right)$	${}_4C_2\left(\frac{1}{6}\right)^2\left(\frac{5}{6}\right)^2$	${}_4C_3\left(\frac{1}{6}\right)\left(\frac{5}{6}\right)^3$	${}_4C_4\left(\frac{5}{6}\right)^4$

$$E(X)=4\cdot\underbrace{{}_4C_0}_{{}_nC_0=1}\left(\frac{1}{6}\right)^4+3\cdot{}_4C_1\left(\frac{1}{6}\right)^3\left(\frac{5}{6}\right)+2\cdot{}_4C_2\left(\frac{1}{6}\right)^2\left(\frac{5}{6}\right)^2$$
$$+1\cdot{}_4C_3\left(\frac{1}{6}\right)\left(\frac{5}{6}\right)^3+0\cdot{}_4C_4\left(\frac{5}{6}\right)^4$$
$$=\frac{4\cdot1}{6^4}+\frac{3\cdot4\cdot5}{6^4}+\frac{2\cdot4\cdot3\cdot5^2}{2\cdot6^4}+\frac{4\cdot5^3}{6^4}$$
$$=\frac{4}{6^4}+\frac{60}{6^4}+\frac{300}{6^4}+\frac{500}{6^4}$$
$$=\frac{864}{6^4}=\frac{2}{3}$$

「この計算，面倒だなあ……。」

「今まではこのやりかたでやっていたのね。そう考えると，二項分布の期待値の公式って，ラクでいい。絶対，覚える！」

うん，ところで，1-2 で $(a+b)^n$ の展開というのをやったけど，覚えているかな？

$$(a+b)^n={}_nC_0a^n+{}_nC_1a^{n-1}b+{}_nC_2a^{n-2}b^2+\cdots\cdots$$
$$\cdots\cdots+{}_nC_{n-2}a^2b^{n-2}+{}_nC_{n-1}ab^{n-1}+{}_nC_nb^n$$

aのところにp，bのところに$1-p$を入れると

$$\{p+(1-p)\}^n$$
$$={}_nC_0p^n+{}_nC_1p^{n-1}(1-p)+{}_nC_2p^{n-2}(1-p)^2+\cdots\cdots$$
$$\cdots\cdots+{}_nC_{n-2}p^2(1-p)^{n-2}+{}_nC_{n-1}p(1-p)^{n-1}+{}_nC_n(1-p)^n$$

今回は，$n=4$，$p=\frac{1}{6}$だから，代入すると

$$\left(\frac{1}{6}+\frac{5}{6}\right)^4={}_4C_0\left(\frac{1}{6}\right)^4+{}_4C_1\left(\frac{1}{6}\right)^3\left(\frac{5}{6}\right)+{}_4C_2\left(\frac{1}{6}\right)^2\left(\frac{5}{6}\right)^2$$
$$+{}_4C_3\left(\frac{1}{6}\right)\left(\frac{5}{6}\right)^3+{}_4C_4\left(\frac{5}{6}\right)^4$$

になるね。これをさっきの確率分布の表の下段と見比べてごらん？

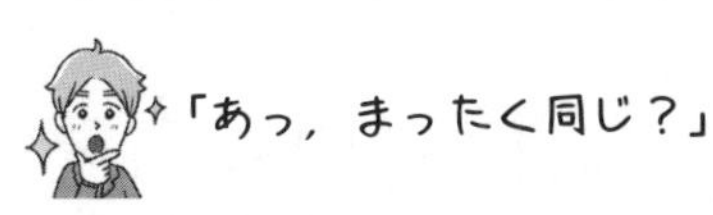

確率変数Xが，二項分布$B(n,\ p)$に従うなら，確率分布の表は，

上の段が，n，$n-1$，……，2，1，0

下の段が，『$\{p+(1-p)\}^n$の展開』の項と同じになるんだ。

積分とは？

７章で積分をやったけど，積分そのもののくわしい意味については触れなかったね。実は，それがわかっていないと，このあとに困るから，ここで簡単に説明しておくね。

例えば，図形を塗りつぶすときに，鉛筆で無数の縦線を隙間なくびっしりと書き込むようなイメージをもってほしい。縦線をぜんぶ合わせると，面積になるよね。このように，**“限りなく細かく切った１つひとつを足し合わせる”という計算に使われるのが積分なんだ。**

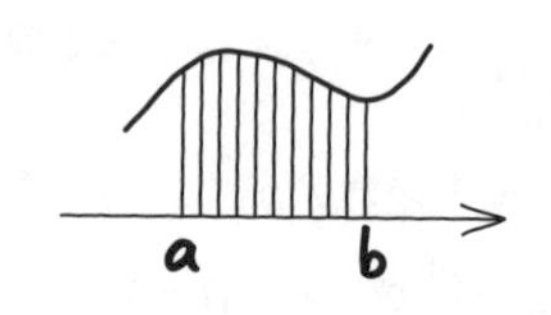

右の『xのところの値』は$f(x)$だね。これを$x=a$から$x=b$まで足す，つまり，積分すればいい。

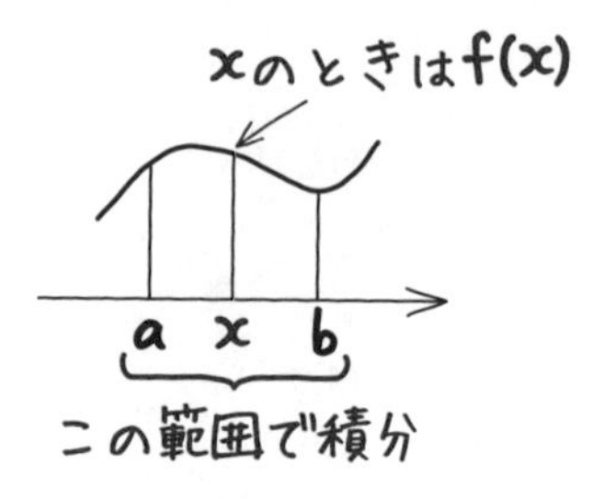

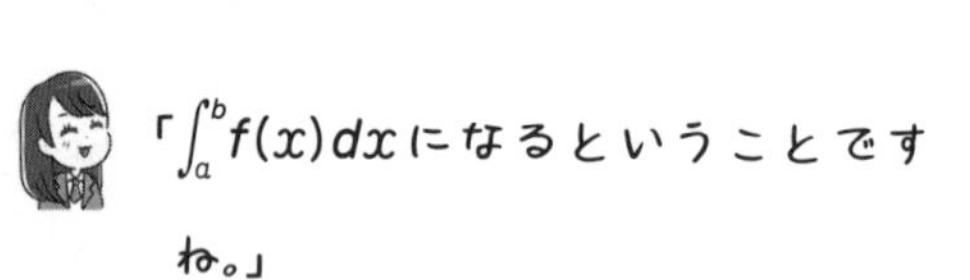

「$\int_a^b f(x)dx$になるということですね。」

そういうことなんだ。ちょっと，ざっくりした説明になったかも知れないけど，くわしくは，数学Ⅲで習うよ。

9-6 確率密度関数

割合を，積分を使って考えてみよう。

例えば，ある小学校の6年生男子の身長を測り，データをまとめることにした。5cm刻みにデータをまとめたら，右のようになったとする。各長方形の横の長さを1，縦を相対度数の値とする長方形を使って，グラフをかいているよ。**長方形の面積の和は1になる。**

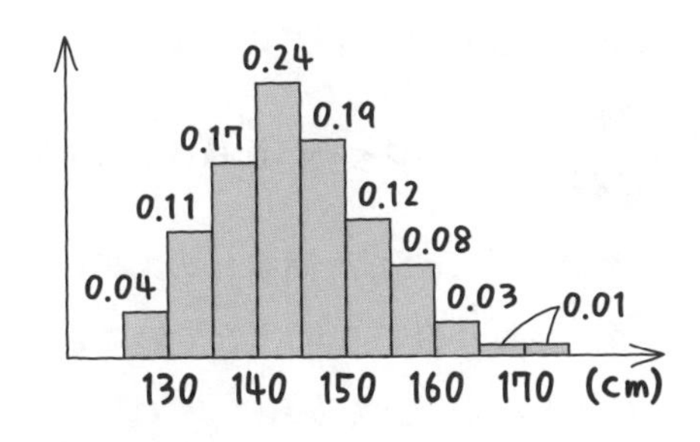

「柱状グラフだ。たしか，ヒストグラムともいったな……。」

そうだね。中学で習ったし，『数学Ⅰ・A編』の 0-11 でも登場したね。

さて，今回はある小学校の6年生男子で調べたけど，日本全国の6年生男子に対象を拡大したとしよう。そして，データも5cm刻みではなく，1cm刻み，1mm刻み，0.1mm刻みというように身長Xを細かく分けていけば，最終的には……

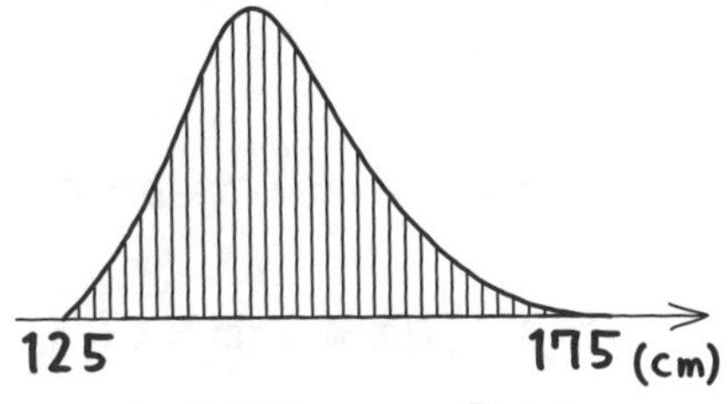

「なだらかな曲線になりますね！」

うん，先にいわれちゃったけど(笑)，そうだね。この曲線を**分布曲線**というんだ。今回はXが“いくつからいくつの間”というふうにブロックごとに区切られているのではなく，すごく細かい単位で変わっていくので，Xを**連続型確率変数**と呼ぶんだ。そして，このグラフで表される関数$f(x)$をXの**確率密度関数**というんだ。

じゃあ，1つ質問。この曲線とx軸で囲まれる部分の面積はいくつになる？

「……？？」

最初にかいた柱状グラフの長方形の面積の和は1で，それを細かくしていっても同じだ。**お役立ち話 23**で説明したように鉛筆の線の1本1本の面積をぜんぶ足すと1という感じになるね。

「あっ，じゃあ，面積は1ですね！」

そういうことだ。始まりの125cmをα，終わりの175cmをβで表すと，xのところは$f(x)$だから，$x=\alpha$から$x=\beta$まで積分すると面積は，$\int_{\alpha}^{\beta} f(x)\,dx$になるね。

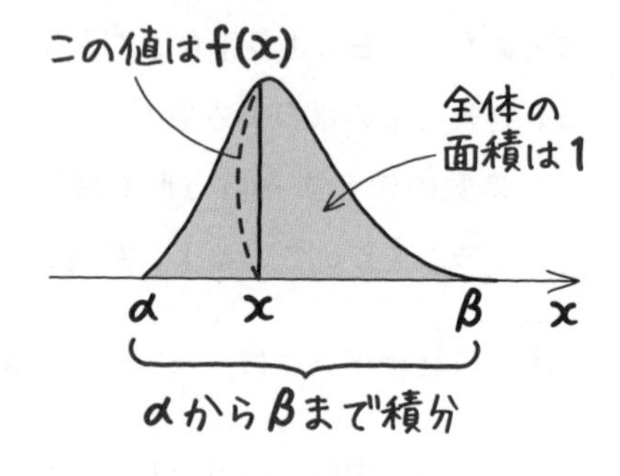

$$\int_{\alpha}^{\beta} f(x)\,dx=1$$

じゃあ，そのうち，例えば，a〔cm〕からb〔cm〕の人の割合を知りたいときは，何を求めればいい？

「あっ，$x=a$から$x=b$までの面積でいいんだ！」

そうだね。$\int_{a}^{b} f(x)\,dx$で計算できる。

これは **9-1** で言った通り，$P(a \leqq X \leqq b)$で表すよ。つまり，αからβの身長の人数を1とすると，$X=a$から$X=b$までの人の数の割合は

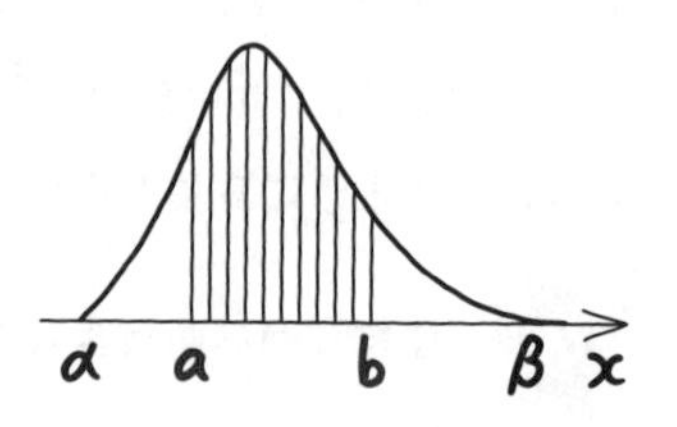

$$P(a \leqq X \leqq b)=\int_{a}^{b} f(x)\,dx$$

で表せるんだ。

じゃあ，次に期待値を出してみようか。

「値×確率をすべて合計するというんですね。」

そうだね。ここでは，『確率』は『割合』と考えればいいよ。

「えっ？　どうしてですか？」

小学校6年生男子全員を“1”とみなして，無作為にその中から1人選ぶとすると，『130cm～135cmの人にあたる確率』は，『130cm～135cmの人の割合』ということだろう？

「あっ，そうか。じゃあ，期待値を求めるには，値×割合を合計すればいいのか。」

そういうことになるね。まず，xのときは，割合が$f(x)$なわけだから，$xf(x)$になる。これを端から端まで足し合わせるということで積分すればいい。

期待値$E(X)=\int_{\alpha}^{\beta} xf(x)\,dx$

で計算できるね。

分散も出してみよう。(それぞれの値－平均値)^2×確率をすべて合計すればよかった。つまり，(それぞれの値－平均値)^2×割合をすべて合計することになるね。

xのときを考えると，$\{x-E(X)\}^2\cdot f(x)$になる。よって，これを積分するので，

分散$V(X)=\int_{\alpha}^{\beta} \{x-E(X)\}^2\cdot f(x)\,dx$

で計算できるよ。

「分散は，"2乗の平均"－"平均値の2乗"でも，計算できましたよね。」

そうだね。つまり

$$\text{分散}\,V(X)=\int_{\alpha}^{\beta}x^2\cdot f(x)\,dx-\{E(X)\}^2$$

でも求められるということだ。

確率密度関数 $f(x)$ の $\alpha \leqq X \leqq \beta$ での値

確率 $P(\alpha \leqq X \leqq \beta)=\int_{\alpha}^{\beta}f(x)\,dx$

X の期待値 $E(X)=\int_{\alpha}^{\beta}xf(x)\,dx$

X の分散 $V(X)=\int_{\alpha}^{\beta}\{x-E(X)\}^2f(x)\,dx$

$$=\int_{\alpha}^{\beta}x^2f(x)\,dx-\{E(X)\}^2$$

例題 9-6

定期テスト 出題度 !!!　共通テスト 出題度 !!!

確率変数 X のとり得る値の範囲が $0 \leqq X \leqq 3$ の確率密度関数 $f(x)=ax^2$（a は定数）について次の値を求めよ。

(1)　a

(2)　$P(1 \leqq X \leqq 2)$

(3)　$0 \leqq X \leqq 3$ での X の期待値 $E(X)$

(4)　$0 \leqq X \leqq 3$ での X の分散 $V(X)$

まず，とり得る値の範囲の全体の面積 $\int_{\alpha}^{\beta}f(x)\,dx$ は1なんだよね。これを使えば，(1)は求められるよ。

解答 (1) $\int_0^3 ax^2dx=\left[\frac{1}{3}ax^3\right]_0^3=9a$

$9a=1$ より，$a=\frac{1}{9}$ 答え 例題 9-6 (1)

「これで $f(x)=\frac{1}{9}x^2$ とわかったから，(2)は，$x=1$ から $x=2$ までの面積でいいんですよね。」

そうだね。求めてみて。

「**解答** (2) $P(1\leqq X\leqq 2)=\int_1^2 f(x)dx$

$=\int_1^2\frac{1}{9}x^2dx=\left[\frac{1}{27}x^3\right]_1^2$

$=\frac{8}{27}-\frac{1}{27}=\frac{7}{27}$ 答え 例題 9-6 (2)」

そう。正解！　じゃあ，ミサキさん，(3)，(4)は？

「**解答** (3) $E(X)=\int_0^3 x\cdot f(x)dx$

$=\int_0^3\frac{1}{9}x^3dx$

$=\left[\frac{1}{36}x^4\right]_0^3$

$=\frac{9}{4}$ 答え 例題 9-6 (3)

(4) $V(X)=\int_0^3\left(x-\frac{9}{4}\right)^2\cdot f(x)dx$

$=\int_0^3\left(x-\frac{9}{4}\right)^2\cdot\frac{1}{9}x^2dx$

$=\int_0^3\left(x^2-\frac{9}{2}x+\frac{81}{16}\right)\cdot\frac{1}{9}x^2dx$

$=\int_0^3\left(\frac{1}{9}x^4-\frac{1}{2}x^3+\frac{9}{16}x^2\right)dx$

$$=\left[\frac{1}{45}x^5-\frac{1}{8}x^4+\frac{3}{16}x^3\right]_0^3$$

$$=\frac{27}{5}-\frac{81}{8}+\frac{81}{16}$$

$$=\underline{\underline{\frac{27}{80}}}$$

答え　例題 9-6 (4)」

そうだね。(4)は，次のように計算してもいいよ。

解答　(4)　$V(X)=\int_0^3 x^2\cdot f(x)\,dx-\{E(X)\}^2$

$$=\int_0^3 x^2\cdot\frac{1}{9}x^2dx-\left(\frac{9}{4}\right)^2$$

$$=\int_0^3\frac{1}{9}x^4dx-\frac{81}{16}$$

$$=\left[\frac{1}{45}x^5\right]_0^3-\frac{81}{16}$$

$$=\frac{27}{5}-\frac{81}{16}$$

$$=\underline{\underline{\frac{27}{80}}}$$

答え　例題 9-6 (4)

ちなみに，連続型確率変数も変数の一種なので，9-2 で登場した以下の公式が使えるよ。

$$E(aX+b)=aE(X)+b$$
$$V(aX+b)=a^2V(X)$$
$$\sigma(aX+b)=|a|\sigma(X)$$

正規分布と標準正規分布

同じ種類の動物もまったく同じ大きさなわけでなく，多少のバラツキはでるよね。大きさとその割合をグラフにすると正規分布の形になるんだ。

確率密度関数の中で，$f(x)=\dfrac{1}{\sqrt{2\pi}\sigma}e^{-\frac{(x-m)^2}{2\sigma^2}}$ の形になっているものを『**期待値m，標準偏差σの正規分布**』といい，**正規分布$N(m,\ \sigma^2)$に従う**ともいうよ。mは期待値で，σは標準偏差なんだ。σ^2は分散ってことだね。自然現象や社会現象では，この分布に近い結果になるものが多いんだ。

「πはわかりますけど，eってなんですか？」

うーん……くわしくは数学Ⅲでやるんだけど，eは無理数で

$e=2.71828\cdots\cdots$

という数なんだ。

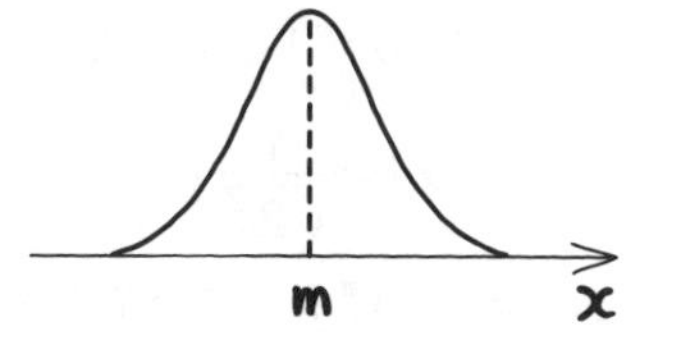

さて，$y=f(x)$ をグラフにするとmを中心に左右対称な山の形になるんだ。これを**正規分布曲線**というよ。

「この$f(x)=\dfrac{1}{\sqrt{2\pi}\sigma}e^{-\frac{(x-m)^2}{2\sigma^2}}$って式は覚えて，自力で計算しないといけないんですか？」

いや，それはない。問題文で式や値は与えられるからね。でも，次のPoint 96は大切だから理解しておこう。

Point 96 正規分布の性質

❶　直線$x=m$に関して対称な山の形の曲線。

❷　$m-\sigma \leqq X \leqq m+\sigma$の範囲にある確率は，右の図の色のついた部分の面積となり，σが大きくなると1に近づく。

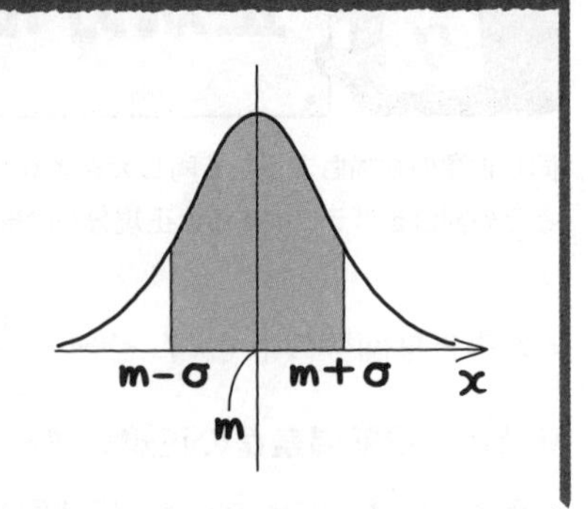

正規分布の中でも，期待値$m=0$，標準偏差$\sigma=1$のもの，つまり，$N(m, \sigma^2)=N(0, 1)$を**標準正規分布**というよ。普通の正規分布はXを使うが，標準正規分布はZを使うことが多いんだ。

mが0，σが1ということは，p.771の式にあてはめると

$$f(Z)=\frac{1}{\sqrt{2\pi}}e^{-\frac{Z^2}{2}}$$

となるよ。標準正規分布に関しては，巻末p.803に『正規分布表』というのがあるので，それを見れば値がわかるんだ。

「p.803の表は，どうやって見るんですか？」

例えば，$P(0 \leqq Z \leqq 0.64)$の値を知りたければ，“0.64”のところの値を見ればいい。縦の列が小数第1位までを表し，横の列が小数第2位を表しているので，縦の“0.6”横の“.04”を見れば，0.2389とわかるよ。

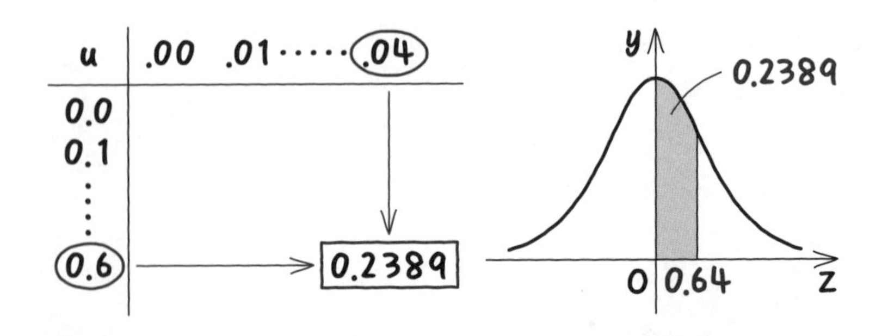

例題 9-7 定期テスト 出題度 ❗❗❗ 共通テスト 出題度 ❗❗❗

確率変数Zが$N(0,\ 1)$に従うとき，次の確率を求めよ。ただし，p.803の正規分布表を参照すること。

(1) $P(Z \leqq 1.2)$　(2) $P(-1 \leqq Z \leqq 3)$　(3) $P(0.5 \leqq Z)$

まず，図をかいて考えてみるよ。

(1)の確率は，右の図の色のついた部分になるね。

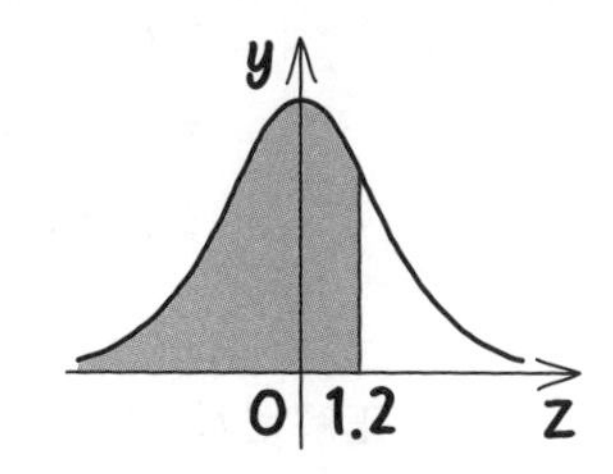

$P(Z \leqq 1.2)$

$= P(Z \leqq 0) + P(0 \leqq Z \leqq 1.2)$

となる。**y軸で分割して考えればいいんだよ。**

ところで，ミサキさん，$P(Z \leqq 0)$の確率はわかる？

「えっ。えーっと。p.803の表を見ればいいんですよね。」

いや，見なくていいよ。**"全体の面積が1"**ってのは覚えてる？　それを使うんだ。グラフはy軸で対称だから，$Z \leqq 0$ということは……。

「わかりました！　1の半分で0.5ですね。」

その通り。残りの$P(0 \leqq Z \leqq 1.2)$のほうは，p.803の表を見ればいいんだ。

解答 (1) $P(Z \leqq 1.2) = P(Z \leqq 0) + P(0 \leqq Z \leqq 1.2)$

$= 0.5 + 0.3849$

$= \underline{\underline{0.8849}}$ ⇐ 答え 例題 9-7 (1)

続いて(2)だ。ハルトくん，やってみて。

「まず，y軸で分割するから……。えっ，マイナスってどうするんですか？　p.803の表にないですけど。」

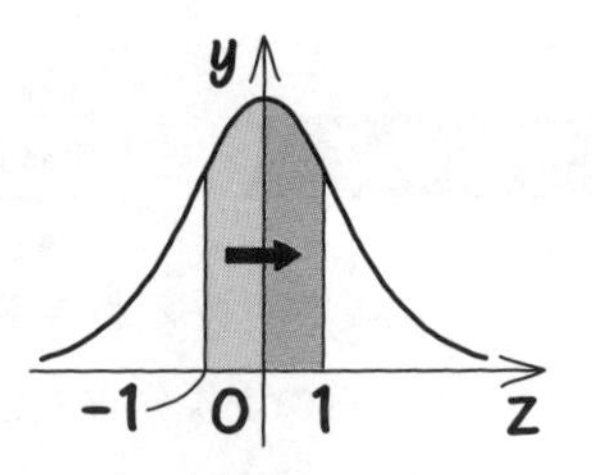

$Z \leqq 0$のときの確率を求めるときは，y軸で左右対称だから，鏡に映すようにして右半分に移して面積を計算すればいいんだ。つまり，
$P(-1 \leqq Z \leqq 0)=P(0 \leqq Z \leqq 1)$ということだ。

「なるほど。わかりました。

解答　(2)　$P(-1 \leqq Z \leqq 3)$

$=P(-1 \leqq Z \leqq 0)+P(0 \leqq Z \leqq 3)$

$=0.3413+0.49865$

$=\underline{\underline{0.83995}}$　

例題 9-7 (2)」

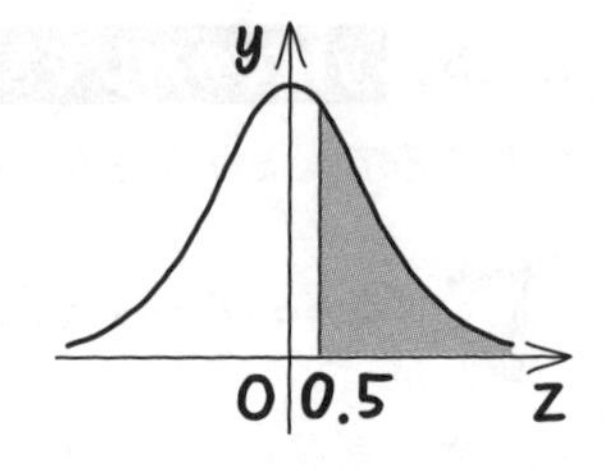

うん，正解だね。次の(3)だけど，(1)，(2)とはちょっと求めかたが違うんだ。今までは，表からすぐに値がわかったんだけど，(3)は直接求められない。$0 \leqq Z \leqq 0.5$の値は表からわかるけど，$0.5 \leqq Z$はわからないんだ。

「じゃあ，どうすれば……。」

$Z \geqq 0$は0.5ってわかっているよね。だから，0.5から$0 \leqq Z \leqq 0.5$の値を引けば，$0.5 \leqq Z$の値が求められるってわけ。

解答　(3)　$P(0.5 \leqq Z)=P(0 \leqq Z)-P(0 \leqq Z \leqq 0.5)$

$=0.5-0.1915$

$=\underline{\underline{0.3085}}$　答え　例題 9-7 (3)

例題 9-8

定期テスト 出題度 ❗❗❗ 共通テスト 出題度 ❗❗❗

高校2年の男子生徒1000人の身長を調べたところ，正規分布 $N(169,\ 6^2)$ に従うことがわかった。166cm 以上，172cm 以下の男子生徒はおよそ何人か。ただし，p.803の正規分布表を参照すること。

「標準正規分布だったら『正規分布表』を見ればいいけど，今回は，普通の正規分布だし。」

こういう場合，普通の正規分布を標準正規分布に直せばいいんだ。

正規分布の標準化

期待値 m，標準偏差 σ の正規分布 $N(m,\ \sigma^2)$ の場合も，

$$Z=\frac{X-m}{\sigma} \leftarrow \frac{X-(\text{期待値})}{(\text{標準偏差})}$$ **とおき換えると，**

期待値0，標準偏差1の正規分布 $N(0,\ 1)$ になる。

「えっ？　どうしてですか？」

ちょっと，その説明は後にして，まず問題を解いてみよう。

解答 $X=166$ のときは，

$$Z=\frac{166-169}{6}=-0.5$$

$X=172$ のときは，

$$Z=\frac{172-169}{6}=0.5$$ なので

$P(166 \leqq X \leqq 172)$

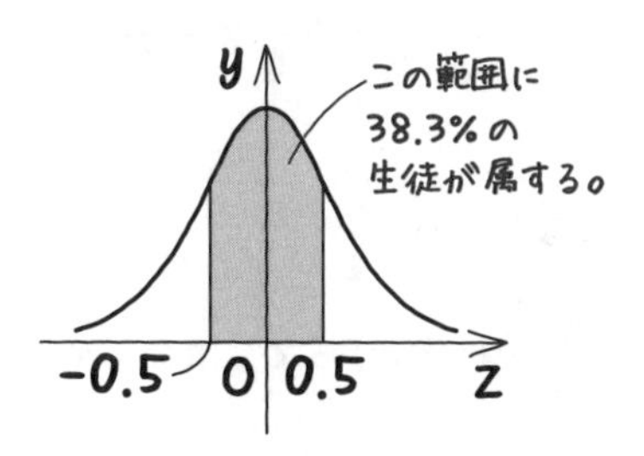

数B 9章

$=P(-0.5 \leqq Z \leqq 0.5)$

$=2 \times 0.1915$

$=0.3830$

よって，**およそ383人**　（1000×0.3830）　答え　例題 9-8

「最後の“$=2 \times 0.1915$”の意味がわからない……。」

正規分布表を見れば，$P(0 \leqq Z \leqq 0.5)=0.1915$ とわかるね。そして，グラフは左右対称だから……。

「あっ，面積が2倍ということか！」

そういうことだね。さて，さっきのミサキさんの質問の『なんで $Z=\dfrac{X-m}{\sigma}$ とおき換えると，Zは正規分布$N(0,\ 1)$になるの？』だけど，9-2 の Point 90 で登場した公式を使って変形すればわかるよ。Zの期待値は$E(Z)$，分散は$V(Z)$で表せるわけだから，

$$E(Z)=E\left(\frac{X-m}{\sigma}\right)=\frac{1}{\sigma}E(X-m)$$

$$=\frac{1}{\sigma}\{E(X)-E(m)\}=\frac{1}{\sigma}(m-m)$$

$$=0$$

$$V(Z)=V\left(\frac{X-m}{\sigma}\right)$$

$$=V\left(\frac{1}{\sigma}X-\frac{m}{\sigma}\right)=\frac{1}{\sigma^2}V(X) \quad \leftarrow V(aX+b)=a^2V(X)$$

$$=1$$

になるからね。

「$E(m)$って，mなんですか？」

mは定数だよ。$E(m)$ということはmの期待値。つまり“m，m，m，……の期待値”ということだからね。期待値はmだ。

9-8 正規分布の二項分布への応用

9-5 でやった二項分布と，9-7 でやった正規分布とのコラボだ！

例えば，コインを6枚投げて，表が何枚出るかどうかを10回やってみた。そして，

「表なし」が0回，「1枚表」が0回，「2枚表」が4回，「3枚表」が2回，「4枚表」が3回，「5枚表」が1回，「6枚表」が0回

になったとして，『コイン6枚投げると，2枚表になるケースがいちばん多いんだ！　コインの表が出る確率は$\frac{2}{6}=\frac{1}{3}$だ！』と自慢げにいっている人がいたら，どう思う？

「違いますよねえ。だって，たった10回しかやっていないですもん。」

うん，表が出る確率は$\frac{1}{2}$と考えられるよね。でも，投げる回数があまりに少ないと，ハプニングが起こることも多く，グラフも，いびつな形の山になることもあるだろう。でも，100回，1000回，……と回数を増やせば，そういうこともなくなって，グラフもきれいな山の形に近づくし，**十分多くの回数行えば，正規分布になるって知られているんだ。**

「えーっ……そうなんですか？　今やったことって，9-5 で出てきた，二項分布ですよね？」

うん。"確率が常にpであることをn回繰り返したとき"起こる回数Xの確率分布は，『二項分布$B(n,\ p)$に従う』といい，

　　期待値$E(X)=np$

　　分散$V(X)=np(1-p)$

だったよね。

そして，正規分布はN(期待値，分散)で表されるんだった。つまりは，こういうことだ。

98 正規分布による二項分布の近似

十分多くの回数行えば，
二項分布$B(n,\ p)$は正規分布$N(np,\ np(1-p))$に極めて近い値になる。

例題 9-9　定期テスト 出題度 !!!　共通テスト 出題度 !!!

サイコロを720回投げたとき，1の目の出る回数Xが，110回以上130回以下になる確率を求めよ。ただし，p.803の正規分布表を参照してよい。

上の公式を使えば解けるよ。まず，二項分布として$E(X)$，$V(X)$を求めよう。

解答　1回の試行で1の目が出る確率は$\frac{1}{6}$で，720回その試行をくり返すので，二項分布$B\left(720,\ \frac{1}{6}\right)$に従う。

期待値$E(X)=720\times\frac{1}{6}=120$

分散$V(X)=720\times\frac{1}{6}\times\frac{5}{6}=100=10^2$

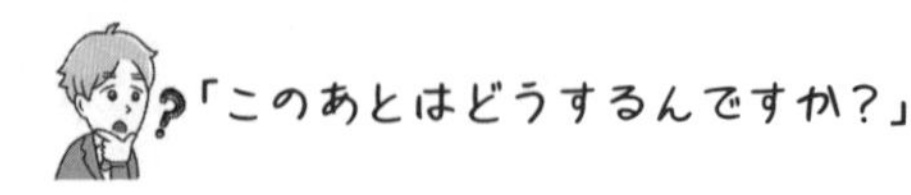
「このあとはどうするんですか？」

試行を720回行ったということは，十分多いと考えられるよね。期待値mが120，標準偏差σは$\sqrt{10^2}=10$なので，正規分布$N(120,\ 10^2)$に極めて近いと考えられるよ。それを 9-7 の Point 97 の方法で標準正規分布$N(0,\ 1)$に変換しよう。解答を続けるよ。

720回は十分に多い試行と考えられるため，

正規分布$N(120,\ 10^2)$に極めて近い値になるので

$X=110$のときは，$Z=\dfrac{110-120}{10}=-1$ ←$Z=\dfrac{X-n}{\sigma}$

$X=130$のときは，$Z=\dfrac{130-120}{10}=1$ より

$P(110\leqq X\leqq 130)=P(-1\leqq Z\leqq 1)$

$=2\times 0.3413$ ←$2\times P(0\leqq Z\leqq 1)$

$=$**0.6826** 答え 例題 9-9

母集団と標本抽出

工場で不良品がどのくらいの割合で含まれているかを調べるために，ぜんぶの製品を調べるわけにはいかないよね。

『1』，『2』，『3』のいずれかの数字が書かれたカードが10万枚混ざってあったとしよう。もし，どのカードが何枚あったのか忘れてしまったとき，どうしたらいいだろう？

「ぜんぶ数えるのは，大変ですよねぇ……。」

正確に何枚か知りたいなら，大変だけどぜんぶ調べなきゃいけないね。これを**全数調査**というよ。しかし，だいたいの枚数がわかればいいというときは，何枚かを選んで，その中の，1，2，3が含まれる割合から調べるという方法があるんだ。**標本（サンプリング）調査**と呼ばれるものだよ。

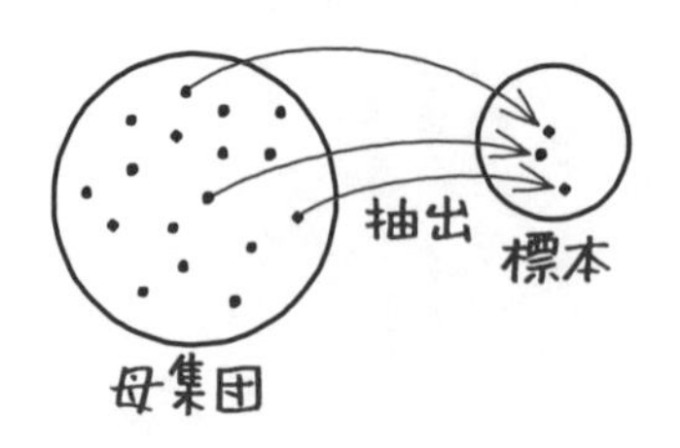

調査の対象になる集団，ここでは“10万枚のカード”だね。これを**母集団**と呼ぶ。また，母集団に含まれる要素の個数，ここでは“10万”だね。これを**母集団の大きさ**というんだ。そして，その中から何枚かを選んだものを**標本**といい，標本に含まれる要素の個数を**標本の大きさ**という。

「あっ，なんか，すごく大昔にやった記憶が……。」

中学の数学でも出てきたね。今回はその話の応用編なんだ。ちなみに，標本を選ぶことを**抽出**というんだけど，『1』だけ選んで取ったりしたら，何の意味もない（笑）。無作為（ランダム）に選ばなければならないね。これを**無作為抽出**というし，選ばれた標本は**無作為標本**というよ。

さて，実際に抽出してみよう。もちろん，枚数が少ないと，偏って取ってしまうかもしれないからダメだよ。十分多くの数を取ろう。そして，例えば取ったカードの『1』，『2』，『3』の数の割合がそれぞれ0.3，0.6，0.1だったら，**母集団の10万枚のカードも，それとほとんど同じ割合で入っているのではと考えられるんだ。**

「もっと多く取れば，もっと正確さが増しそうだな。」

そうだよね。じゃあ，もうひとつ話をさせて。例えばまず，1枚取ったら，それが『2』だったとしよう。じゃあ，2枚目を取る前にそれを戻すかどうかということだ。

「あっ，そうか！　ここ，大事ですよね。戻さないなら，その後の確率も違ってきそうだし……。」

『数学Ⅰ・A編』の **6-27**，**6-29** で登場したね。もともとのカードの枚数が少なければ，結果が違ってきそうだよね。でも，今回はカードが10万枚もあるわけだろう？

「あっ，そうですね。『2』が1枚くらい少ないからといってほとんど影響しないですね。」

1回1回元に戻すのを**復元抽出**，戻さないのを**非復元抽出**というんだけど，**標本の大きさが十分大きいときは，ほとんど同じ結果になるよ。**

「10万枚だと，非復元抽出でいいですね。」

例題 9-10　定期テスト 出題度 ❗❗❗　共通テスト 出題度 ❗❗❗

10万枚のカードのうち，3万枚に『1』，6万枚に『2』，1万枚に『3』が書かれている。この中から大きさ10の標本を抽出したとき，次の問いに答えよ。

(1)　母平均 m，母標準偏差 σ を求めよ。

(2)　標本平均 $\overline{X}$ の期待値 $E(\overline{X})$ と標準偏差 $\sigma(\overline{X})$ を求めよ。

「さっきの話の続きですね。」

うん。母集団の確率分布を**母集団分布**というよ。

数字X	1	2	3	計
確率P	$\frac{3}{10}$	$\frac{6}{10}$	$\frac{1}{10}$	1

また，母集団の期待値，分散，標準偏差はそれぞれ**母平均**，**母分散**，**母標準偏差**という。そのままのネーミングだけどね(笑)。ミサキさん，解けるかな？

「**解答**　(1)　母平均 $m=1\cdot\frac{3}{10}+2\cdot\frac{6}{10}+3\cdot\frac{1}{10}$

$E(X)=m=x_1p_1+x_2p_2+\cdots\cdots+x_np_n$

$=\frac{18}{10}=\underline{\underline{\frac{9}{5}}}$　⇦答え　例題 9-10 (1)

母分散 $\sigma^2=\left(1-\frac{9}{5}\right)^2\cdot\frac{3}{10}+\left(2-\frac{9}{5}\right)^2\cdot\frac{6}{10}$

$+\left(3-\frac{9}{5}\right)^2\cdot\frac{1}{10}$

$\sigma^2=(x_1-m)^2p_1+(x_2-m)^2p_2+\cdots\cdots+(x_n-m)^2p_n$

$$=\left(-\frac{4}{5}\right)^2\cdot\frac{3}{10}+\left(\frac{1}{5}\right)^2\cdot\frac{6}{10}+\left(\frac{6}{5}\right)^2\cdot\frac{1}{10}$$

$$=\frac{90}{250}$$

$$=\frac{9}{25}$$

よって，母標準偏差 $\sigma=\sqrt{\frac{9}{25}}=\underline{\underline{\frac{3}{5}}}$

答え 例題 9-10 (1)

でいいんですか？」

うん，正解だよ。9-1 でやった通りにやればいいんだね。

“2乗の平均”－“平均値の2乗”で求めると以下のようになるよ。

$$\sigma^2=\left(1^2\cdot\frac{3}{10}+2^2\cdot\frac{6}{10}+3^2\cdot\frac{1}{10}\right)-\left(\frac{9}{5}\right)^2 \quad E(X^2)=x_1{}^2p_1+x_2{}^2p_2+\cdots\cdots+x_n{}^2p_n$$

$$=\frac{18}{5}-\frac{81}{25}=\frac{9}{25}$$

じゃあ，次に(2)の標本平均 $\overline{X}$ の期待値 $E(\overline{X})$ と標準偏差 $\sigma(\overline{X})$ だ。

まず，標本の期待値，分散，標準偏差はそれぞれ**標本平均**，**標本分散**，**標本標準偏差**という。これもそのままのネーミングだ。標本平均は，抽出される標本によって変化する確率変数なんだよ。

「平均だから，上に棒をつけて表すんですか？」

そうすることが多いね。さて，問題を解いてみようか。

「それにしても，10枚というのは少ないな。正確な結果が出ないんじゃないの？」

うん，ハルトくんのいう通りだ。例えば，

『1』を3枚，『2』を5枚，『3』を2枚取ったら，

$$\overline{X}=1\cdot\frac{3}{10}+2\cdot\frac{5}{10}+3\cdot\frac{2}{10}=\frac{19}{10}$$

『1』を4枚，『2』を5枚，『3』を1枚取ったら，

$$\overline{X}=1\cdot\frac{4}{10}+2\cdot\frac{5}{10}+3\cdot\frac{1}{10}=\frac{17}{10}$$

というふうに，標本平均$\overline{X}$は同じ値にならないよね。それらのすべての結果の期待値はいくつになるか？　というのが$E(\overline{X})$ なんだ。

「あっ，『標本平均の期待値』ってそういう意味なんですね！」

「10万枚から10枚を取るのは，${}_{100000}C_{10}$通りだから，とんでもない数だ！　ぜんぶ調べられるわけないな！！」

「そうね。なんとなく全体の平均と同じになるような気がする……。」

そう，それを**大数の法則**というよ。

Point 99

標本平均の期待値と標準偏差

❶ **“標本平均$\overline{X}$”の期待値$E(\overline{X})$＝母平均m**

❷ n個を抽出したとき，

“標本平均$\overline{X}$”の標準偏差$\sigma(\overline{X})=\dfrac{\text{母標準偏差}\,\sigma}{\sqrt{n}}$

解答 (2) 母平均と等しいので，標本平均の期待値$E(\overline{X})=\underline{\underline{\dfrac{9}{5}}}$

標本平均の標準偏差$\sigma(\overline{X})=\dfrac{\frac{3}{5}}{\sqrt{10}}=\underline{\underline{\dfrac{3\sqrt{10}}{50}}}$

答え 例題 9-10 (2)

Point 99 の成立する理由を確認しておこう。

母平均をm，母標準偏差をσとする。そこから，大きさnの標本を1回ずつ取り出して，そのときの数を順番に

X_1，X_2，……，X_n

としよう。

「取り出すたびに，戻すんですか？」

一応，そうしようか。でも，母集団が十分な大きさであれば，戻しても戻さなくても，あまり変わらないんだけどね。

「あっ，そうでしたね。」

標本平均$\overline{X}=\dfrac{X_1+X_2+\cdots+X_n}{n}$になるね。

この「1回ずつ大きさnの標本を取り出す」というのを何十回，何百回とやったときに1回目に取り出した標本平均$E(X_1)$を考えると

$E(X_1)=m$

となる。「1回目はこれが出やすい」なんてのはないからね。同様に

$E(X_2)=E(X_3)=\cdots\cdots=E(X_n)=m$

なんだ。

これらを 9-2, 9-3, 9-4 で登場した

$$E(X+Y)=E(X)+E(Y)$$

$$E(aX)=aE(X)$$

$$V(X+Y)=V(X)+V(Y)$$

$$V(aX)=a^2V(X)$$

の公式にあてはめて計算すればいいよ。

母平均をm，母分散をσ^2とすると

$$E(\overline{X})=E\left(\frac{X_1+X_2+\cdots\cdots+X_n}{n}\right)$$

← $\frac{X_1+X_2+\cdots\cdots+X_n}{n}=\frac{1}{n}\cdot(X_1+X_2+\cdots\cdots+X_n)$

$E(aX)=aE(X)$

$$=\frac{1}{n}\{E(X_1)+E(X_2)+\cdots\cdots+E(X_n)\}$$

$$=\frac{1}{n}(m+m+\cdots\cdots+m)$$

$$=\frac{1}{n}\cdot mn$$

$$=m$$

X_1，X_2，……，X_nは互いに独立だから

$$V(\overline{X})=V\left(\frac{X_1+X_2+\cdots\cdots+X_n}{n}\right)$$

$V(aX)=a^2V(X)$

$$=\frac{1}{n^2}\{V(X_1)+V(X_2)+\cdots\cdots+V(X_n)\}$$

$$=\frac{1}{n^2}(\sigma^2+\sigma^2+\cdots\cdots+\sigma^2)$$

$$=\frac{1}{n^2}\cdot\sigma^2 n$$

$$=\frac{\sigma^2}{n}$$

分散が$\frac{\sigma^2}{n}$ということは，標準偏差は$\frac{\sigma}{\sqrt{n}}$になるね。

9-10 標本平均，標本比率と正規分布

平均や標準偏差が変われば，それに合わせて正規分布や標準正規分布も変わるという話です。

9-9 の Point 99 で母平均がm，母標準偏差がσのとき，“標本平均$\overline{X}$”の期待値は$E(\overline{X})=m$，標準偏差が$\sigma(\overline{X})=\dfrac{\sigma}{\sqrt{n}}$だった。正規分布は$N$(期待値，分散)で表せるし，$Z=\dfrac{X-\text{期待値}}{\text{標準偏差}}$とすれば，標準正規分布$N(0, 1)$になった。あっ，今回は$X$のところが$\overline{X}$だよ。次のことがいえる。

Point 100 標本平均と正規分布

nが十分大きいとき，

“標本平均$\overline{X}$”は正規分布$N\left(m, \dfrac{\sigma^2}{n}\right)$に従うし，

さらに，$Z=\dfrac{\overline{X}-m}{\dfrac{\sigma}{\sqrt{n}}}$とすれば，標準正規分布$N(0, 1)$に従う。

例題 9-11

定期テスト 出題度 !! 　共通テスト 出題度 !!

母平均40，母標準偏差20をもつ母集団から，大きさ100の無作為標本を抽出するとき，その標本平均$\overline{X}$が37より小さい値をとる確率を求めよ。

ハルトくん。解いてみて。

「期待値と標準偏差がわかって，正規分布が出て，標準正規分布に直せて…と今まで通りの手順でいいんですよね？

解答　標本平均$\overline{X}$の期待値は$E(\overline{X})=40$，標準偏差が

$$\sigma(\overline{X})=\frac{20}{\sqrt{100}}=2$$

標本平均$\overline{X}$は，正規分布$N(40,\ 4)$に従うし，さらに

$Z=\dfrac{\overline{X}-40}{2}$とすれば，標準正規分布$N(0,\ 1)$に従う。

$\overline{X}=37$のとき，$Z=-1.5$

$$\begin{aligned}P(\overline{X}\leqq 37)&=P(Z\leqq -1.5)\\&=0.5-0.4332\\&=\underline{\underline{0.0668}}\end{aligned}$$

答え　例題 9-11

あー大変だった。」

正解。正規分布は左右対称だから，$Z\leqq -1.5$の部分の割合は，$Z\geqq 1.5$の部分と同じだね。

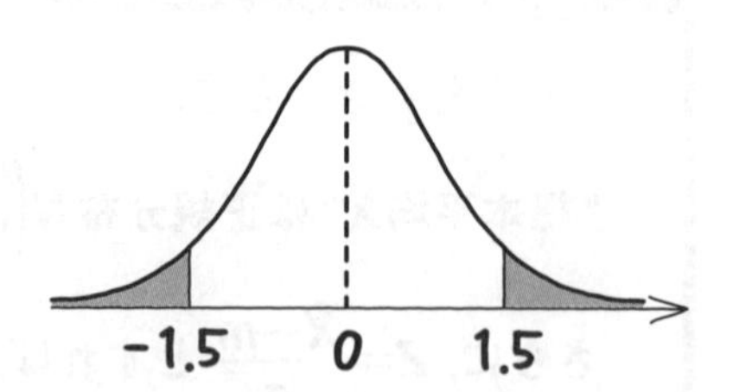

さて，ある性質Aをもつ個体の，母集団の中での割合を**母比率**，標本の中での割合を**標本比率**という。

例えば，ウィルスの感染が流行し，陽性の割合を調べたい。全員を調べる全数調査なら，“全員”が母集団で，その陽性率が母比率だ。しかし，手間と時間がかかるので，何人かを選んで…あっ，もちろん，地域によって差がありそうなので，場所に関係なく無作為（ランダム）に選ぶよ。その人たちの中での陽性率が標本比率といえばわかりやすいかな。

「同じにはならないでしょうね。でも，多くの人数でやるほど，母比率に近くなりそう。」

その通り。じゃあ，母比率はpとしよう。n人を選んで調べたら，そのうちT人が陽性だったとする。標本比率Rは？

「$R=\dfrac{T}{n}$です。」

正解。では，Tの期待値と標準偏差を求めてみよう。

9-5 の Point 94を使うと，

Tの期待値はnp，標準偏差は$\sqrt{np(1-p)}$

Rはこれの$\dfrac{1}{n}$倍だから，

Rの期待値はp，標準偏差は$\dfrac{\sqrt{np(1-p)}}{n}=\sqrt{\dfrac{p(1-p)}{n}}$

つまり，$N\left(p,\ \dfrac{p(1-p)}{n}\right)$に限りなく近い値になる。

Point 101 標本比率と正規分布

ある性質Aをもつ個体の，母集団の中での割合（母比率）をpとする。
また，この中から無作為に選んだn個の標本の中での割合（標本比率）をRとする。nが十分大きいとき，

標本比率Rは，正規分布$N\left(p,\ \dfrac{p(1-p)}{n}\right)$に従う。

例題 9-12　定期テスト 出題度 ❗❗　共通テスト 出題度 ❗❗

あるお菓子は，1個につきおまけのカードが1枚付いてきて，全体の20%が当たりのカードになっているとする。商品を100個買って調べたとき，当たりが15個以上25個以下になる確率を求めよ。

ミサキさん。解いてみて。

「**解答**　母比率 $p=0.2$

標本比率は，正規分布 $N(0.2,\ \underbrace{0.0016}_{\frac{0.2(1-0.2)}{100}})$ に従うし，

さらに，$Z=\dfrac{\overline{X}-0.2}{0.04}$ とすれば，標準正規分布 $N(0,\ 1)$ に従う。

$\overline{X}=0.15$ のとき，$Z=-1.25$

$\overline{X}=0.25$ のとき，$Z=1.25$　　より，

$P(0.15 \leqq \overline{X} \leqq 0.25)=P(-1.25 \leqq Z \leqq 1.25)$

$=2\times 0.3944$

$=\underline{\underline{0.7888}}$　答え　例題 9-12

です。」

おっ，いいね。正解だよ。

9-11 母平均を推定してみよう

選挙のときに，誰に投票したかを聞く『出口調査』というのをやって，当選者を予想するよね。有権者全員にというわけにはいかないが，それなりに多くの人に聞けば，かなり正確に予想できるんだ。

続いては，「母平均mがどのあたりに存在しているか」を推定する話だ。膨大なデータ数の母集団があって，母平均mがわからない。そんなときに，大きさnの標本平均$\overline{X}$などから母平均を推定できるんだよ。

「さっきの逆をやるということか。」

うん。そんな感じだね。ここで，p.803の正規分布表より，1.96のところが0.475なので，$-1.96 \leqq Z \leqq 1.96$のところにZが含まれる確率は0.95ということなんだ。右の図のようになるよ。

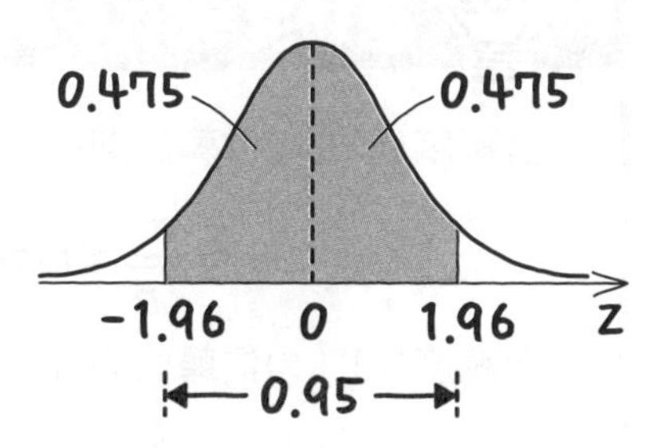

「標準正規分布だから，確かにそうですね。」

ここで，標本平均$\overline{X}$，標本の大きさn，母標準偏差σはわかっていて，母平均mがわからないとき，それを求めたいとすると，9-10 のPoint 100で

$Z=\dfrac{\overline{X}-m}{\dfrac{\sigma}{\sqrt{n}}}$だったので

$$-1.96 \leqq \frac{\overline{X}-m}{\dfrac{\sigma}{\sqrt{n}}} \leqq 1.96$$

$$-1.96 \leqq \frac{m-\overline{X}}{\dfrac{\sigma}{\sqrt{n}}} \leqq 1.96 \quad \leftarrow -1\text{を各辺に掛けた}$$

$$-1.96 \times \frac{\sigma}{\sqrt{n}} \leqq m-\overline{X} \leqq 1.96 \times \frac{\sigma}{\sqrt{n}}$$

$$\overline{X}-1.96\times\frac{\sigma}{\sqrt{n}}\leqq m\leqq\overline{X}+1.96\times\frac{\sigma}{\sqrt{n}}$$

となる。これを使って

『$\overline{X}-1.96\times\dfrac{\sigma}{\sqrt{n}}$と$\overline{X}+1.96\times\dfrac{\sigma}{\sqrt{n}}$の間のどこかに$m$がある』

といえば，とりあえず95%の確率で当たるということなんだ。

「なんか，ずるい答えかただなあ。」

このように，95%の確率で当たることを**信頼度95%（確率0.95）**というよ。同様に，**信頼度99%（確率0.99）**というのもある。

信頼度95%，99%の信頼区間

信頼度95%の信頼区間は

$$\overline{X}-1.96\times\frac{\sigma}{\sqrt{n}}\leqq m\leqq\overline{X}+1.96\times\frac{\sigma}{\sqrt{n}}$$

信頼度99%の信頼区間は

$$\overline{X}-2.58\times\frac{\sigma}{\sqrt{n}}\leqq m\leqq\overline{X}+2.58\times\frac{\sigma}{\sqrt{n}}$$

例題 9-13　定期テスト 出題度 !!!　共通テスト 出題度 !!!

無作為に選ばれた250世帯を対象に視聴率調査をしたところ，ある番組を見た家が50世帯あったという結果を得た。その番組の全世帯での視聴率を信頼度95%で推測せよ。全体を1とした確率で，四捨五入して，小数第2位までの形で答えること。また，$\sqrt{10}=3.16$を使ってよい。

「250世帯のうち，番組を見たのが50世帯だから，見た人の割合は$\dfrac{50}{250}=\dfrac{1}{5}$で，見ていない人の割合は$\dfrac{4}{5}$ですね。」

うん，視聴率は20％ということだね。通常はこの方法で求められているんだ。ただ，どれだけ正確なんだろう？

「そうですよね。その250世帯に，たまたま見ている人が多かったり，少なかったりすることもありますもんね。」

うん，じゃあ，さっきの公式で実際に計算してみようか。

「標本の大きさ$n=250$だし，あとは，母標準偏差σがわかればいいのか。あれ？　どうやるんだろう。」

求められないね。標本が十分大きいときは，母標準偏差と標本標準偏差はほとんど同じ値になると知られているんだよ。

「250世帯の標本標準偏差$\sigma(\overline{X})$を求めればいいんですね。あれっ？　それはどうやって求めればいいんですか？」

見ている世帯は1，見ていない世帯は0とカウントすればいいんだよ。今回は250世帯のうち，『1』が50世帯，『0』が200世帯と考えればいいわけだよね。

「あっ，そうか。じゃあ，標本平均は，

$1\cdot\dfrac{1}{5}+0\cdot\dfrac{4}{5}=\dfrac{1}{5}$

だから，$\dfrac{1}{5}$ですね。

X	1	0
確率	$\dfrac{1}{5}$	$\dfrac{4}{5}$

『1』は，標本平均との差が$\dfrac{4}{5}$で，その確率が$\dfrac{1}{5}$，『0』は，標本平均との差が$\dfrac{1}{5}$で，その確率が$\dfrac{4}{5}$だから……。」

じゃあ，ハルトくん，せっかくなので，最初から解いてみて。

「**解答**　標本平均$\overline{X}=1\cdot\frac{1}{5}+0\cdot\frac{4}{5}=\frac{1}{5}$　←$E(X)=x_1p_1+x_2p_2+\cdots\cdots+x_np_n$

標本分散$V(\overline{X})=\left(1-\frac{1}{5}\right)^2\cdot\frac{1}{5}+\left(0-\frac{1}{5}\right)^2\cdot\frac{4}{5}$

$$=\frac{20}{125}=\frac{4}{25}$$

標本標準偏差$\sigma(\overline{X})=\sqrt{\frac{4}{25}}=\frac{2}{5}$

よって，母標準偏差$\sigma=\frac{2}{5}$

信頼度95%になるのは

$$\frac{1}{5}-1.96\times\frac{\frac{2}{5}}{\sqrt{250}}\leqq m\leqq\frac{1}{5}+1.96\times\frac{\frac{2}{5}}{\sqrt{250}}$$

$$\frac{1}{5}-1.96\times\frac{\frac{2}{5}}{5\sqrt{10}}\leqq m\leqq\frac{1}{5}+1.96\times\frac{\frac{2}{5}}{5\sqrt{10}}$$

$$\frac{1}{5}-1.96\times\frac{2}{25\sqrt{10}}\leqq m\leqq\frac{1}{5}+1.96\times\frac{2}{25\sqrt{10}}$$

$$\frac{1}{5}-1.96\times\frac{\sqrt{10}}{125}\leqq m\leqq\frac{1}{5}+1.96\times\frac{\sqrt{10}}{125}$$

$$0.2-1.96\times0.02528\leqq m\leqq0.2+1.96\times0.02528$$

$0.15\leqq m\leqq0.25$　⇦**答え**　**例題 9-13**

わーっ！！　計算が大変だった！！」

おつかれさまでした。全世帯での視聴率は, 15～25%とわかるってことだ。人気番組だね。

9-12 母比率を推定してみよう

くじ引きは，何本のうち，当たりが何本含まれているかがわかれば確率はわかる。一方，例えばプロボーラーがストライクを出せる実際の確率はわからない。しかし，だいたいの確率ならわかるよ。

例題 9-14　定期テスト 出題度 !!!　共通テスト 出題度 !!!

あるコインが製造段階で不具合があり，表と裏の模様が同じになってしまう不良品が多数できてしまった。試しに100個を無作為に抽出したところ，40個が不良品だった。このコインが不良品である母比率を信頼度99%で推測せよ。全体を1とした確率で，四捨五入して，小数第2位までの形で答えること。また，$\sqrt{6}=2.45$を使ってよい。

100個の標本の不良品である比率から，母集団で不良品である比率を求めるよ。たとえ何千個抽出しても，不良品の割合を正確に求めることはできない。でも，ある程度多く抽出してみれば，推測できるんだ。9-11 の Point 102 で登場した式を変形すると，次の公式が得られるよ。

母比率の推定

母集団から取り出した標本の大きさをn，標本比率$\dfrac{X}{n}$をp'とすると，母比率pの，信頼度95％の信頼区間は

$$p'-1.96\sqrt{\frac{p'(1-p')}{n}}\leqq p\leqq p'+1.96\sqrt{\frac{p'(1-p')}{n}}$$

信頼度99％の信頼区間は

$$p'-2.58\sqrt{\frac{p'(1-p')}{n}}\leqq p\leqq p'+2.58\sqrt{\frac{p'(1-p')}{n}}$$

ミサキさん，計算してみて。

「**解答**　標本の大きさは100，標本比率は$\dfrac{40}{100}=\dfrac{2}{5}$より

$$\frac{2}{5}-2.58\times\sqrt{\frac{\frac{2}{5}\cdot\frac{3}{5}}{100}}\leqq p\leqq\frac{2}{5}+2.58\times\sqrt{\frac{\frac{2}{5}\cdot\frac{3}{5}}{100}}$$

$$\frac{2}{5}-2.58\times\sqrt{\frac{6}{2500}}\leqq p\leqq\frac{2}{5}+2.58\times\sqrt{\frac{6}{2500}}$$

$$\frac{2}{5}-2.58\times\frac{\sqrt{6}}{50}\leqq p\leqq\frac{2}{5}+2.58\times\frac{\sqrt{6}}{50}$$

$$0.4-2.58\times\frac{2.45}{50}\leqq p\leqq 0.4+2.58\times\frac{2.45}{50}$$

$\underline{\underline{0.27\leqq p\leqq 0.53}}$　⇦**答え**　**例題 9-14**」

大正解。実は **例題 9-13** もこの公式で解ける問題だったんだ。の成り立つ理由を説明しておくよ。

n個のうち，不良品がT個だったら，標本の中で不良品である割合，つまり標本比率をp'とすると，$p'=\dfrac{T}{n}$だよね。

「たしかにそうですね。」

標本比率p'の平均$E(p')$と分散$V(p')$を求めると，$E(aX)=aE(X)$，$V(aX)=a^2V(X)$より

$$E(p')=E\left(\frac{T}{n}\right)=\frac{1}{n}E(T)=\frac{1}{n}\times np=p$$

$$V(p')=V\left(\frac{T}{n}\right)=\frac{1}{n^2}V(T)=\frac{1}{n^2}\times np(1-p)=\frac{p(1-p)}{n}$$

9-11 でいったけど，標本平均$\overline{X}$，標準偏差$\frac{\sigma}{\sqrt{n}}$なら，母平均mは信頼度95%で

$$\overline{X}-1.96\times\frac{\sigma}{\sqrt{n}}\leqq m\leqq\overline{X}+1.96\times\frac{\sigma}{\sqrt{n}}$$

になるんだった。今回は，標本比率p'，標準偏差$\sqrt{\frac{p(1-p)}{n}}$のときの母比率pを求めたいんだよね。

「$\overline{X}$をp'，$\frac{\sigma}{\sqrt{n}}$を$\sqrt{\frac{p(1-p)}{n}}$，mをpとすると

$$p'-1.96\sqrt{\frac{p(1-p)}{n}}\leqq p\leqq p'+1.96\sqrt{\frac{p(1-p)}{n}}$$ ですね。」

ここで，**nが十分大きいときは標本比率p'は母比率pに近いとみなしていい**から，$\sqrt{\quad}$の中のpをp'におき換えよう。そうすると Point 103 の式になるよ。

「絶対に自分じゃ導けない……。」

うん，そうだと思う。公式の使いかたがわかれば十分だから導けなくても大丈夫だよ。

正規分布を使った仮説検定

人が回数を重ねて調べるより，コンピューターのほうが速くてラク。でも，正規分布を使えば，やはり速くてラクに解ける。人がコンピューターに対抗できる貴重なアイテムだ。

例題 9-15　定期テスト 出題度 !!　共通テスト 出題度 !!

さいころを180回投げたとき，6の目が37回出た。このさいころは6の目の出やすさに偏りがあると判断できるかを，p.803の正規分布表を使って調べよ。ただし，有意水準は5%とする。

「仮説検定って，以前にやったようなかすかな記憶があるんですけど……。」

うん。『数学Ⅰ・A編』の 5-8 で勉強した。2つの商品A，Bのどちらがおいしいかを20人で調査したら，それぞれ6人，14人だったが，偶然そういう結果になったかもしれないので，調べてみたという話だ。そのときは，コンピューターに200回実験させたんだけど，回数としては十分多いわけでなく，データが完全に正しいとは言えないんだ。

「じゃあ，何千回，何万回もやれば，もっと正確なものになるということですか？」

その通り。でも，大変だよね（笑）。 9-8 で，十分多くの回数行えば正規分布になると学んだから，それを使えばいいよ。

正規分布を使った仮説検定

❶ 反対のケースで仮説を立て，確率をいう。

例えば，『偏りがあると判断していいか？』なら，偏りがないと仮説を立てる。

❷ 二項分布から，正規分布がわかり，さらに，

$Z=\frac{X-m}{\sigma}$を使えば，標準正規分布$N(0,\ 1)$に直せる。

❸ 正規分布表を見て，棄却域でない部分のZの範囲を求め，問題のXのときのZが棄却域に有るか否かを調べる。

「『6』の目は平均で30回出るはずで37回…。うーん，偶然のような，そうでないような，微妙……。」

❶　偏りがないとしよう。確率は$\frac{1}{6}$だ。この仮定は正しくないという判断になるかもしれない。これを，**棄却する**という。

❷　180回投げ，6の目が出る確率は$\frac{1}{6}$だから，二項分布は$B\left(180,\ \frac{1}{6}\right)$

9-8 の Point 98 の知識を使うと，正規分布$N(30,\ 25)$に極めて近い値になる。

さらに，9-7 の Point 97 の$Z=\frac{X-m}{\sigma}$を使えば，標準正規分布$N(0,\ 1)$に直せる。

「問題文の有意水準って，どういう意味ですか？」

全体のうち，『棄却と判断できる部分』の割合ということだ。正規分布の両端の部分で，この面積が全体の5%，つまり，0.05の割合になるということだ。

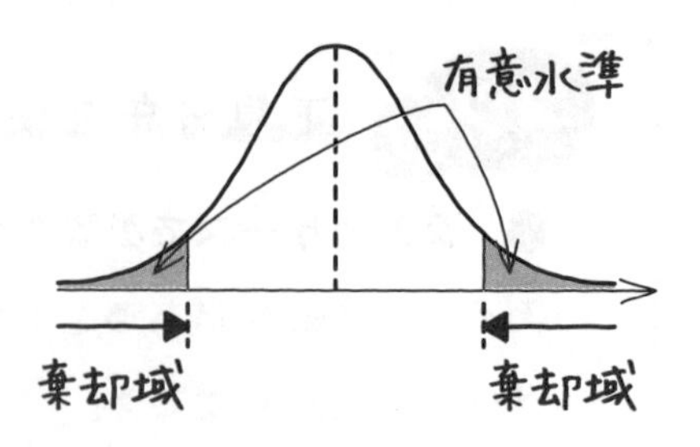

「両方で0.05ということは，0.025ずつということですか？」

その通り。左右対称だからね。両側にあることから，**両側検定**と呼ばれているよ。この横軸の範囲を**棄却域**という。棄却域にあれば，たまたま，6の目が多く出た，少なく出たわけでない。さいころの出来が悪いんだということになる。❸は，9-11 でやった通りだ。棄却域“でない”部分が0.95なら，$-1.96 \leqq Z \leqq 1.96$。$X=37$のときのZが棄却域かどうかだね。

解答　偏りがなく，6の目が出る確率は$\frac{1}{6}$と仮説を立てる。

二項分布は$B\left(180,\ \frac{1}{6}\right)$より

$$m=180\times\frac{1}{6}=30$$

$$\sigma=\sqrt{180\cdot\frac{1}{6}\cdot\frac{5}{6}}=5$$

よって，正規分布$N(30,\ 25)$で近似できる。

さらに，$Z=\frac{X-30}{5}$で，標準正規分布$N(0,\ 1)$に従う。

正規分布表より，

$$\boldsymbol{P(-1.96 \leqq Z \leqq 1.96)=2\times0.475}$$
$$\boldsymbol{=0.95}$$

よって，有意水準5%の棄却域は$Z<-1.96$，$1.96<Z$

$X=37$ なら，$Z=\frac{37-30}{5}=1.4$ より，棄却域に入らないから，仮説を棄却できない。

よって，6の目が出やすさに偏りがあるとは判断できない。 例題 9-15

例題 9-16

定期テスト 出題度 ❗❗　共通テスト 出題度 ❗❗

あるメーカーのブルーレイディスクは実際に使えないものが10%含まれている。メーカーが改良を行った後のディスクを50枚購入したところ，使えないディスクが1枚あった。(録画機に異常はない。)

不良品の割合は改善されたと判断できるかを，p.803の正規分布表を使って調べよ。(近似値でよい。)ただし，有意水準は5%とする。

「同じ手順で解けばいいんですよね。」

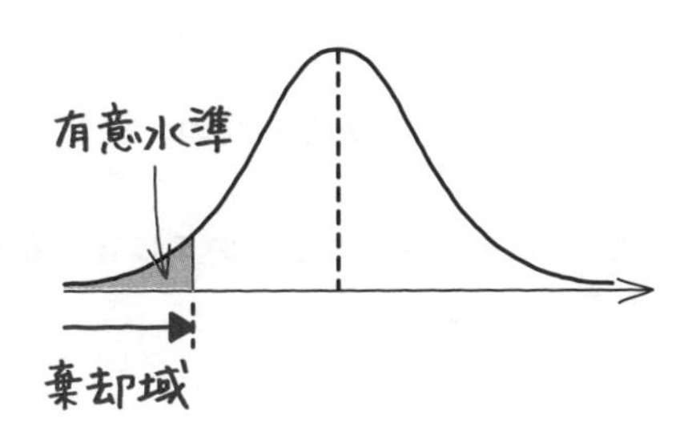

うん。ただ，ひとつ注意してほしい。“改善した”のだから前より悪くなることはないんだよね。だから，今までの平均より多くなる，つまり，正規分布の右側は考えなくていい。**『有意水準は5%』は左の端の部分のみで5%ということになる**。これを，**片側検定**というよ。

解答 改善がなく，不良品の割合は0.1と仮説を立てる。

二項分布は，$B(50,\ 0.1)$ より

$$m=50\times0.1=5$$

$$\sigma=\sqrt{50\cdot0.1\cdot0.9}=\sqrt{4.5}=\frac{3}{\sqrt{2}}$$

よって，正規分布 $N\left(5,\ \dfrac{9}{2}\right)$ で近似できる。

さらに，$Z=\dfrac{X-5}{\dfrac{3}{\sqrt{2}}}=\dfrac{\sqrt{2}(X-5)}{3}$ で，標準正規分布 $N(0,\ 1)$ に従う。

正規分布表より，

$$\boldsymbol{P(-1.64\leqq Z)=0.50+0.45}$$
$$\boldsymbol{=0.95}$$

よって，有意水準5%の棄却域は，$\boldsymbol{Z<-1.64}$

$X=1$ なら，$Z=-\dfrac{4\sqrt{2}}{3}=-1.88\cdots\cdots$

より，棄却域に入るので，仮説を棄却できる。

よって，不良品の割合は改善されたと判断できる。 **例題 9-16**

2人ともよくがんばったね。これで，数学Ⅱ・Bも終わりだよ。

「ありがとうございました。難しいところもあったけど，なんとか乗りこえました。」

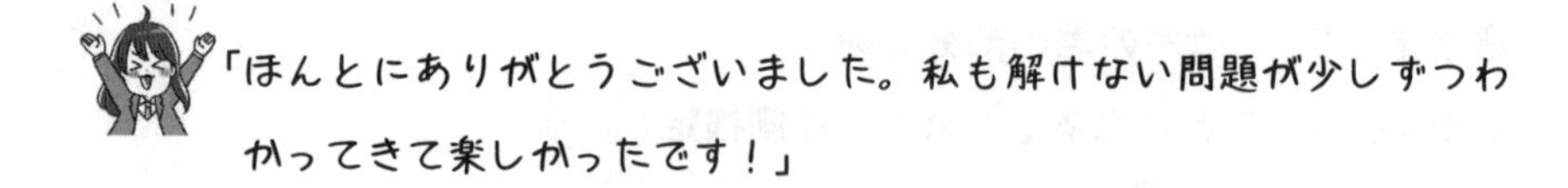

「ほんとにありがとうございました。私も解けない問題が少しずつわかってきて楽しかったです！」

それはよかった。数学がどんどん好きになってくれると先生はうれしいな。おつかれさま。

正規分布表

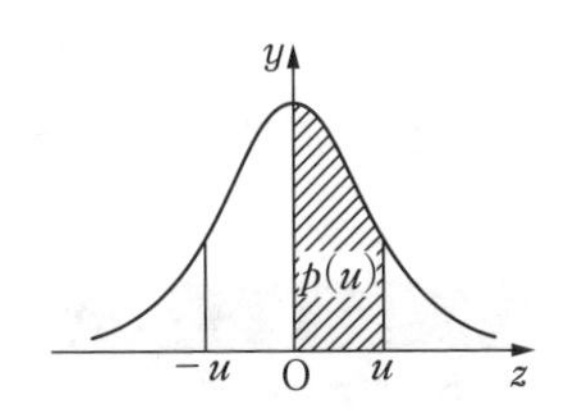

u	.00	.01	.02	.03	.04	.05	.06	.07	.08	.09
0.0	0.0000	0.0040	0.0080	0.0120	0.0160	0.0199	0.0239	0.0279	0.0319	0.0359
0.1	0.0398	0.0438	0.0478	0.0517	0.0557	0.0596	0.0636	0.0675	0.0714	0.0753
0.2	0.0793	0.0832	0.0871	0.0910	0.0948	0.0987	0.1026	0.1064	0.1103	0.1141
0.3	0.1179	0.1217	0.1255	0.1293	0.1331	0.1368	0.1406	0.1443	0.1480	0.1517
0.4	0.1554	0.1591	0.1628	0.1664	0.1700	0.1736	0.1772	0.1808	0.1844	0.1879
0.5	0.1915	0.1950	0.1985	0.2019	0.2054	0.2088	0.2123	0.2157	0.2190	0.2224
0.6	0.2257	0.2291	0.2324	0.2357	0.2389	0.2422	0.2454	0.2486	0.2517	0.2549
0.7	0.2580	0.2611	0.2642	0.2673	0.2704	0.2734	0.2764	0.2794	0.2823	0.2852
0.8	0.2881	0.2910	0.2939	0.2967	0.2995	0.3023	0.3051	0.3078	0.3106	0.3133
0.9	0.3159	0.3186	0.3212	0.3238	0.3264	0.3289	0.3315	0.3340	0.3365	0.3389
1.0	0.3413	0.3438	0.3461	0.3485	0.3508	0.3531	0.3554	0.3577	0.3599	0.3621
1.1	0.3643	0.3665	0.3686	0.3708	0.3729	0.3749	0.3770	0.3790	0.3810	0.3830
1.2	0.3849	0.3869	0.3888	0.3907	0.3925	0.3944	0.3962	0.3980	0.3997	0.4015
1.3	0.4032	0.4049	0.4066	0.4082	0.4099	0.4115	0.4131	0.4147	0.4162	0.4177
1.4	0.4192	0.4207	0.4222	0.4236	0.4251	0.4265	0.4279	0.4292	0.4306	0.4319
1.5	0.4332	0.4345	0.4357	0.4370	0.4382	0.4394	0.4406	0.4418	0.4429	0.4441
1.6	0.4452	0.4463	0.4474	0.4484	0.4495	0.4505	0.4515	0.4525	0.4535	0.4545
1.7	0.4554	0.4564	0.4573	0.4582	0.4591	0.4599	0.4608	0.4616	0.4625	0.4633
1.8	0.4641	0.4649	0.4656	0.4664	0.4671	0.4678	0.4686	0.4693	0.4699	0.4706
1.9	0.4713	0.4719	0.4726	0.4732	0.4738	0.4744	0.4750	0.4756	0.4761	0.4767
2.0	0.4772	0.4778	0.4783	0.4788	0.4793	0.4798	0.4803	0.4808	0.4812	0.4817
2.1	0.4821	0.4826	0.4830	0.4834	0.4838	0.4842	0.4846	0.4850	0.4854	0.4857
2.2	0.4861	0.4864	0.4868	0.4871	0.4875	0.4878	0.4881	0.4884	0.4887	0.4890
2.3	0.4893	0.4896	0.4898	0.4901	0.4904	0.4906	0.4909	0.4911	0.4913	0.4916
2.4	0.4918	0.4920	0.4922	0.4925	0.4927	0.4929	0.4931	0.4932	0.4934	0.4936
2.5	0.4938	0.4940	0.4941	0.4943	0.4945	0.4946	0.4948	0.4949	0.4951	0.4952
2.6	0.49534	0.49547	0.49560	0.49573	0.49585	0.49598	0.49609	0.49621	0.49632	0.49643
2.7	0.49653	0.49664	0.49674	0.49683	0.49693	0.49702	0.49711	0.49720	0.49728	0.49736
2.8	0.49744	0.49752	0.49760	0.49767	0.49774	0.49781	0.49788	0.49795	0.49801	0.49807
2.9	0.49813	0.49819	0.49825	0.49831	0.49836	0.49841	0.49846	0.49851	0.49856	0.49861
3.0	0.49865	0.49869	0.49874	0.49878	0.49882	0.49886	0.49889	0.49893	0.49897	0.49900

さくいん

あ

か

さ

た

な

は

ま

や

ら

わ

MEMO

やさしい高校シリーズのご紹介

わかりやすい解説で大好評！

やさしい高校シリーズ最新のラインナップを紹介しています。
お持ちのデバイスでQRコードを読み取ってください。
弊社Webサイト「学研出版サイト」にアクセスします。
（※2021年以前発売の商品は旧課程となりますのでご注意ください）

STAFF

著者	きさらぎひろし
ブックデザイン	野崎二郎（Studio Give）
キャラクターイラスト	あきばさやか
編集協力	株式会社アポロ企画，能塚泰秋
校正	株式会社ダブルウイング
	竹田直，花園安紀
データ作成	株式会社四国写研
企画	宮﨑純

やさしい高校数学（数学Ⅱ・B）改訂版

掲載問題集

→

この冊子はとりはずせます。
矢印の方向にゆっくり引っぱってください。

例題 1-1

定期テスト 出題度 !!!　共通テスト 出題度 !!!

次の式を展開せよ。

(1)　$(4x-y)^3$

(2)　$(2x+5)(4x^2-10x+25)$

→略解は p.63，解説は本冊 p.14

例題 1-2

定期テスト 出題度 !!!　共通テスト 出題度 !!!

次の式を因数分解せよ。

(1)　$8x^3-1$

(2)　$27p^3+54p^2+36p+8$

→略解は p.63，解説は本冊 p.15

例題 1-3

定期テスト 出題度 !!!　共通テスト 出題度 !!

次の問いに答えよ。

(1)　$(a+b)^7$ を展開したときの a^3b^4 の係数を求めよ。

(2)　$(3a-b)^5$ を展開したときの a^2b^3 の係数を求めよ。

(3)　$(x+2)^8$ を展開したときの x^2 の係数を求めよ。

→略解は p.63，解説は本冊 p.17

例題 1-4

定期テスト 出題度 !!!　共通テスト 出題度 !!

$\left(2x^2-\dfrac{1}{x}\right)^6$ を展開したときの定数項を求めよ。

→略解は p.63，解説は本冊 p.20

例題 1-5

定期テスト 出題度 ❶❶❶　共通テスト 出題度 ❶

次の問いに答えよ。

(1)　$(a+b)^5$を展開せよ。

(2)　$(2x-1)^4$を展開せよ。

→略解は p.63，解説は本冊 p.22

例題 1-6

定期テスト 出題度 ❶❶　共通テスト 出題度 ❶❶

次の問いに答えよ。

(1)　$(a+2b-c)^9$を展開したときの$a^4b^2c^3$の係数を求めよ。

(2)　$(-2a+b+4c)^7$を展開したときのa^2b^5の係数を求めよ。

→略解は p.63，解説は本冊 p.24

例題 1-7

定期テスト 出題度 ❶❶❶　共通テスト 出題度 ❶❶❶

次のxの多項式の割り算の商とあまりを求めよ。

(1)　$(2x^3-7x^2-5x+1)\div(x-4)$

(2)　$(9x^4-6x^3+13x+7)\div(3x+1)$

(3)　$(-3x^4+x^3+12x^2+7x-4)\div(2x^2-5)$

→略解は p.63，解説は本冊 p.26

例題 1-8

定期テスト 出題度 ❶❶❶　共通テスト 出題度 ❶❶❶

ax^3+3x^2+bx+8がx^2+7x-2で割り切れるとき，定数a，bの値を求めよ。

→略解は p.63，解説は本冊 p.36

例題 1-9

定期テスト 出題度 ❶❶❶　共通テスト 出題度 ❶❶

次の条件を満たすxの多項式Pを求めよ。

(1)　Pをx^2-8x+2で割ると，商が$3x+1$で，あまりが$-7x+5$になる。

(2)　$-2x^4+x^3+43x^2+32x-27$をPで割ると，商が$-x^2+4x+6$で，あまりが$2x-9$になる。

→略解は p.63，解説は本冊 p.41

例題 1-10

定期テスト 出題度 !!!　共通テスト 出題度 !

次の式の最大公約数，最小公倍数を求めよ。

(1)　x^2-4x-5，x^2+x-30

(2)　$8x^2+60x+28$，$6x+30$

→略解は p.63，解説は本冊 p.43

例題 1-11

定期テスト 出題度 !!　共通テスト 出題度 !

次の3つの式の最大公約数，最小公倍数を求めよ。

a^2-b^2，a^3-b^3，a^4-b^4

→略解は p.63，解説は本冊 p.45

例題 1-12

定期テスト 出題度 !!!　共通テスト 出題度 !!

次の分数式を約分して簡単にせよ。

(1)　$\dfrac{4a^6b}{10a^2b^4}$　　(2)　$\dfrac{2x^2-18}{x^3+27}$

→略解は p.63，解説は本冊 p.46

例題 1-13

定期テスト 出題度 !!!　共通テスト 出題度 !!

$\dfrac{a+5b}{a^2-4ab+3b^2}\div\dfrac{a^2-ab-30b^2}{3a^2-8ab-3b^2}$ を計算せよ。

→略解は p.63，解説は本冊 p.48

例題 1-14

定期テスト 出題度 !!!　共通テスト 出題度 !!

$\dfrac{7}{2x^2-x-1}+\dfrac{x-5}{x^2+2x-3}$ を計算せよ。

→略解は p.63，解説は本冊 p.49

例題 1-15

定期テスト 出題度 !!! 共通テスト 出題度 !!!

次の式を簡単にしたとき，□にあてはまる0から9までの数字を答えよ。

(1) $\dfrac{\dfrac{z}{5}-1}{\dfrac{x}{3}+\dfrac{y}{2}}=\dfrac{\boxed{\text{ア}}(z-\boxed{\text{イ}})}{\boxed{\text{ウ}}(\boxed{\text{エ}}x+\boxed{\text{オ}}y)}$

(2) $\dfrac{\dfrac{1}{x+4}+\dfrac{1}{x-4}}{\dfrac{1}{x-4}-\dfrac{1}{x+4}}=\dfrac{x}{\boxed{\text{カ}}}$

→略解は p.63，解説は本冊 p.51

例題 1-16

定期テスト 出題度 !!! 共通テスト 出題度 !!

任意のxについて，次の式が成り立つとき，a，b，c，dの値を求めよ。

$$a(x-2)^3+b(x-2)^2+c(x-2)+d=-3x^3+19x^2-33x+10$$

→略解は p.63，解説は本冊 p.54

例題 1-17

定期テスト 出題度 !!! 共通テスト 出題度 !!

任意のxについて，次の式が成り立つとき，a，bの値を求めよ。

$$\frac{9x-1}{x^2-3x-4}=\frac{a}{x+1}+\frac{b}{x-4}$$

→略解は p.63，解説は本冊 p.55

例題 1-18

定期テスト 出題度 !! 共通テスト 出題度 !

任意の実数x，y，zが，$2x-y+3z=5$，$4x+y-z=9$を満たすとき，$ax+by+z=-25$が常に成り立つような定数a，bの値を求めよ。

→略解は p.63，解説は本冊 p.60

例題 1-19 定期テスト 出題度 !!! 共通テスト 出題度 !

$(a-2b)^2+(2a-b)^2=5(a-b)^2+2ab$が成り立つことを証明せよ。

→略解は p.63，解説は本冊 p.62

例題 1-20 定期テスト 出題度 !! 共通テスト 出題度 !

変数x，yが$x-3y=2$を満たすとき，

$$9xy^2=(x-2)^3+18y^2$$

が成り立つことを証明せよ。

→略解は p.63，解説は本冊 p.64

例題 1-21 定期テスト 出題度 !!! 共通テスト 出題度 !

次の不等式を証明せよ。また，等号の成り立つ条件を求めよ。ただし，a，bは実数とする。

$a \geqq b$ならば，$\dfrac{3a-5b}{2} \geqq \dfrac{a-4b}{3}$

→略解は p.63，解説は本冊 p.66

例題 1-22 定期テスト 出題度 !!! 共通テスト 出題度 !

$x^2+4y^2 \geqq 4xy$を証明せよ。また，等号の成り立つ条件を求めよ。ただし，x，yは実数とする。

→略解は p.63，解説は本冊 p.68

例題 1-23 定期テスト 出題度 !!! 共通テスト 出題度 !

次の不等式を証明せよ。また，等号の成り立つ条件を求めよ。ただし，x，yは実数とする。

(1) $x^2+3y^2 \geqq 2xy$

(2) $x^2+6xy+9 \geqq -11y^2+2x-2y$

→略解は p.63，解説は本冊 p.69

例題 1-24

定期テスト 出題度 ❗❗❗　共通テスト 出題度 ❗

次の不等式を証明せよ。また，等号の成り立つ条件を求めよ。
ただし，a，bは実数とする。

(1)　$a \geqq 0$，$b \geqq 0$ならば，$5\sqrt{a}+3\sqrt{b} \geqq \sqrt{25a+9b}$

(2)　$|a|+|b| \geqq |a+b|$

→略解は p.63，解説は本冊 p.72

例題 1-25

定期テスト 出題度 ❗❗❗　共通テスト 出題度 ❗❗❗

次の［　　］にあてはまる0から9までの数字を答えよ。ただし，a，b，tはすべて正の数とする。

(1)　$t+\dfrac{1}{t}$ は $t=$［ア］のとき最小値［イ］になる。

(2)　$(3a+4b)\left(\dfrac{1}{a}+\dfrac{3}{b}\right)$ は［ウ］$a=$［エ］bのとき最小値［オカ］になる。

ただし，［ウ］，［エ］は最も簡単な整数比で答えよ。

→略解は p.63，解説は本冊 p.77

2章 複素数と方程式

例題 2-1

定期テスト 出題度 !!! 共通テスト 出題度 !!!

次の式を計算せよ。

(1) $(8-3i)-(5+i)$　(2) $(-1+6i)(4-3i)$　(3) $(1+4i)^2$

(4) $(-3i)^4$　(5) $(2-i)^3$　(6) i^7

→略解は p.63，解説は本冊 p.83

例題 2-2

定期テスト 出題度 !!! 共通テスト 出題度 !!!

次の式を計算せよ。

(1) $\dfrac{5-6i}{4i}$　(2) $\dfrac{7-i}{2+5i}$

→略解は p.63，解説は本冊 p.86

例題 2-3

定期テスト 出題度 !!! 共通テスト 出題度 !!

次の式を計算せよ。

(1) $\sqrt{-3}\cdot\sqrt{-5}$　(2) $\dfrac{\sqrt{6}}{\sqrt{-2}}$　(3) $\sqrt{-12}-\sqrt{-75}+\sqrt{-27}$

→略解は p.63，解説は本冊 p.88

例題 2-4

定期テスト 出題度 !!! 共通テスト 出題度 !!!

次の2次方程式を解け。

(1) $x^2+3x+5=0$　(2) $2x^2-4x+7=0$

→略解は p.63，解説は本冊 p.90

例題 2-5

定期テスト 出題度 ❗❗　共通テスト 出題度 ❗

x^4-2x^2-3を次の範囲で因数分解せよ。

(1) 有理数の範囲　(2) 実数の範囲　(3) 複素数の範囲

→略解は p.63，解説は本冊 p.93

例題 2-6

定期テスト 出題度 ❗❗　共通テスト 出題度 ❗

$2x^2-3x+6$を複素数の範囲で因数分解せよ。

→略解は p.63，解説は本冊 p.95

例題 2-7

定期テスト 出題度 ❗❗❗　共通テスト 出題度 ❗❗❗

次の不等式を解け。

(1) $x^2+4>0$　(2) $x^2-2x+6<0$

→略解は p.63，解説は本冊 p.96

例題 2-8

定期テスト 出題度 ❗❗❗　共通テスト 出題度 ❗❗

次の等式が成り立つときの実数a，bの値を求めよ。

(1) $a-6i+3=2i+bi-8$

(2) $(a+4i)(-1+2i)=-5i+9+bi$

→略解は p.63，解説は本冊 p.98

例題 2-9

定期テスト 出題度 ❗❗❗　共通テスト 出題度 ❗❗

2次方程式$3x^2-x+5=0$の解をα，βとするとき，$(\alpha-\beta)^2$の値を求めよ。

→略解は p.63，解説は本冊 p.100

例題 2-10

定期テスト 出題度 ❗❗❗　共通テスト 出題度 ❗❗

次の2つの数を解とする2次方程式を1つ作れ。

(1) $2+\sqrt{7}$, $2-\sqrt{7}$

(2) $\dfrac{1+\sqrt{5}i}{4}$, $\dfrac{1-\sqrt{5}i}{4}$

→略解は p.63, 解説は本冊 p.103

例題 2-11

定期テスト 出題度 ❗❗　共通テスト 出題度 ❗

3次方程式 $x^3-9x^2-2x-4=0$ の解を α, β, γ とするとき，次の値を求めよ。

(1) $\alpha^2+\beta^2+\gamma^2$　　(2) $\alpha^3+\beta^3+\gamma^3$

(3) $(\alpha+\beta)(\beta+\gamma)(\gamma+\alpha)$

→略解は p.63, 解説は本冊 p.105

例題 2-12

定期テスト 出題度 ❗❗❗　共通テスト 出題度 ❗❗❗

次の割り算のあまりを求めよ。

(1) $(x^4-3x^3-8x^2+4x+5)\div(x-2)$

(2) $(2x^3+x^2+7x-9)\div(x+6)$

(3) $(-4x^3-6x^2+5x-1)\div(2x-3)$

→略解は p.64, 解説は本冊 p.109

例題 2-13

定期テスト 出題度 ❗❗❗　共通テスト 出題度 ❗❗

$P(x)=3x^3+ax^2-5x-a+4$ を $x+2$ で割ったときのあまりが8になるとき，定数 a の値を求めよ。

→略解は p.64, 解説は本冊 p.113

例題 2-14

定期テスト 出題度 ❗❗❗　共通テスト 出題度 ❗❗

x^7 を x^2-x-2 で割ったときのあまりを求めよ。

→略解は p.64, 解説は本冊 p.114

例題 2-15

定期テスト 出題度 !!!　共通テスト 出題度 !

多項式$P(x)$を$x-4$で割ったときのあまりが7で，$x+1$で割ったときのあまりが-3であるとき，$P(x)$をx^2-3x-4で割ったときのあまりを求めよ。

→略解は p.64，解説は本冊 p.117

例題 2-16

定期テスト 出題度 !!!　共通テスト 出題度 !

多項式$P(x)$を$(2x-1)(x+5)$で割ったときのあまりが$-8x+9$で，$(x+5)(x-3)$で割ったときのあまりが$2x+59$であるとき，
$P(x)$を$(2x-1)(x+5)(x-3)$で割ったときのあまりを求めよ。

→略解は p.64，解説は本冊 p.119

例題 2-17

定期テスト 出題度 !!　共通テスト 出題度 !

多項式$P(x)$を$x+2$で割ったときのあまりが3で，x^2-3x-1で割ったときのあまりが$x-4$である。
$P(x)$を$(x+2)(x^2-3x-1)$で割ったときのあまりを求めよ。

→略解は p.64，解説は本冊 p.122

例題 2-18

定期テスト 出題度 !!!　共通テスト 出題度 !!!

$x^3-3x^2-18x+40=0$を解け。

→略解は p.64，解説は本冊 p.128

例題 2-19

定期テスト 出題度 !!!　共通テスト 出題度 !!!

次の方程式を解け。

(1)　$x^4-7x^3+15x^2-x-24=0$　　(2)　$x^4+2x^3-12x^2+14x-5=0$

→略解は p.64，解説は本冊 p.129

例題 2-20

定期テスト 出題度 ❗❗ 共通テスト 出題度 ❗

$5x^3+37x^2+9x-2=0$を解け。

→略解は p.64，解説は本冊 p.133

例題 2-21

定期テスト 出題度 ❗❗ 共通テスト 出題度 ❗❗

$x=\dfrac{3-\sqrt{7}i}{2}$のとき，$-8x^4+29x^3-46x^2+15x+13$の値を求めよ。

→略解は p.64，解説は本冊 p.137

例題 2-22

定期テスト 出題度 ❗❗❗ 共通テスト 出題度 ❗

3次方程式$x^3+Ax^2-15x+B=0$が$2-3i$を解にもつとき，実数A，Bの値と，他の解を求めよ。

→略解は p.64，解説は本冊 p.139

例題 2-23

定期テスト 出題度 ❗❗❗ 共通テスト 出題度 ❗

k，mを有理数とし，4次方程式$x^4-7x^3+kx^2+3x+m=0$が$1-\sqrt{2}$を解にもつとき，定数k，mの値と，他の解を求めよ。

→略解は p.64，解説は本冊 p.142

例題 2-24

定期テスト 出題度 ❗❗❗ 共通テスト 出題度 ❗

1の3乗根のうち，虚数解の1つをωとおくとき，次の式を簡単にせよ。

(1) $\omega^7+\omega^5+1$ (2) $\dfrac{\omega(\omega^2+1)}{-\omega-1}$

→略解は p.64，解説は本冊 p.145

図形と方程式

例題 3-1

定期テスト 出題度 ❗❗❗ 共通テスト 出題度 ❗❗❗

2点A(7, 1), B(9, -3) 間の距離を求めよ。

→略解は p.64, 解説は本冊 p.148

例題 3-2

定期テスト 出題度 ❗❗❗ 共通テスト 出題度 ❗❗❗

3点A(1, -6), B(4, 2), C(-5, 3) とするとき，次の点の座標を求めよ。

(1) 線分ABを3：1の比に内分する点

(2) 線分ABを2：3の比に外分する点

(3) 線分ABの中点

(4) △ABCの重心

→略解は p.64, 解説は本冊 p.150

例題 3-3

定期テスト 出題度 ❗❗❗ 共通テスト 出題度 ❗❗

3点A(-3, 7), B(-2, -5), C(9, 1) とするとき，次の座標を求めよ。

(1) 四角形ABCDが平行四辺形になるときの点Dの座標

(2) 4点A, B, C, Dを頂点とする四角形が平行四辺形になるときの点Dの座標

→略解は p.64, 解説は本冊 p.154

例題 3-4

定期テスト 出題度 ❗❗❗ 共通テスト 出題度 ❗

△ABCにおいて，辺BCの中点をMとするとき，

$$AB^2+AC^2=2(AM^2+BM^2)$$

が成り立つことを証明せよ。

→略解は p.64, 解説は本冊 p.158

例題 3-5

定期テスト 出題度 !!!　共通テスト 出題度 !!!

点$(5,\ -1)$を通り，傾き-2の直線の方程式を求めよ。

→略解は p.64，解説は本冊 p.160

例題 3-6

定期テスト 出題度 !!!　共通テスト 出題度 !!!

次の直線の方程式を求めよ。

(1) 2点$(-1,\ 6)$，$(1,\ -8)$を通る直線

(2) 2点$(2,\ -3)$，$(2,\ 9)$を通る直線

→略解は p.64，解説は本冊 p.161

例題 3-7

定期テスト 出題度 !!!　共通テスト 出題度 !!

次の□に入る0から9までの数字を答えよ。ただし，(1)，(2)ともに□に入る整数は，最も簡単な比になるようにすること。

(1) 直線$\ell：4x+3y-1=0$に平行で点$(7,\ -2)$を通る直線の方程式は，
[ア]$x+$[イ]$y-$[ウエ]$=0$である。

(2) 直線$\ell：4x+3y-1=0$に垂直で点$(7,\ -2)$を通る直線の方程式は，
[オ]$x-$[カ]$y-$[キク]$=0$である。

→略解は p.64，解説は本冊 p.164

例題 3-8

定期テスト 出題度 !!!　共通テスト 出題度 !!

2直線 $\ell_1：ax+3y+5a-1=0$
$\ell_2：x+(2a+1)y+4a=0$

が，次のような位置関係になるときのaの値を求めよ。

(1) 同じ直線になるとき

(2) 平行で異なる直線になるとき

(3) 垂直な直線になるとき

→略解は p.64，解説は本冊 p.167

例題 3-9

定期テスト 出題度　共通テスト 出題度

3直線　$2x-y+8=0$　……①

$3x+5y-1=0$　……②

$6x+ay+14=0$　……③

で囲まれた三角形ができないように，aの値を定めよ。

→略解は p.64，解説は本冊 p.170

例題 3-10

定期テスト 出題度　共通テスト 出題度

直線$kx+(2k-1)y-8k+5=0$が，実数kの値に関わらず通る定点を求めよ。

→略解は p.64，解説は本冊 p.173

例題 3-11

定期テスト 出題度　共通テスト 出題度

点A$(-1,\ 6)$と直線$y=5x+2$の距離を求めよ。

→略解は p.64，解説は本冊 p.175

例題 3-12

定期テスト 出題度　共通テスト 出題度

A$(5,\ -6)$，B$(8,\ 9)$，直線m：$y=2x-6$とするとき，次の問いに答えよ。

(1)　点Aの直線mに関して対称な点A′の座標を求めよ。

(2)　直線m上を点Pが動くとき，AP＋PBの最小値，および，そのときの点Pの座標を求めよ。

→略解は p.64，解説は本冊 p.177

例題 3-13

定期テスト 出題度　共通テスト 出題度

次の方程式は，どのような図形を表すか。

(1)　$x^2+y^2=9$

(2)　$x^2+y^2+5x+4=0$

(3)　$x^2+y^2-8x+2y-1=0$

→略解は p.64，解説は本冊 p.181

例題 3-14 定期テスト 出題度 !!! 共通テスト 出題度 !!

方程式 $x^2+y^2+2ax-6y-3a+13=0$ が円を表すときの定数 a の範囲を求めよ。

→略解は p.64，解説は本冊 p.185

例題 3-15 定期テスト 出題度 !!! 共通テスト 出題度 !!

2点 A$(-1,\ 6)$，B$(7,\ 10)$ を直径の両端とする円の方程式を求めよ。

→略解は p.64，解説は本冊 p.186

例題 3-16 定期テスト 出題度 !!! 共通テスト 出題度 !!

3点 $(-2,\ 8)$，$(-6,\ 6)$，$(2,\ 0)$ を通る円の方程式を求めよ。

→略解は p.64，解説は本冊 p.187

例題 3-17 定期テスト 出題度 !!! 共通テスト 出題度 !!

2点 $(-9,\ 11)$，$(-2,\ 4)$ を通り，y 軸に接する円の方程式を求めよ。

→略解は p.64，解説は本冊 p.190

例題 3-18 定期テスト 出題度 !!! 共通テスト 出題度 !!

点 $(2,\ -4)$ を通り，x 軸と y 軸の両方に接する円の方程式を求めよ。

→略解は p.64，解説は本冊 p.193

例題 3-19 定期テスト 出題度 !! 共通テスト 出題度 !!

円の中心が直線 $y=2x+3$ 上にあり，x 軸に接し，点 $(5,\ 2)$ を通る円の方程式を求めよ。

→略解は p.64，解説は本冊 p.195

例題 3-20

定期テスト 出題度 !!! 共通テスト 出題度 !!

円：$x^2+y^2-10x-4y+13=0$と，直線：$4x-y-1=0$の位置関係（異なる2点で交わる。1点で接する。共有点なし。）を調べよ。

→略解は p.64，解説は本冊 p.198

例題 3-21

定期テスト 出題度 !!! 共通テスト 出題度 !!

円：$x^2+y^2+4x-2y=0$と，直線：$y=x+k$の位置関係（異なる2点で交わる。1点で接する。共有点なし。）を調べよ。

→略解は p.64，解説は本冊 p.199

例題 3-22

定期テスト 出題度 !!! 共通テスト 出題度 !!

次の接線の方程式を求めよ。

(1) 円：$x^2+y^2=13$上の点A$(2,\ -3)$における接線

(2) 円：$x^2+y^2-10x+4y-8=0$上の点A$(-1,\ -3)$における接線

→略解は p.64，解説は本冊 p.201

例題 3-23

定期テスト 出題度 !!! 共通テスト 出題度 !!

円：$(x-7)^2+(y-6)^2=25$の接線で，点$(2,\ 16)$を通る直線の方程式を求めよ。

→略解は p.64，解説は本冊 p.204

例題 3-24

定期テスト 出題度 !!! 共通テスト 出題度 !!

円：$x^2+y^2-2x+10y+9=0$と，直線：$2x-3y-4=0$の異なる2つの交点をA，Bとするとき，次の問いに答えよ。

(1) 弦ABの長さを求めよ。

(2) 円周上を点Pが動くとき，$\triangle$ABPの面積の最大値を求めよ。

→略解は p.64，解説は本冊 p.209

例題 3-25

定期テスト 出題度 ❗❗❗　共通テスト 出題度 ❗❗

2つの円 C_1 : $x^2+y^2=4$

C_2 : $x^2+y^2+8x-6y+a+18=0$

が共有点をもたないときの定数 a の範囲を求めよ。

→略解は p.64，解説は本冊 p.213

例題 3-26

定期テスト 出題度 ❗❗❗　共通テスト 出題度 ❗❗

2つの円 $x^2+y^2-4x-8y+4=0$, $x^2+y^2-6y+5=0$ について次の問いに答えよ。

(1) 2つの円の2つの交点を通る直線の方程式を求めよ。

(2) 2つの円の2つの交点および点(1, 2)を通る円の方程式を求めよ。

→略解は p.64，解説は本冊 p.218

例題 3-27

定期テスト 出題度 ❗❗❗　共通テスト 出題度 ❗❗❗

2点A(2, 0), B(6, 0)とするとき，次の問いに答えよ。

(1) 2点A, Bから等距離にある点Pの軌跡を求めよ。

(2) 2点A, Bからの距離の比が3 : 1になる点Qの軌跡を求めよ。

→略解は p.64，解説は本冊 p.221

例題 3-28

定期テスト 出題度 ❗❗❗　共通テスト 出題度 ❗❗❗

次の［　　］に入る0から9までの数字を答えよ。

a がすべての実数値をとって変化するとき，

放物線 $y=2x^2+12ax+27a^2-15a-7$ の頂点は，

放物線 $y=x^2+$［ア］$x-$［イ］上にある。

→略解は p.64，解説は本冊 p.226

例題 3-29

定期テスト 出題度 !!!　共通テスト 出題度 !!

次の □ に入る0から9までの数字を答えよ。

点A(5, 3) がある。点Pが円 $x^2+y^2=4$ 上を動くとき，線分PAを1：2に内分する点Q(x, y) は，点 $\left(\dfrac{\boxed{ア}}{\boxed{イ}},\ \boxed{ウ}\right)$ を中心とした半径 $\dfrac{\boxed{エ}}{\boxed{オ}}$ の円をえがく。

→略解は p.64，解説は本冊 p.228

例題 3-30

定期テスト 出題度 !!　共通テスト 出題度 !

点Pを x 軸方向に a，y 軸方向に b 平行移動させた点をQとする(a，b は実数)。Pが円 $x^2+y^2=r^2$ $(r>0)$ 上を動くとき，点Q(x, y) のえがく図形が円 $(x-a)^2+(y-b)^2=r^2$ になる理由をかけ。

→略解は p.64，解説は本冊 p.231

例題 3-31

定期テスト 出題度 !!　共通テスト 出題度 !!

点A$(-2,\ 3)$ を通る直線と，放物線 C：$y=x^2$ が異なる2点P，Qで交わるとする。

直線の傾きが変化するとき，線分PQの中点Rの動く図形の方程式を求めよ。

→略解は p.64，解説は本冊 p.234

例題 3-32

定期テスト 出題度 !!!　共通テスト 出題度 !!

次の不等式が表す領域を図示せよ。

(1)　$y>-3x+1$

(2)　$y\leqq -2x^2+4x+6$

(3)　$x^2+y^2-8x+4y+16<0$

→略解は p.65，解説は本冊 p.240

例題 3-33

定期テスト 出題度 ❗❗❗　共通テスト 出題度 ❗❗

次の不等式の表す領域を図示せよ。

(1)　$y<5x-3$，$y \geqq x^2+2x-7$

(2)　$4<x^2+y^2 \leqq 16$

→略解は p.65，解説は本冊 p.243

例題 3-34

定期テスト 出題度 ❗❗❗　共通テスト 出題度 ❗❗

$(x^2+y^2-7)(-x^2+y+1)<0$ の表す領域を図示せよ。

→略解は p.65，解説は本冊 p.246

例題 3-35

定期テスト 出題度 ❗❗　共通テスト 出題度 ❗❗

$|x|+|y| \leqq 2$ の表す領域を図示せよ。

→略解は p.65，解説は本冊 p.248

例題 3-36

定期テスト 出題度 ❗❗❗　共通テスト 出題度 ❗❗

x，y が3つの不等式 $2x-y \geqq 0$，$x-2y-9 \leqq 0$，$x+y-3 \leqq 0$ の条件を満たすとき，次の式の最大値，最小値を求めよ。

(1)　$-2x+7y$　　(2)　$x-y$

→略解は p.65，解説は本冊 p.251

例題 3-37

定期テスト 出題度 ❗❗　共通テスト 出題度 ❗❗

x，y が3つの不等式 $x+3y \geqq 3$，$2x-3y \geqq -12$，$4x+3y \leqq 12$ を満たすとき，次の式の最大値，最小値を求めよ。

(1)　$\dfrac{y+2}{x+5}$　　(2)　x^2+y^2　　(3)　x^2+y

→略解は p.65，解説は本冊 p.257

例題 3-38 定期テスト 出題度 !! 共通テスト 出題度 !

白のサプリメントは，1 gあたり，Aの成分20 mg，Bの成分40 mgを含む。黄色のサプリメントは，1 gあたり，Aの成分30 mg，Bの成分10 mgを含む。また，どちらのサプリメントも1 gあたりの値段が5円であるとする。

1日にAの成分を1500 mg以上，Bの成分を800 mg以上摂取する必要があり，費用をできるだけ抑えるには，白，黄色のサプリメントをそれぞれ何gずつ飲むようにするとよいか。また，費用の最小値を求めよ。

→略解は p.65，解説は本冊 p.265

4章 三角関数

例題 4-1

定期テスト 出題度 ❗❗❗　共通テスト 出題度 ❗

次の角を，度数は弧度に，弧度は度数に直せ。

(1) $45°$　(2) $200°$　(3) $\dfrac{\pi}{6}$　(4) $\dfrac{13}{9}\pi$

→略解は p.65，解説は本冊 p.271

例題 4-2

定期テスト 出題度 ❗❗❗　共通テスト 出題度 ❗❗❗

次の値を求めよ。

(1) $\sin\dfrac{7}{6}\pi$　(2) $\cos\dfrac{7}{4}\pi$　(3) $\tan\left(-\dfrac{\pi}{3}\right)$

→略解は p.65，解説は本冊 p.273

例題 4-3

定期テスト 出題度 ❗❗❗　共通テスト 出題度 ❗❗❗

次の方程式，不等式を解け。ただし，$0 \leqq \theta < 2\pi$ とする。

(1) $\cos\theta = \dfrac{\sqrt{3}}{2}$　(2) $\sin\theta \geqq \dfrac{1}{2}$　(3) $\tan\theta \leqq \dfrac{1}{\sqrt{3}}$

→略解は p.65，解説は本冊 p.277

例題 4-4

定期テスト 出題度 ❗❗❗　共通テスト 出題度 ❗❗❗

次の方程式，不等式を解け。ただし，$0 \leqq \theta < 2\pi$ とする。

(1) $\sin\left(\theta + \dfrac{\pi}{2}\right) = \dfrac{1}{\sqrt{2}}$　(2) $\cos\left(\theta - \dfrac{\pi}{6}\right) > \dfrac{1}{2}$

(3) $\tan 2\theta = 1$

→略解は p.65，解説は本冊 p.283

例題 4-5

定期テスト 出題度 ❗❗　共通テスト 出題度 ❗

$\cos\left(-\frac{\pi}{12}\right)\sin\frac{19}{12}\pi+\sin\frac{11}{12}\pi\sin\frac{13}{12}\pi$の値を求めよ。

→略解は p.65，解説は本冊 p.290

例題 4-6

定期テスト 出題度 ❗❗❗　共通テスト 出題度 ❗

次のグラフをかき，その周期を求めよ。

(1)　$y=2\sin\theta$　　(2)　$y=\sin 2\theta$

→略解は p.66，解説は本冊 p.297

例題 4-7

定期テスト 出題度 ❗❗❗　共通テスト 出題度 ❗

$y=\cos\left(\theta+\frac{\pi}{4}\right)$のグラフをかき，その周期を求めよ。

→略解は p.66，解説は本冊 p.300

例題 4-8

定期テスト 出題度 ❗❗❗　共通テスト 出題度 ❗

$y=-\tan\theta$のグラフをかき，その周期を求めよ。

→略解は p.66，解説は本冊 p.301

例題 4-9

定期テスト 出題度 ❗❗❗　共通テスト 出題度 ❗

次の［　　］にあてはまる符号，文字，または0から9までの数字を答えよ。

$y=4\cos(3\theta-\pi)-1$のグラフは，$y=4\cos 3\theta$のグラフをθ軸方向に$\frac{\boxed{ア}}{\boxed{イ}}$，$y$軸方向に［ウエ］だけ平行移動したものであり，周期は$\frac{\boxed{オ}}{\boxed{カ}}\pi$，振幅は［キ］である。

→略解は p.66，解説は本冊 p.303

例題 4-10

定期テスト 出題度 ❗❗❗　共通テスト 出題度 ❗

次の値を求めよ。

(1) $\cos 75°$　　(2) $\tan 165°$

→略解は p.66，解説は本冊 p.305

例題 4-11

定期テスト 出題度 ❗❗❗　共通テスト 出題度 ❗

$\frac{\pi}{2}<\alpha<\pi$，$\pi<\beta<\frac{3}{2}\pi$ で，$\cos\alpha=-\frac{3}{5}$，$\tan\beta=\frac{8}{15}$ のとき，次の値を求めよ。

(1) $\sin(\alpha-\beta)$　　(2) $\tan(\alpha+\beta)$

→略解は p.66，解説は本冊 p.307

例題 4-12

定期テスト 出題度 ❗❗❗　共通テスト 出題度 ❗❗

2直線 $y=3x-1$，$y=\frac{1}{2}x+5$ のなす角 θ を求めよ。

ただし，$0\leqq\theta\leqq\frac{\pi}{2}$ とする。

→略解は p.66，解説は本冊 p.310

例題 4-13

定期テスト 出題度 ❗❗❗　共通テスト 出題度 ❗

$\frac{3}{2}\pi<\alpha<2\pi$ で，$\sin\alpha=-\frac{\sqrt{5}}{3}$ のとき，次の値を求めよ。

(1) $\sin 2\alpha$　　(2) $\cos\frac{\alpha}{2}$

→略解は p.66，解説は本冊 p.315

例題 4-14

定期テスト 出題度 ❗❗❗　共通テスト 出題度 ❗❗❗

次の不等式を解け。ただし，$0\leqq\theta<2\pi$ とする。

(1) $\cos 2\theta-3\sin\theta-2>0$

(2) $\sin 2\theta-\sin\theta\leqq 0$

→略解は p.66，解説は本冊 p.318

例題 4-15　定期テスト 出題度 !!!　共通テスト 出題度 !!!

次の式を$r\sin(\theta+\alpha)$の形に変形せよ。ただし，$r>0$，$0\leqq\alpha<2\pi$とする。

(1)　$\sqrt{3}\sin\theta+\cos\theta$　　(2)　$-\sin\theta+\cos\theta$

(3)　$\sqrt{3}\sin\theta-3\cos\theta$

→略解は p.66，解説は本冊 p.322

例題 4-16　定期テスト 出題度 !!　共通テスト 出題度 !!

$3\sin\theta+4\cos\theta$を$r\sin(\theta+\alpha)$の形に変形せよ。ただし，$r>0$，$0\leqq\alpha<2\pi$とする。

→略解は p.66，解説は本冊 p.324

例題 4-17　定期テスト 出題度 !!!　共通テスト 出題度 !!

次の関数の最大値，最小値およびそのときのθの値を求めよ。

(1)　$y=-4\sin\theta+1$　$\left(0\leqq\theta\leqq\dfrac{\pi}{3}\right)$

(2)　$y=\cos 2\theta+2\cos\theta$　$(0\leqq\theta\leqq\pi)$

→略解は p.66，解説は本冊 p.327

例題 4-18　定期テスト 出題度 !!!　共通テスト 出題度 !!

$y=\sin\theta+\sqrt{3}\cos\theta-1$ $(0\leqq\theta\leqq\pi)$ について，次の問いに答えよ。

(1)　$y<0$を満たすθの範囲を求めよ。

(2)　yの最大値，最小値およびそのときのθを求めよ。

→略解は p.66，解説は本冊 p.330

例題 4-19

定期テスト 出題度 !!　共通テスト 出題度 !!!

次の □ にあてはまる符号または0～9までの数字を答えよ。

$y=-3\sin^2\theta+24\sin\theta\cos\theta+7\cos^2\theta\left(0\leqq\theta\leqq\dfrac{\pi}{2}\right)$ は最大値が $\boxed{アイ}$ である。

また，最小値は $\boxed{ウエ}$ で，このとき $\theta=\dfrac{\boxed{オ}}{\boxed{カ}}\pi$ である。

→略解は p.66，解説は本冊 p.333

例題 4-20

定期テスト 出題度 !!　共通テスト 出題度 !!!

関数 $y=2\sin2\theta+\sin\theta+\cos\theta\ (0\leqq\theta<2\pi)$ について，次の問いに答えよ。

(1) $\sin\theta+\cos\theta=t$ とおくとき，y を t を用いて表せ。

(2) y の最小値を求めよ。

(3) y の最大値と，そのときの θ の値を求めよ。

→略解は p.66，解説は本冊 p.337

例題 4-21

定期テスト 出題度 !　共通テスト 出題度 !!!

関数 $y=\sin\theta-2\sin^2\theta-\sqrt{3}\cos\theta-2\sqrt{3}\sin\theta\cos\theta\ (0\leqq\theta\leqq\pi)$ について，次の問いに答えよ。

(1) $\sin\theta-\sqrt{3}\cos\theta=t$ とおくとき，y を t を用いて表せ。

(2) y の最大値と，そのときの θ の値を求めよ。

(3) y の最小値を求めよ。

→略解は p.66，解説は本冊 p.341

例題 4-22

定期テスト 出題度 !!　共通テスト 出題度 !

次の値を求めよ。

(1) $\cos25^\circ-\cos35^\circ+\cos95^\circ$

(2) $\sin20^\circ\sin40^\circ\sin80^\circ$

→略解は p.66，解説は本冊 p.345

指数関数と対数関数

例題 5-1

定期テスト 出題度 !!!　共通テスト 出題度 !!

次の値を求めよ。

(1) 216の3乗根　(2) $\sqrt[3]{216}$

(3) -243の5乗根　(4) $\sqrt[5]{-243}$

→略解は p.66，解説は本冊 p.348

例題 5-2

定期テスト 出題度 !!!　共通テスト 出題度 !!

次の値を求めよ。

(1) 64 の 6 乗根　(2) $\sqrt[6]{64}$

→略解は p.66，解説は本冊 p.349

例題 5-3

定期テスト 出題度 !!!　共通テスト 出題度 !!

次の計算をせよ。

(1) $\sqrt[3]{2}\times\sqrt[3]{4}$　(2) $\sqrt{\sqrt[5]{9}}$

→略解は p.66，解説は本冊 p.351

例題 5-4

定期テスト 出題度 !!!　共通テスト 出題度 !!

次の計算をせよ。

(1) $\sqrt[3]{144}$　(2) $\sqrt[3]{-54}+\sqrt[3]{250}-\sqrt[3]{16}$

→略解は p.66，解説は本冊 p.353

例題 5-5

定期テスト 出題度 !!!　共通テスト 出題度 !!!

次の値を求めよ。

(1) 7^0　(2) 5^{-2}　(3) $243^{\frac{1}{5}}$　(4) $\left(\dfrac{9}{25}\right)^{-\frac{3}{2}}$

→略解は p.66，解説は本冊 p.355

例題 5-6

定期テスト 出題度 !!!　共通テスト 出題度 !!!

次の式を a の累乗の形にせよ。

(1) $a^{-4}\times\sqrt{a}$

(2) $a^3\div\sqrt[5]{a^2}$

(3) $(a^3)^2\div\sqrt[3]{\sqrt{a}}\times\dfrac{1}{a^5}$

(4) $\left(\dfrac{\sqrt[5]{a\sqrt{a}}}{\sqrt[6]{a^3}}\right)^5$

→略解は p.67，解説は本冊 p.358

例題 5-7

定期テスト 出題度 !!!　共通テスト 出題度 !!!

次の計算をせよ。

(1) $32^{\frac{1}{3}}\div 4^{\frac{1}{3}}$　(2) $\left(\dfrac{1}{53}\right)^7\cdot\left(\dfrac{1}{53}\right)^{-8}$

→略解は p.67，解説は本冊 p.361

例題 5-8

定期テスト 出題度 !!!　共通テスト 出題度 !!!

$2^x+2^{-x}=5$ が成り立つとき，次の値を求めよ。

(1) 4^x+4^{-x}　(2) 2^x-2^{-x}　(3) 8^x-8^{-x}

→略解は p.67，解説は本冊 p.364

例題 5-9

定期テスト 出題度 !!!　共通テスト 出題度 !!

次の関数のグラフをかけ。

(1)　$y=2^x$　(2)　$y=\left(\frac{1}{2}\right)^x$

(3)　$y=-2^x$　(4)　$y=2^{x+3}+1$

→略解は p.67，解説は本冊 p.368

例題 5-10

定期テスト 出題度 !!!　共通テスト 出題度 !!!

次の数の大小を比較せよ。

(1)　$\sqrt{2}$，$\sqrt[3]{4}$，$\sqrt[5]{8}$　(2)　$\sqrt{0.7}$，$\frac{1}{0.7^4}$，0.49^3

→略解は p.67，解説は本冊 p.373

例題 5-11

定期テスト 出題度 !!　共通テスト 出題度 !

次の数の大小を比較せよ。

(1)　$\sqrt[3]{2}$，$\sqrt[5]{3}$，$\sqrt[6]{5}$　(2)　2^{42}，5^{18}，7^{12}

→略解は p.67，解説は本冊 p.374

例題 5-12

定期テスト 出題度 !!!　共通テスト 出題度 !!!

次の方程式，不等式を解け。

(1)　$9^{3x-1}=27^{-x}$

(2)　$\left(\frac{1}{36}\right)^{x+2}>\left(\frac{1}{6}\right)^{x-8}$

→略解は p.67，解説は本冊 p.376

例題 5-13

定期テスト 出題度 !!!　共通テスト 出題度 !!!

次の方程式，不等式を解け。

(1)　$9^{x+1}+17\cdot 3^x-2=0$

(2)　$4^x-2^{x-1}-14\leqq 0$

→略解は p.67，解説は本冊 p.378

例題 5-14

定期テスト 出題度 !! 共通テスト 出題度 !!!

関数$y=4^x-2^{x+3}$ $(x\leqq4)$の最大値，最小値，およびそのときのxの値を求めよ。

→略解は p.67，解説は本冊 p.381

例題 5-15

定期テスト 出題度 !! 共通テスト 出題度 !!!

関数$y=9^x+9^{-x}+3^x+3^{-x}$について，次の問いに答えよ。

(1) $t=3^x+3^{-x}$とおくとき，yをtを用いて表せ。

(2) yの最小値と，そのときのxの値を求めよ。

→略解は p.67，解説は本冊 p.383

例題 5-16

定期テスト 出題度 !!! 共通テスト 出題度 !!!

次の値を求めよ。

(1) $\log_3 81$　　(2) $7^{\log_7 5}$

→略解は p.67，解説は本冊 p.387

例題 5-17

定期テスト 出題度 !!! 共通テスト 出題度 !!!

次の式を簡単にせよ。

(1) $\log_4 8+\log_4 2$　　(2) $\log_6 3\sqrt{2}-\log_6\sqrt{3}$

(3) $\dfrac{\log_5 9}{\log_5 243}$

→略解は p.67，解説は本冊 p.388

例題 5-18

定期テスト 出題度 !!! 共通テスト 出題度 !!!

次の式を簡単にせよ。

(1) $\log_9 27$

(2) $\log_2 81\cdot\log_3 25\cdot\log_5\sqrt{7}\cdot\log_7 8$

(3) $(\log_2 49+\log_8 7)(\log_7 4+\log_{49} 2)$

→略解は p.67，解説は本冊 p.390

例題 5-19

定期テスト 出題度 ❗❗❗　共通テスト 出題度 ❗

$\log_3 5=a$，$\log_5 7=b$とするとき，次の値をa，bを用いて表せ。

(1) $\log_3 7$　　(2) $\log_{45} 49$

→略解は p.67，解説は本冊 p.393

例題 5-20

定期テスト 出題度 ❗❗❗　共通テスト 出題度 ❗❗

0でない実数x，y，zが，$2^x=3^y=18^z$の関係を満たすとき，

$\dfrac{1}{x}+\dfrac{2}{y}=\dfrac{1}{z}$が成り立つことを証明せよ。

→略解は p.67，解説は本冊 p.394

例題 5-21

定期テスト 出題度 ❗❗❗　共通テスト 出題度 ❗❗❗

$\log_2\sqrt{15}-\log_4 5+\dfrac{3}{2}\log_2 3+2\log_{\frac{1}{2}} 6$を簡単にせよ。

→略解は p.67，解説は本冊 p.395

例題 5-22

定期テスト 出題度 ❗❗❗　共通テスト 出題度 ❗❗

次の関数のグラフをかけ。

(1) $y=\log_3 x$　　(2) $y=\log_{\frac{1}{3}} x$　　(3) $y=\log_3(-x)$

→略解は p.67，解説は本冊 p.397

例題 5-23

定期テスト 出題度 ❗❗　共通テスト 出題度 ❗❗

次の［　　］にあてはまる符号または0から9までの数字を答えよ。

$y=\log_3(3x+9)$のグラフは$y=\log_3 x$のグラフをx軸方向に［アイ］，y軸方向に［ウ］だけ平行移動したものである。

→略解は p.67，解説は本冊 p.399

例題 5-24

定期テスト 出題度 ❗❗❗ 共通テスト 出題度 ❗❗

次の数の大小を比較せよ。

(1) $\log_5 6$, $\log_{25} 2$, $\log_{\sqrt{5}} 3$　　(2) 2, $\log_{0.6}\dfrac{2}{3}$, $\log_{0.6} 7$

→略解は p.67，解説は本冊 p.401

例題 5-25

定期テスト 出題度 ❗❗ 共通テスト 出題度 ❗

次の数の大小を比較せよ。

$\log_2 3$, $\log_{\frac{1}{3}} 2$, $\log_4 7$, $\log_7 5$

→略解は p.67，解説は本冊 p.403

例題 5-26

定期テスト 出題度 ❗❗ 共通テスト 出題度 ❗

$\sqrt[3]{17}$, $\log_3 14$, $\dfrac{5}{2}$ の大小を比較せよ。

→略解は p.68，解説は本冊 p.405

例題 5-27

定期テスト 出題度 ❗❗ 共通テスト 出題度 ❗❗

次の方程式，不等式を解け。

(1) $2^{3x-1}=17$　　(2) $5^{x+4}=8^{x-2}$　　(3) $7^{-2x+1} \leqq 3^{-x+3}$

→略解は p.68，解説は本冊 p.407

例題 5-28

定期テスト 出題度 ❗❗❗ 共通テスト 出題度 ❗❗❗

次の方程式，不等式を解け。

(1) $\log_6 (x+4)=\dfrac{1}{2}$　　(2) $\log_{\frac{1}{3}} x \geqq -2$

→略解は p.68，解説は本冊 p.411

例題 5-29

定期テスト 出題度 !!! 共通テスト 出題度 !!!

$\log_2(3x-1)+\log_2(x+1)=5$ を解け。

→略解は p.68，解説は本冊 p.413

例題 5-30

定期テスト 出題度 !!! 共通テスト 出題度 !!!

$\log_3(x+1)-\log_9(-2x+1)\geqq 1$ を解け。

→略解は p.68，解説は本冊 p.415

例題 5-31

定期テスト 出題度 !!! 共通テスト 出題度 !!!

$(\log_5 x)^2-\log_5 x^2=8$ を解け。

→略解は p.68，解説は本冊 p.417

例題 5-32

定期テスト 出題度 !! 共通テスト 出題度 !!!

$2\log_7 x-3\log_x 7<1$ を解け。

→略解は p.68，解説は本冊 p.419

例題 5-33

定期テスト 出題度 !!! 共通テスト 出題度 !!!

関数 $y=\log_{\frac{1}{2}}(x+5)+\log_{\frac{1}{2}}(x-1)$ $(x\geqq 3)$ の最大値を求めよ。

→略解は p.68，解説は本冊 p.422

例題 5-34

定期テスト 出題度 !! 共通テスト 出題度 !!!

x，y が $x\geqq 1$，$y\geqq 4$，$xy=64$ という条件を満たすとき，
$(\log_2 x)^2+(\log_2 y)^2$ の最大値，最小値と，そのときの x，y の値を求めよ。

→略解は p.68，解説は本冊 p.423

例題 5-35

定期テスト 出題度 ❗❗❗　共通テスト 出題度 ❗❗

次の数の桁数を求めよ。ただし，$\log_{10}2=0.3010$，$\log_{10}3=0.4771$，$\log_{10}7=0.8451$とする。

(1) 7^{30}　　(2) 45^{10}

→略解は p.68，解説は本冊 p.426

例題 5-36

定期テスト 出題度 ❗❗❗　共通テスト 出題度 ❗❗

$\left(\frac{1}{6}\right)^{80}$を小数で表したとき，小数第何位に初めて0でない数字が現れるかを求めよ。ただし，$\log_{10}2=0.3010$，$\log_{10}3=0.4771$とする。

→略解は p.68，解説は本冊 p.430

例題 5-37

定期テスト 出題度 ❗❗　共通テスト 出題度 ❗❗

次の問いに答えよ。ただし，$\log_{10}2=0.3010$，$\log_{10}3=0.4771$とする。

(1) 45^{10}の最高位の数字を求めよ。

(2) $\left(\frac{1}{6}\right)^{80}$を小数で表したとき，初めて現れる0以外の数字を求めよ。

→略解は p.68，解説は本冊 p.433

例題 5-38

定期テスト 出題度 ❗❗　共通テスト 出題度 ❗

次の問いに答えよ。ただし，$\log_{10}2=0.3010$，$\log_{10}3=0.4771$，$\log_{10}7=0.8451$とする。

(1) 1分で3倍に増えるバクテリアがあるとする。今，1個のバクテリアがあるとすると，1億個以上に増えるのには何分後か。答えは整数で求めよ。

(2) あるメーカーの粘着シートは何度はがしても使用できるが，1回使用するごとに粘着力が2%減少する。この粘着シートを何回使用すれば，粘着力が最初の$\frac{1}{3}$以下になるか。

→略解は p.68，解説は本冊 p.436

6章 微分

例題 6-1

定期テスト 出題度 !!!　共通テスト 出題度 !

次の極限値を求めよ。

(1) $\lim_{x \to -4}(3x^2-x-7)$　　(2) $\lim_{x \to 2}\frac{-2x^2+x+6}{x^2+3x-10}$

→略解は p.68，解説は本冊 p.441

例題 6-2

定期テスト 出題度 !!　共通テスト 出題度 !

$\lim_{x \to -4}\frac{x^2+ax+b}{x^2+3x-4}=3$のとき，定数$a$，$b$の値を求めよ。

→略解は p.68，解説は本冊 p.442

例題 6-3

定期テスト 出題度 !!　共通テスト 出題度 !!

関数$y=-x^2+5x-7$の$x=-2$から$x=3$までの平均変化率を求めよ。

→略解は p.68，解説は本冊 p.446

例題 6-4

定期テスト 出題度 !!　共通テスト 出題度 !

$f(x)=x^3$の$x=2$における微分係数を，定義を用いて求めよ。

→略解は p.68，解説は本冊 p.448

例題 6-5

定期テスト 出題度 ❗❗ 共通テスト 出題度 ❗

次の式を$f(a)$，$f'(a)$を用いて表せ。

(1) $\displaystyle\lim_{h\to 0}\frac{f(a+4h)-f(a)}{h}$　　(2) $\displaystyle\lim_{h\to 0}\frac{f(a+2h)-f(a-h)}{h}$

(3) $\displaystyle\lim_{b\to a}\frac{af(b)-bf(a)}{b-a}$

→略解は p.68，解説は本冊 p.449

例題 6-6

定期テスト 出題度 ❗❗ 共通テスト 出題度 ❗

$f(x)=x^2-5x$の導関数を，定義を用いて求めよ。

→略解は p.68，解説は本冊 p.453

例題 6-7

定期テスト 出題度 ❗❗❗ 共通テスト 出題度 ❗❗❗

関数$f(x)=x^3+7x^2-2x+5$について，次の問いに答えよ。

(1) 導関数を求めよ（微分せよ）。

(2) $x=-1$における微分係数を求めよ。

→略解は p.68，解説は本冊 p.454

例題 6-8

定期テスト 出題度 ❗❗❗ 共通テスト 出題度 ❗❗

関数$f(x)=3(x-5)^4$について，次の問いに答えよ。

(1) 導関数を求めよ（微分せよ）。

(2) $x=5$における微分係数を求めよ。

→略解は p.68，解説は本冊 p.456

例題 6-9

定期テスト 出題度 ❗❗ 共通テスト 出題度 ❗

数直線上を動く物体があり，t秒後の座標が$5t^2-3t+6$である。この物体の4秒後の速度を求めよ。

→略解は p.68，解説は本冊 p.458

例題 6-10

定期テスト 出題度 ❗❗❗　共通テスト 出題度 ❗❗❗

曲線 $y=4x^2-7x+3$ の点 $(2,\ 5)$ における接線の方程式および法線の方程式を求めよ。

→略解は p.68，解説は本冊 p.459

例題 6-11

定期テスト 出題度 ❗❗❗　共通テスト 出題度 ❗❗❗

曲線 $y=-x^2+5x+8$ の接線で直線 $y=3x-4$ に平行なものの方程式を求めよ。

→略解は p.68，解説は本冊 p.462

例題 6-12

定期テスト 出題度 ❗❗❗　共通テスト 出題度 ❗❗❗

曲線 $y=2x^2+x-3$ の接線で点 $(1,\ -8)$ を通るものの方程式を求めよ。

→略解は p.68，解説は本冊 p.463

例題 6-13

定期テスト 出題度 ❗❗　共通テスト 出題度 ❗❗❗

関数 $y=2x^2$ で表される放物線を C_1，それを平行移動したもので頂点が $(3,\ 12)$ である放物線を C_2，その両方に接する直線を m とするとき，次の問いに答えよ。

(1) 放物線 C_2 の方程式を求めよ。

(2) 共通接線 m の方程式を求めよ。

(3) C_1 と m の接点Aと，C_2 と m の接点Bの x 座標を求めよ。

→略解は p.68，解説は本冊 p.466

例題 6-14

定期テスト 出題度 ❗❗❗　共通テスト 出題度 ❗❗❗

関数 $y=x^3-3x^2-9x+22$ のグラフをかけ。

→略解は p.68，解説は本冊 p.469

例題 6-15 定期テスト 出題度 !!! 共通テスト 出題度 !!!

関数$y=x^3-6x^2+12x-7$のグラフをかけ。

→略解は p.68，解説は本冊 p.473

例題 6-16 定期テスト 出題度 !!! 共通テスト 出題度 !!!

関数$y=2x^3-3ax^2+(6a+18)x-7$が極値をもつときの定数aの値の範囲を求めよ。

→略解は p.68，解説は本冊 p.479

例題 6-17 定期テスト 出題度 !!! 共通テスト 出題度 !!!

関数$y=-x^4+4x^3+8x^2-48x+48$のグラフをかけ。

→略解は p.68，解説は本冊 p.481

例題 6-18 定期テスト 出題度 !!! 共通テスト 出題度 !!!

関数$y=x^4+4x^3-16x-16$のグラフをかけ。

→略解は p.68，解説は本冊 p.484

例題 6-19 定期テスト 出題度 !!! 共通テスト 出題度 !!!

関数$f(x)=ax^3+bx^2+cx+d$ $(a\neq 0)$が，$x=1$のとき極大値16をとり，$x=-3$のとき極小値-80をとるとき，定数a，b，c，dの値を求めよ。

→略解は p.68，解説は本冊 p.487

例題 6-20 定期テスト 出題度 !!! 共通テスト 出題度 !!!

関数$y=x^3-7x^2+8x+14$の$0\leqq x\leqq 5$における最大値，最小値を求めよ。

→略解は p.69，解説は本冊 p.491

例題 6-21

定期テスト 出題度 !!!　共通テスト 出題度 !!!

関数 $y=-2x^3-9x^2+24x+5$ の $-2 \leqq x \leqq 3$ における最大値，最小値を求めよ。

→略解は p.69，解説は本冊 p.492

例題 6-22

定期テスト 出題度 !!!　共通テスト 出題度 !

半径が r の球の内部に接する円柱の体積の最大値を求めよ。

→略解は p.69，解説は本冊 p.494

例題 6-23

定期テスト 出題度 !!!　共通テスト 出題度 !!!

3次方程式 $2x^3-3x^2-12x+a=0$ （a は定数）について，次の問いに答えよ。

(1) 異なる実数解の個数を求めよ。

(2) 異なる2つの負の解および1つの正の解をもつときの a の値の範囲を求めよ。

→略解は p.69，解説は本冊 p.497

例題 6-24

定期テスト 出題度 !!!　共通テスト 出題度 !!!

曲線 $y=-2x^3+5x^2+ax-1$ ……① と 直線 $y=3x-10$ ……②について，次の問いに答えよ。

(1) ①，②が接するときの定数 a と，そのときの接点Pの座標を求めよ。

(2) (1)のとき，①，②の点P以外の交点Qの座標を求めよ。

→略解は p.69，解説は本冊 p.501

例題 6-25

定期テスト 出題度 !! 共通テスト 出題度 !!!

曲線C_1：$y=x^3+x^2-9x-7$と曲線C_2：$y=2x^2+ax+a$について，次の問いに答えよ。

(1) C_1，C_2が$x>0$の範囲で接するときの定数aの値と，そのときの接点Pの座標を求めよ。

(2) (1)のとき，C_1，C_2の点P以外の交点Qの座標を求めよ。

→略解は p.69，解説は本冊 p.505

例題 6-26

定期テスト 出題度 !! 共通テスト 出題度 !!

aを定数とするとき，点$(4,\ a)$から曲線$y=x^3-6x^2+x+35$に引ける接線の本数を求めよ。

→略解は p.69，解説は本冊 p.510

積分

例題 7-1

定期テスト 出題度 !!!　共通テスト 出題度 !!!

次の不定積分を求めよ。

(1) $\int(4x^2-x+7)\,dx$

(2) $\int(2x-1)(3x+5)\,dx$

(3) $\int(t^3+9t^2-5t)\,dt-\int(t^3-5t+2)\,dt$

(4) $\int dx$

→略解は p.69，解説は本冊 p.516

例題 7-2

定期テスト 出題度 !!!　共通テスト 出題度 !

関数$f(x)$が$f'(x)=-6x^2+4x+5$，$f(1)=2$を満たすとき，$f(x)$の式を求めよ。

→略解は p.69，解説は本冊 p.518

例題 7-3

定期テスト 出題度 !!!　共通テスト 出題度 !

関数$y=f(x)$のグラフが点$(-2,\ 9)$を通り，点$(x,\ y)$における接線の傾きが$3x^2-8x-1$であるとき，$f(x)$の式を求めよ。

→略解は p.69，解説は本冊 p.518

例題 7-4

定期テスト 出題度 !!!　共通テスト 出題度 !!!

不定積分$\int(3x+1)^6dx$を求めよ。

→略解は p.69，解説は本冊 p.520

例題 7-5

定期テスト 出題度 ❗❗❗　共通テスト 出題度 ❗❗❗

次の定積分を求めよ。

(1) $\int_{-3}^{1}(3x^2+8x-2)\,dx$

(2) $\int_{-2}^{-1}(2t-1)(t+3)\,dt$

→略解は p.69，解説は本冊 p.521

例題 7-6

定期テスト 出題度 ❗❗❗　共通テスト 出題度 ❗❗❗

次の定積分を求めよ。

(1) $\int_{-2}^{1}(3x^2-7x+2)\,dx-3\int_{-2}^{1}(x^2-x-5)\,dx$

(2) $\int_{2}^{3}(-5x^2-x+3)\,dx-\int_{3}^{2}(2x^2+x-4)\,dx$

→略解は p.69，解説は本冊 p.524

例題 7-7

定期テスト 出題度 ❗❗❗　共通テスト 出題度 ❗❗❗

定積分$\int_{-4}^{1}(-2x+9)\,dx+\int_{1}^{3}(-2x+9)\,dx$を求めよ。

→略解は p.69，解説は本冊 p.526

例題 7-8

定期テスト 出題度 ❗❗❗　共通テスト 出題度 ❗❗❗

次の定積分を求めよ。

(1) $\int_{-2}^{2}(9x^5-6x^3+2x)\,dx$

(2) $\int_{-1}^{1}(-x^3+9x^2-5x-7)\,dx$

(3) $\int_{-4}^{4}(3x+|x|)\,dx$

→略解は p.69，解説は本冊 p.529

例題 7-9

定期テスト 出題度 !!!　共通テスト 出題度 !!!

次の定積分を求めよ。

(1) $\int_{-5}^{1}(x-1)(x+5)\,dx$

(2) $\int_{\frac{1}{3}}^{2}(3x^2-7x+2)\,dx$

(3) $\int_{2-\sqrt{2}}^{2+\sqrt{2}}(x^2-4x+2)\,dx$

→略解は p.69，解説は本冊 p.531

例題 7-10

定期テスト 出題度 !!!　共通テスト 出題度 !!!

次の等式を満たす関数 $f(x)$ を求めよ。

(1) $f(x)=3x^2-4x-\int_{1}^{3}f(t)\,dt$

(2) $f(x)=6x+\int_{-3}^{5}tf(t)\,dt$

→略解は p.69，解説は本冊 p.534

例題 7-11

定期テスト 出題度 !!　共通テスト 出題度 !!!

$f(x)=\int_{0}^{2}(x-t)f(t)\,dt-1$ を満たす関数 $f(x)$ を求めよ。

→略解は p.69，解説は本冊 p.537

例題 7-12

定期テスト 出題度 !!!　共通テスト 出題度 !!!

$\dfrac{d}{dx}\int_{2}^{x}(3t^2+8t-7)\,dt$ を求めよ。

→略解は p.69，解説は本冊 p.540

例題 7-13 定期テスト 出題度 !!! 共通テスト 出題度 !!!

次の等式を満たす関数$f(x)$と，そのときの定数aの値を求めよ。

(1) $\int_2^x f(t)\,dt = x^2 + ax - a$

(2) $\int_x^a f(t)\,dt = -2x^3 + 5x^2 - 7$

→略解は p.69，解説は本冊 p.541

例題 7-14 定期テスト 出題度 !!! 共通テスト 出題度 !!!

曲線$y=3x^2$と，x軸，直線$x=2$，$x=5$で囲まれる図形の面積Sを求めよ。

→略解は p.69，解説は本冊 p.544

例題 7-15 定期テスト 出題度 !!! 共通テスト 出題度 !!!

曲線$y=-2x^2+8x-9$と，x軸，直線$x=-1$，$x=4$で囲まれる図形の面積Sを求めよ。

→略解は p.69，解説は本冊 p.545

例題 7-16 定期テスト 出題度 !!! 共通テスト 出題度 !!!

2曲線$y=x^2-16x-9$，$y=-5x^2+2x+15$と，2直線$x=1$，$x=3$で囲まれる図形の面積Sを求めよ。

→略解は p.69，解説は本冊 p.547

例題 7-17 定期テスト 出題度 !!! 共通テスト 出題度 !!!

曲線$y=4x^3+12x^2-13x-29$と直線$y=3x+19$で囲まれる図形の面積Sを求めよ。

→略解は p.69，解説は本冊 p.548

例題 7-18 定期テスト 出題度 !!! 共通テスト 出題度 !!!

曲線 $y=-x^2+5x-1$ と直線 $y=-3x+6$ で囲まれる図形の面積 S を求めよ。

→略解は p.69，解説は本冊 p.551

例題 7-19 定期テスト 出題度 !!! 共通テスト 出題度 !!!

2曲線 $y=x^2-4x-10$ と $y=-x^2-5x-7$ で囲まれる図形の面積 S を求めよ。

→略解は p.69，解説は本冊 p.553

例題 7-20 定期テスト 出題度 !!! 共通テスト 出題度 !!!

2曲線 $y=x^2+5x+1$ と $y=2x^2-x+9$ で囲まれる図形の面積 S を求めよ。

→略解は p.69，解説は本冊 p.554

例題 7-21 定期テスト 出題度 !!! 共通テスト 出題度 !!!

関数 $y=x^3+4x^2+2x-7$ ……①について，次の問いに答えよ。

(1) ①のグラフを x 軸方向に $+1$，y 軸方向に $+1$ だけ平行移動したグラフの方程式を求めよ。

(2) ①のグラフと(1)で求めたグラフで囲まれる図形の面積 S を求めよ。

→略解は p.69，解説は本冊 p.556

例題 7-22 定期テスト 出題度 !!! 共通テスト 出題度 !!!

放物線 $y=x^2$ と点 $(1,\ 0)$ から放物線に引いた2本の接線で囲まれる図形の面積 S を求めよ。

→略解は p.69，解説は本冊 p.562

例題 7-23

定期テスト 出題度 !!!　共通テスト 出題度 !!!

放物線C：$y=x^2-4x-2$について，次の問いに答えよ。

(1) 2点A$(-1,\ 3)$，B$(3,\ -5)$における接線の方程式をそれぞれ求めよ。

(2) 放物線Cと(1)で求めた2本の接線で囲まれる図形の面積Sを求めよ。

→略解は p.69，解説は本冊 p.565

例題 7-24

定期テスト 出題度 !!!　共通テスト 出題度 !!!

曲線$y=2x^3+x^2-7x-1$と，その曲線上の点$(-1,\ 5)$における接線で囲まれる図形の面積Sを求めよ。

→略解は p.69，解説は本冊 p.568

例題 7-25

定期テスト 出題度 !!　共通テスト 出題度 !!!

曲線C_1：$y=x^3+3x-5$とC_2：$y=x^2+4x-6$で囲まれる図形の面積Sを求めよ。

→略解は p.69，解説は本冊 p.571

例題 7-26

定期テスト 出題度 !!!　共通テスト 出題度 !!!

関数$y=2x^2$で表される放物線をC_1，それを平行移動したもので頂点が$(3,\ 12)$である放物線をC_2，その両方に接する直線をmとするとき，次の問いに答えよ。

(1) 放物線C_2の方程式を求めよ。

(2) 共通接線mの方程式を求めよ。

(3) C_1とmの接点Aと，C_2とmの接点Bのx座標を求めよ。

(4) 放物線C_1，C_2および接線mで囲まれる図形の面積Sを求めよ。

→略解は p.69，解説は本冊 p.574

例題 7-27

定期テスト 出題度 !!!　共通テスト 出題度 !!!

$\int_2^5 |x^2-2x-3|dx$を求めよ。

→略解は p.69，解説は本冊 p.577

例題 7-28

定期テスト 出題度 !! 共通テスト 出題度 !!!

放物線 $y=-x^2+2x+7$ と点 $(-1,\ 2)$ を通る直線で囲まれる図形の面積 S の最小値とそのときの直線の傾きを求めよ。

→略解は p.69，解説は本冊 p.582

例題 7-29

定期テスト 出題度 !! 共通テスト 出題度 !!

放物線 C：$y=-x(x-3)$ と直線 m：$y=ax$（ただし，$0<a<3$）で囲まれる図形の面積を S_1，放物線 C と直線 m および x 軸で囲まれる図形の面積を S_2，放物線 C と直線 m および直線 $x=3$ で囲まれる図形の面積を S_3 とするとき，次の問いに答えよ。

(1) $S_1=S_2$ であるときの a の値を求めよ。

(2) $S_1=S_3$ であるときの a の値を求めよ。

→略解は p.69，解説は本冊 p.587

例題 7-30

定期テスト 出題度 ! 共通テスト 出題度 !!

円 $x^2+y^2=16$ と放物線 $y=\frac{1}{12}x^2+1$ で囲まれる小さいほうの部分の面積 S を求めよ。

→略解は p.69，解説は本冊 p.592

8章 数列

例題 8-1

定期テスト 出題度 !!!　共通テスト 出題度 !!

次の数列 $\{a_n\}$ の一般項を求めよ。

(1) 1, 4, 9, 16, 25, ……

(2) -1, 1, -1, 1, -1, ……

(3) 1, -1, 1, -1, 1, ……

(4) 1, $-\frac{1}{2}$, $\frac{1}{3}$, $-\frac{1}{4}$, $\frac{1}{5}$, ……

→略解は p.70, 解説は本冊 p.597

例題 8-2

定期テスト 出題度 !!!　共通テスト 出題度 !!!

次の等差数列 $\{a_n\}$ の一般項を求めよ。

5, 9, 13, 17, 21, ……

→略解は p.70, 解説は本冊 p.600

例題 8-3

定期テスト 出題度 !!!　共通テスト 出題度 !!!

第4項が12, 第11項が -16 の等差数列 $\{a_n\}$ について, 次の問いに答えよ。

(1) 一般項 a_n を求めよ。

(2) -56 になるのは第何項かを求めよ。

→略解は p.70, 解説は本冊 p.602

例題 8-4

定期テスト 出題度 !!!　共通テスト 出題度 !!!

初項18，公差 -3 の等差数列 $\{a_n\}$ について，次の問いに答えよ。

(1) 一般項 a_n を求めよ。

(2) 初項から第 n 項までの和 S_n を求めよ。

(3) $S_n<0$ になる最小の n を求めよ。

(4) S_n が最大になるときの n の値および最大値を求めよ。

→略解は p.70，解説は本冊 p.604

例題 8-5

定期テスト 出題度 !!　共通テスト 出題度 !!

初項が6，末項が91，公差が5の等差数列 $\{a_n\}$ について，第7項から末項までの和を求めよ。

→略解は p.70，解説は本冊 p.609

例題 8-6

定期テスト 出題度 !!!　共通テスト 出題度 !!!

次の等比数列 $\{a_n\}$ の一般項を求めよ。

2，6，18，54，162，……

→略解は p.70，解説は本冊 p.611

例題 8-7

定期テスト 出題度 !!!　共通テスト 出題度 !!!

第2項が28，第5項が -224 の等比数列 $\{a_n\}$ について，次の問いに答えよ。ただし，公比は実数とする。

(1) 次のア～ウにあてはまる0から9までの数字または符号を答えよ。

一般項 $a_n=$ [ア]・([イウ]$)^n$ である。

(2) -896 になるのは第何項かを求めよ。

→略解は p.70，解説は本冊 p.613

例題 8-8

定期テスト 出題度 !!!　共通テスト 出題度 !!!

初項 -5，公比 $\dfrac{1}{2}$ の等比数列 $\{a_n\}$ の初項から第 n 項までの和 S_n を求めよ。

→略解は p.70，解説は本冊 p.616

例題 8-9

定期テスト 出題度 !! 　共通テスト 出題度 !!!

初項が2，末項が -486，和が -364 である等比数列 $\{a_n\}$ の公比と項数を求めよ。

→略解は p.70，解説は本冊 p.617

例題 8-10

定期テスト 出題度 !! 　共通テスト 出題度 !!!

初項から第4項までの和が45，初項から第8項までの和が765である等比数列 $\{a_n\}$ の一般項を求めよ。

→略解は p.70，解説は本冊 p.619

例題 8-11

定期テスト 出題度 !! 　共通テスト 出題度 !

クレアさんは10年前の誕生日から毎年誕生日に，1000ドルずつ積立預金をし，今年の誕生日に引き出すことにした。年利2%の複利がつくとするとき，次の問いに答えよ。ただし，$1.02^{10}=1.219$ とする。

(1) 初めの年に預けた1000ドルはいくらになっているか。

(2) 全額引き出すとすると，合計額はいくらか。

ただし，今年の誕生日に預ける1000ドルは含めないものとする。

→略解は p.70，解説は本冊 p.622

例題 8-12

定期テスト 出題度 !!! 　共通テスト 出題度 !!

$a-2$，29，b がこの順で等差数列になり，3，a，b がこの順で等比数列になるとき，定数 a，b の値を求めよ。ただし，a，b は0でない数とする。

→略解は p.70，解説は本冊 p.625

例題 8-13

定期テスト 出題度 !! 　共通テスト 出題度 !

-1，a，b をある順に並べると等差数列になり，別のある順に並べると等比数列になるとき，定数 a，b の値を求めよ。ただし，$-1<a<0<b$ とする。

→略解は p.70，解説は本冊 p.626

例題 8-14

定期テスト 出題度 !!!　共通テスト 出題度 !!

3つの数が等差数列をなしていて，和が33，それぞれの数の2乗の和が395になるとき，その3つの数を求めよ。

→略解は p.70，解説は本冊 p.629

例題 8-15

定期テスト 出題度 !!!　共通テスト 出題度 !!!

次の式を記号Σを用いて表せ。

(1)　$1^2+2^2+3^2+\cdots\cdots+40^2$

(2)　$6^1+6^2+6^3+\cdots\cdots+6^n$

(3)　$12+14+16+\cdots\cdots+78$

→略解は p.70，解説は本冊 p.631

例題 8-16

定期テスト 出題度 !!!　共通テスト 出題度 !!!

次の値を求めよ。

(1)　$1^2+2^2+3^2+\cdots\cdots+40^2$

(2)　$\sum_{k=1}^{n}(k+1)(k+2)$

→略解は p.70，解説は本冊 p.634

例題 8-17

定期テスト 出題度 !!!　共通テスト 出題度 !!!

次の値を求めよ。

(1)　$\sum_{k=1}^{8}5\cdot2^{k-1}$　　(2)　$\sum_{k=1}^{n}(-4)^k$

→略解は p.70，解説は本冊 p.637

例題 8-18

定期テスト 出題度 !!!　共通テスト 出題度 !!!

次の数列の初項から第n項までの和を求めよ。

3^2，6^2，9^2，12^2，……

→略解は p.70，解説は本冊 p.639

例題 8-19 定期テスト 出題度 !!! 共通テスト 出題度 !!!

次の数列の初項から第n項までの和を求めよ。

$1^2\cdot1$, $2^2\cdot4$, $3^2\cdot7$, $4^2\cdot10$, ……

→略解は p.70，解説は本冊 p.640

例題 8-20 定期テスト 出題度 !! 共通テスト 出題度 !

次の数列の和を求めよ。

$1\cdot n$, $2(n-1)$, $3(n-2)$, ……, $n\cdot1$

→略解は p.70，解説は本冊 p.642

例題 8-21 定期テスト 出題度 !!! 共通テスト 出題度 !!!

初項から第n項までの和S_nが$S_n=5n^2-6n$で表される数列$\{a_n\}$の一般項を求めよ。

→略解は p.70，解説は本冊 p.644

例題 8-22 定期テスト 出題度 !! 共通テスト 出題度 !!

関係式$\sum_{k=1}^{n} ka_k=n^2+2n$を満たす数列$\{a_n\}$の一般項を求めよ。

→略解は p.70，解説は本冊 p.647

例題 8-23 定期テスト 出題度 !!! 共通テスト 出題度 !!!

次の数列の一般項を求めよ。

(1) 1, 5, 12, 22, 35, ……

(2) 2, -1, 8, -19, 62, ……

→略解は p.70，解説は本冊 p.650

例題 8-24 定期テスト 出題度 !!! 共通テスト 出題度 !!!

次の数列の初項から第n項までの和S_nを求めよ。

$\dfrac{1}{1\cdot2}$, $\dfrac{1}{2\cdot3}$, $\dfrac{1}{3\cdot4}$, $\dfrac{1}{4\cdot5}$, ……

→略解は p.70, 解説は本冊 p.655

例題 8-25 定期テスト 出題度 !! 共通テスト 出題度 !!

次の数列の初項から第n項までの和S_nを求めよ。

$\dfrac{1}{1\cdot3\cdot5}$, $\dfrac{1}{3\cdot5\cdot7}$, $\dfrac{1}{5\cdot7\cdot9}$, $\dfrac{1}{7\cdot9\cdot11}$, ……

→略解は p.70, 解説は本冊 p.659

例題 8-26 定期テスト 出題度 !! 共通テスト 出題度 !!

次の数列の初項から第n項までの和S_nを求めよ。

$\dfrac{1}{1\cdot3}$, $\dfrac{1}{2\cdot4}$, $\dfrac{1}{3\cdot5}$, $\dfrac{1}{4\cdot6}$, ……

→略解は p.70, 解説は本冊 p.661

例題 8-27 定期テスト 出題度 !! 共通テスト 出題度 !

次の数列の初項から第n項までの和S_nを求めよ。

$\dfrac{1}{1+\sqrt{2}}$, $\dfrac{1}{\sqrt{2}+\sqrt{3}}$, $\dfrac{1}{\sqrt{3}+2}$, $\dfrac{1}{2+\sqrt{5}}$, ……

→略解は p.70, 解説は本冊 p.665

例題 8-28 定期テスト 出題度 !! 共通テスト 出題度 !!

次の数列の初項から第n項までの和S_nを求めよ。

$1\cdot3^0$, $3\cdot3^1$, $5\cdot3^2$, $7\cdot3^3$, ……

→略解は p.70, 解説は本冊 p.668

例題 8-29 定期テスト 出題度 ❗❗❗ 共通テスト 出題度 ❗❗

次のような数列 $\{a_n\}$ を仕切り線 | でグループに分け，左から第1群，第2群，……と呼ぶことにする。

$1 \mid 4,\ 7 \mid 10,\ 13,\ 16,\ 19 \mid 22,\ 25,\ \cdots\cdots$

この数列の第 k 群の個数が 2^{k-1} 個になるようにするとき，次の問いに答えよ。

(1) 第9群の4番目の数を求めよ。

(2) 580は第何群の何番目かを求めよ。

→略解は p.70，解説は本冊 p.671

例題 8-30 定期テスト 出題度 ❗❗ 共通テスト 出題度 ❗❗

次の数列 $\{a_n\}$ について，次の問いに答えよ。

$$\frac{1}{1},\ \frac{1}{2},\ \frac{2}{2},\ \frac{1}{3},\ \frac{2}{3},\ \frac{3}{3},\ \frac{1}{4},\ \frac{2}{4},\ \frac{3}{4},\ \frac{4}{4},\ \frac{1}{5},\ \cdots\cdots$$

(1) 約分していない状態で $\frac{6}{17}$ は第何項か。

(2) 第1000項の数を約分していない状態で答えよ。

(3) 初項から第1000項までの和を求めよ。

→略解は p.70，解説は本冊 p.676

例題 8-31 定期テスト 出題度 ❗❗❗ 共通テスト 出題度 ❗❗❗

次のように定められた数列 $\{a_n\}$ の一般項を求めよ。

(1) $a_1=3,\ a_{n+1}-a_n=-7 \quad (n=1,\ 2,\ 3,\ \cdots\cdots)$

(2) $a_1=1,\ a_{n+1}=-2a_n \quad (n=1,\ 2,\ 3,\ \cdots\cdots)$

→略解は p.70，解説は本冊 p.681

例題 8-32 定期テスト 出題度 ❗❗❗ 共通テスト 出題度 ❗❗❗

次のように定められた数列 $\{a_n\}$ の一般項を求めよ。

$a_1=-1,\ a_{n+1}=a_n+2n-3 \quad (n=1,\ 2,\ 3,\ \cdots\cdots)$

→略解は p.70，解説は本冊 p.684

例題 8-33 定期テスト 出題度 ❶❶❶ 共通テスト 出題度 ❶❶❶

次のように定められた数列 $\{a_n\}$ の一般項を求めよ。

$a_1=2,\ a_{n+1}=-3a_n-8 \quad (n=1,\ 2,\ 3,\ \cdots\cdots)$

→略解は p.70，解説は本冊 p.687

例題 8-34 定期テスト 出題度 ❶❶ 共通テスト 出題度 ❶❶

数列 $\{a_n\}$ の初項から第 n 項までの和 S_n が $S_n=-a_n+3n+1$ $(n=1,\ 2,\ 3,\ \cdots\cdots)$ で表されるとき，a_n を n の式で表せ。

→略解は p.70，解説は本冊 p.691

例題 8-35 定期テスト 出題度 ❶❶ 共通テスト 出題度 ❶❶

次のように定められた数列 $\{a_n\}$ の一般項を求めよ。

$a_1=1,\ a_{n+1}=2a_n-4n+5 \quad (n=1,\ 2,\ 3,\ \cdots\cdots)$

→略解は p.70，解説は本冊 p.694

例題 8-36 定期テスト 出題度 ❶❶ 共通テスト 出題度 ❶

次のように定められた数列 $\{a_n\}$ の一般項を求めよ。

$a_1=1,\ a_{n+1}=6a_n-2^n \quad (n=1,\ 2,\ 3,\ \cdots\cdots)$

→略解は p.70，解説は本冊 p.697

例題 8-37 定期テスト 出題度 ❶❶ 共通テスト 出題度 ❶❶

次のように定められた数列 $\{a_n\}$ の一般項を求めよ。

$a_1=1,\ a_{n+1}=3a_n+3^n \ (n=1,\ 2,\ 3,\ \cdots\cdots)$

→略解は p.70，解説は本冊 p.700

例題 8-38

定期テスト 出題度 !! 共通テスト 出題度 !!

次のように定められた数列 $\{a_n\}$ の一般項を求めよ。

$a_1=1$, $a_2=3$,

$a_{n+2}=-3a_{n+1}+10a_n$ $(n=1, 2, 3, \cdots\cdots)$

→略解は p.70, 解説は本冊 p.702

例題 8-39

定期テスト 出題度 !! 共通テスト 出題度 !

次のように定められた数列 $\{a_n\}$ の一般項を求めよ。

$a_1=1$, $a_{n+1}=\dfrac{2a_n}{8a_n+1}$ $(n=1, 2, 3, \cdots\cdots)$

→略解は p.70, 解説は本冊 p.705

例題 8-40

定期テスト 出題度 !! 共通テスト 出題度 !!

$a_1=1$, $b_1=2$,

$a_{n+1}=4a_n-3b_n$,

$b_{n+1}=-a_n+2b_n$ $(n=1, 2, 3, \cdots\cdots)$

を満たす数列 $\{a_n\}$, $\{b_n\}$ の一般項を求めよ。

→略解は p.70, 解説は本冊 p.709

例題 8-41

定期テスト 出題度 !! 共通テスト 出題度 !!

数列 $\{a_n\}$ は $a_1=1$, $a_{n+1}=\dfrac{-3a_n+5}{a_n-7}$ $(n=1, 2, 3, \cdots\cdots)$ を満たしている。

$b_n=\dfrac{a_n-5}{a_n+1}$ とおくとき, 次の問いに答えよ。

(1) 数列 $\{b_n\}$ の一般項を求めよ。

(2) 数列 $\{a_n\}$ の一般項を求めよ。

→略解は p.70, 解説は本冊 p.711

例題 8-42 定期テスト 出題度 ❗❗ 共通テスト 出題度 ❗❗

漸化式$a_1=1$，$a_{n+1}=3a_n+2^n+pn-1$　（pは定数，$n=1$，2，3，……）が成り立つとき，以下の問いに答えよ。

(1)　数列 $\{a_n+2^n+n\}$ が等比数列になるときの定数pの値を求めよ。

(2)　(1)のとき，数列 $\{a_n\}$ の一般項を求めよ。

→略解は p.70，解説は本冊 p.713

例題 8-43 定期テスト 出題度 ❗ 共通テスト 出題度 ❗❗

次のように定められた数列 $\{a_n\}$ の一般項を求めよ。

$$a_1=1,\ a_{n+1}=\frac{n}{n+2}a_n\quad (n=1,\ 2,\ 3,\ \cdots\cdots)$$

→略解は p.71，解説は本冊 p.715

例題 8-44 定期テスト 出題度 ❗❗ 共通テスト 出題度 ❗❗❗

平面上に，どの2本も平行でなく，どの3本も1点で交わらないようにn本の直線をかいたとき，次の個数を求めよ。

(1)　交点の数　　(2)　分割された部分の数

→略解は p.71，解説は本冊 p.717

例題 8-45 定期テスト 出題度 ❗❗ 共通テスト 出題度 ❗❗❗

袋の中に1から5までの数字が書かれたボールが1個ずつ入っている。

袋からボールを1個取り，その数字を記録してから元に戻すという試行をくり返す。n回行ったときの数字の和が3の倍数になる確率を求めよ。

→略解は p.71，解説は本冊 p.721

例題 8-46 定期テスト 出題度 ❗❗❗ 共通テスト 出題度 ❗

すべての自然数nについて，次の等式が成り立つことを数学的帰納法を使って証明せよ。

$$1^3+2^3+3^3+\cdots\cdots+n^3=\frac{1}{4}n^2(n+1)^2$$

→略解は p.71，解説は本冊 p.725

例題 8-47

定期テスト 出題度 !!! 共通テスト 出題度 !

すべての自然数nについて，次の不等式が成り立つことを数学的帰納法を使って証明せよ。

$$1+\frac{1}{2}+\frac{1}{3}+\cdots\cdots+\frac{1}{n}>\frac{2n-1}{n+1}$$

→略解は p.71，解説は本冊 p.732

例題 8-48

定期テスト 出題度 !! 共通テスト 出題度 !

すべての自然数nに対して，7^n-1が6の倍数になることを数学的帰納法で証明せよ。

→略解は p.71，解説は本冊 p.736

例題 8-49

定期テスト 出題度 !! 共通テスト 出題度 !

すべての自然数nに対して，$3^{n+1}+4^{2n-1}$が13の倍数になることを数学的帰納法で証明せよ。

→略解は p.71，解説は本冊 p.738

例題 8-50

定期テスト 出題度 !! 共通テスト 出題度 !

$a_1=1$，$a_{n+1}=\dfrac{a_n}{(2n+1)a_n+1}$ $(n=1,\ 2,\ 3,\ \cdots\cdots)$ で定められた数列$\{a_n\}$について，次の問いに答えよ。

(1) a_2，a_3，a_4を求め，数列$\{a_n\}$の一般項を推測せよ。

(2) (1)の推測が正しいことを数学的帰納法で証明せよ。

→略解は p.71，解説は本冊 p.740

確率分布と統計的な推測

例題 9-1

定期テスト 出題度 ❗❗❗　共通テスト 出題度 ❗❗❗

特産物のイベントで次のような企画が行われた。箱の中に1，2，3と書かれているカードがそれぞれ5枚，4枚，1枚入っている。この中から1枚のカードを引き，書かれている数字の個数だけ，桃がプレゼントされる。

1枚のカードを引いたときの，もらえる桃の個数の期待値，分散，標準偏差を求めよ。

→略解は p.71，解説は本冊 p.744

例題 9-2

定期テスト 出題度 ❗❗❗　共通テスト 出題度 ❗❗❗

例題 9-1 の問題で，桃は1個90円で，箱代は何個詰めのものでも一律20円かかるとする。

1枚のカードを引いたときに，プレゼントするのにかかる費用の期待値，分散，標準偏差を求めよ。

→略解は p.71，解説は本冊 p.748

例題 9-3

定期テスト 出題度 ❗❗❗　共通テスト 出題度 ❗❗❗

例題 9-1 の問題で，主催者側が箱の中から1，2，3と書かれている5枚，4枚，1枚のカードの中から，それぞれ1枚ずつを取り出し，その3枚にマークを付けて，元に戻した。そして，「マークの付いているカードを引いた場合は書かれた数の桃に加え，梨を1個プレゼントします。」というルールに変更した。

このとき，もらえる桃と梨の個数の合計の期待値を求めよ。

→略解は p.71，解説は本冊 p.750

例題 9-4

定期テスト 出題度 !!!　共通テスト 出題度 !!!

ジョーカーを除く52枚のトランプから1枚引いて，次のルールで得点とする。

得点X：A（エース）なら50点。絵札なら30点。
それ以外なら0点とする。

得点Y：ハートなら20点。それ以外なら0点とする。

次の問いに答えよ。

(1) Xの得点の期待値，分散を求めよ。

(2) Yの得点の期待値，分散を求めよ。

(3) X，Yは独立であるといえるか。（答えのみでよい。）

(4) $X+Y$の得点の期待値，分散を求めよ。

→略解は p.71，解説は本冊 p.754

例題 9-5

定期テスト 出題度 !!!　共通テスト 出題度 !!!

1個のサイコロを4回投げたとき，1の目が出る回数Xの期待値，分散，標準偏差を求めよ。

→略解は p.71，解説は本冊 p.759

例題 9-6

定期テスト 出題度 !!!　共通テスト 出題度 !!!

確率変数Xのとり得る値の範囲が$0 \leqq X \leqq 3$の確率密度関数
$f(x)=ax^2$（aは定数）について次の値を求めよ。

(1) a

(2) $P(1 \leqq X \leqq 2)$

(3) $0 \leqq X \leqq 3$でのXの期待値$E(X)$

(4) $0 \leqq X \leqq 3$でのXの分散$V(X)$

→略解は p.71，解説は本冊 p.768

例題 9-7

定期テスト 出題度 ❗❗❗　共通テスト 出題度 ❗❗❗

確率変数Zが$N(0,\ 1)$に従うとき，次の確率を求めよ。ただし，p.803の正規分布表を参照すること。

(1)　$P(Z \leqq 1.2)$　(2)　$P(-1 \leqq Z \leqq 3)$　(3)　$P(0.5 \leqq Z)$

→略解は p.71，解説は本冊 p.773

例題 9-8

定期テスト 出題度 ❗❗❗　共通テスト 出題度 ❗❗❗

高校2年の男子生徒1000人の身長を調べたところ，正規分布$N(169,\ 6^2)$に従うことがわかった。166cm以上，172cm以下の男子生徒はおよそ何人か。ただし，p.803の正規分布表を参照すること。

→略解は p.71，解説は本冊 p.775

例題 9-9

定期テスト 出題度 ❗❗❗　共通テスト 出題度 ❗❗❗

サイコロを720回投げたとき，1の目の出る回数Xが，110回以上130回以下になる確率を求めよ。ただし，p.803の正規分布表を参照してよい。

→略解は p.71，解説は本冊 p.778

例題 9-10

定期テスト 出題度 ❗❗❗　共通テスト 出題度 ❗❗❗

10万枚のカードのうち，3万枚に『1』，6万枚に『2』，1万枚に『3』が書かれている。この中から大きさ10の標本を抽出したとき，次の問いに答えよ。

(1)　母平均m，母標準偏差σを求めよ。

(2)　標本平均$\overline{X}$の期待値$E(\overline{X})$と標準偏差$\sigma(\overline{X})$を求めよ。

→略解は p.71，解説は本冊 p.782

例題 9-11

定期テスト 出題度 !!　共通テスト 出題度 !!

母平均40，母標準偏差20をもつ母集団から，大きさ100の無作為標本を抽出するとき，その標本平均$\overline{X}$が37より小さい値をとる確率を求めよ。

→略解は p.71，解説は本冊 p.787

例題 9-12

定期テスト 出題度 !!　共通テスト 出題度 !!

あるお菓子は，1個につきおまけのカードが1枚付いてきて，全体の20％が当たりのカードになっているとする。商品を100個買って調べたとき，当たりが15個以上25個以下になる確率を求めよ。

→略解は p.71，解説は本冊 p.790

例題 9-13

定期テスト 出題度 !!!　共通テスト 出題度 !!!

無作為に選ばれた250世帯を対象に視聴率調査をしたところ，ある番組を見た家が50世帯あったという結果を得た。その番組の全世帯での視聴率を信頼度95％で推測せよ。全体を1とした確率で，四捨五入して，小数第2位までの形で答えること。また，$\sqrt{10}=3.16$を使ってよい。

→略解は p.71，解説は本冊 p.792

例題 9-14

定期テスト 出題度 !!!　共通テスト 出題度 !!!

あるコインが製造段階で不具合があり，表と裏の模様が同じになってしまう不良品が多数できてしまった。試しに100個を無作為に抽出したところ，40個が不良品だった。このコインが不良品である母比率を信頼度99％で推測せよ。全体を1とした確率で，四捨五入して，小数第2位までの形で答えること。また，$\sqrt{6}=2.45$を使ってよい。

→略解は p.71，解説は本冊 p.795

例題 9-15 定期テスト 出題度 ❗❗ 共通テスト 出題度 ❗❗

さいころを180回投げたとき，6の目が37回出た。このさいころは6の目の出やすさに偏りがあると判断できるかを，p.803の正規分布表を使って調べよ。ただし，有意水準は5%とする。

→略解は p.71，解説は本冊 p.798

例題 9-16 定期テスト 出題度 ❗❗ 共通テスト 出題度 ❗❗

あるメーカーのブルーレイディスクは実際に使えないものが10%含まれている。メーカーが改良を行った後のディスクを50枚購入したところ，使えないディスクが1枚あった。（録画機に異常はない。）

不良品の割合は改善されたと判断できるかを，p.803の正規分布表を使って調べよ。（近似値でよい。）ただし，有意水準は5%とする。

→略解は p.71，解説は本冊 p.801

― 略解 ―

例題 1-1 (1) $64x^3-48x^2y+12xy^2-y^3$
(2) $8x^3+125$

例題 1-2 (1) $(2x-1)(4x^2+2x+1)$
(2) $(3p+2)^3$

例題 1-3 (1) 35
(2) -90
(3) 1792

例題 1-4 60

例題 1-5 (1) $a^5+5a^4b+10a^3b^2+10a^2b^3+5ab^4+b^5$
(2) $16x^4-32x^3+24x^2-8x+1$

例題 1-6 (1) -5040
(2) 84

例題 1-7 (1) 商は$2x^2+x-1$　あまりは-3
(2) 商は$3x^3-3x^2+x+4$　あまりは3
(3) 商は$-\frac{3}{2}x^2+\frac{1}{2}x+\frac{9}{4}$
あまりは$\frac{19}{2}x+\frac{29}{4}$

例題 1-8 $a=1$, $b=-30$

例題 1-9 (1) $P=3x^3-23x^2-9x+7$
(2) $P=2x^2+7x-3$

例題 1-10 (1) 最大公約数…$x-5$
最小公倍数…$(x+1)(x-5)(x+6)$
(2) 最大公約数…1
最小公倍数…$(2x+1)(x+7)(x+5)$

例題 1-11 最大公約数…$a-b$
最小公倍数…
$(a-b)(a+b)(a^2+ab+b^2)(a^2+b^2)$

例題 1-12 (1) $\frac{2a^4}{5b^3}$
(2) $\frac{2(x-3)}{x^2-3x+9}$

例題 1-13 $\frac{3a+b}{(a-b)(a-6b)}$

例題 1-14 $\frac{2(x^2-x+8)}{(2x+1)(x+3)(x-1)}$

例題 1-15 (1) ア…6, イ…5, ウ…5,
エ…2, オ…3
(2) カ…4

例題 1-16 $a=-3$, $b=1$, $c=7$, $d=-4$

例題 1-17 $a=2$, $b=7$

例題 1-18 $a=-11$, $b=-2$

例題 1-19 (証明) 略

例題 1-20 (証明) 略

例題 1-21 (証明) 略

例題 1-22 (証明) 略

例題 1-23 (1) (証明) 略
(2) (証明) 略

例題 1-24 (1) (証明) 略
(2) (証明) 略

例題 1-25 (1) ア…1, イ…2
(2) ウ…3, エ…2, オカ…27

例題 2-1 (1) $3-4i$
(2) $14+27i$
(3) $-15+8i$
(4) 81
(5) $2-11i$
(6) $-i$

例題 2-2 (1) $-\frac{3}{2}-\frac{5}{4}i$
(2) $\frac{9}{29}-\frac{37}{29}i$

例題 2-3 (1) $-\sqrt{15}$
(2) $-\sqrt{3}i$
(3) 0

例題 2-4 (1) $x=\frac{-3\pm\sqrt{11}i}{2}$
(2) $x=\frac{2\pm\sqrt{10}i}{2}$

例題 2-5 (1) $(x^2-3)(x^2+1)$
(2) $(x+\sqrt{3})(x-\sqrt{3})(x^2+1)$
(3) $(x+\sqrt{3})(x-\sqrt{3})(x+i)(x-i)$

例題 2-6 $2\left(x-\frac{3+\sqrt{39}i}{4}\right)\left(x-\frac{3-\sqrt{39}i}{4}\right)$

例題 2-7 (1) xはすべての実数
(2) 解なし

例題 2-8 (1) $a=-11$, $b=-8$
(2) $a=-17$, $b=-33$

例題 2-9 $-\frac{59}{9}$

例題 2-10 (1) $x^2-4x-3=0$
(2) $8x^2-4x+3=0$

例題 2-11 (1) 85
(2) 795
(3) -22

例題 2-12 (1) -27
(2) -447
(3) $-\frac{41}{2}$

例題 2-13 $a=6$

例題 2-14 $43x+42$

例題 2-15 $2x-1$

例題 2-16 $4x^2+10x-1$

例題 2-17 x^2-2x-5

例題 2-18 $x=2,\ -4,\ 5$

例題 2-19 (1) $x=-1,\ 3,\ \frac{5\pm\sqrt{7}i}{2}$
(2) $x=1,\ -5$

例題 2-20 $x=-\frac{2}{5},\ \frac{-7\pm\sqrt{53}}{2}$

例題 2-21 $6+\sqrt{7}i$

例題 2-22 $A=3,\ B=91$
他の解…$2+3i,\ -7$

例題 2-23 $k=10,\ m=-1$
他の解…$1+\sqrt{2},\ \frac{5\pm\sqrt{21}}{2}$

例題 2-24 (1) 0
(2) -1

例題 3-1 $2\sqrt{5}$

例題 3-2 (1) $\left(\frac{13}{4},\ 0\right)$
(2) $(-5,\ -22)$
(3) $\left(\frac{5}{2},\ -2\right)$
(4) $\left(0,\ -\frac{1}{3}\right)$

例題 3-3 (1) $(8,\ 13)$
(2) $(10,\ -11)$, $(8,\ 13)$, $(-14,\ 1)$

例題 3-4 (証明) 略

例題 3-5 $y=-2x+9$

例題 3-6 (1) $y=-7x-1$
(2) $x=2$

例題 3-7 (1) [ア]…4 [イ]…3 [ウエ]…22
(2) [オ]…3 [カ]…4 [キク]…29

例題 3-8 (1) $a=1$
(2) $a=-\frac{3}{2}$
(3) $a=-\frac{3}{7}$

例題 3-9 $a=-3,\ 10,\ 2$

例題 3-10 $(-2,\ 5)$

例題 3-11 $\frac{9}{\sqrt{26}}$

例題 3-12 (1) $A'(-3,\ -2)$
(2) AP+PBの最小値は，$11\sqrt{2}$
$P(7,\ 8)$

例題 3-13 (1) 中心$(0,\ 0)$，半径3の円
(2) 中心$\left(-\frac{5}{2},\ 0\right)$，半径$\frac{3}{2}$の円
(3) 中心$(4,\ -1)$，半径$3\sqrt{2}$の円

例題 3-14 $a<-4,\ 1<a$

例題 3-15 $(x-3)^2+(y-8)^2=20$

例題 3-16 $x^2+y^2+4x-6y-12=0$

例題 3-17 $(x+5)^2+(y-8)^2=25$,
$(x+17)^2+(y+4)^2=289$

例題 3-18 $(x-2)^2+(y+2)^2=4$,
$(x-10)^2+(y+10)^2=100$

例題 3-19 $(x-1)^2+(y-5)^2=25$,
$(x-17)^2+(y-37)^2=1369$

例題 3-20 共有点なし

例題 3-21 $3-\sqrt{10}<k<3+\sqrt{10}$ のとき，
異なる2点で交わる
$k=3\pm\sqrt{10}$ のとき，1点で接する
$k<3-\sqrt{10},\ 3+\sqrt{10}<k$のとき，
共有点なし

例題 3-22 (1) $2x-3y=13$
(2) $6x+y=-9$

例題 3-23 $x=2,\ 3x+4y-70=0$

例題 3-24 (1) 4
(2) $2(\sqrt{17}+\sqrt{13})$

例題 3-25 $a<-42,\ -2<a<7$

例題 3-26 (1) $4x+2y+1=0$
(2) $x^2+y^2+\frac{8}{9}x-\frac{50}{9}y+\frac{47}{9}=0$

例題 3-27 (1) 直線$x=4$
(2) 中心$\left(\frac{13}{2},\ 0\right)$，半径$\frac{3}{2}$の円

例題 3-28 [ア]…5 [イ]…7

例題 3-29 [ア]…5 [イ]…3 [ウ]…1 [エ]…4
[オ]…3

例題 3-30 (証明) 略

例題 3-31 放物線$y=2x^2+4x+3$
(ただし，$x<-3,\ -1<x$)

例題 3-32 (1)

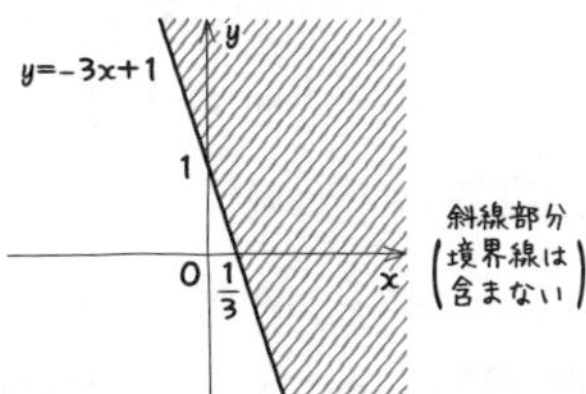

(2)

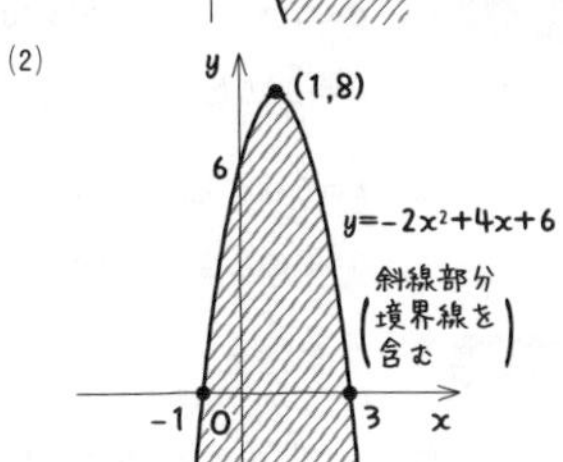

(3)

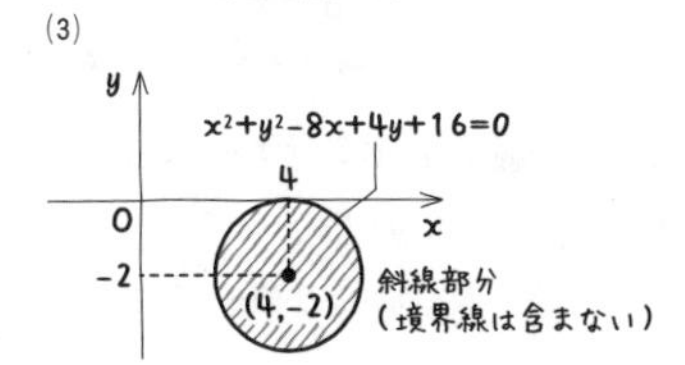

例題 3-33 (1)

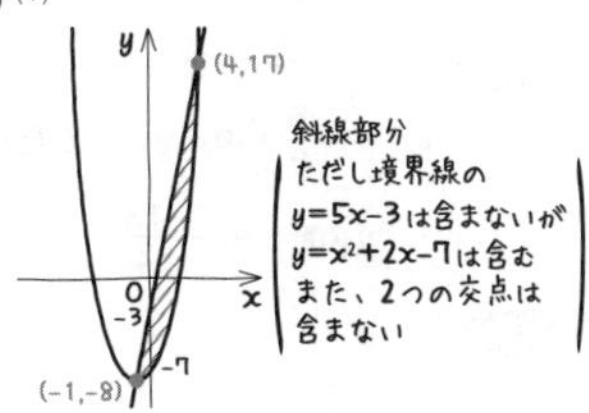

(2)

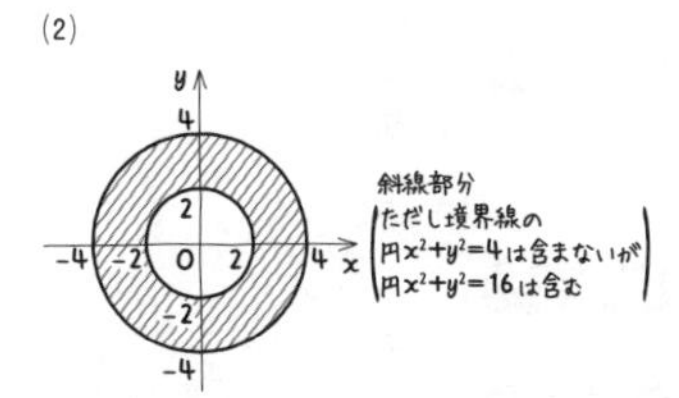

例題 3-34

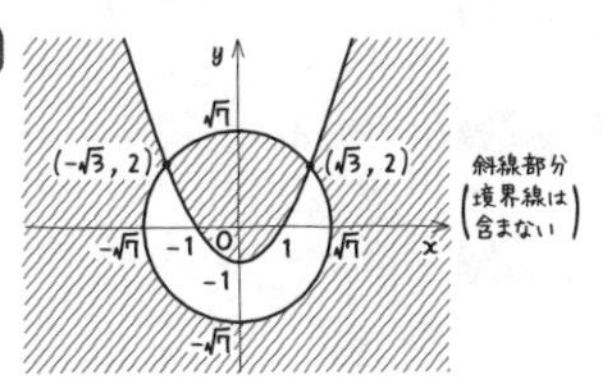

例題 3-35

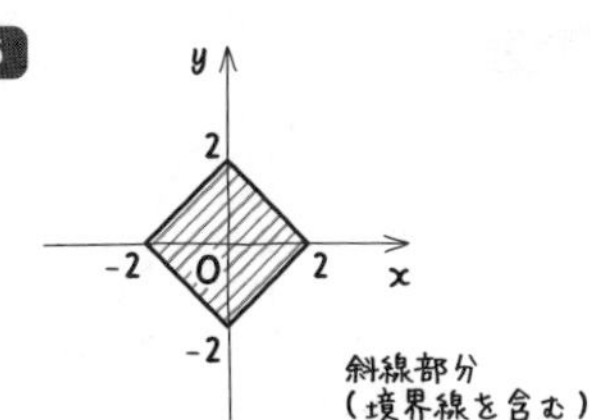

例題 3-36 (1) 最大値12，最小値−36

(2) 最大値7，最小値−1

例題 3-37 (1) 最大値2，最小値 $\frac{1}{4}$

(2) 最大値16，最小値 $\frac{9}{10}$

(3) 最大値11，最小値 $\frac{35}{36}$

例題 3-38 白のサプリメントを9 g，黄色のサプリメントを44 g飲むと費用は最小で，最小値は265円

例題 4-1 (1) $\frac{\pi}{4}$

(2) $\frac{10}{9}\pi$

(3) 30°

(4) 260°

例題 4-2 (1) $-\frac{1}{2}$

(2) $\frac{1}{\sqrt{2}}$

(3) $-\sqrt{3}$

例題 4-3 (1) $\theta=\frac{\pi}{6}$，$\frac{11}{6}\pi$

(2) $\frac{\pi}{6}\leqq\theta\leqq\frac{5}{6}\pi$

(3) $0\leqq\theta\leqq\frac{\pi}{6}$，$\frac{\pi}{2}<\theta\leqq\frac{7}{6}\pi$，$\frac{3}{2}\pi<\theta<2\pi$

例題 4-4 (1) $\theta=\frac{\pi}{4}$，$\frac{7}{4}\pi$

(2) $0\leqq\theta<\frac{\pi}{2}$，$\frac{11}{6}\pi<\theta<2\pi$

(3) $\theta=\frac{\pi}{8}$，$\frac{5}{8}\pi$，$\frac{9}{8}\pi$，$\frac{13}{8}\pi$

例題 4-5 −1

例題 4-6 (1)

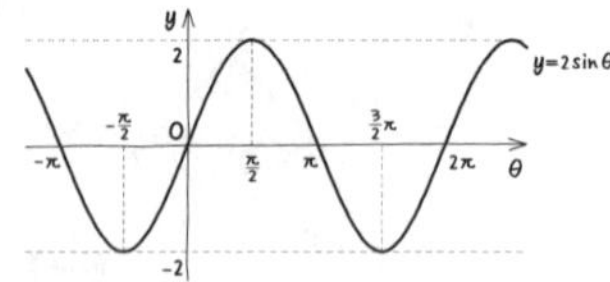

周期は2π

(2)

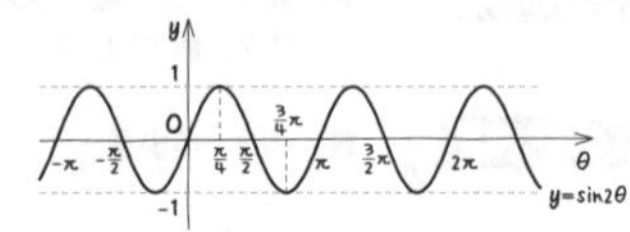

周期はπ

例題 4-7

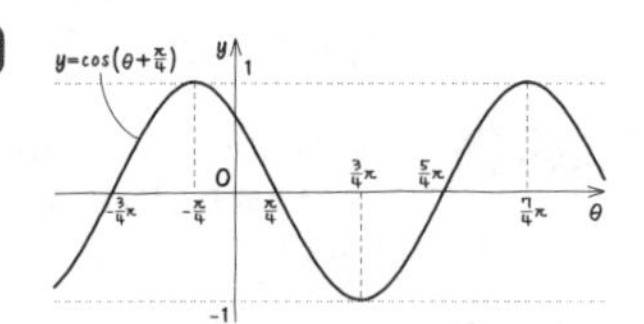

周期は2π

例題 4-8

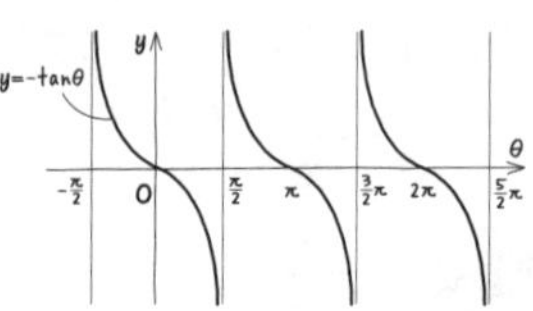

周期はπ

例題 4-9 ア…π, イ…3, ウエ…-1, オ…2, カ…3, キ…4

例題 4-10 (1) $\frac{\sqrt{6}-\sqrt{2}}{4}$

(2) $-2+\sqrt{3}$

例題 4-11 (1) $-\frac{84}{85}$

(2) $-\frac{36}{77}$

例題 4-12 $\theta=\frac{\pi}{4}$

例題 4-13 (1) $-\frac{4\sqrt{5}}{9}$

(2) $-\frac{\sqrt{30}}{6}$

例題 4-14 (1) $\frac{7}{6}\pi<\theta<\frac{3}{2}\pi$, $\frac{3}{2}\pi<\theta<\frac{11}{6}\pi$

(2) $\theta=0$, $\frac{\pi}{3}\leqq\theta\leqq\pi$, $\frac{5}{3}\pi\leqq\theta<2\pi$

例題 4-15 (1) $2\sin\left(\theta+\frac{\pi}{6}\right)$

(2) $\sqrt{2}\sin\left(\theta+\frac{3}{4}\pi\right)$

(3) $2\sqrt{3}\sin\left(\theta+\frac{5}{3}\pi\right)$

例題 4-16 $5\sin(\theta+\alpha)$

ただし，$\sin\alpha=\frac{4}{5}$，$\cos\alpha=\frac{3}{5}$

例題 4-17 (1) $\theta=0$のとき，yの最大値1

$\theta=\frac{\pi}{3}$のとき，yの最小値$-2\sqrt{3}+1$

(2) $\theta=\frac{2}{3}\pi$のとき，yの最小値$-\frac{3}{2}$

$\theta=0$のとき，yの最大値3

例題 4-18 (1) $\frac{\pi}{2}<\theta\leqq\pi$

(2) $\theta=\frac{\pi}{6}$のとき，yの最大値1

$\theta=\pi$のとき，yの最小値$-\sqrt{3}-1$

例題 4-19 アイ…15, ウエ…-3, オ…1, カ…2

例題 4-20 (1) $y=2t^2+t-2$

(2) yの最小値$-\frac{17}{8}$

(3) $\theta=\frac{\pi}{4}$のとき，yの最大値$2+\sqrt{2}$

例題 4-21 (1) $y=t^2+t-3$

(2) $\theta=\frac{5}{6}\pi$のとき，yの最大値3

(3) yの最小値$-\frac{13}{4}$

例題 4-22 (1) 0

(2) $\frac{\sqrt{3}}{8}$

例題 5-1 (1) 6

(2) 6

(3) -3

(4) -3

例題 5-2 (1) 2, -2

(2) 2

例題 5-3 (1) 2

(2) $\sqrt[5]{3}$

例題 5-4 (1) $2\sqrt[3]{18}$

(2) 0

例題 5-5 (1) 1

(2) $\frac{1}{25}$

(3) 3

(4) $\frac{125}{27}$

例題 5-6 (1) $a^{-\frac{7}{2}}$
(2) $a^{\frac{13}{5}}$
(3) $a^{\frac{5}{6}}$
(4) a^{-1}

例題 5-7 (1) 2
(2) 53

例題 5-8 (1) 23
(2) $\pm\sqrt{21}$
(3) $\pm 24\sqrt{21}$

例題 5-9 (1)

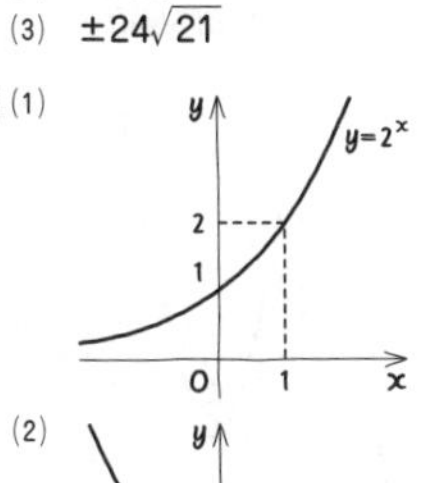

(2)

(3)

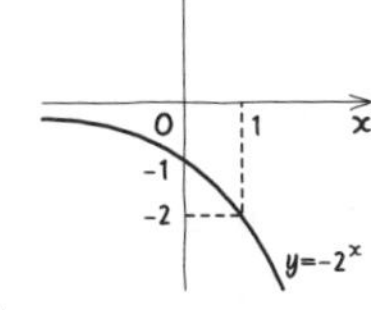

(4)

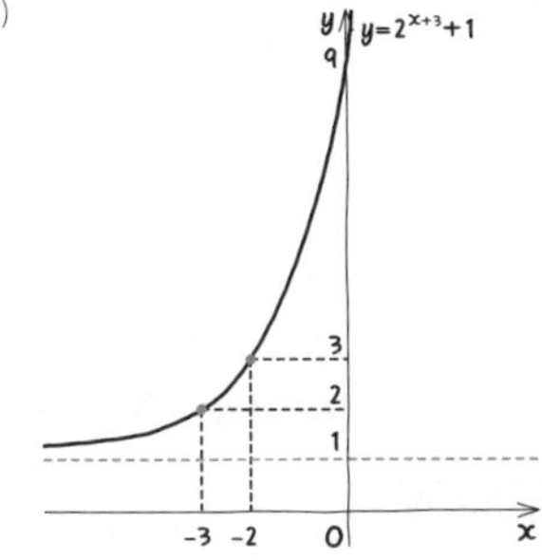

例題 5-10 (1) $\sqrt{2}<\sqrt[5]{8}<\sqrt[3]{4}$
(2) $0.49^3<\sqrt{0.7}<\dfrac{1}{0.7^4}$

例題 5-11 (1) $\sqrt[5]{3}<\sqrt[3]{2}<\sqrt[6]{5}$
(2) $7^{12}<5^{18}<2^{42}$

例題 5-12 (1) $x=\dfrac{2}{9}$
(2) $x<-12$

例題 5-13 (1) $x=-2$
(2) $x\leqq 2$

例題 5-14 $x=4$のとき，yの最大値128
$x=2$のとき，yの最小値-16

例題 5-15 (1) $y=t^2+t-2$
(2) $x=0$のとき，yの最小値4

例題 5-16 (1) 4
(2) 5

例題 5-17 (1) 2
(2) $\dfrac{1}{2}$
(3) $\dfrac{2}{5}$

例題 5-18 (1) $\dfrac{3}{2}$
(2) 12
(3) $\dfrac{35}{6}$

例題 5-19 (1) ab
(2) $\dfrac{2ab}{2+a}$

例題 5-20 （証明）略

例題 5-21 -2

例題 5-22 (1)

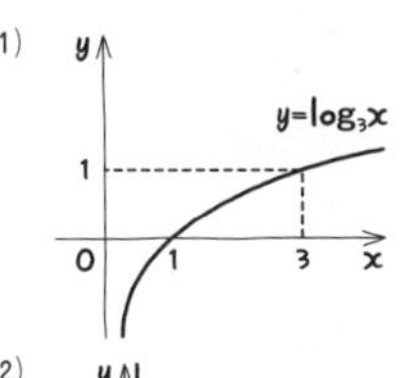

(2)

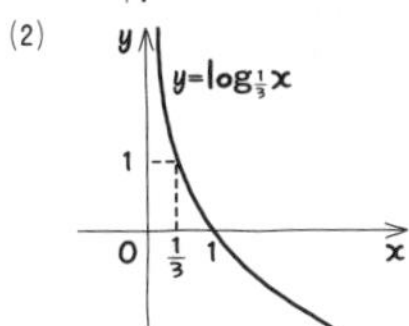

(3)

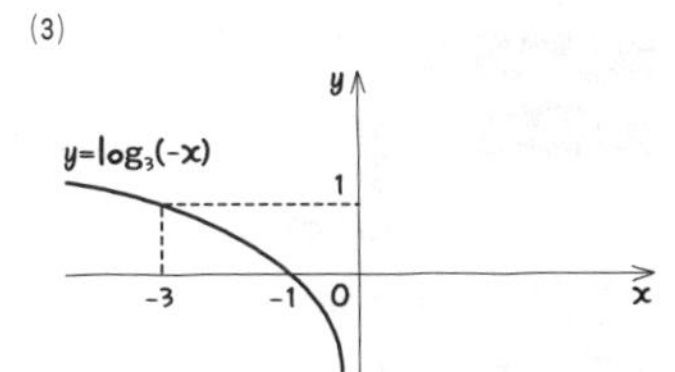

例題 5-23 アイ…-3，ウ…1

例題 5-24 (1) $\log_{25}2<\log_5 6<\log_{\sqrt{5}}3$
(2) $\log_{0.6}7<\log_{0.6}\dfrac{2}{3}<2$

例題 5-25 $\log_{\frac{1}{3}}2<\log_7 5<\log_4 7<\log_2 3$

例題 5-26 $\log_3 14 < \frac{5}{2} < \sqrt[3]{17}$

例題 5-27 (1) $x = \frac{\log_2 17 + 1}{3}$

(2) $x = \frac{-4\log_2 5 - 6}{\log_2 5 - 3}$ または

$x = \frac{-4 - 6\log_5 2}{1 - 3\log_5 2}$

(3) $x \geqq \frac{3 - \log_3 7}{1 - 2\log_3 7}$

例題 5-28 (1) $x = \sqrt{6} - 4$

(2) $0 < x \leqq 9$

例題 5-29 $x = 3$

例題 5-30 $-10 + 6\sqrt{3} \leqq x < \frac{1}{2}$

例題 5-31 $x = \frac{1}{25}$，625

例題 5-32 $0 < x < \frac{1}{7}$，$1 < x < 7\sqrt{7}$

例題 5-33 yの最大値-4

例題 5-34 $(x, y) = (1, 64)$ のとき，最大値36
$(x, y) = (8, 8)$ のとき，最小値18

例題 5-35 (1) 26桁

(2) 17桁

例題 5-36 小数第63位

例題 5-37 (1) 3

(2) 5

例題 5-38 (1) 17分

(2) 55回

例題 6-1 (1) 45

(2) -1

例題 6-2 $a = -7$，$b = -44$

例題 6-3 4

例題 6-4 12

例題 6-5 (1) $4f'(a)$

(2) $3f'(a)$

(3) $af'(a) - f(a)$

例題 6-6 $f'(x) = 2x - 5$

例題 6-7 (1) $f'(x) = 3x^2 + 14x - 2$

(2) $f'(-1) = -13$

例題 6-8 (1) $f'(x) = 12(x-5)^3$

(2) $f'(5) = 0$

例題 6-9 37

例題 6-10 接線の方程式…$y = 9x - 13$

法線の方程式…$y = -\frac{1}{9}x + \frac{47}{9}$

例題 6-11 $y = 3x + 9$

例題 6-12 $y = -3x - 5$，$y = 13x - 21$

例題 6-13 (1) $y = 2(x-3)^2 + 12$

(2) $y = 4x - 2$

(3) 接点Aのx座標は1
接点Bのx座標は4

例題 6-14

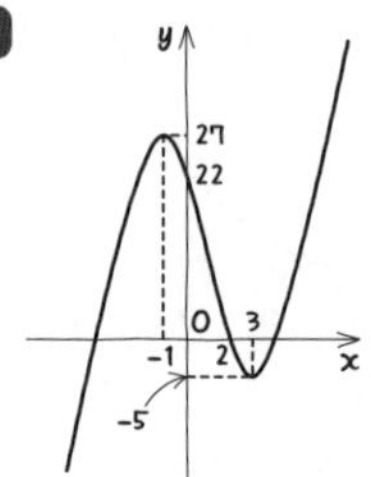

例題 6-15

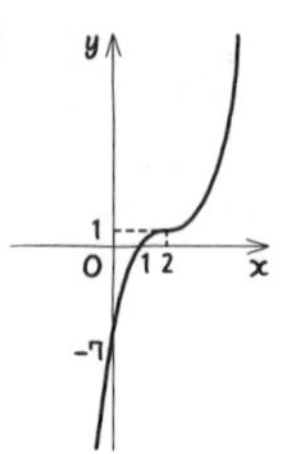

例題 6-16 $a < -2$，$6 < a$

例題 6-17

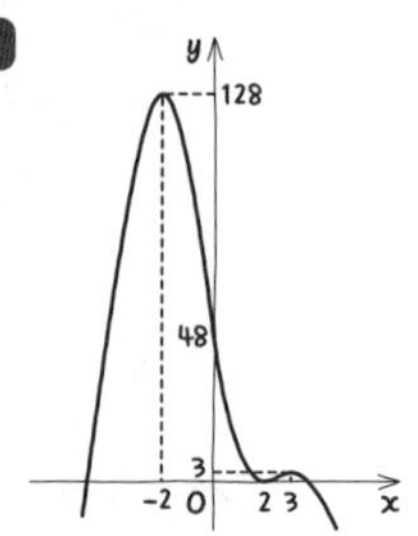

例題 6-18

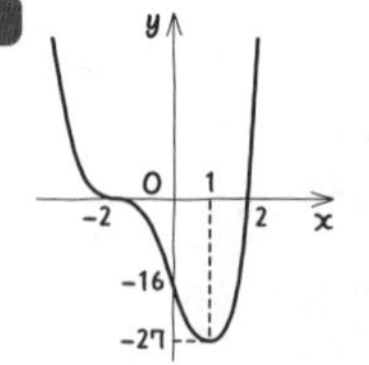

例題 6-19 $a = -3$，$b = -9$，$c = 27$，$d = 1$

例題 6-20 $x=\frac{2}{3}$のとき，最大値$\frac{446}{27}$
$x=4$のとき，最小値-2

例題 6-21 $x=1$のとき，最大値18
$x=-2$のとき，最小値-63

例題 6-22 体積の最大値$\frac{4\sqrt{3}}{9}\pi r^3$

例題 6-23 (1) $-7<a<20$のとき　3個
$a=-7$，20のとき　2個
$a<-7$，$20<a$のとき　1個
(2) $-7<a<0$

例題 6-24 (1) $a=19$，接点P$(-1,\ -13)$
(2) Q$\left(\frac{9}{2},\ \frac{7}{2}\right)$

例題 6-25 (1) $a=-8$，接点P$(1,\ -14)$
(2) Q$(-1,\ 2)$

例題 6-26 $-1<a<7$のとき　3本
$a=-1$，7のとき　2本
$a<-1$，$7<a$のとき　1本

例題 7-1 (1) $\frac{4}{3}x^3-\frac{1}{2}x^2+7x+C$ （Cは積分定数）
(2) $2x^3+\frac{7}{2}x^2-5x+C$ （Cは積分定数）
(3) $3t^3-2t+C$ （Cは積分定数）
(4) $x+C$ （Cは積分定数）

例題 7-2 $f(x)=-2x^3+2x^2+5x-3$

例題 7-3 $f(x)=x^3-4x^2-x+31$

例題 7-4 $\frac{1}{21}(3x+1)^7+C$ （Cは積分定数）

例題 7-5 (1) -12
(2) $-\frac{35}{6}$

例題 7-6 (1) 57
(2) -20

例題 7-7 70

例題 7-8 (1) 0
(2) -8
(3) 16

例題 7-9 (1) -36
(2) $-\frac{125}{54}$
(3) $-\frac{8\sqrt{2}}{3}$

例題 7-10 (1) $f(x)=3x^2-4x-\frac{10}{3}$
(2) $f(x)=6x-\frac{304}{7}$

例題 7-11 $f(x)=-\frac{6}{7}x+\frac{3}{7}$

例題 7-12 $3x^2+8x-7$

例題 7-13 (1) $a=-4$，$f(x)=2x-4$
(2) $a=-1$，$f(x)=6x^2-10x$

例題 7-14 $S=117$

例題 7-15 $S=\frac{85}{3}$

例題 7-16 $S=68$

例題 7-17 $S=131$

例題 7-18 $S=36$

例題 7-19 $S=\frac{125}{24}$

例題 7-20 $S=\frac{4}{3}$

例題 7-21 (1) $y=x^3+x^2-3x-5$
(2) $S=\frac{343}{54}$

例題 7-22 $S=\frac{2}{3}$

例題 7-23 (1) $y=-6x-3$，$y=2x-11$
(2) $S=\frac{16}{3}$

例題 7-24 $S=\frac{625}{96}$

例題 7-25 $S=\frac{4}{3}$

例題 7-26 (1) $y=2(x-3)^2+12$
(2) $y=4x-2$
(3) 接点Aのx座標は1
接点Bのx座標は4
(4) $S=\frac{9}{2}$

例題 7-27 $\frac{37}{3}$

例題 7-28 直線の傾きが4のとき，最小値$\frac{8\sqrt{2}}{3}$

例題 7-29 (1) $a=3-\frac{3}{\sqrt[3]{2}}$
(2) $a=1$

例題 7-30 $S=\frac{16}{3}\pi-\frac{4\sqrt{3}}{3}$

例題 8-1 (1) $a_n=n^2$
(2) $a_n=(-1)^n$
(3) $a_n=(-1)^{n+1}$
(4) $a_n=\dfrac{(-1)^{n+1}}{n}$

例題 8-2 $a_n=4n+1$

例題 8-3 (1) $a_n=-4n+28$
(2) 第21項

例題 8-4 (1) $-3n+21$
(2) $\dfrac{n(-3n+39)}{2}$
(3) 14
(4) $n=6$, 7のとき，最大値63

例題 8-5 762

例題 8-6 $a_n=2\cdot3^{n-1}$

例題 8-7 (1) ア…7，イウ…−2
(2) 第7項

例題 8-8 $-10+10\left(\dfrac{1}{2}\right)^n$

例題 8-9 公比−3，項数6

例題 8-10 $a_n=3\cdot2^{n-1}$ または $a_n=-9\cdot(-2)^{n-1}$

例題 8-11 (1) 1219ドル
(2) 11169ドル

例題 8-12 $(a,\ b)=(-15,\ 75)$，$(12,\ 48)$

例題 8-13 $a=-\dfrac{1}{4}$，$b=\dfrac{1}{2}$

例題 8-14 7，11，15

例題 8-15 (1) $\displaystyle\sum_{k=1}^{40}k^2$
(2) $\displaystyle\sum_{k=1}^{n}6^k$
(3) $\displaystyle\sum_{k=6}^{39}2k$

例題 8-16 (1) 22140
(2) $\dfrac{1}{3}n(n^2+6n+11)$

例題 8-17 (1) 1275
(2) $-\dfrac{4}{5}+\dfrac{4}{5}\cdot(-4)^n$

例題 8-18 $\dfrac{3}{2}n(n+1)(2n+1)$

例題 8-19 $\dfrac{1}{12}n(n+1)(9n^2+n-4)$

例題 8-20 $\dfrac{1}{6}n(n+1)(n+2)$

例題 8-21 $a_n=10n-11$

例題 8-22 $a_n=2+\dfrac{1}{n}$

例題 8-23 (1) $a_n=\dfrac{1}{2}n(3n-1)$
(2) $a_n=\dfrac{5-(-3)^n}{4}$

例題 8-24 $\dfrac{n}{n+1}$

例題 8-25 $\dfrac{n(n+2)}{3(2n+1)(2n+3)}$

例題 8-26 $\dfrac{n(3n+5)}{4(n+1)(n+2)}$

例題 8-27 $-1+\sqrt{n+1}$

例題 8-28 $1+(n-1)\cdot3^n$

例題 8-29 (1) 775
(2) 第8群の67番目

例題 8-30 (1) 第142項
(2) $\dfrac{10}{45}$
(3) $\dfrac{4664}{9}$

例題 8-31 (1) $a_n=-7n+10$
(2) $a_n=(-2)^{n-1}$

例題 8-32 $a_n=n^2-4n+2$

例題 8-33 $a_n=4\cdot(-3)^{n-1}-2$

例題 8-34 $a_n=3-\left(\dfrac{1}{2}\right)^{n-1}$

例題 8-35 $a_n=-2^n+4n-1$

例題 8-36 $a_n=2^{n-2}+\dfrac{1}{2}\cdot6^{n-1}$

例題 8-37 $a_n=n\cdot3^{n-1}$

例題 8-38 $a_n=\dfrac{2^{n+2}-(-5)^{n-1}}{7}$

例題 8-39 $a_n=\dfrac{2^{n-1}}{-7+2^{n+2}}$

例題 8-40 $a_n=\dfrac{7-3\cdot5^{n-1}}{4}$，$b_n=\dfrac{7+5^{n-1}}{4}$

例題 8-41 (1) $b_n=-2\cdot4^{n-1}$
(2) $a_n=\dfrac{-2\cdot4^{n-1}+5}{2\cdot4^{n-1}+1}$

例題 8-42 (1) $P=2$
(2) $a_n=4\cdot3^{n-1}-2^n-n$

例題 8-43 $a_n=\frac{2}{n(n+1)}$

例題 8-44 (1) $\frac{1}{2}n(n-1)$ 個

(2) $\frac{1}{2}(n^2+n+2)$ 個

例題 8-45 $\frac{2}{3}\left(-\frac{1}{5}\right)^n+\frac{1}{3}$

例題 8-46 (証明) 略

例題 8-47 (証明) 略

例題 8-48 (証明) 略

例題 8-49 (証明) 略

例題 8-50 (1) (証明) 略
(2) (証明) 略

例題 9-1 期待値…$\frac{8}{5}$(個)

分散…$\frac{11}{25}$

標準偏差…$\frac{\sqrt{11}}{5}$(個)

例題 9-2 期待値…164 (円)

分散…3564

標準偏差…$18\sqrt{11}$(円)

例題 9-3 $\frac{19}{10}$(個)

例題 9-4 (1) 期待値…$\frac{140}{13}$(点)

分散…$\frac{48000}{169}$

(2) 期待値…$\frac{140}{13}$(点)

分散…75
(3) 独立である

(4) 期待値…$\frac{205}{13}$(点)

分散…$\frac{60675}{169}$

例題 9-5 期待値…$\frac{2}{3}$

分散…$\frac{5}{9}$

標準偏差…$\frac{\sqrt{5}}{3}$

例題 9-6 (1) $\frac{1}{9}$

(2) $\frac{7}{27}$

(3) $\frac{9}{4}$

(4) $\frac{27}{80}$

例題 9-7 (1) 0.8849
(2) 0.83995
(3) 0.3085

例題 9-8 およそ383人

例題 9-9 0.6826

例題 9-10 (1) 母平均 m…$\frac{9}{5}$

母標準偏差 σ…$\frac{3}{5}$

(2) 期待値 $E(X)$…$\frac{9}{5}$

標準偏差 $\sigma(\overline{X})$…$\frac{3\sqrt{10}}{50}$

例題 9-11 0.0668

例題 9-12 0.7888

例題 9-13 $0.15 \leqq m \leqq 0.25$

例題 9-14 $0.27 \leqq p \leqq 0.53$

例題 9-15 (証明) 略

例題 9-16 (証明) 略

⑤